中 国 国 家 标 准 汇 编

630

GB 31130～31153

（2014 年制定）

中国标准出版社　编

中国标准出版社

北　京

图书在版编目(CIP)数据

中国国家标准汇编:2014年制定.630:GB 31130～31153/中国标准出版社编.—北京:中国标准出版社,2015.11

ISBN 978-7-5066-7999-2

Ⅰ.①中… Ⅱ.①中… Ⅲ.①国家标准-汇编-中国-2014 Ⅳ.①T-652.1

中国版本图书馆CIP数据核字(2015)第184066号

中国标准出版社出版发行
北京市朝阳区和平里西街甲2号(100029)
北京市西城区三里河北街16号(100045)

网址 www.spc.net.cn
总编室:(010)68533533 发行中心:(010)51780238
读者服务部:(010)68523946

中国标准出版社秦皇岛印刷厂印刷
各地新华书店经销

*

开本 880×1230 1/16 印张 35.75 字数 1 107 千字
2015年11月第一版 2015年11月第一次印刷

*

定价 220.00 元

出 版 说 明

1.《中国国家标准汇编》是一部大型综合性国家标准全集。自1983年起，按国家标准顺序号以精装本、平装本两种装帧形式陆续分册汇编出版。它在一定程度上反映了我国建国以来标准化事业发展的基本情况和主要成就，是各级标准化管理机构，工矿企事业单位，农林牧副渔系统，科研、设计、教学等部门必不可少的工具书。

2.《中国国家标准汇编》收入我国每年正式发布的全部国家标准，分为“制定”卷和“修订”卷两种编辑版本。

“制定”卷收入上一年度我国发布的、新制定的国家标准，顺延前年度标准编号分成若干分册，封面和书脊上注明“20××年制定”字样及分册号，分册号一直连续。各分册中的标准是按照标准编号顺序连续排列的，如有标准顺序号缺号的，除特殊情况注明外，暂为空号。

“修订”卷收入上一年度我国发布的、被修订的国家标准，视篇幅分设若干分册，但与“制定”卷分册号无关联，仅在封面和书脊上注明“20××年修订-1,-2,-3,……”字样。“修订”卷各分册中的标准，仍按标准编号顺序排列(但不连续)；如有遗漏的，均在当年最后一分册中补齐。需提请读者注意的是，个别非顺延前年度标准编号的新制定的国家标准没有收入在“制定”卷中，而是收入在“修订”卷中。

读者配套购买《中国国家标准汇编》“制定”卷和“修订”卷则可收齐由我社出版的上一年度我国制定和修订的全部国家标准。

3.由于读者需求的变化，自1996年起，《中国国家标准汇编》仅出版精装本。

4.2014年我国制修订国家标准共1 611项。本分册为“2014年制定”卷第630分册，收入国家标准GB 31130～31153的最新版本。

中国标准出版社

2015年8月

目　　录

ICS 17.120.10
N 12

中华人民共和国国家标准

GB/T 31130—2014

科里奥利质量流量计

Coriolis mass flow meter

2014-09-03 发布

2015-02-01 实施

中华人民共和国国家质量监督检验检疫总局
中国国家标准化管理委员会 发布

前　言

本标准按照GB/T 1.1—2009给出的规则起草。

本标准由全国工业过程测量和控制标准化技术委员会(SAC/TC 124)归口。

本标准起草单位:中国航空工业集团公司太原航空仪表有限公司、中国航空综合技术研究所、上海工业自动化仪表研究院、山西省计量监督检定测试所、江苏省计量科学研究院、艾默生过程控制有限公司、西安东风机电有限公司、北京瑞普三元仪表有限公司、北京大陆力达仪表科技有限公司、恩德斯豪斯流量仪表技术(中国)有限公司、大连中隆仪表有限公司、余姚市银环流量仪表有限公司。

本标准主要起草人:刘艇、任东顺、任彦云、付宇林、吴国顺、范春辉、李明华、裴海琴、黄朝晖、吕勇贤、任卫东、李振中、徐焜、沈隆、王喜霆、朱家顺。

科里奥利质量流量计

1 范围

本标准规定了科里奥利质量流量计的要求、试验方法、检验规则及标志、包装、贮运。

本标准适用于基于科里奥利力原理的科里奥利质量流量计(以下简称质量流量计)。

2 规范性引用文件

下列文件对于本文件的应用是必不可少的。凡是注日期的引用文件,仅注日期的版本适用于本文件。凡是不注日期的引用文件,其最新版本(包括所有的修改单)适用于本文件。

GB/T 191 包装储运图示标志

GB/T 2423.1 电工电子产品环境试验 第2部分:试验方法 试验A:低温

GB/T 2423.2 电工电子产品环境试验 第2部分:试验方法 试验B:高温

GB/T 2423.3 电工电子产品环境试验 第2部分:试验方法 试验Cab:恒定湿热试验

GB 3836.1 爆炸性环境 第1部分:设备 通用要求

GB 3836.2 爆炸性环境 第2部分:由隔爆外壳“d”保护的设备

GB 3836.3 爆炸性环境 第3部分:由增安型“e”保护的设备

GB 3836.4 爆炸性环境 第4部分:由本质安全型“i”保护的设备

GB 3836.9 爆炸性气体环境用电气设备 第9部分:浇封型“m”

GB 4208 外壳防护等级(IP代码)

GB/T 13384 机电产品包装通用技术条件

GB/T 15479—1995 工业自动化仪表绝缘电阻、绝缘强度技术要求和试验方法

GB/T 17626.2 电磁兼容 试验和测量技术 静电放电抗扰度试验

GB/T 17626.3 电磁兼容 试验和测量技术 射频电磁场辐射抗扰度试验

GB/T 17626.4 电磁兼容 试验和测量技术 电快速瞬变脉冲群抗扰度试验

GB/T 17626.5 电磁兼容 试验和测量技术 浪涌(冲击)抗扰度试验

GB/T 17626.6 电磁兼容 试验和测量技术 射频场感应的传导骚扰抗扰度

GB/T 17626.8 电磁兼容 试验和测量技术 工频磁场抗扰度试验

GB/T 17626.11 电磁兼容 试验和测量技术 电压暂降、短时中断和电压变化的抗扰度试验

GB/T 18271.3 过程测量和控制装置 通用性能评定方法和程序 第3部分:影响量影响的试验

GB/T 20728—2006 封闭管道中流体流量的测量 科里奥利流量计的选型、安装和使用指南(ISO 10790:1999,IDT)

GB/T 25480—2010 仪器仪表运输、贮存基本环境条件及试验方法

3 术语和定义

下列术语和定义适用于本文件。

3.1

科里奥利质量流量计 Coriolis mass flow meter

由流量检测元件(一次装置)和转换器(二次装置)组成,利用流体和振动管振动的相互作用测量质

量流量的装置。它也可用于测量流体的密度和过程温度。

[GB/T 20728—2006,2.1]

3.2

流量检测元件(一次装置)　flow sensor(primary device)

由振动管、驱动系统、测量传感元件、支撑机构和外壳组成的机械组件。

[GB/T 20728—2006,2.2]

注：流量检测元件又称作流量传感器。

3.3

转换器(二次装置)　transmitter(secondary device)

提供驱动并转换来自流量检测元件的信号,产生被测参数和推导参数输出的电子控制系统。它还可提供从参数(例如温度参数)中推导出的修正量。

[GB/T 20728—2006,2.3]

注：转换器又称作变送器。

3.4

校准系数　calibration factor(s)

校准流量检测元件时取得的每个流量检测元件所特有的数值常数。转换器中设置了此常数后可确保科里奥利质量流量计按规定的规范工作。

[GB/T 20728—2006,2.9]

3.5

流量测量范围　flow measuring range

在规定的工况下质量流量的最大值与最小值的区间。

3.6

范围度　turn down,turn down ratio

给定的流量范围内最大流量与最小流量的比值。

4　基本参数和产品分类

4.1　基本参数

4.1.1　公称通径

质量流量计的公称通径建议从下列数据中选取(单位:mm):

1.0,2.0,3.0,4.0,5.0,6.0,8.0,10,15,20,25,(32),40,50,(65),80,100,(125),150,200,250,300,350,400,450,500。

注：括号内的数值为非推荐值。

4.1.2　公称压力

质量流量计的公称压力系列值为(单位:MPa):

0.25,0.4,0.6,1,1.6,2.5,4.0,6.3,10,16,25,32,40,63。

4.1.3　准确度等级

质量流量计在范围度不低于10∶1的流量范围内的准确度等级及对应的最大允许误差见表1。如采用非表1所列准确度等级,其最大允许误差应符合表1的对应原则。

表 1 准确度等级及对应的最大允许误差

准确度等级	0.1 级	0.15 级	0.2 级	0.5 级	1.0 级
最大允许误差/%	±0.1	±0.15	±0.2	±0.5	±1
注：最大允许误差为相对误差。					

4.1.4 电源

质量流量计的电源有：

a) 交流电源：电压 220 V，频率 50 Hz；

b) 直流电源：电压 24 V。

注：可使用其他额定电压的电源。

4.1.5 输出信号

质量流量计有以下一种或一种以上输出信号：

a) 现场显示：质量流量、质量总量等测量结果及其他信息；

b) 脉冲信号：频率信号 0 Hz～10 000 Hz；

c) 模拟信号：电流信号 0 mA/4 mA～20 mA；

d) 通信信号。

4.1.6 流量测量范围上限值

流量测量范围上限值的数系值应为(单位：kg/min 或 t/h)：

1.0，(1.2)，1.25，1.6，2.0，2.5，(3.0)，3.2，4.0，5.0，(6.0)，6.3，8.0 的 10^n 倍数（n 为整数）。

注：括号内数值不优先使用。

4.1.7 工作环境条件

环境温度：－25 ℃～55 ℃；

环境湿度：5%～95%。

4.2 产品分类

4.2.1 组合型式

按流量检测元件与转换器的组合型式分为：分离型、一体型等。

4.2.2 流量检测元件的测量管型式

按流量检测元件的测量管型式分为：单管和双管、直管和弯管等。

4.2.3 流量检测元件的连接方式

按流量检测元件的连接方式一般分为：法兰连接、螺纹连接或其他连接方式。

4.2.4 防爆要求

质量流量计按有无防爆要求分为：防爆型、普通型。

5 要求

5.1 计量性能

在要求的准确度等级和测量范围内(范围度),质量流量计的流量测量误差应符合4.1.3的规定,重复性误差不应超过其相应最大允许误差绝对值的1/2。

5.2 环境温度

5.2.1 低温影响

在-25 ℃的低温条件下,质量流量计的显示和键盘操作应正常,瞬时流量显示值或输出的变化量应不超过最大允许误差绝对值的1/2。

5.2.2 高温影响

在55 ℃的高温条件下,质量流量计的显示和键盘操作应正常,瞬时流量显示值或输出的变化量应不超过最大允许误差绝对值的1/2。

5.3 恒定湿热

在温度为40 ℃±2 ℃,相对湿度为93%±3%的恒定湿热条件下存放时间48 h,流量检测元件信号引出线与外壳之间、转换器电源线与外壳之间的绝缘电阻应符合表2规定的湿热条件下的阻值要求;取出恢复到一般试验大气条件下通电,显示和键盘操作正常。

表2 绝缘电阻试验参数及要求

额定电压或标称电路电压(直流或正弦波交流有效值) V	直流试验电压 V	绝缘电阻 MΩ			
		具有保护接地端子或保护接地点的		无保护接地端子或保护接地点的	
		一般试验大气条件	湿热条件	一般试验大气条件	湿热条件
≤60	100	5	1	7	2
>60~130	250	7	2	10	5
>130~650	500	10	5	20	7

5.4 电源电压和频率变化

电源在额定电压$U_{-15\%}^{+10\%}$、频率$f_{-10\%}^{+2\%}$范围内供电时,质量流量计以信号仿真方式运行,其瞬时流量显示值或输出的变化量应不超过最大允许误差绝对值的1/2。

5.5 电磁兼容性能

质量流量计应具有良好的电磁兼容性能。在表3规定的抗扰度试验条件下,瞬时流量显示值或输出的变化量应不超过最大允许误差绝对值的1/2。试验后检查校准系数,不应变化或丢失。

表 3 抗扰度试验要求

端口	试验项目	基础标准	试验值
外壳	静电放电(ESD)	GB/T 17626.2	接触放电 4 kV;空气放电 4 kV
	射频电磁场辐射	GB/T 17626.3	3 V/m
	工频磁场	GB/T 17626.8	30 A/m[e]
交流电源	电压暂降、短时中断和电压变化	GB/T 17626.11	各极性 0.5 周期,降低 100%
	电快速瞬变脉冲群	GB/T 17626.4	2 kV
	浪涌(冲击)	GB/T 17626.5	1 kV[a]/2 kV[b]
	射频场感应的传导骚扰	GB/T 17626.6	3 V[f]
直流电源	电快速瞬变脉冲群	GB/T 17626.4	2 kV
	浪涌(冲击)	GB/T 17626.5	1 kV[a]/2 kV[b]
	射频场感应的传导骚扰	GB/T 17626.6	3 V[f]
I/O 信号/控制	电快速瞬变脉冲群	GB/T 17626.4	1 kV[d]
	浪涌(冲击)	GB/T 17626.5	1 kV[b,c]
	射频场感应的传导骚扰	GB/T 17626.6	3 V[d,f]
直接与供电网络相连的 I/O 信号/控制端口	电快速瞬变脉冲群	GB/T 17626.4	2 kV
	浪涌(冲击)	GB/T 17626.5	1 kV[a]/2 kV[b]
	射频场感应的传导骚扰	GB/T 17626.6	3 V[f]
注:设备/系统各部分间的直流连接,如没有连接到直流配电网络,应当作为 I/O 信号/控制端口处理。			

[a] 线对线。

[b] 线对地。

[c] 仅适用于长距离线的情况。

[d] 仅适用于线路长度超过 3 m 的情况。

[e] 仅适用于对磁场敏感的设备。当磁场强度大于 1 A/m 时,允许阴极射线管的显示干扰。

[f] 传导射频试验的试验等级较辐射射频试验的试验等级低,这是由于传导射频试验在每个频率上模拟了谐振状态,因此是一种较严酷的试验。

对接地端口的试验没有单独规定,因为它们包含在相应的基础标准中:

——专用的保护接地端口作为交流电源端口进行试验;

——功能性接地作为 I/O 端口进行试验。

在进行试验时,不应该出现危险和不安全性的后果。

5.6 耐压性能

流量检测元件应能承受试验压力为 1.5 倍公称压力、历时 5 min 的耐压试验,无渗透、无泄漏、无损坏。

5.7 压力损失

各通径下的流量检测元件的压力损失在流量范围内应符合制造厂规定的压损值。

5.8 绝缘性能

5.8.1 绝缘电阻

在一般试验大气条件下,流量检测元件信号引出线与外壳之间、转换器电源线与外壳之间的绝缘电阻应符合表 2 要求。

5.8.2 绝缘强度

在一般试验大气条件下，流量检测元件信号引出线与外壳之间、转换器电源线与外壳之间应能承受频率为 50 Hz、试验电压按表 4 规定的正弦交流电压历时 1 min 的绝缘强度试验，不应出现飞弧或击穿现象。

表 4 绝缘强度试验参数

额定电压或标称电路电压 （直流或正弦波交流有效值） V	试验电压 kV	
	具有保护接地端子 或保护接地点的	无保护接地端子 或保护接地点的
≤60	0.5	0.75
>60～130	1.0	1.5
>130～250	1.5	3.0
>250～650	2.0	4.0

5.9 防爆性能

具有防爆要求的质量流量计，其防爆型式和防爆性能应符合 GB 3836.1 和 GB 3836.2、GB 3836.3、GB 3836.4 或 GB 3836.9 有关规定，并应取得由国家认定的防爆认证检验单位所颁发的防爆合格证书。

5.10 外壳防护

具有外壳防护要求的质量流量计，其外壳防护等级应不低于 GB 4208 规定的 IP65，并应取得由国家认定的防护认证检验单位所颁发的合格证书。

5.11 冲击

质量流量计按 GB/T 25480—2010 规定进行冲击试验后，其外观和机械部件应无损坏、松动等现象，通电后显示和键盘操作正常。

5.12 平面跌落

质量流量计按 GB/T 25480—2010 规定进行平面跌落试验后，其外观和机械部件应无损坏、松动等现象，通电后显示和键盘操作正常。

5.13 外观

质量流量计的外观应符合下列要求：

a） 质量流量计应有良好的外观，表面色泽均匀，不得有毛刺、裂纹、锈蚀、霉斑、涂镀层脱落和剥落等现象；

b） 质量流量计的焊接处应平整光滑；

c） 质量流量计的接插件应牢固可靠，有防插错功能，不得因振动而松动或脱落；

d） 质量流量计显示的数字、文字及符号应清晰、齐全，各项标识正确；

e） 质量流量计的紧固件应无松动，密封面不得有损伤。

6 试验方法

6.1 计量性能

6.1.1 总则

质量流量计流量测量试验优先选用质量法流量标准装置，标准装置的质量流量的扩展不确定度应不大于质量流量计最大允许误差绝对值的1/3。也可选用体积法和标准表法流量标准装置，但装置应能提供满足不确定度要求的质量流量。标准装置及其配套仪器均应有有效的检定证书或校准证书。

检定用流体应是单相、清洁的，无可见颗粒、纤维等物质，流体应充满管道及质量流量计。

质量流量计若有多种输出信号，优先选用脉冲输出进行检定。

在环境温度、恒定湿热、电源电压和频率变化，电磁兼容性能、冲击试验后应对质量流量计的计量性能进行复检。

6.1.2 质量流量误差

检测流量点一般为 q_{max}、$0.5q_{max}$、$0.2q_{max}$、q_{min}，各流量检测点有效检定次数不少于三次，q_{max} 为最大流量。按如下方法计算：

a) 单次检测点的误差按公式(1)计算：

$$E_{ij}=\frac{Q_{ij}-(Q_s)_{ij}}{(Q_s)_{ij}}\times 100\% \qquad \cdots\cdots(1)$$

式中：

E_{ij} ——第 i 检测点第 j 次检定时质量流量计相对示值的误差，%；

Q_{ij} ——第 i 检测点第 j 次检定时质量流量计测量的累积质量流量，单位为千克(kg)；

$(Q_s)_{ij}$——第 i 检测点第 j 次检定时流量标准装置测量的累积质量流量，单位为千克(kg)。

Q_{ij} 按公式(2)计算：

$$Q_{ij}=N_{ij}\times K \qquad \cdots\cdots(2)$$

式中：

N_{ij} ——第 i 检测点第 j 次检定时质量流量计输出的脉冲数；

K ——质量流量计的脉冲当量，kg/脉冲，可在转换器内设定或由制造厂给定。

b) 第 i 检测点质量流量计的误差按公式(3)计算：

$$E_i=\frac{1}{n}\sum_{j=1}^{n}E_{ij} \qquad \cdots\cdots(3)$$

式中：

E_i ——第 i 检测点质量流量计相对误差，%；

n ——检测次数。

c) 质量流量误差 E 为 $\pm|E_i|_{max}$。

采用其他输出信号进行检定的，质量流量误差的计算参照上述方法。

6.1.3 重复性

质量流量计的重复性误差依公式(4)按检测流量点分别进行计算：

$$(E_r)_i=\sqrt{\frac{\sum_{j=1}^{n}(E_{ij}-E_i)^2}{n-1}} \qquad \cdots\cdots(4)$$

式中：

$(E_r)_i$ ——第 i 检测点的重复性，%。

质量流量计的重复性按公式(5)计算：

$$E_r = [(E_r)_i]_{max} \quad \cdots\cdots\cdots\cdots(5)$$

式中：

E_r ——质量流量计的重复性，%。

检定后的校准系数设定在转换器中，以确保质量流量计的计量性能。校准系数应有密码保护。

6.2 环境温度

6.2.1 低温影响

本试验按 GB/T 2423.1 规定进行，质量流量计在信号仿真状态下运行，瞬时流量变化量的计算方法如下：

流量测试点选择 q_{min}、$0.9q_{max}$。

记录质量流量计显示的瞬时流量值或其输出信号值，显示的瞬时流量值为至少 10 次连续显示的瞬时流量值的平均值。

在低温(或其他影响量)影响的情况下，再次记录显示的瞬时流量值或其输出信号值，显示的瞬时流量值为至少 10 次连续显示的瞬时流量值的平均值。相对变化量按公式(6)计算：

$$\Delta e_q = \frac{q_2 - q_1}{q_1} \times 100\% \quad \cdots\cdots\cdots\cdots(6)$$

式中：

Δe_q ——瞬时流量变化量的误差，%；

q_1 ——施加影响前质量流量计的瞬时流量显示值或其输出平均值；

q_2 ——施加影响时质量流量计的瞬时流量显示值或其输出平均值。

有多组试验结果时，取其中的最大值。

6.2.2 高温影响

本试验按 GB/T 2423.2 规定进行，质量流量计在信号仿真状态下运行，瞬时流量变化量的计算按 6.2.1 中所述方法及公式(6)计算。

6.3 恒定湿热

本试验按 GB/T 2423.3 规定进行，非工作状态下将质量流量计置于温度为 40 ℃±2 ℃、相对湿度为 93%±3%的恒温恒湿箱，保持 48 h 后，测量绝缘电阻；取出恢复到一般试验大气条件，通电检查。

6.4 电源电压和频率变化

质量流量计在信号仿真状态下运行，电源在额定电压 $U^{+10\%}_{-15\%}$、频率 $f^{+2\%}_{-10\%}$ 范围内供电，按照 GB/T 18271.3 的要求进行试验。电压值应与频率值组合，交流电源形成 9 组测量，直流电源形成 3 组测量。瞬时流量变化量的计算按 6.2.1 中所述方法及公式(6)计算。

6.5 电磁兼容性能

电磁兼容性能分别按 GB/T 17626.2、GB/T 17626.3、GB/T 17626.4、GB/T 17626.5、GB/T 17626.6、GB/T 17626.8 和 GB/T 17626.11 规定进行试验，试验时质量流量计设置在信号仿真状态下运行。瞬时流量变化量的计算按 6.2.1 中所述方法及公式(6)计算。

6.6 耐压性能

在耐压试验装置上，以水为试验介质，对流量检测元件施加公称压力的 1.5 倍的试验压力，并保持该压力 5 min。试验后检查有无渗漏和损坏现象。

6.7 压力损失

在规定的流量下，分别测量流量检测元件上、下游两端口的压力(减去管道压损)，其压差即为压力损失。

6.8 绝缘性能

6.8.1 绝缘电阻

在一般试验大气条件下，按 GB/T 15479—1995 中 5.2、5.3 规定，用兆欧表(或绝缘电阻表)测量流量检测元件信号引出线短接后与外壳之间的绝缘电阻、转换器电源线短接后与壳体之间的绝缘电阻。

6.8.2 绝缘强度

在一般试验大气条件下，按 GB/T 15479—1995 中 5.2、5.4 规定，在流量检测元件信号引出线短接后与外壳之间、转换器电源线短接后与外壳之间进行绝缘强度试验。试验电压应由零逐渐上升到规定值，上升过程中不允许出现电压明显的瞬变，在规定的电压值上保持 1 min，最后将电压平稳地降至零，并切断设备电源。

6.9 防爆性能

防爆性能分别按 GB 3836.1、GB 3836.2、GB 3836.3、GB 3836.4 和 GB 3836.9 有关规定进行试验。

6.10 外壳防护

外壳防护按 GB 4208 有关规定进行试验。

6.11 冲击

按 GB/T 25480—2010 中 4.5 规定将包装后的质量流量计固定在试验台面进行试验，试验严酷等级如下：

峰值加速度：$100\ m/s^2 \pm 20\ m/s^2$；

相应标称脉冲持续时间：16 ms±2 ms；

脉冲重复频率：60 次/min～100 次/min；

连续冲击次数：1 000 次±10 次；

脉冲波形：半正弦波。

确定包装件在运输时的安装姿态，在包装件的垂直方向上施加规定的冲击次数。恢复 1h 后进行通电检查。

6.12 平面跌落

本试验按 GB/T 25480—2010 中 4.6 规定进行。

6.13 外观

用目视检查法进行质量流量计外观检查。

7 检验规则

7.1 检验分类

质量流量计的检验分为：

a) 型式检验；

b) 出厂检验。

7.2 一般试验大气条件

除非另有规定，应在下列条件下进行检验：

a) 环境温度：5 ℃～40 ℃；

b) 相对湿度：5%～95%；

c) 大气压力：86 kPa～106 kPa（高海拔时，大气压力下限为 60 kPa ）。

7.3 型式检验

7.3.1 总则

产品在下列情况之一时应进行型式检验：

a) 新产品定型或老产品转厂生产时；

b) 正式生产后，如果结构、材料、工艺有较大改变，可能影响性能时；

c) 正常生产时，定期或积累一定数量后，应周期性进行一次检验；

d) 产品长期停产后（一般为一年及以上），恢复生产时；

e) 国家质量监督机构提出进行鉴定检验的要求时。

7.3.2 检验项目

检验项目及检验顺序见表 5。

表 5 检验项目

序号	试验项目	型式检验	出厂检验	要求条款号	试验方法条款号
1	计量性能	●	●	5.1	6.1
2	环境温度	●	—	5.2	6.2
3	恒定湿热	●	—	5.3	6.3
4	电源电压和频率变化	●	—	5.4	6.4
5	电磁兼容性能	●	—	5.5	6.5
6	耐压性能	●	●	5.6	6.6
7	压力损失	●	—	5.7	6.7
8	绝缘电阻	●	●	5.8.1	6.8.1
9	绝缘强度	●	—	5.8.2	6.8.2

表 5（续）

序号	试验项目	型式检验	出厂检验	要求条款号	试验方法条款号
10	防爆性能	▲	▲	5.9	6.9
11	外壳防护	▲	▲	5.10	6.10
12	冲击	●	—	5.11	6.11
13	平面跌落	●	—	5.12	6.12
14	外观	●	●	5.13	6.13
注：“●”为必检项目，“—”为不检项目，“▲”为合格证书在有效期内。					

7.3.3 检验样件的数量

对每种型号的质量流量计，应选取包括最小通径在内的 1/3 有代表性的规格。

对每种规格的质量流量计，通径不大于 100 mm 的质量流量计应提供 3 台样机，通径大于 100 mm 的质量流量计可提供 1 台样机。

7.3.4 合格判据

在完成规定的全部检验项目且均符合标准要求时，则判定型式检验合格。如任一检验项目不合格，则判定型式检验不合格。对型式检验不合格的样品，针对产品故障进行分析，采取相应措施处理，并根据鉴定单位意见，重新对全部检验项目或只对不合格项目进行检验。

7.4 出厂检验

质量流量计应经制造商的检验部门按表 5 规定的检验项目逐台进行检验，检验合格后，由检验部门出具产品合格证书后方能出厂。

8 标志、包装、贮运

8.1 标志

质量流量计的标志主要包含以下内容：

——制造厂名称或商标；

——产品名称及型号(包括通径、最大流量)；

——质量流量计的准确度等级；

——公称压力；

——介质温度范围；

——防爆标志和编号；

——计量器具制造许可证标志和编号；

——产品编号和出厂日期。

8.2 包装

质量流量计的包装防护和包装储运图示标志应符合 GB/T 13384 和 GB/T 191 的要求。

质量流量计的随机文件包括：合格证、安装使用说明书、装箱单等。

8.3 贮运

质量流量计应贮存在温度为0 ℃～40 ℃、相对湿度不大于85％的通风室内，室内空气中不应含有腐蚀性作用的有害物质和气体。

运输要轻装卸，注意方向标志，不应倒置，纸箱包装严禁重压，可以采用任何运输方式。

ICS 35.240.50
J 07

中华人民共和国国家标准

GB/T 31131—2014

制造业信息化评估体系

Evaluation system for manufacturing informatization

2014-09-03 发布　　2015-02-01 实施

中华人民共和国国家质量监督检验检疫总局
中国国家标准化管理委员会　发布

前　言

本标准按照 GB/T 1.1—2009 给出的规则起草。

本标准由中国机械工业联合会提出。

本标准由全国自动化系统与集成标准化技术委员会(SAC/TC 159)归口。

本标准起草单位:天津大学、天津市现代集成制造技术工程中心、北京机械工业自动化研究所。

本标准主要起草人:郭伟、邵宏宇、王磊、李钢、齐二石、牛占文、赵楠、胡明艳、霍明、张聪慧、王思斯、高雪芹。

引　言

编制本标准的目的是建立一套科学、有效的制造业信息化评估体系，面向制造企业、区域、行业等评估对象，为制造业信息化发展提供科学、量化、具备良好可操作性的分析和诊断工具。

通过本标准的制定与应用，一方面可以分析评价制造企业信息化水平及信息化实施效果，进而通过对区域(省、市)或行业企业样本群体的综合分析，反映当前区域或行业制造业信息化的发展状况与发展趋势，从企业、行业或区域的多角度发现信息化发展过程中存在的问题，并为区域、行业制定制造业信息化相关政策和措施提供决策支持，促进制造业信息化的良性健康发展。另一方面，面向企业流程和管理实践的信息化评估指标体系及相关附录文件，可以为准备开展制造业信息化评测分析和推进的企业及相关区域或行业管理部门提供指导原则。基于本标准，可以建立连续的反映制造业信息化发展状况的数据基础，建立区域或行业性制造业信息化数据中心，形成对制造业信息化本质规律研究的实证基础。

制造业信息化评估体系

1 范围

本标准规定了制造业信息化评估体系，明确了评估体系中各指标的具体含义，确定了制造业信息化水平评估体系的实施方法。

本标准适用于指导制造业信息化评测工作的规划、实施以及制造业信息化应用发展状况分析。

2 规范性引用文件

下列文件对于本文件的应用是必不可少的。凡是注日期的引用文件，仅注日期的版本适用于本文件。凡是不注日期的引用文件，其最新版本(包括所有的修改单)适用于本文件。

GB/T 4882—2001 数据的统计处理和解释 正态性检验(idt ISO 5479:1997)

GB/T 4883—2008 数据的统计处理和解释 正态样本离群值的判断和处理

3 术语和定义

下列术语和定义适用于本文件。

3.1

企业 enterprise

共同承担确定使命、目标和目的，以提供产品或服务等输出的一个或多个组织。

[GB/T 18757—2008，定义 3.6]

3.2

制造业 manufacturing industry

对原材料(采掘业的产品和农产品)进行加工或再加工，以及对零部件装配的工业的总称，包括与产品制造、设计、原料采购、仓储运输、订单处理、批发经营、零售一系列流程相关的多个行业。

3.3

信息化评估 informatization evaluation

对与信息化基础建设、信息化应用程度、信息化直接和间接效益等方面的相关指标，对照一定的标准，按照一定的程序，通过定量定性对比分析，进行评价的一系列行为。

3.4

评估体系 evaluation system

对测评对象进行评价的方法、流程、工具的集合，包括评估指标体系、评价权重、评估实施方法等。评估指标体系指一系列的定性或定量测评指标，按照一定的理论原则建立起来的层次指标框架。

3.5

信息化普及度 informatization popularization degree

通过对企业信息化战略地位、信息化基础设施投入、软硬件建设、IT 人力资源等方面的评测分析，反映企业信息化基础设施及软硬件资源的建设发展水平，并形成量化的综合的评测指标。

3.6

信息化融合度 informatization integration degree

通过对信息技术在企业产品研发、制造管理、运营等方面应用状况的评测分析，从广度与深度两方面反映信息化对企业业务流程的支撑、变革创新作用;通过对信息技术在企业管理协同、战略支持等层面的评测分析,反映信息化在企业业务创新、管理创新方面的作用,并形成量化的综合反映企业信息化与业务流程相互作用的评测指标。

3.7

信息化效能度 informatization benefit degree

通过对企业经济效益与创新能力等方面的评测分析,反映企业信息化发展在企业产品创新、管理创新、业务创新等方面对企业效率、效益和能力的促进作用程度,并形成的量化的综合评测指标。

3.8

信息化环境 informatization environment

一种客观、量化的企业信息化评测指标,主要是指经济社会中与企业信息化应用发展息息相关的各种宏微观因素的集合,包括信息技术开发、信息咨询培训服务、技术转让、政府资金政策支持等方面。

3.9

区域 region

地理上的某一范围的地区,区域划分以地理和经济特征为基础。

4 缩略语

下列缩略语适用于本文件。

BOM	物料清单	Bill of Material
BI	商业智能	Business Intelligence
CRM	客户关系管理	Customer Relationship Management
CIO	首席信息官	Chief Information Officer
CAD	计算机辅助设计	Computer Aided Design
CAM	计算机辅助制造	Computer Aided Manufacturing
CAE	计算机辅助工程	Computer Aided Engineering
CAPP	计算机辅助工艺过程设计	Computer Aided Process Planning
DCS	分布式控制系统	Distributed Control System
DSS	决策支持系统	Decision Support System
ERP	企业资源计划	Enterprise Resource Planning
EAM	企业资产管理	Enterprise Asset Management
KM	知识管理	Knowledge Management
MES	制造执行系统	Manufacturing Execution System
MRP	物料需求计划	Material Requirement Planning
MRPⅡ	制造资源计划	Manufacturing Resource Planning
OA	办公自动化	Office Automation
PDM	产品数据管理	Product Data Management
PLM	产品全生命周期管理	Product Lifecycle Management
PLC	可编程逻辑控制器	Programmable Logic Controller
PC	个人电脑	Personal Computer
QIS	质量信息系统	Quality Information System
SCM	供应链管理	Supply Chain Management

5 总则

5.1 体系的组成

制造业信息化评估体系包括下列内容：

a) 制造业信息化评估指标体系；

b) 制造业信息化评估指标体系相关指标的说明；

c) 制造业信息化水平评估实施与计算方法。

5.2 体系应用

制造业信息化评估体系的应用应按照评估指标选择、企业调查、评估计算的过程进行。针对制造业信息化评估体系的制造企业、区域和行业三类应用对象，进行系统评估。

6 制造业信息化评估指标体系

6.1 制造业信息化评估指标体系构成

制造业信息化评估体系由相关的四个维度指标组成，即制造业信息化建设、制造业信息化应用水平、制造业信息化效益、制造业信息化环境四个方面，从企业内部、外部两方面构成了制造业信息化投入—应用—业务融合—企业效益、能力提升的因果数据链。以信息化普及度、信息化融合度、信息化效能度和信息化环境 4 个一级指标进行描述。制造业信息化评估体系的一、二级指标如图 1 所示。

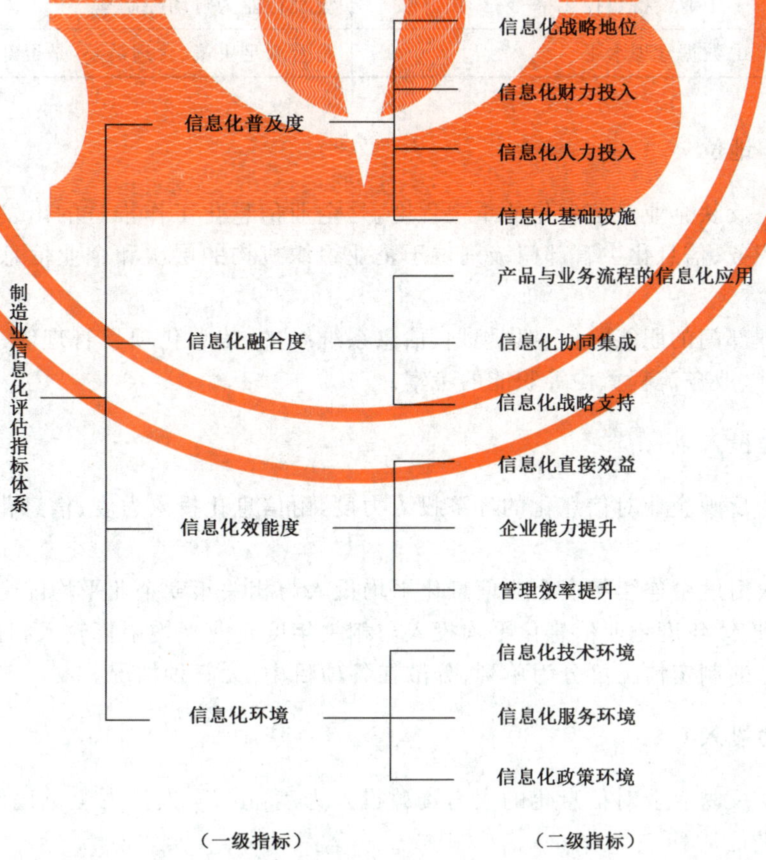

图 1 制造业信息化评估指标体系层次结构图

6.2 指标说明

6.2.1 制造业信息化普及度

制造业信息化普及度通过对企业信息化重视程度、信息化投入、基础设施建设等方面数据的评测，反映制造企业在信息资源和基础信息技术方面的综合水平，它由4个二级指标构成，分别为信息化战略地位、信息化财力投入、信息化人力投入、信息化基础设施，如表1所示。

表1 制造业信息化普及度指标构成

一级指标	二级指标	三级指标	指标解释
信息化普及度	信息化战略地位	信息化主管部门级别	是否属于决策层、管理层
		信息化工作最高主管领导的职务	是否设立CIO，项目负责人是否由企业高层担任
		信息化管理部门的职能	信息化规划、信息系统维护等
	信息化财力投入	信息化投入力度	信息化投入占销售收入比例或固定资产比例
		信息化预算的制定情况	单列、分散在各项目中、无
	信息化人力投入	IT人员比例	IT人员占全员比例
		信息化培训费用	每年人均
	信息化基础设施	百人计算机拥有量	包括工业计算机、台式PC机、笔记本电脑和服务器
		网络性能水平	Internet网络出口带宽或计算机联网率
		工业设备数控化率	流程行业为自动控制率
		数据管理水平	是否满足决策、管理需要，是否部门或企业间共享

6.2.1.1 信息化战略地位

信息化战略地位反映企业对信息化的重视程度，是企业信息化工作推进的出发点。它由信息化工作最高主管领导的职务、信息化主管部门级别位于企业组织机构的层次和企业信息化管理部门的职能等三级指标构成。

企业信息化管理部门的职能除信息化规划、信息系统维护、信息化项目管理等一般职能外，也应包含是否涉及组织设计、业务流程重构等职能的考察。

6.2.1.2 信息化财力投入

信息化财力投入反映企业对信息化的经济投入力度，由信息化投入力度、信息化预算的制定情况等三级指标组成：

a) 信息化投入力度由连续年度企业信息化平均投入与相关年度企业平均固定资产投资相比进行估算，或由连续年度企业信息化平均投入与相关年度企业平均销售收入相比进行估算。

b) 信息化预算的制定情况可分为单列、分散在各项目中、无三种情况。

6.2.1.3 信息化人力投入

信息化人力投入反映企业对信息化的人力资源投入力度，由IT人员占全员比例、信息化培训费用等三级指标组成并进行估算。

6.2.1.4 信息化基础设施

信息化基础设施反映企业对信息化硬件的建设状况和信息化数据资源水平，由百人计算机拥有量、网络性能水平、工业设备数控化率和数据管理水平等三级指标组成并进行估算：

a) 百人计算机拥有量可由计算机（包括工业计算机、台式PC机、笔记本电脑和服务器等）在用数量与企业的全职在岗职工总数相比进行估算。

b) 网络性能水平可由企业Internet网络出口带宽或计算机联网率等进行估算。其中，计算机联网率由经常性连入企业内部网的计算机数量与计算机在用数量相比进行估算。

c) 工业设备数控化率指数控化生产设备占全部企业生产设备的比例，可只考察主要产品的生产设备。对于流程制造企业，可考察生产过程自动控制率，即企业全部生产过程中实现自动控制（使用工控计算机、PLC等控制方式）的生产过程所占百分率。

6.2.2 制造业信息化融合度

6.2.2.1 概述

制造业信息化融合度通过企业信息系统在企业业务流程上的应用广度、深度、集成化水平、企业战略支持程度等方面的评测，反映制造企业信息系统与企业业务、管理融合的综合水平，它由3个二级指标构成，分别为产品与业务流程的信息化应用、信息化协同集成、信息化战略支持，如表2所示。

表2 制造业信息化融合度指标构成

一级指标	二级指标	三级指标	含义
信息化融合度	产品与业务流程的信息化应用	产品信息化	嵌入式软件等应用状况
		产品开发设计流程	CAD、CAE、配方管理等应用状况
		生产与质量管理流程	MES、QIS、MRP、ERP等应用状况
		销售服务流程	进销存、电子商务平台、CALL CENTER等应用状况
		辅助支持管理业务	财务管理、OA、人力资源管理等应用状况
	信息化协同集成	部门级协同	物流一体化、PDM应用、业财无缝状况
		企业级协同与集成	ERP与MES集成、ERP与PDM集成状况
		企业外部集成与协同	ERP与SCM或CRM集成、企业门户与ERP集成状况
	信息化战略支持	辅助决策系统应用	DSS、BI等应用状况
		资源与能力管理	KM知识管理、能源管理、危机管理等
		市场业务创新	服务信息化、电子商务状况

6.2.2.2 产品与业务流程的信息化应用

产品与业务流程的信息化应用反映信息技术在产品和业务流程上的应用广度和深度。按业务流程统计相应软件应用覆盖程度和功能使用程度，对企业产品信息化、产品开发设计、生产制造、销售服务、价值链支持等五方面业务流程与信息系统进行匹配。三级指标包括产品信息化应用、产品开发设计流程软件应用、生产与质量管理流程软件应用、销售服务流程软件应用、辅助支持管理业务软件应用等五方面，根据企业中典型信息技术系统，如CAD、CAE、MES、QIS、ERP、财务管理、OA等的应用广度和深度进行测评：

a) 产品信息化应用，是指借助因特网和嵌入式软件系统，对工业产品的、智能性、可控性、便捷性的提升。产品信息化应用水平可通过企业主要产品是否采用嵌入式软件系统、是否支持物联网等评测。

b) 产品与设计流程软件包括二维 CAD、三维 CAD、CAM、PDM、PLM、配方管理等。三级指标“产品与设计流程”的估算包括该流程典型软件的应用广度和应用深度的估算，其应用广度可通过二维 CAD 出图率、应用三维 CAD 工具设计的产品占总产品数的比例、企业产品设计过程中应用数字化仿真与分析技术的比例等估算，应用深度可通过软件功能使用率估算。

c) 生产与质量管理流程软件包括 MRP/MRPⅡ/ERP 软件、MES、DCS、QIS、CAPP 等。三级指标“生产与质量管理流程”的估算包括该流程软件的应用广度和应用深度的估算，其应用广度可通过是否应用此类软件或应用此类软件进行生产的产品占总产品数的比例来估算，应用深度可通过软件功能使用率估算。

d) 销售服务流程软件包括进销存、分销管理、电子商务平台、服务呼叫中心(CALL CENTER)等，三级指标“销售服务流程”的估算包括该流程软件的应用广度和应用深度的估算，其应用广度可通过是否应用此类软件来估算，应用深度可通过软件功能使用率估算。

e) 辅助支持管理业务软件包括 OA 软件、财务管理软件、EAM 软件、人力资源管理软件等，三级指标“辅助支持管理业务”的估算包括该流程软件的应用广度和应用深度的估算，其应用广度可通过是否应用此类软件来估算，应用深度可通过软件功能使用率估算。

软件功能使用率是针对特定软件，企业对该软件功能的部分应用、全部应用以及深化开发应用等方面的状况。如企业门户网站服务功能主要指企业门户网站是否具有信息发布、企业招聘、员工入口、咨询服务、网上采购、网上销售、客户反馈、移动商务、网上结算、客户网上自助服务、售后服务、企业技术等功能，企业可根据实际网站功能对照上述功能确定门户网站的使用率。

6.2.2.3 信息化协同集成

信息化协同集成反映信息技术在企业管理上的协同集成效应，按应用层次可分为部门级协同、企业级协同与集成、企业外部集成与协同三个三级指标，如下：

a) 部门级协同包括物流一体化、PDM 应用、业财无缝等。具体可通过 CAD/CAE/CAPP/CAM 等设计信息是否集成在统一的 PDM/PLM 软件中；从采购到生产、销售的物资管理是否统一；财务数据是否直接从相关业务过程和环节提取等方面进行评估。

b) 企业级协同与集成包括 ERP 与 MES 集成、ERP 与 PDM 集成等。具体可通过设计 BOM 是否可直接导入 ERP 软件中形成制造 BOM、ERP 的生产计划是否可直接导入 MES 执行等方面进行评估。

c) 企业外部集成与协同包括 ERP 与 SCM 或 CRM 集成、企业门户与 ERP 集成等。具体可通过 ERP 的业务单据是否可被 SCM 软件直接调用，企业门户是否建立在 intranet 基础上、企业门户是否与 ERP 信息集成等方面进行评估。

6.2.2.4 信息化战略支持

信息化战略支持反映信息技术在企业决策支持和战略管理上的应用，涉及的三级指标包括辅助决策系统应用、企业资源与能力管理、信息化对市场开拓创新的支持等：

a) 辅助决策系统应用包括 DSS、BI 等软件。

b) 企业资源与能力管理包括信息技术在 KM、能源管理、危机管理、信息安全等方面的应用。能源管理包括能源使用分配、能源控制、生产消耗、能源分析管理、环保监测等内容，信息化在能源管理上的应用可以是局部的，也可以采用能源管理系统。信息安全可通过信息安全费用投入力度、信息安全软件和信息系统可靠度(或信息系统平均故障时间)等方面进行评估。

c) 信息化对市场开拓创新的支持包括制造服务模式创新、电子商务应用水平等。考核企业通过信息化与工业化深度融合，创新性地提升企业在价值链中的位置，并辅助企业形成全新的市场模式和竞争能力的情况。

6.2.3 制造业信息化效能度

制造业信息化效能度反映企业信息化发展对企业产品创新、管理创新、业务创新等方面的效率、效益和能力促进作用，它由3个二级指标构成，分别为信息化直接效益、企业能力提升、管理效率提高，如表3所示。三级指标的具体计算可参照附录A的内容。

表3 制造业信息化效能度指标构成

一级指标	二级指标	三级指标	含义
信息化效能度	信息化直接效益	利润率	
		生产成本比重	生产成本占销售收入比例
		全员劳动生产率	
	企业能力提升	创新能力	以新品开发数或专利数评估
		生产能力	包括库存周转率、产品合格率等
		营销服务能力	包括订单完成率、流动资产周转率等
	管理效率提高	订单响应时间	可只评估主要产品
		新品研发周期	可只评估主要产品
		财务决算速度	
		制造周期	可只评估主要产品

6.2.4 制造业信息化环境

6.2.4.1 概述

制造业信息化环境主要是指经济社会中与企业信息化应用发展息息相关的各种宏微观因素的集合，包括信息技术开发、信息咨询培训服务、技术转让、政府资金政策支持等方面。涉及的3个二级指标包括信息化服务环境、技术环境和政策与区域环境，通过服务效率、服务能力、技术支撑能力、技术发展能力、制造业信息化示范企业影响力等三级指标进行估算，如表4所示。

表4 制造业信息化环境指标构成

一级指标	二级指标	三级指标	含义
信息化环境	服务环境	服务效率	人均服务收入
		服务能力	服务人员比例
	技术环境	信息技术支撑能力	信息技术人员比例
		信息技术发展能力	国产软件使用率
	政策与区域环境	制造业信息化示范企业影响力	示范企业产值除以区域内制造业总产值

6.2.4.2 服务环境

信息化服务环境主要体现信息化中介机构对制造业信息化的影响。信息化中介机构包括信息化咨询公司、信息化研究院所等单位,具有技术服务、咨询培训、销售与代理、技术转让、项目实施与管理等职能。服务环境可由服务效率和服务能力等三级指标进行估算:

a) 服务效率可由人均服务收入或人均服务企业数等进行估算。人均服务收入可由中介机构本年度服务总收入除以中介机构现有人员数得到,人均服务企业数可由接受服务的企业总家数除以中介机构现有人员数得到。
b) 服务能力可由单位产值服务收入或服务人员比例等进行估算。单位产值服务收入可由中介机构服务总收入除以区域(省、市)工业总产值得到,服务人员比例可由中介机构从业人员数除以区域(省、市)制造从业人员数得到。

6.2.4.3 技术环境

信息化技术环境主要体现软件行业组织对制造业信息化的影响。技术环境可由信息技术支撑能力、信息技术发展能力等三级指标进行估算:

a) 信息技术支撑能力可由单位产值技术收入或技术人员比例等进行估算。单位产值技术收入可由软件行业总收入除以区域(省、市)工业总产值得到,技术人员比例可由软件行业从业人员数除以区域(省、市)制造业从业人员数得到。
b) 信息技术发展能力可由国产软件使用率或自主知识产权软件登记比例等进行估算。

6.2.4.4 政策与区域环境

政策与区域环境主要体现政府部门在政策、资金等方面对制造业信息化的影响。政策与区域环境可由制造业信息化示范企业影响力的三级指标进行估算。制造业信息化示范企业影响力可由示范企业产值除以区域(省、市)内制造业总产值等得到。

7 制造业信息化评估实施与计算方法

7.1 制造业信息化评估实施步骤

制造业信息化评估对象具体包括制造企业、行业和区域(省、市)三类。制造业信息化评估实施应按企业、行业、区域等不同对象采取相应评估方法,其中制造企业评估具有基础作用。其基本步骤如下:

a) 选择评估指标

制造企业进行信息化应用自评估时,具体评估从信息化建设、信息化应用水平、信息化效益三个方面开展,以信息化普及度、信息化融合度、信息化效能度等3个一级指标进行描述。

行业信息化水平评估的指标,以本行业多企业样本为对象,从信息化建设、信息化应用水平、信息化效益三个方面开展,以信息化普及度、信息化融合度、信息化效能度等3个一级指标进行汇总分析描述,并可针对行业特点,添加或删除部分评测指标。

区域(省、市)进行制造业信息化水平评估,以区域内多企业样本及环境因素为对象进行综合分析,其指标体系可采用图1的全部指标。

b) 设计企业调查表

企业调查表是依据制造业信息化指标体系进行企业信息化状况数据获取的工具。企业调查表的设计原则是术语标准化、结构规范化、易于填写,具体可参考附录A。其中,对于企业不熟悉或有歧义的术语,在调查项下应添加注释;调查项一般按企业职能部门划分,方便企业多部门组织数据;调查项问题宜采用填空或选择方式,以方便用户填写。

调查表中的调查项是评估指标估算的原始计算项,为方便电子化处理,宜进行统一编码。

c) 数据采集

制造企业进行信息化水平自评估,可由企业自主组织开展,直接由企业内部相关部门填报数据。对于集团企业，由各制造分公司分别进行填写，形成汇总数据后进行评估。

在进行行业和区域(省、市)制造业息化水平评估时，宜由主管部门组织一定数量的企业进行调查表数据填报。

d) 数据预处理

制造企业进行信息化水平自评估，数据不需预处理。在开展行业和区域(省、市)信息化水平评估时，对相关企业的数据处理方法和过程参考7.5。

e) 确定评估指标权重，进行信息化水平评估计算

制造业信息化水平评估指标权重对信息化工作主要起引导作用，在不同的信息化主体、信息化阶段、信息化环境下，权重应有所不同。附录B所推荐的权重是在目前我国制造业信息化总体已完成初步基础建设，采用德尔菲法获得的。

企业自评估和行业信息化水平评估时，评估指标权重不宜包含信息化环境指标；区域(省、市)进行信息化水平评估，评估指标权重应包含信息化环境指标。

f) 计算结果分析，形成信息化评估报告

区域(省、市)统计和行业统计样本量一般较大，经计算可获得分生产类型、分企业规模的评估指标基准值，是进行企业自评估的基础。

制造业信息化水平评估除利用区域或行业的基准值进行标杆评价外，还可进行连续年度评价。

7.2 制造企业信息化评估实施与计算方法

7.2.1 企业自评估实施过程

制造企业信息化水平评估指标体系可采用图1的前3个一级指标，调查表可参考附录A。

企业信息化水平评估直接由企业内相关部门填写数据。对于集团企业，由各制造分公司分别进行填写，再汇总。调查数据如无缺失数据和错误数据，不需预处理。

制造企业的自评估，可进行自身连续年度发展纵向评价，也可开展利用区域或行业的标杆基准值进行横向比较分析。

7.2.2 评估计算过程

企业信息化评估指标权重不宜包含信息化环境指标，推荐权重参见附录B，所有权重合计为100%。制造企业信息化评估指标合成计算：

$$EII_i = \sum (WI_j \times VI_j)$$

式中：

WI_j ——企业信息化各指标权重；

VI_j ——企业信息化各指标的分值。

7.3 行业对象

7.3.1 行业评估实施过程

行业信息化水平评估的指标体系可采用图1的前3个一级指标，可针对行业特点，添加部分评测指标。调查表可参考附录A。

行业信息化水平评估应组织30家以上企业进行调查，以符合统计样本数量要求。调查宜采用网上调查，以便于数据电子处理。

数据预处理方法见7.5。

7.3.2 行业评估计算过程

行业信息化评估指标权重不宜包含信息化环境指标，推荐权重参见附录B，所有权重合计

为 100%。

评估行业制造业信息化水平，需要按照指标层次关系，通过赋以权重，计算相应的合成指数。行业信息化指数有两种合成方法：

a）先合成各企业信息化指数，再计算行业指数

$$III = AVG(EII_i)$$

式中：

III ——行业信息化指数；

EII_i ——各企业信息化指数；

AVG ——求平均值函数。

$$EII_i = \sum(WI_j \times VI_j)$$

式中：

WI_j ——企业信息化各指标权重；

VI_j ——企业信息化各指标无量纲化后的分值。

b）先计算行业各信息化指标的平均值，再合成行业指数

$$III = \sum(WI_i \times \overline{VI}_i)$$

式中：

WI_i ——信息化各指标权重；

$\overline{VI}_i$ ——某信息化指标企业的平均分值。

$$\overline{VI}_i = AVG(VI_j)$$

7.4 区域信息化评估实施与计算方法

7.4.1 区域评估实施过程

制造业信息化区域水平评估的指标体系可采用图 1 的全部指标。为方便企业填写，应将评估指标按标准术语和规范格式设计成调查表。调查表应包括调查项、调查说明、调查项注释、指标合成计算方法等内容，附录 A 为调查表示例。

为准确反映区域信息化发展状况，制造业信息化区域水平评估应组织 100 家以上企业进行调查，以获得较大统计样本，便于分行业、规模进行数据分析。应组织调查说明会，向填报企业详细解释调查项的含义和填写注意事项。调查宜采用网上调查，以便于数据电子处理。调查组织单位应注意填报跟催，对企业填报内容进行初步审核。

数据预处理过程见 7.5。

7.4.2 区域评估计算过程

区域(省、市)统计的制造业信息化评估指标权重宜包含信息化环境指标，附录 B 为推荐权重，所有权重合计为 100%。

评估区域制造业信息化水平，需要按照指标层次关系，通过赋以权重，计算相应的合成指数。区域信息化指数有两种合成方法：

a）先合成各企业信息化指数，再计算区域指数

$$RII = AVG(EII_i)$$

式中：

RII ——区域信息化指数；

EII_i ——各企业信息化指数；

AVG ——求平均值函数。

$$EII_i = \sum(WI_j \times VI_j)$$

式中：

WI_j ——企业信息化各指标权重；

VI_j ——企业信息化各指标无量纲化后的分值。

b) 先计算区域各信息化指标的平均值，再合成区域指数

$$RII = \sum(WI_i \times \overline{VI}_i)$$

式中：

WI_i ——信息化各指标权重；

$\overline{VI}_i$ ——某信息化指标区域内企业的平均分值。

$$\overline{VI}_i = AVG(VI_j)$$

7.5 数据预处理

7.5.1 概述

填报数据在计算过程中需按照行业进行划分，即按照行业的不同将所采集的数据分类进行预处理。数据预处理包括定性指标定量化、离群值处理、缺失值填补、无量纲化处理和信度检验。

7.5.2 定性指标定量化

制造业信息化评估体系中所采集的数据若为定性指标，则应该在预处理过程中转化为定量指标后再参与计算。

7.5.3 离群值处理

数据异常情况可以分为观测值过大或过小、关联数据处理结果异常两种情况，离群值可按下面方法进行处理。

a) 基于统计学的离群值处理
   1) 应按照 GB/T 4882—2001 的要求判断样本数据的正态性。对于不服从正态分布的样本数据可采用 Box-Cox 变换，进行近似正态化变换。
   2) 应按照 GB/T 4883—2008 的要求进行离群值检验，进而可以剔除或修正。

b) 基于管理经验的离群值处理

基于管理学基本规律，利用调查项之间的关联性，设置样本检验规则，甄别出样本中的离群值并剔除。

7.5.4 缺失值填补

统计调查数据缺失的主要原因包括调查中的无应答、经离群值处理造成数据缺失等。

缺失数据应使用插补法回填，即给每一个缺失数据一个替代值，从而得到相对完整的数据集，然后使用标准的完全数据统计方法进行数据分析。制造企业信息化评估调查数据的填补可采用分层均值插补法或分层热卡插补，也可利用用户已填报的其他数据估算出该缺失数据项。

7.5.5 无量纲化处理

为了尽可能地反映实际情况，排除由于各项指标的量纲不同以及其数值间的悬殊差别所带来的影响，避免不合理现象的发生，需要对评价指标作无量纲化处理。

无量纲可以采用如下公式进行：

$$\text{无量纲处理后的值} = \frac{\text{指标当前值} - \text{基期最小值}}{\text{基期最大值} - \text{基期最小值}} \times 100\%$$

式中：

基期　　　——所规定的具有一定参考意义的时期；

基期最大值——基期数据库中该指标字段值中同行业最大者；

基期最小值——基期数据库中该指标字段值中同行业最小者。

7.5.6 信度检验

利用 cronbach α 系数对预处理后的数据进行信度检验，α 系数越接近于 1，说明量表的可信度越高。当 α 系数大于 0.7，认为量表数据通过信度检验。

附 录 A
（资料性附录）
制造业信息化企业调查表

A.1 企业基本情况

企业其本情况调查内容如下：

a） 企业类型：__________；

A. 内资企业　　B. 外商独资　　C. 中外合资　　D. 中外合作

b） 企业规模：（按指数口径填写）________________；

A. 大型　　B. 中型　　C. 小型

注：分类标准来源于国务院第一次全国经济普查领导小组办公室制定的企业规模标准和分类，其中大型和中型企业必须同时满足所列各项条件的下限指标，否则下划一档。

行业名称	指标名称	计算单位	大型	中型	小型
制造业	从业人员数	人	2 000 及以上	300～2 000 以下	300 以下
	销售额	万元	30 000 及以上	3 000～30 000 以下	3 000 以下
	资产总额	万元	40 000 及以上	4 000～40 000 以下	4 000 以下

c） 企业登记所在地：__________省__________市__________县（区）__________镇（乡）；

d） 企业主营（核心）业务（主要产品和服务）：________________________________；

注：本次调查中主要产品指主营（核心）业务中产值最高的产品，下同。企业主营业务的界定以企业营业收入为分类标准，所采用财务数据为经会计师事务所审计的合并报表数据：

a） 当企业某类业务的营业收入占企业当年总营业收入的比重大于或等于 50%，则将该项业务记为主营业务。

b） 如果企业没有任何一类业务的营业收入达到企业当年总营业收入的 50%，但是存在某类业务营业收入占企业当年总营业收入的比重较企业其他业务收入所占比重高出 30%，则该项业务视为企业的主营业务；否则，划为综合类。

e） 企业主要产品的生产过程类型：______________。

A. 流程型　　B. 离散型　　C. 混合型

注：典型的离散型生产包括模具加工，汽车、机床等典型机电产品的制造，手机、电脑等电子产品制造等；典型的流程型生产包括化工、冶金、制药等；混合型生产，是指生产过程中兼有离散型和流程型生产环节的生产方式。

A.2 企业财务及其对信息化投入状况

A.2.1 企业财务状况

企业财务状况调查内容如下：

a） 企业本年度总资产：__________（万元）；

b） 企业本年度利润：__________（万元）；

c） 企业本年度生产成本：__________（万元）；

d） 企业本年度销售收入：__________（万元）；

e） 企业本年度流动资产周转率为：__________（次/年）；

f） 企业本年度库存周转率为：__________（次/年）；

g）企业本年度固定资产投资：＿＿＿＿＿（万元）；

h）企业本年度实现财务决算所需要的正常时间为：＿＿＿＿＿。

A. 1 日以内　B. 2～3 日　C. 4～6 日　D. 7～10 日　E. 11～20 日　F. 21～30 日　G. 30 日以上

注：此处财务决算速度的含义是：从企业有关部门接到进行决算的指令开始计时，有关部门根据决算的要求，收集和汇总决算所包含的数据所需要的时间，该时间周期为可重复实现的。

A.2.2　企业信息化投入情况

企业信息化投入情况调查内容如下：

a）企业最近 3 年信息化平均总投入＿＿＿＿＿（万元），

其中，硬件设备采购与设备运行维护费用＿＿＿＿＿（万元）；

软件采购费用＿＿＿＿＿（万元）；软件服务和维护费用＿＿＿＿＿（万元）；

注：信息化总投入包含软件、硬件、网络和通讯、培训、服务和维护、人员费用等项费用。

b）企业最近 3 年信息安全投入＿＿＿＿＿（万元）；信息化培训费用＿＿＿＿＿（万元）；

注：信息安全费用包含与信息安全有关的软件、硬件、信息安全培训、信息安全人力资源支出等项费用。

c）信息化预算的制定情况：＿＿＿＿＿。

A. 单列的信息化预算　B. 分散在企业总体预算中　C. 无成文的信息化预算

A.3　人力资源及其对信息化支撑状况

人力资源及其对信息化支撑状况调查内容如下：

a）企业信息化主管部门级别位于企业组织机构的：＿＿＿＿＿；

A. 决策层（一把手、副职）　B. 管理层（中层/部门主管）

C. 操作层（信息化小组）　D. 未设信息化主管部门

b）企业本年度全职在岗职工总数：＿＿＿＿＿人，IT 部门全职员工总数：＿＿＿＿＿人；

注：全职在岗职工是指按国家相关工作作息时间在公司正常出勤，公司对员工的工作时间具有调控权，有工作岗位的正式人员。对于单位的兼职和临时职工，应按时间比例换算成全职在岗职工。

c）企业本年度信息化培训费用：＿＿＿＿＿（万元）。

注：信息化培训指与企业信息化相关的培训；一次性接受 2 小时以上的正式信息化培训，方可计入培训范围。

A.4　企业信息化基础设施建设及应用状况

A.4.1　信息化硬件建设状况

信息化硬件建设状况调查内容如下：

a）企业本年度信息化硬件设施在用数量：

计算机（含：服务器、台式 PC 机、笔记本电脑）＿＿＿＿＿（台）；工业计算机＿＿＿＿＿（台）；

网络设备（含：路由器、交换机等）＿＿＿＿＿（台）；

b）企业本年度主要产品的数控化率：＿＿＿＿＿％；

注：离散型企业与混合型企业填写此项。

c）企业本年度生产过程自动控制率，即企业全部生产过程中实现自动控制（使用工控计算机、PLC 等控制方式）的生产过程所占百分率：＿＿＿＿＿％。

注：流程型企业与混合型企业填写此项。

A.4.2　信息化软件建设状况

信息化软件建设状况调查内容如表 A.1 所示。

表 A.1　软件数据表

软件名称		软件建设状况					主要品牌
		全部实现	部分实现	正在建设	已经计划	未计划	
技术信息化软件	三维 CAD(三维计算机辅助设计)						
	CAM(计算机辅助制造)						
	CAPP(计算机辅助工艺过程设计)						
	CAE(计算机辅助工程分析)						
	PDM(产品数据管理)						
	PLM(产品生命周期管理)						
	MES(制造执行管理系统)						
	DCS(分布式控制系统)						
	DNC(分布式数字控制)						
	CAI(计算机辅助创新)						
	IPM(创新过程管理)						
管理软件或 ERP 模块	MRP/MRPII/生产管理						
	QIS(质量信息管理系统)						
	OA(办公自动化)/HRM(人力资源管理)						
	进销存管理						
	财务管理(CM)						
	分销管理(DRM)						
	EAM(企业资产管理)						
	KM(知识管理)						
	BI(商业智能)						
	DSS(决策支持系统)						
外部关系管理软件	SCM(供应链管理)						
	CRM(客户关系管理)						
	电子商务平台						
	企业门户						
	CALL CENTER(客户服务中心)						

表 A.1（续）

软件名称		软件建设状况					主要品牌
		全部实现	部分实现	正在建设	已经计划	未计划	
信息化相关技术	数据挖掘软件						
	数据库系统						
	信息安全软件						
	中间件技术应用						
	系统集成技术应用						
	ASP 平台						
	产品中采用嵌入式软件						

A.4.3 信息化软件应用状况

信息化软件应用状况调查内容如下：

a) ERP 系统应用状况

1) 企业内应用 ERP 系统的部门(可多选)：__________；

A. 采购部门　B. 生产部门　C. 销售部门　D. 财务部门

E. 库存管理部门　F. 研发部门　G. 行政及人事部门　H. 其他(请描述)：__________

2) 应用 ERP 系统后，库存盘点的准确率达到：__________；

A. 95%以上　B. 90%～95%(含)　C. 80%～90%(含)　D. 80%以下

3) 应用 ERP 系统后，产品物料清单(BOM)的准确率达到：__________；

A. 95%以上　B. 90%～95%(含)　C. 80%～90%(含)　D. 80%以下

4) 应用 ERP 系统后(可多选)：__________；

A. 企业内部物料实现统一编码

B. 生产成本核算可细化到加工中心等设备

C. 改善了业务流程和组织，提高运作效率

D. 生产、采购计划完全由系统自动计算生成

E. 生产、采购计划由系指数算生成，辅以人工编制调整

F. 其他(请描述)__________

b) 企业本年度在产品设计开发过程中三维 CAD 应用状况(可多选)：__________；

A. 未使用三维 CAD 系统

B. 部分产品设计使用二维 CAD 系统，新产品开发使用三维 CAD 系统

C. 主要产品设计全部使用三维 CAD 系统

D. 使用产品三维模型进行产品演示

E. 使用产品三维模型进行模拟加工、模拟装配

F. 使用产品三维模型进行 CAE 分析

G. 实现参数化设计

H. 其他(请描述)__________

c) CAE 系统及高性能计算技术在产品开发过程中的应用，包括(可多选)：__________；

A. 未使用 CAE 系统

B. 进行强度、刚度等力学分析

C. 进行涉及多学科(如弹塑性变形、接触问题等)产品性能分析

D. 进行多学科耦合分析

E. 进行控制系统仿真

F. CAE 系统分析结果与实验或样机进行比对

G. 其他(请描述)__________

注：多学科耦合，指在同时具有多种物理场作用的复杂产品中，普遍存在着多种学科行为之间的耦合作用。

d) PDM 系统与数字化设计平台技术应用，实现了(可多选)：__________；

A. 未使用 PDM 系统

B. 设计项目与流程管理

C. 图文档电子化管理，设计变更及版本的有效控制

D. 设计流程的电子审签

E. 图文档数据的全电子发放管理

F. 设计知识管理

G. 产品配置管理

H. 产品三维模型及数字样机数据管理

I. 设计 BOM 通过程序与数据接口自动转化导入 ERP 系统

J. 对产品快速发布支持

K. 其他(请描述)__________

e) MES 系统应用，实现了(可多选)：__________；

A. 未使用 MES 系统

B. 将产品数据、工艺信息及作业指令送达加工单元

C. 监控工件的位置和状态，实现物料跟踪

D. 设备运行状态的实时监控

E. 工作流程的监控与改善，规范业务操作

F. 生产计划和生产调度的优化，支持供应链运作和电子商务策略

G. 向 ERP、CRM 系统提供成本、制造周期和预计产出时间等实时生产数据

H. 向 SCM 系统提供订单状态、生产能力等信息

I. 应用 DNC 系统，实现数据共享及系统间的工艺协调和调度

J. 其他(请描述)__________

f) CRM 系统应用，实现了(可多选)：__________；

A. 未使用 CRM 系统

B. 客户及客户联系人基本信息管理

C. 市场需求、市场细分预测

D. 销售管理

E. 财务管理

F. 客户满意度跟踪

G. 潜在客户挖掘

H. 客户自助服务

I. 产品信息管理

J. 产品定制设计

K. 其他(请描述)__________

g) SCM 系统应用，实现了(可多选)：__________；

A. 未使用 SCM 系统

B. 自动编制采购订单

C. 通过信息交互平台对供应商发布订单

D. 与供应商共享基础信息、物料信息、库存信息、生产计划等数据

E. 供应商业绩评价、资格审定以及供应商关系管理
F. 运输与库存管理
G. SCM 系统与 PDM 系统集成，提高了 BOM 准确率
H. 高级供应链计划(ASCP)
I. 其他(请描述)__________

h) 配方管理系统应用，实现了(可多选)：__________；
A. 未使用配方管理系统
B. 新配方的研究和测试
C. 配方信息的分发，包括库存、生产、成本以及流程/物料需求计划
D. 配方和工艺路线的定义，并通过有效性将二者联系起来
E. 配方版本的定义和维护，电子化文档管理
F. 基于活动的成本计算
G. 其他(请描述)__________

i) 质量信息系统应用，实现了(可多选)：__________。
A. 未使用　B. 质量计划管理(QFD、田口方法、设计 FMEA 等)
C. 采购质量管理　D. 指数过程控制 SPC
E. 质量成本控制　F. 检验管理、标准化管理、计量器具跟踪管理
G. 质量体系审核、质量文档管理、质量培训管理　H. 服务质量控制
I. 其他(请描述)__________

A.4.4 信息化整体应用状况

信息化整体应用状况如下所示：

a) 企业门户网站服务功能有(可多选)：__________；
A. 尚未建立企业门户　B. 信息发布　C. 企业招聘　D. 员工入口
E. 咨询服务　F. 网上采购　G. 网上销售　H. 客户反馈
I. 移动商务　J. 网上结算　K. 客户网上自助服务
L. 售后服务　M. 企业技术合作
N. 其他(请注明)__________；

注：企业门户网站是将各种应用系统、数据资源和互联网资源集成到一个信息管理平台之上，并以统一的用户界面提供给用户，使企业可以快速地建立企业对客户、企业对内部员工和企业对企业的信息通道，使企业能够释放存储在企业内部和外部的各种信息。

b) 企业产品开发过程中协同工作的情况为：__________；
A. 很少借助信息系统实现协同工作　B. 部分借助信息系统实现协同工作
C. 主要依靠信息系统实现协同工作　D. 借助信息系统实现异地协同工作

c) 企业本年度新产品设计过程中应用数字化仿真与分析技术的比例：__________%；

d) 企业本年度主营产品的生产合格率：__________%；

e) 企业本年度经电子商务产生的采购额占总采购额的百分比：__________%；
经电子商务产生的销售额占总销售额的百分比：__________%；

注：电子商务产生的销售额、采购额是指满足以下两点其一：①线上沟通并达成交易；②采取在线方式支付。

f) 企业本年度信息系统平均故障时间：__________。
A. 无故障　B. 0～12(含)小时/月　C. 12～24(含)小时/月　D. 24 小时/月以上

注：故障指信息系统因软件、硬件或网络问题无法正常工作。

A.5　企业信息化效益状况

企业信息化效益状况调查内容如下：

a)　企业本年度主要产品的新产品平均研发周期为：__________天；

注："平均研发周期"是指从构思到新产品可量产需要花费的平均时间。

b)　企业本年度主要产品的平均制造周期为：__________天；

注："平均制造周期"是指从原材料运到生产区起到成品运出生产区止的平均时间。

c)　企业本年度主要产品的平均订单响应时间为：__________小时；

注："平均订单响应时间"是指贵企业从获知订货需求信息起(或询单)，经过内部工作流程，确认是否能够满足该订货需求，并将结果反馈给订货需求方所耗费的平均时间。

d)　企业本年度主要产品的订单按期完成率为：__________%；

e)　企业本年度通过信息化建设取得的相关成果为：完成新产品开发______(项)；申请专利______(项)，其中，专利授权______(项)。

附 录 B
（资料性附录）
制造业信息化评估指标推荐权重

制造业信息化评估指标推荐权重如表 B.1 所示。

表 B.1 制造业信息化评估指标推荐权重

一级指标	二级指标	三级指标	区域（省市）评估权重	行业和企业评估权重
信息化普及度 30（30）	信息化战略地位	信息化主管部门级别	3	3
		信息化工作最高主管领导的职务	2	2
		信息化管理部门的职能	3	3
	信息化财力投入	信息化投入力度	3	3
		信息化预算的制定情况	2	2
	信息化人力投入	IT 人员比例	3	3
		信息化培训费用	2	2
	信息化基础设施	百人计算机拥有量	3	3
		网络性能水平	3	3
		工业设备数控化率	3	3
		数据管理水平	3	3
信息化融合度 40（50）	产品与业务流程的信息化应用	产品信息化	3	4
		产品与设计流程	3	4
		生产与质量管理流程	3	4
		销售服务流程	3	4
		辅助支持管理业务	3	4
	信息化协同集成	部门级协同	4	5
		企业级协同与集成	5	5
		企业外部集成与协同	4	5
	信息化战略支持	辅助决策系统应用	4	5
		资源与能力管理	4	5
		市场业务创新	4	5
信息化效能度 20（20）	信息化直接效益	利润率	2	2
		生产成本比重	2	2
		全员劳动生产率	2	2
	企业能力提升	创新能力	2	2
		生产能力	2	2
		营销服务能力	2	2

表 B.1（续）

一级指标	二级指标	三级指标	区域(省市)评估权重	行业和企业评估权重
信息化效能度 20(20)	管理效率提高	订单响应时间	2	2
		新品研发周期	2	2
		财务决算速度	2	2
		制造周期	2	2
信息化环境 10(0)	服务环境	服务效率	2	0
		服务能力	2	0
	技术环境	信息技术支撑能力	2	0
		信息技术发展能力	2	0
	政策与区域环境	制造业信息化示范企业影响力	2	0
合计	13 项	37 项	100	100

参 考 文 献

[1] GB/T 18757—2008 工业自动化系统 企业参考体系结构与方法论的需求

ICS 13.310
A 91

中华人民共和国国家标准

GB/T 31132—2014

入侵报警系统 无线(射频)设备互联技术要求

Intrusion alarm systems—Technical requirements for interconnection of equipment using radio frequency

(IEC 62642-5-3:2010, Alarm systems—Intrusion and hold-up systems—Part 5-3: Interconnections—Requirements for equipment using radio frequency techniques, MOD)

2014-09-03 发布 2015-02-01 实施

中华人民共和国国家质量监督检验检疫总局
中国国家标准化管理委员会 发布

前　言

本标准按照 GB/T 1.1—2009 给出的规则起草。

本标准采用重新起草法修改采用 IEC 62642-5-3：2010《报警系统　入侵和反劫系统　第 5-3 部分：无线(射频)设备互联技术要求》(英文版)。

本标准与 IEC 62642-5-3：2010 的技术差异及原因如下：

——为使标准适用范围更加明确，对 IEC 62642-5-3：2010 的第 1 章进行了修改；

——考虑到我国无线报警产品的现状，对射频链路监测要求、干扰检测要求和天线要求的安全等级 1 降低了要求；

——增加了第 4 章中 4.1“频率要求”；

——增加了 4.4.1“设备识别码数量”、4.5.1“抗干扰测试通用要求”和 4.6.1“射频链路检测通用要求”；

——增加了第 5 章中 5.1.2“频率要求试验”；

——增加了第 6 章“检验规则”；

——增加了附录 A“安全等级”。

本标准由全国安全防范报警系统标准化技术委员会(SAC/TC 100)提出并归口。

本标准主要起草单位：国家安全防范报警系统产品质量监督检验中心(上海)、广东安居宝数码科技股份有限公司、泉州市宏泰科技电子有限公司、霍尼韦尔安防(中国)有限公司、洛阳市康联电子有限公司、国家安全防范报警系统产品质量监督检验中心(北京)。

本标准主要起草人：戎玲、张波、鲍逸明、黄斌、吴雷、康新力、张瑞斌、李秀林、肖尚立、黄钔。

入侵报警系统　无线(射频)设备互联技术要求

1　范围

本标准规定了无线入侵报警领域中的术语、定义、技术要求、试验方法和检验规则。

本标准适用于防护区域内使用无线(射频)互联技术传输报警信号的入侵报警设备。

本标准不适用于远距离无线传输的入侵报警设备。

2　规范性引用文件

下列文件对于本文件的应用是必不可少的。凡是注日期的引用文件,仅注日期的版本适用于本文件。凡是不注日期的引用文件,其最新版本(包括所有的修改单)适用于本文件。

IEC 62642-1　报警系统　入侵和反劫系统　第1部分:系统要求(Alarm systems—Intrusion and hold-up systems—Part 1:System requirements)

3　术语和定义、缩略语

3.1　术语和定义

下列术语和定义适用于本文件。

3.1.1

报警信息　alarm message

传递入侵、人为破坏、设备故障等报警内容的信息。

3.1.2

使用频段　assigned band

报警设备经核准使用的工作频段。

3.1.3

衰减　attenuation

系统安装运行后,运行环境发生变化所导致的无线信号传输质量下降(例如,新障碍物的出现,空间布局的改变,以及信号的反射和吸收)。

3.1.4

冲突　collision

同一系统中的两个或多个射频通信设备同时进行传输造成射频信号受损或丢失的现象。

3.1.5

冲突率　collision rate

冲突发生的概率。

3.1.6

通信链路　communication link

传输信息使用的所有本地设备、媒介及协议。

3.1.7

干扰 disturbance

可能导致数据传输质量与/或处理能力下降的系统内部或外部事件。

注：干扰会对系统造成故意或无意的损伤；干扰对信号影响的不同程度表现在：

——未损坏射频信号；

——损坏射频信号，但未损坏报警信息；

——损坏射频信号，部分报警信息受到损坏；

——射频信号彻底损坏，无法接收。

3.1.8

通信故障 failure of periodic communication

无线链路信息无法传输的现象。

3.1.9

识别码 identification code

用于识别系统中不同射频通信设备的代码。

3.1.10

故意信息替换 intentional message substitution

以削弱系统安全性为目的，使用射频通信设备，采用相同协议蓄意传输虚假信息的现象。

3.1.11

信息验证 message authentication

接收设备确认发送设备的唯一合法性的代码验证。

3.1.12

监测信息 monitoring message

用于检查通信链路是否处于正常状态的信息。

3.1.13

射频干扰 RF interference

由其他信号源发出的可能导致有效信号受损或丢失的射频信号，但不属于冲突或故意信息替换。

3.1.14

射频通信设备 RF communication device

使用射频链路进行通信的设备。

3.1.15

接收效率 throughput ratio

接收设备正确接收的信息总数和发送设备发出的信息总数的比值。

3.1.16

无意信息替换 unintentional message substitution

并非以削弱系统安全性为目的，其他系统的射频通信设备采用相同协议传输信息的现象。

3.2 缩略语

下列缩略语适用于本文件。

ATE：报警传输设备(Alarm Transmission Equipment)

CIE：控制和显示设备(Control and Indicating Equipment)

RF：射频(Radio Frequency)

RL：基准电平(Reference Level)

TL：发射电平(Transmitted Level)

WD：告警装置(Warning Device)

4 技术要求

4.1 频率要求

入侵报警系统无线(射频)互联设备使用频段应符合如下要求：

a) 使用频率：314 MHz～316 MHz，430 MHz～432 MHz，433.00 MHz～434.79 MHz；
   发射功率限值：10 mW(e.r.p)；
b) 使用频率：779 MHz～787 MHz；
   发射功率限值：10 mW(e.r.p)；
c) 使用频率：868 MHz～868.6 MHz；
   发射功率限值：5 mW(e.r.p)。

4.2 抗衰减要求

系统安装后，周围环境可能发生变化，因而在安装和维护过程中无线信号会出现短暂的不同程度的衰减，抗衰减等级划分见表1。

制造商应阐明其所采用的抗衰减措施。

安全等级见附录A。

表1 抗衰减要求

安全等级	衰减
级别1	3 dB
级别2	6 dB
级别3	9 dB
级别4	12 dB

4.3 抗冲突要求

4.3.1 冲突率要求

冲突率要求目的是确保报警信息和监测信息在传输过程中保持较高的可靠性，从而降低系统内不同设备之间产生干扰的概率，防止信号损坏和信息丢失。为保持尽可能低的冲突率，报警设备传输介质的占用率应满足表2规定的条件。

表2 传输介质的占用率

安全等级	最高占用率 %	时间周期
级别1	10	240 min
级别2	10	120 min
级别3	10	100 s
级别4	10	10 s

设备运行过程中应遵守相关占空比的要求。为确保符合级别 3 和级别 4 设备的正常通信,接收设备应向发射设备确认其所接收到信息的类型(如报警信息、监测信息等)。如果报警信息和监测信息发生冲突,报警信息应在 10 s 内收到。

4.3.2 接收效率要求

接收效率是衡量接收设备的接收和正确处理信息的能力。

接收设备应符合表 3 规定的条件。

表 3 接收效率

安全等级	正确接收信息的最小数量
级别 1	999 每 1 000
级别 2	999 每 1 000
级别 3	9 999 每 10 000
级别 4	9 999 每 10 000

4.4 抗无意和故意部件及信息替换的要求

4.4.1 设备识别码数量

通常情况下故意信息替换使用虚假信息危害系统的安全性。无意信息替换通常会引发误报,并产生一些无意义的信息。

为防止无意和故意信息替换,系统中的每个通信设备都应拥有一个识别码。识别码的数量至少应满足表 4 的规定。

表 4 识别码数量

安全等级	识别码数量
级别 1	100 000
级别 2	1 000 000
级别 3	10 000 000
级别 4	100 000 000

4.4.2 无意和故意部件替换防护要求

级别 4 设备的 CIE 应具有部件替换检测的功能。

4.4.3 故意信息替换防护要求

为降低故意信息替换的风险,设备识别码在 1 h 内被入侵者破译的概率应符合表 5 的要求。

表 5 信息替换防护要求

安全等级	破译概率 %
级别 1	<5
级别 2	<1
级别 3	<0.5
级别 4	<0.05

对于级别 3 和级别 4 的设备，接收设备应当具有信息认证的功能。

4.5 抗干扰要求

4.5.1 抗干扰测试通用要求

抗干扰要求是检验接收设备区分有效信号和射频干扰信号的能力。

抗干扰要求适用于所有射频接收设备。而针对下述定义的所有干扰信号，均不应引发误报警或周期性的通信故障指示。

在连续施加干扰信号的测试过程中，接收设备应能正确接收并处理所有的 20 个系统相关信息。其中，干扰信号强度的要求见 4.5.2～4.5.4，而上述 20 个系统相关信息是由发送设备发射的测试信息。

4.5.2 级别 1 和级别 2 设备的抗带外干扰

当在频率 F_1 和频率 F_2 受到强度为 B 的干扰信号干扰时（干扰信号强度 B 的说明见附录 B），接收设备应能正常工作。干扰信号强度 B 的值见表 6。

其中 $F_1=F_{min}-5\%F_{min}$，F_{min}是设备使用频段的最低频率；$F_2=F_{max}+5\%F_{max}$，F_{max}是设备使用频段的最高频率。

接收设备能够工作在多个使用频段上，在每个使用频段上都应满足这一要求。

表 6 级别 1 和级别 2 的带外干扰等级

安全等级	强度 B(在 F_1 时)	强度 B(在 F_2 时)
级别 1	10 V/m	10 V/m
级别 2	10 V/m	10 V/m

4.5.3 级别 1 和级别 2 设备的抗带内干扰

当在测试频率 F_t 受到强度为 C 的干扰信号干扰时（干扰信号强度 C 的说明见附录 B），接收设备应能正常工作。干扰信号强度 C 的值见表 7。

测试频率 F_t 具体要求如下：

a) 接收设备使用单一频率 F_w，F_t 等于 F_w；

b) 接收设备使用同一使用频段中的多个频率，F_t 等于$(F_{min}+F_{max})/2$，F_{min}是设备使用频段的最低频率，而 F_{max}是使用频段的最高频率；

c) 接收设备使用不同使用频段中的多个独立频率，应单独测试每个使用频段。

表 7 级别 1 和级别 2 的带内干扰等级

安全等级	强度 C(在 F_t 时)
级别 1	(强度 A[a])－12 dB
级别 2	(强度 A)－12 dB
[a] 强度 A 的定义见 5.1.7.3。	

4.5.4 级别 3、级别 4 设备的抗干扰

当在频率 F_t、F_1 和 F_2 受到干扰信号强度 D 干扰时，接收设备应能正常工作。F_t 的定义见 4.5.3，

F_1 和 F_2 的定义见 4.5.2。F_t、F_1 和 F_2 的强度 D 的值见表 8。

表 8 级别 3 和级别 4 的抗干扰等级

安全等级	强度 D(在 F_t 时)	强度 D(在 F_1 时)	强度 D(在 F_2 时)
级别 3	10 V/m	10 V/m	10 V/m
级别 4	10 V/m	10 V/m	10 V/m

4.6 射频链路检测要求

4.6.1 射频链路检测通用要求

接收设备应负责监测射频链路且射频链路监测应满足对应的安全等级的要求。射频链路监测的指示或通告取决于设备的级别和状态以及由监测功能所检测到的干扰类型。设备应能检测到通信故障和干扰。

4.6.2 通信故障检测要求

射频接收设备(CIE 或 ATE)应以表 9 规定的时间为周期向系统内的发送设备报告自身状态,同时判定是否出现通信故障。

表 9 通信周期

安全等级	周期			
	CIE 源自探测器	CIE 源自 WD	CIE 源自 ATE	ATE 源自 CIE
级别 1	8 h	8 h[a]	8 h[a]	8 h
级别 2	120 min	120 min[a]	120 min[a]	120 min
级别 3	100 s	100 s	100 s	100 s
级别 4	10 s	10 s	10 s	10 s

[a] 为该级别的可选要求。

若发生表 9 规定的通信故障,符合级别 1 和级别 2 的设备应触发人为破坏或设备故障报警,符合级别 3 和级别 4 的设备应触发人为破坏报警。

在级别 1、级别 2、级别 3 和级别 4 中,当来自任何发送设备的最新通信状态信息超过表 10 中规定的时限时,则禁止更改系统警戒状态。

表 10 设置警戒前的通信时限

安全等级	时限
级别 1	60 min
级别 2	20 min
级别 3	100 s
级别 4	10 s

表 9 和表 10 中的规定不适用于便携设备。

4.6.3 干扰检测要求

若干扰信号的强度达到足以损坏设备间正常信号传输的程度，并且持续时间超过表 11 规定的时间，则设备应能检测到干扰电平。

表 11 干扰检测

安全等级	干扰检测(最大持续时间)
级别 1	在任何 60 s 时间内，干扰信号的总持续时间达到 30 s
级别 2	在任何 60 s 时间内，干扰信号的总持续时间达到 30 s
级别 3	在任何 20 s 时间内，干扰信号的总持续时间达到 10 s
级别 4	在任何 20 s 时间内，干扰信号的总持续时间达到 10 s

对于所有级别的设备，在 60 s 的周期内干扰信号的持续时间小于 5 s，不应产生系统指示和通告。若级别 1 和级别 2 的设备满足 4.5.4 中规定的级别 3 和级别 4 设备的要求，并且干扰信号的持续时间在 5 s 和表 11 规定的时间之内，则可产生指示或通告。

若设备检测到表 11 规定的干扰信号，则级别 1 和级别 2 的设备应触发故障或人为破坏报警，级别 3 和级别 4 的设备应触发人为破坏报警。

根据系统的级别，设备应满足表 12 规定的干扰检测要求。

表 12 设备干扰检测

安全等级	系统状态	干扰检测		
		CIE	WD	ATE
级别 1	任何时间	可选	可选[a]	可选
级别 2	任何时间	必选	可选[a]	可选
级别 3	任何时间	必选	必选	必选
级别 4	任何时间	必选	必选	必选

[a] 对于具有此功能的外部设备，其 WD 应满足 4.5.4 中规定的抗干扰性要求。

干扰信号(见附录 B 中的说明)应按照附录 C 中图 C.1 图示的方式实施，IL 是干扰设备产生的基准强度，见 5.1.8.2，干扰信号强度 E 的值如表 13 所示。

表 13 干扰信号强度

安全等级	WD 或 ATE 人为破坏通告 强度 E
级别 1	IL+40 dB[a]
级别 2	IL+30 dB
级别 3	IL+9 dB
级别 4	IL+9 dB

[a] 该条件为可选条件。

4.7 天线要求

使用外置天线的级别2的设备，其天线应符合表14的要求。

表14 天线要求

设备	天线性能受到人为削弱
CIE	指示故障并禁止设置警戒
WD	设备发出本地通告
ATE	自动发出人为破坏报警

对于级别2的设备，应要求打开机壳之前无法拆除天线。

对于级别3和级别4设备，其天线应与其他使用天线的设备一样满足防人为破坏的要求。

5 试验方法

5.1 射频试验

5.1.1 射频试验通用要求

除特别声明外，所有的测试都应使用dBm级的频谱分析仪进行测量。频谱分析仪输入端的射频信号强度应与送至天线的射频信号强度相同。测试用的所有电缆应具有相同的阻抗特性。

制造商应提供测试用的接收设备，并同时提供用于测试的可产生报警、监测和其他射频信号的电子设备，或者提供与接收设备同时测试的相关发送设备。

被测设备主要使用电池供电，应确保测试过程中电量充足。

5.1.2 频率要求试验

5.1.2.1 频率测试

按照附录E的要求布置测试设备与环境。使被测试的发射设备连续发射信号，读取频谱分析仪当前峰值为被测试设备的发射频率的中心频率。

5.1.2.2 发射功率测试

按图C.1的图示布置测试设备，试验步骤如下：

a) 去除dB刻度的衰减器，将被测发射设备的输出信号通过电磁耦合装置接入3 dB耦合器的输入端；
b) 3 dB耦合器的输出接入频谱分析仪；
c) 使被测试的发射设备连续发射信号。

被测试设备的发射功率为频谱分析仪当前频率的峰值功率加3 dB。

5.1.3 确定基准电平

应确定被测接收设备的基准电平，并作为其他测试的基准。

确定基准电平的步骤如下：

a) 应按照附录D的方法测量基准电平。测试应在电波暗室中进行，接收设备和发射设备之间应保持3 m的距离。

b） 应使用附录 D 的方法，但可用适当的负载替换信号发生器。

c） 基准电平 RL 应测量两次，一次将天线水平放置，另一次将天线垂直放置。在进行所有其他测试时，将天线置于基准电平最小时所处的位置。

d） 应使接收设备处于最灵敏的状态。

e） 为确定基准电平，应持续增加衰减直至被测接收设备达到以下条件，使发射设备每发送 50 个报警信息，接收设备仅能收到 35～38 个报警信息。基准电平的值为频谱分析仪的观测值加 3 dB。

示例：

频谱分析仪的当前观测值为：－80 dBm。

基准电平的值为：RL＝－80 dBm＋3 dB＝－77 dBm。

5.1.4 抗衰减试验

应使用与确定基准电平相同的方法测试设备的抗衰减特性。在测试之前，应按照制造商安装手册或设备维护规范的要求配置设备，试验步骤如下：

a） 发射设备发射电平（TL）的测量步骤：

1） 被测发射设备应放置在附录 E 所示的电波暗室中；

2） 正常情况下发射设备发射电平（TLn）的测量，采用 dBm 表示；

3） 当衰减功能打开时，发射设备发射电平（TLi）的测量，采用 dBm 表示。

b） 接收设备基准电平（RL）的测量步骤：

1） 被测接收设备应放置在如附录 D 所示的电波暗室中；

2） 正常情况下接收设备基准电平（RLn）的测量，采用 dBm 表示；

3） 当衰减功能打开时，接收设备基准电平（RLi）的测量，采用 dBm 表示。

计算［（TLn－TLi）－（RLn－RLi）］的值是否大于或等于表 1 中给定的值，确定设备抗衰减能力的安全等级。

5.1.5 抗冲突要求试验

5.1.5.1 冲突率要求的试验

系统的冲突率应由发射设备的最大数目、单个监测信号的传输时间和监测信号发送数量的数据导出。

计算中所需的发射设备的最大数量应遵守制造商的规定。制造商应说明该系统是如何满足表 2 的冲突率要求。

发射设备受触发后应发出监测信息和报警信息。测试应在电波暗室进行。

5.1.5.2 接收效率要求的试验

接收效率要求的试验步骤：

a） 测试应在电波暗室内进行。制造商应提供相应方法，以确保产生足够数量的报警信息。

b） 配置收发设备的基准电平。基准电平的值为按 5.1.3 中的测试方法确定的值加 6 dB。

c） 将计数器连接至发射设备，以统计发射信号的数量。连接计数器后，应避免干扰正常的信号发射。

d） 发射设备应具备连续发射 1 000 或 10 000 个含有效识别码的报警信息的能力。

对于任何级别的测试，若丢失两个以上的报警信号，则设备测试失败。若丢失两个报警信息，则应重新进行测试，并确保没有报警信息丢失。

5.1.6 抗无意和故意部件及信息替换试验

5.1.6.1 信息替换试验通用要求

制造商应根据表 4 及表 5 的要求提供相应的测试设备。

5.1.6.2 用于级别 3 和级别 4 的部件替换防护试验

应在电波暗室中进行本测试。CIE 应处于警戒状态,并按照附录 D 所示的布置将其放置在电波暗室中。同时将信号发生器换成信号记录仪和信号发生器。原先的发射设备应触发一次解除警戒信号,并且信号记录仪可以记录该信号。将 CIE 设备设置警戒,并在 1h 内连续触发信号记录仪和信号发生器,期间 CIE 始终保持在警戒状态。

5.1.6.3 信息替换防护试验

制造商应按照要求,提供信息验证的设备。按照附录 F 的方法取得测试结果。

5.1.7 抗干扰试验

5.1.7.1 抗干扰试验通用要求

对于高场强(场强大于 1 V/m)的测量环境,首先在电波暗室中建立均匀电场。

所有测试都应重复两次,一次将产生干扰信号的天线垂直放置,另一次将天线水平放置。

5.1.7.2 级别 1 和级别 2 设备带外干扰的测试

应按附录 C 的要求布置测试设备与环境。测试方法应按如下步骤进行:

a) 在施加干扰信号之前,应将接收设备置于基准电平的状态。降低衰减直至频谱分析仪上的观测信号电平处于 RL+20 dB。这一电平为强度 A(见附录 B)。

示例:

若基准电平为－77 dBm,则观测值为－77 dBm＋20 dB＝－57 dBm;

b) 使用信号发生器连续施加干扰信号。干扰信号为二进制序列“01010101”进行 80％的幅度调制信号。调制率 $R=1/t$,单位为波特(baud),其中 t 为原始发射信号的最小信号周期。

c) 干扰信号的电平见表 6 中的强度 B。

d) 应对接收设备使用频段中的频率 F_1 和频率 F_2 分别进行测试,也应对天线的不同极性分别进行测试。

e) 如果被测接收设备正确处理了发射设备发射的用于测试的全部 20 个信息,则通过测试。

5.1.7.3 级别 1 和级别 2 设备带内干扰的测试

应按附录 C 的要求布置测试设备与环境。测试方法应按如下步骤进行:

a) 在施加干扰信号之前,应将接收设备置于基准电平的状态。降低衰减直至频谱分析仪上的观测信号电平处于 RL+20dB。这一电平为强度 A(参见附录 B)。

示例:

若基准电平为－77 dBm,则观测值为－77 dBm＋20 dB＝－57 dBm;

b) 使用信号发生器连续施加干扰信号。干扰信号为二进制序列“01010101”进行 80％的幅度调制信号。调制率 $R=1/t$,单位为波特(baud),其中 t 为原始发射信号的最小信号周期。

c) 干扰信号的电平见表 7 中的强度 C。

d) 对接收设备使用的每个使用频段中的频率 F_t 进行测试。

e) 如果被测接收设备正确处理了发射设备发射的用于测试的全部 20 个信息,则通过测试。

5.1.7.4 级别 3 和级别 4 设备抗干扰特性的测试

应按附录 C 的要求布置测试设备与环境。测试方法应按如下步骤进行:

a) 在施加干扰信号之前,应将接收设备置于基准电平的状态。降低衰减直至频谱分析仪上的观测信号电平处于 RL+20dB。这一电平为强度 A(参见附录 B)。

示例:

若基准电平为 −77 dBm,则观测值为 −77 dBm+20 dB=−57 dBm;

b) 使用信号发生器连续施加干扰信号。干扰信号为二进制序列"01010101"进行 80% 的幅度调制信号。调制率单位为波特(baud),值为 $R=1/t$,其中 t 为原始发射信号的最小信号周期。

c) 干扰信号的电平见表 6 中的带外强度 B 和表 8 中的带内强度 D。

d) 对接收设备使用的每个使用频段中的频率 F_c、F_1 和 F_2 分别进行测试,也应对天线的不同极性分别进行测试。

e) 如果被测接收设备正确处理了发射设备发射的用于测试的全部 20 个信息,则通过测试。

5.1.8 射频链路检测试验

5.1.8.1 通信故障检测测试

在以下两种不同类型的链路上可能会出现通信故障:

——发射设备和 CIE 之间的链路;

——CIE 和 ATE 之间的链路。

本测试应在附录 D 所示的电波暗室中进行。以上两种类型的链路的测试应执行相同的测试规程。

对于每一组收发设备,应将接收设备置于基准电平状态以接收发射设备发送的信号。然后,应根据制造商的规格说明确认接收设备正确收到了监测信号。断开发射设备的电源连接以中止任何信号传输或者阻止信号传输。

接收设备应按照表 9 中的时间要求指示或通告通信故障。

两种不同类型的链路的附加测试条件应符合如下要求:

a) 检验发射设备和 CIE 之间链路的附加测试条件:

——按照 5.1.8.1 中的测试规程执行测试,并将 CIE 置于解除警戒状态,设备应显示相应的故障或 人为破坏指示;

——对于级别 2、级别 3 和级别 4 设备,应按照表 10 的时间规定确认 CIE 处于禁止设置警戒状态;

——对于级别 1 和级别 2 设备,在设置警戒过程中确认 WD 或 CIE 可指示出链路的有效性。

b) 检验 CIE 和 ATE 之间链路的附加测试条件:按照 5.1.8.1 中的测试规程执行测试,并将 CIE 置于解除警戒状态,ATE 设备应按要求显示相应的故障或人为破坏指示。

5.1.8.2 干扰检测测试

干扰检测测试应按如下步骤进行:

a) 若使用标准的发射设备,则被测接收设备应置于附录 C 所示的测试环境,并施加强度 A(见附录 B 的说明)的射频信号。制造商应提供测试用的改装过的发射设备(称为干扰器),干扰器使用和被测接收设备相同的传输协议,并可连续发射信号。干扰器应使用不同的识别码,以使接收设备在正常情况下无法识别。

b) 对于可使用多个频率进行射频传输的设备,干扰信号在此测试中应可在多个频率中同时传输,或者与标准发射设备的发射频率序列同步。

c) 应按附录 G 的要求布置测试设备与环境。增加干扰器的干扰强度直至标准发射设备发送的

20个报警信息中有5个或5个以上的报警信息没有被接收设备收到。

d) 经过频谱分析仪测量的干扰器的干扰强度称为电平IL。

e) 终止标准发射设备的发射，干扰器的发射强度应按照表13的值进行增加。检验不同设备的故障指示或人为破坏指示。

f) 当下列测试步骤完成时，通过测试：

1) 干扰信号的持续时间超过5s，不会产生任何通告或指示；

2) 施加表13中规定强度的干扰信号，在表11中指定的时间内应产生通告；

3) 按照附录H的规定施加干扰信号，干扰信号的持续时间满足表15的要求。

表15 干扰信号的持续时间

安全等级	信号的总持续时间/s
级别1	31
级别2	31
级别3	11
级别4	11

5.2 设备天线试验

对于级别2的设备，设置表14定义的每类设备，使其处于正常状态。若是固定天线，则判断是否符合在打开外壳之前无法拆除天线。

若是外部天线，则使用断线钳在天线的出口处将其剪断，并判断在天线剪断10 s内是否满足表14的要求。

5.3 环境试验

使用无线射频链路的设备，应判断其是否满足相关设备标准规定的环境要求。

6 检验规则

6.1 检验项目和顺序

各类检验的检验项目，检验顺序和相应的检验方法与技术要求应符合表16的规定。

表16 检验项目和顺序

序号	检验项目	技术要求	检验方法
1	频率要求	4.1	5.1.2
2	抗衰减要求	4.2	5.1.4
3	冲突率要求	4.3.1	5.1.5.1
4	接收效率要求	4.3.2	5.1.5.2
5	抗无意和故意部件及信息替换的要求	4.4	5.1.6
6	抗干扰要求	4.5	5.1.7
7	通信故障检测要求	4.6.2	5.1.8.1
8	干扰检测要求	4.6.3	5.1.8.2
9	天线要求	4.7	5.2

6.2 判定规则

按表16中规定的项目、顺序、技术要求和检验方法判定每个样品是否合格。

合格:全部合格。

不合格:有一项及以上不合格。

附 录 A
（规范性附录）
安全等级

为给专业人士及安保人员指导，入侵报警系统的安全等级规定如下（参见 IEC 62642-1）：

——级别 1 低风险，预计入侵者或盗窃者基本不具备入侵报警系统知识，且仅会使用有限、易操作的工具；

——级别 2 中低风险，预计入侵者或盗窃者仅具备少量入侵报警系统知识，懂得使用常规工具和便携式工具（如万用表）；

——级别 3 中高风险，预计入侵者或盗窃者熟悉入侵报警系统知识，可以使用复杂工具和便携式电子设备；

——级别 4 高风险，当安全性要求优先于其他所有因素时可用。预计入侵者或盗窃者具备详细计划实施入侵或抢劫的能力或资源，拥有全套设备，且全面了解入侵报警系统组成部分替代的方法。

注：在所有级别中，"入侵者"的定义也同时包括其他类型的威胁（如：抢劫或身体暴力的威胁）。

当入侵报警系统划分为界定明确的子系统，入侵报警系统的每一个子系统均可包括不同等级的组成部分。子系统的等级应为其中最低级别的组成部分等级。

由多于一个子系统共同享有的组成部分应与子系统的最高级别一致（如控制和指示设备/报警传输系统/告警装置/电源）。

对某一等级而言，如果某功能为可选且要求符合该等级，则该功能应满足本级别的可用要求（如已给出）。如果对该等级没有特殊说明，则应采用较高级别（由厂商确认）的要求。

对某一有可选功能的等级而言，如果有特殊说明，则应满足其特殊要求，如果对该等级没有特殊说明，则应采用较高级别（由制造商确认）的要求。

附　录　B
（资料性附录）
信号强度图

信号强度见图 B.1

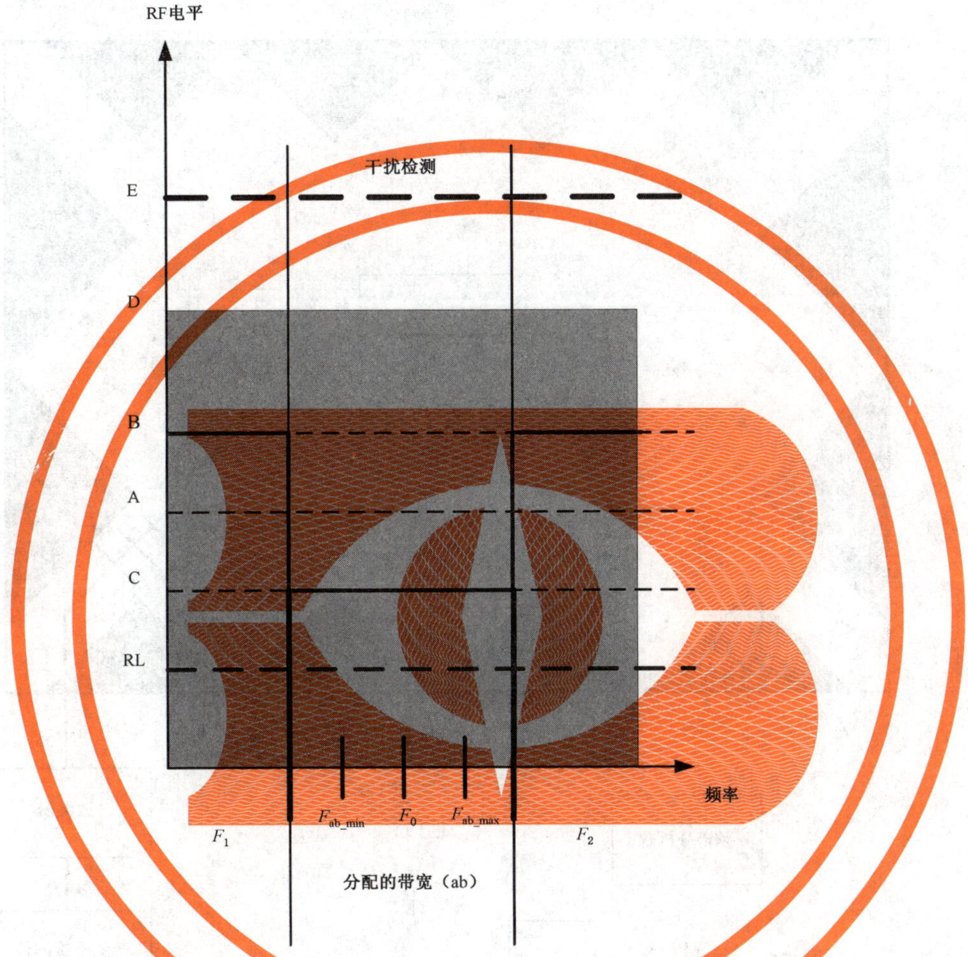

说明：

RL　　——基准电平；

强度 A——RL+20 dB；

强度 B——适用于级别 1 和级别 2 设备的带外干扰电平；

强度 C——适用于级别 1 和级别 2 设备的带内干扰电平；

强度 D——适用于级别 3 和级别 4 设备的干扰电平；

强度 E——干扰检测电平；

F_0　　——使用频段的中心频率；

F_{ab_min} ——使用频段的下限频率；

F_{ab_max} ——使用频段的上限频率；

$F_1=F_{ab\_min}-5\%F_{ab\_min}$；

$F_2=F_{ab\_max}+5\%F_{ab\_max}$；

ab　　——使用频段。

图 B.1　信号强度图

附 录 C
（规范性附录）
干扰测试配置

干扰测试配置见图 C.1。

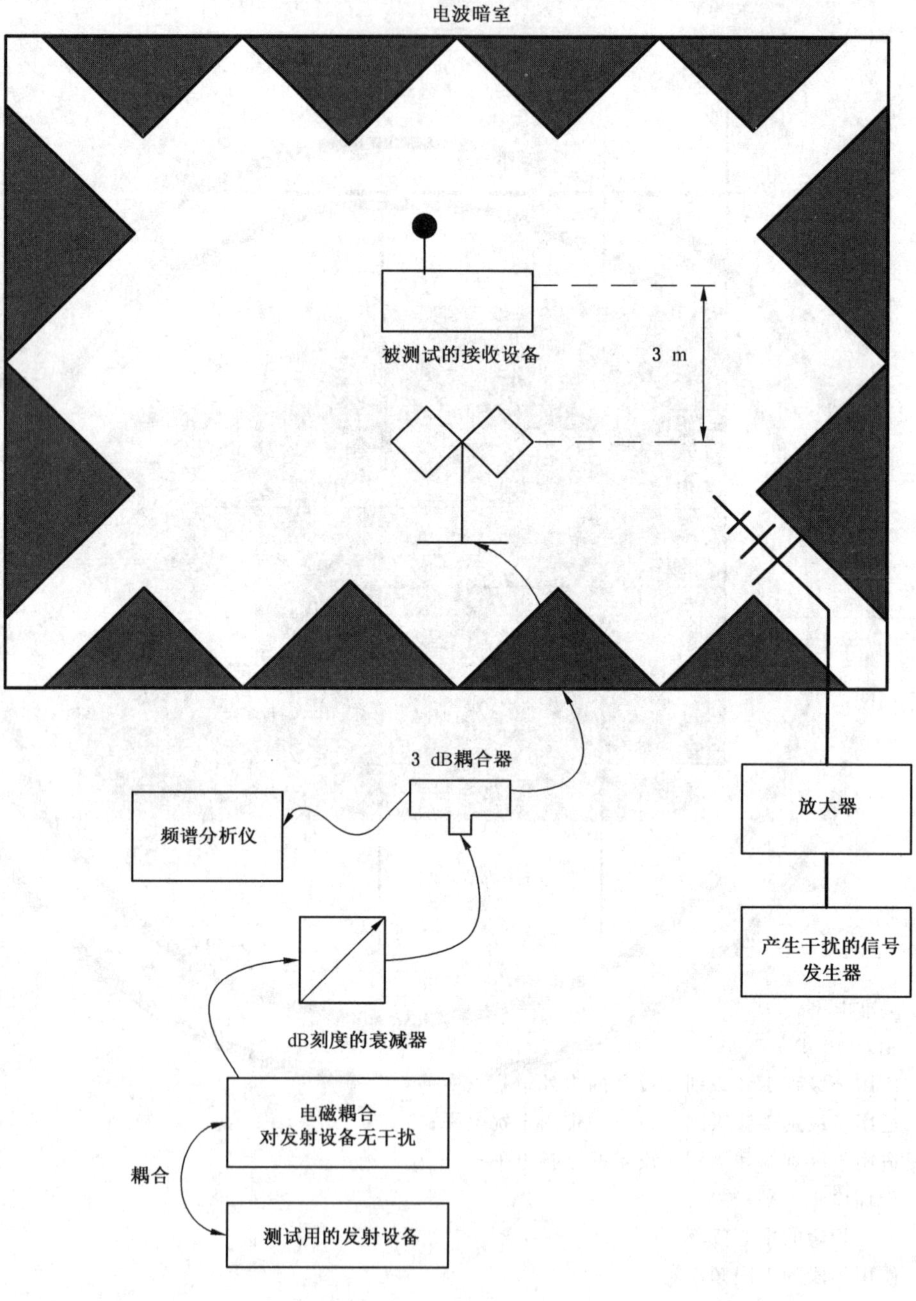

图 C.1 干扰测试配置

附　录　D
（规范性附录）
接收设备的通用测试配置

接收设备的通用测试配置见图 D.1。

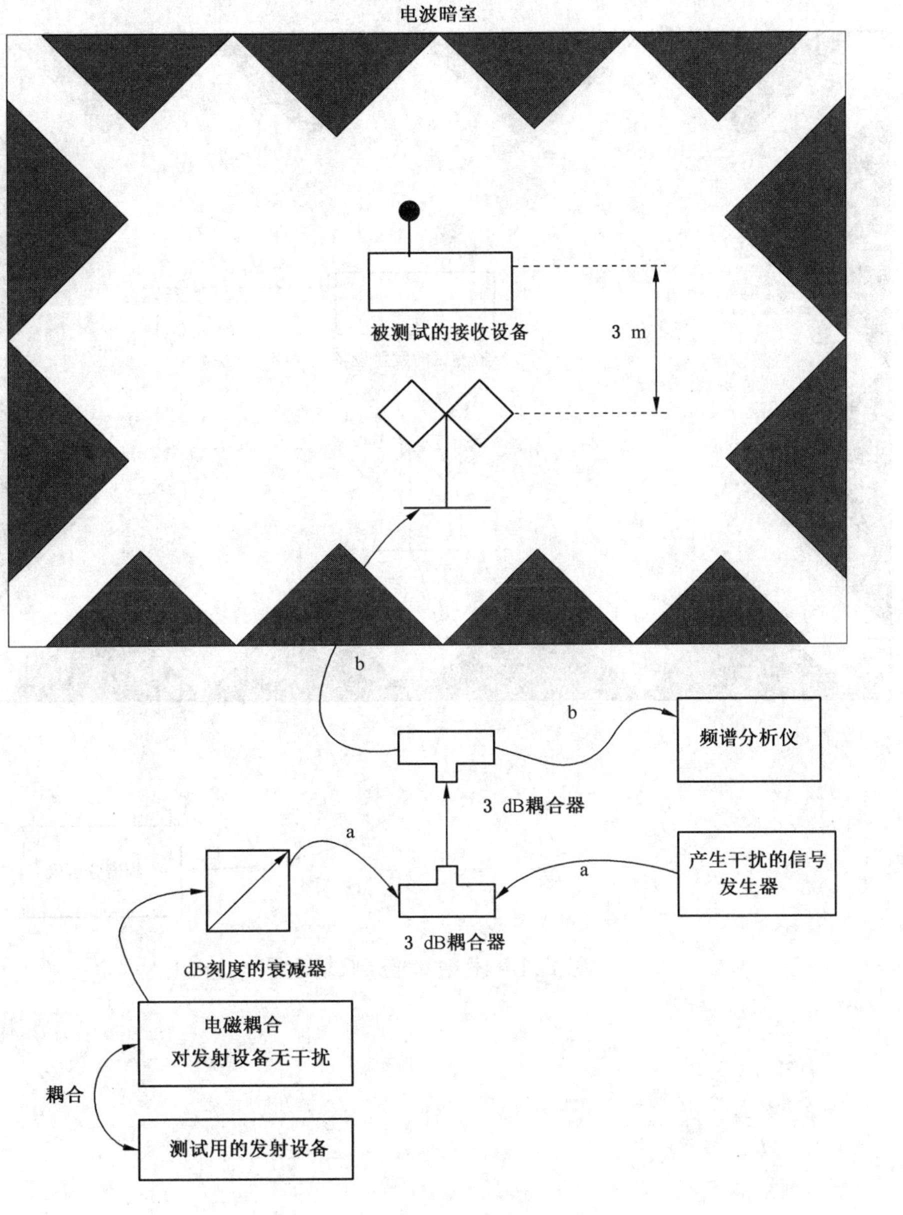

图 D.1　接收设备的通用测试配置

附 录 E
（规范性附录）
发射设备测试配置

发射设备测试配置见图 E.1。

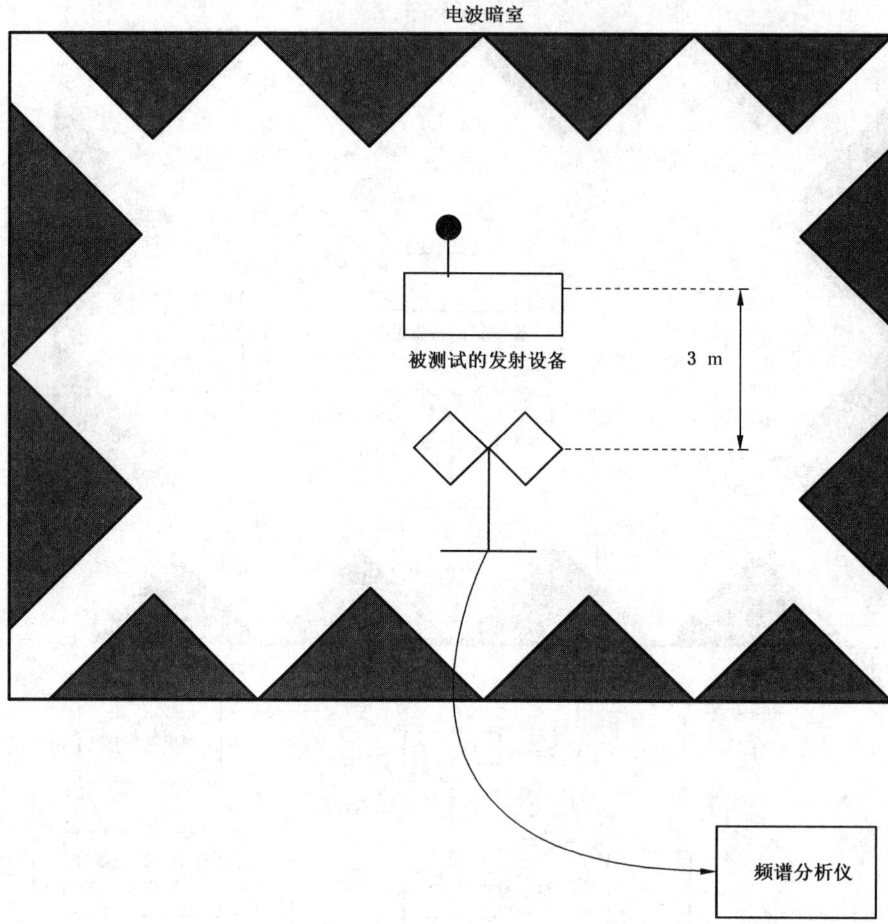

图 E.1 发射设备测试配置

附　录　F
（规范性附录）
故意信息替换的计算

如果可以获取识别码的编码方法，则 N 取值为所有可能识别码的总数。

如果无法获知识别码的编码方法，则 N 取值为与有用信息长度相同的信息的总数量。

设 n 为系统中具有不同识别码的使系统解除警戒的设备数量。

设 τ 为系统每小时接收到的表征系统外识别码的最大信息数量。

下述计算的目的是确定概率 $P(n,\tau/N)$ 的值，其中 $P(n,\tau/N)$ 表示经过 τ 次尝试后，至少有一次可以获取使系统解除警戒的设备的识别码的概率。

从而 $P(n,\tau/N)=1-P_{\tau}$，

经过一次尝试，则 $P_1=\dfrac{N-n}{N}$

经过两次尝试，则 $P_2=P_1\times\dfrac{(N-1)-n}{N-1}=\dfrac{(N-n)(N-n-1)}{N(N-1)}$

经过 τ 次尝试，则 $P_{\tau}=P_{\tau-1}\times\dfrac{N-(\tau-1)-n}{N-(\tau-1)}$

因而，$P_{\tau}=\dfrac{N-n}{N}\times\dfrac{(N-1)-n}{N-1}\times\cdots\times\dfrac{N-(\tau-1)-n}{N-(\tau-1)}=(\dfrac{(N-n)!}{N!})\times\dfrac{(N-\tau)!}{(N-n-\tau)!}$

因而，$P_{\tau}=1-\dfrac{C^{\tau}_{N-n}}{C^{\tau}_{N}}$，当 $C^{\tau}_{N}=\dfrac{N!}{(N-\tau)!\ \tau}$

因而，$P(n,\tau/N)=\dfrac{1-C^{\tau}_{N-n}}{C^{\tau}_{N}}$

因而，$P(n,\tau/N)=\dfrac{C^{\tau}_{N}-C^{\tau}_{N-n}}{C^{\tau}_{n}}$

例如：

$N=10\ 000$

$n=4$

假设系统收到 10 个假的解除警戒的命令后，则在随后的 10 min 内禁止任何解除警戒的命令。

则 $\tau=60$（1 h 内的最多尝试数目）

$P_{60}=1-\dfrac{C^{60}_{9\ 996}}{C^{60}_{10\ 000}}=2.38\%$

附 录 G
（规范性附录）
干扰检测测试配置

干扰检测测试配置见图 G.1。

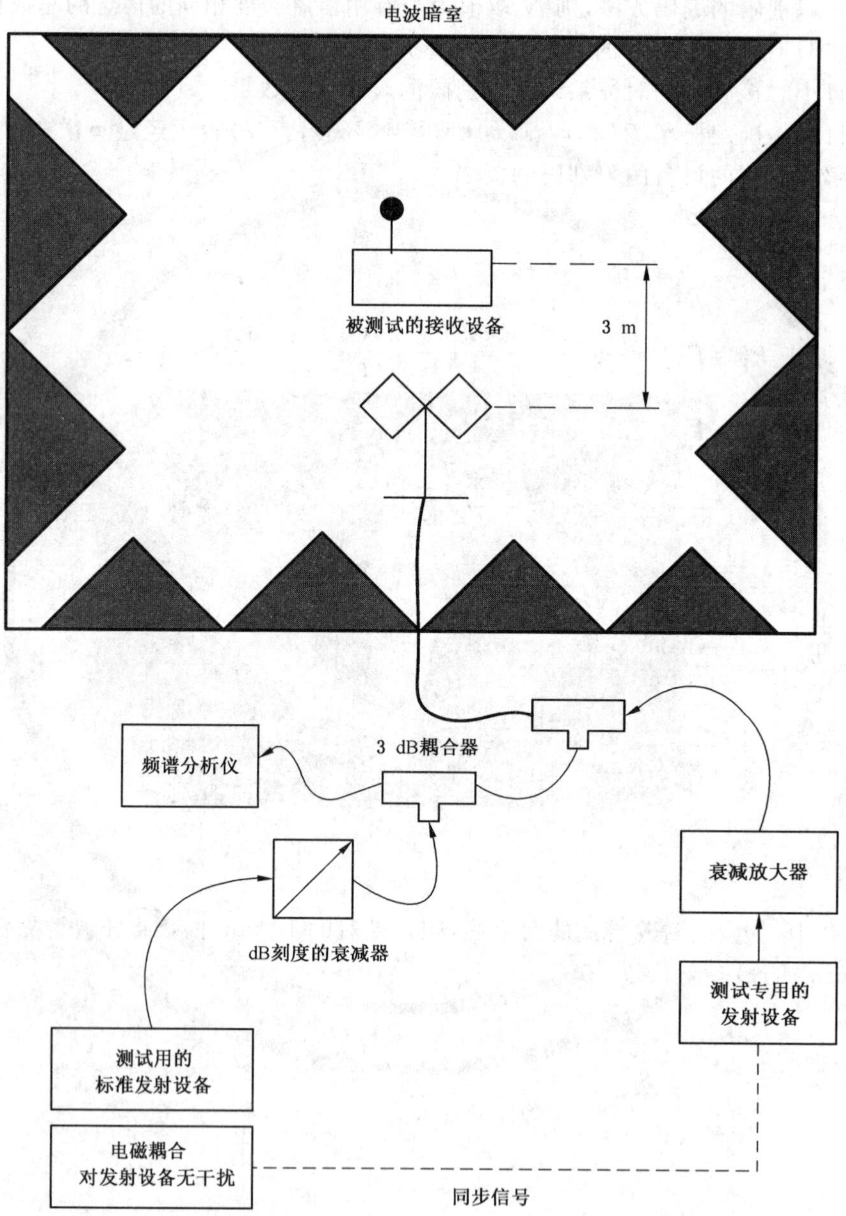

图 G.1 干扰检测测试配置

附　录　H
（规范性附录）
干扰时序图

干扰时序图见图 H.1。

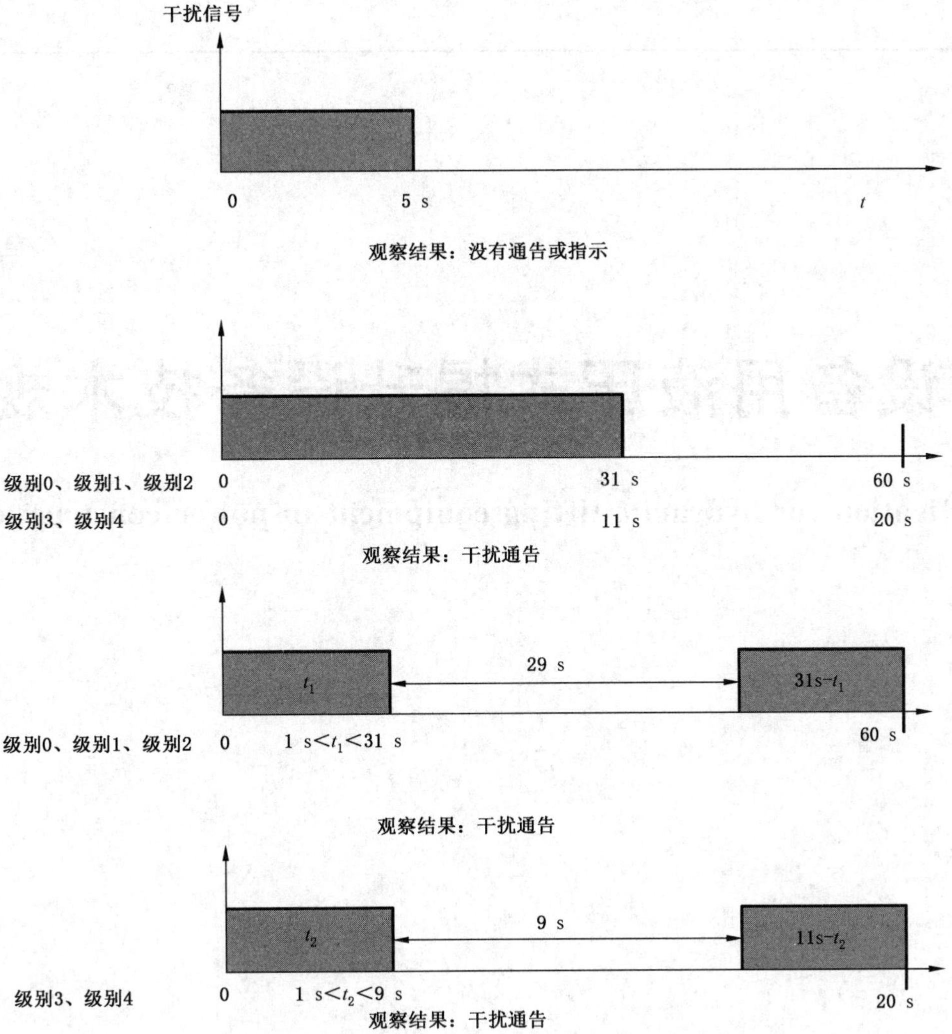

图 H.1　干扰时序图

ICS 29.020
K 60

中华人民共和国国家标准

GB/T 31133—2014

电力设备用液压式提升设备技术规范

Specification for hydraulic lifting equipment in power construction

2014-09-03 发布　　2015-02-01 实施

中华人民共和国国家质量监督检验检疫总局
中国国家标准化管理委员会　发布

前　言

本标准按照 GB/T 1.1—2009 给出的规则起草。

请注意本文件的某些内容可能涉及专利。本文件的发布机构不承担识别这些专利的责任。

本标准由中国电力企业联合会提出并归口。

本标准起草单位:中国电力科学研究院。

本标准主要起草人:缪谦、邹玉英、布春磊、夏拥军、江明。

引　言

液压式提升设备是用高压液压油推动液压缸活塞往复运动，使与活塞上端连接的上卡紧装置和与缸体下部连接的下卡紧装置之间通过钢索进行负荷转换，从而实现提升（或下降）重物的一种起重设备。液压式提升设备单台千斤顶起重量百吨级别，集群应用起重量可达万吨级别。

为规范此类起重设备的设计、生产，保证产品的可靠性和产品质量，使这种先进技术能够得到更加广泛的应用，特制定本标准。

本标准是在总结和吸收了近年来我国工程建设用液压式提升设备研制及工程应用经验的基础上，参考国外有关规范文件及国内有关起重、机械、液压、电气方面的通用标准，结合电力建设用液压式提升设备的特点而编制的。以作为产品设计、制造、试验及验收的技术依据。

电力设备用液压式提升设备技术规范

1 范围

本标准规定了电力设备用液压式提升设备的型式、主要技术参数、技术要求、试验方法、检验规则以及标志、包装、运输、贮存等内容。

本标准适用于以钢索为承力构件、用液压千斤顶(简称千斤顶)升降负荷的起重设备。

2 规范性引用文件

下列文件对于本文件的应用是必不可少的。凡是注日期的引用文件,仅注日期的版本适用于本文件。凡是不注日期的引用文件,其最新版本(包括所有的修改单)适用于本文件。

GB/T 699 优质碳素结构钢
GB/T 1591 低合金高强度结构钢
GB/T 2828 计数抽样检验程序
GB/T 3077 合金结构钢
GB/T 3766—2001 液压系统通用技术条件
GB 4208—2008 外壳防护等级
GB/T 5224—2003 预应力混凝土用钢绞线
GB 5226.2—2002 机械安全 机械电气设备 第32部分:起重机械技术条件
GB/T 6067.1—2010 起重机械安全规程 第1部分:总则
GB/T 7631.2—2003 润滑剂、工业用油和相关产品(L类)的分类 第2部分:H组(液压系统)
GB/T 7935—2005 液压元件通用技术条件
GB/T 13306—2011 标牌
GB/T 13342—2007 船用往复式液压缸通用技术条件
GB/T 13384—2008 机电产品包装通用技术条件
GB/T 14370—2007 预应力筋用锚具、夹具和连接器
GB 16710—2010 土方机械 噪声限值
GB/T 19678—2005 说明书的编制 构成、内容和表示方法
GB 50017—2003 钢结构设计规范
GB/T 50205—2001 钢结构工程施工质量验收规范
GB 50661—2011 钢结构焊接规范
TSG Q7001—2006 起重机械制造监督检验规则
TSG Q7008—2007 升降机型式试验细则

3 术语和定义

下列术语和定义适用于本文件。

3.1

液压式提升设备 hydraulic lifting equipment

以钢索为承力构件,用液压油推动千斤顶的主液压缸活塞往复运动,使与活塞上端连接的上卡紧装

置和与缸体下部连接的下卡紧装置之间进行负荷转换,从而实现负荷提升(或下降)的一种起重设备,简称提升设备。

3.2

钢索　steel strand for prestressed concrete

在提升设备中用于承载的特殊用途钢绞线,由高碳钢的多股钢丝拉拔而成,常规用于预应力混凝土梁,称为预应力混凝土用钢绞线,也用于斜拉桥的拉索,简称钢索。

3.3

卡爪　clamping jaw

用于卡紧或放松钢索的专用锚固件。

3.4

卡紧装置　clamping mechanism

使卡爪可以随主液压缸活塞运动进行负荷转换的部件。

3.5

液压千斤顶　hydraulic jack

升降负荷的液压缸部件,其活塞杆上部设置上卡紧装置,缸体下部设置下卡紧装置,还设置行程测量、油路控制等装置。

3.6

主液压缸　main hydro-cylinder

升降负荷的液压缸,由缸筒、活塞(杆)、上缸盖、下缸盖、密封支撑件等组成。

3.7

下锚头　lower anchorage

用于保持负荷与钢索锚固点的相对位置固定不变的部件。

3.8

千斤顶吊架　lifting frame for jack

当千斤顶采用特殊使用方式时(悬挂、斜向张紧等),用于安装千斤顶并与其他固定件连接的专用构件。

3.9

下锚头吊架　lifting frame for lower anchorage

用于下锚头与负荷连接的专用构件。

3.10

上锚头　upper anchorage

用于约束、导向千斤顶上方已经伸出钢索的部件。

3.11

钢索梳导板　hackle plate for strand

用于梳理千斤顶和下锚头之间的钢索,以免钢索错位和缠绕的部件。

3.12

装下锚头工具　installation tool for lower anchorage

用于组装下锚头的卡爪,使卡爪受力均匀的部件。

3.13

紧线器　tightener

用于吊运钢索和预紧钢索的部件。

3.14

偏载支撑装置　supporting mechanism for uneven load

扁担式千斤顶的上卡紧装置左、右负荷不均时的平衡装置。

3.15

集中控制　centralized control

通过一套控制设备控制多台泵站及所驱动的千斤顶;集中控制系统可以设置在其中一台泵站上,也可以是独立的控制柜。

3.16

就地控制　local control

通过泵站自带控制设备控制该泵站自身及所驱动的千斤顶。

3.17

移动控制　mobile control

通过控制手柄、微型控制台等可移动设备控制泵站及所驱动的千斤顶。

4　型式

4.1　设备型式

4.1.1　提升设备主要由千斤顶、液压泵站、控制柜、卡爪、钢索、油管、电缆和附件等部分组成。使用时配以千斤顶安装架、钢索导向架等支撑构架。其附件主要有下锚头、千斤顶吊架、下锚头吊架、专用工具等,专用工具包括上锚头、钢索梳导板、装下锚头工具、紧线器等等。驱动形式为电力驱动。

4.1.2　千斤顶的结构形式分为穿心式、扁担式两种,穿心式是指钢索从主液压缸活塞中心穿过,主液压缸支撑座下需要钻孔以便钢索通过;扁担式是指钢索分布在主液压缸两侧,用于主液压缸支承座下不能钻孔的场合。提升设备千斤顶的结构如图1所示。

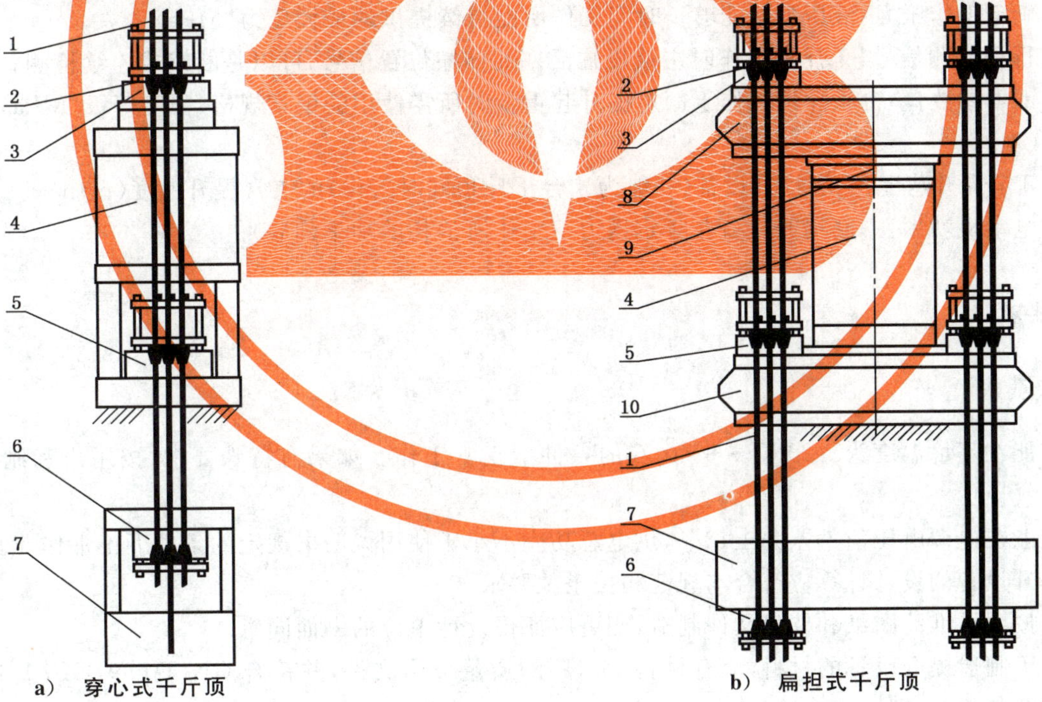

a)　穿心式千斤顶　　　　b)　扁担式千斤顶

说明:

1——钢索;

2——卡爪;

3——上卡紧装置;

4——主液压缸;

5——下卡紧装置;

6——下锚头;

7——负荷;

8——上横梁;

9——偏载支撑装置;

10——下横梁。

图1　液压式提升设备千斤顶结构示意图

4.2 型号表示法

设备型号由机型代号、单台千斤顶额定提升起重量、设计顺序号和千斤顶的结构形式代号组成，表示方法如下所示。

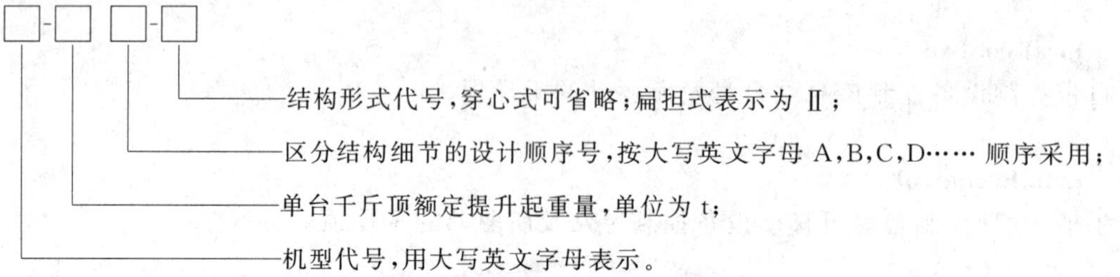

示例：GYT-100D 表示单台千斤顶额定提升起重量为 100 t 的提升设备，第四次设计，千斤顶结构形式为穿心式。

5 主要技术参数

5.1 主要技术参数的确定应根据工程需要，并遵循优先数系的选择原则。

5.2 主要技术参数如下：

a) 单台千斤顶额定提升起重量：单台千斤顶在额定压力下能够长时间持续工作所提升重物的质量(t)；
b) 活塞工作行程：千斤顶主液压缸工作时活塞每次伸出或缩回的距离(mm)；
c) 额定工作压力：液压泵站能够长时间工作所能持续提供的最大压力(MPa)；
d) 行程检测信号：千斤顶工作时主液压缸活塞的伸缩位置信号，可以是断续或连续检测；
e) 钢索参数：单台千斤顶工作于额定提升起重量时所需使用的钢索规格、强度等级(MPa)及数量(根)；
f) 额定提升速度：一套提升设备(一般为 4 台千斤顶同时工作)的正常提升速度(m/h)；
g) 电动机功率：一套提升设备在额定压力下工作所消耗的功率(kW)。

6 技术要求

6.1 一般要求

6.1.1 应能在环境温度为−20 ℃～+40 ℃的条件下正常工作。如果有特殊要求，按用户和制造厂的协议执行。

6.1.2 应能在电源电压值偏差为±10%，供电总功率不小于使用说明书规定的条件下正常作业。

6.1.3 提升设备的设计计算应符合本规范相关条款要求。

6.1.4 应按照批准的图纸和技术文件制造，变更应征得设计单位的书面同意。

6.1.5 用于制造提升设备的材料，应有材料生产厂的质量证明文件，并符合 GB/T 699、GB/T 1591 及 GB/T 3077 的规定。

6.1.6 各型提升设备设计时，应同时制定该型提升设备的"出厂检验与试验方案"及"使用说明书"。

6.1.7 制造单位应执行 TSG Q7001—2006 监督检验规则中相关规定。

6.2 整机

6.2.1 应具备实现负荷提升、下降的功能，并能随时互相转换、停止。

6.2.2 应既能多台千斤顶同步联动，又能作单台千斤顶行程位置调整。

6.2.3 吊装时负荷运动应平稳，负荷冲击系数应控制在5%～10%范围内。

6.2.4 锚固装置的安全系数应不小于2.5。

6.2.5 一般零件的安全系数应符合GB 6067.1—2010的要求。

6.2.6 主要零部件（指卡紧装置、缸筒、活塞、缸盖、偏载支撑装置、下锚头等）应有材质单、热处理报告、各工序尺寸检验单、成品检验单等生产过程质量记录文件。

6.2.7 所有外购件均应有产品质量证明文件，并满足设计要求。

6.2.8 工作时噪声应符合GB 16710—2010的规定。

6.3 钢索选用

6.3.1 钢索参数应按表1选取。

表1 钢索参数表

钢索标准	GB/T 5224—2003	GB/T 5224—2003
钢索规格	1×7-ϕ15.20	1×7-ϕ17.80
抗拉强度/MPa 不小于	1 860	1 860
单根钢索的最大力/kN 不小于	260	353
单根钢索额定提升起重量/t 不大于	10	14

6.3.2 千斤顶额定工况钢索束安全系数应不小于2.5。

6.3.3 所配钢索数量应根据千斤顶的负荷设计，左、右捻向钢索的根数相等，位置相对于主液压缸中心对称布置。

6.3.4 钢索应符合GB/T 5224—2003的要求，应有该批次产品的质量证明文件，证明文件上应列出该卷钢索的规格、最大力、1%伸长负荷等主要技术参数及卷号、执行标准等。

6.3.5 钢索在使用前应仔细检查，在自然状态下有弯折、松股等机械缺陷的不应选用。

6.4 卡紧装置

6.4.1 设计应符合GB/T 14370—2007的要求。

6.4.2 应保证该机构对钢索的有效机械锁紧，在突然停电等设备故障情况下负荷不发生滑移。

6.4.3 卡紧装置的设计应能使上、下卡紧装置在主液压缸往复行程中负荷交换顺利。

6.4.4 应能够承受各根钢索负荷不匀及负荷交换所带来的冲击。

6.4.5 同一卡紧装置上安装的卡爪，其卡紧或放松动作应一致。

6.4.6 卡紧装置所用卡爪应与所选钢索相匹配，卡爪对钢索的卡紧力应大于该规格钢索的最大力。

6.4.7 卡爪在设计定型前，应经过1∶1的真型试验。其中，卡爪使用寿命试验应按照7.1.3规定的方法进行。

6.4.8 卡爪的使用寿命，根据所配钢索，每副卡爪在承受单根钢索额定负荷的情况下，重复卡紧次数不应低于600次。

6.4.9 卡爪应严格按照设计图纸要求生产，其材质、尺寸精度、热处理后硬度、硬化层深度应符合图纸要求，每一批次卡爪均应有相应的材质单、检验报告、热处理报告等质量证明文件。

6.4.10 卡紧装置上应设置负荷交换状态检测装置。

6.5 千斤顶部分

6.5.1 主液压缸的设计应符合 GB/T 13342—2007 的要求，承力部件安全系数应不小于 2.5。

6.5.2 主液压缸的活塞应有防偏载设计。

6.5.3 千斤顶的上卡紧装置应与主液压缸的活塞固定连接，下卡紧装置应与主液压缸的缸体下部固定连接。

6.5.4 千斤顶上应设置活塞行程检测装置。

6.5.5 穿心式千斤顶宜设置可吊挂使用的结构。

6.5.6 扁担式千斤顶的上卡紧装置与活塞杆连接处，应设置可调整的偏载支撑装置。

6.6 液压系统

6.6.1 设计应符合 GB/T 3766—2001 的要求。

6.6.2 所用液压元件应符合 GB/T 7935—2005 的要求。

6.6.3 应设有防止过载和液压冲击的安全装置，安全溢流阀的调整压力应不大于 110%的系统额定工作压力。

6.6.4 应设置平衡阀或液压锁；平衡阀或液压锁应直接装在主液压缸体上。

6.6.5 应能够分别显示当前各工作千斤顶的提升压力。

6.6.6 提升速度应能够根据作业要求在最小与最大值之间调整，宜采用无级调速。

6.6.7 液压传动应平稳，不应有振动和异常噪声。

6.6.8 应设置滤油器和其他防止油液污染的装置，并具有相应的警示功能，过滤精度应符合系统中所选用液压元件的要求。

6.6.9 液压油应符合所选油类的性能标准。夏季宜选用 L-HM46(GB/T 7631.2—2003)抗磨液压油，冬季宜选用 L-HM32 抗磨液压油。

6.6.10 油管的选用应符合液压系统压力和流量的要求。油管应便于装拆，拆下的油管接头处应有密封装置。

6.7 电气控制系统

6.7.1 设计应符合 GB 5226.2—2002 的规定。

6.7.2 泵站上应设置可切断泵站所有电源的主断路器。

6.7.3 电动机保护系统应具有热过载保护。

6.7.4 所有线路应具有短路保护或接地引起的过电流保护，并应具有瞬时分断功能。

6.7.5 当电源中断后，电动机应处于断电状态，恢复供电后电动机不应自启动。

6.7.6 提升设备各部分均应设置可靠的接地。

6.7.7 电动机及电气元件(电子元器件部分除外)的对地绝缘电阻应不小于 0.5 MΩ，电气线路的对地绝缘电阻不得小于 1 MΩ。

6.7.8 应设置过载保护，当负荷超过设定值时，控制系统应发出声、光报警，并停止提升设备的运行。

6.7.9 提升设备运行中若因故障或过载停止运行后，重新恢复供电时，系统不得自行动作。

6.7.10 提升设备可采取集中控制、就地控制、移动控制等形式。当存在多种控制形式时，各种控制形式之间应设置电气互锁，任何时间只准许一种控制形式进行操控。

6.7.11 所有控制形式均应设置“紧急停止”按钮。“紧急停止”按钮应与一般操作按钮有明显区别，应为红色非自复位式，并应安装于明显位置。

6.7.12 提升设备的某些操作和状态间存在互逆性(例如主液压缸活塞的伸和缩动作之间)，应在各种互逆操作和状态间设置电气互锁，在有条件的情况下，宜设置机械互锁。

6.7.13 电气设备的防护等级应符合 GB 4208—2008 中的 IP 分类等级规定。

6.7.14 扁担式千斤顶的上横梁应设置倾斜检测装置。当横梁倾斜超过设计允许值时，控制回路应发出声、光报警，并停止提升设备的运行。

6.7.15 在重点部位宜设置电气监视系统。

6.8 附件及支撑构架

6.8.1 下锚头设计、制造的质量要求及控制方法与卡紧装置相同。

6.8.2 千斤顶吊架、下锚头吊架安全系数应不小于 2.5。

6.8.3 专用工具的设计应满足功能要求，并随提升设备供货。

6.8.4 千斤顶安装架设计应符合 GB 50017—2003 的要求，并满足起重量、吊装高度、就位作业的要求。

6.8.5 钢索导向架应结合吊装工况设计，应能承受本次吊装千斤顶上方伸出的钢索总重，并使得千斤顶上方伸出钢索的垂直距离不小于 0.6 m，弯曲半径大于 1 m。

6.8.6 结构件的焊接应符合 GB 50661—2011 的规定，并按照 GB 50205—2001 的要求检验。

6.9 使用环境条件

6.9.1 在户外使用时，千斤顶、液压泵站、控制柜应有防雨、防潮措施。

6.9.2 安装场地应无爆炸危险介质，无腐蚀性气体、液体及电焊火花。

6.9.3 其余环境条件按 GB 6067.1—2010 的规定和提升设备出厂时相关规定执行。

7 试验方法

7.1 易损承力部件试验

7.1.1 钢索与卡爪属于易损承力部件。

7.1.2 测试设备及部件：

a) 1×7-ϕ15.20 或 1×7-ϕ17.80 钢索及与其相配的卡爪；

b) 按 GB/T 14370—2007 标准设计制作的专用锚具；

c) 小型提升设备，其千斤顶提升起重量 20 t 以上，提升速度为在售各型提升设备的最高额定速度(不低于 10 m/h)，上、下锚头各 1 副；

d) 千斤顶安装架 1 套，安装高度至少使千斤顶能完成 2～3 个带负荷提升或下降的行程；

e) 经标定的提升重物——试验负荷，质量符合待试验单根钢索的额定提升起重量，误差在±1%以内；

f) 0～500 kN 卧式拉力机 1 台，精度为 2%，有效试验长度大于 2 m。

7.1.3 卡爪使用寿命试验：

a) 卡爪使用寿命试验的设备布置如图 2 所示；

b) 额定负荷：按试验卡爪的额定提升起重量，配以额定负荷(静载)。例如，试验提升起重量为 10 t 的卡爪，配 ϕ15.20 mm 钢索，10 t 负荷；试验提升起重量为 14 t 的卡爪，配 ϕ17.80 mm 钢索，14 t 负荷；

c) 提升设备先做带负荷上升连续动作，提升到一定高度后，做带负荷下降连续动作；如此反复，直至卡爪磨损打滑；

d) 卡爪试件累计卡紧 30～40 次时，上、下卡紧装置上的卡爪试件外表面加注一次 3 号二硫化钼锂基润滑脂(根据设计要求，加注润滑脂为可选操作)；

e) 提升一个行程、下降一个行程均计为一次，统计出卡爪试件的重复卡紧次数，作为该缸上、下卡紧装置上所装两副卡爪试件的使用寿命；

f) 合格判定：卡爪试件的使用寿命应不小于设计值。

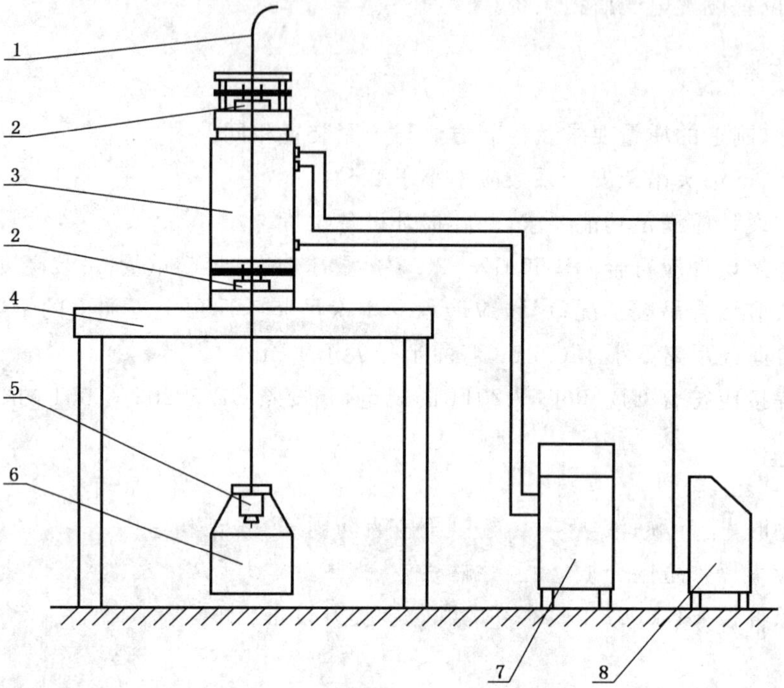

说明：

1——钢索试件；
2——卡爪试件；
3——千斤顶；
4——千斤顶安装架；
5——下锚头；
6——经标定的负荷；
7——液压泵站；
8——控制柜。

图2 卡爪使用寿命试验设备布置示意图

7.1.4 卡爪卡紧力试验：

a) 卡爪卡紧力试验的设备布置如图3所示；

b) 卡爪试件、钢索试件配以锚头，在卧式拉力机上试验，操作拉力机以100 MPa/min速度逐步加载，加载到钢索抗拉强度标称值的80%时停留10 min，然后继续加载直至钢索试件断裂。记录此时拉力机仪表显示的拉力。如果钢索试件没有断裂，而是从卡爪中脱出，则记录此时的拉力；

c) 当卡爪试验达到80%额定使用寿命时，卸下卡爪试件（即用7.1.3试验中已经咬合一定次数，例如480次以上的卡爪），配以未做过咬合试验的钢索试件，重复7.1.4b)试验，并记录试验数据，要求同7.1.4b)；

d) 合格判定：当钢索试件断裂时，若卡爪试件仍能卡紧钢索，则说明卡爪试件的卡紧力合格；如果钢索试件从卡爪试件中脱出，则卡爪试件的卡紧力不合格；

e) 特殊情况：如果钢索试件断裂时拉力机仪表显示的拉力小于该钢索最大力的80%，则不能说明卡爪试件的卡紧力合格，应查明原因重新试验。

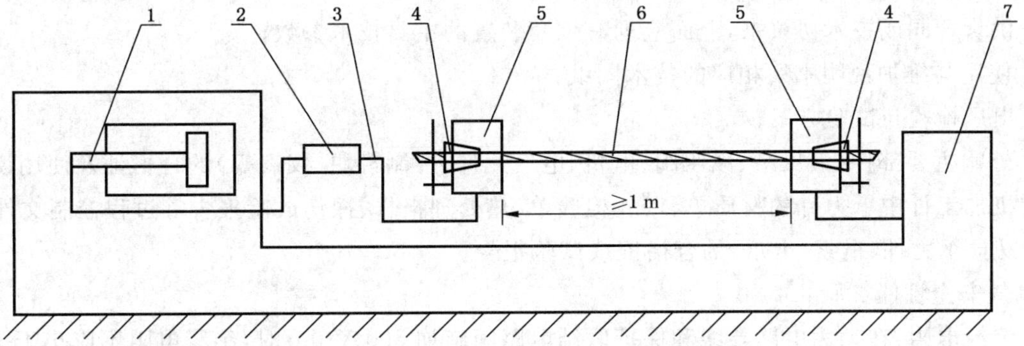

说明：

1——卧式拉力机动力头；
2——拉力传感器；
3——连接件；
4——卡爪试件；
5——锚头；
6——钢索试件；
7——尾架。

图 3　卡爪卡紧力试验设备布置示意图

7.1.5　钢索最大力试验：

a)　钢索最大力试验设备布置如图 4 所示；

b)　用专用锚具锁紧钢索试件，在卧式拉力机上试验，操作拉力机以 100 MPa/min 的速度逐步加载，加载到钢索抗拉强度标称值的 80%时停留 10 min，然后继续加载直至钢索试件断裂，断口呈缩颈状，记录此时拉力机仪表显示的拉力，即为钢索试件的最大力；

c)　合格判定：钢索试件最大力应不小于该批次钢索质量证明文件的标称值；

d)　特殊情况：如果在锚具根部出现斜断口(非正常断口)，则此时的拉力不代表钢索试件的最大力，应查明原因重新试验。

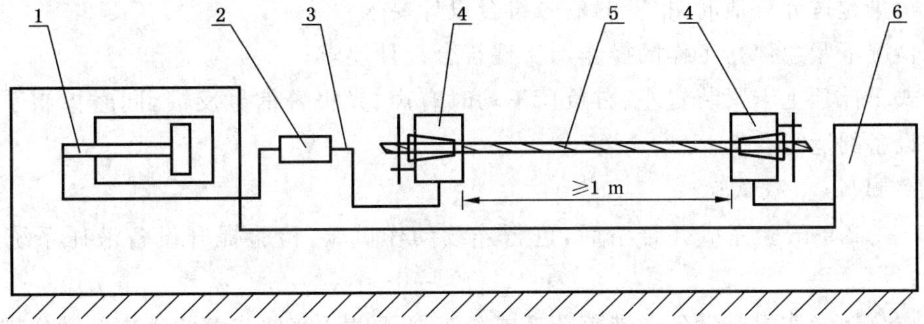

说明：

1——卧式拉力机动力头；
2——拉力传感器；
3——连接件；
4——专用锚具；
5——钢索试件；
6——尾架。

图 4　钢索最大力试验设备布置示意图

7.2　出厂检验与试验

7.2.1　提升设备出厂检验按照该型提升设备的“出厂检验与试验方案”中规定的项目进行。

7.2.2 出厂检验时，应具有下列文件资料：

a) 供货合同或技术协议书，上面应列有该套装置的主要技术参数；
b) 使用与维护说明书及相应的技术图纸；
c) 出厂检验与试验方案；
d) 外购主要部件（液压泵、液压阀、电机、电气元件、控制模块、仪表等）的合格证及使用说明书；
e) 机加工件中承力件的材质单、尺寸检验单、热处理报告、探伤试验报告等过程控制文件；
f) 易损承力件（钢索、卡爪）的合格证或试验报告。

7.2.3 电气安全性能试验：

a) 绝缘电阻：在动力电路导线和保护联结电路间施加 500 V d.c 时，绝缘电阻不应小于 1 MΩ；
b) 交流耐压试验：试验电压 1 000 V a.c.，试验持续时间为 1 min。在试验过程中无击穿现象发生；
c) 接地电阻：接地电阻不应大于 4 Ω。

7.2.4 动作功能试验（空载试验）：

a) 泵站起动平稳，无异常噪声和温升，液压泵变量机构功能正常；
b) 液压回路：各阀功能调节无误，液压缸各种工况动作正确；
c) 主缸行程、卡爪位置测量信号准确反馈；
d) 控制柜的各操作按钮、信号显示和触摸屏的操作、显示均符合设计要求；
e) 噪声符合设计要求。

7.2.5 耐压和密封试验：

a) 额定工作压力为 16 MPa～25 MPa，试验压力为额定工作压力的 1.25 倍；
b) 逐步升压到试验压力，持续 5 min，观察压力无变化时，然后卸压；
c) 要求所有的焊缝和阀类接触面、油管接头处无渗漏，管道无永久变形。

7.2.6 系统安全保护装置试验：

a) 系统超载、过压时有声、光报警信号反馈，同时控制系统能迅速停止提升设备的运行；
b) 油液污染超过允许值时，报警的信号符合设计要求；
c) 特殊情况下紧急停止工作的操作与实现符合设计要求；
d) 扁担式千斤顶上卡紧装置左、右负荷不均时有声、光报警信号反馈，同时控制系统能迅速停止提升设备的运行。

7.2.7 连续动作试验（空载试验）：

a) 7.2.3～7.2.5 试验完成并合格后，进行连续动作试验，检验提升设备液压系统连续运转的可靠性；
b) 手动或自动操作提升设备在带负荷升或降工况下做活塞伸或缩的动作及动作转换；
c) 要求提升设备所有部分动作正常，液压、电器元件不得出现异常，液压系统无渗漏；
d) 连续运行时间达到 8 h 以上。

7.3 千斤顶承载动态试验

7.3.1 千斤顶的承载试验可以通过专门的试验架实现加载。测试设备及部件：

a) 加载试验架、负载梁、辅助连接件；
b) 加载液压缸（行程至少大于试验千斤顶的两个工作行程）、加载泵站；
c) 试验千斤顶、驱动泵站、下锚头、钢索、卡爪；
d) 各种测量仪器、仪表等。

7.3.2 额定负荷试验：

a) 千斤顶承载动态试验如图5所示；

b) 在加载泵站上调定加载缸的压力，启动加载液压缸动作加载，所加负荷为100%试验千斤顶额定负荷；

c) 启动驱动泵站，控制千斤顶做“带负荷升”工况手动、自动运行，观察千斤顶在额定负荷下带负荷升的工作情况、手动与自动工况转换情况；

d) 控制千斤顶做“带负荷降”工况手动、自动运行，观察千斤顶在额定负荷下带负荷降的工作情况、手动与自动工况转换情况、负荷交换及开爪情况；

e) 控制千斤顶做“带负荷升”与“带负荷降”，以及“手动”与“自动”运行的各种工况随时转换动作，观察千斤顶运行是否正常，各种工况转换及停止是否准确，卡紧装置卡紧、放松动作是否一致、顺畅；

f) 观察并记录试验数据和结果，试验循环不低于10次及累计带负荷升高度不小于2 m；

g) 千斤顶各种工况工作均正常、各工况转换顺利、液压系统无泄漏为合格。

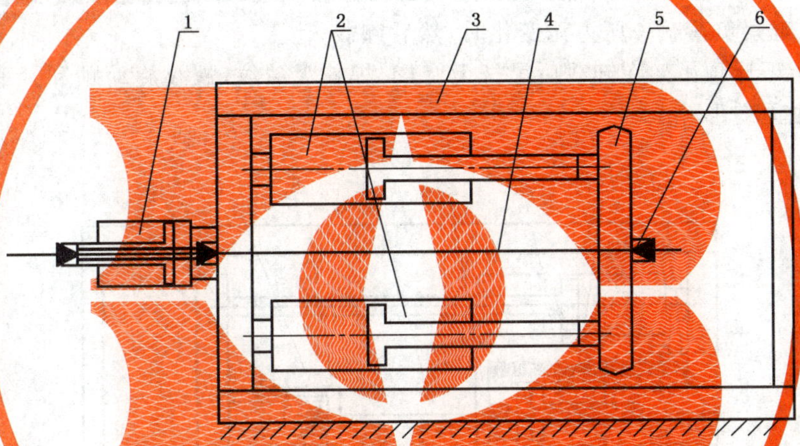

说明：

1——试验千斤顶；

2——加载液压缸；

3——加载试验架；

4——钢索；

5——负载梁；

6——下锚头。

图5 千斤顶承载动态试验示意图

7.3.3 超载试验：

a) 继续7.3.2试验工况；

b) 在加载泵站上调定加载液压缸压力，启动加载液压缸动作加载，所加负荷为110%千斤顶额定负荷；

c) 启动驱动泵站，控制千斤顶带负荷提升3个行程，然后带负荷下降3个行程，重复3次，观察千斤顶在超载下的工作情况和负荷交换及开爪情况；

d) 观察并记录试验数据和结果，千斤顶工作正常、液压系统无泄漏为合格。

7.3.4 连续作业试验：

a) 继续7.3.2试验工况；

b) 在加载泵站上调定加载缸的压力，启动加载液压缸动作加载，所加负荷为70%试验千斤顶额定负荷；

c) 启动驱动泵站，控制千斤顶做“带负荷升”工况自动运行，观察千斤顶在试验负荷下带负荷升的工作情况，直到加载缸行程终了；

d) 控制千斤顶做“带负荷降”工况自动运行，观察千斤顶在额定负荷下带负荷降的工作情况、负荷交换及开爪情况；

e) 控制千斤顶做“带负荷升”与“带负荷降”自动运行的随时转换动作，观察千斤顶运行是否正常，各种工况转换及停止是否准确，卡紧装置卡紧、放松动作是否一致、顺畅；

f) 观察并记录试验数据和结果，试验循环不低于800次及累计带负荷升高度不小于100 m；

g) 千斤顶各种工况工作均正常、各工况转换顺利、液压系统无泄漏为合格。

7.4 千斤顶吊架、下锚头吊架承载试验

试验步骤如下：

a) 试验设备同7.3.1；

b) 将千斤顶安装在千斤顶吊架内，整体吊装在加载试验架内，模拟使用工况连接销轴拉板和辅助连接件，如图6所示；

c) 在加载泵站上调定加载缸压力，启动加载缸动作加载，所加负荷为125%试验缸额定负荷。保持5 min，观察负荷——压力无变化时，然后卸载；

d) 合格标准：千斤顶吊架在卸载后吊杆无变形，焊缝无裂纹，螺纹旋动顺利。下锚头吊架焊缝无裂纹、销轴无变形。

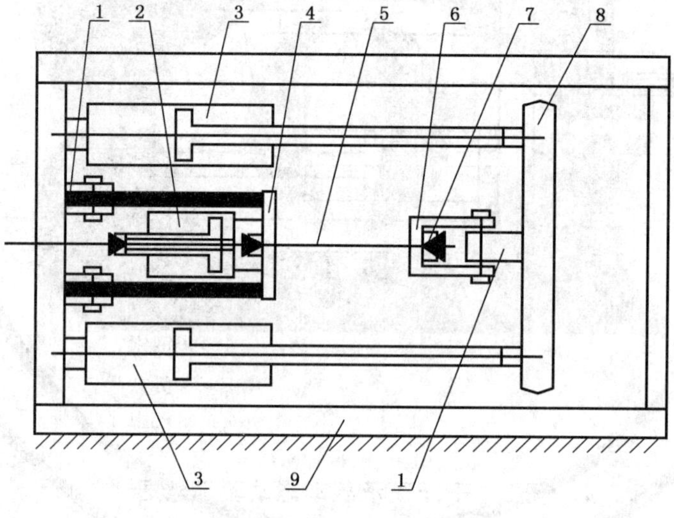

说明：

1——辅助连接件；
2——千斤顶；
3——加载液压缸；
4——千斤顶吊架；
5——钢索；
6——下锚头吊架；
7——下锚头；
8——负载梁；
9——试验架。

图6 千斤顶吊架、下锚头吊架承载试验示意图

7.5 型式试验

7.5.1 提升设备的型式试验按照TSG Q7008—2007要求进行。分为型式检验和型式试验两部分。

7.5.2 型式检验项目如下：

a) 技术文件审查，主要技术参数与设计图样、计算书和使用说明书是否相符；制造过程质量控制文件是否齐全并符合规定；

b) 样机检查，包括结构型式、主要受力结构件材料、焊接质量、主要零部件、电气和控制系统、安全保护和安全防护装置是否符合设计文件和有关规定；

c) 审查样机主要参数和基本尺寸是否符合设计文件要求。

7.5.3 型式试验项目如下：

a) 性能试验，试验方法同 7.2.3～7.2.5；

b) 安全保护装置试验，试验方法同 7.2.6；

c) 连续动作试验，试验方法同 7.2.7；

d) 千斤顶承载动态试验，试验方法同 7.3；

e) 千斤顶吊架、下锚头吊架承载试验，试验方法同 7.4。

8 检验规则

8.1 分类

提升设备的检验分为型式试验、出厂检验、制造监督检验、常规检验、易损承力部件试验。

8.2 型式试验

8.2.1 有下列情况之一时，应进行型式试验：

a) 新产品定型、老产品转厂生产；

b) 产品结构、材料或工艺有较大变动，可能影响产品性能和质量；

c) 产品停产 1 年以上，恢复生产；

d) 国家质量监督机构提出进行型式试验的要求。

8.2.2 型式试验应按照 7.5 的规定进行。

8.2.3 型式试验应在同一台样机上进行。

8.2.4 型式试验合格判定：若型式试验项目全部符合规定，则样机型式试验综合判定为合格。

8.3 出厂检验

8.3.1 提升设备的设备交货，用户验收时应进行出厂检验(或称交收检验)。出厂检验通常在生产厂内进行，特殊情况可在供、需双方协议地点进行。

8.3.2 出厂检验按照 7.2 规定的项目进行。

8.3.3 出厂检验时，若出现可修复的故障(例如漏油等)，允许进行修复及更换易损密封件后重检。若经修复仍不合格，则判定为不合格。

8.4 制造监督检验

8.4.1 提升设备在制造过程中，应按照 TSG Q7001—2006 要求，报请相应单位进行制造监督检验。

8.4.2 制造监督检验项目包括以下内容：

a) 对制造过程中涉及安全性能的项目，用其质量控制等进行确认核实；

b) 对制造单位质量管理体系运转情况进行检查。

8.5 常规检验

8.5.1 有下列情况之一时，应进行常规检验：

a) 每次更换施工现场，吊装作业前；

b) 重大故障修复(例如主油缸更换密封、更换液压阀和电器元件等)后。

8.5.2 常规检验项目如下：

a) 动作功能试验，方法同7.2.4；

b) 耐压和密封试验，方法同7.2.5；

c) 系统安全保护装置试验，方法同7.2.6。

8.5.3 常规检验合格判定：

a) 常规检验合格判定与出厂检验相同项目的要求相同；

b) 常规检验中若有一项不合格，则判定为不合格。

8.6 易损承力部件试验

8.6.1 每批次卡爪出厂时，应按照GB/T 2828的抽样要求做卡爪试验，试验应严格按照7.1.2～7.1.3规定的内容进行，如果有不合格项目，准许再重复一次，仍然达不到规定要求的，该批次卡爪判定为不合格。

8.6.2 钢索的力学性能按照7.1.4规定的内容进行抽检。

8.7 检验单位和人员

8.7.1 型式试验应由国家质量监督检验检疫总局核准的专业检测机构完成。

8.7.2 出厂检验应由生产厂质量检验部门的工程师与用户主管工程师参加，或委托检测机构完成。

8.7.3 制造监督检验应由国家质量监督检验检疫总局核准的检验检测机构完成。

8.7.4 常规检验应由用户主管工程师或委托检测机构完成。

8.7.5 易损承力部件试验由生产厂质量检验部门完成。

9 标志、包装、运输、贮存

9.1 标志

9.1.1 提升设备应在明显位置固定设备标牌，其要求应符合GB/T 13306—2011中的规定，标牌应包括下列内容：

a) 设备名称和型号；

b) 设备基本代码4830，特种设备制造许可证编号，制造监督检验钢印标志；

c) 设备主要技术参数，包括单缸额定提升起重量、提升速度、额定压力、同步性能、配用钢索参数；

d) 电源电压、频率、功率；

e) 制造厂名称、联系方式；

f) 出厂编号，制造日期。

9.1.2 泵站集成块上的所有液压阀都应有铆固的标牌，标示该阀的作用。

9.1.3 泵站上和液压缸上的所有油管及电缆插口处都应有铆固的标牌，说明此接口的连接方向。

9.1.4 泵站和集控柜上的所有操作按钮处都应有铆固的标牌，说明此按钮的功用；紧急停止按钮的外形应明显区别于普通操作按钮。

9.1.5 所有指示灯、信号灯应清晰标明其用途。

9.1.6 需要检查、调整的部件(例如泵转向、调速阀等)应设有提示标牌。

9.2 包装

9.2.1 提升设备及其零部件的包装应符合GB/T 13384—2008的规定。

9.2.2 油管、电缆应整齐卷绕在专门的轴架上，油管接头应加防护帽。

9.2.3 卡爪宜用专用包装，包装箱内应有该批次产品的合格证，其上应注明产品型号、批次、生产日期、生产单位联系电话，并有检验员章。

9.2.4 钢索应保持原有包装，包装上应有该卷产品的合格证，其上应注明直径、公称抗拉强度、执行标准、卷号、生产日期、生产单位联系电话等主要信息。

9.2.5 装箱单应与实物相符，应有零部件名称与数量、备品备件名称与型号、发货日期、检验人员的签字。

9.2.6 备品备件应有标识，例如标牌、标签等。且应牢固、清晰。

9.2.7 制造单位应向用户提供下列技术文件：

a) 设备合格证；

b) 使用说明书；

c) 出厂调试试验方案、检验报告；

d) 设备、备件装箱单；

e) 特种设备制造许可证；

f) 型式试验合格证；

g) 制造监督检验证明。

9.2.8 使用说明书应符合 GB/T 19678—2005 的规定，且应包括以下内容：

a) 主要性能参数；

b) 各部件外形尺寸、重量；

c) 承载系统、液压系统、电气控制系统的组装与使用；

d) 液压系统原理图、连接图、电气接线图；

e) 系统的调试方法、使用注意事项；

f) 安全装置的调整和试验；

g) 卡爪在额定负荷下的使用寿命和该型号卡爪所配钢索在额定负荷下的使用次数；

h) 提升设备在吊装工程中的应用；

i) 维护保养要求；

j) 提升设备清单。

9.3 运输

9.3.1 提升设备运输应符合铁路、公路交通运输的规定。

9.3.2 千斤顶、控制柜在运输时应与车体可靠固定，上面不应放置重物。

9.3.3 运输过程中应有防雨措施。

9.3.4 钢索应水平放置运输。

9.4 贮存

9.4.1 长期贮存时，弹簧、液压缸均应卸去负荷，裸露在外的切削加工表面宜采取防锈措施，例如涂润滑脂、蜡封。

9.4.2 含有电器的部分不宜放置在有腐蚀性气体的环境中，宜采取防日光直晒、防雨、防潮、防鼠害等措施。

9.4.3 长期贮存后启用时，应进行全面检查。对卡爪、钢索、千斤顶、液压元件、电器元件应严格检查，有损坏、变形、锈蚀的应更换。

9.4.4 贮存时应保存详细的档案，除随机文件外，贮存期间的变动情况均应详细记录。

参 考 文 献

[1] GB/T 3811—2008 起重机设计规范
[2] GB/T 9462—1999 塔式起重机技术条件
[3] JT/T 329—2010 公路桥梁预应力钢绞线用锚具、夹具和连接器
[4] JTJ 027—1996 公路斜拉桥设计规范(试行)

ICS 29.035.20
K 15

中华人民共和国国家标准

GB/T 31134—2014

电气用纤维增强环氧粉状模塑料(EP-PMC)

Fiber reinforced epoxy powder moulding compounds(EP-PMC) for electrical purposes

2014-09-03 发布

2015-02-01 实施

中华人民共和国国家质量监督检验检疫总局
中国国家标准化管理委员会
发布

前　言

本标准按照 GB/T 1.1—2009 给出的规则起草。

本标准参考 ISO 15252-1:1999《塑料　环氧粉状模塑料(EP-PMCs)　第1部分:分类系统与基础》;ISO 15252-2:1999《塑料　环氧粉状模塑料(EP-PMCs) 第2部分:试样制备和性能测定》;ISO 15252-3:1999《塑料　环氧粉状模塑料(EP-PMCs) 第3部分:对选定模塑料的要求》。

本标准在编写格式及技术内容方面均与 ISO 15252 系列标准有所不同,主要差异如下:

a) 将 ISO 15252 系列标准各部分的"规范性引用文件"一章中所列部分已转化为我国国家标准的相关国际标准直接引用相应的国家标准,部分已有新版本的国际标准经核对改用新版国际标准,并增加引用 GB/T 1033.1—2008、GB/T 2547—2008 等国家标准;

b) 将 ISO 15252-2 中的表3"性能和试验条件"进行了重新编辑,并将其作为规范性附录 A;

c) 删除了 ISO 15252-3 中两个无纤维增强的 EP-PMC 产品;

d) 增加了外观、温度指数(TI)、耐电弧性、电气强度、燃烧性和密度的要求;

e) 删除了负荷变形温度($T_{ff,8.0}$)的要求;

f) 增加了对检验、包装、标志、运输和贮存的要求。

本标准由中国电器工业协会提出。

本标准由全国绝缘材料标准化技术委员会(SAC/TC 51)归口。

本标准主要起草单位:桂林电器科学研究院有限公司、桂林金格电工电子材料科技有限公司、无锡新宏泰电器有限责任公司。

本标准主要起草人:马林泉、王明军、罗传勇、唐影、余文武、刘建文、罗风良、夏宏伟、冯伟祖。

电气用纤维增强环氧粉状模塑料(EP-PMC)

1 范围

本标准规定了电气用纤维增强环氧粉状模塑料(EP-PMC)的产品分类命名、性能要求、试验方法、检验、标志、包装、运输和贮存。

本标准适用于以环氧树脂为基体,以纤维为增强材料制成的电气用纤维增强粉状模塑料(EP-PMC)。

2 规范性引用文件

下列文件对于本文件的应用是必不可少的。凡是注日期的引用文件,仅注日期的版本适用于本文件。凡是不注日期的引用文件,其最新版本(包括所有的修改单)适用于本文件。

GB/T 1033.1—2008 塑料 非泡沫塑料密度的测定 第1部分:浸渍法、液体比重瓶法和滴定法

GB/T 1034—2008 塑料 吸水性的测定

GB/T 1040.1—2006 塑料 拉伸性能的测定 第1部分:总则

GB/T 1040.2—2006 塑料 拉伸性能的测定 第2部分:模塑和挤塑塑料的试验条件

GB/T 1043.1—2008 塑料 简支梁冲击性能的测定 第1部分:非仪器化冲击试验

GB/T 1408.1—2006 绝缘材料电气强度试验方法 第1部分:工频下试验

GB/T 1409—2006 测量电气绝缘材料在工频、音频、高频(包括米波波长在内)下电容率和介质损耗因数的推荐方法

GB/T 1410—2006 固体绝缘材料体积电阻率和表面电阻率试验方法

GB/T 1411—2002 干固体绝缘材料 耐高电压、小电流电弧放电的试验

GB/T 1634.2—2004 塑料 负荷变形温度的测定 第2部分:塑料、硬橡胶和长纤维增强复合材料

GB/T 1844.1—2008 塑料 符号和缩略语 第1部分:基础聚合物及其特征性能

GB/T 1844.2—2008 塑料 符号和缩略语 第2部分:填充及增强材料

GB/T 2547—2008 塑料 取样方法

GB/T 2918—1998 塑料试样状态调节和试验的标准环境

GB/T 4207—2012 固体绝缘材料耐电痕化指数和相比电痕化指数的测定方法

GB/T 5169.16—2008 电工电子产品着火危险试验 第16部分:50 W水平与垂直火焰试验方法

GB/T 5471—2008 塑料 热固性塑料试样的压塑

GB/T 9341—2008 塑料 弯曲性能的测定

GB/T 11026.1—2003 电气绝缘材料 耐热性 第1部分:老化程序和试验结果的评价

ISO 2577:2007 塑料 热固性模塑料 收缩率的测定(Plastics—Thermosetting moulding materials—Determination of shrinkage)

ISO 2818:1994 塑料 机加工试样的制备(Plastics—Preparation of test specimens by machining)

ISO 3167:2002 塑料 多用途试样(Plastics—Multipurpose test specimens)

ISO 10724-1:1998 塑料 粉状热固性模塑料(PMCs)注塑试样 第1部分:总则和多用途试样

{Plastics—Injection moulding of test specimens of thermosetting powder moulding compounds (PMCs)—Part 1: General principles and moulding of multipurpose test specimens}

ISO 10724-2:1998 塑料 粉状热固性模塑料(PMCs)注塑试样 第2部分:小方板{Plastics—Injection moulding of test specimens of thermosetting powder moulding compounds(PMCs)—Part 2: Small plates}

ISO 15062:1999 塑料 用转矩流变仪测定热固性材料的热流动和固化行为(Plastics—Determination of the thermal-flow and cure behaviour of thermosetting materials by torque rheometry)

IEC 60296:2003 电工流体 变压器和开关用的未使用过的矿物绝缘油(Specification for unused mineral insulating oils for transformers and switchgear)

IEC 60707:1981 测定固体电气绝缘材料暴露在引燃源后燃烧性能的试验方法(methods of test for the determination of the flammability of solid electrical insulating materials when exposed to an igniting source)

3 术语和定义

下述定义适用于本文件。

3.1

粉状模塑料 powder moulding compound;PMC

能够自由流过加工机械进料系统的粉末、颗粒或磨碎料,以及通常不被认为是粉末的小片状模塑料。

粉状模塑料的缩写为PMC。

3.2

EP-PMC

以环氧树脂为基的、既可注塑也可压塑的粉状模塑料的缩写。

3.3

热流动 thermal flow

表征已塑化的热固性模塑料填充到模具型腔中时流动特性的参数,且按ISO 15062:1999测定的最小转矩 M_B 可作为热流动的一个量化值。

4 分类命名

4.1 总则

分类命名是基于纤维增强环氧模塑料的形状描述、组成、加工方法、典型性能或特殊性能进行的(见表1),并按上述顺序以字母代码组合而成,其中描述码与代码组1之间加"—",其他各代码组之间加","。

表1 纤维增强环氧粉状模塑料(EP-PMC)分类命名方法

描述代码 (PMC)	代码组1 (组成代码)	代码组2 (加工方法代码)	代码组3 (典型性能或特殊性能代码)

4.2 代码组1(组成代码)

共由4项组成,分别按下述顺序标识。

第 1 项：符合 GB/T 1844.1—2008 规定的基体树脂代号标识，即 EP。

第 2 项：符合 GB/T 1844.2—2008 规定的增强材料和/或填料的种类代号标识(见表 2)。

第 3 项：符合 GB/T 1844.2—2008 规定的增强材料和/或填料的形状代号标识(见表 2)。

第 4 项：符合表 2 规定的增强材料和/或填料标称含量标识(见表 2)。

混合材料和/或混合形状可通过用“＋”将相关的代码组合在一起并整体放入括弧中来标识，例如由 20％玻璃纤维(GF)和 20％矿物粉(MD)的混合组成可标识为 GF20＋MD20 或(GF＋MD)20。

表 2　填料/增强材料的种类、形状、质量分数代码

填料/增强材料的种类		填料/增强材料的形状		质量分数 w,%	
		B	珠状，球状，球体	05	$w<7.5$
C	碳	C	片状，切片	10	$7.5 \leqslant w<12.5$
D	三水合氧化铝	D	微粉，粉末	15	$12.5 \leqslant w<17.5$
E	黏土			20	$17.5 \leqslant w<22.5$
		F	纤维	25	$22.5 \leqslant w<27.5$
G	玻璃	G	磨碎物	30	$27.5 \leqslant w<32.5$
K	碳酸钙			35	$32.5 \leqslant w<37.5$
L1	纤维素			40	$37.5 \leqslant w<42.5$
L2	棉			45	$42.5 \leqslant w<47.5$
M	矿物			50	$47.5 \leqslant w<52.5$
P	云母			55	$52.5 \leqslant w<57.5$
Q	硅石，二氧化硅			60	$57.5 \leqslant w<62.5$
R	再生材料			65	$62.5 \leqslant w<67.5$
S	合成有机物	S	鳞状、薄片	70	$67.5 \leqslant w<72.5$
T	滑石			75	$72.5 \leqslant w<77.5$
W	木			80	$77.5 \leqslant w<82.5$
X	未规定	X	未规定	85	$82.5 \leqslant w<87.5$
Z	其他	Z	其他	90	$87.5 \leqslant w<92.5$
				95	$92.5 \leqslant w<97.5$

4.3　代码组 2(加工方法代码)

见表 3，例如压塑用 Q 表示，注塑用 M 表示，无指定模塑方法用 X 表示。

表 3　推荐的加工方法代码

G	通用	T	传递模塑
M	注塑	X	未指定
Q	压塑	Z	其他

4.4 代码组 3(典型性能或特殊性能代码)

共由 2 项组成，分别按下述顺序标识。

第 1 项：典型性能或特殊性能代码（见表 4），若典型性能或特殊性能多于一个时，各代码之间加“、”。

第 2 项：温度指数，如 130、155 等。

第 1 项与第 2 项按之间加“/”。

表 4　典型性能或特殊性能代码

E	电气性能	T	耐温
FR	阻燃	X	未指定
M	机械性能	Z	其他
R	含再生材料		

4.5 示例

PMC—EP(GF10＋MD60),X,E/130

- 130 —— 温度指数 ≥ 130
- E —— 电气性能
- X —— 无指定模塑方法
- (GF10＋MD60) —— 玻纤质量分数 7.5% ～ 12.5%，矿粉质量分数 57.5% ～ 62.5%
- EP —— 环氧树脂
- PMC —— 粉状模塑料

用于标签的命名缩写：EP(GF10＋MD60)

5 要求

5.1 性能值

符合本标准的纤维增强环氧粉状模塑料(EP-PMC)应符合表 5、表 6、表 7 所列的性能要求。

表 5、表 6、表 7 给出的性能值是由一组试样的个别测定值经计算得出的平均值，其中各项机械性能的个别测定值与平均值的偏差不应大于 10%，负荷变形温度的个别测定值与平均值的偏差不应大于 5 ℃。

在流变性能和加工性能方面无特别的限定。不过，合适的流变性能和加工性能对使用好一种模塑料而言是必不可少的。这些性能所用的试验方法和试验条件由相关方商定。

另外，对于某些应用场合，提供其他性能方面的信息，例如固化时间、粒子尺寸和水分含量等，可能是有用的。如果这样，这些性能和试验方法以及所用的试验条件应由相关方商定。

表 5　EP-PMC 性能要求

性能	单位	加工方法	要求		
			(GF10＋MD60)～(GF20＋MD50)	(GF10＋MD60),X,E～(GF20＋MD50),X,E	(GF15＋MD55)～(GF25＋MD45)
1　机械性能					
1.1　断裂拉伸应力	MPa	Q M	— ≥70	— ≥70	— ≥70
1.2　弯曲强度	MPa	Q M	≥120 ≥130	≥120 ≥130	≥110 ≥120
1.3　简支梁无缺口冲击强度	kJ/m^2	Q M	≥7.0 ≥9.0	≥7.0 ≥9.0	≥8.0 ≥10.0
1.4　简支梁缺口冲击强度	kJ/m^2	Q M	≥2.0 ≥3.0	≥2.0 ≥3.0	≥3.0 ≥4.0
2　热性能					
2.1　负荷变形温度($T_{ff,1.8}$)	℃	Q/M	≥150	≥150	≥200
2.2　温度指数(TI)	—	Q/M	≥130	≥130	≥130
3　电气性能					
3.1　电气强度(常态油中)	kV/mm	Q/M	≥18	≥20	≥18
3.2　介质损耗因数(100 Hz)	—	Q/M	—	≤0.03	—
3.3　表面电阻率	Ω	Q/M	$\geqslant 1.0\times 10^{12}$	$\geqslant 1.0\times 10^{13}$	$\geqslant 1.0\times 10^{12}$
3.4　体积电阻率	Ω·m	Q/M	$\geqslant 1.0\times 10^{11}$	$\geqslant 1.0\times 10^{12}$	$\geqslant 1.0\times 10^{11}$
3.5　相比电痕化指数(CTI)	—	Q/M	≥200	≥600	≥250
3.6　耐电弧性	s	Q/M	—	≥180	—
4　燃烧性能					
4.1　燃烧性	级	Q/M	不次于 V-0	不次于 V-0	不次于 V-0
4.2　炽热棒燃烧试验	级	Q/M	不次于 BH2-10	不次于 BH2-10	不次于 BH2-10
5　理化性能					
5.1　密度	g/cm^3	Q/M	1.75～2.05	1.80～2.10	1.80～2.10
5.2　模塑收缩率	%	Q/M	相关方商定		
5.3　吸水性(浸水 24 h 后)	%	Q/M	≤0.35	≤0.30	≤0.25

表 6　EP-PMC 性能要求

性 能	单 位	加工方法	要 求		
			(GF20+MD50,X,E)～(GF30+MD40),X,E	(GF20+MD50)～(GF30+MD40)	(GF25+MD45)～(GF35+MD35)
1　机械性能					
1.1　断裂拉伸应力	MPa	Q M	— ≥70	— ≥70	— ≥80
1.2　弯曲强度	MPa	Q M	≥130 ≥140	≥130 ≥140	≥150 ≥160
1.3　简支梁无缺口冲击强度	kJ/m^2	Q M	≥8.0 ≥10.0	≥7.0 ≥9.0	≥8.0 ≥10.0
1.4　简支梁缺口冲击强度	kJ/m^2	Q M	≥4.0 ≥5.0	≥2.5 ≥4.5	≥2.5 ≥3.5
2　热性能					
2.1　负荷变形温度($T_{ff,1.8}$)	℃	Q/M	≥200	≥180	≥180
2.2　温度指数(TI)	—	Q/M	≥130	≥130	≥130
3　电气性能					
3.1　电气强度(常态油中)	kV/mm	Q/M	≥20	≥18	≥18
3.2　介质损耗因数(100 Hz)	—	Q/M	≤0.03	—	—
3.3　表面电阻率	Ω	Q/M	$\geq 1.0\times 10^{13}$	$\geq 1.0\times 10^{12}$	$\geq 1.0\times 10^{13}$
3.4　体积电阻率	Ω·m	Q/M	$\geq 1.0\times 10^{12}$	$\geq 1.0\times 10^{11}$	$\geq 1.0\times 10^{12}$
3.5　相比电痕化指数(CTI)	—	Q/M	≥600	≥400	≥250
3.6　耐电弧性	s	Q/M	≥180	—	—
4　燃烧性能					
4.1　燃烧性	级	Q/M	不次于 V-0	不次于 V-0	不次于 V-0
4.2　炽热棒燃烧试验	级	Q/M	不次于 BH2-10	不次于 BH2-10	不次于 BH2-10
5　理化性能					
5.1　密度	g/cm^3	Q/M	1.75～2.05	1.75～2.05	1.75～2.05
5.2　模塑收缩率	%	Q/M	相关方商定		
5.3　吸水性(浸水 24 h 后)	%	Q/M	≤0.20	≤0.20	≤0.20

表 7　EP-PMC 性能要求

性 能	单 位	加工方法	要 求		
			(GF25+GG25)～(GF35+GG15)		
1　机械性能					
1.1　断裂拉伸应力	MPa	Q M	— ≥50		
1.2　弯曲强度	MPa	Q M	≥120 ≥130		
1.3　简支梁无缺口冲击强度	kJ/m^2	Q M	≥6.0 ≥6.0		
1.4　简支梁缺口冲击强度	kJ/m^2	Q M	≥2.0 ≥2.0		
2　热性能					
2.1　负荷变形温度($T_{ff,1.8}$)	℃	Q/M	≥150		
2.2　温度指数(TI)	—	Q/M	≥130		
3　电性能					
3.1　电气强度(常态油中)	kV/mm	Q/M	≥18		
3.2　介质损耗因数(100 Hz)	—	Q/M	—		
3.3　表面电阻率	Ω	Q/M	$\geq 1.0\times 10^{12}$		
3.4　体积电阻率	Ω·m	Q/M	$\geq 1.0\times 10^{11}$		
3.5　相比电痕化指数(CTI)	—	Q/M	≥250		
3.6　耐电弧性	s	Q/M	—		
4　燃烧性能					
4.1　燃烧性	级	Q/M	不次于 V-0		
4.2　炽热棒燃烧试验	级	Q/M	不次于 BH2-10		
5　理化性能					
5.1　密度	g/cm^3	Q/M	1.75～2.05		
5.2　模塑收缩率	%	Q/M	相关方商定		
5.3　吸水性(浸水 24 h 后)	%	Q/M	≤0.20		

5.2　填料/增强材料的类型和含量

应与第 4 章规定的分类命名相一致。

5.3　外观

成型后的标准试样应表面平整、光滑、色泽均匀，无气泡、砂眼和裂纹。

6 试样制备

6.1 总则

应采用相同的方法(注塑或压塑)和相同的工艺条件来制备试样。

每个试验方法宜采用的试样制备方法见附录A。

纤维增强环氧粉状模塑料使用前应始终贮存在防潮容器中。

加有填料和增强材料的环氧粉状模塑料的水分含量应以模塑料总质量的百分数表示。

6.2 材料的预处理

对于注塑,材料样品在成型前通常不需要预处理,若需预处理应遵循制造商的建议。

对于压塑,材料样品在成型前允许按GB/T 5471—2008中的有关规定进行预处理。

6.3 注塑

注塑试样制备应按ISO 10724-1:1998和/或ISO 10724-2:1998的规定进行,工艺条件见表8。

工艺条件可在表8中规定的范围内选择,只要选择的工艺条件相同即可,但在具体操作时熔融温度、注塑温度、固化时间都应当是一个定值而不是一个范围。

固化时间作为被试纤维增强环氧粉状模塑料(EP-PMC)固化特性和预处理类型的一个功能参数可被选择,只要由任何一种型号的纤维增强环氧粉状模塑料(EP-PMC)注塑而得的所有相同厚度的试样其固化时间是相同的即可。所选的固化时间应确保所有试样尽可能均匀、完全的固化。

注:对具有高度热流动的EP-PMC,可能会出现下列状况:具有预期质量的某些模塑物注塑是可行的,但试样(例如ISO 3167:2002 A型多用途试样或ISO 10724-2:1998 D1/D2小方板试样)注塑是不可行的。在此情况下,并且仅在此情况下,推荐按GB/T 5471—2008压塑该试样,或先压塑成GB/T 5471—2008 E型板(120 mm×120 mm×厚度),然后按ISO 2818:1994机加工成该试样。

表8 注塑工艺条件

PMC类型	熔融温度 ℃	注塑温度 ℃	平均注射速率 mm/s	固化时间 s
注塑EP-PMC	100～110	160～180	50～150	见6.3

6.4 压塑

压塑试样制备应按GB/T 5471—2008规定进行,工艺条件见表9。

工艺条件可在表9中规定的范围内选择,只要选择的工艺条件相同即可,但在具体操作时压塑温度、固化时间都应当是一个定值而不是一个范围。

固化时间作为被试纤维增强环氧粉状模塑料(EP-PMC)固化特性和预处理类型的一个功能参数可被选择,只要由任何一种型号的纤维增强环氧粉状模塑料(EP-PMC)压塑而得的所有相同厚度的试样其固化时间是相同的即可。所选的固化时间应确保所有试样尽可能均匀、完全的固化。

性能测定所需的试样应按ISO 2818:1994从压塑板中机加工而得,或应按GB/T 5471—2008压塑成ISO 3167:2002 A型多用途试样。

表 9 压塑工艺条件

PMC 类型	压塑温度 ℃	压塑压力 MPa	固化时间 s
压塑 EP-PMC	165～175	25～40	每毫米厚 20～60

7 试验方法

7.1 试样条件处理

除非另有规定，在对表 5、表 6、表 7 所列性能进行测定前试样应按下述方法进行条件处理。

7.1.1 方法 1

试样按 GB/T 2918—1998 在(23±2)℃、相对湿度(50±5)%的条件下处理至少 16 h。这是通行的方法，适用于所有未规定采用方法 2 的情况。表 A.1 中未明确提到方法 1。

7.1.2 方法 2

试样先在室温蒸馏水中处理 24 h，然后按 GB/T 2918—1998 在(23±2)℃、相对湿度(50±5)%的条件下处理 2 h。

7.2 试验条件

除非另有规定，所有试验均应在(23±2)℃，相对湿度(50±5)%的标准试验室环境条件下进行。

7.3 断裂拉伸应力

应按 GB/T 1040.1—2006、GB/T 1040.2—2006 规定测定，采用 ISO 3167:2002 A 型多用途试样或从 GB/T 5471—2008 E 型板中制取试样，试验速度 5 mm/min。

7.4 弯曲强度

应按 GB/T 9341—2008 规定测定，试验速度 2 mm/min。

7.5 简支梁无缺口冲击强度

应按 GB/T 1043.1—2008 规定进行侧向冲击(即试样平放)试验。

7.6 简支梁缺口冲击强度

应按 GB/T 1043.1—2008 规定进行侧向冲击(即试样平放)试验，试样上的 V 形缺口由机加工而成，缺口底部半径 r=0.25 mm(即加工成 A 形缺口)。

7.7 负荷变形温度($T_{ff,1.8}$)

应按 GB/T 1634.2—2004 规定进行 A 法(即使用 1.80 MPa 弯曲应力)平放试验。

7.8 温度指数(TI)

应按 GB/T 11026.1—2003 规定测定。其中，评定性能为弯曲强度，终点判定标准为弯曲强度降至起始值的50%。

7.9 电气强度

应按GB/T 1048.1—2006规定测定。其中，试验在常态变压器油中进行，升压方式为快速升压(2 kV/s)，电极为ϕ20 mm的球形电极。

7.10 介质损耗因数(100 Hz)

应按GB/T 1409—2006规定测定。其中，电极为三电极系统，试验电压为AC 1 000 V。

7.11 表面电阻率和体积电阻率

应按GB/T 1410—2006规定测定。其中，电极为三电极系统，试验电压均为DC 500 V，电化时间为1 min。

7.12 相比电痕化指数(CTI)

应按GB/T 4207—2012规定测定。其中，试验用污染液为A液。

7.13 耐电弧性

应按GB/T 1411—2002规定测定。

7.14 燃烧性

应按GB/T 5169.16—2008规定进行水平或垂直燃烧试验。

7.15 炽热棒燃烧试验

应按IEC 60707:1981中BH法的规定测定。

7.16 密度

应按GB/T 1033.1—2008中A法的规定测定。

7.17 模塑收缩率

应按ISO 2577:2007规定测定。其中，压塑的试样尺寸为120 mm×15 mm×10 mm，注塑的试样尺寸为60 mm×60 mm×2 mm。

7.18 吸水性(浸水24 h后)

应按GB/T 1034—2008中方法1的规定测定。

8 检验、包装、标志、运输和贮存

8.1 检验

8.1.1 出厂检验和型式检验的规定

8.1.1.1 本标准表5、表6、表7中1.2“弯曲强度”、1.3“简支梁无缺口冲击强度”、3.1“电气强度(常态油中)”、3.5“相比电痕化指数(CTI)”、4.1“燃烧性”、5.1“密度”、5.2“模塑收缩率”共7项为出厂检验项目，若经相关方商定，可增加或减少出厂检验项目。

8.1.1.2　本标准表5、表6、表7中除2.3"温度指数(TI)"外的其余16项为型式检验项目。有下列情况之一时，应进行型式检验：

a)　新产品或老产品转厂生产的试制定型鉴定；
b)　原材料或生产工艺有较大改变，可能影响产品性能时；
c)　停产半年以上恢复生产时；
d)　出厂检验结果与上次型式检验有较大差异时；
e)　上级质量监督机构或客户提出进行型式检验的要求时。

8.1.2　取样与批的规定

8.1.2.1　正常生产时，由同一配方、相同生产工艺生产的小于或等于5 t纤维增强环氧粉状模塑料(EP-PMC)为一批。

8.1.2.2　取样按GB/T 2547—2008的规定，其中，样本的抽取采用系统抽样法，取出的样品进行混合试验。

8.1.3　合格判定

全部检验项目合格方可判定批合格。若有不合格项目则加倍抽样，全部检验项目检验合格仍可判定批合格，否则整批为不合格。

8.2　包装

纤维增强环氧粉状模塑料(EP-PMC)用塑料内袋封装，再用编织袋、塑料桶、纸箱或其他外包装。每件包装重量应小于50 kg。

8.3　标志

在材料的外包装上应至少有下列标志：

a)　制造商名称和商标；
b)　产品名称和型号；
c)　产品标准号；
d)　每件包装的净重；
e)　"小心轻放"、"防潮"、"防热"、"勿压"等标志；
f)　贮存条件及贮存期说明。

8.4　运输

纤维增强环氧粉状模塑料(EP-PMC)在运输过程中应避免受潮、受热、挤压和其他机械损伤。

8.5　贮存

通常纤维增强环氧粉状模塑料(EP-PMC)贮存在温度低于20 ℃的干燥、洁净环境中。贮存期为自生产之日起3个月，若贮存期超过3个月则按本标准进行型式检验，合格者仍可使用。

附　录　A
（规范性附录）
性能和试验条件

性能和试验条件如表 A.1 所示。

表 A.1　性能和试验条件

序号	性　能	代　号	试样类型 （尺寸单位为 mm）	成型 工艺	试验条件及 补充说明
1	机械性能				
1.1	断裂拉伸应力	σ_B	哑铃状 1A 型(直接模塑)或哑铃状 1B 型（从按 GB/T 5471—2008 制备的 120×120×4 的 E4 型试样中制取）	Q/M	GB/T 1040.1—2006，GB/T 1040.2—2006，试验速度 5 mm/min
1.2	弯曲强度	σ_{fM}	≥80×10×4	Q/M	GB/T 9341—2008，试验速度 2 mm/min
1.3	简支梁无缺口冲击强度	a_{cU}	≥80×10×4	Q/M	GB/T 1043.1—2008，试样平放（冲击方向平行于试样宽度方向）
1.4	简支梁缺口冲击强度	a_{cA}	≥80×10×4，机加工出的 V 形缺口底圆半径 $r=0.25$	Q/M	GB/T 1043.1—2008，试样平放（冲击方向平行于试样宽度方向）
2	热性能				
2.1	负荷变形温度（$T_{ff,1.8}$）	$T_{ff,1.8}$	≥80×10×4	Q/M	GB/T 1634.2—2004 中 A 法，最大表面应力 1.8 MPa，试样平放
2.2	温度指数	TI	≥80×10×4	Q/M	GB/T 11026.1—2003，GB/T 9341—2008，试验速度2 mm/min
3	电气性能				
3.1	电气强度	E_s	≥60×60×1 或 ≥60×60×2	Q/M	GB/T 1048.1—2006，采用 20 mm直径球形电极，浸入符合 IEC 60296:2003 要求的变压器油中，升压速度 2 kV/s
3.2	介质损耗因数（100 Hz）	tanδ100	≥60×60×1 或 ≥60×60×2	Q/M	GB/T 1409—2006，修正电极边缘效应
3.3	表面电阻率	ρ_s	≥60×60×1 或 ≥60×60×2	Q/M	GB/T 1410—2006，三电极系统，施加电压 500 V，1 min 后测
3.4	体积电阻率	ρ_v	≥60×60×1 或 ≥60×60×2	Q/M	GB/T 1410—2006，三电极系统，施加电压 500 V，1 min 后测
3.5	相比电痕化指数	CTI	≥15×15×4（从按 GB/T 5471—2008 制备的 120×120×4 的 E4 型试样中制取或从按 ISO 3167：2002 制备的 A 型试样中制取）	Q/M	GB/T 4207—2012，采用 A 溶液

表 A.1（续）

序号	性 能	代 号	试样类型 （尺寸单位为 mm）	成型 工艺	试验条件及 补充说明
3.6	耐电弧性		≥60×60×2	Q/M	GB/T 1411—2002
4	燃烧性能				
4.1	燃烧性	$B_{50/3.0}$	125×13×3	Q	GB/T 5169.16—2008，施加 50 W火焰，记录某一分级：V-0、V-1、V-2、HB、HB40、HB75 或无法分级
		$B_{50/x.x}$	厚度为 $x.x$ 的试样		
4.2	炽热棒燃烧试验	BH	120×10×4（从按 GB/T 5471—2008 制备的 120×120×4 的 E4 型试样中制取或从按 ISO 3167：2002 制备的 A 型试样中制取）	Q/M	IEC 60707:1981 中 BH 法
5	理化性能				
5.1	密度	ρ_m	≥10×10×4（从按 GB/T 5471—2008 制备的 120×120×4 的 E4 型试样中制取）或采用按 ISO 3167：2002 制备的 A 型试样的中间部分	Q/M	GB/T 1033.1—2008 中 A 法
5.2	模塑收缩率	S_{Mo}	120×15×10	Q	ISO 2577:2007
			按 ISO 17024-2:1998 制备的 60×60×2 的 D2 型试样	M	ISO 2577:2007，互相垂直的两个方向的平均值
5.3	吸水性	$W_{w,24}$	按 ISO 17024-2:1998 制备的 60×60×1 的 D1 型或 60×60×2 的 D2 型试样	Q/M	GB/T 1034—2008 中方法 1，浸入 23 ℃水中 24 h

ICS 29.035.20
K 15

中华人民共和国国家标准

GB/T 31135—2014

电气用纤维增强不饱和聚酯粉状模塑料(UP-PMC)

Fiber reinforced unsaturated polyester powder moulding compounds(UP-PMC) for electrical purposes

2014-09-03 发布　　　　2015-02-01 实施

中华人民共和国国家质量监督检验检疫总局
中国国家标准化管理委员会　发布

前　言

本标准按照 GB/T 1.1—2009 给出的规则起草。

本标准参考 ISO 14530-1:1999《塑料　不饱和聚酯粉状模塑料(UP-PMCs) 第 1 部分:分类系统与基础》;ISO 14530-2:1999《塑料　不饱和聚酯粉状模塑料(UP-PMCs) 第 2 部分:试样制备和性能测定》;ISO 14530-3:1999《塑料　不饱和聚酯粉状模塑料(UP-PMCs) 第 3 部分:对选定模塑料的要求》。

本标准在编写格式及技术内容方面均与 ISO 14530 系列标准有所不同,主要差异如下:

——将 ISO 14530 系列标准各部分的"规范性引用文件"一章中所列部分已转化为我国国家标准的相关国际标准直接引用相应的国家标准,部分已有新版本的国际标准经核对改用新版国际标准,并增加引用 GB/T 1033.1—2008、GB/T 2547—2008 等国家标准;

——将 ISO 14530-2 中的表 3"性能和试验条件"进行了重新编辑,并将其作为规范性附录 A;

——增加了外观、温度指数(TI)、耐电弧性、电气强度、燃烧性和密度的要求;

——删除了负荷变形温度($T_{ff,8.0}$)的要求;

——修改了部分性能的要求值;

——增加了对检验、包装、标志、运输和贮存的要求。

本标准由中国电器工业协会提出。

本标准由全国绝缘材料标准化技术委员会(SAC/TC 51)归口。

本标准主要起草单位:桂林电器科学研究院有限公司、桂林金格电工电子材料科技有限公司、无锡新宏泰电器有限责任公司。

本标准主要起草人:马林泉、张波、王明军、罗传勇、武红敏、刘建文、罗风良、夏宏伟、冯伟祖。

电气用纤维增强不饱和聚酯粉状模塑料(UP-PMC)

1 范围

本标准规定了电气用纤维增强不饱和聚酯粉状模塑料(UP-PMC)的产品分类命名、性能要求、试验方法、检验、标志、包装、运输和贮存。

本标准适用于以不饱和聚酯树脂为基体,以纤维为增强材料制成的电气用纤维增强粉状模塑料(UP-PMC)。

2 规范性引用文件

下列文件对于本文件的应用是必不可少的。凡是注日期的引用文件,仅注日期的版本适用于本文件。凡是不注日期的引用文件,其最新版本(包括所有的修改单)适用于本文件。

GB/T 1033.1—2008 塑料 非泡沫塑料密度的测定 第1部分:浸渍法、液体比重瓶法和滴定法

GB/T 1034—2008 塑料 吸水性的测定

GB/T 1040.1—2006 塑料 拉伸性能的测定 第1部分:总则

GB/T 1040.2—2006 塑料 拉伸性能的测定 第2部分:模塑和挤塑塑料的试验条件

GB/T 1043.1—2008 塑料 简支梁冲击性能的测定 第1部分:非仪器化冲击试验

GB/T 1408.1—2006 绝缘材料电气强度试验方法 第1部分:工频下试验

GB/T 1409—2006 测量电气绝缘材料在工频、音频、高频(包括米波波长在内)下电容率和介质损耗因数的推荐方法

GB/T 1410—2006 固体绝缘材料体积电阻率和表面电阻率试验方法

GB/T 1411—2002 干固体绝缘材料 耐高电压、小电流电弧放电的试验

GB/T 1634.2—2004 塑料 负荷变形温度的测定 第2部分:塑料、硬橡胶和长纤维增强复合材料

GB/T 1844.1—2008 塑料 符号和缩略语 第1部分:基础聚合物及其特征性能

GB/T 1844.2—2008 塑料 符号和缩略语 第2部分:填充及增强材料

GB/T 2547—2008 塑料 取样方法

GB/T 2918—1998 塑料试样状态调节和试验的标准环境

GB/T 4207—2012 固体绝缘材料耐电痕化指数和相比电痕化指数的测定方法

GB/T 5169.16—2008 电工电子产品着火危险试验 第16部分:50 W水平与垂直火焰试验方法

GB/T 5471—2008 塑料 热固性塑料试样的压塑

GB/T 9341—2008 塑料 弯曲性能的测定

GB/T 11026.1—2003 电气绝缘材料 耐热性 第1部分:老化程序和试验结果的评价

ISO 2577:2007 塑料 热固性模塑料 收缩率的测定(Plastics—Thermosetting moulding materials—Determination of shrinkage)

ISO 2818:1994 塑料 机加工试样的制备(Plastics—Preparation of test specimens by machining)

ISO 3167:2002 塑料 多用途试样(Plastics—Multipurpose test specimens)

ISO 10724-1:1998 塑料 粉状热固性模塑料(PMCs)注塑试样 第1部分:总则和多用途试样

{Plastics—Injection moulding of test specimens of thermosetting powder moulding compounds (PMCs)—Part 1: General principles and moulding of multipurpose test specimens}

ISO 10724-2:1998 塑料 粉状热固性模塑料(PMCs)注塑试样 第2部分:小方板{Plastics—Injection moulding of test specimens of thermosetting powder moulding compounds(PMCs)—Part 2: Small plates}

ISO 15062:1999 塑料 用转矩流变仪测定热固性材料的热流动和固化行为(Plastics—Determination of the thermal-flow and cure behaviour of thermosetting materials by torque rheometry)

IEC 60296:2003 电工流体 变压器和开关用的未使用过的矿物绝缘油(Specification for unused mineral insulating oils for transformers and switchgear)

IEC 60707:1981 测定固体电气绝缘材料暴露在引燃源后燃烧性能的试验方法(methods of test for the determination of the flammability of solid electrical insulating materials when exposed to an igniting source)

3 术语和定义

下述定义适用于本文件。

3.1

粉状模塑料 powder moulding compound;PMC

能够自由流过加工机械进料系统的粉末、颗粒或磨碎料,以及通常不被认为是粉末的小片状模塑料。

粉状模塑料的缩写为PMC。

3.2

UP-PMC

以不饱和聚酯树脂为基的、既可注塑也可压塑的粉状模塑料的缩写。

3.3

热流动 thermal flow

表征已塑化的热固性模塑料填充到模具型腔中时流动特性的参数,且按ISO 15062:1999测定的最小转矩 M_B 可作为热流动的一个量化值。

4 分类命名

4.1 总则

分类命名是基于纤维增强不饱和聚酯粉状模塑料的形状描述、组成、加工方法、典型性能或特殊性能进行的(见表1),并按上述顺序以字母代码组合而成,其中描述码与代码组1之间加"—",其他各代码组之间加","。

表1 纤维增强不饱和聚酯粉状模塑料(UP-PMC)分类命名方法

描述代码 (PMC)	代码组1 (组成代码)	代码组2 (加工方法代码)	代码组3 (典型性能或特殊性能代码)

4.2 代码组1(组成代码)

共由4项组成,分别按下述顺序标识。

第 1 项：符合 GB/T 1844.1—2008 规定的基体树脂代号标识，即 UP。

第 2 项：符合 GB/T 1844.2—2008 规定的增强材料和/或填料的种类代号标识(见表 2)。

第 3 项：符合 GB/T 1844.2—2008 规定的增强材料和/或填料的形状代号标识(见表 2)。

第 4 项：符合表 2 规定的增强材料和/或填料标称质量分数标识(见表 2)。

混合材料和/或混合形状可通过用“＋”将相关的代码组合在一起并整体放入括弧中来标识，例如由 20％玻璃纤维(GF)和 20％矿物粉(MD)的混合组成可标识为 GF20＋MD20 或(GF＋MD)20。

表 2 填料/增强材料的种类、形状、质量分数代码

填料/增强材料的种类		填料/增强材料的形状		质量分数 w,%	
		B	珠状,球状,球体	05	$w<7.5$
C	碳	C	片状,切片	10	$7.5 \leqslant w<12.5$
D	三水合氧化铝	D	微粉,粉末	15	$12.5 \leqslant w<17.5$
E	黏土			20	$17.5 \leqslant w<22.5$
		F	纤维	25	$22.5 \leqslant w<27.5$
G	玻璃	G	磨碎物	30	$27.5 \leqslant w<32.5$
K	碳酸钙			35	$32.5 \leqslant w<37.5$
L	纤维素			40	$37.5 \leqslant w<42.5$
M	矿物,金属			45	$42.5 \leqslant w<47.5$
N	天然有机物(棉、麻)			50	$47.5 \leqslant w<52.5$
P	云母			55	$52.5 \leqslant w<57.5$
Q	硅石,二氧化硅			60	$57.5 \leqslant w<62.5$
R	聚芳基酰胺			65	$62.5 \leqslant w<67.5$
S	合成有机物	S	鳞状、薄片	70	$67.5 \leqslant w<72.5$
T	滑石			75	$72.5 \leqslant w<77.5$
W	木			80	$77.5 \leqslant w<82.5$
X	未规定	X	未规定	85	$82.5 \leqslant w<87.5$
Z	其他	Z	其他	90	$87.5 \leqslant w<92.5$
				95	$92.5 \leqslant w<97.5$

4.3 代码组 2(加工方法代码)

见表 3，例如压塑用 Q 表示，注塑用 M 表示，无指定模塑方法用 X 表示。

表 3 推荐的加工方法代码

G	通用	T	传递模塑
M	注塑	X	未指定
Q	压塑	Z	其他

4.4 代码组3(典型性能或特殊性能代码)

共由2项组成,分别按下述顺序标识。

第1项:典型性能或特殊性能代码(见表4),若典型性能或特殊性能多于一个时,各代码之间加"、"。

第2项:温度指数,如130、155等。

第1项与第2项按之间加"/"。

表4 典型性能或特殊性能代码

E	电气性能	T	耐温
FR	阻燃	X	未指定
M	机械性能	Z	其他
R	含再生材料		

4.5 示例

PMC—UP(GF10+MD65),X,FR/130

- 130——温度指数 ≥ 130
- FR——阻燃
- X——无指定模塑方法
- (GF10+MD65)——玻纤质量分数7.5% ~ 12.5%,矿粉质量分数62.5% ~ 67.5%
- UP——不饱和聚酯树脂
- PMC——粉状模塑料

用于标签的命名缩写:UP(GF10+MD65)

5 要求

5.1 性能值

符合本标准的纤维增强不饱和聚酯粉状模塑料应符合表5所列的性能要求。

表5给出的性能值是由一组试样的个别测定值经计算得出的平均值,其中各项机械性能的个别测定值与平均值的偏差不应大于10%,负荷变形温度的个别测定值与平均值的偏差不应大于5 ℃。

在流变性能和加工性能方面无特别的限定。不过,合适的流变性能和加工性能对使用好一种模塑料而言是必不可少的。这些性能所用的试验方法和试验条件由相关方商定。

另外,对于某些应用场合,提供其他性能方面的信息,例如固化时间、粒子尺寸和水分含量等,可能是有用的。如果这样,这些性能和试验方法以及所用的试验条件应由相关方商定。

表 5　UP-PMC 性能要求

性能	单位	加工方法	要求		
			(GF10+MD60)～(GF20+MD50)	(GF10+MD65),X,F～(GF20+MD55),X,F	(LD10+MD50)～(LD30+MD40)
1　机械性能					
1.1　断裂拉伸应力	MPa	Q M	≥20 ≥45	≥20 ≥45	≥15 ≥35
1.2　弯曲强度	MPa	Q M	≥60 ≥80	≥60 ≥80	≥60 ≥80
1.3　简支梁无缺口冲击强度	kJ/m²	Q M	≥5.0 ≥7.5	≥5.0 ≥7.5	≥4.5 ≥5.0
1.4　简支梁缺口冲击强度	kJ/m²	Q M	≥1.5 ≥2.5	≥1.5 ≥2.5	≥1.0 ≥1.0
2　热性能					
2.1　负荷变形温度($T_{\mathrm{ff},1.8}$)	℃	Q/M	≥220	≥220	≥110
2.2　温度指数(TI)	—	Q/M	待定	待定	待定
3　电气性能					
3.1　电气强度(常态油中)	kV/mm	Q/M	≥18	≥19	≥17
3.2　介质损耗因数(100 Hz)	—	Q/M	≤0.03	≤0.03	—
3.3　表面电阻率	Ω	Q/M	$\geqslant 1.0\times 10^{13}$	$\geqslant 1.0\times 10^{13}$	$\geqslant 1.0\times 10^{10}$
3.4　体积电阻率	Ω·m	Q/M	$\geqslant 1.0\times 10^{12}$	$\geqslant 1.0\times 10^{12}$	$\geqslant 1.0\times 10^{9}$
3.5　相比电痕化指数(CTI)	—	Q/M	≥600	≥600	≥600
3.6　耐电弧性	s	Q/M	≥180	≥180	≥180
4　燃烧性能					
4.1　燃烧性	级	Q/M	不次于 HB 40	不次于 V-0	不次于 V-1
4.2　炽热棒燃烧试验	级	Q/M	不次于 BH2-95	不次于 BH2-10	不次于 BH2-30
5　理化性能					
5.1　密度	g/cm³	Q/M	1.80～2.10	1.80～2.10	1.75～2.05
5.2　模塑收缩率	%	Q/M	相关方商定		
5.3　吸水性(浸水 24 h 后)	%	Q/M	≤0.3	≤0.3	≤1.2

5.2　填料/增强材料的类型和含量

应与第 4 章规定的分类命名相一致。

5.3　外观

成型后的标准试样应表面平整、光滑、色泽均匀,无气泡、砂眼和裂纹。

6 试样制备

6.1 总则

应采用相同的方法(注塑或压塑)和相同的工艺条件来制备试样。

每个试验方法宜采用的试样制备方法见附录A。

纤维增强不饱和聚酯粉状模塑料使用前应始终储存在防潮容器中。

加有填料和增强材料的不饱和聚酯粉状模塑料的水分含量应以模塑料总质量的百分数表示。

6.2 材料的预处理

对于注塑,材料样品在成型前通常不需要预处理,若需预处理应遵循制造商的建议。

对于压塑,材料样品在成型前允许按GB/T 5471—2008中的有关规定进行预处理。

6.3 注塑

注塑试样制备应按ISO 10724-1:1998和/或ISO 10724-2:1998的规定进行,工艺条件见表6。

工艺条件可在表6中规定的范围内选择,只要选择的工艺条件相同即可,但在具体操作时注塑温度、固化时间都应当是一个定值而不是一个范围。

固化时间作为被试纤维增强不饱和聚酯粉状模塑料(UP-PMC)固化特性和预处理类型的一个功能参数可被选择,只要由任何一种型号的纤维增强不饱和聚酯粉状模塑料(UP-PMC)注塑而得的所有相同厚度的试样其固化时间是相同的即可。所选的固化时间应确保所有试样尽可能均匀、完全的固化。

注:对具有高度热流动的UP-PMC,可能会出现下列状况:具有预期质量的某些模塑物注塑是可行的,但试样(例如ISO 3167:2002 A型多用途试样或ISO 10724-2:1998 D1/D2小方板试样)注塑是不可行的。在此情况下,并且仅在此情况下,推荐按GB/T 5471—2008压塑该试样,或先压塑成GB/T 5471—2008 E型板(120 mm×120 mm×厚度),然后按ISO 2818:1994机加工成该试样。

表6 注塑工艺条件

PMC类型	熔融温度 ℃	注塑温度 ℃	平均注射速率 mm/s	固化时间 s
注塑UP-PMC	100~110	160~180	50~150	见6.3

6.4 压塑

压塑试样制备应按GB/T 5471—2008规定进行,工艺条件见表7。

工艺条件可在表7中规定的范围内选择,只要选择的工艺条件相同即可,但在具体操作时压塑温度、固化时间都应当是一个定值而不是一个范围。

固化时间作为被试纤维增强不饱和聚酯粉状模塑料(UP-PMC)固化特性和预处理类型的一个功能参数可被选择,只要由任何一种型号的纤维增强不饱和聚酯粉状模塑料(UP-PMC)压塑而得的所有相同厚度的试样其固化时间是相同的即可。所选的固化时间应确保所有试样尽可能均匀、完全的固化。

性能测定所需的试样应按ISO 2818:1994从压塑板中机加工而得,或应按GB/T 5471—2008压塑成ISO 3167:2002 A型多用途试样。

表 7 压塑工艺条件

PMC 类型	压塑温度 ℃	压塑压力 MPa	固化时间 s
压塑 UP-PMC	155～175	10～30	每毫米厚 20～60

7 试验方法

7.1 试样条件处理

除非另有规定，在对表 5 所列性能进行测定前试样应按下述方法进行条件处理。

7.1.1 方法 1

试样按 GB/T 2918—1998 在(23±2)℃、相对湿度(50±5)%的条件下处理至少 16 h。这是通行的方法，适用于所有未规定采用方法 2 的情况。表 A.1 中未明确提到方法 1。

7.1.2 方法 2

试样先在室温蒸馏水中处理 24 h，然后按 GB/T 2918—1998 在(23±2)℃、相对湿度(50±5)%的条件下处理 2 h。

7.2 试验条件

除非另有规定，所有试验均应在(23±2)℃，相对湿度(50±5)%的标准试验室环境条件下进行。

7.3 断裂拉伸应力

应按 GB/T 1040.1—2006、GB/T 1040.2—2006 规定测定，采用 ISO 3167:2002 A 型多用途试样或从 GB/T 5471—2008 E 型板中制取试样，试验速度 5 mm/min。

7.4 弯曲强度

应按 GB/T 9341—2008 规定测定，试验速度 2 mm/min。

7.5 简支梁无缺口冲击强度

应按 GB/T 1043.1—2008 规定进行侧向冲击(即试样平放)试验。

7.6 简支梁缺口冲击强度

应按 GB/T 1043.1—2008 规定进行侧向冲击(即试样平放)试验，试样上的 V 形缺口由机加工而成，缺口底部半径 r=0.25 mm(即加工成 A 型缺口)。

7.7 负荷变形温度($T_{ff,1.8}$)

应按 GB/T 1634.2—2004 规定进行 A 法(即使用 1.80 MPa 弯曲应力)平放试验。

7.8 温度指数(TI)

应按 GB/T 11026.1—2003 规定测定。其中，评定性能为弯曲强度，终点判定标准为弯曲强度降至起始值的50%。

7.9 电气强度

应按GB/T 1048.1—2006规定测定。其中，试验在常态变压器油中进行，升压方式为快速升压(2 kV/s)，电极为ϕ20 mm的球形电极。

7.10 介质损耗因数(100 Hz)

应按GB/T 1409—2006规定测定。其中，电极为三电极系统，试验电压为AC 1 000 V。

7.11 表面电阻率和体积电阻率

应按GB/T 1410—2006规定测定。其中，电极为三电极系统，试验电压均为DC 500 V，电化时间为1 min。

7.12 相比电痕化指数(CTI)

应按GB/T 4207—2012规定测定。其中，试验用污染液为A液。

7.13 耐电弧性

应按GB/T 1411—2002规定测定。

7.14 燃烧性

应按GB/T 5169.16—2008规定进行水平或垂直燃烧试验。

7.15 炽热棒燃烧试验

应按IEC 60707:1981中BH法的规定测定。

7.16 密度

应按GB/T 1033.1—2008中A法的规定测定。

7.17 模塑收缩率

应按ISO 2577:2007规定测定。其中，压塑的试样尺寸为120 mm×15 mm×10 mm，注塑的试样尺寸为60 mm×60 mm×2 mm。

7.18 吸水性(浸水24 h后)

应按GB/T 1034—2008中方法1的规定测定。

8 检验、包装、标志、运输和贮存

8.1 检验

8.1.1 出厂检验和型式检验的规定

8.1.1.1 本标准表5中1.2“弯曲强度”、1.3“简支梁冲击强度”、3.1“电气强度(常态油中)”、3.5“相比电痕化指数(CTI)”、4.1“燃烧性”、5.1“密度”、5.2“模塑收缩率”共7项为出厂检验项目，若经相关方商定，可增加或减少出厂检验项目。

8.1.1.2 本标准表5中除2.3“温度指数(TI)”外的其余16项为型式检验项目。有下列情况之一时，应进行型式检验：

a) 新产品或老产品转厂生产的试制定型鉴定；
b) 原材料或生产工艺有较大改变，可能影响产品性能时；
c) 停产半年以上恢复生产时；
d) 出厂检验结果与上次型式检验有较大差异时；
e) 上级质量监督机构或客户提出进行型式检验的要求时。

8.1.2 取样与批的规定

8.1.2.1 正常生产时，由同一配方、相同生产工艺生产的小于或等于5 t UP-PMC为一批。

8.1.2.2 取样按GB/T 2547—2008的规定。其中，样本的抽取采用系统抽样法，取出的样品进行混合试验。

8.1.3 合格判定

全部检验项目合格方可判定批合格。若有不合格项目则加倍抽样，全部检验项目检验合格仍可判定批合格，否则整批为不合格。

8.2 包装

纤维增强不饱和聚酯粉状模塑料(UP-PMC)用塑料内袋封装，再用编织袋、纸箱或其他外包装。每件包装重量应小于50 kg。

8.3 标志

在材料的外包装上应至少有下列标志：

a) 制造商名称和商标；
b) 产品名称和型号；
c) 产品标准号；
d) 每件包装的净重；
e) “小心轻放”、“防潮”、“防热”、“勿压”等标志；
f) 贮存条件及贮存期说明。

8.4 运输

纤维增强不饱和聚酯粉状模塑料(UP-PMC)在运输过程中应避免受潮、受热、挤压和其他机械损伤。

8.5 贮存

通常纤维增强不饱和聚酯粉状模塑料(UP-PMC)贮存在温度低于35 ℃的干燥、洁净环境中。贮存期为自生产之日起12个月，若贮存期超过12个月则按本标准进行型式检验，合格者仍可使用。

附　录　A
（规范性附录）
性能和试验条件

性能和试验条件如表 A.1 所示。

表 A.1　性能和试验条件

序号	性 能	代 号	试样类型 （尺寸单位为毫米，mm）	成型 工艺	试验条件及 补充说明
1	机械性能				
1.1	断裂拉伸应力	σ_B	哑铃状 1A 型（直接模塑）或哑铃状 1B 型（从按 GB/T 5471—2008 制备的 120×120×4 的 E4 型试样中制取）	Q/M	GB/T 1040.1—2006，GB/T 1040.2—2006，试验速度 5 mm/min
1.2	弯曲强度	σ_{fM}	≥80×10×4	Q/M	GB/T 9341—2008，试验速度 2 mm/min
1.3	简支梁无缺口冲击强度	a_{cU}	≥80×10×4	Q/M	GB/T 1043.1—2008，试样平放（冲击方向平行于试样宽度方向）
1.4	简支梁缺口冲击强度	a_{cA}	≥80×10×4，机加工出的 V 形缺口底圆半径 $r=0.25$	Q/M	GB/T 1043.1—2008，试样平放（冲击方向平行于试样宽度方向）
2	热性能				
2.1	负荷变形温度（$T_{ff,1.8}$）	$T_{ff,1.8}$	≥80×10×4	Q/M	GB/T 1634.2—2004 中 A 法，最大表面应力 1.8 MPa，试样平放
2.2	温度指数	TI	≥80×10×4	Q/M	GB/T 11026.1—2003，GB/T 9341—2008，试验速度 2 mm/min
3	电气性能				
3.1	电气强度	E_s	≥60×60×1 或 ≥60×60×2	Q/M	GB/T 1048.1—2006，采用 20 mm 直径球形电极，浸入符合 IEC 60296:2003 要求的变压器油中，升压速度 2 kV/s
3.2	介质损耗因数（100 Hz）	$\tan\delta 100$	≥60×60×1 或 ≥60×60×2	Q/M	GB/T 1409—2006，修正电极边缘效应
3.3	表面电阻率	ρ_s	≥60×60×1 或 ≥60×60×2	Q/M	GB/T 1410—2006，三电极系统，施加电压 500 V，1 min 后测
3.4	体积电阻率	ρ_v			
3.5	相比电痕化指数	CTI	≥15×15×4（从按 GB/T 5471—2008 制备的 120×120×4 的 E4 型试样中制取或从按 ISO 3167:2002 制备的 A 型试样中制取）	Q/M	GB/T 4207—2012，采用 A 溶液

表 A.1（续）

序号	性 能	代 号	试样类型 （尺寸单位为毫米，mm）	成型 工艺	试验条件及 补充说明
3.6	耐电弧性		≥60×60×2	Q/M	GB/T 1411—2002
4	燃烧性能				
4.1	燃烧性	$B_{50/3.0}$	125×13×3	Q	GB/T 5169.16—2008，施加50 W火焰，记录某一分级：V-0、V-1、V-2、HB、HB40、HB75 或无法分级
		$B_{50/x.x}$	厚度为 $x.x$ 的试样		
4.2	炽热棒燃烧试验	BH	120×10×4（从按 GB/T 5471—2008 制备的 120×120×4 的 E4 型试样中制取或从按 ISO 3167：2002 制备的 A 型试样中制取）	Q/M	IEC 60707:1981 中 BH 法
5	理化性能				
5.1	密度	ρ_m	≥10×10×4（从按 GB/T 5471—2008 制备的 120×120×4 的 E4 型试样中制取）或采用按 ISO 3167：2002 制备的 A 型试样的中间部分	Q/M	GB/T 1033.1—2008 中 A 法
5.2	模塑收缩率	S_{Mo}	120×15×10	Q	ISO 2577:2007
			按 ISO 17024-2:1998 制备的 60×60×2 的 D2 型试样	M	ISO 2577:2007，互相垂直的两个方向的平均值
5.3	吸水性	$W_{w,24}$	按 ISO 17024-2:1998 制备的 60×60×1 的 D1 型或 60×60×2 的 D2 型试样	Q/M	GB/T 1034—2008 中方法 1，浸入 23 ℃水中 24 h

ICS 25.180.10
K 61

中华人民共和国国家标准

GB/T 31136—2014

工业电阻炉温度控制柜

Temperature control cabinet for industrial resistance furnace

2014-09-03 发布　　2015-02-01 实施

中华人民共和国国家质量监督检验检疫总局
中国国家标准化管理委员会　发布

前　言

本标准按照 GB/T 1.1—2009 给出的规则起草。

本标准由中国电器工业协会提出。

本标准由全国工业电热设备标准化技术委员会(SAC/TC 121)归口。

本标准起草单位:西安电炉研究所有限公司、中冶电炉工程技术中心、国家电炉质量监督检验中心、陕西省电炉工程技术研究中心。

本标准主要起草人:张建华、袁芳兰、朱琳。

工业电阻炉温度控制柜

1 范围

本标准规定了KRC、KRD、KRG、KRJ和KRY系列工业电阻炉温度控制柜(以下简称温控柜)的各项要求,包括产品分类、技术要求、试验方法、检验规则、技术分级及订购和供货。

本标准适用于与各种工业电阻炉配套的温控柜。

对于其他配用于工业电阻炉的温度控制柜,本标准仅供参考。

2 规范性引用文件

下列文件对于本文件的应用是必不可少的。凡是注日期的引用文件,仅注日期的版本适用于本文件。凡是不注日期的引用文件,其最新版本(包括所有的修改单)适用于本文件。

GB/T 2900.23—2008 电工术语 工业电热装置

GB/T 3047.1—1995 高度进制为20 mm的面板、架和柜的基本尺寸系列

GB/T 4025—2010 人机界面标志标识的基本和安全规则 指示器和操作器件的编码规则

GB/T 4026—2010 人机界面标志标识的基本和安全规则 设备端子和导体终端的标识

GB 4208—2008 外壳防护等级(IP代码)

GB 4884—1985 绝缘导线的标记

GB 5959.4—2008 电热装置的安全 第4部分:对电阻加热装置的特殊要求

GB 7947—2010 人机界面标志标识的基本和安全规则 导体颜色或字母数字标识

GB/T 10066.1—2004 电热设备的试验方法 第1部分:通用部分

GB/T 10067.1—2005 电热装置基本技术条件 第1部分:通用部分

GB/T 10067.4—2005 电热装置基本技术条件 第4部分:间接电阻炉

GB/T 13324—2006 热处理设备术语

GB/T 25480—2010 仪器仪表运输、贮存基本环境条件及试验方法

JB/T 3283—2010 晶闸管交流电力控制器

3 术语和定义

GB/T 2900.23—2008、GB/T 13324—2006界定的以及下列术语和定义适用于本文件。

3.1

可控硅整流元件 silicon controlled rectifier;SCR

晶闸管

具有三个PN结的四层结构的大功率半导体器件,具有体积小、结构相对简单、功能强大的特点,是比较常用的半导体器件之一,多用于实现可控整流、逆变、变频、调压、无触点开关等功能。

3.2

晶闸管交流电力开关 thyristor a.c. power switch

固态继电器 solid state relay;SSR

由双向晶闸管反并联构成的无触点电子开关,以随机或选择方式控制通断的交流电力控制器。

3.3

可控硅触发方式　SCR trigger control mode

根据晶闸管阳极与阴极之间外加正向电压，具有“正向导电，一触即发”的特性，晶闸管交流电力控制器的控制方式实质上就是其内的晶闸管的触发方式，根据触发脉冲是否在零相位时到来，分为过零触发和非过零触发两种触发控制模式，也叫零位控制和相位控制。

3.4

可控硅电力调整器　SCR power controller

应用晶闸管及其触发控制电路调整负载功率的盘装功率调整单元。一般由触发板、可控硅模块、专用散热器、风机、外壳等组成，核心部件是控制板与可控硅模块，散热系统采用高效散热、低噪音风机。整机电流容量一般从 40 A 到 800 A 有多个等级，通过水冷等特殊冷却方式可做到电流容量 3 000 A。

3.5

晶闸管交流调功器　thyristor a.c. power regulator

触发脉冲在一个整周波零位时刻出现，最小导通或阻断单位是 180 度。在设定周期内，改变晶闸管通断时间比例，达到调节负载功率的目的。是一种以周波数方式控制功率的交流电力控制器。

3.6

晶闸管交流调压器　thyristor a.c. voltage regulator

触发脉冲在一个周波非零位的任何时刻都可以出现，最小导通或阻断单位是 0 度。针对正弦交流波，改变每个正半周和负半周导通角来控制交流电压的平均值。是一种以相位方式控制电压的交流电力控制器。

3.7

控温精度　temperature control accuracy

温控器连接到工业电阻炉并通电达到该炉的最高工作温度后控制控温点温度的能力。

4　产品分类

4.1　品种和规格

不同类型负载应用在不同场合，执行器的触发控制模式选择不同，见表 1。

表 1　不同类型负载应用特点以及对应执行器的触发控制模式选择

负载类型	特点	执行器控制模式	应用场合
纯阻性	表现为恒阻特性，冷态热态电阻变化较小，此类负载可直接与 SCR 功率调整器连接，中间不需要加变压器	过零、移相均可，但建议采用过零调功方式，克服移相调压方式功率因数低、污染电网的缺点	额定温度一般在 1 200 ℃及以下的中高温电阻炉，常见的加热元件如镍铬、铁铬、铁铝钴合金加热体，不锈钢加热组件
感性	冷态热态电阻变化较大，此类负载一般不直接与 SCR 功率调整器连接，随着加热温度上升热态电阻变大，中间需要加变压器降压供电	常采用恒电流移相触发控制模式，电力调整器有过流保护装置，带多组输出限幅 PID 调节器，有 10 s 以上的缓启动时间	大多指合金，额定温度一般在 1 100 ℃～1 800 ℃左右的高温，常见的加热元件如石墨组件，白银、钨、钼、镉组件
特殊负载	此类负载一般采用变压器耦合并回馈的方式和 SCR 电力调整器连接	常采用恒电压移相触发控制模式，电力调整器配有过流保护装置，带多组输出限幅 PID 调节器，有 10 s 以上的缓启动时间	本体作为加热体：如盐浴炉，玻璃溶解，镀锌等应用场合；特殊加热体：硅碳棒

温度控制器和电力调整器分别是电阻炉温控系统主回路和控制回路的2个核心器件，根据二者的功能和实施方式的不同特性组合，可产生满足不同场合的温控系统以及对应的温控柜。

常用的不同特性组合方式见表2。

表2 温度控制器和电力调整器不同特性组合

温度控制方式	执行器	加热电源	执行器调节模式	执行器触发方式	执行器控制方式	执行器电参数反馈方式	温度控制器实施方式	加热工艺要求
连续式	电力调整器	单相（220 V或380 V）或三相（380 V）	模拟	零位（过零）	恒电压	开环或闭环	智能温控仪或PLC程序	定值控制或多程序段
					恒电流			
					恒功率			
				相位（移相）	恒电压	开环或闭环	智能温控仪或PLC程序	定值控制或多程序段
					恒电流			
					恒功率			
			数字	零位（过零）	恒电压	开环或闭环	智能温控仪或PLC程序	定值控制或多程序段
					恒电流			
					恒功率			
				相位（移相）	恒电压	开环或闭环	智能温控仪或PLC程序	定值控制或多程序段
					恒电流			
					恒功率			
通断式	晶闸管交流电力开关		—	—	—	开环或闭环	智能温控仪或PLC程序	定值控制或多程序段

根据电阻炉电源相数、控制方式、工艺要求、功率大小以及温控柜主要设备的控制方式等，可产生不同类型的温控柜执行器件和控制方式的品种和多个规格，见表3。

表3 常见温控柜的品种和规格

品种代号	最高控温功率 kW	电源电压 V	相数	执行器件	控制方式
KRCD 25	25	220或380	单相	磁性调压器	连续式
KRCD 40	40				
KRCD 63	63				
KRC 40	40		三相		
KRC 63	63				
KRC 100	100				
KRC 160	160				
KRC 250	250				
KRC 400	400				
KRDD 25	25		单相	晶闸管交流电力开关	通断式

表 3（续）

品种代号	最高控温功率 kW	电源电压 V	相数	执行器件	控制方式
KRDD 40	40				
KRDD 63	63				
KRD 40	40		三相		
KRD 63	63				
KRD 100	100				
KRD 160	160				
KRD 250	250				
KRD 400	400				
KRGD 25	25		单相	晶闸管交流调功器	连续式
KRGD 40	40				
KRGD 63	63				
KRG 40	40		三相		
KRG 63	63				
KRG 100	100				
KRG 160	160				
KRG 250	250				
KRG 400	400				
KRJD 25	25		单相	交流接触器	通断式
KRJD 40	40				
KRJD 63	63				
KRJ 40	40		三相		
KRJ 63	63				
KRJ 100	100				
KRJ 160	160				
KRJ 250	250				
KRJ 400	400				
KRYD 25	25				
KRYD 40	40		单相		
KRYD 63	63	220或380		晶闸管交流调压器	连续式
KRY 40	40		三相		
KRY 63	63				
KRY 100	100				
KRY 160	160				
KRY 250	250				
KRY 400	400				

KRG、KRY 系列温控柜，应根据用户要求配给电阻性负载或电感性负载，采用的执行器件型号应符合 JB/T 3283—2010 中 4.1 规定。

4.2 型号

温控柜的型号中包含以下信息：电源特性、控制器类型或特征、执行器类型或特征、加热工艺类型、单区最高功率、最高温度等技术特征参数，并按以下规定编制，其中的技术级别代号按 7.4 确定。

KR [1] [2] D [3] [4] [5] [6] [7]

- 7——企业代号
- 6——技术级别
- 5——最高温度，℃
- 4——单区最高功率，kW
- 3——通讯类型
- D——电源类型：D，S
- 2——执行器类型或特征
- 1——控制器类型或特征
- KR——工业电阻炉温控柜

型号中：

控制器类型或特征代号用字母 A、B、E、F 表示。它们的含义如下：

A——表示控制器为定值数字智能 PID 温控仪；

B——表示控制器为多程序段数字智能 PID 温控仪；

E——表示控制器为定值 PID 调节器，人工借助于控制器编写程序实现；

F——表示控制器为程序 PID 调节器，人工借助于控制器编写程序实现。

执行器类型或特征代号用字母 C、D、G、J、Y 表示。它们的含义如下：

C——表示执行器件为磁性调压器的连续式控制；

D——表示执行器件为晶闸管交流电力开关的通断式控制；

G——表示执行器件为晶闸管交流调功器的通断式控制；

J——表示执行器件为交流接触器的通断式控制；

Y——表示执行器件为晶闸管交流调压器的连续式控制。

电源类型用 D、S 表示。它们的含义如下：

D——表示执行器为单相 AC 220 V 或 380 V 供电；

S——表示执行器为三相 AC 380 V 供电。

通讯类型表示控制器、执行器与计算机监控系统进行数据交互时，所支持的通讯接口和协议类型，用 N、R、D、O 表示。它们的含义如下：

N——表示控制器、执行器不带通讯接口；

R——表示控制器、执行器支持 RS485 等类型的串口通讯；

D——表示控制器、执行器支持 DP 等现场总线类型的通讯；

O——表示控制器、执行器支持其他类型的通讯；

最高温度用其值除以 100，去掉小数后来表示。

4.3 外形尺寸

温控柜按 GB/T 3047.1—1995 第 7 章的规定，柜壳推荐选用下列外形尺寸(宽×深×高)：

a) 600 mm×400 mm×1 600 mm；

b) 800 mm×600 mm×1 800 mm；

c) 1 000 mm×800 mm×2 200 mm；

d) 520 mm×600 mm×1 800 mm。

其中 d)项尺寸是作为组合柜体的单元尺寸。

当有特殊要求时(见 9.2)，也可选用 GB/T 3047.1—1995 第 7 章规定系列的其他尺寸。

4.4 主要参数

4.4.1 主回路相关参数：

a) 电源电压，V；

b) 电源相数；

c) 电源频率，Hz；

d) 负载接法；

e) 主回路线电压，V；

f) 单区最高控制功率，kW；

g) 最高输出电压，V；

h) 最大输出电流，A；

i) 执行器供电电压，V；

j) 执行器接受控制信号类型；

k) 执行器触发控制方式；

l) 通讯方式；

m) 功率调节范围(适用于 KRG 系列)；

n) 输出电压调节(适用于 KRC、KRY 系列)；

o) 执行器外形尺寸(宽×深×高)，mm；

p) 执行器重量，kg。

4.4.2 控制回路相关参数：

a) 最高温度，℃；

b) 控温区数；

c) 控温精度，℃；

d) 供电电压，V；

e) 温度信号类型；

f) 控制输出信号类型；

g) 控制器工作方式；

h) 通讯方式。

4.4.3 温控柜铭牌相关参数：

a) 外形尺寸(宽×深×高)，mm；

b) 控制回路供电电压，V；

c) 重量，kg。

4.4.4 在企业产品标准中，对不同规格型号温控柜中的控制器和执行器的主要特性，应列出以上各项内容。

5 技术要求

5.1 一般要求

温控柜应符合 GB/T 10067.1—2005 第 5 章的有关规定，当该标准规定与本标准有差异时应以本标准为准。

5.2 对设计和制造的补充要求

5.2.1 总体设计

电阻炉温控柜主要由加热电源主回路单元和控制回路单元两个部分组成。

实施加热功率输出控制的主回路单元，一般主要由低压断路器、快速熔断器、交流接触器、电力调整器(SCR)等部分组成，并在主回路加装有电流互感器、电能监测仪等，电压、电流、功率等参数均可在控制柜上显示或以通讯的方式在计算机监控系统上监视记录。电力调整器(SCR)是加热电源主回路的核心器件，用铜排或电缆与电阻炉内各区加热体相连接，通过控制回路的输出作用对加热电源输出功率进行自动实时调节。

控制回路单元一般由以PID调节器为核心的温控器、温度检测传感器、信号隔离变送器等部分组成。PID调节器一般采用智能温控仪表或PLC程序实现，根据工艺要求温度和实际温度的偏差进行计算，输出控制信号调节电力调整器(SCR)输出功率。

温控柜主要由柜体、框架及各种电气元器件和仪表等组成，温控柜的设计应能确保各电气元件动作时所产生的热量、电弧、冲击、振动、磁场或电场不得相互影响各自的正常功能。

5.2.2 柜体

温控柜的柜体结构推荐选用下面三种类型：

a) 普通型——柜门为单开或双开型。对KRJ系列控制柜，柜内应装有与柜壳相互独立的元件安装板，并有各自的地脚螺钉孔；

b) 组合型——由一个或数个单开门的柜体单元组成柜体，柜门一般在后面开启，当有特殊要求时(见9.2)，柜门也可在前面开启，柜体单元相邻两侧可做成框架式结构，用来固定元器件安装板，但左、右两端侧面应装上侧板，各柜体单元应有各自的地脚紧固安装孔；

c) 防尘型——柜体为单开门或双开门式的全封闭防尘结构，所有门或与门接触的框架边缘均应粘结橡胶带或类似的密封材料，柜内外的导体应通过尺寸合适的带有绝缘环的开孔连接。当有特殊要求时(见9.2)，柜内或后门板可安装一台或数台轴流风机来调节柜内的温度。

上述三种柜体都应具有足够的强度和刚度，表面应平整，无明显的凹凸不平；钢板弯折处不应有明显的折坡和裂纹，柜门宜为嵌式结构，应能在不小于90°开启角内灵活启闭，柜门均应装有内锁或暗扣。温控柜的所有柜门应能用同一把钥匙打开。

在柜体上对热电偶引出接线应单独开孔。

技术级别为C级的温控柜应为防尘型结构。

温控柜内的框架应用型钢焊接而成，框架应具有足够的强度来承载电器元件动作时的作用力。框架上的安装孔应为可调节的等距长圆孔。

温控柜进出线方式：进线主要包括加热电源到各区空气开关的电缆连线，炉体测温热电偶补偿导线与柜门温控仪表或控制器的连线；出线主要包括电力调整器与负载加热体之间的连线，其他动作装置的控制输出与炉体上执行元件的连线；当只有柜顶电缆桥架，没有电缆地沟时，可采用“上进上出”的方式；当只有电缆地沟而没有柜顶电缆桥架时，可采用“下进下出”的方式；当电缆地沟和柜顶电缆桥架都存在时，可根据现场实际情况，选择采用“上进下出”或“下进上出”的方式。

5.2.3 安装

温控柜内安装的各个元、器件和仪表应经检验合格后方能安装，安装时应按设计要求留有足够的拆装距离。对接触器、仪表等应分别根据需要设有适当的防振措施。导线引出孔应有绝缘出线环。

需由操作者观察操作的指示仪表，安装中心高度不得高于地面 1.6 m，操作器件(如手柄、按钮等)不得高于地面 1.5 m。

5.2.4 涂漆

温控柜内、外表面应按 GB/T 10067.1—2005 中 5.2.7 的规定涂漆。涂漆精度，外表面为Ⅰ级，内表面为Ⅲ级。C 级温控柜的外表面应为烤漆或环氧粉末喷涂等。如有特殊要求时(见 9.2)，可由供需双方商定。

5.2.5 电气系统

5.2.5.1 电源

温控柜的电源参数按表 3 规定。

5.2.5.2 主电路

温控柜内主电路母线的相序和极性排列推荐选用表 4 的规定。

表 4 温控柜内主电路母线的相序和极性排列

类别	垂直排列	水平排列	前后排列
U 相	上方	左方	远方
V 相	中方	中方	中方
W 相	下方	右方	近方
中性接地线中性线	最下方	最右方	最近方

主电路母线类别的颜色应按 GB 7947—2010 的规定，用下述颜色标志：
U 相——黄色；
V 相——绿色；
W 相——红色；
零线或中性线——淡蓝色；
安全用接地线——黄、绿双色。

5.2.5.3 导线

温控柜内的连接导线应接线正确、牢固，排列应整齐美观，控制回路的连接导线应尽可能地穿至垂直或水平方向敷设的行线槽内。槽内装线量应不超过槽容量的 70%。

控制回路的导线截面应按规定的载流量选择：单芯铜绝缘线一般不小于 0.75 mm^2；多芯铜绝缘软线一般不小于 0.5 mm^2。

接至各接头上的连接导线端部，一般应压有铜制裸压接端头。每根导线的中间，不得有插接或焊接的过渡连接。

温控柜内的绝缘导线标记应符合 GB 4884—1985 的规定。标记应用打号机打印，字迹应清晰耐久，以便使用和维修。

温控柜内的导线颜色应符合 GB 7947—2010 的规定。

5.2.5.4 接线端子

温控柜内的接线端子的识别和字母数字符号标志应符合 GB/T 4026—2010 的规定。

5.2.5.5 指示灯和按钮

温控柜所用的指示灯和按钮的颜色应符合 GB/T 4025—2010 的有关规定。

5.2.5.6 印刷线路板

温控柜所用的印刷线路板的制作及其元件的焊接应符合有关标准的规定。

5.2.5.7 温度控制器

5.2.5.7.1 基本原则

当温度控制器采用控温仪表实施时，应满足以下要求：

C 级温控器应配备各温度指示精确度不低于 0.25 级，设定精确度不低于±0.5%，分辨率不低于1℃(不包括显示误差)的带有微处理器的数字显示程序控温仪表。数字显示应清晰可辨，仪表应带有USB 接口或其他类型的通讯接口，以便需要时可连接记录仪或上位监控系统的打印机。仪表的输入信号类型和量程可通过参数能够进行自由选择，对于热电偶输入，还应具有热电偶基准端温度的自动补偿以及环境温度补偿功能。仪表内部 PID 控制器具有自适应功能，能够针对不同温度控制系统特性进行参数自整定，确定适合生产工艺的 PID 及其他控制参数。仪表的控制输出信号类型能够自由选配，以便和电力调整器的控制信号匹配，且控制输出范围能够在仪表内进行干预设置。

B 级和 A 级温控器应配备温度指示精确度不低于 0.5 级，设定精确度不低于±1%和±1.5%的控温仪表。

当另有规定时(见 9.2)，A 级温控器也可配备温度指示精确度为 1 级，设定精确度不低于±1.5%的控温仪表。

当温度控制器借助于单片机、PLC 等硬件控制器，人工编写温度 PID 控制程序的方式实施时，应满足以下要求：

采集温度信号的硬件模块或通道具有至少 12 位以上的精度，温度数值采集转换要与所采集的温度传感器量程匹配，数据类型采用浮点数来表示温度数值；程序的控制输出信号类型和电力调整器的控制信号匹配，且控制输出范围能够通过人机界面或程序编辑器进行干预设置。控制器的输入输出模块具有较高级的抗干扰能力，对应信号线路要有一定的屏蔽接地抗干扰措施。控制器具有和监控计算机或记录仪等设备组网通讯的硬件接口，以便实现数据交互和记录功能。

5.2.5.7.2 温度标尺

温度控制仪的标尺长度应符合 GB/T 10067.4—2005 中 5.2.9.4 的规定。当另有要求时(见 9.2)；控温仪表也可选用小于 150 mm 的标尺长度。

5.2.5.7.3 记录仪

记录仪有有纸和无纸两种，应符合 GB/T 10067.4—2005 中 5.2.9.5 的规定。当另有要求时(见 9.2)，有纸记录仪的记录纸有效宽度或直径也可小于 150 mm。

5.2.5.8 打印机

当有要求并具有数据交互的硬件条件时(见 9.2)，温控柜可配备打印机进行数据输出。

5.2.5.9 超温控制仪

超温控制仪具有独立的超温报警及停止加热功能，其常闭触点输出应以硬接线的方式串接于加热主回路电源的控制回路中，超温停止加热的功能独立于温控仪表、PLC 或其他逻辑控制，具有最高的安全优先级别，其配备应符合 GB/T 10067.4—2005 中 5.2.9.6 规定。

5.2.5.10 程序控制仪

当 A、B 级温控柜要求提供程序控制仪时，可按 9.2 提出。

5.2.5.11 电参数输出

当加热主回路执行器是基于模拟电路的电力调整器，且不能够直接显示运行电参数，需要配备电量变送器及电工仪表显示电参数时，温控柜应配备必要的电压、电流表。当有要求时（见 9.2），也可配备电能表和（或）其他的电工仪表。电能表的精确度等级应不低于 2.5 级，其他电工仪表的精确度等级应不低于 1.5 级。

当加热主回路执行器是具有通讯功能的新型全数字电力调整器，且带有参数设置和显示操作面板，运行电参数可直接通过操作面板进行查看，或通过通讯的方式和计算机监控系统进行联网，采集并记录各项运行参数。

5.2.6 控制区数

根据工艺和功率设计需要，温控柜内安装板上可装配单区或多区的控温用低压元器件，温控柜面板可装配单区或多区的温控仪表、电工仪表、操作元件等，在企业产品标准和供需合同中，应对控制区数做出明确的规定。

5.2.7 其他

根据需要，温控柜内也可安装其他仪表（如累计计时器等）以及电阻炉上所用的其他机电设备（如电动机等）的监控装置，并在企业产品标准和（或）合同中做出相应规定。

5.3 性能

5.3.1 绝缘电阻

温控柜内不同带电体之间以及各带电体与金属壳体之间的绝缘电阻应不小于 2 MΩ。

5.3.2 介电强度

温控柜内不同带电体之间以及各带电体与金属壳体之间（接地）按其工作电压应能承受表 5 所规定的相应介电试验电压。

表 5 温控柜内不同带电体之间以及各带电体与金属壳体之间的介电试验电压 单位为伏

额定绝缘电压 U_i	介电试验电压
$U_i \leqslant 60$	500
$60 < U_i \leqslant 125$	1 000
$125 < U_i \leqslant 250$	1 500
$250 < U_i \leqslant 500$	2 000

5.3.3 电气间隙和爬电距离

温控柜内各不同带电体之间以及各带电体与金属壳体之间（接地）的电气间隙和爬电距离应符合

表 6规定。

表 6 温控柜内各不同带电体之间以及各带电体与金属壳体之间的电气间隙和爬电距离

额定绝缘电压 U_i V	电气间隙 mm	爬电距离 mm
$U_i \leqslant 300$	≥6	≥10
$300 < U_i \leqslant 660$	≥8	≥14

5.3.4 温升

温控柜内各不同带电体连接接头、电器元件、金属壳体的温升指标应符合表 7 规定。

表 7 温控柜内各不同带电部位的温升指标

单位为开

部位		温升
连接外部绝缘导线的接头		70
铜母线接头	触接处无防蚀被覆层	45
	触接处搪锡	55
	触接处镀银或镀镍	70
铝母线接头		55
操作手柄	金属的	15
	绝缘的	25
可能会触及的壳体	金属表面	30
	绝缘表面	40
晶闸管表面		45
电器元件		符合元件的各自标准

5.3.5 控温精度

工业电阻炉温控柜在正常工作条件下，其控温精度按 A、B、C 技术分级，应分别不超过±8 ℃、±3 ℃、±1 ℃。

5.3.6 输出功率调节

KRG 系列温控柜的功率调节范围应为 0～100%。

5.3.7 输出电压调节

KRC、KRY 系列温控柜的输出电压应能在设计最低工作电压到最高工作电压之间连续调节。

5.3.8 主回路波形要求

适用于阻性负载的 KRG 系列温控柜，其主回路电压波形应无明显的缺口；适用于感性负载的 KRG 系列温控柜，其主回路电压波形允许有不大于 10%的缺口，其电流波形，在主回路接通时，应无明显的冲击现象。

5.3.9 保护系统性能

5.3.9.1 过流保护

KRG、KRY系列温控柜应有过电流保护措施，当有必要时，KRC系列也可有过电流保护措施。KRG、KRY系列温控柜的过流指定值应符合设计要求。

5.3.9.2 短路保护

温控柜应有短路保护措施，以便当温控柜发生短路后迅速断开电路，确保人身和设备的安全。短路保护措施可通过空气断路器或电力调整器自带的短路检测断电报警功能实现。

5.3.9.3 过压保护

KRG和KRY系列温控柜应有过电压保护措施，其过压整定值应符合设计要求。

5.3.10 抗干扰性能

KRD、KRG和KRY系列温控柜的设计，应保证它们在正常工作条件下，具有抗电网干扰、电磁场干扰和多台间相互干扰的功能。

对带有微处理器的温控柜，其抗串模干扰、抗共模干扰等性能应符合有关标准规定。

5.4 安全

5.4.1 接地

温控柜的外壳及其与外壳分立的控制屏应可靠接地，接地导体截面应符合表8规定。

表8 温控柜可靠接地的导体截面

单位为平方毫米

相导体截面 S(Cu)	接地导体的最小截面(Cu)
$S \leqslant 16$	S
$16 < S \leqslant 35$	16
$35 < S$	$0.5\ S$
注：当接地导体为别的金属材料时，应将其换算到铜的截面后再选定。	

5.4.2 外壳防护等级

温控柜的外壳防护应不低丁GB 4208—2008中IP 31等级的要求，但对C级温控柜应不低于IP 51的防护等级要求。

5.4.3 联锁

温控柜应对电机正、反转、冷却水、就位信号、炉门或炉盖的开启、超温、风机运行以及加热控制等的执行动作元器件进行联锁，以防发生危害人身或设备安全的意外事故。

5.4.4 热影响的防护

用于亚硝酸盐和硝酸盐盐浴炉的温控柜应符合GB 5959.4—2008中13.5的要求，以免发生爆炸危险。

5.5 成套要求

在企业产品际准中应列出供方规定的温控柜成套供应范围。其中包括：

a） 柜体(包括控温仪表,执行元件等)；

b） 磁性调压器或调压变压器(适用于 KRC 系列)；

c） 使用操作说明书,元器件说明书；

d） 连接电缆、信号线缆；

e） 备件。

在企业产品标准中,应列出上述各项的具体内容,包括型号、规格和数量。

需方如对供方规定供应的项目有不同要求时,可按 9.2 提出。

6 试验方法

6.1 一般要求

温控柜的试验方法应符合 GB/T 10066.1—2004 的有关规定和以下的补充规定。

试验时,对专用温控柜应接上相应的专用电阻炉。对标准温控柜,所接箱式电阻炉的额定功率应等于温控柜最高控制功率的 70%～100%,测量用的电阻炉应是经检验部门检验过的合格品,控温热电偶的使用应与实验炉正常工作的测温条件相同,一般应带有保护套。

6.2 绝缘电阻测量

用 500 V 兆欧表接在温控柜正常工作时的不同带电体之间以及各带电体与金属壳体之间测量,对不能承受 500 V 兆欧表电压的元器件应在测量前断开或短接。

6.3 介电强度试验

介电强度试验在测量绝缘电阻后进行,介电试验电压是工频正弦波形,此电压施加在温控器正常工作时不同带电体之间以及各带电体与金属之间,后者应连接在一起并接地。

介电试验电压应从表 5 所规定的电压值的一半开始,在 10 s 内逐渐升至全值,然后保护 1 min,不得产生闪爆或击穿的现象。

不能承受上述介电试验电压的仪表和元器件应在试验前断开或短接。

6.4 通电试验

KRJ 系列温控柜在不装控温仪表、断开主回路的条件下,接通和断开接触器各 10 次,应无一次误动作。

KRC、KRD、KRG 和 KRY 系列温控柜的通电试验分两种情况进行：

a） 出厂试验,基于通断式控制原理的 KRD 和 KRG 系列温控柜,接在本章规定的电阻炉上,通电试验至少 4 h,不应发生异常现象；

b） 出厂试验,基于连续式控制原理的 KRC 和 KRY 系列温控柜,接在本章规定的电阻炉上,通电试验至少 8 h,不应发生异常现象。

对大功率 KRC、KRD、KRG 和 KRY 系列温控柜,其通电试验允许在用户现场进行。

6.5 温升测量

温升测量应在温控柜正常运行至各部位温度达到热平衡后进行。

温度应用精确度不低于 4 级的表面温度计或表面热电偶进行。

6.6 控温精度测量

在电阻炉达到其最高工作温度 30 min 后，对控温热电偶的温度进行至少 30 min 的连续跟踪监测，记录整个监测期间每个温度调节或被动周期的温度最大值和最小值，分别取其中 5 个较大的最大值的平均值和 5 个较小的最小值的平均值作为测得的温度最高值和最低值。

在上述跟踪监测期间应同时对控温热电偶的温度做每隔 3 min 的定时记录，以求得该期间温度的平均值(为至少 11 个温度记录值的平均值)。

上述测得温度最高值和最低值与平均值之差的绝对值中的大值即为温控器的控温精度。

6.7 功率调节试验

适用于 KRG 系列温控柜。

在温控柜接上本章规定的空载电阻炉并通电后，通过电位器或仪表手动输出模式调节输出功率，使主回路电流表指示值从最小至最大，然后平滑减小至零。如此重复 3 次，应无异常现象。

6.8 输出电压调节试验

适用于 KRC、KRY 系列温控柜。

在温控柜接上本章规定的空载实验电阻炉并通电后；通过电位器或仪表手动输出模式调节输出电压，其值应能在 5.3.7 规定的范围内调节。

6.9 主回路波形检查

接通控制回路和主回路后，用示波器检查主回路的电压和电流波形。其波形应符合 5.3.8 的要求。必要时对用于感性负载的温控柜可拍摄主回路接通瞬间的电压和电流波形照片。

6.10 保护系统检查

6.10.1 过流保护检查

适用于 KRC、KRG 和 KRY 系列温控柜。

将温控柜的过流保护系统的过电流整定值设定到规定值，然后使主回路通过等于该整定值的电流，检查过流保护系统能否正常动作。

6.10.2 短路保护试验

适用于 KRC、KRG 和 KRY 系列温控柜。

人为造成主回路输出线路短路，这时，快速熔断器应关断，温控柜内各元件不应有损坏。

6.10.3 过压保护检查

适用于 KRG 和 KRY 系列温控柜。

温控柜的过电压来源于开关元件的通断过程。因此，该检查应与 6.3、6.10.1 和 6.10.2 的试验和检查同时进行，检查后的温控柜内各元件不得损坏。

7 检验规则和等级划分

7.1 一般要求

温控柜的检验和等级划分应按 GB/T 10067.1—2005 第 7 章和以下各条规定进行。

7.2 出厂检验项目

温控柜的出厂检验项目应包括以下各项：

a) 一般检查；

b) 绝缘电阻测量；

c) 介电强度试验；

d) 通电试验；

e) 输出电压调节试验(适用于 KRC 和 KRY 系列)；

f) 过流保护检查(适用于 KRC、KRG 和 KRY 系列)；

g) 配套件的检查，包括型号、规格、出厂合格证件的检查；

h) 供货范围检查，包括出厂技术文件完整性的检查；

i) 包装检查。

7.3 型式试验项目

温控柜的型式试验项目应包括以下各项：

a) 全部出厂检验项目(在型式试验条件下)；

b) 功率调节试验(适用于 KRG 系列)；

c) 温升测量；

d) 保护系统检查；

e) 控温精度测量；

f) 主回路波形检查(适用于 KRG 系列)。

7.4 技术分级

温控柜的技术分级应按表 9 规定。各个技术级别的温控柜应全面满足表中所列各项要求。

表 9 温控柜的技术分级

技术级别	A	B	C
柜体结构	按 5.2.2 的要求		
涂　　漆	按 5.2.4 的要求		
控温仪表	按 5.2.5.7 的要求		
性　　能	按 5.3 的要求		
安　　全	按 5.4 的要求		
成　　套	能按 5.5 的要求提供成套设备		能按 5.5 的要求以及 9.2 中对配套件的要求提供成套设备

8 标志、包装、运输和贮存

8.1 温控柜的标志、包装、运输和贮存应符合 GB/T 10067.1—2005 第 8 章的规定，其中的仪器仪表包装应采用原包装，运输和贮存应符合 GB/T 25480—2010 的有关规定。

8.2 温控柜的铭牌上应标出下列各项：

a) 产品的型号和名称；

b) 电源电压,V;

c) 电源频率,Hz;

d) 相数;

e) 最高控制功率,kW;

f) 重量,kg;

g) 产品编号;

h) 制造日期;

i) 制造厂名称(对出口产品应标明国名)。

9 订购和供货

9.1 温控柜的订购和供货应按 GB/T 10067.1—2005 第 9 章的规定。

9.2 需方如有下列特殊要求时,可向供方提出:

a) 对单位制、电源电压、电源频率等的不同的要求(见 GB/T 10067.1—2005 中 5.1.1.1);

b) 对使用环境的不同要求(见 GB/T 10067.1—2005 中 5.1.2);

c) 对安全和环境保护的附加要求(见 GB/T 10067.1—2005 中 5.1.5.1);

d) 对涂漆的不同要求(见 GB/T 10067.l—2005 中 5.2.7 和本标准 5.2.4);

e) 对包装的特殊要求(见 GB/T 10067.l—2005 中 8.2.4);

f) 对外形尺寸的不同要求(见 4.3);

g) 要求组合型温控柜前面开门(见 5.2.2);

h) 要求防尘型温控柜内提供风机(见 5.2.2);

i) 对控温仪表类型等的不同要求(见 5.2.5.7);

j) 对温度标尺另有要求(见 5.2.5.7.2);

k) 对记录仪用记录纸的有效宽度要求(见 5.2.5.7.3);

l) 要求提供打印机(见 5.2.5.8);

m) 不要提供超温控制仪(见 GB/T 10067.4—2005 中 5.2.9.6);

n) 对 A、B 级温控柜要求提供程序控制仪(见 5.2.5.10);

o) 要求提供电能表和(或)其他电工仪表(见 5.2.5.11);

p) 对供方规定供应项目的不同要求(见 5.5)。

供方应尽可能满足需方的各项特殊要求,但实际可供需方选择的特殊要求项目由供方参照本标准决定,其中一部分可列在企业产品标准中,其他部分在订购时由供需双方商定。

ICS 25.180.10
K 61

中华人民共和国国家标准

GB/T 31137—2014

实验电阻炉温度控制器

Temperature controller for laboratory resistance furnaces

2014-09-03 发布　　2015-02-01 实施

中华人民共和国国家质量监督检验检疫总局
中国国家标准化管理委员会　发布

前　言

本标准按照 GB/T 1.1—2009 给出的规则起草。

本标准由中国电器工业协会提出。

本标准由全国工业电热设备标准化技术委员会(SAC/TC 121)归口。

本标准起草单位:西安电炉研究所有限公司、中冶电炉工程技术中心、国家电炉质量监督检验中心、陕西省电炉工程技术研究中心。

本标准主要起草人:张建华、袁芳兰、朱琳。

实验电阻炉温度控制器

1 范围

本标准规定了KSB、KSD、KSG、KSJ和KSY系列的实验用电阻炉温度控制器(以下简称温控器)的各项要求,包括产品分类、技术要求、试验方法、检验规则、技术分级及订购和供货。

本标准适用于与SX、SK和SG系列实验用箱式、管式、坩埚式电阻炉配套的温控器。

对于其他配用于实验电阻炉的温度控制器,本标准仅供参考。

2 规范性引用文件

下列文件对于本文件的应用是必不可少的。凡是注日期的引用文件,仅注日期的版本适用于本文件。凡是不注日期的引用文件,其最新版本(包括所有的修改单)适用于本文件。

GB 1094.11—2007 电力变压器 第11部分:干式变压器

GB/T 2900.23—2008 电工术语 工业电热装置

GB/T 4025—2010 人机界面标志标识的基本和安全规则 指示器和操作器件的编码规则

GB/T 4026—2010 人机界面标志标识的基本和安全规则 设备端子和导体终端的标识

GB 4208—2008 外壳防护等级(IP代码)

GB 4884—1985 绝缘导线的标记

GB 7947—2010 人机界面标志标识的基本和安全规则 导体颜色或字母数字标识

GB/T 10066.1—2004 电热设备的试验方法 第1部分:通用部分

GB/T 10067.1—2005 电热装置基本技术条件 第1部分:通用部分

GB/T 13324—2006 热处理设备术语

GB/T 25480—2010 仪器仪表运输、贮存基本环境条件及试验方法

JB/T 8195.7—2007 间接电阻炉 第7部分:SX系列实验用箱式炉

JB/T 8195.8—2007 间接电阻炉 第8部分:SK系列实验用管式炉

JB/T 8195.9—2007 间接电阻炉 第9部分:SG系列实验用坩埚式炉

3 术语和定义

GB/T 2900.23—2008、GB/T 13324—2006界定的以及下列术语和定义适用于本文件。

3.1

实验电阻炉 laboratory resistance furnace

用于实验目的、具有炉室、基于电阻加热原理的电热设备。通常炉膛尺寸和功率较小,炉型根据实验工件确定,并满足一定的升温速率和最高实验温度要求。

3.2

实验电阻炉温度控制器 temperature controller for laboratory resistance furnaces

用于实验目的、具有炉室、基于电阻加热原理的电热设备。通常炉膛指集中安装在温度控制箱内实现加热温度测量、控制和记录功能的电气控制元器件及仪表灯软硬件单元总成。由于实验电阻炉加热容量较小,且一般不进行分区,区别于工业电阻炉温度控制柜,称之为温度控制器,简称温控器。

3.3

可控硅整流元件　silicon controlled rectifier;SCR

晶闸管

具有三个PN结的四层结构的大功率半导体器件,具有体积小、结构相对简单、功能强大的特点,是比较常用的半导体器件之一,多用于实现可控整流、逆变、变频、调压、无触点开关等功能。

3.4

晶闸管交流电力开关　thyristor a.c. power switch

固态继电器　solid state relay;SSR

由双向晶闸管反并联构成的无触点电子开关,以随机或选择方式控制通断的交流电力控制器。

3.5

可控硅触发方式　SCR trigger control mode

根据晶闸管阳极与阴极之间外加正向电压,具有"正向导电,一触即发"的特性,晶闸管交流电力控制器的控制方式实质上就是其内的晶闸管的触发方式,根据触发脉冲是否在零相位时到来,分为过零和非过零两种触发控制模式,也叫零位控制和相位控制。

3.6

可控硅电力调整器　SCR power controller

应用晶闸管及相应的触发控制电路调整负载功率的盘装功率调整单元。一般由触发板、可控硅模块、专用散热器、风机、外壳等组成,核心部件是控制板与可控硅模块,散热系统采用高效散热、低噪音风机。整机电流容量一般从40 A到800 A有多个等级,通过水冷等特殊冷却方式可做到电流容量3 000 A。

3.7

晶闸管交流调功器　thyristor a.c. power regulator

触发脉冲在一个整周波零位时刻出现,最小导通或阻断单位是180度。在设定周期内,改变晶闸管通断时间比例,达到调节负载功率的目的。是一种以周波数方式控制功率的交流电力控制器。

3.8

晶闸管交流调压器　thyristor a.c. voltage regulator

触发脉冲在一个周波非零位的任何时刻都可以出现,最小导通或阻断单位是0度。针对正弦交流波,改变每个正半周和负半周导通角来控制交流电压的平均值。是一种以相位方式控制电压的交流电力控制器。

3.9

控温精度　temperature control accuracy

温控器连接到实验炉并通电达到该炉的最高工作温度后控制控温点温度的能力。

3.10

炉温均匀度　furnace temperature uniformity

炉子在实验温度下的热稳定状态时炉内温度的均匀程度。通常指在空炉情况下,在规定的各个测温点上所测得的最高和最低温度的真实值分别与温控点上所测温度值的最大差值(可为正值或负值)。

4　产品分类

4.1　品种和规格

温控器按最高控制功率、执行器件和控制方式分为五个品种和多个规格,具体的品种规格和主要技术参数见表1。

表 1　温控器品种规格和主要技术参数

<table>
<tr><th>品种代号</th><th>最高控温功率
kW</th><th>电源电压
V</th><th>相数</th><th>执行器件</th><th>控制方式</th></tr>
<tr><td>KSBD4</td><td>4</td><td rowspan="35">220 或 380</td><td>单相</td><td rowspan="5">变压器和接触器</td><td rowspan="12">通断式</td></tr>
<tr><td>KSB6.3</td><td>6.3</td><td rowspan="4">三相</td></tr>
<tr><td>(KSB8)</td><td>8</td></tr>
<tr><td>KSB10</td><td>10</td></tr>
<tr><td>(KSB12)</td><td>12</td></tr>
<tr><td>KSDD4</td><td>4</td><td rowspan="3">单相</td><td rowspan="7">晶闸管交流
电力开关</td></tr>
<tr><td>KSDD6.3</td><td>6.3</td></tr>
<tr><td>KSDD10</td><td>10</td></tr>
<tr><td>KSD6.3</td><td>6.3</td><td rowspan="4">三相</td></tr>
<tr><td>(KSD8)</td><td>8</td></tr>
<tr><td>KSD10</td><td>10</td></tr>
<tr><td>(KSD12)</td><td>12</td></tr>
<tr><td>KSGD4</td><td>4</td><td rowspan="3">单相</td><td rowspan="7">晶闸管交流
调功器</td><td rowspan="7">连续式</td></tr>
<tr><td>KSGD6.3</td><td>6.3</td></tr>
<tr><td>KSGD10</td><td>10</td></tr>
<tr><td>KSG6.3</td><td>6.3</td><td rowspan="4">三相</td></tr>
<tr><td>(KSG8)</td><td>8</td></tr>
<tr><td>KSG10</td><td>10</td></tr>
<tr><td>(KSG12)</td><td>12</td></tr>
<tr><td>KSJD4</td><td>4</td><td rowspan="3">单相</td><td rowspan="7">交流接触器</td><td rowspan="7">通断式</td></tr>
<tr><td>KSJD6.3</td><td>6.3</td></tr>
<tr><td>KSJD10</td><td>10</td></tr>
<tr><td>KSJ6.3</td><td>6.3</td><td rowspan="4">三相</td></tr>
<tr><td>(KSJ8)</td><td>8</td></tr>
<tr><td>KSJ10</td><td>10</td></tr>
<tr><td>(KSJ12)</td><td>12</td></tr>
<tr><td>KSYD4</td><td>4</td><td rowspan="3">单相</td><td rowspan="7">晶闸管交流
调压器</td><td rowspan="7">连续式</td></tr>
<tr><td>KSYD6.3</td><td>6.3</td></tr>
<tr><td>KSYD10</td><td>10</td></tr>
<tr><td>KSY6.3</td><td>6.3</td><td rowspan="4">三相</td></tr>
<tr><td>(KSY8)</td><td>8</td></tr>
<tr><td>KSY10</td><td>10</td></tr>
<tr><td>(KSY12)</td><td>12</td></tr>
<tr><td colspan="6">注：表中打括号的品种规格为保留产品。</td></tr>
</table>

4.2 型号

温控器的型号应按以下规定编制，其中的技术级别代号按 7.4 确定。

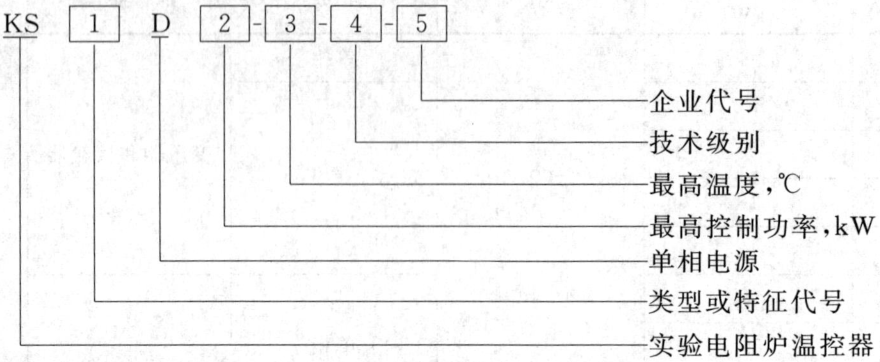

型号中，类型或特征代号用字母 B、D、G、J、Y 表示。它们的含义如下：

B——执行器件为变压器和交流接触器的通断式控制；

D——执行器件为晶闸管交流电力开关的通断式控制；

G——执行器件为晶闸管交流调功器的连续式控制；

J——执行器件为交流接触器的通断式控制；

Y——执行器件为晶闸管交流调压器的连续式控制。

最高温度用其值除以 100，去掉小数后来表示。

4.3 外形尺寸

温控器控制箱(台)推荐选用下列外形尺寸(宽×深×高)：

a) 336 mm×335 mm×240 mm；

b) 420 mm×370 mm×250 mm；

c) 500 mm×450 mm×250 mm；

d) 560 mm×325 mm×1 000 mm；

e) 760 mm×560 mm×1 000 mm。

4.4 主要参数

在企业产品标准中，对各个型号的温控器应列出以下各项内容：

a) 电源电压，V；

b) 电源相数；

c) 电源频率，Hz；

d) 最高控制功率，kW；

e) 最高输出电压，V；

f) 最大输出电流，A；

g) 最高温度，℃；

h) 控温精度，℃；

i) 控制箱外形尺寸(宽×深×高)，mm；

j) 重量，kg。

5 技术要求

5.1 一般要求

温控器应符合 GB/T 10067.1—2005 第 5 章的有关规定，当该标准规定与本标准有差异时应以本标准为准。

5.2 对设计和制造的补充要求

5.2.1 总体设计

实验用电阻炉温度控制器是指集中安装在温度控制箱内实现加热温度测量、控制和记录功能的电气控制元器件及仪表等软硬件单元总成。由于实验用电阻炉加热容量较小，且一般不进行分区，区别于工业电阻炉温度控制柜，称之为温度控制器，简称温控器。温控器可以单独成箱或与炉子连为一体。

温控器上可由箱(台)体，框架及各种电气元、器件和仪表等组成，温控器的设计应能确保各电气元件动作时所产生的热量、电弧、冲击、振动、磁场或电场不得相互影响各自的正常功能。

5.2.2 箱(台)体

温控器一般为单独的箱(台)体，通过电缆和炉内加热体连接，也可与炉体直接连成一个整体。温控器的门或顶盖应有暗扣或内销，并能灵活转动，其开启角不得小于 90°，在开启过程中不应使电气元件和仪表受到撞击。

箱(台)体上对热电偶、执行元件、检测开关等信号接线、引出接线应单独开孔。

5.2.3 安装要求

温控器内安装的各个元、器件和仪表应经检验合格后方能安装。安装时应按设计要求留有足够的拆修距离。温控器内的接触器、仪表等应分别根据实际工况，设有适当的防振措施(例如：加装弹簧垫圈或橡胶垫)。导线引出孔应加装绝缘出线环。

5.2.4 涂漆要求

温控器漆膜表面不得有皱纹、流痕、针孔、气泡等缺陷。

温控器的外表面漆膜应色泽均匀、平整光滑，用肉眼看不到刷痕、伤痕、修正痕迹和明显的机械杂质、斑痕等；温控器的内表面漆膜应具有一定的防腐能力。

C 级温控器的外表面应为烤漆或环氧粉末喷涂等，如有特殊要求时(见 9.2)，可由供需双方商定。

5.2.5 电气系统

5.2.5.1 电源

温控器的电源参数按表 1 相关内容进行确定。

5.2.5.2 导线

温控器内的连接导线应接线正确、牢固、可靠，排列整齐美观。导线截面积应按规定的载流量选择，单芯铜绝缘线一般不小于 0.75 mm^2，多芯铜绝缘线一般不小于 0.5 mm^2。

接至各接头上的连接导线应有铜制裸压接端子。每根导线的中间不得有插接或焊接的过渡连接。

温控器内的绝缘导线标记应符合 GB 4884—1985 的规定。标记应用打号机打印，字迹应清晰耐久，以便使用和维修。

温控器内的导线颜色应符合 GB 7947—2010 的规定。

5.2.5.3 接线端子

温控器内的接线端子的识别和字母数字符号标志应符合 GB/T 4026—2010 的规定。

5.2.5.4 指示灯和按钮

温控器所用的指示灯和按钮的颜色应符合 GB/T 4025—2010 的有关规定。

5.2.5.5 控温仪表

C 级温控器应配备各温度指示精确度不低于±0.25%，设定精确度不低于±0.5%，分辨率不低于 1 ℃（不包括显示误差）的带有微处理器的数字显示程序控温仪表。数字显示应清晰可辨，其高不宜低于 15 mm。仪表应备有数据交互接口，以便需要时可连接记录仪或打印机。

B 级和 A 级温控器应配备温度指示精确度不低于±0.5%，设定精确度不低于±1%的控温仪表。

当另有规定时（见 9.2），A 级温控器也可配备温度指示精确度为±1%，设定精确度不低于±1%的控温仪表。

5.2.5.6 电工仪表

温控器应配备必要的电压、电流表，当有要求时（见 9.2），也可配备其他的电工仪表，电工仪表的精确等级应不低于 2.5 级。

5.2.5.7 超温控制系统

当有要求时（见 9.2），温控器应配有超温控制系统。

超温控制系统应符合 JB/T 8195.7—2007、JB/T 8195.8—2007、JB/T 8195.9—2007 中 5.2.7 的有关规定。

5.2.5.8 变压器

KSB 系列温控器配用的变压器应符合 GB 1094.11—2007 的规定。

5.2.5.9 其他

根据需要，温控器内可设有与配套实验炉有关的其他控制装置，并在企业产品标准和（或）合同中作出相应规定。

5.3 性能

5.3.1 绝缘电阻

温控器内不同带电体之间以及各带电体与金属壳体之间的绝缘电阻应不小于 2 MΩ。

5.3.2 介电强度

温控器内不同带电体之间以及各带电体与金属壳体之间（接地）按其工作电压应能承受表 2 所规定的相应介电试验电压。

表 2 温控器内不同带电体之间以及各带电体与金属壳体之间的介电试验电压 单位为伏

额定绝缘电压 U_i	介电试验电压
$U_i \leqslant 60$	500
$60 < U_i \leqslant 125$	1 000
$125 < U_i \leqslant 250$	1 500
$250 < U_i \leqslant 500$	2 000

5.3.3 电气间隙和爬电距离

温控器内各不同带电体之间以及各带电体与金属壳体之间(接地)的电气间隙和爬电距离应符合表 3规定。

表 3 温控器内不同带电体之间以及各带电体与金属壳体之间的电气间隙和爬电距离

额定绝缘电压 U_i V	电气间隙 mm	爬电距离 mm
$U_i \leqslant 300$	≥6	≥10
$300 < U_i \leqslant 660$	≥8	≥14

5.3.4 温升

当温控器在额定条件下正常运行时,其各部位的温升不得大于表 4 规定。

表 4 温控器各部位的温升指标 单位为开

部 位		温 升
连接外部绝缘导线的接头		70
铜母线接头	触接处无防蚀被覆层	45
	触接处搪锡	55
	触接处镀银或镀镍	70
铝母线接头		55
操作手柄	金属的	15
	绝缘的	25
可能会触及的壳体	金属表面	30
	绝缘表面	40
晶闸管表面		45
电器元件		符合元件的各自标准

5.3.5 控温精度

温控器在正常工作条件下,其控温精度按 A、B、C 技术分级应分别不超过±8 ℃、±3 ℃、±0.5 ℃。

5.3.6 功率调节

KSG 系列温控器的功率调节范围应为 0%～100%。

5.3.7 输出电压调节

KSB、KSY 系列温控器的输出电压应能在设计最低工作电压到最高工作电压之间连续调节。

5.3.8 主回路波形要求

适用于阻性负载的 KSG 系列温控器，其主回路电压波形应无明显的缺口；适用于感性负载的 KSG 系列温控器，其主回路电压波形允许有不大于 110%的缺口，其电流波形在主回路接通时应无明显的冲击现象。

5.3.9 保护系统性能

5.3.9.1 过流保护

KSG、KSY 系列温控器应有过电流保护措施，其过流指定值应符合设计要求。

5.3.9.2 短路保护

温控器应有短路保护措施，以便当温控器发生短路后迅速断开电路，确保人身和设备的安全。

5.3.9.3 过压保护

KSG 和 KSY 系列温控器应有过电压保护措施，其过压整定值应符合设计要求。

5.3.10 抗干扰性能

KSD、KSG 和 KSY 系列温控器的设计，应保证它们在正常工作条件下，具有抗电网干扰、电磁场干扰和多台间相互干扰的功能。

对带有微处理器的温控器，其抗串模干扰、抗共模干扰等性能应符合有关标准规定。

5.4 安全

5.4.1 接地

温控器应有接地装置，接地装置应位于便于接地的位置，并与外壳可靠连接，接地导体截面应符合表 5 规定。

表 5 温控器不同接地的位置接地导体截面

单位为平方毫米

相导体截面 S(Cu)	接地导体的最小截面(Cu)
$S\leqslant16$	S
$16<S\leqslant35$	16
$35<S$	$0.5S$
注：当接地导体为别的金属材料时，应将其换算到铜的截面后再选定。	

5.4.2 外壳防护等级

温控器的外壳防护应不低于 GB 4208—2008 中 IP 31 等级的要求。

5.4.3 联锁

根据需要,温控器应与实验电阻炉的炉门开启、超温控制系统等进行联锁,以防发生危害人身或设备安全的意外事故。

5.5 成套要求

在企业产品标准中应列出供方规定的温控器成套供应范围。其中包括:

a) 箱(台)体(包括温控仪表,电器元器件、执行元件等);

b) 变压器(适用于 KSB 系列);

c) 使用说明书;

d) 备件(包括熔断器等)。

在企业产品标准中,应列出上述各项的具体内容,包括型号、规格和数量。

需方如对供方规定供应的项目有不同要求时,可按 9.2 提出。

6 试验方法

6.1 一般规定

温控器的试验方法应符合 GB/T 10066.1—2004 的有关规定和以下的补充规定。

试验时,对专用温控器应接上相应的专用实验炉。对标准温控器,所接箱式实验炉的额定功率应等于温控器最高控制功率的 70%～100%,最高工作温度应与温控器的最高温度相当。测量用的实验炉应是经检验部门检验过的合格品,控温热电偶的使用应与实验炉正常工作时的测温条件相同,一般应带有保护套。

6.2 绝缘电阻测量

用 500 V 兆欧表接在温控器内不同带电体之间以及各带电体与金属壳体之间测量,对不能承受 500 V 兆欧表电压的元器件应在测量前断开或短接。

6.3 介电强度试验

介电强度试验在测量绝缘电阻后进行,介电试验电压是工频正弦波形,此电压施加在温控器正常工作时不同带电体之间以及各带电体与金属之间,后者应连接在一起并接地。

介电试验电压应从表 3 所规定的电压值的一半开始,在 10 s 内逐渐升至全值,然后保持 1 min,不得产生闪爆或击穿的现象。

不能承受上述介电试验电压的仪表和元器件应在试验前断开或短接。

6.4 通电试验

试验时应把温控器接在其额定功率为温控器最高输出功率的 50%～100%的电阻器上。在电源接通后,检查各电气元件和仪表的动作是否正常。

6.5 表面温升测量

表面温升测量应在温控器正常运行至热平衡状态后进行。

表面温升应使用精确度不低于 4 级的表面温度计或表面热电偶进行测量。

6.6 控温精度测量

在实验电阻炉达到其最高工作温度30 min后,对控温热电偶的温度进行至少30 min的连续跟踪监测,记录整个监测期间每个温度调节或波动周期的温度最大值和最小值,分别取其中5个较大的最大值的平均值和5个较小的最小值的平均值作为测得的温度最高值和最低值。

在上述跟踪监测期间应同时对控温热电偶的温度做每隔3 min的定时记录,以求得该期间温度的平均值(为至少11个温度记录值的平均值)。

上述测得温度最高值(平均值)和最低值(平均值)与控制温度的平均值之差的绝对值中的最大值为温控器的控温精度。

6.7 功率调节试验

适用于KSG系列温控器。

在温控器连接到本章规定的空载实验电阻炉并通电后,通过电位器或仪表手动输出按键手动调节输出功率,使主回路电流表指示值从最小至最大,然后平滑减小至零。如此重复3次,应无异常现象。

6.8 输出电压调节试验

适用于KSB、KSY系列温控器。

在温控器连接到本章规定的空载实验电阻炉并通电后,通过电位器或仪表手动输出按键,手动调节输出电压,其值应能在5.3.7规定的范围内调节。

6.9 主回路波形检查

接通控制回路和主回路后,用示波器检查主回路的电压和电流波形,其波形应符合5.3.8的要求。必要时对用于感性负载的温控器可拍摄主回路接通瞬间的电压和电流波形照片。

6.10 保护系统检查

6.10.1 过流保护检查

适用于KSG和KSY系列温控器。

将温控器的过流系统的过电流整定值设定到规定值,然后使主回路通过等于该整定值的电流,检查过流保护系统能否正常动作。

6.10.2 短路保护试验

适用于KSG和KSY系列温控器。

人为造成主回路输出线路短路,这时,快速熔断器应熔断,温控器内各元件不应有损坏。

6.10.3 过压保护检查

适用于KSG和KSY系列温控器。

温控器的过电压来源于开关元件的通断和过电流、短路保护的断开等。因此,该检查应与6.3、6.10.1和6.10.2的试验和检查同时进行,检查后的温控器内各元件不得损坏。

7 检验规则和技术分级

7.1 温控器的检验和技术分级应按GB/T 10067.1—2005第7章和以下各条规定进行。

7.2　温控器的出厂检验项目应包括以下各项：

a)　一般检查；

b)　绝缘电阻测量；

c)　介电强度试验；

d)　通电试验；

e)　输出电压调节试验(适用于 KSB 和 KSY 系列)；

f)　过流保护检查(适用于 KSG 和 KSY 系列)；

g)　配套件的检查，包括型号、规格、出厂合格证件的检查；

h)　供货范围检查，包括出厂技术文件完整性的检查；

i)　包装检查。

7.3　温控器的型式试验项目应包括以下各项：

a)　全部出厂检验项目(在型式试验条件下)；

b)　功率调节试验(适用于 KSG 系列)；

c)　温升测量；

d)　保护系统检查；

e)　控温精度测量；

f)　主回路波形检查(适用于 KSG 系列)。

7.4　技术分级

温控器的技术分级应按表 6 规定。各个技术级别的温控器应全面满足表中所列各项要求。

表 6　温控器的技术分级与要求

技术级别	A	B	C
涂漆	按 5.2.4 的要求		
控温仪表	按 5.2.5.5 的要求		
性能	按 5.3 的要求		
成套	能按 5.5 的要求提供成套设备	能按 5.5 以及 9.2 中对配套件的要求提供成套设备	

8　标志、包装、运输和贮存

8.1　温控器的标志、包装、运输和贮存应符合 GB/T 10067.1—2005 第 8 章的规定，其中的仪器仪表包装应采用原包装，运输和贮存应符合 GB/T 25480—2010 的有关规定。

8.2　温控器的铭牌上应标出下列各项：

a)　产品的型号和名称；

b)　电源电压，V；

c)　电源频率，Hz；

d)　相数；

e)　最高控制功率，kW；

f)　重量，kg；

g)　产品编号；

h)　制造日期；

i） 制造厂名称(对出口产品应标明国名)。

9 订购和供货

9.1 温控器的订购和供货应按 GB/T 10067.1—2005 第 9 章的规定。

9.2 需方如有下列特殊要求时,可向供方提出:

a） 对单位制、电源电压、电源频率等的不同的要求(见 GB/T 10067.1—2005 中 5.1.1.1);

b） 对使用环境的不同要求(见 GB/T 10067.1—2005 中 5.1.2);

c） 对安全和环境保护的附加要求(见 GB/T 10067.1—2005 中 5.1.5.1);

d） 对涂漆的不同要求(见 GB/T 10067.1—2005 中 5.2.7 和本标准 5.2.4);

e） 对包装的特殊要求(见 GB/T 10067.1—2005 中 8.2.4);

f） 对控温仪表的不同要求(见 5.2.5.5);

g） 对电工仪表的不同要求(见 5.2.5.6);

h） 要求提供超温控制系统(见 5.2.5.7);

i） 对供方规定供应项目的不同要求(见 5.5)。

供方应尽可能满足需方的各项特殊要求。但实际可供需方选择的特殊要求项目由供方参照本标准决定。其中一部分可列在企业产品标准中,其他部分在订购时由供需双方商定。

ICS 27.180
F 19

GB

中华人民共和国国家标准

GB/T 31138—2014

汽车用压缩氢气加气机

Compressed hydrogen dispenser for vehicles

2014-09-03 发布　　2015-01-01 实施

中华人民共和国国家质量监督检验检疫总局
中国国家标准化管理委员会　发布

前　言

本标准按照 GB/T 1.1—2009 给出的规则起草。

本标准由全国氢能标准化技术委员会(SAC/TC 309)提出并归口。

本标准起草单位:上海舜华新能源系统有限公司、同济大学、中国标准化研究院、北京久安通氢能科技有限公司、海德利森公司、重庆四联油气设备制造有限公司、浙江大学、中国汽车技术研究中心。

本标准主要起草人:张立芳、潘相敏、周伟、李燕、张存满、高顶云、陈华强、韩武林、任兴平、徐平、何云堂、何刚。

汽车用压缩氢气加气机

1 范围

本标准规定了汽车用压缩氢气加气机的技术要求、试验方法、检验规则、标志、包装、运输和贮存的要求。

本标准适用于氢能汽车加氢站用额定工作压力不大于70 MPa的压缩氢气加气机。

2 规范性引用文件

下列文件对于本文件的应用是必不可少的。凡是注日期的引用文件,仅注日期的版本适用于本文件。凡是不注日期的引用文件,其最新版本(包括所有的修改单)适用于本文件。

GB/T 191 包装储运图示标志

GB/T 2423.1 电工电子产品环境试验 第2部分:试验方法 试验A:低温

GB/T 2423.2 电工电子产品环境试验 第2部分:试验方法 试验B:高温

GB/T 2423.4 电工电子产品环境试验 第2部分:试验方法 试验Db:交变湿热12 h+12 h循环

GB 3836(所有部分) 爆炸性气体环境用电气设备

GB 10543 飞机地面加油和排油用橡胶软管及软管组合件

GB/T 13384 机电产品包装通用技术条件

GB/T 19237 汽车用压缩天然气加气机

GB/T 24499 氢气、氢能与氢能系统术语

GB 50516 加氢站技术规范

JJG 693 可燃气体检测报警器

3 术语和定义

GB/T 24499、GB 50516和GB/T 19237界定的以及下列术语和定义适用于本文件。

3.1

汽车用压缩氢气加气机 compressed hydrogen dispenser for vehicles

给汽车提供压缩氢气燃料或天然气混氢燃料充装服务,并带有计量和计价等功能的专用设备,简称加氢机。

3.2

天然气混氢燃料 hydrogen enriched compressed nature gas

将氢气与天然气按一定比例混合而得到的气体燃料,其氢气占混合气的体积分数不超过50%,简称HCNG。

3.3

加氢枪 dispenser nozzle

安装在加氢机加氢软管末端,用于连接加氢机与车辆的加注接口。

3.4

加氢口 receptacle

加注时,车辆与加氢枪相连接的部件总和。

4 型号

加氢机型号由以下部分组成。

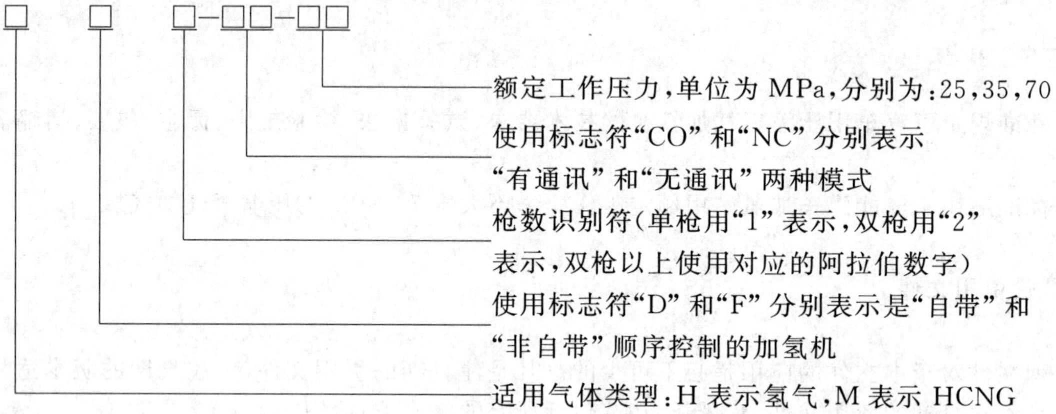

5 系统组成

加氢机系统通常主要由高压氢气管路及安全附件、质量流量计、加氢枪、控制系统和显示器等组成，其典型流程框图见附录 A 中的图 A.1。

6 技术要求

6.1 基本要求

6.1.1 加氢机应符合本标准规定的要求，并按规定程序批准的图样及文件制造。制造加氢机的材料应是符合国家有关规定的材料，与压缩氢气及 HCNG 气体相接触的金属和非金属材料应具有良好的氢相容性，并且不能影响加注的气体的品质。

6.1.2 加氢机的外观与结构应符合以下要求：

加氢机的外观与结构应符合下列要求：

a) 整机外观表面涂层应光泽、均匀，无剥落、开裂等缺陷，镀铬件及标牌等外露件不得有漆污，表面涂层、镀层不应有明显的机械损伤；
b) 整机内零件与零件之间的同形状结合面的边缘、侧板及顶盖之间的结合面边缘应整齐、匀称，不应有明显的错位。外露件、装饰件不应有损伤、剥落、锈蚀等缺陷；
c) 各滑动、转动部位运动应轻便、灵活、平稳，无阻滞现象；
d) 紧固件应连接牢靠，无松动。连接导线应压接或焊接良好。各电气设备外壳接地线与整机接地线应连接良好，牢固。接插件应接触良好，应有防误插的互联结构，并有防脱拔措施；
e) 对直接影响计量准确度的部件和装置应有可靠的铅封或其他锁定装置；
f) 应有供用户察看的显示器，用于显示加氢量、加注金额、单价等信息；显示器应字符完整、清晰。

6.2 功能要求

6.2.1 计量准确度

加氢机计量应采用质量流量计计量，最小分度值 10 g。加氢机的最大示值误差应不超过±2.5%。

6.2.2 重复性

加氢机的计量重复性应不超过1%。

6.2.3 计量单位和计数示值范围

6.2.3.1 加氢机的计量单位设置如下：

a) 加氢量：kg；

b) 金额：元；

c) 单价：元/kg。

6.2.3.2 加氢机的计数示值范围设置如下：

计数示值范围应符合下列要求：

a) 单次计数范围：0.00 kg～999.99 kg 或 0.00 元～9 999.99 元；

b) 累计计数范围：整数位 8 位，小数位 2 位；

c) 单价设置范围：0.01 元/kg～999.99 元/kg。

6.2.4 适用压力范围

本标准规定的加氢机适用压力范围如表 1 所示。

表 1 加氢机适用压力范围

额定工作压力/MPa	最大工作压力/MPa	设计压力/MPa
25	31.3	34.4
35	43.8	48.2
70	87.5	96.3

6.2.5 气体过滤器

气体过滤器应安装在加氢机进气管路的上游，应能阻止粒度大于 10 μm 的固体杂质通过。

6.2.6 电源适应性

加氢机应能在 220 V$^{+10\%}_{-15\%}$，50 Hz±1 Hz 的供电环境中正常工作。

6.2.7 环境适应性

在下列条件下加氢机能保持正常工作：

a) 环境温度：−25 ℃～55 ℃；

b) 相对湿度：20%～95%；

c) 环境大气压：80 kPa～110 kPa。

6.2.8 气密性

加氢机在最大工作压力下，保持 24 h，使用检漏液检查加氢机各个气路的连接处，不允许有泄漏现象，表压降不应大于保压初始压力的 0.5%。

6.2.9 耐压强度

加氢机在 1.1 倍最大工作压力下，保持 10 min，不应出现永久性变形和破裂现象。

6.2.10 电磁兼容性

加氢机的电磁兼容性,应符合 GB/T 19237 的相关规定。

6.2.11 掉电保护和复显

加氢机在加气过程中,因故停电而中断加气时,应完整保留所有数据,并能在恢复供电后重新显示。

6.3 安全性要求

6.3.1 在加氢机的加注管道上应设置安全阀,安全阀开启压力应设置为加氢机最大工作压力的1.05～1.1 倍,且不应大于设计压力。当发生超压情况时,加氢机应能自动排放氢气泄压。

6.3.2 加氢机加注氢气流量不应大于 60 g/s。

6.3.3 额定工作压力为 70 MPa 的加氢机应设置可与汽车相连接的符合相应标准的通讯接口,以便在加注过程中将汽车气瓶的温度、压力信号输入到加氢机。若通讯中断或者有超温或超压情况发生,应能自动停止加注氢气。

6.3.4 额定工作压力为 70 MPa 的加氢机应在供氢系统中设置预冷系统,以便将氢气冷却至预定温度后充装到汽车气瓶中,预冷温度范围为－40 ℃～0 ℃。

6.3.5 加氢机应设置紧急停车按钮,在出现紧急情况按下该按钮时,应能关闭阀门,停止加气,并可以向加氢站内控制系统发出停车信号。

6.3.6 加氢机内部氢气易积聚处应设置氢气检测报警装置,当发生氢气泄漏在空气中含量达 0.4%时(10%LEL)应向加氢站内控制系统发出报警信号,当发生氢气泄漏在空气中含量达 1.6%(40%LEL)时应向加氢站内控制系统发出停机信号,并自动关闭阀门停止加气。

6.3.7 加氢枪、加氢软管与加氢机应可靠连接并导电良好,加氢软管的导静电性能应符合 GB 10543 的有关规定。

6.3.8 加氢软管上应设置拉断阀。

拉断阀要求如下:

a) 拉断阀的分离拉力为 220 N～1 000 N;
b) 拉断阀在外力作用下分开后,两端应自行封闭;
c) 拉断阀在外力作用下自动分成的两部分,可以重新连接,保证加氢机的继续正常工作。

6.3.9 加氢枪应能与被加注车辆加氢口匹配良好,连接可靠,不泄漏。加氢枪的设计应确保其只能与更高工作压力等级的加氢口连接使用,避免与更低工作压力等级的加氢口相连。

6.3.10 加氢机的对地泄漏电流、抗电强度等应符合 GB/T 19237 的相关规定。

6.3.11 加氢机电气设备的设计、制造与检验应符合 GB 3836 的相关要求,并应取得国家指定的防爆检验单位颁发的整机防爆合格证。

6.3.12 加氢机上宜设置人体静电导释装置,并良好接地,接地电阻不大于 10 Ω。人体静电导释装置也可安装于加氢机旁易于接近的地方。

7 试验方法

7.1 试验条件

加氢机在装配完整并符合有关技术条件要求后,在下列条件下进行各项试验:

a) 环境温度应在－25 ℃～55 ℃范围内,试验过程中温度变化不超过 3 ℃;
b) 相对湿度:20%～95%;
c) 大气压力:80 kPa～110 kPa;

d) 供电电源：标准电压 220 V$^{+10\%}_{-15\%}$，频率 50 Hz±1 Hz。

7.2 试验项目

试验项目见表 2。

表 2 加氢机整机试验项目

序号	试验(检验)项目名称		检验项目章条号	试验方法章条号	型式检验	出厂检验
1	常规检查		6.1.1	7.3.1	√	—
2			6.1.2		√	√
3			6.2.3		√	√
4	计量准确度试验		6.2.1	7.3.4	√	√
5	重复性试验		6.2.2	7.3.5	√	√
6	气密性试验		6.2.8	7.3.2	√	√
7	耐压强度试验		6.2.9	7.3.3	√	√
8	环境适应性试验	低温试验	6.2.7a)	7.3.6.1	√	—
		高温试验	6.2.7a)	7.3.6.2	√	—
		交变湿热试验	6.2.7b)	7.3.6.3	√	—
9	电磁兼容性试验		6.2.10	7.3.7	√	—
10	掉电保护和复显试验		6.2.11	7.3.8	√	—
11	安全性能试验	通讯接口试验(若适用)	6.3.3	7.3.9.1	√	—
		安全阀开启试验	6.3.1	7.3.9.2	√	—
		紧急停车按钮试验	6.3.5	7.3.9.3	√	—
		拉断阀试验	6.3.8	7.3.9.4	√	—
		电气安全性试验	6.3.10	7.3.9.5	√	—
		加氢软管导静电性能试验	6.3.7	7.3.9.6	√	—
		氢气检测报警器试验	6.3.6	7.3.9.7	√	—
注：“√”表示应检项目；“—”表示不检项目。						

7.3 整机试验

7.3.1 常规检查

使用目测和常规方法检查加氢机，应符合 6.1.1、6.1.2 和 6.2.3 的要求。

7.3.2 气密性试验

7.3.2.1 试验介质

加氢机的气密性试验使用氦气或氦氮混合气(其中氦气体积分数不低于 5%)作为试验介质。

7.3.2.2 试验方法

将加氢机的入口与气源连接，关闭加氢枪，每次将压力升高 5 MPa，然后在该压力下保持 15 min，使用检漏液检查全部管路系统，确定无泄漏后，逐级升高压力直至达到最大工作压力，保压 24 h，应符合 6.2.8 的规定。

7.3.3 耐压强度试验

7.3.3.1 试验介质

加氢机的耐压强度试验使用洁净无油压缩空气或氮气作为试验介质。

7.3.3.2 试验方法

将加氢机的入口与气源相连接，用堵头替换安全阀，关闭加氢枪，逐步升高压力达到 1.1 倍最大工作压力，保持 10 min，应符合 6.2.9 的规定。

7.3.4 计量准确度试验

7.3.4.1 试验区间及试验次数

计量准确度试验按加氢机的额定工作压力区分不同试验区间进行试验，分别是 R(1)、R(2)、R(3)、R(4)、R(5)、R(6)，每个试验区间试验次数不少于 3 次。各试验区间的充装压力控制范围见表 3。

表 3 加氢机额定工作压力与试验区间对应表

加氢机额定工作压力/MPa	试验区间	储氢气瓶起始压力/MPa	储氢气瓶终止压力/MPa
25	R(1)	0～1	19～20
	R(2)	9～11	19～20
35	R(3)	1～5	30～35
	R(4)	10～15	30～35
70	R(5)	1～10	60～70
	R(6)	20～30	60～70

7.3.4.2 准确度试验设备

准确度试验设备应满足如下要求：

a) 按照国家规定的计量器具检验制度检查合格的电子秤和砝码等量具；
b) 使用电子秤的计量准确度不允许大于加氢机计量准确度的 1/3；
c) 按照最大称量质量的 1.2～2 倍选择电子秤的量程；
d) 储氢气瓶，其公称工作压力应与待测加氢机相匹配，且容积不小于 74 L。

7.3.4.3 试验步骤

7.3.4.3.1 使用标准砝码将电子秤校准。

7.3.4.3.2 使用校准后的电子秤称量充氢前的储氢气瓶质量，记录所称质量 m_1。

7.3.4.3.3 将该储氢气瓶与待测加氢机连接，按照待测加氢机对应的试验区间进行加氢操作，记录加氢机显示的加氢质量数值 m_2。

7.3.4.3.4 使用电子秤称量充氢后的储氢气瓶质量，记录所称质量 m_3。

7.3.4.3.5 按式(1)计算计量准确度：

$$E_i=\frac{m_2-(m_3-m_1)}{m_3-m_1}\times 100\% \qquad \cdots\cdots(1)$$

式中：

E_i ——加注质量的示值误差；

m_1 ——空储氢气瓶的质量值，单位为千克(kg)；

m_2 ——加氢机显示的加注质量值，单位为千克(kg)；

m_3 ——加氢后储氢气瓶的质量值，单位为千克(kg)。

本项试验结果应符合6.2.1的规定。

7.3.4.3.6 本试验方法为质量法，也可采用经国家质量监督检验部门认可的标准表法等其他检定方法。当对检定结果有异议时，本试验方法为仲裁方法。

7.3.5 重复性试验

根据7.3.4.1中每个试验区间的检测数据，按式(2)计算重复性：

$$E_r=\frac{E_{max}-E_{min}}{D_n}\times 100\% \qquad \cdots\cdots(2)$$

式中：

E_r ——重复性；

E_{max} ——在某试验区间上最大示值误差；

E_{min} ——在某试验区间上最小示值误差；

D_n ——级差系数，见表4。

表4 级差系数表

n	3	4	5	6	7	8
D_n	1.69	2.06	2.33	2.53	2.70	2.85
n——每试验区间检测的次数。						

本试验结果应符合6.2.2的规定。

7.3.6 环境温度适应性试验

7.3.6.1 低温试验按如下规定进行：

a) 按GB/T 2423.1中的试验Ad："散热试验样品温度渐变的低温试验"的规定进行，温度－25 ℃，持续时间2 h；

b) 按照7.3.4和7.3.5的试验方法对加氢机进行试验，应符合6.2.1和6.2.2的规定。

7.3.6.2 高温试验按如下规定进行：

a) 高温试验按GB/T 2423.2中的试验Bd："散热试验样品温度渐变的高温试验"的规定进行，温度55 ℃，持续时间2 h；

b) 按照7.3.4和7.3.5的试验方法对加氢机进行试验，应符合6.2.1和6.2.2的规定。

7.3.6.3 相对湿度适应性试验按如下规定进行：

a) 按GB/T 2423.4中的试验Db："交变湿热试验方法"的规定进行，温度上限55 ℃，温度下限25 ℃，试验周期24 h；

b) 按照7.3.4和7.3.5的试验方法对加氢机进行试验，应符合6.2.1和6.2.2的规定。

7.3.7 电磁兼容性试验

按GB/T 19237的规定进行，应符合6.2.10的要求。

7.3.8 掉电保护和复显试验

加氢机从通电状态转变为掉电状态时，可以保护和调出当次加气的数据，并检查显示器的掉电复显时间，应符合 6.2.11 的要求。

7.3.9 安全性能试验

7.3.9.1 通讯接口试验(若适用)

7.3.9.1.1 试验设备

车载气瓶温度压力信号模拟发生器。

7.3.9.1.2 试验方法

将加氢机通讯接口与车载气瓶温度压力信号模拟发生器相连，启动加氢机，加氢机应能正确读取车载气瓶温度压力信号模拟发生器发出的温度和压力信号。当模拟信号中断或模拟信号超温超压时，加氢机应能自动关闭进气阀。符合 6.3.3 的规定。

7.3.9.2 安全阀开启试验

7.3.9.2.1 试验介质

加氢机的安全阀开启试验可以使用洁净无油压缩空气或氮气作为试验介质。

7.3.9.2.2 试验方法

要求如下：

a) 将加氢机的入口与气源相连接；
b) 在关闭加氢枪的情况下，逐渐升高压力达到加氢机最大工作压力的 1.05～1.1 倍，安全阀应能开启卸压。符合 6.3.1 的规定。

7.3.9.3 紧急停车按钮试验

在加气过程中，按下紧急停车按钮，应满足 6.3.5 的要求。

7.3.9.4 拉断阀试验

7.3.9.4.1 将加氢机内充满压缩空气或氮气至最大工作压力，使用拉力试验设备对拉断阀施加外力，拉断阀应能分成两部分，应符合 6.3.8a)的要求。

7.3.9.4.2 当加氢软管内的工作压力在 0.8 MPa 至最大工作压力时，用拉力设备将拉断阀拉开，用检漏液检查拉断阀分开的两端，应符合 6.3.8b)的要求。

7.3.9.4.3 将 7.3.9.4.1 中分开的拉断阀的两部分内的气体排出，将拉断阀连接，应符合 6.3.8c)的要求。

7.3.9.5 电气安全性试验

加氢机对地泄漏电流和抗电强度等电气安全性能指标应按照 GB/T 19237 的相关规定进行检查，应符合 6.3.10 的规定。

7.3.9.6 加氢软管导静电性能试验

用仪表检查加氢软管导静电性能，应符合 6.3.7 的要求。

7.3.9.7 氢气检测报警器试验

按 JJG 693 的规定进行，应符合 6.3.7 的要求。

8 检验规则

8.1 出厂检验

8.1.1 加氢机出厂检验,按表2规定的检验项目逐台检查。

8.1.2 产品必须经过制造厂质量检验部门检验合格,签发产品合格证后方可出厂。

8.1.3 出厂产品应附带有关技术文件规定的使用说明书和附件。

8.2 型式检验

8.2.1 型式检验按表2规定的项目进行。

8.2.2 凡属于下列情况之一时,应进行型式检验:

a) 新产品试制定型鉴定;

b) 产品的设计、工艺和使用材料有重大改变,可能影响产品性能时;

c) 产品停产一年以上,恢复生产时;

d) 国家质量监督机构提出进行型式检验要求时。

8.2.3 型式检验数量为1台。

8.3 判定规则

8.3.1 出厂产品经制造厂质量检验部门检验,符合本标准及专用技术条件规定的要求时,则认为产品合格。

8.3.2 型式试验经国家质量监督机构检验,符合本标准要求,则认为产品合格。

9 标志、包装、运输和贮存

9.1 标志

9.1.1 加氢机上应有永久性标牌。

9.1.2 标牌应可靠固定在加氢机的明显处,联接牢靠。

9.1.3 标牌内容应包括:

a) 产品名称及型号;

b) 主要性能指标;

c) 制造厂名;

d) 防爆标志和防爆合格证编号;

e) 制造年月、出厂编号。

9.1.4 多枪加氢机应在加气枪位置处标明枪位编号。

9.1.5 各防爆电气部件应在明显位置固定标牌,标牌字迹应清晰无误,并保证在加氢机使用期内不脱落。

9.2 包装

9.2.1 加氢机包装内应包括有产品合格证、装箱单和使用说明书等规定的出厂文件。

9.2.2 加氢机的外包装物应符合GB/T 13384的规定。

9.2.3 包装箱的外壁应有明显清晰的标志和文字,内容至少包括:

a) 制造商名称;

b) 产品型号、规格及出厂编号；

c) 产品净重及毛重；

d) 包装箱的外形尺寸。

9.2.4 外包装物的图示标志应符合 GB/T 191，必须具有“易碎物品”、“向上”、“禁止翻滚”和“怕雨”等图形、文字标志。

9.3 运输和贮存

9.3.1 运输过程中，包装箱的倾斜度不应超过 30°。

9.3.2 加氢机应在包装条件下储存，应放置在干燥通风有遮盖的场所，场所内不得有腐蚀金属的有害气体存在。

附　录　A
（资料性附录）
加氢机系统及工作原理框图

加氢机典型流程框图如图 A.1 所示。图中虚线框内为加氢机的主要组成部分，虚线框外是加氢机与外部的主要接口。氢气从气源接口进入加氢机进气管路，依次经过气体过滤器、进气阀、质量流量计、加氢软管、拉断阀、加氢枪后通过汽车加氢口充入汽车储氢瓶。加氢机的控制系统自动控制加氢过程，并与加氢站站控系统、汽车加氢通讯接口等实时通讯。

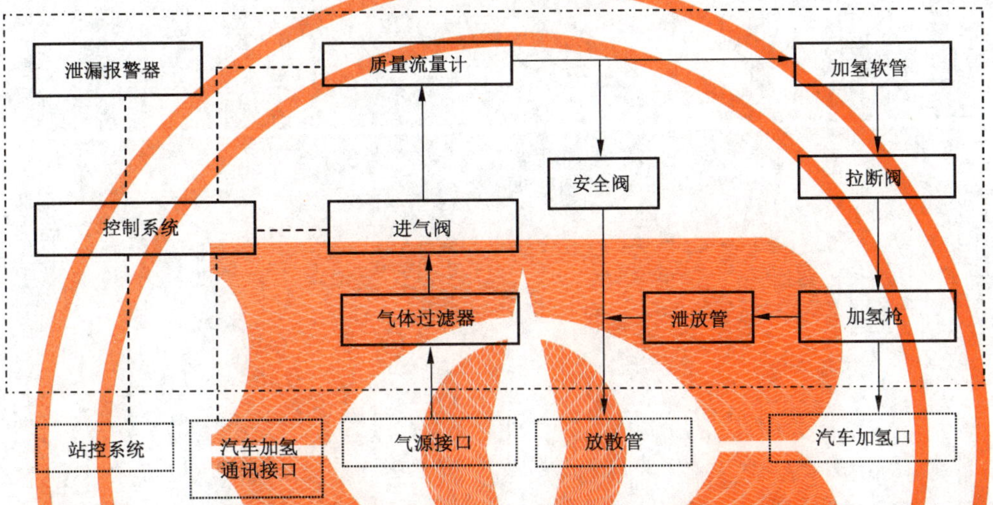

图 A.1　加氢机典型流程框图

ICS 27.180
F 19

中华人民共和国国家标准

GB/T 31139—2014

移动式加氢设施安全技术规范

Safety technical regulations for mobile hydrogen refueling facility

2014-09-03 发布　　2015-01-01 实施

中华人民共和国国家质量监督检验检疫总局
中国国家标准化管理委员会　发布

前　言

本标准按照 GB/T 1.1—2009 给出的规则起草。

本标准由全国氢能标准化技术委员会(SAC/TC 309)提出并归口。

本标准起草单位:上海舜华新能源系统有限公司、同济大学、中国标准化研究院、中国电子工程设计院、中国汽车技术研究中心、浙江大学、石家庄安瑞科气体机械有限公司、嘉兴学院。

本标准主要起草人:潘相敏、马建新、王赓、周伟、张存满、高顶云、何刚、安志星、何云堂、徐平、赵京茂、李志勇。

移动式加氢设施安全技术规范

1 范围

本标准规定了移动式加氢设施的术语和定义、安全技术要求、运行安全管理、运输和长期停放的要求。

本标准适用于加注压力在15 MPa～70 MPa范围的移动式加氢设施。

2 规范性引用文件

下列文件对于本文件的应用是必不可少的。凡是注日期的引用文件，仅注日期的版本适用于本文件。凡是不注日期的引用文件，其最新版本(包括所有的修改单)适用于本文件。

GB/T 19773 变压吸附提纯氢系统技术要求

GB/T 19774 水电解制氢系统技术要求

GB 50057 建筑物防雷设计规范

GB 50058 爆炸危险环境电力装置设计规范

GB 50177 氢气站设计规范

GB 50516 加氢站技术规范

JT 230 汽车导静电橡胶拖地带

JT 617 汽车运输危险货物规则

JT 618 汽车运输装卸危险货物作业规程

QC/T 816 加氢车技术条件

3 术语和定义

GB 50516、GB 50177和QC/T 816中界定的以及下列术语和定义适用于本文件。

3.1

移动式加氢设施 mobile hydrogen refueling facility

可移动的、可为氢燃料电池汽车或氢内燃机汽车或氢气天然气混合燃料汽车或应用于氢燃料电池备用电源的储氢瓶充装氢燃料的专门设施。包括加氢车和移动撬装式加氢装置等。

3.2

加氢车 hydrogen refueling vehicle

用于提供氢气加注服务的车辆，可设置有制氢装置、储氢装置和增压装置。

3.3

移动撬装式加氢装置 portable hydrogen refueling device

在一个或多个可移动的底座(盘)上设置的制氢装置、储氢装置、增压装置、加注装置、连接管线和安全设施等的总称，其本身不具备走行功能。

3.4

作业区域 work area

用于放置、安装移动式加氢设施并进行氢气加注作业的工作场所。

4 安全技术要求

4.1 基本要求

4.1.1 移动式加氢设施应根据储氢总容量确定与相关建筑物、构筑物的防火间距,并应符合 GB 50516 的有关规定。

4.1.2 加氢车的安全技术措施应符合 QC/T 816 的有关规定,且符合本标准的要求。

4.2 作业区域要求

4.2.1 移动式加氢设施应在指定专用的地点放置、安装和运行,应用明显标识划分作业区域范围,作业区域出入通道应设置警示路锥和警戒隔离带指示加注车辆、人员的运行方向。作业区域不得设置在室内。

4.2.2 作业区域应符合 GB 50516 中关于环境保护、消防安全的相关规定,并应出入、装运方便,充分考虑待加注车辆的行车间距和转弯半径。

4.2.3 加氢车宜配备钢质固定支腿并有效使用,确保车体稳固停放。

4.2.4 移动撬装式加氢装置应设置有效固定装置定位在停放处。

4.2.5 移动式加氢设施作业区域内有爆炸危险区域的等级定义应符合 GB 50058 的有关规定。爆炸危险区域的划分,以设施主体本身为 1 区,以设施主体的外轮廓线为界面,半径为 4.5 m 的地面区域、顶部空间区域为 2 区。

4.2.6 作业区域应设置防雷设施,并应符合 GB 50057 和 GB 50516 的有关规定。

4.2.7 移动撬装式加氢装置采用氢气长管拖车为氢源时,两者之间的安全作业间距应不小于 6 m。移动撬装式加氢装置的各设备之间应保留检修通道或间距。

4.2.8 移动撬装式加氢装置周边应设置安全防护栏或防撞柱。

4.2.9 作业区域内严禁烟火,并应在明显位置标示有“严禁烟火”字样等安全警示标志或标牌,加氢车的标志设置应符合 QC/T 816 的有关规定。

4.2.10 作业区域内宜配备必要的照明设施,便于夜间或需要时的加注和检查操作。安装在爆炸危险区域内的照明设施应符合 GB 50058 的有关规定。

4.2.11 作业区域进口处和加注装置处应设置静电释放柱。

4.2.12 作业区域内应设置有接地装置,其接地电阻应采用各种接地要求的最小值,并不应大于 10 Ω。

4.3 消防安全

4.3.1 移动式加氢设施灭火器材的配置应符合 GB 50516 的相关规定,且应定期进行检验。

4.3.2 移动式加氢设施内宜设置氢气泄漏探测报警器,作业区域内宜设置火焰探测报警器。

4.3.3 移动撬装式加氢装置,若采用箱体形式时,其上部空间应通风良好。顶部内表面应平整,避免死角,并设通风口,确保设施内不滞留、积聚氢气。在易于积聚氢气处应设置氢气浓度超限报警装置,当空气中氢气含量达到 0.4% 时报警,达到 1% 时启动相应的事故排风风机,事故排风换气次数不得少于15 次/h。

4.3.4 移动式加氢设施作业区域应配备便携式氢气泄漏探测器。

4.4 电气设施

4.4.1 在氢气环境内的电气设施选型,不应低于氢气爆炸混合物的级别、组别。

4.4.2 电气元件、电气设施及附件的选型和导线连接应符合 GB 50058 的有关规定。

4.5 防静电

4.5.1 加氢车底部应设置符合 JT 230 规定的导静电拖地胶带。

4.5.2 移动撬装式加氢装置应设置导静电接地装置。移动撬装式加氢装置的各设备若分开布置时，可以分别接地，也可联体接地。

4.5.3 加注装置应设置导静电接地装置，用于加注时将加注装置与地面、加注对象形成导静电通路。

4.5.4 移动式加氢设施内所有设备和管道均应良好接地。金属氢气管路的任意两点间或任意一点到接地线末端的电阻应不大于 10 Ω。加氢软管两端金属件之间的电阻应不大于 10 Ω。

4.6 制氢装置

4.6.1 制氢装置的安全技术要求应符合 GB 50177 的有关规定。

4.6.2 制氢装置采用水电解技术时，还应符合 GB/T 19774 的有关规定。

4.6.3 制氢装置采用变压吸附技术时，还应符合 GB/T 19773 的有关规定。

4.7 储氢装置

4.7.1 储氢装置的工作压力应根据被加注对象的允许加注压力确定，宜为加注压力的 1.25～1.5 倍。

4.7.2 储氢装置所用的容器或气瓶等承压设备的设计、制造和使用管理应符合相关国家法规的要求。

4.7.3 移动式加氢设施中的储氢装置应设置以下安全设施：

a) 安全泄压装置；

b) 压力测量仪表和压力传感器；

c) 氮气吹扫置换接口。

4.7.4 储氢装置应固定在独立支架上，并采取有效的减振措施。

4.8 增压装置

4.8.1 氢气压缩机（或增压机）的安全保护装置的设置应符合 QC/T 816 的有关规定。

4.8.2 氢气压缩机（或增压机）应固定在独立支架上，压缩机（或增压机）的吸气、排气管道应采取有效的减振措施。

4.9 加注装置

4.9.1 氢气加注装置的基本功能和安全技术要求应符合 QC/T 816 的有关规定。

4.9.2 氢气加注装置应根据加注压力、加气口径的不同，针对不同的加注对象采用匹配的功能配置。

4.10 氢气管道及附件

4.10.1 移动式加氢设施使用的氢气管道及附件应符合 GB 50516 的有关规定。

4.10.2 移动式加氢设施内应设置氢气集中放空管，并应符合下列规定：

a) 将氢气引至加氢设施外安全处排放，放空管管口位置通常处于装置的上部，并应高出装置 2 m 以上，且应高出所在地面 5 m 以上；

b) 放空管管口应有防雨水和杂物侵入的措施；

c) 放空管应设置阻火器。

4.10.3 储氢装置前和加注装置前的氢气管道上应设置自动切断阀。

4.10.4 氢气管道系统安装完成后，应按照 GB 50516 的规定对系统进行压力试验和气密性试验。

5 运行安全管理

5.1 基本要求

5.1.1 移动式加氢设施的氢气系统运行中的安全管理,应符合 GB 50516 的有关规定。

5.1.2 应结合具体条件制定操作规程、安全规程、氢气事故处理规程和应急救援预案等。

5.2 人员要求

5.2.1 非工作人员未经许可不得进入作业区域。

5.2.2 从事移动式加氢设施安全管理的人员应经过压力容器安全管理专业培训,取得主管部门颁发的上岗资格证书后,在有效期内持证上岗。

5.2.3 从事氢气加注操作的人员应经过气瓶充装专业培训,取得主管部门颁发的上岗资格证书后,在有效期内持证上岗。

5.2.4 移动式加氢设施的操作人员和维修人员进入作业区域,不得穿戴化纤服装、帽和带钉鞋,应穿戴防静电专用工作服、安全帽和专用工作鞋,严禁携带火种进入作业区域。

5.2.5 加氢车的驾驶、押运等作业人员应经过专业培训,取得主管部门颁发的上岗资格证书后,在有效期内持证上岗,且应符合 JT 617 中对从业人员的要求。

5.3 设施维护要求

5.3.1 移动式加氢设施中的储氢装置和安全附件应按国家有关法规的规定进行定期检验,并保存相关报告和记录。

5.3.2 氢气设备及管道,在投入运行前、检修动火作业前或长期停用前后,均应采用氮气进行吹扫置换,并应取样分析含氢量不超过 0.4%或含氧量不超过 0.5%后再进行作业。

5.3.3 氢气系统检修人员应使用铜质工具进行检修操作,且不应随意敲击氢气设备和管道。

5.3.4 氢气设备和管道检修后,均应进行气密性试验,并应符合 GB 50516 的有关规定。

5.3.5 操作运行人员应定期对整个设施进行氢气泄漏检查,尤其应对设施中的管路接口连接部位等进行定时巡查。发现有泄漏现象应及时处理解决,并做好检查记录存档。

6 运输和长期停放

6.1 加氢车应采用专用机动车辆牵引,载运氢气时应符合 JT 617 和 JT 618 的相关规定,且应符合国务院颁布的《危险化学品安全管理条例》(第 344 号令)中关于危险化学品运输的有关规定。

6.2 移动撬装式加氢装置不应带氢搬运,搬运前应采用氮气置换至含氢量不超过 0.4%,置换后充氮气压力保持在 0.3 MPa 以上。

6.3 移动式加氢设施长期不用停放时,氢气设备和管道应采用氮气置换至含氢量不超过 0.4%,置换后充氮气压力保持在 0.3 MPa 以上。

ICS 29.020
K 04

中华人民共和国国家标准

GB/T 31140—2014

高原用风力发电设备环境技术要求

Environment specifications of wind-power generation equipments for plateau

2014-09-03 发布　　2015-04-01 实施

中华人民共和国国家质量监督检验检疫总局
中国国家标准化管理委员会　发布

前　言

本标准按照 GB/T 1.1—2009 给出的规则起草。

本标准由中国电器工业协会提出。

本标准由全国高原电工产品环境技术标准化技术委员会(SAC/TC 330)归口。

本标准起草单位:昆明电器科学研究所、湘潭电机股份有限公司、永济新时速电机电器有限责任公司、华锐风电科技(集团)股份有限公司、北京金风科创风电设备有限公司、南京汽轮电机长风新能源股份有限公司、川开电气股份有限公司、施耐德电气(中国)有限公司、云南省设计院、云南怡成建筑设计有限公司、许昌开普电器检测研究院、南车株洲电力机车研究所有限公司、北京天诚同创电气有限公司、昆明恒基建设工程施工图审查中心、云南安泰建设工程施工图设计文件审查中心、哈尔滨电气动力装备有限公司、沈阳工业大学国家稀土永磁电机工程技术研究中心、施耐德(广州)母线有限公司、国电联合动力技术(宜兴)有限公司、浙江运达风电股份有限公司、上海电气风电设备有限公司、中机国际工程设计研究院有限责任公司、中国科学院过程工程研究所。

本标准主要起草人:张东宁、周琼芳、夏智峰、郭灯塔、于建军、马忠宝、张世敏、罗安栋、居荣、苏丽营、辛理夫、李磊、甘旭超、王艳华、贺东其、黄荣、姬广辉、黄国杰、米兴社、邓昭、金超、张曙、王晓燕、王蔚、李全喜、魏云利、赵丽云、刘勇、冯成华、胡琳瑶、曹松、安忠良、余冰、祁世发、陈棋、史晓鸣、柳黎明、陈思明、苗旭芳、俞庆、袁凯南、袁杰。

高原用风力发电设备环境技术要求

1 范围

本标准规定了使用在海拔 1 000 m 以上至海拔 5 000 m 环境的风力发电设备运行技术要求。

本标准适用的风力发电设备主要指:发电机(包括双馈异步发电机和永磁同步发电机)、变流器(包括双馈式变流器和全功率变流器)和控制系统(包括主控制系统和电动变桨控制系统等)。

控制系统使用在海拔 2 000 m 以上至海拔 5 000 m。

2 规范性引用文件

下列文件对于本文件的应用是必不可少的。凡是注日期的引用文件,仅注日期的版本适用于本文件。凡是不注日期的引用文件,其最新版本(包括所有的修改单)适用于本文件。

GB/T 2423.1—2008 电工电子产品环境试验 第2部分:试验方法 试验A:低温

GB/T 2423.4—2008 电工电子产品环境试验 第2部分:试验方法 试验Db:交变湿热(12 h+12 h循环)

GB/T 2900.25—2008 电工术语 旋转电机

GB/T 2900.33—2004 电工术语 电力电子技术

GB/T 2900.53—2001 电工术语 风力发电机组

GB/T 3859.1 半导体变流器 通用要求和电网换相变流器 第1-1部分:基本要求规范

GB/T 3859.2 半导体变流器 通用要求和电网换相变流器 第1-2部分:应用导则

GB 4208—2008 外壳防护等级(IP代码)

GB/T 4942.1—2006 旋转电机整体结构的防护等级(IP代码)分级

GB 7251.1—2005 低压成套开关设备和控制设备 第1部分:型式试验和部分型式试验成套设备

GB/T 12665—2008 电机在一般环境条件下使用的湿热试验要求

GB/T 20626.1—2006 特殊环境条件 高原电工电子产品 第1部分:通用技术要求

GB/T 22580—2008 特殊环境条件 高原电气设备技术要求 低压成套开关设备和控制设备

GB/T 23479.1—2009 风力发电机组 双馈异步发电机 第1部分:技术条件

GB/T 25388.1—2010 风力发电机组 双馈式变流器 第1部分:技术条件

GB/T 25389.1—2010 风力发电机组 低速永磁同步发电机 第1部分:技术条件

GB/Z 25427—2010 风力发电机组 雷电防护

JB/T 4159 热带电工产品通用技术要求

JB/T 11039—2010 高原电工电子产品型号编制方法

3 术语和定义

GB/T 2900.25—2008、GB/T 2900.33—2004、GB/T 2900.53—2001、GB/T 3859.1、GB/T 23479.1—2009、GB/T 25389.1—2010、GB/T 25388.1—2010 界定的以及下列术语和定义适用于本文件。

3.1

海拔分级 altitude classification for products of electric and electronic

为使电工电子产品适应海拔高度的要求所确定的海拔高度分级级别。

注：海拔分级从 0 m～5 000 m，每 1 000 m 为一级，共分五级。

3.2

常规型风力发电设备　normal wind-power generation equipments

海拔 1 000 m 及以下的以相关产品标准（规范）所规定的标准环境为依据而设计制造的风力发电设备。

3.3

高原型风力发电设备　wind-power generation equipments for plateau

满足高原环境条件标准规定的风力发电设备。

4　使用环境条件

高原型风力发电设备在表 1 规定的环境条件下应能正常使用。

表 1　环境条件参数

序号	环境参数		海拔/m					
			0	1 000	2 000	3 000	4 000	5 000
1	气压 kPa	年平均	101.3	90.0	79.5	70.1	61.7	54.0
		最低	97.0	87.2	77.5	68.0	60.0	52.5
2	空气温度 ℃	最高	45,40	45,40	35	30	25	20
		最高日平均	35,30	35,30	25	20	15	10
		年平均	20	20	15	10	5	0
		最低	+5,−5,−15,−25,−40,−45					
	最大日温差/K		15,25,30					
3	相对湿度 %	最湿月月平均最大（平均最低气温/℃）	95,90 (25)	95,90 (25)	90 (20)	90 (15)	90 (10)	90 (5)
		最干月月平均最小（平均最高气温/℃）	20 (15)	20 (15)	15 (15)	15 (10)	15 (5)	15 (0)
4	绝对湿度 g/m^3	年平均	11.0	7.6	5.3	3.7	2.7	1.7
		年平均最小值	3.7	3.2	2.7	2.2	1.7	1.3
5	最大太阳直接辐射强度/(W/m^2)		1 000	1 000	1 060	1 120	1 180	1 250
6	最大风速/(m/s)		25,30,35,40					
7	最大 10 min 降水量/mm		15,30					
8	1 m 深土壤最高温度/℃		30	25	20	20	15	15

注 1：表中数据见 GB/T 14597—2010。

注 2：为便于比较，将标准大气条件参数 0 m 海拔列入表中。

注 3：最高空气温度、最低空气温度、最高日平均空气温度、最大日温差、最大风速、最大 10 min 降水量参数的选用，根据使用地区的环境条件确定实际数值。

5 技术要求

5.1 基本要求

高原型风力发电设备除应符合本标准规定外，同时还应符合常规型相应产品标准规定。

5.2 发电机

5.2.1 温升限值

当发电机试验地点海拔与使用地点海拔不同时，应对其温升限值进行海拔修正。温升限值的海拔修正为：海拔每升高 100 m，温升限值增加 0.8 K。

示例：

当发电机在海拔小于或等于 1 000 m 或 5 000 m 试验，而在海拔 5 000 m 运行时，发电机的温升限值见表 2。

5.2.2 耐电压性能

当发电机试验地点海拔与使用地点海拔不同时，应对其工频耐电压试验值进行海拔修正。工频耐电压试验值的海拔修正为：海拔每升高 100 m，耐电压试验值增加 1%。

示例：

当发电机在海拔小于或等于 1 000 m 或 5 000 m 试验，而在海拔 5 000 m 运行时，发电机的工频耐电压试验值见表 3。

表 2 温升限值

单位为开尔文

发电机部件	测量方法	海拔≤1 000 m			海拔为 5 000 m		
		热分级			热分级		
		130(B)	155(F)	180(H)	130(B)	155(F)	180(H)
输出 5 000 kW 及以上发电机的绕组	R	48	73	93	80	105	125
	ETD	53	78	98	85	110	130
输出 800 kW 及以上但小于 5 000 kW发电机的绕组	R	43	68	88	75	100	120
	ETD	48	73	93	80	105	125
注 1：ETD 表示埋置检温计法；R 表示电阻法。 注 2：输出 200 kW 及以上但小于 5 000 kW 发电机的绕组，如用叠加法，温升限值可比电阻法高 5 K。							

表 3 工频耐电压试验值

序号	类　别	试验电压(有效值)/V	
		海拔≤1 000 m	海拔为 5 000 m
1	定子绕组	$(2U_N+1\ 000)\times1.4$	$2U_N+1\ 000$
2	转子绕组	$(2U_0+1\ 000)\times1.4$	$2U_0+1\ 000$
注：U_N 为定子额定电压；U_0 为转子静止时的开路电压。			

5.2.3 轴绝缘电阻

用 1 000 V 兆欧表在轴与端盖(或机座)间检测的绝缘电阻值应不小于 50 MΩ(如果有接地电刷，应将其断开)。

5.2.4 交变湿热

发电机整机或部件按 GB/T 12665—2008 的规定经 6 个周期的 40 ℃高温交变湿热试验后,应满足下列要求:

a) 发电机绕组对机座和绕组相互间的绝缘电阻值应满足式(1)的要求:

$$R \geqslant U_N/[1\,000+(P_N/100)] \qquad \cdots\cdots(1)$$

式中:

R ——发电机绕组的绝缘电阻,单位为兆欧(MΩ);

U_N ——发电机绕组的额定电压,单位为伏(V);

P_N ——发电机的额定功率或额定容量,单位为千瓦(kW)或千伏安(kVA)。

b) 热态下,发电机绕组对机座及绕组相互间的绝缘耐电压应能承受 5.2.2 规定试验电压值的 85%,历时 1 min,绝缘不被击穿或无闪络。

c) 发电机电镀件和化学处理件的外观质量不应低于 JB/T 4159 中的三级要求;表面油漆外观质量不应低于 JB/T 4159 中的三级要求;表面油漆附着力不应低于 JB/T 4159 中的二级要求。

d) 绝缘材料、塑料等零部件不应有变形、发黏、开裂等现象。

e) 发电机的转动或可活动零部件不应有卡住或影响正常运转的情况。

注:是否进行该项试验可根据实际使用环境条件由用户与制造厂协商确定。

5.2.5 外壳防护等级

发电机外壳防护等级应满足风力发电机组的使用要求,并符合 GB/T 4942.1—2006 的规定。

5.3 变流器

5.3.1 电气间隙

以空气作为绝缘介质、以海拔 1 000 m 为基准,在海拔 1 000 m 以上,电气间隙的海拔修正系数见表 4。如电气间隙达不到要求,可用冲击耐受电压来验证。

表 4 电气间隙修正系数表

使用地点海拔/m		1 000	2 000	3 000	4 000	5 000
相应气压/kPa		90.0	79.5	70.1	61.7	54.0
电气间隙修正系数	以 1 000 m 为基准	1.00	1.13	1.28	1.46	1.67
	以 2 000 m 为基准	0.88	1.00	1.14	1.29	1.48
注 1:表中数据见 GB/T 20626.1—2006。 注 2:产品在海拔介于表内两值之间使用时,可用线性插值法进行折算。						

示例:某高原用产品以海拔 1 000 m 为基准设计,按相关高原环境条件参数等要求,选择空气最小电气间隙为 3 mm,使用于海拔 2 000 m 时,产品设计的最小电气间隙应为 3 mm×1.13=3.39 mm。

5.3.2 爬电距离

在海拔 1 000 m 以上地区使用的变流器,其爬电距离应按照污染等级不小于 GB 7251.1—2005 中规定的 3 级选择,并不小于相应的电气间隙。

5.3.3 温升限值

变流器各部位的温升限值按 GB/T 3859.1 规定。

5.3.4 电流容量

在海拔 1 000 m 以上地区，变流器电流容量按 GB/T 3859.2 规定降低容量使用。

5.3.5 绝缘电阻

变流器各带电部件与接地部件之间、以及彼此无电连接的各导电部件之间的绝缘电阻值应不小于 1 MΩ。绝缘电阻仅作为进行介电性能试验时的参考。

5.3.6 介电性能

在海拔 1 000 m 以上地区，变流器应有足够的工频和冲击耐受电压能力。当变流器使用地点与试验地点海拔不同时，其工频和冲击耐受电压值应进行海拔修正。海拔修正系数按表 5 规定。

表 5 工频耐受电压值和冲击耐受电压值的海拔修正系数

产品使用地点海拔/m			1 000	2 000	3 000	4 000	5 000
海拔修正系数 K_a	产品试验地点海拔 m	0	1.11	1.25	1.43	1.67	2
		1 000	1	1.11	1.25	1.43	1.67
		2 000	0.91	1	1.11	1.25	1.43
		3 000	0.83	0.91	1	1.11	1.25
		4 000	0.77	0.83	0.91	1	1.11
		5 000	0.71	0.77	0.83	0.91	1

注 1：表中数据见 GB/T 20626.1—2006。

注 2：专门考核内绝缘的介电性能试验，试验电压值按有关产品标准的规定，不进行海拔修正。

注 3：当使用地点海拔与试验地点海拔不同时，工频耐受电压值和冲击耐受值为相关产品标准的规定值与表 5 规定的海拔修正系数 K_a 的乘积。

注 4：产品在海拔介于表内两值之间使用时，可用线性插值法进行折算。

示例：某高原用 690 V 产品，使用地点海拔为 3 000 m，试验地点海拔为 2 000 m，若常规型产品标准规定的工频耐压值为 3 kV，则试验电压值应为 3 kV×1.11＝3.33 kV。

5.3.7 耐低温性能

变流器应具有耐受高原地区低温的能力，低温试验按 GB/T 2423.1—2008 规定。试验严酷等级的选取为：温度按表 6 规定选取，持续时间为 72 h。

低温试验后，变流器各部件应能正常使用，性能满足要求。

表 6 不同海拔的最低温度值

海拔/m	1 000	2 000	3 000	4 000	5 000
最低温度/℃	−25	−25	−35	−40	−45

注 1：表中数据见 GB/T 20645—2006。

注 2：相应海拔的最低温度亦可根据实际使用条件由制造厂与用户协商。

5.3.8 交变湿热

交变湿热试验按 GB/T 2423.4—2008 规定。试验严酷等级的选取为:高温 40 ℃,循环次数 6。

交变湿热试验后,变流器各部件应能正常使用,性能满足要求。

5.3.9 外壳防护等级

变流器的外壳防护等级应满足风力发电机组的使用要求,并符合 GB 4208—2008 的规定。风冷式变流器的外壳防护等级一般不得低于 IP21。

注:外壳防护等级要考虑变流器的冷却方式,根据冷却方式不同有不同的要求,具体可由用户与制造厂协商确定,但应符合 GB 4208—2008 规定。

5.3.10 母线槽

变流器若采用母线槽与发电机连接,则对母线槽的要求如下:

a) 电气间隙:在海拔 2 000 m 以上地区,空气绝缘型母线槽的电气间隙海拔修正系数见表 4。固体绝缘密集型母线槽的电气间隙不进行海拔修正。

b) 温升限值:高原环境条件下母线槽各部位的温升限值按 GB/T 22580—2008 规定。

c) 介电性能:在海拔 2 000 m 以上地区,母线槽应有足够的工频和冲击耐受电压能力。当母线槽使用地点与试验地点海拔不同时,对于空气绝缘型母线槽,其耐受电压值应进行海拔修正,海拔修正系数按表 5 规定。对于固体绝缘密集型母线槽,其耐受电压值不进行海拔修正。

5.4 控制系统

5.4.1 电气间隙

以空气作为绝缘介质、以海拔 2 000 m 为基准,在海拔 2 000 m 以上,电气间隙的海拔修正系数见表 4。如电气间隙达不到要求,可用冲击耐受电压来验证。

5.4.2 爬电距离

以海拔 2 000 m 为基准,在海拔 2 000 m 以上,控制系统爬电距离应按照污染等级不小于 GB 7251.1—2005中规定的 3 级选择,并不小于相应的电气间隙。

5.4.3 温升限值

高原环境条件下,控制系统各部件的温升限值应符合常规型相应产品标准规定的值。

当试验地点海拔与使用地点海拔不同时,应对其温升限值进行海拔修正。温升限值的海拔修正根据海拔升高引起的环境温度降低值对海拔升高引起的产品温升增加值的补偿作用,由用户与制造厂协商确定。

5.4.4 介电性能

在海拔 2 000 m 以上地区,控制系统应有足够的工频耐受电压能力和冲击耐受电压能力。当控制系统使用地点与试验地点海拔不同时,其耐受电压值应进行海拔修正。海拔修正系数按表 5 规定。

海拔 2 000 m 处的工频耐受电压值按表 7 确定,冲击耐受电压值按表 8 确定。

表7 工频耐受电压

额定绝缘电压 U_i V	海拔 2 000 m 处的工频耐受电压(交流有效值) V
$U_i \leqslant 60$	1 000
$60 < U_i \leqslant 300$	2 000
$300 < U_i \leqslant 690$	2 500
$690 < U_i \leqslant 800$	3 000
$800 < U_i \leqslant 1\ 000$	3 500
注：表中数据见 GB 7251.1—2005。	

表8 冲击耐受电压

额定工作电压对地最大值交流有效值 V	交流有效值 V	海拔 2 000 m 处的额定冲击耐受电压(1.2/50 μs)优先值 kV
100	66/115	0.8
150	120/208 127/220	1.5
300	220/380,230/400, 240/415,260/440, 277/480	2.5
600	347/600,380/660,400/690,415/720, 480/830	4
注：表中数据见 GB 7251.1—2005。		

5.4.5 接通和分断正常负载的能力

高原环境条件下，产品接通和分断正常负载的能力略受影响，接通和分断正常负载的能力由制造厂在产品说明书中规定。

5.4.6 接通和分断短路电流的能力

高原环境条件下，产品接通和分断短路电流的能力下降，直流产品大于交流产品，下降的数值由制造厂在产品说明书中规定。

5.4.7 脱扣特性

5.4.7.1 热脱扣元件的脱扣特性

采用热脱扣元件作为脱扣部件的断路器、热继电器等产品，应在现场或等效条件下对动作电流值进行整定，以保证动作可靠。

5.4.7.2 电子部件的脱扣特性

采用电子脱扣器的产品,脱扣特性不需进行现场整定或修正,但应充分考虑电子功率元器件的散热问题。

5.4.8 耐低温性能

控制系统应具有耐受高原地区低温的能力,低温试验按 GB/T 2423.1—2008 规定。试验严酷等级的选取为:温度按表 6 规定选取,持续时间为 72 h。

低温试验后,控制系统各部件应能正常使用,性能满足要求。

5.4.9 交变湿热

交变湿热试验按 GB/T 2423.4—2008 规定。试验严酷等级的选取为高温 40 ℃、循环次数 6。

交变湿热试验后,控制系统各部件应能正常使用,性能满足要求。

5.4.10 外壳防护等级

要求如下:

a) 控制柜外壳的防护等级应不低于 GB 4208—2008 中 IP54 的规定,或根据现场运行条件及安装位置与用户协商。

b) 机舱外接插件的防护等级应不低于 GB 4208—2008 中 IP65 的规定,或根据现场运行条件及安装位置与用户协商。

6 雷电防护

风力发电设备的雷电防护由用户和制造厂协商确定,如双方未作约定则应符合 GB/Z 25427—2010 要求。

7 试验规范

7.1 试验分类

试验分为型式试验、例行试验、验收试验和特殊试验四类。

7.2 试验方法

按相应产品标准规定的试验方法进行。

7.3 试验项目

试验项目为:

a) 型式试验、例行试验和验收试验项目按相应产品标准和本标准规定;

b) 特殊试验项目根据使用情况,由用户和制造厂协商确定。

7.4 试验条件

试验可在下述条件下进行:

a) 在使用地点的自然环境条件下进行;

b) 在人工模拟相应海拔的环境条件下进行;

c） 当使用地点与试验地点海拔不同时，可在试验地点试验，但产品相关性能应进行海拔修正。

8 标识

产品耐受高原环境条件的能力按表 9 规定标示，作为选型与检验的依据。

标识可采用以下两种方法：

a） 在铭牌上标示；

b） 在产品型号后标示。标识符合 JB/T 11039—2010 中第 4 章规定，即在产品型号后标示所能适应的海拔级别。

表 9 标识对应的海拔高度范围

海拔分级	适应海拔级别标识
1 000 m＜H≤2 000 m	G2
2 000 m＜H≤3 000 m	G3
3 000 m＜H≤4 000 m	G4
4 000 m＜H≤5 000 m	G5
注：表中数据见 JB/T 11039—2010。	

示例：在产品型号后增加 G4，表示产品在大于海拔 3 000 m，小于或等于海拔 4 000 m 的环境条件下能够安全可靠运行，并保证设计的使用寿命。

9 包装、运输和贮存

9.1 一般原则

应根据产品本身的性能、高原环境条件来选取适应于产品的防护措施。

9.2 包装

符合 GB/T 20626.1—2006 中 8.1 的规定。

9.3 运输

符合 GB/T 20626.1—2006 中 8.2 的规定。

9.4 贮存

符合 GB/T 20626.1—2006 中 8.3 的规定。

参考文献

［1］ GB 755—2008 旋转电机 定额和性能(IEC 60034-1:2004,IDT)
［2］ GB 14048.1—2006 低压开关设备和控制设备 第1部分:总则(IEC 60947-1:2001,MOD)
［3］ GB/T 14597—2010 电工产品不同海拔的气候环境条件
［4］ GB/T 20645—2006 特殊环境条件 高原用低压电器技术要求

ICS 97.120
K 32

中华人民共和国国家标准

GB/T 31141—2014

家用和类似用途双稳态电磁阀的通用检测方法

Test method of bistable bolenoid valve for household and similar use

2014-09-03 发布 2015-04-01 实施

中华人民共和国国家质量监督检验检疫总局
中国国家标准化管理委员会 发布

前　言

本标准按照GB/T 1.1—2009给出的规则起草。

本标准由中国电器工业协会提出。

本标准由全国家用自动控制器标准化技术委员会(SAC/TC 212)归口。

本标准起草单位:中国电器科学研究院有限公司、浙江三花制冷集团有限公司、浙江盾安人工环境股份有限公司、宁波市北仑海伯精密机械制造有限公司、宁波欧知电器科技有限公司、上海康源电气有限公司、海信科龙电器股份有限公司、江苏常恒集团自动控制器有限公司、无锡小天鹅股份有限公司、威凯检测技术有限公司。

本标准起草人:陈雨忠、汪向荣、孔睿迅、贺定芳、柯赐龙、李焕斌、陈星、杜立、吉学农、陈斌、钱峰。

引　言

本标准是根据家用和类似用途双稳态电磁阀研发设计及生产要求制定的，为家用和类似用途双稳态电磁阀产品的基本检测方法标准。双稳态电磁阀是冰箱制冷系统中用于控制流体通断及制冷剂流向切换的重要部件。是节能环保制冷整机较为常用的关键零部件，其产品性能直接影响整机的相关性能。

本标准涉及双稳态电磁阀的通用检测方法，通过规范该部件性能检测试验方法的各项指标，使得独立的零部件产品能够进行统一的检测，推进了该产品认证监督和质检方式的统一，符合我国生产实际，有利于该产品生产和检测的规范及产品质量的提高。

家用和类似用途双稳态电磁阀的通用检测方法

1 范围

本标准规定了家用和类似用途双稳态电磁阀(以下简称电磁阀)的术语和定义、通用试验方法。

本标准适用于R600a、R134a或类似热力性质的制冷剂,阀口通径不大于1.0 mm的制冷系统用电磁阀的通用性能试验。

2 规范性引用文件

下列文件对于本文件的应用是必不可少的。凡是注日期的引用文件,仅注日期的版本适用于本文件。凡是不注日期的引用文件,其最新版本(包括所有的修改单)适用于本文件。

GB 4706.1—2005 家用和类似用途电器的安全 第1部分:通用要求(IEC 60335-1:2004,IDT)

GB/T 2423.2 电工电子产品环境试验 第2部分:试验方法 试验B:高温(GB/T 2423.2—2008,IEC 60068-2-2:2007,IDT)

GB/T 2423.17 电工电子产品环境试验 第2部分:试验方法 试验Ka:盐雾(GB/T 2423.17—2008,IEC 60068-2-11:1981,IDT)

3 术语和定义

下列术语和定义适用于本文件。

3.1

双稳态电磁阀 bistable solenoid valve

通过控制输入线圈的正反脉冲电流的方向控制芯铁的工位,从而控制制冷剂流路通断或切换的电磁阀,其每个活动芯铁都有两个工位,在失电的情况下保持原工位。

3.2

驱动脉冲 drive pulse

驱动电磁阀动作的脉动电源波形。如图1所示。

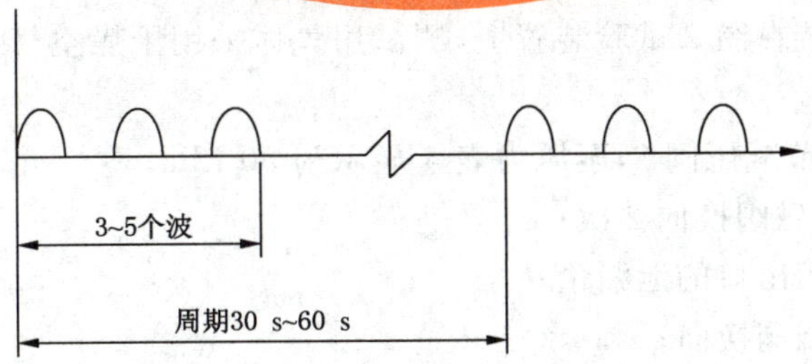

图1 驱动波形示意图

4 试验环境和测量设备要求

4.1 环境条件

电磁阀试验环境条件应符合如下规定：

——温度：23 ℃±5 ℃；

——气压：86 kPa～106 kPa；

——相对湿度：不大于85%。

4.2 测量设备要求

各项测量设备的准确度等级应符合表1规定，并应在合格状态下使用。

表1 测量设备要求

测量设备名称	准确度等级要求
温度测量仪表	不低于1.0级
压力测量仪表	不低于1.6级
流量测量仪表	不低于2.5级
电压测量仪表	不低于1.0级
电阻测试仪	不低于0.1级
声级计	1级
测水仪	±0.03 mg
数字兆欧表	±5%
耐压测试仪	±2.5%
分析天平	不低于Ⅱ级

5 检测方法

5.1 泄漏量试验

电磁阀泄漏量试验按如下规定：

——将被测电磁阀安装在图2试验装置上，测试用气体采用干燥空气或氮气，专用脉冲驱动装置驱动电磁阀动作；

——开启电磁阀5，调节减压阀3，至压力表4显示为50 kPa；

——操作开关，控制电磁阀换向2次；

——用流量计测量关闭出口的泄漏量；

——开关控制驱动电磁阀换向；

——用流量计测量换向后关闭出口的泄漏量。

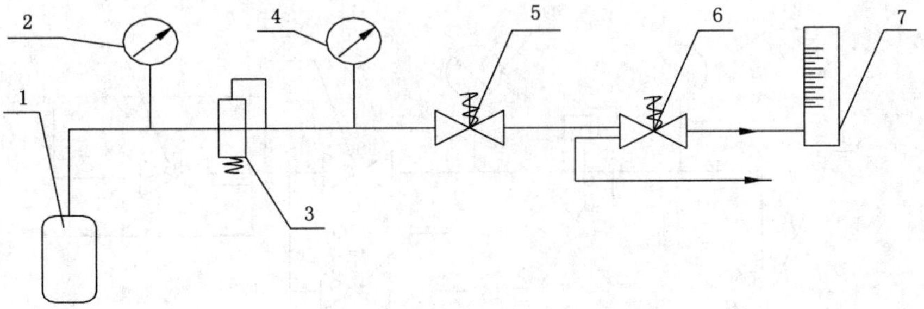

说明：

1——气源；

2、4——压力表；

3——减压阀；

5——电磁阀；

6——被测电磁阀；

7——流量计。

图 2 泄漏量试验装置

5.2 最大动作压差试验

电磁阀最大动作压差试验按如下规定：

——将电磁阀安装在试验装置(见图 2)上，测试用气体采用干燥空气或氮气，电源通过调压器输出专用驱动装置中，用专用的脉冲驱动装置控制电磁阀换向；

——开启电磁阀 5，调节减压阀 3，至压力表 4 显示为 1.6 MPa；

——调节电压至电磁阀额定电压的 85%；

——操作开关，控制电磁阀换向 3 次，换向间隔时间为 2 s～10 s。

5.3 抗干扰电压

——将驱动脉冲发生装置电源输入端连接在调压器输出端；

——将电磁阀连接驱动脉冲电源；

——驱动脉冲发生装置输出正、反脉冲，换向间隔时间为 1 s～10 s，连续动作 2～4 次确认电磁阀动作正常后以正脉冲状态停止；

——调节调压器电压至 AC20V 后，调高电压，以 5 V 的间隔上调，至每个检测点，驱动作脉冲发生装置输出反脉冲给电磁阀，至输入反脉冲导致电磁阀换向为止，该电压下调 5 V 作为抗干扰电压值；

——现调节调压器电压至 AC20V 后，调高电压，以 5 V 的间隔上调，至每个检测点，驱动作脉冲发生装置输出正脉冲给电磁阀，至输入正脉冲导致电磁阀换向为止，该电压下调 5 V 作为抗干扰电压值。

5.4 气密性试验

5.4.1 水检试验按如下规定：

——卸下电磁阀线圈，将电磁阀安装在试验装置(见图 3)上，电磁阀的出口接气路中同一个入口，堵塞阀进口端；

——测试用气体采用干燥空气或氮气，开启电磁阀 5，关闭电磁阀 7，调节减压阀 3，至压力表 4 显示为 2.5 MPa；

——阀体部分浸入水中，持续 1 min，观察阀体表面及各焊缝处无渗漏；

——从水中取出阀体，关闭电磁阀 5，开启电磁阀 6 排气，取下电磁阀阀体。

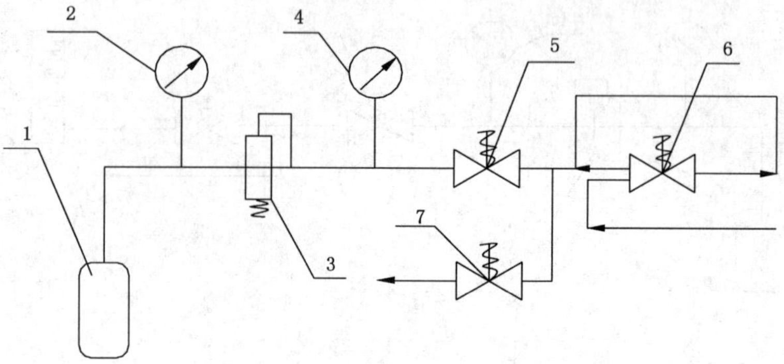

说明：

1——气源；

2、4——压力表；

3——减压阀；

5、7——电磁阀；

6——被测电磁阀。

图 3　水检气密性试验装置

5.4.2　氦检试验按如下规定：

——卸下电磁阀线圈，将电磁阀阀体单管端出口端堵死，并按图 4 试验装置连接，测试用气体采用氦气或氦气与氮气的混和气体，氦气比率与气体的压力的组合要满足测试精度要求，开启截止阀 2，调整减压阀 3 使压力表 4 的指示压力显示为规定的压力；

——关闭电磁阀 5、17，开启电磁阀 16，开启真空泵 15，将电磁阀内抽成真空；

——关闭电磁阀 16，开启电磁阀 5，向电磁阀内通入测试用气体；

——关闭电磁阀 12、14，开启电磁阀 8，启动真空泵 9，将密封罐内抽成真空；

——关闭电磁阀 8，开启电磁阀 12，启动检漏泵 10，用检漏仪检漏，阀体泄漏量应满足设计图样的要求；

——开启电磁阀 14、17，密封罐和阀体恢复到正常大气压下，取下阀体。

本条规定了一种试验方法，或采用其他等效方法。

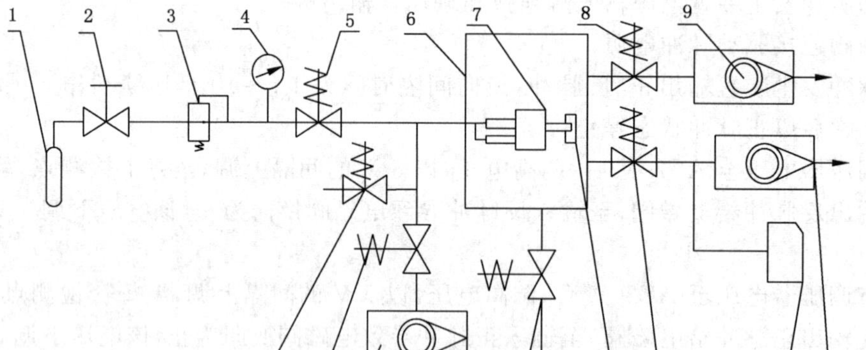

说明：

1——氦气源；

2——截止阀；

3——减压阀；

4——压力表；

5、8、12、14、16、17——电磁阀；

6——密封罐；

7——被测电磁阀；

9、15——真空泵；

10——检漏泵；

11——检漏仪；

13——堵头。

图 4　氦检试验装置

5.5 流量试验

电磁阀流量试验按如下规定：

——将电磁阀安装在图2气路装置上，测试用气体采用干燥空气或氮气，用专用脉冲装置控制电磁阀换向；

——开启电磁阀5，调节减压阀3，至产品设计要求的测试压力值；

——操作开关，控制电磁阀换向2次～3次后电磁阀停止；

——用流量计检测开启状态出口的流量值；

——操作开关，控制电磁阀换向；

——用流量计检测开启出口的流量值。

5.6 清洁度试验

电磁阀清洁度试验按如下规定：

——用50 mL的烧杯，经蒸馏水冲洗后擦干，放入电热恒温干燥箱内烘烤，温度为105 ℃±2 ℃，时间为1 h(恒重)，烘烤后取出烧杯，放在干燥器中冷却1 h后，用万分之一天平称量得质量 G_1 (mg)；恒温箱的要求符合GB/T 2423.2的规定；

——在电磁阀入口处注入5 mL分析纯的乙醇，用专用脉冲驱动装置控制电磁阀换向，以1Hz～2Hz的开关频率换向20次，用0.05 MPa～0.1 MPa的氮气将乙醇吹入烧杯内；

——将以上装含杂质乙醇的烧杯在105 ℃±2 ℃的电热恒温箱内烘烤1 h(恒重)，取出放在干燥器中冷却1 h后用分析天平再次称量得质量 G_2 (mg)；

——残留杂质的质量 G 按式(1)计算。

$$G = G_2 - G_1 \qquad \cdots\cdots (1)$$

式中：

G_1、G_2——称得的烧杯质量，单位为毫克(mg)。

5.7 含水量试验

电磁阀的含水量用电解法测水仪进行测定。

5.8 噪声试验

电磁阀噪声试验按如下规定：

——在本底噪声不大于25 dB(A)的噪声试验室内；

——专用脉冲驱动装置电磁阀换向，调压器调节输入专用脉冲驱动装置，调至额定电压；

——以1 s～3 s的频率驱动阀不停地动作换向，测定距电磁阀400 mm处的动作噪声。

5.9 绕组温度试验

5.9.1 本试验对应于GB 4706.1—2005中第19章规定的非正常操作试验。依据绕组感抗及绝缘系统提供保护方案的产品应用以下试验方案：

——将电磁阀放入40 ℃±2 ℃的恒温箱中，恒温箱的要求按GB/T 2423.2的规定。

——经2 h温度平衡后，测定和记录线圈的初始电阻值。

——温升测试时线圈输入电压为最高额定电压，当线圈温度平衡时，再测定并记录线圈电阻值。

——用电阻法测量线圈的温升，按式(2)计算：

$$\Delta t = \frac{(R_2 - R_1)}{R_1}(234.5 + t_1) + t_1 - t_2 \qquad \cdots\cdots (2)$$

式中：

Δt ——线圈温升，单位为开(K)；

R_1 ——绕组在试验开始时的电阻值，单位为欧姆(Ω)；

R_2 ——绕组在试验结束时的电阻值，单位为欧姆(Ω)；

t_1 ——试验开始时的环境温度，单位为摄氏度(℃)；

t_2 ——试验结束时的环境温度，单位为摄氏度(℃)。

线圈绕组温度等于温升加40 ℃。

——用兆欧表测量电磁阀接线端子和阀体之间的绝缘电阻。

——用耐压试验仪在电磁阀接线端子和阀体之间加上AC 1 250 V、50 Hz，保持1 min。

5.9.2 带有保护器件方案的产品应用以下试验方案：

——电磁阀连接交流调节器的输出端；

——启动电源开关，给电磁阀输入额定交流电压；

——连续通电24 h，线圈不允许有起火和冒烟现象；

——用兆欧表测量电磁阀接线端子和阀体之间的绝缘电阻，检测绝缘电阻值；

——用耐压试验仪在电磁阀接线端子和阀体之间加上AC1 250 V、50 Hz，保持1 min，检测电气性能。

5.10 耐低温试验

在不通电条件下，电磁阀放置在－20 ℃±3 ℃环境中，持续48 h后，取出在室温下恢复2 h后，检测流量、泄漏量、开阀压差。

5.11 耐高温试验

在不通电条件下，电磁阀放置在60 ℃±2 ℃环境中，持续48 h后，取出在室温下恢复2 h后，检测流量、泄漏量、开阀压差。

5.12 耐温度变化试验

在不通电条件下，电磁阀进行－20 ℃±3 ℃、1 h，＋60 ℃±2 ℃、1 h为1个循环的温度变化试验，转换时间不大于3 min，进行完10个循环的温度变化试验后，取出在室温下恢复2 h后，检测流量、泄漏量、开阀压差。

5.13 耐腐蚀

电磁阀按GB/T 2423.17的规定进行48 h的盐雾试验。

5.14 寿命试验

电磁阀寿命试验按如下规定：

——将被测电磁阀安装在图2试验装置上，测试用气体采用干燥空气或氮气，专用脉冲驱动装置驱动电磁阀动作；

——开启电磁阀5，调节减压阀3，至压力表4显示为1.0 MPa；

——设置脉冲驱动装置以大于或等于1 s的频率改变脉冲方向；

——驱动电磁阀动作50万次；

——寿命试验分为空载、带冷媒两种方法；

——试验完成后检测流量、泄漏量、开阀压差。

5.15 液压强度试验

电磁阀液压强度试验按如下规定：

——卸下被测电磁阀线圈，将电磁阀阀体进口端堵死，并按图 5 试验装置连接，电磁阀的两个出口与液压回路连接；

——在电磁阀阀体中注满常温水或油，完全排出空气后，加压至 1.5 倍最高工作压力，保压 3 min。

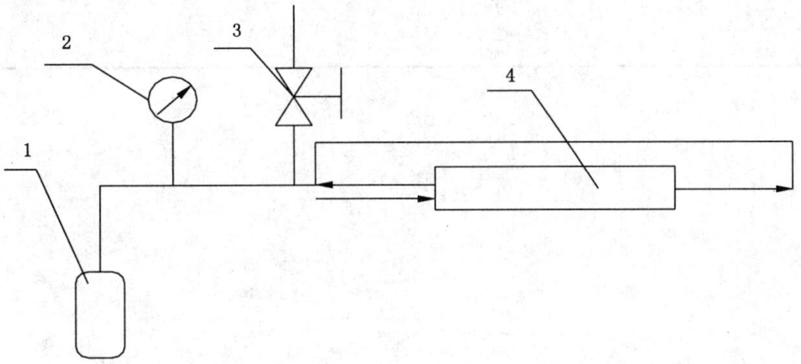

说明：

1——泵；

2——压力表；

3——截止阀；

4——被测电磁阀。

图 5 液压强度试验装置

5.16 破坏强度试验

电磁阀强度试验按如下规定：

——卸下被测电磁阀线圈，将电磁阀阀体进口端堵死，并按图 4 试验装置连接，电磁阀的两个出口与液压回路连接；

——在电磁阀阀体中注满常温水或油，完全排出空气后，加压至 5 倍最高工作压力，保压 1 min。

5.17 绝缘电阻试验

用 DC500V 兆欧表测量电磁阀接线端子和阀体之间的绝缘电阻。

5.18 电气强度试验

在电磁阀接线端子和阀体之间加上 AC1 500 V、50 Hz，保持 1 min 或 AC1 800 V，保持 1 s，允许采用 1 800 V、50 Hz 正弦交流电 1 s 试验，漏电流为 5 mA。

ICS 29.130.20
K 31

GB

中华人民共和国国家标准

GB/T 31142—2014

转换开关电器(TSE)选择和使用导则

Directives for selection and application of transfer switching equipment

2014-09-03 发布 2015-04-01 实施

中华人民共和国国家质量监督检验检疫总局
中国国家标准化管理委员会 发布

前　言

本标准按照 GB/T 1.1—2009 给出的规则起草。

本标准由中国电器工业协会提出。

本标准由全国低压电器标准化技术委员会(SAC/TC 189)归口。

本标准负责起草单位:上海电器科学研究院、上海电科电器科技有限公司。

本标准参加起草单位:深圳市泰永电气科技有限公司、江苏远泰电器有限公司、沈阳斯沃电器有限公司、上海电器股份有限公司人民电器厂、上海良信电器股份有限公司、上海精益电器厂有限公司、常熟开关制造有限公司、施耐德万高(天津)电气设备有限公司、溯高美索克曼电气(上海)有限公司、美登思电气(上海)有限公司、ABB新会低压开关有限公司、上海西门子线路保护系统有限公司、上海电器设备检测所、德力西电气有限公司、浙江天正电气股份有限公司、人民电器集团、法泰电器(江苏)股份有限公司、遵义长征电器开关设备有限责任公司、杭州之江开关股份有限公司、北京市建筑设计研究院、悉地(北京)国际建筑设计顾问有限公司、华东建筑设计研究院有限公司、中国建筑西南设计研究院有限公司、同济大学建筑设计研究院、中国航天建设集团有限公司、世源科技工程有限公司(中国电子工程设计院)、中国航空规划建设发展有限公司。

本标准主要起草人:曲德刚、栗惠。

本标准参加起草人:孙成群、李炳华、邵民杰、徐建兵、夏林、王勇、钟景华、刘叶语、黄正乾、成峰、刘宏瑞、符亮、张广智、王津先、叶建华、柯林、奚慎云、梁柏勤、熊厚钰、魏庆媛、黄蓉蓉、袁高普、叶海武、薛涵、阳维龙、余昉、戴水东。

引　言

重要负荷的供电系统分为安全设施供电系统(应急供电系统)和备用供电系统(非应急供电),安全设施供电系统中的两路电源应为自动切换。

安全设施供电系统和备用供电系统在电路设计与电器设备选用理念方面的要求不尽相同,安全设施供电系统中的应急负载及其开关电器的使用与选择有其特殊要求,对其中的开关电器建议考虑“冗余度”,例如,选用较高的使用类别,或选择具有旁路功能等,这样才能保证系统安全、可靠地运行。

TSE按安装在电路中的不同位置可分为电源级、配电级及负载级,不同位置的TSE有不同的性能要求,其结构也应有所差异。

转换控制器是ATSE可靠运行的关键之一,其电磁抗干扰性及环境适应能力是其可靠度的重要标志。

为规范TSE产品的正确应用,特制定本标准。

在选择与使用TSE时,建议考虑以下几个方面的因素:

——供电系统;

——产品性能;

——使用环境;

——安装位置;

——负载性质;

——特殊功能;

——接地系统;

——控制器功能及可靠工作能力。

转换开关电器(TSE)选择和使用导则

1 范围

本标准规定了在选择与使用转换开关电器(TSE)时应注重的产品性能、技术参数及结构形式,以及使用中的环境条件。

本标准适用于额定电压交流不超过 1 000 V[1] 或直流不超过 1 500 V 的 TSE 的选择和使用。

TSE 用于两路电源间的转换,保障对负载的连续供电,在 TSE 转换期间允许短时间中断[2] 对负载的供电。

TSE 也可用于负载间的转换。

2 规范性引用文件

下列文件对于本文件的应用是必不可少的。凡是注日期的引用文件,仅注日期的版本适用于本文件。凡是不注日期的引用文件,其最新版本(包括所有的修改单)适用于本文件。

GB/T 2423.4—2008 电工电子产品环境试验 第 2 部分:试验方法 试验 Db:交变湿热(12 h+12 h 循环)(IEC 60068-2-30:2005,IDT)

GB 10963.1—2005 电气附件 家用及类似场所用过电流保护断路器 第 1 部分:用于交流的断路器(IEC 60898-1:2002,IDT)

GB 14048.1—2012 低压开关设备和控制设备 第 1 部分:总则(IEC 60947-1:2011,MOD)

GB 14048.3—2008 低压开关设备和控制设备 第 3 部分:开关、隔离器、隔离开关以及熔断器组合电器(IEC 60947-3:2005,IDT)

GB 14048.4—2010 低压开关设备和控制设备 第 4-1 部分:接触器和电动机起动器 机电式接触器和电动机起动器(含电动机保护器)(IEC 60947-4-1:2009 Ed.3.0,MOD)

GB/T 14048.11—2008 低压开关设备和控制设备 第 6-1 部分:多功能电器 转换开关电器(IEC 60947-6-1:2005,MOD)

GB/T 17626.13—2006 电磁兼容 试验和测量技术 交流电源端口谐波、谐间波及电网信号的低频抗扰度试验(IEC 61000-4-13:2002,IDT)

GB/T 20645 特殊环境条件 高原用低压电器技术要求

GB/T 21208—2007 低压开关设备和控制设备 固定式消防泵驱动器的控制器(IEC/TS 62091:2003,MOD)

GB 50174—2008 电子信息系统机房设计规范

3 术语和定义

下列术语和定义适用于本文件。

1) 交流额定电压 1 140 V 的电器可参照本标准执行,有关电器的性能要求由制造商和用户协商确定。

2) 除闭合转换型 TSE 外。

3.1 供电系统

3.1.1

供电系统 electrical supply system

供电系统包括电源和连接到电气设备端子的电气回路。

注：可参照 IEC 60364-5-56:2009。

3.1.2

安全设施供电系统(应急供电系统) electrical supply system for safety services

用于维持电气设备和电气装置的关键部件运行的供电系统，主要是：

——为了人体或家畜的健康和安全；和/或

——为了避免对环境和其他设备造成损失。

注 1：安全设施供电系统通常包含两个及以上电源，如常用电源及应急电源。

注 2：建议对用于安全设施供电系统中的开关电器考虑"冗余度"要求，以增加其使用的可靠性。

3.1.3

备用供电系统 standby electrical supply system

当正常电源中断时，由于非安全原因用来维持电气装置或其中一个或几个部分的功能所需要的供电系统。

注：备用供电系统通常包含两个及以上电源，如常用电源及备用电源。

3.1.4

安全设施 safety service

在发生危险事件和(或)影响人员疏散时，用于提供保护或警告的电气设备组成的电气系统。

注：安全设施的例子包括：

——应急(疏散)照明；

——消防泵；

——消防电梯；

——报警系统，如火灾报警器、一氧化碳报警和入侵防盗报警；

——疏散系统；

——排烟系统；

——重要医疗系统。

3.1.5

响应时间 response time

T_{rp}

介于常用电源中断与备用电源或应急电源投入之间的时间间隔。

3.2 开关电器

3.2.1

转换开关电器 transfer switching equipment;TSE

由一个或多个开关设备构成的电器，该电器用于从一路电源断开负载电路并连接至另外一路电源上。

3.2.2

专用型 TSE specific TSE

其主体部分电器按照 GB/T 14048.11—2008 的要求专门设计的、用于电源转换的整体式 TSE。

3.2.3

派生型 TSE　derived TSE

其主体部分电器满足 GB 14048 其他产品标准要求的 TSE。例如由两台断路器或两台隔离开关或两台接触器组合而成的 TSE。

3.2.4

手动操作转换开关电器　manually operated transfer switching equipment;MTSE

由人工操作的转换开关电器。

3.2.5

远程操作转换开关电器　remotely operated transfer switching equipment;RTSE

远程操作的转换开关电器。

注：RTSE 可以具有手动操作特性。

3.2.6

自动转换开关电器　automatic transfer switching equipment;ATSE

自行动作的转换开关电器。

注：ATSE 通常包括主体部分和控制器。

3.2.7

主体部分　main part

用于转换主电路负载电源的开关电器，它分专用型和派生型。

3.2.8

控制器　controller

用于检测及监测供电电源的状态，当电源偏离设定的正常状态时，能自动地发出动作指令使主体部分转换到正常工作电源侧的电器。

3.3　TSE 的主触头位置

3.3.1

TSE 的主触头位置　the main contact position of TSE

TSE 的主触头位置由主触头与所连接电源的位置来确定。

3.3.2

二位置　two-position

TSE 的主触头仅有两个位置，即“常用位置”和“备用位置”。

3.3.3

三位置　three-position

TSE 的主触头有三个位置，即“常用位置”“备用位置”及“断电位置”。

注：“断电位置”是指负载电路不连接任何电源时的触头位置。

3.4　TSE 的动作时间

3.4.1

转换动作时间　operating transfer time

t_g

测定从常用电源被监测到偏差的瞬间起至主触头闭合备用电源为止的时间，不包括特意引入的延时时间。

3.4.2

特意引入延时　purposely introduced delay time

T

因判断电源工作状况的需要及主触头从一个位置转换到另一个位置间，而人为设定的延时时间。

注1：ATSE通常有三个特意引入延时时间，即 T_1、T_2、T_3。

注2：特意引入延时一般为一个时间范围，可由制造商规定。

3.4.2.1

故障确认延时时间　fault confirming delay time

T_1

为避免误动作而特意引入的自常用电源被监测到出现偏差起到控制器发出动作指令止的一段延时时间，可称之为特意引入延时时间 T_1。

3.4.2.2

暂态停留时间　transient rest time

T_2

主触头从一个位置转换到另一个位置间而人为设定的延时时间，也可称为特意引入延时时间 T_2。

注1：暂态停留时间指三位置TSE在"断开位置"的停留时间。

注2：二位置TSE的 T_2 一般为零。

3.4.2.3

返回延时时间　return delay time

T_3

常用电源恢复后的判断时间，也可称为特意引入延时时间 T_3。

3.4.3

总动作时间　total operating time

t_z

转换动作时间与特意引入的延时时间（T_1 及 T_2）之和。

3.4.4

断电时间　off-time

t_d

在产生最长燃弧时间的条件下，从各相电弧最终熄灭的瞬间起至主触头闭合另一个电源的转换过程中测量的时间。

注：断电时间包括特意引入的延时时间 T_2。

3.4.5

返回转换时间　return transfer time

t_r

从常用电源完全恢复正常的瞬间起至主触头组闭合常用电源的瞬间为止的时间加上特意引入的延时时间（T_2 及 T_3）。

3.5　ATSE的操作

3.5.1

自投自复的操作　automantically transfer and restore operation

常用电源被监测到出现偏差时，ATSE自动将负载从常用电源转换至备用（或应急）电源；如果常用电源恢复正常时，则自动将负载返回到常用电源。

3.5.2

自投不自复的操作　automatically transfer and nonautomatically restore operation

互为备用的操作　mutual backup operation

常用电源被监测到出现偏差时，ATSE能自动将负载从常用电源转换至备用（或应急）电源；如果常用电源恢复正常时，ATSE不能自动返回到常用电源，仅在备用（或应急）电源出现故障或人工干预后，

ATSE 才能返回到常用电源。

3.5.3

电源电压偏差　voltage supply deviation

电源电压的改变或消失(如失电压、断任意一相或极或欠电压)。

3.5.4

电源频率偏差　frequency supply deviation

电源频率偏离正常工作频率的变化。

3.6　TSE 的短路性能

3.6.1

额定限制短路电流　rated conditional short-circuit current

I_q

用制造商指定的短路保护电器(SCPD)进行保护,在 SCPD 动作时间内 TSE 能够良好地承受的预期短路电流值。对于交流,额定限制短路电流用电流的对称分量有效值(r.m.s)表示。

制造商应说明所指定的短路保护电器的详细情况,包括其型号、额定值、特性,对于限流电器,还应包括相应于预期电流值时的最大峰值电流和 I^2t。

注:SCPD 一般是指断路器、控制保护开关电器(CPS)或熔断器。

3.6.2

额定短时耐受电流　rated short-time withstand current

I_{cw}

在规定的试验条件下,TSE 的主触头在闭合位置上时能够在规定的时间内良好地承受的预期短路电流值。对于交流,额定短时耐受电流用电流对称分量有效值(r.m.s)表示。

规定的最短通电时间为:

——额定工作电流小于或等于 400 A 时,交流为额定频率的 1.5 个周波,直流为 0.025 s;

——额定工作电流大于 400 A 时,交流为额定频率的 3.0 个周波,直流为 0.05 s。

注:制造厂可指定较长通电时间的短时耐受电流值。

3.6.3

额定运行短路分断能力　rated service short-circuit breaking capacity

I_{cs}

在规定的试验条件下,断路器分断短路电流后并能继续承载额定电流。对于交流,额定运行短路分断能力用电流对称分量有效值(r.m.s)表示。

3.6.4

额定短路接通能力　rated short-circuit making capacity

I_{cm}

在规定的条件下,电器所能接通的预期短路电流值。它用最大预期峰值电流 I_p 表示。

3.7　其他

3.7.1

过电流选择性　over-current selectivity

两个或多个过电流保护电器之间的动作特性的配合。在给定的范围内出现过电流时,指定在这个范围动作的电器动作,而其他电器不动作。

3.7.2

安装位置　installation location

根据电器安装在电路中的不同位置而确定的分类。

注：电器的安装位置与电器的过电压类别有关，电器的安装位置(见图1)分以下三类：

——电源位置(对应过电压类别Ⅳ类：电源水平)；

——配电位置(对应过电压类别Ⅲ类：配电水平)；

——负载位置(对应过电压类别Ⅱ类：负载水平)。

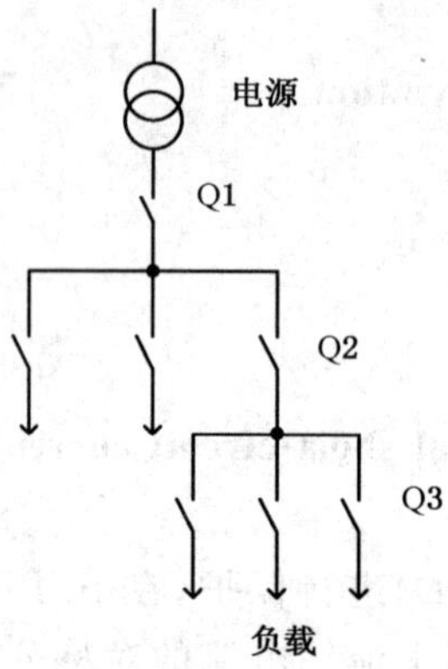

说明：

Q1——电源位置；

Q2——配电位置；

Q3——负载位置。

图1　电器安装位置示意图

3.7.3

污染等级　pollution degree

根据导电的或吸湿的尘埃、游离气体或盐类和相对湿度的大小以及由于吸湿或凝露导致表面介电强度和/或电阻率下降事件发生的频度而对环境条件作出的分级。

注：环境条件可分以下四个等级：

——污染等级1：无污染或仅有干燥的非导电性污染；

——污染等级2：一般情况仅有非导电性污染，但是应考虑到偶然由于凝露造成短暂的导电性；

——污染等级3：有导电性污染，或由于凝露使干燥的非导电性污染变为导电性的；

——污染等级4：造成持久性的导电性污染，例如由于导电尘埃或雨雪所造成的污染。

3.7.4

电磁兼容性　electromagnetic compatibility；EMC

电器或系统在其电磁环境中能正常工作且不对该环境中任何事物构成不能承受的电磁骚扰的能力。

注：电磁环境可分为环境A和环境B。

环境A：与低压非公用电网或工业电网场所/建筑有关，它包括有较高骚扰源；

环境B：与低压公用电网有关。例如，民用、商用、轻工业场所/建筑和/或相应的使用环境，它不包括有较高骚扰源的场所。例如弧焊机。

4　符号和缩略语

下列符号和缩略语适用于本文件。

EMC　电磁兼容性(electromagnetic compatibility)

I_{cm}　额定短路接通能力

I_{cs}　额定运行短路分断能力

I_{cw}　额定短时耐受电流

I_e	额定工作电流
I_p	最大预期峰值电流
I_q	额定限制短路电流
I_u	额定不间断电流
r.m.s	交流电流对称分量的有效值
SCPD	短路保护电器
T_{rp}	响应时间
T_1	故障确认延时时间(特意引入延时)
T_2	暂态停留时间
T_3	返回延时时间
t_d	断电时间
t_g	转换动作时间
t_r	返回转换时间
t_z	总动作时间
U_e	额定工作电压
U_i	额定绝缘电压
U_{imp}	额定冲击耐受电压
U_{ip}	工频耐压

5 分类

5.1 电源系统分类

5.1.1 按供电系统分

按供电系统分为:

——安全设施供电系统;

——备用供电系统。

5.1.2 按电源启动方式分

按电源启动方式分为:

——自动供电,与操作员无关的启动;

——非自动供电,由操作员开始启动。

5.2 TSE 的分类

5.2.1 按短路能力分

TSE 按照其短路能力分为:

——PC 级:能够接通、承载,但不用于分断短路电流的 TSE;

——CB 级:配备过电流脱扣器,且能够接通、承载,并用于分断短路电流的 TSE;

——CC 级[3]:能够接通、承载,但不用于分断短路电流的 TSE。该 TSE 的主体部分是由满足 GB 14048.4—2010 机电式接触器构成的。

3) 受短路电流冲击后,主触头允许熔焊。

5.2.2 按控制转换方式分

TSE按照其控制转换方式分为：
——手动操作转换开关电器(MTSE)；
——远程操作转换开关电器(RTSE)；
——自动转换开关电器(ATSE)。

5.2.3 按产品结构型式分

TSE按照其产品结构型式分为：
——专用型TSE；
——派生型TSE。

5.2.4 按产品特殊功能分

TSE除正常转换功能外，按产品具有的主要的特殊功能可分为：
——旁路型：它是由MTSE和ATSE两部分组成的TSE。MTSE与ATSE并联于电路中，当ATSE退出电路期间，手动的MTSE可以完成两路电源间的转换；
——瞬间并联型：在特定的条件下(如同电压、同频率、同相位角)，可将两路电源瞬间并联在一起使负载不断电转换的TSE；

注：在GB/T 14048.11—2008中对于瞬间并联型TSE并未做具体规定，其相关的性能要求及试验方法可由用户和制造商协商。

——延时转换型：具有暂态停留的TSE，暂态停留时间可以根据连接的负载性质而设定。

5.2.5 按ATSE的总动作时间(t_z)分

根据ATSE的总动作时间(t_z)可分为：
——0.1级：0.1 s内自动完成两路电源间的转换；
——0.15级：0.15 s内自动完成两路电源间的转换；
——0.25级：0.25 s内自动完成两路电源间的转换；
——0.5级：0.5 s内自动完成两路电源间的转换；
——1.5级：1.5 s内自动完成两路电源间的转换；
——5级：5 s内自动完成两路电源间的转换；
——15级：15 s内自动完成两路电源间的转换。

6 TSE主要特性

6.1 特性

TSE的特性应规定以下几项：
——电器型式；
——主电路的额定值和极限值；
——使用类别；
——控制电路；
——辅助电路。

6.2 电器型式

应规定以下几项：

——电器级别和转换控制方式：

PC 级还是 CB 级；ATSE 还是 MTSE；

——极数；

——电流种类；

——操作程序和范围。

操作程序如下：

a) 电源失压时的操作

ATSE 应在常用电源被监测的任意一相或所有各相电压中断后的一预定时间内将负载从常用电源转换至备用电源；

b) 电源欠压时的操作

如果 ATSE 装有当主电源电压降低时能将负载从常用电源转换至备用电源的装置，则应在规定的电压范围内开始进行转换；

c) 基于备用电源电压可用性转换

ATSE 具有确定备用电源可用性的电压监测电路，则应在规定的范围内进行转换；

d) 基于备用电源电压和频率可用性转换

ATSE 具有确定备用电源可用性的电压和频率的监测电路，则应在规定的范围内进行转换；

e) 动作时间

在由常用电源转换至备用电源或由备用电源转换至常用电源的转换动作过程中，总动作转换时间中的任何延时或断电时间，均应在规定的时间范围内；

f) 对于自投不自复型（互为备用）ATSE，a)、b)、c)、d)项的操作程序要符合 3.5.2 的规定。

6.3 主电路的额定值和极限值

主电路的额定值和极限值包括：

a) 额定工作电压(U_e)；

b) 额定绝缘电压(U_i)；

c) 额定冲击耐受电压(U_{imp})；

d) 额定工作电流(I_e)

TSE 的额定工作电流是额定不间断电流(I_u)；

e) 电操作能力

电路在正常情况下，TSE 应具有的最少电气转换操作次数的能力。它与 TSE 的使用类别及额定工作电流有关，其电操作性能应不低于 GB/T 14048.11—2008 中表 3、表 9 或表 10 的规定（参见附录 F)；

f) 接通与分断能力

电路在过载情况下，TSE 应具有安全转换的能力。它与 TSE 的使用类别有关，其接通与分断能力应不低于 GB/T 14048.11—2008 中表 2、表 8 的规定（参见附录 F)；

g) 短路能力

TSE 应能承受电路发生短路时的短路电流的冲击，并能继续承载额定电流，短路试验后允许提高温升 10 K。其承受的短路电流最小值不能低于 GB/T 14048.11—2008 中表 4 的规定（参见附录 F)。TSE 应具有的短路性能要求如下：

1) PC 级 TSE 应具有的短路性能，可以选择下列要求之一，也可以同时具有下列两项短路性能：
——额定限制短路电流(I_q)；
——额定短时耐受电流(I_{cw})及额定短路接通能力(I_{cm})。
2) CB 级 TSE 应具有的短路性能：
——额定运行短路分断能力(I_{cs})；
——额定短路接通能力(I_{cm})。
3) CC 级 TSE 应具有的短路性能：额定限制短路电流(I_q)。

6.4 使用类别

TSE 的使用类别确定其用途。TSE 的使用类别与预期使用的条件有关，它由负载的性质所确定。表 1 列出不同使用类别所对应的负载性质。

表 1 TSE 的使用类别

电流性质	使用类别		典 型 用 途
	A 操作	B 操作	
交流	AC-31 A	AC-31 B	无感或微感负载
	AC-32 A	AC-32 B	通断电阻电感混合负载，包括通断适中的过载(30%感性负载，70%阻性负载)
	AC-33i A	AC-33i B	通断电阻电感混合负载，包括通断适中的过载(70%感性负载，30%阻性负载)
	AC-33 A	AC-33 B	通断电动机负载或其他高电感负载(例如，鼠笼异步电动机的起动，运转中分断)
	AC-35 A	AC-35 B	放电灯负载
	AC-36 A	AC-36 B	白炽灯负载
直流	DC-31 A	DC-31 B	电阻负载
	DC-33 A	DC-33 B	电动机负载或包含电动机的混合负载
	DC-36 A	DC-36 B	白炽灯负载
说明：A 操作：适用于需要操作次数较多的电路； B 操作：适用于操作次数较少的电路。			

6.5 控制电路

制造商应规定 TSE 电压的最大值和最小值或电压和频率的工作范围，该范围应与转换控制电器的工作范围相对应。

控制电源电压正常工作范围是 85%U_e～110%U_e。85%U_e 是下限值，110%U_e 是上限值。

6.6 隔离功能

6.6.1 具有隔离功能的 TSE

具有隔离功能的 TSE 应符合 GB 14048.1—2012 中对隔离电器的要求。

6.6.2 专用型 TSE

具有隔离功能的专用型 TSE 应具备以下条件：

a) TSE 为三位置；

b) 动触头在断开位置时，应可锁定以确保动触头不与任何一个电源接通(例如，仅用一把锁锁定)；

c) 可承受较高的额定冲击耐受电压；

注：隔离电器断开触头间承受的额定冲击耐受电压值见 GB 14048.1—2012 中的表 14。

d) TSE 在电操作性能试验后，在 1.1U_e 电压下的泄漏电流每极不应超过 2 mA。

6.6.3 派生型 TSE

TSE 的主体部分应由带有隔离功能的电器组成。

7 TSE 的使用条件

7.1 正常使用条件

7.1.1 周围空气温度

正常的周围空气温度不超过＋40 ℃，下限为－5 ℃；而且在 24 h 内其平均温度不超过＋35 ℃。

7.1.2 海拔

安装地点的海拔不超过 2 000 m。

注：对于电子设备的接线端子的电气间隙和爬电距离不符合 GB 14048.1—2012 中表 13 和表 15 规定时，应验证其介电性能；一般情况，ATSE 控制器安装地点海拔超过 1 000 m 时，宜采取适当措施以满足相适应海拔的介电性能。

7.1.3 安装环境条件

7.1.3.1 湿度

最高温度为＋40 ℃时，空气的相对湿度不超过 50％，在较低的温度下可以允许有较高的相对湿度，例如 20 ℃时达 90％。

TSE 在正常环境条件下应具有适应潮湿环境的能力。

在该湿度条件下 TSE 的耐湿性能应按照 GB/T 2423.4—2008 的要求进行交变湿热试验(Db)，其试验严酷等级一般为：高温温度为 40 ℃，试验周期为 6 昼夜。

当 TSE 安装使用在潮湿的地下室或上方有凝露的管道滴水环境下，TSE 应安装在外壳防护等级不低于 IP31 的柜体内。

7.1.3.2 污染等级

除非另有规定，工业用的 TSE 应能适应不低于污染等级 3 的环境。

对于家用及类似环境用的 TSE，可选用污染等级为 2 级的产品。

7.1.3.3 过电压类别

TSE 的过电压类别如下：

a) 安装在电源位置的 TSE，其过电压类别应为Ⅳ类；

b) 安装在配电位置的 TSE，其过电压类别不应低于Ⅲ类；

c) 安装在负载位置的 TSE，其过电压类别不应低于Ⅱ类。

7.1.3.4 适应电磁环境的能力

除非另有规定，工业用的 TSE 应能适应电磁环境 A 的要求。

7.2 不同于正常使用条件

如果 TSE 的实际运行和使用条件与 7.1 规定的正常使用条件不同时，用户应提出 TSE 在该条件下使用时与正常使用条件的差异，并与制造商协商在该条件下使用的适应性。

与正常使用条件不同的使用条件的举例：

a) 周围空气温度

预期周围空气温度范围可能低于－5 ℃或高于＋40 ℃，用户应与制造商另行协商。制造商样本中的数据可以代替上述协议。

b) 海拔

超过 2 000 m 使用的 TSE，应符合 GB/T 20645 的要求。

注：电子产品超过 1 000 m 使用时，需要考虑到介电强度的降低和空气冷却效果的作用。预计在此条件使用的电子产品，要按照制造商与用户之间的协议进行设计或使用。

TSE 使用在高于 2 000 m 海拔时，应按海拔高度补充验证下列试验项目：

1) 温升；
2) 介电性能；
3) 接通与分断能力；
4) 环境温度(低温)。

注：电子产品仅补充项 2)及项 4)试验。

c) 大气条件

TSE 安装处的大气相对湿度可能大于 7.1.3.1 的规定值，应增加其耐湿性能考核的严酷度。如 TSE 安装在高温高湿环境(如湿热带地区、锅炉房、地下室)或周围空气温度上限值高于＋40 ℃而不超过＋55 ℃的环境，其耐湿性能应按照 GB/T 2423.4—2008 的要求进行交变湿热试验(Db)，其试验严酷等级可选择高温温度为＋55 ℃，试验周期为 2 昼夜或 6 昼夜。经过该试验考核的 TSE 可增加其在此环境下运行的可靠工作能力。

8 TSE 选择和使用原则

8.1 一般原则

8.1.1 专用或派生的 TSE 其主要技术性能应符合 GB/T 14048.11—2008 及第 6、7 章的规定，选择 TSE 时可根据不同的使用情况，如供电系统、安装位置、电器类别、负载性质、备用电源和使用要求的特殊性(参见表 2)进行正确地选择。

8.1.2 根据 TSE 额定值不同，在选用 TSE 时应考虑：

a) TSE 的额定工作电压及频率应与两路电源的额定工作电压及额定频率相一致；
b) TSE 的额定工作电流不小于电路额定电流的 1.15 倍；
c) 对于只给定额定限制短路电流(I_q)的 TSE，其短路保护电器(SCPD)的额定电流不应低于 TSE 的额定工作电流。

表 2　选用 TSE 应考虑的因素

考虑因素		参考条款
一般原则	TSE 的额定值	8.1.2
	总动作时间	8.1.3
	触头温升	8.1.4
	隔离功能的选择	8.1.5

表 2（续）

考虑因素		参考条款
根据供电系统选择 TSE	安全设施供电系统	8.2.1
	备用供电系统	8.2.2
根据安装位置选择 TSE	处于电源位置时 TSE 的选择	8.3.1
	处于配电位置时 TSE 的选择	8.3.2
	处于负载位置时 TSE 的选择	8.3.3
根据负载性质选用 TSE 的原则	消防泵负载	8.4.1
	应急负载	8.4.2
根据备用电源性质选择 TSE	备用电源为发电机组时选择 ATSE 的原则	8.5.1
	备用电源为蓄电池组时选择 ATSE 的原则	8.5.2
	与 UPS 电源配合使用	8.5.3
按使用的特殊功能选择 TSE	旁路型 TSE	8.6.1
	瞬间并联型 TSE	8.6.2
	延时转换型 TSE	8.6.3
TSE 极数的选择	TSE 极数的选择	8.7

8.1.3 在选择 TSE 时，根据其总动作时间应考虑如下：

a) 一些重要负载超过其允许的断电时间会影响其正常工作，ATSE 总动作时间宜与负载允许最大断电时间(典型负载允许的最大断电时间见表 3)相适应，当确有困难时应采用其他补救措施；

b) 在低压配电系统中 ATSE 的使用不宜超过 3 级，且上下级 ATSE 应有时间上的配合。原则是本级电路发生故障应本级的 ATSE 转换；电源发生了故障，上一级 ATSE 先转换，本级 ATSE 后转换，原则是减少对负载工作的影响；

c) ATSE 应用在具有母联开关低压配电系统时，ATSE 的延时应与母联开关切换延时相匹配(参见图 A.6)；

d) ATSE 返回转换时间(t_r)应在常用电源恢复到稳定状态后经过一段时间再返回。

注：不同类型的 ATSE 其转换时间不同，可根据制造商样本中给出的总动作时间选用。

表 3 典型负载允许的最大断电时间

负载允许的最大断电时间/s	典型负载	ATSE 等级 （总动作时间 t_z）
≤0.1	金融建筑的现金交易柜台、保险库、自动柜员机等处的备用照明	0.1 级
≤0.15	0.15 级应急电源	0.15 级
≤0.25	高危险区域使用的应急照明系统的应急转换时间	0.25 级
≤0.5	医疗场所以及设备为特别重要的一级负荷 0.5 级应急电源 安全照明	0.5 级

表 3（续）

负载允许的最大断电时间/s	典型负载	ATSE 等级（总动作时间 t_z）
≤1.5	金融商业交易场所的应急备用照明 金融交易所的备用照明 金融建筑的其他应急照明	1.5 级
≤5	备用照明、疏散照明 应急照明系统的应急转换时间	5 级
≤15	医疗场所以及设备为一级负荷 15 级应急电源	15 级

8.1.4 由于 TSE 使用的特殊性，要充分注意备用电源侧开关电器的触头因长期处于断开状态产生的氧化可能带来触头温升过高的问题。

注：400 A 及以上 TSE 的触头温升的影响度，正在考虑中。

8.1.5 隔离电器的作用是电路在维修时将用电设备及其他开关电器与电源断开，以达到安全维修用电设备或其他开关电器的目的。其安装位置应符合有关设计规范的规定。TSE 若兼作隔离电器使用时，其性能应符合 6.6 的要求。

应考虑 TSE 自身的检修与维护的问题，其前端可增加隔离电器。具有隔离功能的抽屉型 TSE，其前端不需另外提供隔离电器。

8.2 根据供电系统选择 TSE

8.2.1 安全设施供电系统

安全设施涉及人身及财产安全，因此，安全设施供电系统应自动供电。例如，选用 PC 级 ATSE。

8.2.2 备用供电系统

非安全设施对于断电时间长短一般不会引起次生灾害发生。因此，备用供电系统可以采用自动供电，也可以采用非自动供电。例如，可以选用 ATSE 或者是 MTSE。

注：用于备用供电系统的 ATSE，其使用类别允许采用 B 类。

8.3 根据安装位置选择 TSE

8.3.1 处于电源位置时 TSE 的选择

根据工程需要 TSE 可以安装在电路系统的不同位置（见 3.7.2），当 TSE 处于不同的安装位置时，对其性能要求也不相同。对于处于电源位置的 TSE：

a） TSE 宜选用三位置式。

b） TSE 的过电压类别应为Ⅳ类。

c） TSE 的使用类别不应低于 AC-32 或 DC-33。

d） TSE 应方便维修。

e） 选用 PC 级 TSE 应注意的事项：

PC 级 TSE 主要功能是用于电源的转换，在电路发生短路的情况下其具有接通、承受短路电流能力，但不能分断该短路电流。因此，在 PC 级 TSE 前面应有短路保护电器（SCPD）。选用 PC 级 TSE 时应注意以下几个问题：

1） TSE 的短时耐受电流（I_{cw}）应大于或等于电路的预期短路电流，其通电时间应大于电路中

的保护电器的短延时(如框架式断路器)或熔断时间(如熔断器);

2) 当制造商只给定 TSE 的额定限制短路电流(I_q)值时,应注意短路保护电器(SCPD)的型式——断路器或熔断器,并注意 SCPD 的型号、额定值、特性,电路中的短路保护电器应选择与制造商指定的 SCPD 型号或性能一致。其额定限制短路电流(I_q)应大于或等于电路的预期短路电流,只有当 TSE 允许通过的 I^2t 大于 SCPD 的 I^2t 时,才允许 SCPD 互换。

注:PC 级 ATSE 转换时可能会接通一个短路电流,该电路应具有抵抗短路电流再次冲击的能力。对于应急供电系统优先选择 PC 级 ATSE。

f) 选用 CB 级 TSE 应注意的事项:

CB 级 TSE 一般是由断路器派生的,电路发生短路、过载及接地等故障时断路器能分断电路,达到保护电路及负载的目的。选用 CB 级 TSE 时应注意以下几个问题:

1) TSE 的额定运行短路分断能力(I_{cs})应大于或等于电路的预期短路电流;
2) 短时耐受电流(I_{cw})应大于或等于电路的预期短路电流;
3) 选用 CB 级 ATSE 时,应注意其保护特性与转换特性兼顾问题。

注:CB 级 ATSE 的过电流脱扣器脱扣后可能使其不转换,应注意要采取措施保障应急负载供电的连续性,对于备用供电系统可选用 CB 级 TSE。

8.3.2 处于配电位置时 TSE 的选择

对于处于配电位置的 TSE:

a) TSE 宜选用三位置式。
b) TSE 的过电压类别应不低于Ⅲ类。
c) TSE 的使用类别不应低于 AC-33i、AC-32 或 DC-33。
d) TSE 应方便维修。
e) 选用 PC 级 TSE,其短路性能符合 8.3.1e)要求。
f) 选用 CB 级 TSE 应注意的事项:
   1) 其短路性能应符合 8.3.1f)要求;
   2) 选用 CB 级 ATSE 时,应与下一级断路器具有过电流选择性配合要求,以防止断路器过电流脱扣后 ATSE 的不转换,造成负载长期断电的事故。

8.3.3 处于负载位置时 TSE 的选择

TSE 用于电路末端转换时对负载的连续供电可靠性最高(参见 B.4.2)。当 TSE 位于电路末端时应注意以下几个问题:

a) 根据负载类型选择对应的 TSE 使用类别(见表 1)。
b) 在确保电源安全转换的条件下,ATSE 总动作时间(t_2)不宜大于负载允许的最大断电时间(见表 3)。
c) TSE 的过电压类别应不低于Ⅱ类。
d) TSE 应能适应不低于污染等级 3 的环境。

注:家用及类似场所用的 TSE 允许选用污染等级为 2 级的产品。

e) 选用 PC 级 ATSE 应注意的事项:
   1) 其短路性能符合 8.3.1e)2)的要求;
   2) PC 级、二位置的 ATSE 转换动作时间快,负载断电时间短。它适用于对断电时间敏感的负载及应急负载;
   3) 对大容量的高感性负载(如变压器、大功率的电动机等负载)原则上不应进行直接转换,宜选用三位置(延时型)的 ATSE,先断开负载,当负载停止运行后再进行转换,这样可以避免在转换时产生的冲击电流。

   注:典型的高感性负载如笼型感应电动机,当与一个电源断开时,在负载端子处会产生残余交流电压,

该电压按电压幅值和频率衰减，相对于电源电压的相角有一定位移。当与另一个电源(常用电源或备用电源)不同相时再重新连接电动机负载，会产生一个非常大的瞬态电流，巨大的瞬态转矩会对电动机负载产生损坏，也会引起电路的保护电器脱扣。

f) 选用CB级TSE应注意的事项

由微型断路器(MCB)或塑料外壳式断路器(MCCB)派生的CB级TSE，用于电路末端时应注意以下几个问题：

1) 符合标准问题

MCB应能满足GB 14048.1—2012规定的污染等级、耐湿性能的要求(参见第6章)。

2) 注意脱扣器特性问题

MCB主要作为线路保护的断路器，它的瞬时脱扣器分B型、C型、D型。瞬时脱扣范围见表4(见GB 10963.1—2005中的表2)。当由它派生ATSE后，应注意其脱扣器的动作范围，防止因负载的起动电流大于脱扣器的瞬时动作值，使MCB脱扣。

MCCB的瞬时脱扣器的整定值应能避免TSE转换感性负载时产生的冲击电流而导致脱扣的问题。

3) MCB或MCCB的运行短路分断能力(I_{cs})应大于或等于电路的预期短路电流。

表4 MCB瞬时脱扣范围

脱扣形式	脱扣范围
B	$>3I_n \sim 5I_n$
C	$>5I_n \sim 10I_n$
D	$>10I_n \sim 20I_n$

g) CC级TSE的选择

依据GB 14048.4—2010的规定，接触器在短路试验后(SCPD)允许其触头熔焊。因此，由接触器派生的TSE应注意“触头发生熔焊后，TSE将不能转换”的现象。

选择CC级TSE应注意：CC级TSE不建议作为ATSE使用，尤其不应在重要负载及应急负载(如消防负载)的供电系统中使用。

8.4 根据负载性质选择TSE的原则

8.4.1 消防泵负载

TSE主要用来保障重要负载的供电，应根据负载的性质及特性来确定选择与使用TSE。
(其他消防电器如消防电梯、正压送风机、排烟风机等消防设施可参照本条款)
根据GB/T 21208—2007的规定，用于消防泵控制器中的TSE应具有以下特性：

a) 应选用具有手动操作功能的ATSE。

b) ATSE应是电气操作并以机械方式保持。

c) ATSE应符合PC级的性能要求。

d) ATSE的使用类别应与负载性质相对应(消防泵负载对应的使用类别为AC-33，考虑到日常巡检的要求，宜采用AC-33A)。

e) 对感应电动机负载在转换过程中应采取抑制过电流措施，以防止保护电器的脱扣器脱扣。

f) PC级ATSE的额定限制短路电流(I_q)不应小于电路的预期短路电流。

g) ATSE的过电压类别为Ⅳ级。

h) ATSE的控制器除满足9.1及9.2的要求外还应满足以下要求：

1) 在烟雾条件下，控制器的显示器应有一定的可见度；

2) 电源任何一相电压低于电动机额定电压的85%时，应能自动切换至备用电源。当常用电源所有相的电压恢复至正常范围内时，应能返回至常用电源；

注：根据供电系统的要求也可选用自投不自复的ATSE。

3） 常用电源反相时应检测到其故障信号；

4） 应在转换开关外壳上安装一个外部可操作的瞬时试验开关，用以模拟常用电源的故障；

5） 应提供两个可视的指示器（工业级），用以显示与消防泵连接的是哪一路电源；

6） 对于自投自复型控制器其返回转换时间（t_r）5 min～30 min可调。当备用电源失效时，返回延时应自动取消；

7） 应具有远程控制操作的能力（消防联动），远程控制操作应优于自动转换操作；

8） 对于两路电源均为专用电缆或母排的供电系统，控制器可选自投不自复型。

8.4.2 应急负载

应急负载停止运行后可能带来生命和财产的危害，因此，选用TSE时应重视其可靠性、安全性。

除非另有规定，其他形式的应急负载选用TSE的原则应符合8.4.1规定。

注：应急负载的举例参见附录C。

8.5 根据备用电源性质选择TSE

8.5.1 备用电源为发电机组时选择ATSE的原则

发电机组自身带有过电流保护时，位于电源位置的ATSE宜选用PC级ATSE；

发电机组自身不带过电流保护时，位于电源位置的ATSE选用CB级时，其过电流保护特性应与发电机组要求的保护特性相匹配，且应符合8.3.1f）的规定。

除此之外，ATSE还可以具有以下基本特性：

a） PC级ATSE宜具有三个位置；

b） 当常用电源失效时能连续监测和检测常用电源的电压（或电压和频率）；

c） 可发出起动备用发电机组的指令；

d） 监测或监控发电机组的电压或电压和频率，判断其电源何时可使用。

8.5.2 备用电源为蓄电池组时选择ATSE的原则

蓄电池组经逆变作为交流备用电源时，选用ATSE的控制器应具有抗谐波干扰的能力。

8.5.3 与UPS电源配合使用

根据GB 50174—2008的规定，当UPS的两路供电电源为市电与柴油发电机时，其两路电源间的切换应采用具有旁路功能的转换开关电器，在ATSE检修时不应影响两路电源间的切换。

8.6 按使用的特殊功能选择TSE

8.6.1 旁路型TSE

根据供电系统或负载的要求，可选择具有特殊功能的TSE。

对供电的连续性、可靠性要求较高的重要负载，应选择旁路型TSE。当ATSE处于检修或故障脱离电路时，MTSE可以继续完成电源间的转换。

旁路型TSE具有如下基本功能：

a） MTSE（旁路开关）应能与ATSE并联，并旁通电源至负载。MTSE与ATSE的额定容量应相同；

b） 当ATSE脱离电路时，相关的控制电路应与电源安全隔离，以保证ATSE检修及更换时的人身安全；

c) 应有 MTSE 及 ATSE 的工作状态指示装置，清晰表达系统所处的工作状态；

d) ATSE 与 MTSE 间应有电气及机械联锁，防止误操作。

8.6.2 瞬间并联型 TSE

TSE 应具有两组动触头。在特定的条件下（如同电压、同频率、同相位角）触头按照先接通后分断的顺序工作，将两个电源瞬间并联，使重要负载从一个电源不断电地转换到另一个电源。

瞬时断电会对负载造成较大影响的行业（例如 IT 行业）要求使用瞬间并联型 TSE。该功能一般是在负载返回到常用电源时或人为需要将负载电源从常用电源转换到备用电源时产生作用。

8.6.3 延时转换型 TSE

TSE 将所连接的负载从一个电源转换到另一个电源之前有一可调的断开时间，这个时间是基于所连接负载的性质。当所连接的负载是大容量感性负载（电动机和变压器）、UPS 或非线性负载时推荐使用该转换方式。

延时转换型 TSE 在重新连接到另一个电源前，可根据负载的残余电压衰减到一个安全的水平后再转换。

8.7 TSE 极数的选择

根据不同电源性质及供配电系统的接地型式，三相四线制供配电系统中 TSE 极数的选择应符合下列规定：

a) 在 TN-C 系统中，应选用三极 TSE；

b) 对于两个电源性质相同（公共电网-公共电网）、系统接地型式相同且同为一个接地引线及接地点的系统，可选用三极 TSE；

c) 对于两个电源性质相同（公共电网-公共电网）而系统接地型式不相同的供电系统，应选用四极 TSE；

d) 对于性质不相同的两个独立电源（公共电网-发电机）的系统，应选用四极 TSE；

e) 对于带有接地故障保护（GFP）或剩余电流保护（RCD）功能断路器的系统，应选用四极 TSE。

8.8 TSE 的使用

8.8.1 TSE 在带负载手动转换操作时应确保操作者的人身安全，防止电击及弧光的溢溅对操作者的伤害。

8.8.2 ATSE 应定期（如 3 个月内）在空载条件下试验操作几次（如 3～5 次）转换，以确保 ATSE 在应急状态下的正常工作。

9 对 ATSE 控制器的要求

9.1 控制器的可靠工作能力

ATSE 的控制器是 ATSE 可靠工作的关键性电器，为确保 ATSE 可靠地运行对其可靠工作能力提出如下要求：

a) ATSE 的控制器为不间断工作制（24 h 工作制）。

b) 控制器的额定工作电压宜与主电路额定工作电压一致，其正常工作范围为 85%U_e～110%U_e，85%U_e 是下限值，110%U_e 是上限值。

注 1：对于 TN-S、TT 接地系统，控制器的额定工作电压宜采用相电压（如，电源位置 AC 230 V/负载位置 220 V）；对于 TN-C、IT 接地系统，控制器的额定工作电压宜采用线电压（如，电源位置 AC 400 V/负载位置 380 V）或采用其他措施将电源的中性线引到 ATSE 处。

注 2：允许制造商规定更大的工作范围。

c) 控制器的强、弱电间应采取有效的隔离措施。

d) 控制器抗电磁干扰能力应符合 GB 14048.1—2012 规定的要求，另外补充如下：

1) 其抗电快速瞬变脉冲群干扰能力应达到：

——电源位置的 ATSE 或配电位置的 ATSE：电源级的试验水平 4 kV/5 kHz；信号、I/O、数据及控制端口的试验水平为 2 kV/5 kHz。

——负载位置的 ATSE：电源级的试验水平 2 kV/5 kHz；信号、I/O、数据及控制端口的试验水平为 1 kV/5 kHz。

2) 其抗谐波干扰能力应符合 GB/T 17626.13—2006 中试验等级 3 的要求。

e) 与主电路相连的控制器应能承受来自主电路的瞬时过电压以及暂时过电压的冲击。

f) 控制器应具有躲避电源瞬变干扰的能力。

注：控制器躲避电源瞬变干扰的方式一般通过特意引入延时(T_1 和/或 T_3)来实现。

g) 控制器应具有一定的耐湿性能：

1) 安装在地下室或较高潮湿环境的控制器应能经受＋55 ℃，2 昼夜或 6 昼夜的交变湿热试验(Db)的考核；

2) 安装在工业环境的控制器应能经受＋40 ℃，6 昼夜的交变湿热试验(Db)的考核。

h) ATSE 使用到高于海拔 1 000 m 时，其控制器的接线端子应采取绝缘处理措施，以防止过电压击穿。

注：用户可以依据使用环境及条件，选择对控制器的其他考核要求。参见附录 D。

9.2 控制器的功能要求

9.2.1 一般要求

根据 GB/T 14048.11—2008 对 ATSE 控制器的功能要求及用户的使用要求，将控制器分成 3 种基本类型。该 3 种类型控制器仅规定其基本功能，不排除因工程需要增加的功能。

注：常用电源为电网，备用电源为电网或发电机。

9.2.2 Ⅰ型——基本型

Ⅰ型控制器一般适合在电源质量较优良的供电系统或建筑照明负载供电系统中使用，基本功能有：

a) 显示功能

电源正常状态、电源故障状态、主触头位置。

b) 转换条件

1) 常用电源出现失压(≤30%U_e)或断任意一相；

2) 当备用电源处于不可用或无电状态时，ATSE 不应转换。

c) 返回条件

1) 自投自复；

2) 自投不自复。

注：两者可选择其一功能。

d) 控制器具有试验装置，使 ATSE 从常用电源转换到备用电源侧，并能从备用电源转换到常用电源侧，以满足现场调试试验之用。

e) 控制器设定在手动状态时不允许 ATSE 自动操作和遥控操作。

f) 特意引入的延时(T)不可调。

9.2.3 Ⅱ型——欠电压型

Ⅱ型控制器一般适合对欠电压有要求的供电系统中，如在泵类负载电路中的使用，基本功能有：

a） 显示功能

电源正常状态、电源故障状态、主触头位置。

b） 转换条件

1） 常用电源出现失压（≤30%U_e）或断任意一相；

2） 控制器具有欠电压转换功能，欠电压设定范围一般为75%U_e～95%U_e；

3） 转换动作值与恢复值之间应有5%～10%的回差量，以防止ATSE在动作值处的抖动；

4） 当备用电源处于不可用或无电状态时，ATSE不应转换。

c） 返回条件

1） 自投自复；

2） 自投不自复。

注：两者可选择其一功能。

d） 控制器具有试验装置，使ATSE从常用电源转换到备用电源侧，并能从备用电源转换到常用电源侧，以满足现场调试试验之用。

e） 控制器设定在手动状态时不允许ATSE自动操作和遥控操作。

f） 特意引入的延时（T）可调。

g） 其他功能（如，通信功能）。

9.2.4 Ⅲ型——发电机型

Ⅲ型控制器一般适合于备用电源为发电机组供电系统中，主要功能有：

a） 显示功能

电源正常状态、电源故障状态、主触头位置。

b） 转换条件

1） 常用电源出现失压（≤30%U_e）或断任意一相；

2） 控制器具有欠电压转换功能，欠电压设定范围一般为75%U_e～95%U_e；

3） 转换动作值与恢复值之间应有5%～10%的回差量，以防止ATSE在动作值处的抖动；

4） 当备用电源处于不可用或无电状态时，ATSE不应转换。

c） 返回条件

自投自复，返回延时可调。

d） 发出指令，起动备用发电机组。

e） 监视发电机组的电压或电压和频率，判断其电源何时可使用。

f） 检测常用电源的恢复。

g） 发出指令，备用发电机组停机。

h） 控制器设定在手动状态时不允许ATSE自动操作和遥控操作。

i） 特意引入的延时（T）可调。

j） 其他功能（如，通信功能）。

10 TSE作为负载转换的应用

用于负载转换的专用型PC级TSE，因是在同一个电源条件下转换，其特性可按GB 14048.3—2008中有关开关要求进行选择，其使用类别应满足相应负载的使用要求。

TSE适用于下列情况的负载转换：

a） 电动机的换向；

b） 两路负载的转换；

c） 负载接地；

d） 电路的旁通。

附 录 A
（资料性附录）
TSE电气图形符号及应用的示例

A.1 概述

本附录定义了TSE的电气符号，并列举了ATSE应用的案例及TSE作为负载转换的案例。

A.2 TSE的电气符号

根据3.3.1、3.3.2及5.2.1的规定，TSE的电气符号定义如图A.1所示。

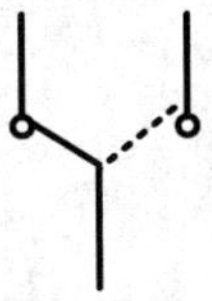

a） 二位置PC级TSE（专用型）

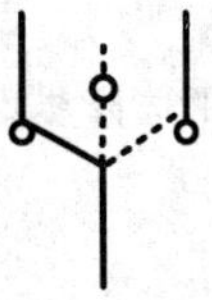

b） 三位置PC级TSE（专用型）

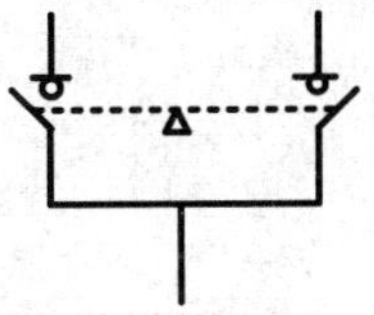

c） PC级TSE（隔离开关型）

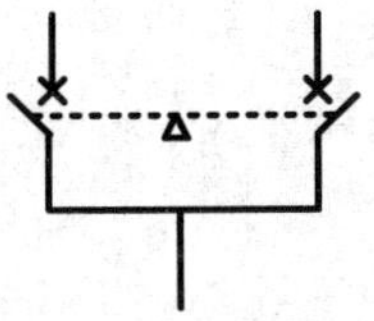

d） CB级TSE

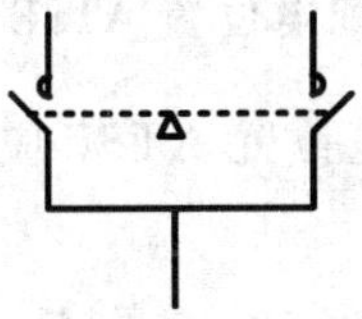

e） CC级TSE

图A.1 TSE的电气符号

A.3 ATSE应用的示例

A.3.1 电源位置ATSE应用的示例

电源位置ATSE应用的示例见图A.2、图A.3。

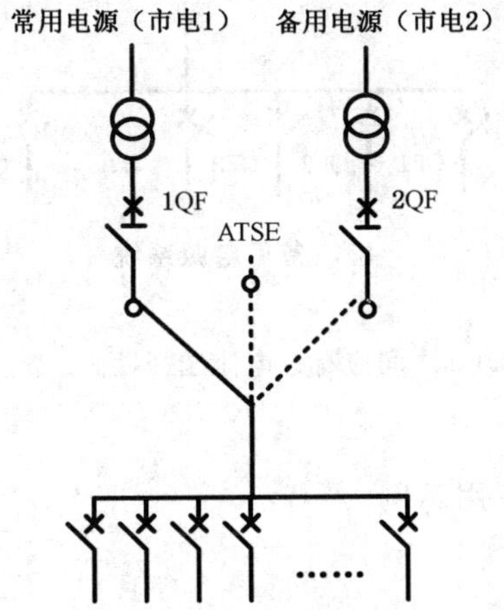

a） 应急电源系统-市电

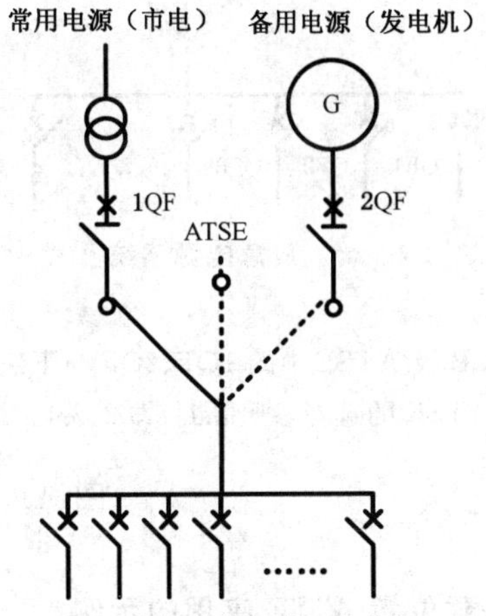

b） 应急电源系统-发电机

注1：主开关选择具有隔离功能的万能式断路器（1QF、2QF）。

注2：ATSE的选择参照8.1、8.3.1、8.4、8.5、8.6、8.7及第9章。

图A.2 电源位置ATSE的应用示例一

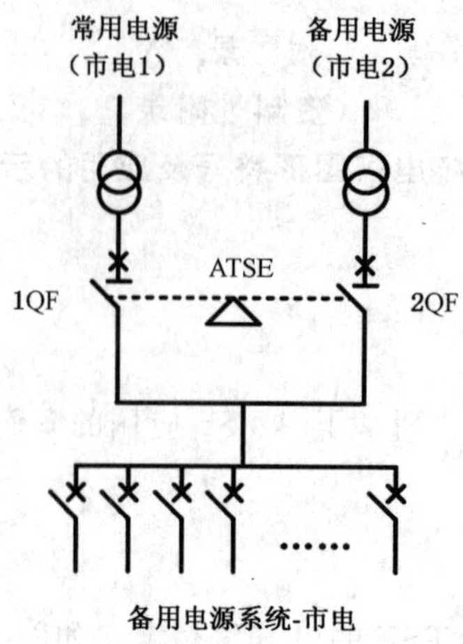

注：CB级ATSE的选择参照8.1、8.3.1、8.5、8.6、8.7及第9章。

图 A.3　电源位置 ATSE 的应用示例二

A.3.2　配电位置 ATSE 应用的示例

配电位置ATSE应用的示例见图A.4。

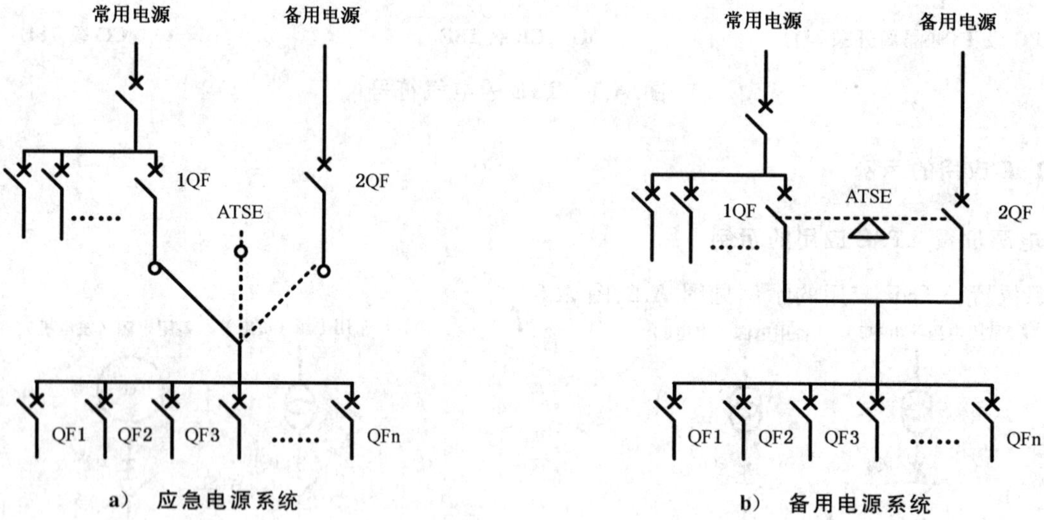

注1：CB级ATSE中的1QF、2QF与下级断路器QF1、QF2、QF3…QFn之间应有过电流选择性。
注2：ATSE的选择参照8.1、8.3.2、8.4、8.5、8.6、8.7及第9章。

图 A.4　配电位置 ATSE 的应用示例

A.3.3　负载位置 ATSE 应用的示例

负载位置ATSE应用的示例见图A.5。

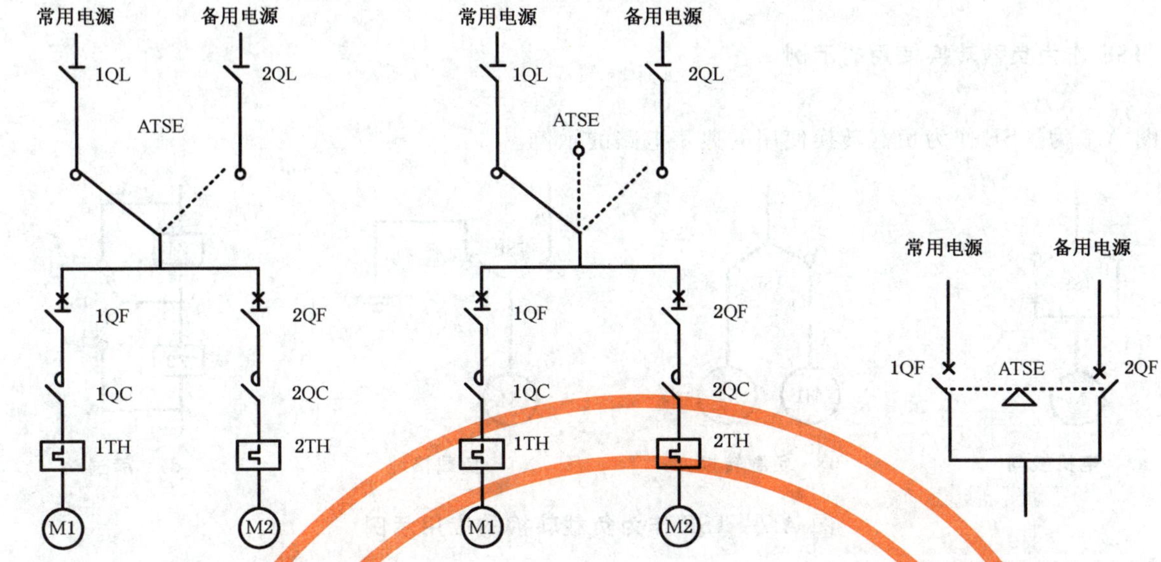

a) 消防泵典型电路(二位置 ATSE)　　b) 消防泵典型电路(三位置 ATSE)　　c) 备用电源系统

注 1：消防泵电路中的 ATSE 应选用 PC 级。

注 2：ATSE 的选择参照 8.1、8.3.3、8.4、8.6 及第 9 章。

图 A.5 负载位置 ATSE 的应用示例

A.3.4 三、四个电源供电系统 ATSE 应用的示例

三、四个电源供电系统 ATSE 应用的示例见图 A.6。

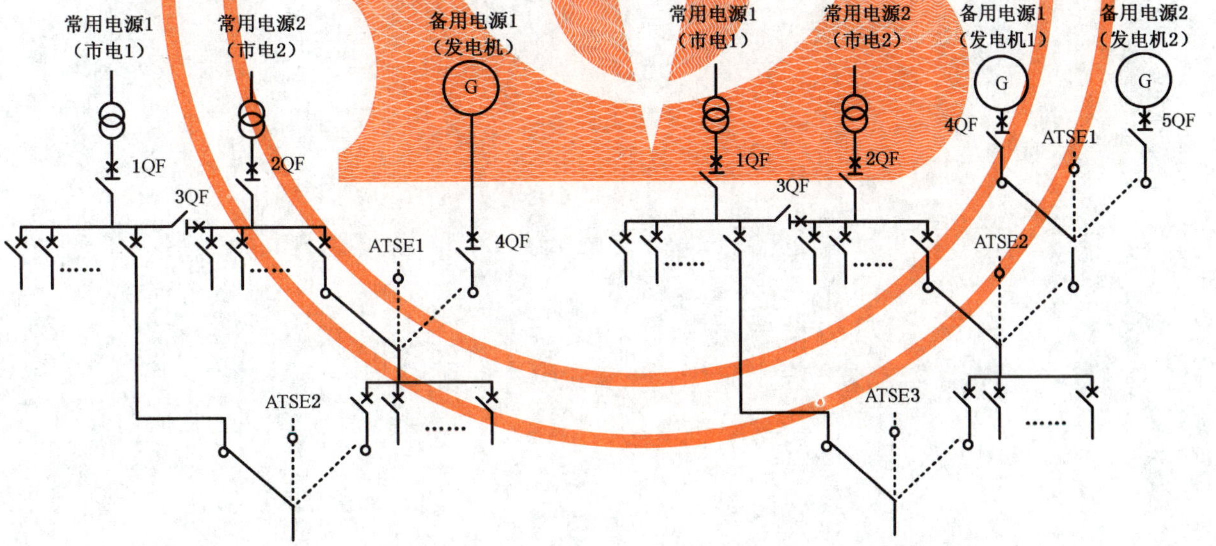

a) 三个电源供电系统 ATSE 的应用　　b) 四个电源供电系统 ATSE 的应用

注 1：对于图 A.6a)，常用电源 1 出现故障后 1QF 断开，3QF 闭合。此时，ATSE2 的延时时间应大于母联开关(3QF)的切换延时时间，以防止 ATSE2 重复转换。在常用电源 2 出现故障后，ATSE1 先转换，ATSE2 后转换。

注 2：对于图 A.6b)，常用电源 1 出现故障后 1QF 断开，3QF 闭合。此时，ATSE3 的延时时间应大于母联开关(3QF)的切换延时时间，以防止 ATSE3 重复转换。在常用电源 2 出现故障后，ATSE2 先转换，ATSE3 后转换。在备用电源 1 出现故障后，ATSE1 转换，ATSE2、ATSE3 不应转换。

图 A.6 三、四个电源供电系统 ATSE 的应用示例

A.4 TSE 作为负载转换使用的示例

图 A.7 为 TSE 作为负载转换使用的典型电路的示例。

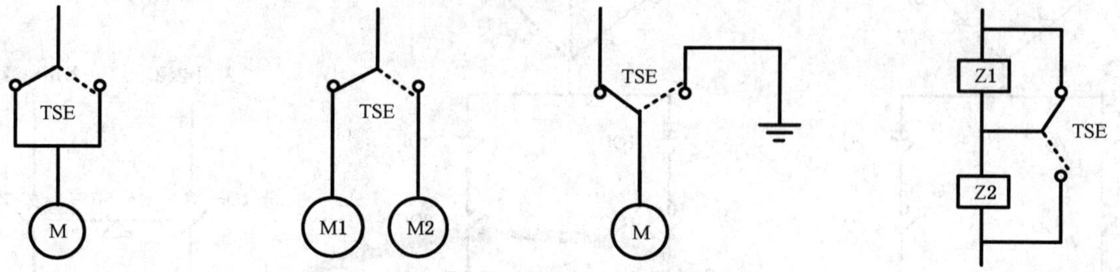

a) 电机换向　b) 负载转换　c) 负载接地　d) 旁通

图 A.7 TSE 作为负载转换的应用示例

附 录 B
（资料性附录）
应急供电系统设备的选择

B.1 概述

随着人们和设备对电能依赖的增加，更多的用电设备要求应急供电系统能够满足连续或接近连续的供电需求。应急供电系统包括给重要负载设备提供可靠的常用电源及备用电源及所必需的导体、断开装置、过电流保护电器、自动转换开关电器，以及所有的控制和维护正常运行的电器等。

典型的应急供电系统如图 B.1 所示。

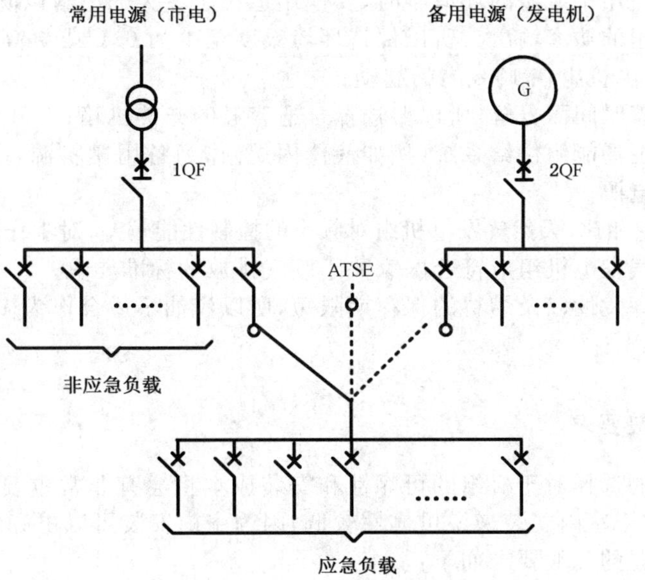

图 B.1 典型的应急供电系统

典型的应急供电系统使用一台发动机驱动的、有独立燃料源的发电机作为备用电源。在正常情况下使用常用电源，发动机发电机组是闲置的，准备在常用电源发生故障时起动。发电机组保持在稳定的待起动状态，一旦常用电源故障它能够在很短的时间(10 s～30 s)内起动加速至额定频率和额定电压承载负载。在发电机组起动之前，ATSE 应在应急电源供电系统中运行发挥其关键作用，因此，在应急供电系统中 ATSE 常选用 PC 级产品。

B.2 应急电源的发电机组的选择

B.2.1 一般条件

发电机组作为应急电源需明确下列基本问题：

——容量的大小(要承载什么样的负载)；

——机组的燃料；

——机组的安放。

B.2.2 机组的容量

发电机组的容量与所要连接的负载有关。包括应明确所需要供电的负载性质、负载的功率，以及供电的顺序，然后计算出发电机组容量。

发电机组如何使用影响到其容量计算。发电机组的额定值是基于机组运行的工作制而确定的。对于发电机组只用于应急电源，且有一个相对稳定的市电的使用场合，应明确待机时的额定值。

B.2.3 机组的燃料

发电机组使用何种燃料对于设备的选用有着直接的影响，可能会影响到整个装置运行的可靠性。

为了获得最高的可靠性，在应急场合通常选用柴油机发电机组。柴油机发电机组可以提供最高的可靠性，因为柴油发电机组使用专用的燃料供给，该燃料供给不依赖于外部燃料供应系统，例如天然气发电机组要求有外部燃料供应系统。

在燃料选择中应注意的其他事项还包括：

a) 当柴油发电机组用于寒冷的环境中时，要使用适用于冬天的燃料以防止燃料系统受到限制，进而限制发电机组的功率输出。所以保持环境温度至少为 0 ℃或更高，并使用套管水加热器维持工作，保证发电机组在 10 s 内的起动；
b) 柴油燃料会随着时间而分解，所以要选择合适容量的柴油机箱；
c) 如果提供一个现场能源供给系统(例如液体丙烷)作为备用燃料源，那么天然气发电机组可以选择作为应急电源；
d) 与柴油发电机组相比，天然气发电机组对频率的控制性能较差，对工作频率敏感的负载不适用；
e) 柴油机或天然气发电机组应符合国家关于废气排放的标准要求；
f) 由于汽油的易挥发性以及燃料的保存期限短，所以汽油不适合作为应急发电机组的燃料。

B.2.4 机组的安装

B.2.4.1 安装位置的一般要求

发电机组安装位置的选择对于机组的可靠性和安装成本将会有非常重要的影响。一般来说，室外安装成本较低，但是相对于室内安装来说可靠性较低，因为室内安装可以更好地控制环境温度以及室内安装的安全性。安装位置的一般要求如下：

a) 所有系统的设计都应考虑发电机组噪音对周围区域的影响；
b) 配电设备和自动转换开关电器的位置一般尽可能地靠近所连接的负载，发电机组的选择应该与应急系统协调配合；
c) 对发电机组的配件，包括冷却剂加热器、电池充电器等，应该提供支路电路；
d) 保护机组免遭水灾、火灾、结冰和故意破坏；
e) 采用防泄漏装置以免燃料偶然溅出或泄漏；
f) 防止常用和应急电源同时损坏的可能；
g) 发动机排气装置——发动机的排气装置应与通风口以及建筑物的出口分开。

B.2.4.2 室外安装位置

室外安装位置的要求如下：

a) 发电机组的罩壳应该保护机器免受有害环境条件的影响(尤其是在高温环境条件下)以免影响其正常工作；
b) 发动机排气装置的出口应该位于建筑物下风处的尽可能高的位置，并且远离通风口和建筑物的出口。

B.2.4.3 室内安装位置

室内安装位置的要求如下：

a） 对于应急电源系统，发电机组的机房应该是专用的；
b） 要考虑大的通风气流对同一房间内的其他设备(例如建筑加热锅炉)产生的影响；
c） 发电机机房应符合国家标准的有关规定或至少 2 h 火灾防护等级；
d） 电气设备周围的工作空间通常由标准规定。每个发电机组周围至少有 1.2 m 的间隔。发电机在不移开机组或任何附件的情况下可以替换；
e） 推荐使用工厂安装的散热器。但是，散热器的风扇会对机房产生一个显著的负压力；
f） 机房的门应该向机房里面转动，以便在机组运行时可以打开，或者门上安上百叶窗；
g） 因涉及大容量的空气流，最佳机房设计是直接从室外吸入空气，然后从对面墙壁上方把空气排出室外。如果使用换热器或远距离的散热器，要求使用机房通风扇；
h） 燃料的储存和输送应依据有关的法规来确定储存燃料的容量及室内的储存方式。

B.3 自动转换开关电器的选择

根据 8.5.1 及 8.7 的要求选择 TSE，用于应急供电系统的 TSE 应选用 PC 级 ATSE。

B.4 ATSE 在应急供电系统中的位置

B.4.1 一般要求

合适的 ATSE 容量及在配电系统中的最佳位置的选择关系到配电系统的可靠性和选择性配合的能力。

B.4.2 ATSE 处于负载位置(末端)

在图 B.2 所示的电路中，ATSE2 的位置与负载最近(只显示了所要求的多个 ATSE 中的一个)。一个 ATSE 仅为一个负载供电，这种配置在负载和备用电源之间保护电器的脱扣环节因素最少，其中一个支路断路器因过电流引起脱扣或其他因素引起断开，也不会影响其他应急负载连续工作，对 ATSE 性能指标要求也相对较低。因此，ATSE 处于末端时对负载供电的可靠性最高。

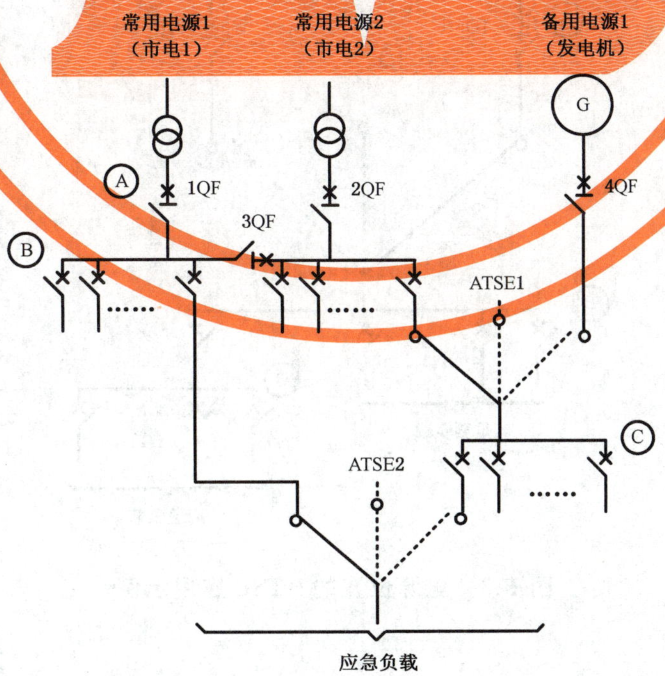

图 B.2 负载级(末端)ATSE 应用示例

B.4.3 ATSE处于配电位置

在图B.2中，用一台较大容量的ATSE1为所有应急负载电路提供电源，这在一定程度上降低应急负载供电的可靠度。例如，如果支路断路器中任何一台或多台由于过载而断电或脱扣，那么这些电路就会断电。另一个要注意的问题是在Ⓑ级和Ⓒ级的断路器之间需要选择性配合。如果Ⓒ级断路器负载侧的故障引起Ⓑ级断路器的级联动作，使得Ⓑ级断路器脱扣，那么所有的应急负载至少会有暂时断电，直到断电状态被检测出来然后起动发电机，ATSE1将剩余的负载转换到发电机。很明显，如果ATSE1发生故障，那么所有应急负载电路都会断电。对ATSE1的性能要求也有所提高，ATSE1应具有较高的额定短时耐受电流（I_{cw}）和短路接通电流（I_{cm}），以适用于前级Ⓐ和Ⓑ位置处电器的过流保护特性，尤其是为达到配合而人为引入的延时。

B.4.4 ATSE处于电源位置

在图B.3中使用一台更大容量的ATSE。ATSE的容量不但要满足应急负载，而且要满足常用电源侧重要负载。当ATSE放在这个位置时，应急负载供电的可靠度受到更严峻的考验。ATSE负载侧断路器的任何动作均会导致所连接负载断电，使选择配合变成一个更大的问题。除非发电机组的容量满足整个设备负载要求，否则负载超过了发电机组的容量，对重要负载电路需要自动卸载装置；如果发电机容量能够满足整个设备负载，当市电断电后只有应急负载在运转，那么发电机组因轻载运行易遭受到损伤。安装在此位置的ATSE对其性能提出更高的要求，它的额定短时耐受电流（I_{cw}）和短路接通电流（I_{cm}）值更高，以适用于前级Ⓐ位置处电器的过流保护特性，尤其是为达到保护配合而人为引入的延时。这种配置不适用于人身安全极为重要的场所。

对于应急负载的电路，ATSE用于末端切换电源可靠性相对更高。

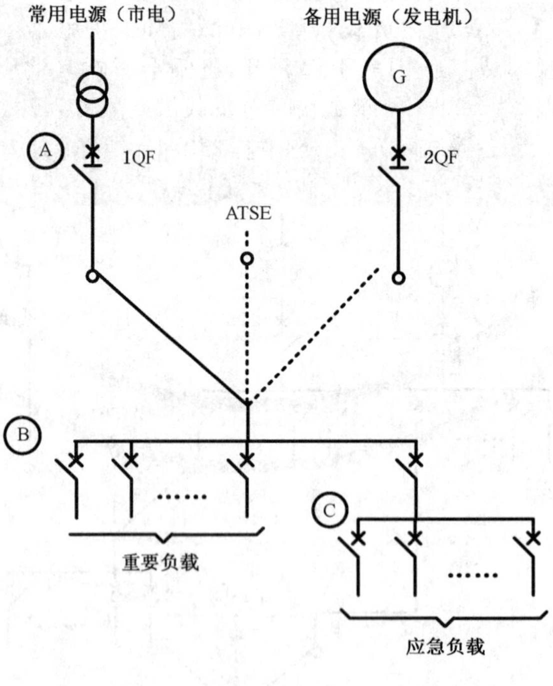

图B.3 电源位置的ATSE应用示例

B.5 发电机组的并联

发电机组并联运行是对交流电气设备进行同时操作和控制，并联运行如同一个单一的大电源那样工作使用。当整个负载大于 1 000 kW 时，备用电源发电机组并联运行是最经济的方式。并联的发电机组间应具有兼容性。

并联系统由发电机组、并联控制、主控制、电源转换控制及配电装置（断路器，母线排及相关电器）的模块组成（参见图 B.4）。通常主控制（总控制）作为发电机、并联控制和其他设备之间，以及电源转换控制之间的界面，每个发电机组都有一个并联控制。发电机组的电能通过配电装置来传送，配电装置包括将发电机组连接到主母线排的断路器，以及对系统负载馈电的断路器。

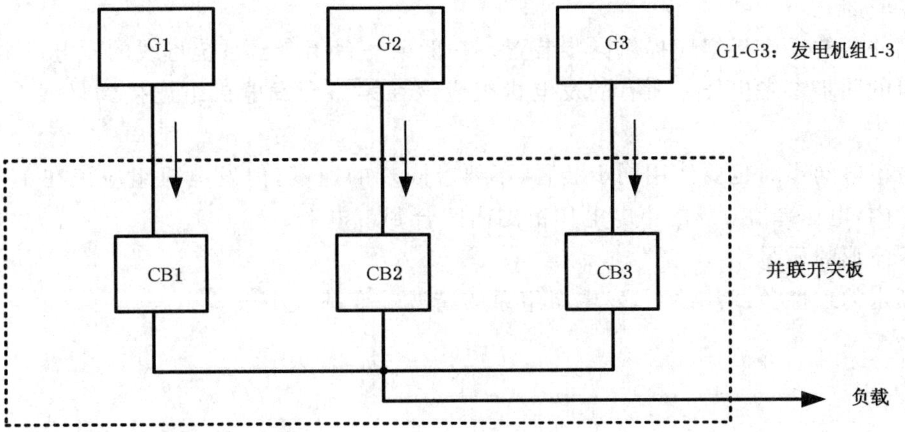

图 B.4　并联发电机组在一个共用母线排上连在一起为共同负载供电

并联发电机组所提供的电能是有限的，其一旦投入运行并承载关键负载，那么对所有负载提供适当质量的电能是非常重要的。因此，对并联发电机组提出下列性能要求：

a) 电压调整率

电压调整率是空载电压平均值与满载电压平均值之差，用百分数表示。系统（包括并联发电机组）的预期性能是 1%。在恒定频率下，带任何恒定负载时电压的波动不应该超过 1%。

b) 频率调整率

频率调整率是空载频率平均值与满载频率平均值之差，用百分数表示。系统（包括并联发电机组）的预期性能 0%。这一等级称为同步频率调整率。

c) 稳态频率变化率

发电机组的频率随着时间连续变化。维持一个相对稳定的频率很重要，这样，系统的性能会尽可能接近市电电源的性能。在恒定负载下，预期的性能是相对于标称频率偏离±0.25%。

d) 短路性能

应急电源系统在短路状态下必须提供足够的电流，使配电系统中的设备可以进行选择配合。所以，要求用于应急场合的发电机组既要有足够的磁场强度以提供必需的故障电流，又要有足够的控制或保护能力以防止出现过压。典型的要求包括能够在瞬间产生至少 10 倍的额定电流，在 3 相故障时至少产生 3 倍额定电流并持续 10 s。

e) 瞬态性能

发电机组是个有限的电源，所以任何大的负载变化都将使电压和频率暂时偏移稳态值。在负载变化过程中，发电机组应维持电压和频率的稳定性。为了使发电机组恢复，常常需要使电压跌落以使发动机恢复运行。另外很重要的一点就是如非线性负载，不应引起发电机组的不稳定性。

f) 起动性能

在发电机组应用中需要特别注意的负载就是电动机负载的起动。电动机负载会使发电机组在短时间内经受大幅值的过载。发电机组容量选取不当会导致发电机组瘫痪。为了正确选型，发电机组应符合下列一致性能参数。包括：

1） 同步交流发电机在启动一定功率的电动机时，电压降不宜高于一个规定值(一般为30%)；

2） 当电压变化超过10%时，可能会影响负载正常工作。为了确保在过载条件下电压能在一个合理的时间内恢复，应该验证发电机组在特定过载条件下至少可以恢复到90%的标称电压。为了使发电机速度能够恢复，一般规定在3倍额定功率下恢复到90%的标称电压，并且功率因数要足够低。

g） 同步时间

互相并联的发电机组应提供同步装置。一般第一台闭合至系统母线的发电机组是其他的发电机组的同步参考电压。所有的发电机组应该在第一台发电机组连接到母线上之后10 s内实现同步。

若与市电同步时也要使用同步装置，不要求同步的速度，但发电机组应该在10个同步的电气角度内，电压差在2%的市电电压范围内闭合到市电上。

h） 电压波形的质量

在额定的线性负载条件下，发电机组总的谐波畸变率应小于3%。

附　录　C
（资料性附录）
应急负载的举例

由于应急负载停止工作可能带来人身安全、财产损失或不良的社会反映。因此应急负载常常由两路电源供电，两路电源的转换一般由ATSE实现。所以ATSE的性能及可靠性关系到供电系统的可靠性。下面例举常见的几种应急负载：

a） 照明
　　疏散口的照明、出口信号灯、安全灯、警示灯、医院手术室的照明、消防电梯内的照明、火灾时需维持运行的机房的照明、大型公共场所的应急照明等；

b） 控制电源
　　医疗抢救用空气压缩机，以及其他具有重要功能设备的控制电源等；

c） 运输
　　消防用电梯等；

d） 机械系统
　　烟雾控制及增压风机等；

e） 加热装置
　　重要过程的加热等；

f） 冷却装置
　　血库、食品储藏等；

g） 生产
　　试验室重要过程电源、制药过程等；

h） 空气调节
　　数据中心及通讯用计算机机房的冷却，特护人群的冷暖调节，危险气体的通风，污染物质或生物污染物的通风等；

i） 消防
　　消防泵、连接泵、报警和通告等；

j） 数据处理
　　UPS系统和系统冷却以防止数据丢失，内存丢失以及程序瘫痪；

k） 生命安全
　　医院、护理院，以及其他医疗保健设施等；

l） 通讯系统
　　公共设施的通讯，如警察局和消防局及高层建筑内的播音系统等；

m） 信号系统
　　铁路运输、船舶运输以及航空管制等；

n） 电子设备
　　如门禁系统、大型商业（超市）收银系统等。

附 录 D
（资料性附录）
电磁环境及使用环境对转换控制器的影响

D.1 概述

由于转换控制器为连续工作制(24 h工作制)，信号源及工作电源取至主电路，因此，它的使用环境及电磁环境对其工作的稳定、可靠运行有较大的影响。控制器应该有较高的适应电磁环境、使用环境的能力。

D.2 抗电、磁干扰能力

根据产品工作的电磁环境，其抗电、磁干扰能力应适合下列不同项的组合。如E1C、E2D等(见表D.1)。

表 D.1 抗干扰能力等级试验水平

序号	抗扰度等级	E1	E2	备注
A	静电放电 GB/T 17626.2—2006	8 kV(空气放电)； 4 kV(接触放电)	15 kV(空气放电)； 6 kV(接触放电)	在空气非常干燥的情况下，可选用E2
B	射频辐射骚扰 GB/T 17626.3—2006 80 MHz～1 GHz	10 V/m	10 V/m	
	1.4 GHz～2 GHz	—	3 V/m	
	2 GHz～2.7 GHz	—	1 V/m	
C	电快速瞬变脉冲群 GB/T 17626.4—2008	电源端：2 kV/5 kHz； 信号端：1 kV/5 kHz	电源端：4 kV/5 kHz； 信号端：2 kV/5 kHz	符合GB/T 17626.4—2008附录B的第4级严酷的工业环境要求的可选用E2
D	1.2/50 μs～8/20 μs 浪涌 GB/T 17626.5—2008	线-线电压：1 kV； 线-地电压：2 kV	线-线电压：2 kV； 线-地电压：4 kV	符合GB/T 17626.5—2008附录B中规定的安装类别4的可选用E2
E	射频传导骚扰 GB/T 17626.6—2008	10 V	X级	有大功率无线通讯器场所，如对讲机等可选用E2
F	电压暂降 GB/T 17626.11—2008	符合 GB/T 14048.11—2008中8.2.1.2的规定，通过9.3.3.2.验证	2类 0% 持续时间 0.5和1周期 70% 持续时间 25周期 — 3类 0% 持续时间 0.5和1周期 40% 持续时间 10周期 70% 持续时间 25周期 80% 持续时间 250周期	对于E2也需通过GB/T 14048.11—2008中9.3.3.2验证

表 D.1（续）

序号	抗扰度等级	E1	E2		备注
G	短时中断 GB/T 17626.11—2008	符合 GB/T 14048.11 中 8.2.1.2 的规定，通过 9.3.3.2 验证	2 类 0%　持续时间 250 周期	3 类 0%　持续时间 250 周期	对于 E2 也需通过 GB/T 14048.11—2008 中的 9.3.3.2 验证
H	谐波 GB/T 17626.13—2006	—	试验等级 3		
I	介电性能 （不同电位间） 工频耐压（U_{ip}） 冲击耐压（U_{imp}）	常-备电源端间： $U_{ip}=1\ 200+U_e$， $U_{imp}=6$ kV； 常-备电源对地： $U_{ip}=1\ 200+U_e$， $U_{imp}=4$ kV	常-备电源端间： $U_{ip}=1\ 200+U_e$， $U_{imp}=8$ kV； 常-备电源对地： $U_{ip}=1\ 200+U_e$， $U_{imp}=6$ kV		电源级的 TSE 可优先选择按 E2 考核
注：两路电源线同时进行试验。					

D.3　使用环境

使用环境按严酷度分为以下两个等级（见表 D.2）。

表 D.2　使用环境等级

序号	环境适应性等级	J1	J2	备注
A	耐湿热性能（Db）	+40 ℃/6 昼夜	+55 ℃/6 昼夜，或 +55 ℃/28 昼夜	使用环境较严酷的，且用于特重要负载电路，TSE 可选用 +55 ℃/28 昼夜
B	电应力	—	通断电循环，电压循环 1/3 时间为 100%U_e 1/3 时间为 85%U_e 1/3 时间为 120%U_e	试验中 7 h 通电、1 h 断电为一个工种循环，总循环次数为三个循环。 参照 GB 11463—1989 中 6.2.2
C	振动 （非包装状态）	—	5-55-5 Hz，20 min，0.19 mm， 小于或等于 1 倍频程/min， 1.59 mm（5 Hz≤f≤10 Hz）， 0.76 mm（10 Hz≤f≤25 Hz）， 0.19 mm（25 Hz≤f≤55 Hz）， 工作状态，但不考核误差 振动方向，x、y、z	参照 GB 6587.1—2012 表 1 中Ⅲ组
D	老化性能	40 ℃±2 ℃，1.1U_e，168 h	70 ℃±2 ℃，1.1U_e，72 h	

根据工程的环境条件（使用环境及电磁环境），合理选择对转换控制器的考核指标要求，这对 ATSE 经济、安全、可靠运行有一定帮助。

附 录 E
（资料性附录）
通讯参数列表

编号	名称	单位	R/W	说明
测量参数				
1	常用侧电压测量值	V	R	相电压/线电压
2	备用侧电压测量值	V	R	相电压/线电压
3	备用侧频率测量值	Hz	R	
监视参数				
4	电源状态指示		R	当前常用、备用电源情况
5	开关状态指示		R	当前触头位置、自动/手动情况
历史参数				
6	ATSE 运行时间	/	R	总的运行时间
7	开关转换次数	/	R	开关总的转换次数
8	转换详细记录	/	R	转换时间及原因
9	故障转换次数	/	R	
设置参数				
10	系统时间	/	R/W	年、月、日、时、分、秒
11	欠电压动作值	%	R/W	常用/备用欠压设定
12	故障确认延时时间	s	R/W	常用/备用侧故障确认延时设定（含缺相、欠压等）
13	暂态停留时间	s	R/W	三位置的 ATSE
14	返回延时时间	s	R/W	
15	发电机关闭延时时间	s	R/W	
16	设备地址	/	R/W	控制器地址
17	设备波特率	/	R/W	传送速度
控制参数				
18	控制命令	/	W	用于远程控制
工厂参数（根据生产厂家实际情况选择）				
19	常用侧电压调整	/	R/W	一般用于工厂电压校准，用户不可见
20	备用侧电压调整	/	R/W	
注：R 表示只读；W 表示只写；R/W 表示可读可写。				

附 录 F
(资料性附录)
GB/T 14048.11 中对 TSE 要求的基本性能指标

GB/T 14048.11—2008 中规定的 TSE 机械及电气基本性能要求见表 F.1～表 F.6。

表 F.1 验证接通与分断能力——对应于各种使用类别的接通与分断条件
(本表在 GB/T 14048.11—2008 中为表 2)

使用类别		接通与分断试验条件					
		I/I_e	U_r/U_e	cosφ[a]	通电时间[b] s	循环周期 min	操作循环次数
交流	AC-31A AC-31B	1.5	1.05	0.80	0.05	[c]	[c]
	AC-32A AC-32B	3.0	1.05	0.65	0.05	[c]	[c]
	AC-33iA AC-33iB	6.0	1.05	0.50	0.05	[c]	[c]
	AC-33A AC-33B	10.0	1.05	[h]	0.05	[c]	[c]
	AC-35A AC-35B	3.0	1.05	0.50	0.05	[c]	[c]
	AC-36A AC-36B	1.5[d]	1.05	[d]	0.05	[c]	[c]
直流				L/R[e] ms			
	DC-31A DC-31B	1.5	1.05	[g]	0.05	[c]	[c,f]
	DC-33A DC-33B	4.0	1.05	2.5	0.05	[c]	[c,f]
	DC-36A DC-36B	1.5[d]	1.05	[d]	0.05	[c]	[c,f]

I＝接通和分断电流。接通电流用直流或交流的对称有效值表示。但对于使用类别 AC-36A，AC-36B 和 DC-36A，DC-36B，接通操作中的实际峰值可以理解为是高于对称峰值的值。

I_e＝额定工作电流。

U_r＝工频恢复电压或直流恢复电压。

U_e＝额定工作电压。

[a] cosφ 的允差为±0.05。

[b] 只要触头在重新断开前已完全闭合，则通电时间可小于 0.05 s。

[c] 见 GB/T 14048.11—2008 表 8。

[d] 用白炽灯负载按 GB/T 14048.11—2008 中 9.3.3.5.1 中规定的一般试验条件进行试验。

[e] L/R 的允差为±15%。

[f] 如果未标明极性，则对正反极性各进行一半次数的操作循环试验。

[g] 无预定的时间常数。

[h] 当 $I_e \leqslant 100$ A 时 cosφ＝0.45，当 $I_e > 100$ A 时 cosφ＝0.35。

表 F.2 验证操作性能——对应于各种使用类别的接通与分断条件
(本表在 GB/T 14048.11—2008 中为表 3)

使用类别		接通与分断试验条件					
		I/I_e	U_r/U_e	$\cos\varphi$[a]	通电时间[b] s	循环周期 min	操作循环次数
交流	AC-31A AC-31B	1.0	1.05	1.0	0.05	[c]	[c]
	AC-32A AC-32B	1.0	1.05	0.8	0.05	[c]	[c]
	AC-33iA AC-33iB	2.0[h]	1.05	0.8	0.05	[c]	[c]
	AC-33A AC-33B	2.0[h]	1.05	0.8	0.05	[c]	[c]
	AC-35A AC-35B	2.0[h]	1.05	0.8	0.05	[c]	[c]
	AC-36A AC-36B	1.0[d]	1.05	[d]	0.05	[c]	[c]
直流				L/R[e] ms			
	DC-31A DC-31B	1.0	1.05	[g]	0.05	[c]	[c,f]
	DC-33A DC-33B	2.5[i]	1.05	2.5	0.05	[c]	[c,f]
	DC-36A DC-36B	1.0[d]	1.05	[d]	0.05	[c]	[c,f]

I=接通和分断电流。接通电流用直流或交流的对称有效值表示。但对于使用类别 AC-36A,AC-36B 和 DC-36A,DC-36B,接通操作中的实际峰值可以理解为是高于对称峰值的值。

I_e=额定工作电流。

U_r=工频恢复电压或直流恢复电压。

U_e=额定工作电压。

[a] $\cos\varphi$ 的允差为±0.05。

[b] 只要触头在重新断开前已完全闭合,则通电时间可小于 0.05 s。

[c] 见 GB/T 14048.11—2008 中的表 9 和表 10。

[d] 用白炽灯负载按 GB/T 14048.11—2008 中 9.3.3.5.1 中规定的一般试验条件进行试验。

[e] L/R 的允差为±15%。

[f] 如果未标明极性,则对正反极性各进行一半次数的操作循环试验。

[g] 无预定的时间常数。

[h] 除 AC-33iB、AC-33B 和 AC-35B 使用类别应在 $I/I_e=1$ 的情况下进行全部次数的操作循环试验以外,其他使用类别应在 $I/I_e=1$ 情况下进行一半次数的操作循环试验。

[i] 除 DC-33B 使用类别应在 $I/I_e=1$ 的情况下进行全部次数的操作循环试验以外,其他使用类别应在 $I/I_e=1$ 情况下进行一半次数的操作循环试验。

表 F.3 验证短路操作能力的试验电流值
（本表在 GB/T 14048.11—2008 中为表 4）

额定工作电流 I_e (r.m.s) V	试验电流 (r.m.s) A
$I_e \leqslant 100$	5 000
$100 < I_e \leqslant 500$	10 000
$500 < I_e \leqslant 1\ 000$	$20I_e$
$1\ 000 < I_e$	$20I_e$ 或 50 kA(选较小值)
注：功率因数和时间常数应按 GB 14048.1—2012 中表 16 的规定。	

表 F.4 接通与分断能力试验的操作循环次数和操作循环时间
（本表在 GB/T 14048.11—2008 中为表 8）

额定工作电流 I_e A	操作循环次数			操作循环时间[a] min
	A 操作	B 操作		
	AC-31A，AC-32A，AC-33iA，AC-33A，AC-35A，AC-36A DC-31A，DC-33A，DC-36A	AC-31B，AC-35B，AC-36B DC-31B，DC-36B，	AC-32B，AC-33iB，AC-33B，DC-33B	
$0 < I_e \leqslant 300$	50	12	5	1
$300 < I_e \leqslant 400$	50	12	5	2
$400 < I_e \leqslant 630$	50	12	5	3
$630 < I_e \leqslant 800$	50	12	5	4
$800 < I_e \leqslant 1\ 600$	50	12	5	5
$1\ 600 < I_e \leqslant 2\ 500$	25	6	5	5
$2\ 500 < I_e$	3[b]	3	3	5

[a] 经制造商同意可缩短操作循环时间。

[b] 考虑到与 B 操作的要求不同，A 操作的操作循环次数今后会修改为 12。

表 F.5 电操作与机械操作性能试验的操作循环次数和操作循环时间 A 操作的使用类别
（本表在 GB/T 14048.11—2008 中为表 9）

额定工作电流 I_e A	操作循环时间[a] min	操作循环次数		
		不通电流	通电流	总计
$0 < I_e \leqslant 100$	1	—	6 000	6 000
$100 < I_e \leqslant 300$	1	—	6 000	6 000

表 F.5（续）

额定工作电流 I_e A	操作循环时间[a] min	操作循环次数		
		不通电流	通电流	总计
$300 < I_e \leqslant 400$	1	—	4 000	4 000
$400 < I_e \leqslant 630$	1	1 000	2 000	3 000
$630 < I_e \leqslant 800$	1	1 000	2 000	3 000
$800 < I_e \leqslant 1\ 600$	2	1 500	1 500	3 000
$1\ 600 < I_e \leqslant 2\ 500$	4	2 000	1 000	3 000
$2\ 500 < I_e$	4	2 000	1 000	3 000

[a] 经制造商同意可缩短操作循环时间。

表 F.6 电操作与机械操作性能试验的操作循环次数和操作循环时间 B 操作的使用类别（本表在 GB/T 14048.11—2008 中为表 10）

额定工作电流 I_e A	操作循环时间[a] min	操作循环次数		
		不通电流	通电流	总计
$0 < I_e \leqslant 100$	1	4 500	1 500	6 000
$100 < I_e \leqslant 300$	1	5 000	1 000	6 000
$300 < I_e \leqslant 400$	1	3 000	1 000	4 000
$400 < I_e \leqslant 630$	1	2 000	1 000	3 000
$630 < I_e \leqslant 800$	1	2 500	500	3 000
$800 < I_e \leqslant 1\ 600$	3	2 500	500	3 000
$1\ 600 < I_e \leqslant 2\ 500$	6	1 500	500	2 000
$2\ 500 < I_e$	6	1 500	500	2 000

[a] 经制造商同意可缩短操作循环时间。

参 考 文 献

[1] GB 6587.1—2012 电子测量仪器通用规范

[2] GB 7251.1—2005 低压成套开关设备和控制设备 第1部分:型式试验和部分型式试验成套设备

[3] GB 11463—1989 电子测量仪器可靠性试验

[4] GB 14048.2—2008 低压开关设备和控制设备 第2部分:断路器

[5] GB/T 14549—1993 电能质量 公共电网谐波

[6] GB 16895.20—2003 建筑物电气装置 第5部分:电气设备的安装和选择 第55章 其他设备 第551节:低压发电设备

[7] GB/T 17626.2—2006 电磁兼容 试验和测量技术 静电放电抗扰度试验

[8] GB/T 17626.3—2006 电磁兼容 试验和测量技术 射频电磁场辐射抗扰度试验

[9] GB/T 17626.4—2008 电磁兼容 试验和测量技术 电快速瞬变脉冲群抗扰度试验

[10] GB/T 17626.5—2008 电磁兼容 试验和测量技术 浪涌(冲击)抗扰度试验

[11] GB/T 17626.6—2008 电磁兼容 试验和测量技术 射频场感应的传导骚扰抗扰度

[12] GB/T 17626.11—2008 电磁兼容 试验和测量技术 电压暂降、短时中断和电压变化的抗扰度试验

[13] GB 17945—2010 消防应急照明和疏散指示系统

[14] GB 50016 建筑设计防火规范

[15] GB 50045 高层民用建筑设计防火规范

[16] GB 50052 供配电系统设计规范

[17] GB 50054 低压配电设计规范

[18] GB 50303—2002 建筑电气工程施工质量验收规范

[19] JGJ 16—2008 民用建筑电气设计规范

[20] JGJ 284—2012 金融建筑电气设计规范

[21] JGJ 243—2011 交通建筑电气设计规范

[22] JGJ 312—2013 医疗建筑电气设计规范

[23] IEC 60364-5-56:2009 低压电气装置 第5-56部分:电气设备的安装和选择 安全设施

ICS 29.120.50
K 31

中华人民共和国国家标准

GB/T 31143—2014

电弧故障保护电器(AFDD)的一般要求

General requirements for arc fault detection devices (AFDD)

(IEC 62606:2013,MOD)

2014-09-03 发布 2015-04-01 实施

中华人民共和国国家质量监督检验检疫总局
中国国家标准化管理委员会 发布

前　言

本标准按照 GB/T 1.1—2009 给出的规则起草。

本标准使用重新起草法修改采用国际电工委员会的 IEC 62606:2013《电弧故障保护电器(AFDD)一般要求》第 1 版。

本标准与 IEC 62606:2013 相比,主要差异如下:

——删去了与我国无关的其他国家注。

——删去额定电压 120 V 下的要求和试验。

——表 1 中增加注 a 。说明试验电弧电流是试验电路中发生燃弧前的预期电流,与表 3 的试验电弧电流规定相同。同时删去 9.9.2.1 中“考虑到试验过程中电弧电压值,通过施加将额定电压降低 50 V,以获取在电缆试品没有产生电弧时试验电流的调整。”一段。试验方法中凡涉及采用最低试验电流 2.5 A 的地方均改为 3 A。

——8.2.2 增加注:3 极和 4 极的 AFDD 在研究中。

——8.2.3 中修改了 3 处引用条款笔误,“9.7.2”改为“9.7.3”。

——9.9.1 修改为具有多个额定频率的 AFDD,试验应在每一个频率下进行。

——9.9.5.2 中第 2 段中将“电弧发生器”修改为“电缆试品”。同时修改图 16,将“电弧发生器”修改为“电缆试品”,其支路的 AFDD 改为 CB。

——9.11.2.2 中修改了 6 处引用条款笔误。

——修改图 8。将“1.27 mm”改为“3 mm”,与 9.9.3.2 的描述一致。

——附录 E 中,对于符合 4.1.2 分类的 AFDD,补充了相关的型式试验要求。

本标准由中国电器工业协会提出。

本标准由全国低压电器标准化技术委员会(SAC/TC 189)归口。

本标准负责起草单位:上海电器科学研究院、宁波习羽电子发展有限公司、上海电科电器科技有限公司。

本标准参加起草单位:杭州鸿世电器有限公司、上海西门子线路保护系统有限公司、浙江大学、施耐德电气(中国)有限公司上海分公司、巨邦电气有限公司、浙江省机电产品质量检测所、上海精益电器厂有限公司、上海电器设备检测所、苏州路美思电气有限公司、浙江正泰电器股份有限公司、中山市开普电器有限公司、上海良信电器股份有限公司、上海电器股份有限公司人民电器厂、法泰电器(江苏)股份有限公司、环宇集团有限公司、浙江天正电气股份有限公司、三信国际电器上海有限公司、北京明日电器设备有限责任公司、北京华盛安达电子有限公司、天津市华明合兴机电设备有限公司、江苏凯隆电器有限公司。

本标准主要起草人:刘金琰、周积刚、岑国训、龚骏昌、施惠冬。

本标准参与起草人:施强、包章尧、竺红卫、周磊、波官勇、袁科锋、余昉、章克强、陈景正、王先锋、邹建华、范建国、王谦、薛涵、李丽芳、侯高丰、苏邯林、冷岩、胡少英、姜和平、吴建新。

引　言

本标准的目的是对电弧故障保护电器(AFDD)规定必要的技术要求和试验程序。AFDD由专业人员安装在家用和类似场所以降低其下端电气火灾危险。

众所周知,剩余电流保护器(RCD)可以通过检测电气装置内的泄漏电流和由电痕化电流引起的对地燃弧而有效降低火灾危险。然而事实上RCD、熔断器或小型断路器(MCB)不能降低由带电导体之间的串联电弧或并联电弧引起的电气火灾危险。

在串联电弧故障发生时,由于没有产生对地泄漏电流,因而RCD无法检测到这类故障。而且串联电弧的故障阻抗降低了负载电流,使得电流低于MCB或熔断器的脱扣阈值。在相线与中性导体之间产生并联电弧的情况下,电流仅受限于装置的阻抗。最严重的情况是偶发电弧,传统的断路器并不是为此目的而设计的。

实践经验和现有的信息证实,引发火灾的接地故障电流的均方根值不能局限于50/60 Hz的额定电源频率,可能包括测试RCD时不考虑的较高频谱。

已经认识到电气装置内部的着火危险也可能是三相电气装置中性线断开引起的过电压的结果。

本标准包括专门安装在固定电气装置一个或多个终端电路进线端的配电板上的AFDD。

电弧故障保护电器(AFDD)的一般要求

1 范围

本标准适用于家用和类似用途的交流电路的电弧故障保护电器，以下称作 AFDD。本标准规定了 AFDD 的技术要求和试验程序。

注 1：AFDD 类似于美国的 AFCI“电弧故障断路器”。

AFDD 可由制造厂设计为：

——具有断开机构的单一装置，能在规定条件下断开被保护电路；或

——作为一种与保护电器组合在一起的单一装置；或

——作为独立单元，按附录 D 与声明的保护电器现场组装。

所组合的保护电器应是符合 GB 10963.1—2005 的断路器或符合 GB 16916.1—2014、GB 16917.1—2014、GB 22794—2008 的剩余电流保护器(RCD)。

在一定条件下如果持续燃弧，由于电弧故障电流的影响，会引起着火危险。这些装置预期降低固定电气装置终端电路的火灾危险。

三相电气装置中性线断开引起的过电压，从而引起的着火，也可用此类装置来保护，作为一种附加的选择，见 9.22。

注 2：电痕化电流引起燃弧，从而可能引起着火。

本标准适用于在规定条件下能够执行检测燃弧电流、将燃弧电流与火灾危险动作值比较以及当燃弧电流超过动作值时断开被保护电路等功能的装置。

符合本标准的 AFDD 适用于 IT 系统，带不可断开中性线的 AFDD 除外。

最大额定电压交流不超过 240 V。符合本标准的 AFDD 是由相与中性线供电。

最大额定电流(I_n)交流不超过 63 A。

本标准不包括由被保护电路以外电路供电或由电池供电的 AFDD。

AFDD 预期由非专业人员操作，不需要维修且提供隔离。

对于以下产品，可能需要特殊要求：

——与家用或类似一般用途的插头和插座或电器耦合器组合在一起的 AFDD；

——预期使用在 50Hz 或 60Hz 以外频率下的 AFDD。

注 3：对于装入插头、插座的 AFDD 或专用于插头、插座的 AFDD，本标准的技术要求可以与 GB 2099.1 一起使用(适用时)。

当电源侧可能发生过高的过电压时，可能需要特殊措施(如电涌保护器)。

本标准的技术要求适用于正常的温度环境条件，这些条件适用于预期用于污染等级 2 环境的 AFDD。对于在严酷环境条件地区使用的 AFDD，可补充必要的技术要求。

2 规范性引用文件

下列文件对于本文件的应用是必不可少的。凡是注日期的引用文件，仅注日期的版本适用于本文件。凡是不注日期的引用文件，其最新版本(包括所有的修改单)适用于本文件。

GB 2099.1—2008 家用和类似用途插头插座 第 1 部分：通用要求(IEC 60884-1:2006，MOD)

GB/T 2423.4—2008 电工电子产品环境试验 第 2 部分：试验方法 试验 Db：交变湿热(12 h+12 h循环)(IEC 60068-2-30:2005，IDT)

GB/T 2424.2—2005 电工电子产品环境试验 湿热试验导则(IEC 60068-3-4:2001,IDT)

GB 4208—2008 外壳防护等级(IP代码)(IEC 60529:2001,IDT)

GB 4343.1—2009 家用电器、电动工具和类似器具的电磁兼容要求 第1部分:发射(IEC/CISPR 14-1:2005,IDT)

GB/T 5465.2—2008 电气设备用图形符号 第2部分:图形符号(IEC 60417 DB:2007,IDT)

GB/T 5169.10—2006 电工电子产品着火危险试验 第10部分:灼热丝/热丝基本试验方法 灼热丝装置和通用试验方法(IEC 60695-2-10:2000,IDT)

GB/Z 6829—2008 剩余电流动作保护电器的一般要求(IEC/TR 60755:2008,MOD)

GB 10963.1—2005 电气附件 家用及类似场所用过电流保护断路器 第1部分:用于交流的断路器(IEC 60898-1:2002,IDT)

GB/T 13870(所有部分) 电流对人和家畜的效应(IEC 60479,IDT)

GB 16895(所有部分) 建筑物电气装置(IEC 60364)

GB/T 16895.10—2010 低压电气装置 第4-44部分:安全防护 电压骚扰和电磁骚扰防护(IEC 60364-4-44:2007,IDT)

GB 16916.1—2014 家用和类似用途的不带过电流保护的剩余电流动作断路器(RCCB) 第1部分:一般规则(IEC 61008-1:2012,MOD)

GB 16917.1—2014 家用和类似用途的带过电流保护的剩余电流动作断路器(RCBO) 第1部分:一般规则(IEC 61009-1:2012,MOD)

GB/T 16935.1—2008 低压系统内设备的绝缘配合 第1部分:原理、要求和试验(IEC 60664-1:2007,IDT)

GB 18499—2008 家用和类似用途的剩余电流动作保护器(RCD) 电磁兼容性(IEC 61543:1995,IDT)

GB 22794—2008 家用和类似用途的不带和带过电流保护的B型剩余电流动作断路器(B型RCCB和B型RCBO)(IEC 62423:2007,IDT)

CISPR 14-1:2009 Electromagnetic compatibility—Requirements for household appliances, electric tools and similar apparatus—Part 1: Emission

3 术语和定义

GB/Z 6829—2008、GB 10963.1—2005、GB 16916.1—2014、GB 16917.1—2014、GB 22794—2008界定的以及下列术语和定义适用于本文件。

注:除非另有规定,本标准中所用术语"电压"和"电流"均为有效值。

3.1

电弧或燃弧 arc or arcing

穿过绝缘介质的电气辉光放电现象,通常伴随着电极的局部挥发。

注:一个完整的正弦电流半波不视为燃弧半波。

3.2

电弧故障或燃弧故障 arc fault or arcing fault

导体之间或导体与地之间危险的非故意并联电弧或串联电弧。

3.3

电弧故障保护电器 arc fault detection device;AFDD

当检测到电弧故障时,通过断开电路来降低燃弧故障影响的装置。

3.4

电弧故障检测单元　arc fault detection unit;AFD unit

AFDD的一部分,确保检测和辨别危险的接地电弧故障、并联电弧故障和串联电弧故障的功能,并驱动断开装置动作断开电流。

注:既可以由断开机构(见4.1.1)、与AFD单元一体的保护电器(见4.1.2)断开电路,也可以由与AFD组装的保护电器(4.1.3)断开电路。

3.5

检测　detection

感知电弧故障电流存在的功能。

3.6

断开　interruption

使得AFDD的主触头自动从闭合位置转换到断开位置,从而切断其流过的电弧故障电流的功能。

3.7

接地电弧故障　earth arc fault

电流从带电导体流入大地的电弧故障。

注:在某些装置中(如TN装置),接地电弧电流可能与并联电弧电流值相近。

3.8

并联电弧故障　parallel arc fault

电弧电流流过带电导体之间并与负载并联的电弧故障。

3.9

串联电弧故障　series arc fault

电弧电流流过由AFDD保护的终端电路负载的电弧故障。

3.10

闭合位置　closed position

保证AFDD主电路预定的连续性的位置。

3.11

断开位置　open position

保证AFDD主电路的断开触头之间有预定的电气间隙的位置。

3.12

极　pole

仅与主电路的一个独立的导电路径相连的AFDD的部件,具有用来连接和断开主电路本身的触头。它不包括那些用来将各极固定在一起并使各极一起动作的部件。

3.13

可开闭中性极　switched neutral pole

只用来开闭中性线而不需有短路能力的极。

3.14

隔离(隔离功能)　isolation (isolating function)

出于安全原因,通过把电器与电源分开的办法以达到切断电器一部分或整个电器电源的功能。

3.15

隔离距离　isolating distance

在满足规定的隔离安全要求时处于断开位置触头间的电气间隙。

3.16

接通能力　making capacity

AFDD在规定的使用和工作条件下以及在规定的电压下能够接通的预期电流的交流分量值。

3.17

分断能力 breaking capacity

AFDD 在规定的使用和工作条件下以及在规定的电压下能够分断的预期电流的交流分量值。

3.18

限制短路电流 conditional short-circuit current

I_{nc}

被一合适的串联的短路保护装置(以下简称 SCPD)保护的 AFDD 在规定的使用和工作条件下能够承受的预期电流的交流分量值。

3.19

预期电流 prospective current

如果 AFDD 和过电流保护装置(如果有的话)的每个主电流回路用一个阻抗可忽略不计的导体代替时,在电路中流过的电流。

注:预期电流同样可以看作一个实际电流,例如:预期分断电流,预期峰值电流等。

3.20

(交流电路)最大预期峰值电流 maximum prospective peak current (of an a.c. circuit)

在电路接通后瞬态期间的预期电流峰值。

3.21

短路(接通和分断)能力 short-circuit (making and breaking) capacity

在规定条件下,用 AFDD 来接通,承载其断开时间和分断的用有效值表示的预期电流的交流分量。

3.22

螺纹挤压成形的自攻螺钉 thread forming tapping screw

具有连续螺纹的自攻螺钉。

注 1:螺纹挤压成形的自攻螺钉的螺纹没有从孔内切削材料的功能。

注 2:螺纹挤压成形的自攻螺钉的示例见图 1。

3.23

螺纹切削式自攻螺钉 thread cutting tapping screw

具有不连续螺纹的自攻螺钉。

注 1:螺纹切削自攻螺钉的螺纹具有从孔内切削材料的功能。

注 2:螺纹切削自攻螺钉的示例见图 2。

4 分类

4.1 根据结构类型分

4.1.1 由 AFD 单元和断开机构构成的单一装置的 AFDD。预期与制造厂声明的符合 GB 10963.1—2005、GB 16917.1—2014 或 GB 13539 的 1 个或多个标准的保护电器串联连接在电路中。

4.1.2 由 AFD 单元与符合 GB 10963.1—2005、GB 16916.1—2014、GB 16917.1—2014 或 GB 22794—2008 等 1 个或多个标准的保护电器组合为单一装置的 AFDD。

4.1.3 符合附录 D 的、由 AFD 单元与规定的保护电器在现场组装而成的 AFDD。

4.2 根据安装和连接方式分

面板式 AFDD,也称为配电板式,可按下述方式接线:

a) 接线方式与机械安装无关的 AFDD;

b) 接线方式与机械安装有关的 AFDD,如:

1） 插入式；

2） 螺栓式。

注：某些 AFDD 可能仅在电源侧采用插入式或螺栓式，而负载侧端子通常适合接线连接。

4.3 根据极数和电流回路数分

——单极两回路的 AFDD(单极加不可开断中性线)；

——二极 AFDD。

注 1：三极或四极 AFDD 在考虑中。

注 2：我国不允许使用带不间断中性极的 AFDD。单极两个电流回路的 AFDD，因具有不可开断中性线，其使用在我国受到相关安装规程的制约。例如，GB 50096—2011《住宅设计规范》和 JGJ 242—2011《住宅建筑电气设计规范》等标准规定，住宅的电源总开关装置应采用可同时断开相线和中性线的开关电器。

4.4 提供监控信息的 AFDD

提供监控信息的 AFDD 在考虑中。

5 AFDD 的特性

5.1 特性概要和降低火灾危险的条件

AFDD 应确保检测下列故障：

——接地电弧故障(见 3.7)；

——并联电弧故障(见 3.8)；

——串联电弧故障(见 3.9)。

AFDD 特性由以下术语表示：

——额定电流 I_n(见 5.2.2)；

——额定电压 U_n(见 5.2.1)；

——额定频率(见 5.2.3)；

——额定接通和分断能力 I_m(见 5.2.4)；

——单极额定接通和分断能力 I_{m1}(见 5.2.5)；

——防护等级(见 GB 4208—2008)；

——额定限制短路电路 I_{nc}(见 5.3.6 和 5.5.2)；

——单极额定限制短路电路 I_{nc1}(见 5.3.6 和 5.5.2)；

——连接方式(见 4.2)。

5.2 额定量和其他特性

5.2.1 额定电压

5.2.1.1 额定工作电压(U_n)

AFDD 的额定工作电压(以下称为额定电压)是制造厂规定的与 AFDD 的性能有关的电压值。

5.2.1.2 额定绝缘电压(U_i)

AFDD 的额定绝缘电压是制造厂规定的与介电试验电压和爬电距离有关的电压值。

除非另有规定，额定绝缘电压是 AFDD 的最大额定电压值。在任何情况下，最大额定电压不应超过额定绝缘电压。

5.2.1.3 额定冲击耐受电压(U_{imp})

AFDD 额定冲击耐受电压应等于或高于符合 GB/T 16935.1—2008 的表 F.1 和本标准表 4 规定的额定冲击耐电压的标准值。

5.2.2 额定电流(I_n)

制造厂规定的 AFDD 能在不间断工作制下承载的电流值。

5.2.3 额定频率

AFDD 的额定频率是对 AFDD 规定的以及其他特性值与之相应的电源频率。

同一 AFDD 可以具有多个额定频率。

5.2.4 额定接通和分断能力(I_m)

制造厂规定的 AFDD 在规定的条件下能够接通、承载和分断的预期电流的交流分量有效值。

按 4.1.1 分类的 AFDD 的规定条件见 9.11.2。按 4.1.2 和 4.1.3 分类的 AFDD 的规定条件见声明的保护电器标准(如 GB 10963.1—2005、GB 16916.1—2014、GB 16917.1—2014、GB 22794—2008)的规定。

5.2.5 单极额定接通和分断能力(I_{m1})

制造厂规定的 AFDD 的一个极在规定的条件下能够接通、承载和分断的预期电流的交流分量有效值。

5.3 标准值和优选值

5.3.1 额定电压(U_n)的优选值

额定电压的优选值为 230 V。

注:本标准中涉及 230 V 的地方,也可以分别看作 220 V 或 240 V。

5.3.2 额定电流(I_n)的优选值

额定电流的优选值是:

6 A、−8 A、−10 A、−13 A、−16 A、−20 A、−25 A、−32 A、−40 A、−50 A、−63A

5.3.3 额定频率的优选值

额定频率的优选值是 50 Hz、60 Hz 和 50/60 Hz。

5.3.4 额定接通和分断能力的最小值(I_m)

额定接通和分断能力 I_m 的最小值为 $10I_n$ 或 500 A,两者取较大值。

按 4.1.1 分类的 AFDD 的功率因数见 9.11.2,按 4.1.2 和 4.1.3 分类的 AFDD 的功率因数见声明的保护电器标准的规定。

5.3.5 单极额定接通和分断能力的最小值(I_{m1})

单极额定接通和分断能力 I_{m1} 的最小值为 $10I_n$ 或 500 A,两者取较大值。

按 4.1.1 分类的 AFDD 的功率因数见 9.11.2,按 4.1.2 和 4.1.3 分类的 AFDD 的功率因数见声明的保护电器标准的规定。

5.3.6 额定限制短路电流的标准值和优选值(I_{nc})和单极额定限制短路电流的标准值和优选值(I_{nc1})

5.3.6.1 概述

额定限制短路电流 I_{nc}和 I_{nc1}的标准值和优选值规定如下。

5.3.6.2 10 000 A 及以下的值

10 000 A 及以下的额定限制短路电流 I_{nc}和 I_{nc1}的值为:

3 000 A、—4 500 A、—6 000 A、—10 000 A。

按 4.1.1 分类的 AFDD 的功率因数见 9.11.2,按 4.1.2 和 4.1.3 分类的 AFDD 的功率因数见声明的保护电器标准的规定。

5.3.6.3 10 000 A 以上的值

大于 10 000 A～25 000 A 的值,优选值为 20 000 A。

按 4.1.1 分类的 AFDD 的功率因数见 9.11.2,按 4.1.2 和 4.1.3 分类的 AFDD 的功率因数见声明的保护电器标准的规定。

本标准不考虑 25 000 A 以上的值。

5.3.7 在大、小电弧电流下 AFDD 动作判别的极限值

5.3.7.1 在 63 A 及以下的小电弧电流下 AFDD 动作判别的极限值

表 1 额定电压为 230 V 的 AFDD 分断时间极限值

试验电弧电流[a](有效值)	3 A	6 A	13 A	20 A	40 A	63 A
最大分断时间	1 s	0.5 s	0.25 s	0.15 s	0.12 s	0.12 s
[a] 试验电弧电流是试验电路中发生燃弧前的预期电流。						

注:小电弧电流可能由相对地绝缘故障或串联电弧产生。

当施加到电弧故障保护电器(AFDD)上的试验电流不是表 1 中规定的值时,允许的分断时间应根据实际试验电流上下分断时间的值采用线性内插法来确定。

表 2 (空)

5.3.7.2 在 63 A 以上大电弧电流下 AFDD 动作判别的极限值

表 3 额定电压为 230 V 的 AFDD 在 0.5 s 内允许的最大半波数

试验电弧电流[a](有效值)	75 A	100 A	150 A	200 A	300 A	500 A
N[b]	12	10	8	8	8	8
[a] 试验电弧电流是试验电路中发生燃弧前的预期电流。 [b] N 是额定频率下的半波数。						

注:大电弧电流可能由相对地绝缘故障或并联电弧产生。

5.4 额定冲击耐受电压(U_{imp})的标准值

表4给出了额定冲击耐受电压标准值与装置标称电压的关系。

表4 额定冲击耐受电压与装置标称电压的关系

额定冲击耐受电压 U_{imp} kV	装置的标称电压 三相系统 V
4[a]	230/400
注1：检验绝缘的试验电压见表15。 注2：检验断开触头之间隔离距离的试验电压见表16。	
[a] 在海拔2 000 m处验证断开触头之间的隔离距离采用5 kV的值(见表16)。	

AFDD预期与一个或多个声明的保护器连接、整合或组装时，保护器的额定冲击耐受电压标准值比表4中规定的值更严酷，则最严酷的保护器标准中的标准运行和安装条件适用。

5.5 与短路保护电器(SCPD)的协调配合

5.5.1 概述

根据GB 16895安装规程，AFDD应采用符合相应标准的断路器或熔断器来进行短路保护。

在9.11的一般条件下验证AFDD和SCPD的配合，以验证AFDD在额定限制短路电流 I_{nc} 及以下的短路电流有足够的保护。

5.5.2 额定限制短路电流(I_{nc})和单极额定限制短路电流(I_{nc1})

制造厂规定的用一个SCPD保护的AFDD，在规定的条件下能承受的预期电流有效值而无损害其功能的变化。

其规定条件见9.11。

5.5.3 按4.1.1分类的AFDD断开机构的动作特性

5.5.3.1 概述

断开机构应满足本标准的所有适用要求。

下列缩写 I_{m1} 和 I_{nc1} 只适用于单极试验时。

5.5.3.2 额定接通和分断能力(I_m 和 I_{m1})

额定接通和分断能力(I_m 和 I_{m1})的规定条件见9.11.2.3和9.11.2.4。

额定接通和分断能力(I_m 和 I_{m1})最小值的相关功率因数见表19。

5.5.3.3 额定限制短路能力(I_{nc} 和 I_{nc1})

额定限制短路能力(I_{nc} 和 I_{nc1})的规定条件见9.11.2.5。

相关功率因数见表 19。

6 标志和其他产品信息

6.1 标志

每台 AFDD 应以耐久的方式标出表 5 全部或部分（对小型产品）数据。

表 5 标志及其位置

序号	标记或项目信息	标记或信息的位置		
		安装后产品上清晰可见	产品上	说明书中
a)	制造厂名称或商标		×	×
b)	型号、目录号或系列号		×	×
c)	额定电压	×		×
d)	额定频率；一个额定频率以上的 AFDD 应相应标记（如 50/60 Hz）		×	×
e)	额定电流	×		×
f)	额定接通和分断能力		×	×
g)	使用位置，如需要			×
h)	防护等级（如果不是 IP20）			×
i)	接线图		×	×
j)	符合标准		×	×

标志应位于 AFDD 本体上或铭牌上或贴附在 AFDD 的标牌上，并应位于 AFDD 安装后容易识别的地方。

本标准的所有 AFDD 均能提供隔离功能，所以在 AFDD 上可用符号 —/—⊢ 标明其适用于隔离。当附加符号时，该标志可放在接线图里，此时可与其他功能符号组合在一起。

当该符号单独使用时（即不在接线图中），则不允许与其他功能的符号组合在一起。

如果 AFDD 上标志的防护等级高于 GB 4208 的 IP20，则无论采用哪种安装方式均应符合这个要求。如果较高的防护等级仅是采用特定的安装方法和/或使用特定的附件（例如，端子盖板，外壳等）来达到的，则应在制造厂的文件中规定。

如果对于小型 AFDD，可利用的空间不足以标志上述所有数据，则至少应标出 c)、e)项的内容以及在安装后能看得见。a)、b)、d)、f)、i)、j)项的数据可标在 AFDD 的侧面或背面，但在安装前能看得见。i)项内容也可标在接电源线时应打开的任何盖子的里面。其余没有标出的任何数据应在制造厂的样本中给出。

AFDD 的断开位置应标志符号“○”而闭合位置应标志符号“｜”（一根短直线）。也可以在断开位置标志“分”或“OFF”，闭合位置标志“合”或“ON”。这些标志在安装 AFDD 后应显而易见。

如果只用一个按钮来闭合和断开触头并且能明显加以区分，则按钮保持在按下位置就足以指示闭合位置。反之，如果按钮不保持在按下位置，则应配备一个指示触头位置的装置。

如果应区分电源端和负载端，则它们应有明显的标记(例如在相应的端子附近用“电源”和“负载”表示或用表示电功率流向的箭头表示)。

专门用于连接中性线回路的端子应用字母 N 表示。

用于保护导体的端子(如果有的话)，应用符号⏚表示(GB/T 5465.2—2008 中 5019a)。

标志应是不易擦掉及容易识别的，并且不应位于螺钉、垫圈或其他可移动部件上。

端子应适合所有类型的导线：硬(实心或绞合)导线，同时也适合软导线(除非制造厂另外规定)。

对于通用端子(硬实心、硬绞合和软导线)：无标志。

对于非通用端子：

——声明仅适合硬实心导线的端子应标志字母“s”或“sol”；

——声明仅适合硬导线(实心和绞合)的端子应标志字母“r”。

标志应位于 AFDD 上，或者如果可利用的空间不足以标志，则应标在最小的包装上或在说明书中给出。

对于按 4.1.2 分类的 AFDD，如适用，应标示 GB 10963.1—2005、GB 16916.1—2014 或 GB 16917.1—2014 第 6 章中要求的标志。

通过检查和按 9.1.1 给出的试验程序中的 9.3 的试验来检验是否符合要求。

6.2 按 4.1.1 分类的 AFDD 的附加标志

6.2.1 AFDD 的标志

AFDD 应有如下标志：

a) 可以与 AFDD 连接用于短路保护的主保护电器的最大额定电流(如最大 32A)。如果此值与声明的保护电器有关，标志最低值；

b) 单极额定接通和分断能力(I_{m1})；

c) 额定限制短路电流(I_{nc})；

d) 单极额定限制短路电流(I_{nc1})。

推荐标志能与 AFDD 串联连接的主保护电器的相关信息。

制造厂应规定 AFDD 能承受的焦耳积分 I^2t 值及峰值电流 I_p 的能力。如果没有规定，则采用表 18中给定的最小值。

对于预期与多个保护电器连接的 AFDD，制造厂声明的保护电器的焦耳积分 I^2t 最高值及峰值电流 I_p 适用。

通过检查和 9.3 的试验来验证是否符合要求。

6.2.2 接线和操作的说明

AFDD 制造厂的产品说明书或目录中应说明，AFDD 能与哪种符合 GB 10963.1—2005 和/或 GB 16917.1—2014和/或 GB 22794—2008 和/或 GB 13539 的标准化保护电器连接。

制造厂应提供有关 AFDD 的足够信息。

这些说明应至少包括以下内容：

——AFDD 设计的能与其连接的保护电器的型式和目录号，包括电流和电压的额定值等；

——降容系数，如需要。

7 使用和安装的标准工作条件

7.1 标准条件

符合本标准的 AFDD 应能在表 6 所示的标准条件下工作。

表 6 使用的标准工作条件

影响量	使用的标准范围	基准值	试验允差[f]
周围温度[a,g]	−5 ℃～+40 ℃[b]	20 ℃	±5 ℃
海拔	不超过 2 000 m		
相对湿度 40 ℃时最大值	50%[c]		
外磁场	任何方向不超过 地磁场的 5 倍	地磁场	[d]
位置	按制造厂规定,任何方向允差 2°[e]	按制造厂规定	任何方向 2°
频率	基准值±5%[f]	额定值	±2%
正弦波畸变	不超过 5%	0	5%

[a] 日平均最高温度值为+35 ℃。

[b] 经常出现恶劣气候条件的地方,允许超出这个范围。由制造厂和用户协商。

[c] 在较低温度下允许有较高的相对湿度(例如 20 ℃时 90%)。

[d] 当 AFDD 安装在强磁场附近时,可能需要补充技术要求。

[e] 在固定 AFDD 时,不应有妨碍其功能的变形。

[f] 除非在相应的试验中另有规定,所给的允差适用。

[g] 在贮存和运输过程中允许−20 ℃和+60 ℃的极端温度范围,并应在设计 AFDD 时予以考虑。

如果 AFDD 与一个或几个声明的保护电器连接(4.1.1)或组成整体式(4.1.2)、现场组装式(4.1.3),而保护电器使用和安装的标准作条件比表 6 所述更严酷,则更严酷保护电器标准中的使用和安装的标准工作条件适用。

7.2 安装条件

AFDD 应按制造厂的说明书安装。

7.3 污染等级

本标准的 AFDD 预期用于污染等级 2 的环境,即一般仅有非导电性污染,但应考虑到偶然由于凝露造成的短暂的导电性。

8 结构和操作的要求

8.1 概述

AFD单元不应降低所声明的保护电器的主要动作特性。符合4.1.3分类的AFDD中的AFD单元和保护电器应出自同一制造厂或同一商标。

因此制造厂既要声明AFD单元可以与哪种保护电器组合，也要声明哪种AFD适合保护电器。

AFDD的设计，不应由AFD单元提供电气装置内相导线与中性导线或保护导线之间的电流而使另一电器脱扣。

AFDD的设计和结构应使其在正常使用条件下性能可靠，对操作者或周围环境无危险。

AFDD应符合本标准的范围和相关分类。

按4.1.1分类的AFDD应符合本标准的要求，尤其是6.2，9.11.2和9.18.2。

如果AFDD预期与几种保护电器连接，应在所有适用标准中选择最严酷的试验。

按4.1.1分类的AFDD的防护等级应不低于声明的与其连接的保护电器的防护等级。

如果AFDD预期与几种保护电器连接，所有适用标准中包含的最高防护等级适用。

按4.1.2分类的AFDD应符合其内置的保护电器的相关标准(GB 10963.1—2005、GB 16916.1—2014、GB 16917.1—2014或GB 22794—2008，适用时)。此外，也应符合本标准规定的要求和试验。

如果本标准所包括的试验，在GB 10963.1—2005、GB 16916.1—2014、GB 16917.1—2014或GB 22794—2008标准中也有，应在所有适用标准中选择最严酷的要求和试验，且仅适用一次。

按4.1.3分类的AFDD应符合本标准规定的要求。此外，也应符合本标准附录D给出的要求和试验(适用时)。

如果AFDD预期与几种保护电器组装，应在所有适用标准中选择最严酷的试验。

8.2 机械设计

8.2.1 概述

针对火灾危险的电弧电流的检测单元和脱扣单元应位于AFDD的进线端和出线端之间。

应不可能用外部工具来改变AFDD的动作特性。

应不可能通过任何方式屏蔽或抑制AFDD的功能。

说明书中应声明不允许将给定额定短路能力的断路器或过电流保护电器与符合4.1.1的AFDD连接，而导致较低的短路性能。

按文件要求检查是否符合要求。

8.2.2 机构

多极AFDD的所有极的动触头在机械上应这样联结，除了可开闭的中性极(如果有的话)外，所有极无论是手动操作或自动操作基本上同时接通和同时分断。

注：3极和4极的AFDD在研究中。

AFDD的可开闭中性极不应比其他极后闭合先断开。

AFDD应具有自由脱扣机构。

应能用手动操作闭合和断开 AFDD。

AFDD 的结构应使动触头只能停留在闭合位置或断开位置，即使操作件处于释放的中间位置也是如此。

AFDD 在断开位置，应按满足隔离功能必需的要求提供一个隔离距离。

应通过下述一种或两种方式提供主触头位置指示：

——操作件的位置(优先)，或

——独立的机械指示件。

如果使用独立的机械指示件来指示主触头的位置，应用红色表示闭合位置，绿色表示断开位置。

触头位置指示的方式应安全可靠。

AFDD 的设计应能使得操作件、盖板、盖子只能被安装在确保正确指示触头位置。

当制造厂提供或规定了将操作件锁定在断开位置的方式时，应只有在主触头处于断开位置时才有可能锁定。

对特定的使用场合，允许把操作件锁定在闭合位置。

如果用操作件来指示触头位置，当操作件释放时应自动地位于与动触头位置相对应的位置。在这种情况下，操作件应具有两个明显区别的与触头位置相对应的静止位置，但对自动断开，操作件可以有第三个明显区别的位置。这时，应手动使 AFDD 再扣后才能重新闭合。

机构的动作应不受外壳或盖的位置的影响，并且与任何可移动的部件无关。

由制造厂密封定位的盖子看作是不可移动的部件。

如果用盖子作为按钮的导向件，则应不可能从 AFDD 的外面把按钮取下。

操作件应可靠地固定在其轴上，并且不借助于工具应不可能把操作件卸下。

允许将操作件直接固定在盖上。如果操作件是“上下运动”的，当 AFDD 按正常使用安装时，则向上运动应使触头闭合。

通过直观检查和手动试验，对自由脱扣机构通过按 9.1.1 给出的试验程序中的 9.11 和 9.15 的试验来检验是否符合上述要求。

8.2.3 电气间隙和爬电距离(见附录 B)

表 7 规定的最小电气间隙和爬电距离是基于 AFDD 设计成在污染等级为 2 的环境中使用。

表 7 第 1 项的符合性，通过测量和 9.7.7.4.1 和 9.7.7.4.2 的试验来检查是否合格。进行试验的样品不经过 9.7.2 的潮湿处理。

第 2 项和第 4 项的电气间隙可以减小，只要测量的电气间隙不小于 GB/T 16935.1—2008 中均匀电场条件下所允许的最小值。在这种情况下，经过 9.7.2 的潮湿处理后，第 2 项和第 4 项的符合性和 9.7.3b)、c)、d)、e)的配置按下列顺序检查：

——按 9.7.3 至 9.7.6 进行试验(适用时)；

——按 9.7.7.2 进行试验，施加表 15 所示电压，按 9.7.3b)、c)、d)、e)的配置试验。

如果电气间隙的测量值没有减小，则 9.7.7.2 试验不适用。

表 7 第 3 项的符合性通过尺寸测量来检查是否合格。

注 1：8.2.3 中要求的所有测量应在试验程序 A 的 1 个试品上进行，而 9.7.7.2 的试验应在试验程序 B 的 3 个试品上进行。

符合 GB/T 16935.3 的 2 型保护涂层的印刷电路板(PCB)不需要本验证。

根据 GB/T 16935.1—2008 的 4.8.1，按绝缘材料相比电痕化指数(CTI)将其分为材料组别。

表 7　最小电气间隙和爬电距离

	最小电气间隙 mm		最小爬电距离[e,f] mm											
			绝缘材料组别Ⅲa[h] (175 V≤CTI<400 V)[d]				绝缘材料组别Ⅱ (400 V≤CTI<600 V)[d]				绝缘材料组别Ⅰ (600 V≤CTI)[d]			
	额定电压 V		工作电压[e] V											
	U_{imp}													
	4 kV	4 kV												
部位	120/240 240	230/400 230 400	>25 ≤50[i]	120	250	400	>25 ≤50[i]	120	250	400	>25 ≤50[i]	120	250	400
1. 当主触头处于断开位置时，分开的带电部件之间[a]	4.0	4.0	1.20	2.00	4.0	4.0	0.90	2.00	4.0	4.0	0.60	2.00	4.0	4.0
2.不同极的带电部件之间[a]	3.0	3.0	1.20	1.50	3.0	4.0	0.90	1.50	3.0	3.0	0.60	1.50	3.0	3.0
3. 不同电源供电的线路之间，一种是由 PELV 或 SELV 供电[g]	6.0	8.0		3.0	6.0	8.0		3.0	6.0	8.0		3.0	6.0	8.0
			额定电压 V											
			120/240		230/400		120/240		230/400		120/240		230/400	
4. 带电部件与 · 操作件可接触表面之间； · 安装 AFDD 时应拆卸的固定盖子的螺钉或其他器件之间； · AFDD 安装的表面之间；[b] · 固定 AFDD 的螺钉或其他器件之间；[b] · 金属盖子或外壳之间；[b] · 其他易触及的金属部件之间；[c] · 支撑嵌入式 AFDD 的金属框架之间	3.0	3.0	1.50		4.0		1.50		3.0		1.50		3.0	

注 1：给出的 400 V 对应的值也适用 440 V 对应的值。

注 2：如需要，中性线通路的部件可认为是带电部件。

注 3：应采取措施对 AFDD 不同极性带电部件之间提供足够的电气间隙和爬电距离，如插入式安装的 AFDD，彼此邻近。如果所有邻近 AFDD 的表面没有满足电气间隙和爬电距离的要求，应提供安装时的合适信息。

[a] 相关标准中给出辅助触头和控制触头的值。

[b] 如果 AFDD 带电部件和金属屏或安装断路器的表面之间的电气间隙和爬电距离不仅仅与断路器的设计有关，而是当断路器安装在最不利情况时，电气间隙和爬电距离可能减小，则表中的值应加倍。

[c] 包括在按正常使用安装后，覆盖在易触及绝缘材料表面的金属箔。用符合 9.6 无关节的直试验指把金属箔推至各个角落和凹槽等部位。

[d] 见 GB/T 4207。

[e] 在确定对应于那些所列工作电压的中间电压值的爬电距离时，允许用插值法。在用插值法时，应采用线性插值法并将值圆整到从表中所选值的相同位数。爬电距离的确定见附录。

[f] 爬电距离不能小于相应的电气间隙。

[g] 覆盖所有不同的电压，包括辅助触头上的 ELV。

[h] 对材料组别Ⅲb(100 V≤CTI<175 V)，材料组别Ⅲa 的值乘以 1.6 适用。

[i] 对工作电压为 25 V 及以下时，可以参考 GB/T 16935.1—2008。

注2：有关固体绝缘设计要求和相应测试的信息见 GB/T 16935.1—2008 的 5.3 和 6.1.3。

注3：对于印制电路材料的电气间隙，GB/T 16935.1—2008 表 F.2 的注 3 适用："印制电路材料可用表 F.4 中污染等级 1 的规定值，但其值应不小于 0.04 mm。"。对于印制电路材料的爬电距离，如用满足 GB/T 16935.3 要求和试验的涂层保护时，GB/T 16935.1—2008 表 F.4 中距离适用。

注4：对于印制电路板，不超过 2 mm 的电气间隙和爬电距离的尺寸可以在某些条件下用 GB/T 16935.5 来优化，只考虑湿度等级 2(HL2)和 3(HL3)的情况。

8.2.4 螺钉、载流部件和连接

8.2.4.1 无论电气连接或机械连接应能承受正常使用时产生的机械应力。

安装过程中，用于安装 AFDD 的螺钉不应是螺纹切削式自攻螺钉。

注1：安装 AFDD 使用的螺钉或螺母包括固定盖子或盖板的螺钉，但不包括用于螺纹导线管和固定 AFDD 基座的连接装置。

通过按 9.1.1 中给出的试验程序中 9.4 的试验来检验是否符合要求。

注2：9.8、9.11、9.12 和 9.20 的试验可认为对螺钉连接进行了检验。

8.2.4.2 安装过程中，安装 AFDD 时所用的与绝缘材料螺纹啮合的螺钉，应保证其正确导入螺孔或螺帽内。

通过直观检查和手动操作试验来检验是否符合要求。

注：如果能防止螺钉倾斜导入，例如用内螺纹中的凹槽固定的零件或使用一个去除前端螺纹的螺钉进行导向，则就满足了有关螺钉正确导入的要求。

8.2.4.3 电气连接应这样设计，使得触头压力不是通过除了陶瓷、纯云母或其他性能相当的材料以外的绝缘材料来传递，除非在金属部件中具有足够的弹性以补偿绝缘材料任何可能的收缩或变形。

通过直观检查来检验是否符合要求。

注：材料的适用性是就材料尺寸稳定性来考虑的。

8.2.4.4 载流部件包括用作保护导体的部件(如果有的话)应由金属制成，在设备所能遇到的条件下，该金属具有预期使用所需的足够的机械强度、导电率和耐腐蚀性能。

合适的金属如下：

——铜；

——对于冷加工零件，为含铜量至少为 58%的合金。对于其他零件，为含铜量至少为 50%的合金；

——耐腐蚀性能不低于铜并且具有适当机械性能的其他金属或适当涂层的金属。

当使用铁合金或适当涂层的铁合金时，通过防锈试验(见 9.16)来检验是否符合防腐要求。

本条款的要求不适用于触头、磁路、加热元件、双金属片、分流器、电子装置的元件，也不适用于螺钉、螺母、垫圈、夹紧板、端子的类似部件以及试验回路的部件。

8.2.5 连接外部导体的端子

8.2.5.1 连接外部导体的端子应确保其连接的导体可长期保持必需的接触压力。

只要接线装置不是用来连接电缆，允许专用于连接母排的接线装置。

这种装置可以是插入式，也可以是螺栓接入式。

端子在预期的使用条件下，应是容易接近的。

通过按 9.1.1 中给出的试验程序中 9.5 的试验来检验是否符合要求。

8.2.5.2 AFDD 应具有允许连接表 8 所示的标称截面积的铜导体的端子。

注：可能采用的端子的结构设计的示例见附录 H。

对于专门与 AFDD 连接的声明保护电器的额定电流，符合 4.1.1 的 AFDD 的端子应能夹紧所有声明的保护电器标准中规定的标称截面积的铜导体。

通过直观检查、测量以及依次连接一根规定的最小截面积和一根最大截面积的导体来检验是否符合要求。

表 8　螺纹型端子可连接的铜导体的截面积

额定电流[b] A		被夹紧的标称截面积范围[a] mm^2	
大于	至	硬（实心或绞合）导体	软导体
—	13	1～2.5	1～2.5
13	16	1～4	1～4
16	25	1.5～6	1.5～6
25	32	2.5～10	2.5～6
32	50	4～16	4～10
50	80	10～25	10～16
注：对 AWG 导体，截面积见附录 I。			
[a] 对额定电流小于等于 50 A 的端子，要求其结构能夹紧实心导线和硬绞合导线。但是对截面积 1 mm^2～6 mm^2 的导体，允许其结构只能夹紧实心导线。 [b] 具有相同基本设计结构端子的一个系列 AFDD，端子适合对于最小额定电流的最小截面积和对于最大额定电流的最大截面积的铜导体，实心和绞合，如适用按规定。			

8.2.5.3　端子中用来紧固导体的部件不应用来固定其他任何部件，即使它们可用来使端子定位或防止其转动也应如此。

通过直观检查和按 9.1.1 中给出的试验程序中 9.5 的试验来检验是否符合要求。

8.2.5.4　额定电流小于和等于 32A 的端子应允许连接未经特殊加工的导体。

通过直观检查来检验是否符合要求。

注：术语"特殊加工"包括焊接导体的线丝，使用电缆接头、弯成小圆环等，但不包括导体插入端子前的重新整形或为增加软性导体头部强度而拧紧导线的措施。

8.2.5.5　端子应具有足够的机械强度。

用于夹紧导体的螺钉或螺母应具有公制 ISO 螺纹或节距和机械强度相当的螺纹。

通过直接检查及按 9.1.1 中给出的试验程序中 9.4 和 9.5.1 的试验来检验是否符合要求。

8.2.5.6　端子的设计应使得其在紧固导体时不会过度损坏导体。

通过直观检查和按 9.1.1 中给出的试验程序中 9.5.2 的试验来检验是否符合要求。

8.2.5.7　端子的设计应使其能可靠地把导体紧固在金属表面之间。

通过直观检查及按 9.1.1 中给出的试验程序中 9.4 和 9.5.1 的试验来检验是否符合要求。

8.2.5.8　端子的设计或布置应使得硬性实心导线或绞合导线的线丝在拧紧紧固螺钉或螺母时不能滑出端子。

本要求不适用于接线片式端子。

通过按 9.1.1 中给出的试验程序中 9.5.3 的试验来检验是否符合要求。

8.2.5.9　端子应这样固定或定位，使得端子在拧紧或拧松紧固螺钉或螺母时不会松动。

这些要求不是指端子的设计应使得其转动或位移受阻止，但对任何移动应充分地加以限制以免不符合本标准的要求。

只要符合下列要求，采用密封化合物或树脂被认为足以阻止端子松动：

——在正常使用时，密封化合物或树脂不受到应力；

——在本标准规定的最不利条件下，端子所达到的温升不会损害密封化合物或树脂的效果。

通过直观检查、测量和按 9.1.1 中给出的试验程序中 9.4 的试验来检验是否符合要求。

8.2.5.10 连接保护导体的端子的紧固螺钉或螺母应具有足够的可靠性以防止意外的松动，并且不使用工具应不可能使紧固螺钉或螺母松动。

通过手动试验来检验是否符合要求。

一般来说，附录H所示图例的端子的结构都具有足够的弹性可符合本要求。对其他结构形式，可能应采取特殊措施，例如，使用一个不大可能因疏忽而丢失的具有足够弹性的部件。

8.2.5.11 用于连接外部导体的端子的螺钉或螺母应与金属螺纹相啮合，并且这些螺钉不应是自攻螺钉。

8.3 电击防护

AFDD的结构应使其在按正常使用安装和接线后，其带电部件是不易触及的。

注：术语"正常使用"指AFDD按制造厂的说明书安装。

如果部件能被标准试验指(见9.6)触及，则认为该部件是易触及的。

对除了插入式AFDD以外的AFDD，当其按正常使用条件安装和接线后，其易触及的外部零件，不包括固定盖和标牌的螺钉或其他器件，应用绝缘材料制成或全部衬垫绝缘材料，除非带电部件位于一个绝缘材料的内壳里。

衬垫应以这样的方式固定，使得它们在安装AFDD的过程中不可能丢失。衬垫应具有足够的厚度和机械强度，并且在有锐利的边缘处应提供足够的保护。

电缆或导线管的入口应是绝缘材料制成的或具有绝缘材料套管或类似装置，这些装置应可靠地固定并且有足够的机械强度。

对于插入式AFDD，正常使用时易触及的外部部件，不包括固定盖的螺钉或其他器件，应是绝缘材料制成的。

金属的操作件应与带电部件绝缘，其导电部件，即外露的导电部件，除了联结几个极的绝缘的操作件的部件外，应覆盖有绝缘材料。

机构的金属部件应是不易触及的。此外，它们应与易触及的金属部件绝缘，与支承嵌入式AFDD基座的金属支架绝缘，与把基座固定在支架上的螺钉或其他器件以及用作支架的金属板绝缘。

应在不触及带电部件的情况下，可以很方便地更换插入式AFDD。

就本条款而言，认为清漆和瓷漆不能提供足够的绝缘。

通过直观检查及按9.1.1中给出的试验程序中9.6的试验来检验是否符合要求。

8.4 介电性能和隔离能力

AFDD应具有足够的介电性能并应确保隔离。

AFDD安装后正常进行的绝缘测量所产生的直流高压不能损坏连接到主电路的控制电路。

通过按9.1.1中给出的试验程序中9.7的试验来检验是否符合要求。

8.5 温升

8.5.1 温升极限值

在9.8.2规定的条件下，测量表9规定的AFDD各部件的温升不应超过表9规定的极限值。

AFDD不应有影响其功能和使用安全的损坏。

表 9 温升值

部件[a,b]	温升 K
连接外部导体的端子[c]	65
在手动操作 AFDD 过程中,易触及的外部部件,包括绝缘材料的操作件以及连接各极绝缘的操作件的金属部件	40
操作件的外部金属部件	25
其他外部部件,包括 AFDD 与安装平面直接接触的表面	60

[a] 对触头的温升值不作规定,因为大多数 AFDD 的结构如不变动部件或移动部件不能直接测量这些部件的温升,而这些变动往往会影响试验的再现性。

可靠性试验(见 9.19)被认为已间接地对触头在使用中过度发热的工作情况作了充分的考核。

[b] 除了表列部件外,其他部件的温升值不作规定,但不应引起相邻的绝缘材料部件损坏,也不能妨碍 AFDD 的操作。

[c] 对插入式 AFDD 是指安装 AFDD 的基座的端子。

如 AFDD 与一个或多个声明的保护电器连接(见 4.1.1)、组合(见 4.1.2)或组装(见 4.1.3)时,保护电器的标准温升条件比表 9 规定值更严酷,则最严酷的保护电器标准(GB 10963.1—2005、GB 16916.1—2014、GB 16917.1—2014 或 GB 22794—2008)中使用和安装的标准工作条件适用。

8.5.2 周围空气温度

表 9 所示的温升极限值仅适用于周围空气温度保持在表 6 所列的极限范围内。

8.6 动作特性

8.6.1 保护电器部分的动作特性

按 4.1.2 分类的 AFDD 应符合其所组合的保护电器相关标准中的动作特性(GB 10963.1—2005, GB 16916.1—2014,GB 16917.1—2014 或 GB 22794—2008,如适用)。

通过进行相关标准中所有的相关试验来检查是否符合要求。

按 4.1.3 分类的 AFDD 应符合其所组装的保护电器相关标准中的动作特性(GB 10963.1—2005、GB 16916.1—2014、GB 16917.1—2014 或 GB 22794—2008,如适用)。

通过进行相关标准和附录 D 中所有的相关试验来检查是否符合要求。

8.6.2 动作特性

8.6.2.1 概述

AFD 的动作特性应符合下列要求。

通过 9.9 的试验来检查是否符合要求。

8.6.2.2 串联电弧故障下的动作

AFDD 在串联电弧故障电流时的动作应符合表 1 所示的分断时间。

通过 9.9.2 试验来检查是否符合要求。

8.6.2.3 并联电弧故障下的动作

AFDD在并联电弧故障时的动作应符合表3所示的半波数。

通过9.9.3试验来检查是否符合要求。

8.7 机械和电气寿命

AFDD应能进行足够的机械和电气操作次数。

通过按9.1.1中给出的试验程序中9.10的试验来检验是否符合要求。

8.8 短路电流下的性能

AFDD应能进行规定的短路操作次数，在短路操作时不应危及操作者，也不应在带电的导电部件之间或带电的导电部件与接地部件之间产生闪络。

通过按9.1.1中给出的试验程序中9.11的试验来检验是否符合要求。

8.9 耐机械冲击和撞击性能

AFDD应具有足够的机械性能，以使其能承受在安装和使用过程中所遭受的机械应力。

通过按9.1.1中给出的试验程序中9.12的试验来检验是否符合要求。

8.10 耐热

AFDD应具有足够的耐热性能。

通过按9.1.1中给出的试验程序中9.13的试验来检验是否符合要求。

8.11 耐异常热和火

如果邻近的载流部件在故障或过载情况下达到一个很高的温度时，AFDD用绝缘材料制成的外部零件应不容易点燃或蔓延火焰。其他用绝缘材料制成的零件的耐异常发热和耐燃性可认为通过本标准的其他试验已得到检验。

通过直观检查和按9.1.1中给出的试验程序中9.14的试验来检验是否符合要求。

8.12 主电路过流时AFDD特性

AFDD在规定的过电流条件下不应动作。

通过按9.1.1中给出的试验程序中9.17的试验来检验是否符合要求。

8.13 由冲击电压引起浪涌电流时AFDD的特性

AFDD对通过设备的电容负载流过的对地浪涌电流和设备闪络而流过的对地浪涌电流均应有足够的耐受能力。

通过按9.1.1中给出的试验程序中9.18的试验来检验是否符合要求。

8.14 可靠性

AFDD即使在长期运行后，考虑到其元件的老化，也应可靠动作。

通过按9.1.1中给出的试验程序中9.19和9.20的试验来检验是否符合要求。

8.15 电磁兼容（EMC）

AFDD应符合相关的EMC要求。

通过按 9.1.1 中给出的试验程序中 9.21 的试验来检验是否符合要求。

8.16 在负载侧连接各种电气器具时正确动作的屏蔽试验

在负载侧连接各种负载时，AFDD 不应失去判别能力，而应能继续检测电弧故障。

通过 9.9.4 的试验来检验是否符合要求。

8.17 AFD 试验装置的性能

AFDD 应具有手动触发或自动触发或两种兼具检查电弧检测电路的试验功能。

自检试验功能应每次接通时执行，并且检测间隔不应超过 1 天。

自检过程中，进行试验时不要求断开触头。

注 1：由于耐久性试验验证了机构的机械部件，短路试验验证了触头，因此这些部件是高可靠性的且不需要进行周期性试验。

手动试验时，AFDD 应脱扣。

注 2：测试手动或自动触发试验的附加要求和试验程序在考虑中。

如在自检试验中发现故障，AFDD 应脱扣并指示自检结果。

带有 RCD 功能的 AFDD，需要符合相关标准的一个试验装置。

在功能试验过程中，电气装置的保护导体不应带电(接触电流和/或接触电压应限制在 GB 16895 和 GB/T 13870 标准规定的危险值以下)。

为了验证，制造厂应提供功能试验电路的必要文件。

9 试验程序

9.1 概述

9.1.1 不同形式的 AFDD 的一般试验程序

对于 9.11.2.5 的试验，按 4.1.1 分类的 AFDD 首先应与声明的符合 GB 10963.1—2005 或 GB 16917.1—2014或 GB 13539 标准的保护电器连接。

当 AFDD 预期与多个保护电器连接时，在制造厂声明的保护电器的最高 I^2t 和 I_p 下，施加试验程序。

声明的保护电器应符合相应标准的型式试验，如适用：

a) 对 CB 为 GB 10963.1—2005；

b) 对 RCBO 为 GB 16917.1—2014 或 GB 22794—2008；

c) 对熔断器为 GB 13539。

按 4.1.2 分类的 AFDD 首先应按 GB 10963.1—2005 或 GB 16916.1—2014 或 GB 16917.1—2014 或 GB 22794—2008 进行试验。完成了 GB 10963.1—2005 或 GB 16916.1—2014 或 GB 16917.1—2014 或 GB 22794—2008 所规定的试验之后，应施加本标准所规定的附加试验，以表明符合本标准。

当本标准包括的试验也包括在 GB 10963.1—2005 或 GB 16916.1—2014 或 GB 16917.1—2014 或 GB 22794—2008 中，应施加所有适用标准中最严酷的试验，且仅试验一次，但合格准则应涵盖所有适用标准的合格准则。

按 4.1.3 分类的 AFDD 首先应(按制造厂的说明书)与制造厂声明的符合 GB 10963.1—2005 或 GB 16916.1—2014或 GB 16917.1—2014 或 GB 22794—2008 标准的保护电器组装。然后施加本标准规定的试验程序以及附录 D 规定的附加要求和试验。

当 AFDD 预期与多个保护电器组装时，或采用制造厂声明的每种保护电器重复试验程序，或施加所有适用标准中最严酷的试验，且仅试验一次，但合格准则应涵盖所有适用标准的合格准则。

附录A提供了AFDD试验的试验程序和试品数量。

9.1.2 AFDD的性能通过型式试验来验证

本标准所要求的型式试验列于表10。

表10 型式试验表

试验	条款
标志的耐久性	9.3[a]
螺钉、载流部件和连接的可靠性	9.4[a]
连接外部导体的端子的可靠性	9.5[a]
电击保护	9.6[a]
介电性能	9.7[a]
温升	9.8
动作特性	9.9
机械和电气寿命	9.10[a]
短路情况下的特性	9.11
耐机械振动和撞击性能	9.12[a]
耐热性	9.13[a]
耐异常热和火	9.14[a]
自由脱扣机构	9.15
防锈	9.16
验证过电流时，不动作电流的极限值	9.17
验证冲击电压产生的浪涌电流作用下AFDD的性能	9.18
验证可靠性	9.19
电子元件的老化	9.20
电磁兼容	9.21
验证三相系统中由于中性线断开引起过电压的保护	9.22

[a] 对于按4.1.2分类的AFDD，这些试验已由RCD或断路器的相关标准中的试验包括，不需要重复进行试验。

9.1.3 作为认证用时，型式试验按试验程序进行

注：术语“认证”指：

——制造厂的合格声明；或

——第三方认证，例如由一个独立的认证机构认证。

试验程序及提交试验的试品数量在附录A中规定。

除非另有规定，否则每个试验程序在新的AFDD上进行，影响量为标称的基准值(见表6)。

9.1.4 制造厂对AFDD进行的常规试验

AFDD的常规试验按附录E。

对于符合4.1.2和4.1.3分类的AFDD，声明的保护电器动作特性的常规试验按声明的保护电器标准GB 10963.1—2005、GB 16916.1—2014、GB 16917.1—2014或GB 22794—2008，如适用。

9.2 试验条件

除非另有规定，否则AFDD按制造厂的说明书单独地安装在周围温度为20 ℃～25 ℃之间的大气

中，并应避免外界过度的加热或冷却。

设计成安装在单独外壳中的AFDD应在制造厂规定的最小的这样的外壳中进行试验。

注1：单独的外壳是设计成只能容纳一个AFDD的外壳。

除非声明的保护电器另有规定，否则AFDD连接表11规定的适当的截面积的电缆，并且固定在一块厚约20 mm，涂有无光泽黑漆的层压板上。安装方式应符合制造厂有关安装说明的要求。

表11 对应于额定电流的试验铜导体

额定电流 I_n A	$I_n \leqslant 6$	$6 < I_n \leqslant 13$	$13 < I_n \leqslant 20$	$20 < I_n \leqslant 25$	$25 < I_n \leqslant 32$	$32 < I_n \leqslant 50$	$50 < I_n \leqslant 63$
S mm^2	1	1.5	2.5	4	6	10	16

注2：对AWG铜导体，见附录I。

在没有规定误差时，型式试验应在严酷程度不低于本标准规定的数值下进行。除非另有规定，试验在额定频率±5%的条件下进行。

在试验过程中，不允许维修或拆卸试品。

对9.8，9.9，9.10，9.19.3和9.20试验，AFDD应按下列要求接线：

——连接导线用单芯聚氯乙烯绝缘铜电缆线；

——连接导线应在大气中，并且相互之间距离不小于端子之间的距离；

——端子与端子之间的每根临时连接导线的长度如下：

- 截面积小于等于10 mm^2 的导线为1 m；
- 截面积大于10 mm^2 的导线为2 m。

施加在端子螺钉上的拧紧扭矩为表12规定值的三分之二。

与手动操作有关的AFDD，在进行9.10和9.11试验过程中，应采用0.1 m/s±25 %的操作速度。在试验装置的操作机构触及到被试AFDD操作件末端时并在该位置测量操作速度。对于旋转操作手柄，其角速率应基本上与上述条件相当，即被试AFDD操作件末端处的速度与上述速度相当。

9.3 标志的耐久性试验

用手拿一块浸透水的棉花擦标志15 s，接着再用一块浸透脂族己烷溶剂(芳香剂容积含量最多为0.1%，贝壳松脂丁醇值为29，初沸点约为65 ℃，干点约为69 ℃，比重为0.68 g/cm^3)的棉花擦15 s进行试验。

注：可接受本标准和CAS No.110-54-3要求的主要成分的脂族己烷溶剂。

对用压印、模压或蚀刻方式制造的标志不进行本试验。

在本试验后，标志应容易识别。在本标准的所有试验后，标志仍应保持容易识别。

标志应不可能轻易地移动，并没有翘曲现象。

9.4 螺钉、载流部件和连接的可靠性试验

通过直观检查，对AFDD安装和接线时使用的螺钉和螺母还要通过下列试验来检验是否符合8.2.4的要求。

拧紧和拧松螺钉或螺母：

——对与绝缘材料螺纹啮合的螺钉，10次；

——所有其他情况，5次。

与绝缘材料螺纹啮合的螺钉或螺母，每次试验时应完全旋出然后再重新旋入。

试验时应采用合适的螺丝刀或扳手施加表 12 所示的扭矩。

螺钉或螺母应以平滑连续移动的方式拧紧。

试验时,只采用具有表 8 规定的最大截面积的硬性导体。对实心导线或绞合导线采用最不利的一种。每次拧松螺钉或螺母时,要移动导体。

表 12 螺钉的螺纹直径和施加的扭矩

螺纹标称直径 mm		扭矩 N·m		
大于	至	Ⅰ	Ⅱ	Ⅲ
—	2.8	0.2	0.4	0.4
2.8	3.0	0.25	0.5	0.5
3.0	3.2	0.3	0.6	0.6
3.2	3.6	0.4	0.8	0.8
3.6	4.1	0.7	1.2	1.2
4.1	4.7	0.8	1.8	1.8
4.7	5.3	0.8	2.0	2.0
5.3	6.0	1.2	2.5	3.0
6.0	8.0	2.5	3.5	6.0
8.0	10.0	—	4.0	10.0

第Ⅰ栏适用于拧紧时螺钉不露出孔外的无头螺钉以及其他不能用刀口比螺钉直径宽的螺丝刀拧紧的螺钉。

第Ⅱ栏适用于用螺丝刀拧紧的其他螺钉。

第Ⅲ栏适用于用除了螺丝刀以外的其他工具来拧紧的螺钉或螺母。

如果螺钉有一个可用螺丝刀拧紧的带槽六角头,而且第Ⅱ栏和第Ⅲ栏的数值又不一样,试验进行两次。第一次试验对六角头施加第Ⅲ栏规定的扭矩,然后在另一个试品上用螺丝刀施加第Ⅱ栏规定的扭矩。如果第Ⅱ栏和第Ⅲ栏数值相同,则仅用螺丝刀进行试验。

在试验过程中,螺钉连接不应松动,并不应有妨碍 AFDD 继续使用的损坏,例如,螺钉断裂或螺钉头的槽、螺纹、垫圈或螺钉夹头损坏等。

此外,外壳和盖也不应损坏。

9.5 用于外部接线的端子的可靠性试验

9.5.1 端子连接表 8 规定的最小和最大截面积的铜导体。同样型号的铜导体可以是实心导线、绞合导线或软导线。

端子应适合所有型式的导体:硬导线(实心或绞合)和软导线,除非制造厂另有规定。

端子连接下述规定的最小最大截面积的各个型式的导体进行试验:

——对于实心导线,应采用截面积为 1 mm^2～6 mm^2 的导线进行试验,如适用;

——对于绞合导线,应采用截面积为 1.5 mm^2～25 mm^2 的导线进行试验,如适用;

——对于软导线,应采用截面积为 1 mm^2～16 mm^2 的导线进行试验,如适用。

导体插入到端子中至规定的最短距离。如果没有规定距离,则插入至刚好从另一边露出为止,并且处于最容易使实心导线或绞合导线的线丝松脱的位置。

然后用表 12 相应栏目中规定值的三分之二的扭矩拧紧紧固螺钉。

接着对每根导体施加表 13 规定的拉力。

施加拉力时不能用冲击力,时间为 1 min,方向为导体位置的轴线方向。

如需要,不同截面积下相关拉力的试验值应清楚地标注在试验报告中。

在试验过程中,端子中导线应没有可觉察的移动。

表 13 拉力

端子能容纳的导体截面积 mm^2	≤4	≤6	≤10	≤16	≤50
拉力 N	50	60	80	90	100

9.5.2 端子连接表 8 规定的最小和最大截面积的铜导体。实心导线或绞合导线中采用最不利的一种。用表 12 相应栏目中规定值的三分之二的扭矩拧紧端子螺钉。

然后拧松端子螺钉,并对导体可能受到端子影响的部分进行检查。

导体应没有过度的损坏或被切断的线丝。

注:如果导体有深的压痕或锐利的压痕,则认为是过度的损坏。

在试验过程中,端子不应松动,也不能有妨碍端子继续使用的损坏,例如,螺钉断裂或螺钉头的槽、螺纹、垫圈或螺钉夹头损坏。

9.5.3 端子连接具有表 8 所示结构的硬性绞合铜导体。

在插入端子前,对导体的线丝进行适当整形。

导体插入至端子底部或刚好从端子另一边露出为止,并处于最容易使导体的线丝松脱的位置。然后用表 12 相应栏目中规定值三分之二的扭矩拧紧紧固螺钉或螺母。

试验后,应没有任何导体的线丝分散在夹紧件外面。

9.6 电击防护验证

本要求适用于 AFDD 按正常使用安装后暴露在操作者面前的那些部件。

AFDD 按正常使用安装(见 8.3 的注)并且连接 AFDD 可能连接的最小和最大截面的导体,用图 3 所示的标准试指对 AFDD 进行试验。

标准试指应设计成使每个关节部分只能相对于试指轴线在同一个方向转动 90°。

把标准试指施加到人的手指可能弯曲到的每一个位置上,用一个电气接触的指示器来显示其与带电部件的接触。

推荐采用一个灯泡作为接触指示,电压不低于 40 V。标准试指不应触及带电部件。

带有热塑性材料外壳或盖的 AFDD 应进行下列补充试验,试验在 35 ℃±2 ℃的周围温度下进行,AFDD 也处于这个温度下。

用一个与标准试指同样尺寸的无关节的直的试指顶端对 AFDD 施加 75 N 的力 1 min,对绝缘材料变形可能影响 AFDD 的安全性的所有地方施加试指,但对敲落孔不进行试验。

在试验过程中,外壳或盖不应变形到带电部件能被无关节试指触及的程度。

非封闭式的 AFDD,具有不被外壳覆盖的部件,试验时应使用一块金属面板并按正常使用安装。

9.7 介电性能验证

9.7.1 概述

AFDD 应按下述进行试验。

9.7.2 耐潮湿性能

9.7.2.1 AFDD 试品准备

把不用工具就能拆卸的 AFDD 的部件拆下并和主要部件一起进行潮湿处理，在潮湿处理过程中，弹簧盖保持打开。

进线孔（如果有的话）全部打开，如果有敲落孔，则打开其中一只。

9.7.2.2 试验条件

潮湿处理在空气相对湿度保持在 93%±5%之间的潮湿箱中进行。

放置试品处的空气温度保持在 20 ℃和 30 ℃之间的任何合适温度 T ℃±2 ℃内。

试品在放入到潮湿箱前，预热到 T ℃和 T ℃+4 ℃的温度之间。

9.7.2.3 试验顺序

试品在潮湿箱中保持 48 h。

注：例如，在潮湿箱中放置硫酸钠（Na_2SO_4）或硝酸钾（KNO_3）的饱和水溶液，并使其与箱内空气有一个足够大的接触面，就可获得 91%～95%之间的相对湿度。

为了使箱内达到规定的条件，建议使用一个绝热的箱子并确保箱内空气不断循环。

9.7.2.4 试验后 AFDD 的状况

在潮湿处理后，试品应无本标准规定的损坏，并能承受 9.7.3、9.7.4、9.7.5、9.7.6 和 9.7.7.2 的试验，如适用。

9.7.3 主电路的绝缘电阻

把经过 9.7.2 规定的处理后的 AFDD 从潮湿箱中取出。

在潮湿处理后，经过 30 min～60 min 的时间间隔，施加约 500 V 的直流电压 5 s 后，并在该电压下依次测量下列部位的绝缘电阻：

a) AFDD 处于断开位置，依次对每极的每对端子之间（当 AFDD 处在闭合位置时，这些端子电气上是连接在一起的）；

b) AFDD 处于闭合位置，依次对每极与连接在一起的其他极之间，连接在电流回路之间的电子元件，试验时应断开；

c) AFDD 处于闭合位置，所有连接在一起的极与框架，包括覆盖在绝缘材料内壳（如果有的话）外表面的金属箔之间；

d) 机构的金属部件与框架之间；

注：为了进行这个测量项目，可特殊提供能触及机构金属部件的通路。

e) 对具有绝缘材料内衬的金属外壳的 AFDD，框架与覆盖在绝缘材料衬垫，包括套管和类似装置内表面的金属箔之间。

a)、b) 和 c) 的测量在所有的辅助电路连接到框架以后进行。

术语“框架”包括：

——所有易触及的金属部件和按正常使用安装后易触及的绝缘材料表面覆盖的金属箔；

——安装 AFDD 基座的表面，必要时覆盖金属箔；

——把基座固定到支架上的螺钉和其他器件；

——安装 AFDD 时应拆下的固定盖子的螺钉；

——8.3 所指的操作件的金属部件。

如果 AFDD 具有连接保护导体的端子，则该端子应连接到框架上。

对 b)、c)、d)和 e)的测量，金属箔应这样覆盖，使得封填用的化合物(如果有的话)也受到有效的试验。

绝缘电阻应不小于：

——2 MΩ，对 a)和 b)的测量

——5 MΩ，对其他项的测量。

9.7.4 主电路的介电强度

AFDD 通过 9.7.3 的试验后，在 9.7.3 所指定的部件之间施加规定的试验电压 1 min。试验时，电子元件(如果有的话)应断开。

试验电压应基本上为正弦波形，频率在 45 Hz～65 Hz 之间。

试验电压的电源应能输出至少为 0.2 A 的短路电流。

当输出电路的电流小于 100 mA 时，变压器的过电流脱扣装置不应动作。

试验电压值如下：

——2 000 V，对 9.7.3 的 a)～d)；

——2 500 V，对 9.7.3 的 e)；

试验开始时，施加的电压不大于规定值的一半，然后在 5 s 内把电压升至全值。

试验过程中，不能发生闪络或击穿。

无电压降的辉光放电可忽略不计。

9.7.5 辅助电路的绝缘电阻和介电强度

试验包括：

a) 辅助电路的绝缘电阻测量和介电强度试验紧接着主电路的绝缘电阻测量和介电强度试验在下面 b)和 c)项规定的条件下进行。

如果正常运行时，使用了与主电路连接的电子元件，在试验过程中，试验的临时接线应这样连接，使得电子元件的输入端与输出端之间没有电压。

b) 在下列部位测量绝缘电阻：

——辅助电路相互连接在一起与框架之间；

——正常工作时，可能与其他部件隔离的辅助电路的每一个部件与所有连接在一起的其他部件之间。

在施加 500 V 直流电压 1 min 后并在这个电压下测量绝缘电阻。绝缘电阻应不小于 2 MΩ。

c) 在 b)项所列的部件之间，施加额定频率，基本上为正弦波的电压 1 min。施加电压值如表 14 规定。

表 14 辅助电路的试验电压

辅助电路的额定电压(a.c.或 d.c.) V		试验电压 V
大于	至	
0	30	600
30	50	1 000
50	110	1 500
110	250	2 000
250	500	2 500

试验开始时，试验电压不超过规定值的一半，然后在 5 s～20 s 内升至全值。

在试验过程中，应无闪络和击穿现象。

注 1：没有电压降的放电可忽略不计。

注 2：验证 b)项要求时，如果 AFDD 的辅助电路不易触及，则该项试验应在制造厂专门准备试品上或按制造厂的说明书进行。

注 3：辅助电路不包括动作功能与电源电压有关的 AFDD 的控制电路。

注 4：除了检测变压器副边电路的控制电路和与主电路连接的控制电路以外，其他控制电路应与辅助电路同样进行试验。

9.7.6 与主电路连接的控制电路承受绝缘测量产生的直流高压的能力

进行试验时，把 AFDD 固定在一个金属支架上，并使其处于闭合位置，所有控制电路按使用时连接。

所使用的直流电压电源应具有下列特性：

——开路电压：600^{+25}_{0} V；

注：这值是暂定值。

——最大波纹系数：5%；

这里：

$$纹波系数=\frac{最大值-平均值}{平均值}\times 100\%$$

——短路电流：12^{+2}_{0} mA。

依次在每一极与一起连接至框架的其他极之间施加该试验电压 1 min。

经过本试验后，AFDD 应能完满地进行 9.9.2.4 规定的在表 1 中小电流的试验，如适用。

9.7.7 验证冲击耐受电压(跨越电气间隙和固体绝缘)和断开触头之间的泄漏电流

9.7.7.1 冲击耐压试验的一般试验程序

由一个冲击电压发生器施加冲击电压，冲击电压前沿时间为 1.2 μs，至半值时间为 50 μs，允许误差如下：

峰值：±5%；

前沿时间：±30%；

至半值时间：±20%。

每一个试验，均施加 5 次正向电压和 5 次负向冲击电压；同极性相邻两次冲击电压之间的时间间隔至少为 1 s，反极性相邻两次冲击电压之间的时间间隔至少为 10 s。

当对完整的 AFDD 进行冲击电压试验时，应考虑试验电压的减小或/和增大，要确保在被试 AFDD 的端子间施加所要求的试验电压值。

试验装置的冲击阻抗不应超过 500 Ω。

注 1：在 9.7.7.2 中，为了在完整的 AFDD 上验证基本绝缘的电气间隙，GB/T 16935.1 和 IEC 60664-2-1 推荐试验时需要极低阻抗的发生器。由于此目的，如果试验前内部元器件没有断开，实际阻抗为 2 Ω 的混合发生器是合适的。GB/T 16935.1 和 IEC 60664-2-1 推荐，直接在电气间隙上测量准确的试验电压。调节冲击电压波形时，把被试 AFDD 连接到冲击电压发生器上。为此，应采用合适的分压器以及电压传感器。建议在试验前断开浪涌保护器件。

对于与组装的浪涌抑制器不能断开的 AFDD，调整冲击电压波形时，AFDD 不与冲击电压发生器连接。

允许冲击电压波形有小的振荡，只要靠近冲击电压峰值处的振荡幅值小于峰值的 5%。

冲击电压前沿的前半部的振荡辐值允许达到峰值的 10%。

试验过程中不应发生击穿放电(火花、闪络或击穿)。

注 2：推荐使用示波器观察冲击电压以检测击穿放电。

9.7.7.2 验证电气间隙的冲击耐压

如果表 7 中第 2 项和第 4 项的电气间隙测量值以及 9.7.3 中 b)、c)、d)和 e)的配置显示电气间隙比所要求的长度减小,本试验适用。本试验紧接着 9.7.3 绝缘电阻测量后进行。

注：本试验可代替电气间隙的测量。

AFDD 按正常使用接线并处在闭合位置进行试验。

冲击电压试验值应按表 4 所给出的 AFDD 的冲击电压从表 15 中选取。

第一组试验,冲击电压施加在连接在一起的相线极和中性极(或电流回路)与和保护导体端子连接的金属支架之间。

第二组试验,冲击电压施加在 AFDD 中连接在一起的相线极与中性极(或电流回路)之间(适用时)。

第三组试验,冲击电压施加在 9.7.3 b)、c)、d)和 e)所述的、且上述前两组试验没包括的部位。

试验过程中,不应发生非故意的击穿放电。然而,如果仅发生一次这样的击穿,可增加施加 10 次冲击电压,其极性和接线方式与发生击穿放电时的极性和接线方式相同。

不应再发生击穿放电。

表 15 验证冲击耐受电压的试验电压

额定冲击耐受电压 U_{imp} kV	在相应海拔时的试验电压 $U_{1.2/50}$ a.c.峰值 kV				
	海平面 0 m	200 m	500 m	1 000 m	2 000 m
4	4.9	4.8	4.7	4.4	4.0

9.7.7.3 验证断开触头之间的泄漏电流

注：这个验证不适用于按 4.1.2 分类的 AFDD(因为是多余的)和按 4.1.3 分类的 AFDD(见附录 D)。

AFDD 应进行下列试验:AFDD 处在断开位置,对其每极施加 1.1 倍的额定工作电压。

在 9.10 和 9.11 试验后,测量断开触头之间流过的泄漏电流不应超过 2 mA。

9.7.7.4 在正常条件下,验证断开触头绝缘和基本绝缘耐冲击电压能力

9.7.7.4.1 概述

这些试验不预先进行 9.7.2 的潮湿处理。

注：如 8.2.3 所述,应在附录 A 试验程序 B 的三个样品上并在 9.7.2 的试验前进行 9.7.7.4 的试验。

冲击电压试验值应按表 4 所给出的 AFDD 的冲击电压从表 16 中选取。这些值按试验地点所处压力和海拔高度按表 16 进行修正。

表 16 与 AFDD 的额定冲击耐受电压和试验地点的海拔高度有关的验证适用于隔离的断开触头之间的试验电压

装置的标称电压 V	在相应海拔时的试验电压 $U_{1.2/50}$ a.c.峰值 kV				
	海平面 0 m	200 m	500 m	1 000 m	2 000 m
三相系统 230/400	6.2	6.0	5.8	5.6	5.0

9.7.7.4.2 **AFDD 处于断开位置**

对安装在金属支架上的正常使用的 AFDD 进行试验。

冲击电压施加在连接在一起的电源端子和连接在一起的负载端子之间，触头在断开位置。试验过程中，不应发生非故意的击穿放电。

9.7.7.4.3 **AFDD 处于闭合位置**

9.7.7.4.3.1 **冲击耐压试验**

对安装在金属支架上的按正常使用接线的 AFDD 进行系列试验，AFDD 处于闭合位置。

跨接在基本绝缘的所有元器件应断开。

第一组试验，冲击电压施加在连接在一起的相线极和中性极（或电流回路）与和保护导体端子连接的金属支架之间。

第二组试验，冲击电压施加在 AFDD 中连接在一起的相线极与中性极（或电流回路）之间（适用时）。

试验过程中，不应发生非故意的击穿放电。然而，如果仅发生一次这样的击穿，可增加施加 10 次冲击电压，其极性和接线方式与发生击穿放电时的极性和接线方式相同。

不应再发生击穿放电。

9.7.7.5 **验证跨接基本绝缘的元器件的性能**

应确保电子元器件不会减弱 AFDD 在正常使用过程其基本绝缘的性能或安全性。这些电子元器件与基本绝缘桥接且在冲击电压试验中被断开。

对一个新的 AFDD 试品进行短时暂时过电压试验以检查与跨接基本绝缘的元器件不会降低安全性。

试验电压频率为 50/60 Hz。按照 GB 16895.10—2010 表 44.A2 和 GB/T 16935.1—2008，用于基本绝缘的试验电压的有效值是 1 200 V+U_n。U_n 是相与中性线之间的标称电压值。

注 1：如 AFDD 的额定电压 U_n＝250 V，基本绝缘的交流试验电压值为 1 200 V＋250 V，即试验电压有效值是1 450 V。

电压施加到下述之间，持续时间 5 s：

连接在一起的相线极和中性极（或电流回路）与连接到保护导体端子的金属支架之间。

目测检查 AFDD，跨接基本绝缘的元器件不应有可见的损坏。

注 2：在将 AFDD 与主电路连接之前，允许更换熔丝。如果保护电涌抑制器的熔丝已熔断，也允许更换电涌抑制器。

然后，按制造厂说明书将 AFDD 连接至主回路，用 9.9.2.4 的试验在表 1 规定的最小电流下验证 AFDD 的功能。

本试验不适用于带固定中性线的 AFDD。

9.8 温升试验

9.8.1 周围空气温度

在试验周期的最后四分之一时间内，用至少两只温度计或热电偶对称地分布在 AFDD 的周围，高度约为 AFDD 高度的一半，距 AFDD 约 1 m 的地方测量周围空气温度。

温度计或热电偶应免受对流和热辐射的影响。

应注意避免由于温度突然变化产生的误差。

9.8.2 试验顺序

AFDD 的所有极同时通以等于 I_n 的电流，通电时间应足以使温升达到稳态值。实际上，当每小时温升变化不超过 1 K 时，即可认为达到了稳态条件。

在这些试验过程中，温升不应超过表 9 规定的值。

9.8.3 测量部件的温度

表 9 提及的各部件的温度应用细线热电偶或等效的工具在最接近最热点的位置上测量。

热电偶与被测部件的表面之间应保证有良好的热传导性。

9.8.4 部件的温升

部件的温升是该部件按 9.8.3 测量的温度与按 9.8.1 测量的周围空气温度之差。

9.9 验证动作特性

9.9.1 概述

AFDD 按正常使用安装。

试验电路应是电感可以忽略不计。

具有多个额定频率的 AFDD，试验应在每一个频率下进行。

对于 9.9.2.2～9.9.2.5 的试验，每次测量后替换电缆试品。可采用示波器测量分断时间。

9.9.2 串联电弧故障试验

9.9.2.1 概述

AFDD 样品应在表 1 对试验的电弧电流规定的时间内断开电弧故障。AFDD 应在其额定电流及以下电流进行试验。

9.9.2.2～9.9.2.5 的试验应按图 4 将电缆试品(按 9.9.2.6 准备)和 AFDD 串联进行。

试验应在 AFDD 的额定电压下进行。

在每个电弧电流等级下测量分断时间且值不应超过表 1 的规定。

9.9.2.2 验证电路中突然出现串联电弧故障时的正确动作

试验开关 S_1、S_2、S_3、S_4 和 AFDD 处于闭合位置且试验电流到达稳定，通过阻性负载将试验电弧电流从最低电弧电流值调到 AFDD 的额定电流，然后打开试验开关 S_2。

试验开关 S_4 突然打开插入与负载串联的准备好的电缆试品并同时施加额定电压。测量 3 次分断时间，不超过表 1 规定的时间限值。

9.9.2.3 验证接入带串联电弧故障负载的正确动作

试验开关 S_3 和 S_4 处于打开位置，试验开关 S_1、S_2 和 AFDD 处于闭合位置，通过阻性负载将试验电弧电流调到表 1 的最小电弧电流值，然后打开试验开关 S_2。

试验开关 S_3 突然闭合，对带串联电弧故障的负载供电。

测量 3 次分断时间，测量值不应超过表 1 规定的限值。

然后在 AFDD 的额定电流下重复试验。

9.9.2.4 验证闭合串联电弧故障时的正确动作

试验开关 S_1、S_2、S_3 和 AFDD 处于闭合位置，通过阻性负载将试验电弧电流调到表 1 的最小电弧电流值，然后打开试验开关 S_1、打开试验开关 S_2。

试验开关 S_1 和 S_4 处于打开位置，试验开关 S_1 突然闭合，对 AFDD 和带串联电弧故障负载供电。

测量 3 次分断时间，测量值不应超过表 1 规定的限值。

然后在 AFDD 的额定电流下重复试验。

9.9.2.5 极限温度下的试验

AFDD 依次在下列条件下，进行 9.9.2.2 规定的试验：

a) 周围温度：−5 ℃，仅在表 1 电流最小值和 0.85 倍的额定电压下进行；

b) 周围温度：+40 ℃，AFDD 先在任何合适电压下通以额定电流负载，直至达到热稳定状态。仅在 AFDD 的额定电流和 1.1 倍的额定电压下进行试验。达到稳态之后，进行脱扣试验。

9.9.2.6 电缆试品的准备

将两根截面积为 1.5 mm^2（或 AWG16）的导线紧密地捆绑在一起（如用胶带或者类似物品），按如下准备（见图 36）：

本试验应使用平行导线的电缆。可采用下列电缆之一来测试 AFDD，因为它们提供类似的结果。

注：在得不到这些电缆的情况下，应对所用的电缆进行评估。

——按 GB/T 5023 中 IEC41 分类的软 PVC 电缆，符合 GB/T 5023.1—2008 的附录 A 的双导线，适合本试验。

——电缆试品也可以由两根单独的按 GB/T 5023 中 IEC02 分类的 PVC 软导线来准备，用 PVC 绝缘带将其绑在一起。

——带双导线的 SPT2 和 H05VVF 的电缆尤为适合本试验。用单股软导线 H05V 自制的电缆，用 PVC 绝缘带将其绑在一起，也可以用于本试验。

a) 试品的材料和形状应适合于在导线之间形成足够的碳化通道，并在施加电压时能产生电弧。

b) 电缆试品截成最小长度为 200 mm，且应在电缆试品两端 25 mm 处将其分成单股导线。

c) 从电缆一端将两根导线间的绝缘层切开 50 mm，切割深度应能露出导线而没有切断任何线丝。

d) 绝缘切口用黑色的 PVC 电气绝缘带包裹两层，然后再在外面用玻璃纤维带包裹两层。

e) 在电缆上绝缘切口的另一端将导线的绝缘剥开约 12 mm，以连接试验电路。

然后应对电缆试品预处理以在两根导线之间的绝缘上产生碳化导电通道：

f) 电缆试品与一个能提供 30 mA 短路电流和至少 7 kV 开路电压的电路相连。电路通电约 10 s，或者至停止冒烟。

g) 电缆试品与一个能提供 300 mA 短路电流的电路相连，电压至少 2 kV 或足以使电流流过。电路通电约 1 min，或者至停止冒烟。

如果与路径串联的一个 100 W/230 V 的白炽灯在 230 V 时开始发光，则认为已形成了碳化路径。

示例见图 37。

应设计试验电路，以便在高压设定周期，电流不流过被试电器。

9.9.2.7 电弧发生器

电弧发生器由一个固定电极和一个移动电极构成，如图 5 所示。

注：a 值不是很重要，可以约为 17 mm±7.5 mm。

一个电极为直径 6 mm±0.5 mm 的碳-石墨棒，另一个电极为铜棒。一个或两个电极的燃弧端可制成尖端，如图 5 所示。

可能应清洁和削尖电极，以使电弧条件具有重复性。

当接入电路中时，两个电极分开至一个合适的距离应在电极间产生稳定的燃弧。

如使用电弧发生器，则 AFDD 应在分断时间不超过表 1 规定时间限值的 2.5 倍内断开电弧故障。

9.9.3 并联电弧故障试验

9.9.3.1 验证限流并联电弧时的正确动作

当 0.5 s 内电弧半波数量符合表 3 的要求时，AFDD 应能断开电弧故障。为此目的，认为电弧半波是指 10 ms(额定频率 50 Hz)和 8.3 ms(额定频率 60 Hz)期间产生的所有电流波形。在此期间可能某段时间但不是所有时间都有电流流过。

每段电流流过之前和之后，可能有段时间没电流或有很小的电流。幅值不超过预期电流 5%的电流或电流持续不超过半波时间 5%的电流可认为是很小的电流。该电流可能持续半波的一部分，也可能持续几个半波。一个完整正弦半波电流不可视为一个电弧半波。

在故障电流为 75 A 和 100 A 的情况下进行试验，试验按图 6 进行。

电缆试品按 9.9.2.6 中同样的方法进行准备。

试验开关 S_1、S_2、S_3 和 S_4 处在闭合位置，通过电路中的线路阻抗 Z 将试验电流调到 75 A。然后打开试验开关 S_2、S_3 和 S_4，AFDD 和试验开关 S_1 闭合，突然闭合 S_3。

AFDD 应按表 3 的规定断开。

通过电路中的线路阻抗 Z 将试验电流调到 100 A 重复试验。AFDD 应按表 3 的规定断开。

如果燃弧半波在 0.5 s 内符合表 3 规定的数量，AFDD 应断开电弧故障。0.5 s 时间是从第一个电弧半波开始计时的。

如果燃弧少于表 3 规定的半波数且 AFDD 没有脱扣，则用新的电缆试品重复进行试验。

9.9.3.2 验证切割电缆并联电弧试验时的正确动作

试验按图 7 进行。

用于切割电缆试验的试验装置 T 应如图 8 所示，或采用等效的装置。

对于 230 V 的 AFDD，钢制刀片厚度应为 3 mm，外形尺寸约为 32 mm×140 mm。如需要，可替换刀片。如果所有相关方同意，刀片可以磨尖。刀片应固定在杠杆臂上以保持一定的切割角来达到效果。采用图 8 所示的试验装置或等效的装置，应确定刀片的位置，使得与第一根导线产生可靠接触，同时与第二根导线产生电弧接触。

被试电缆样品应为常用的两根导线并紧密地扎在一起(如用胶带)，其截面积按表 11 的规定。样品最大长度应为 1.2 m，且应按图 8 所示置于刀片下面。

注：SPT2 和 H05VVF 的电缆尤为适合本试验。

试验应在 AFDD 的额定电压和表 3 的预期电弧电流下进行。通过阻抗 Z 调整试验电弧电流且试验开关 S_1、S_2、S_3 和 S_4 处在闭合位置。AFDD 应在每个电流等级下使用 3 个样品进行试验。每个电缆试品应仅用于一次试验。

杠杆臂上的切割边(与电缆样品接触的刀片边缘长度)可以是沿着刀片切割边缘长度的任何位置。试验开关 S_1 和 S_3 处在闭合位置且应对杠杆臂缓慢稳定施加一个垂直作用力,以使刀片切割被试导线的绝缘。刀片应与第一根导线产生实际接触,同时与第二根导线产生点接触。

如果燃弧半波在 0.5 s 内符合表 3 规定的数量,AFDD 应断开电弧故障。如果燃弧少于表 3 中规定的半波数且 AFDD 没有脱扣,则用新的电缆试品重新进行试验。

9.9.3.3 验证接地电弧故障时的正确动作

在 5 A 和 75 A 下进行 9.9.3.1 的试验,但以产生接地电弧故障的方式。

试验电路见图 9。

按照表 1 中 3 A 和表 3 中的 75 A,AFDD 应断开。如果电弧故障在 0.5 s 内符合表 3 规定的半波数,AFDD 应断开电弧故障。如果燃弧少于表 3 中规定的半波数且 AFDD 没有脱扣,则用新的电缆试品重新进行试验。0.5 s 时间是从第一个电弧半波开始计时的。

9.9.4 屏蔽试验

9.9.4.1 概述

应在不同的抑制配置下检查 AFDD 的正确动作。这些屏蔽试验按 9.9.2.2 的试验方法进行。电弧发生器或碳化电缆试品都可用来产生电弧故障,按制造商的声明。

9.9.4.2 抑制性负载屏蔽试验

第一组试验在不带抑制性负载的情况下进行。AFDD 和电弧发生器或电缆试品按图 10 接入电路,电流由一个阻性负载来调节,然后断开 S_1。

试验电压应是 AFDD 的额定电压,每个 AFDD 在最小电流下测试 3 次分断时间。额定电压为 230 V的 AFDD 电流为 3 A。

第二组试验在施加抑制性负载的情况下进行。采用相同的阻性负载来调节。AFDD、阻性负载(如适用)和电弧故障试验装置接入图 11 所示的每种电路配置。

AFDD 应在下述每一种屏蔽负载下进行试验:

a) 起动和运行一个带通用电动机的真空吸尘器,其满载额定电压 230 V 下额定电流为 5 A~7 A;

b) 1 个电子式开关电源(或多个电源)在额定电压 230 V 下总负载电流至少为 3 A,最小总谐波畸变率(THD)为 100%,单独 3 次谐波最小畸变率为 75%,5 次谐波最小畸变率为 50%,7 次谐波最小畸变率为 25%。电源(或多个电源)应接通;

c) 对于额定电压为 230 V 的 AFDD,使用最大起动电流峰值为额定电压 230 V 下 65×(1±10%)A 的电容器起动电动机(空压机型)带载(压缩机在气缸无气压条件下操作)起动和运行。电容器功率为 2.2 kW;

d) 对于额定电压 230 V 的 AFDD,用一个包含滤波线圈的 600 W 电子灯光调节器(可控硅型)控制 600 W 钨丝灯负载。灯光调节器分别调整到充分接通及能使灯亮的最小接通状态,并分别在导通角为 60°、90°、120°时点亮灯;

注:若没有钨丝灯负载,可由相同功率的阻性负载代替。

e) 2 个 40 W 荧光灯外加一个 5 A 的阻性负载;

f) 由电子变压器供电的 12 V 的卤素灯,总功率 300 W,外加 5 A 的阻性负载;

g) 电动手持工具,如 600 W 以上的电钻。

图 11 中的电弧故障试验装置可以是 9.9.2.7 中定义的电弧发生器,也可以是 9.9.2.6 中描述的碳化

电缆试品。

当采用碳化电缆试品时，AFDD应在表1规定的时间内断开电路；当采用电弧发生器时，AFDD应在2.5倍表1规定的时间内断开电路。

当采用图11中的A、C电路配置时，电路中电弧发生之前，如果测量出屏蔽负载电流低于3 A时，不要求进行本试验。

试验电压应是AFDD的额定电压，每个AFDD在每种负载布置下进行3次试验。

采用电弧发生器进行第一组和第二组试验时，电极应先互相接触，电路闭合。然后电极再通过横向调节慢慢分开，至到产生电弧。

9.9.4.3 EMI滤波器屏蔽测试

AFDD应按图11所示的试验电路配置B接入。对于额定电压230 V的AFDD，负载调整电流为3 A进行电弧试验。

当采用碳化电缆试品时，AFDD应在表1规定的时间内断开电弧故障；当采用电弧发生器时，AFDD应在2.5倍表1规定时间内断开电弧故障。

注：9.9.2.6提到的各种类型的电缆适合本屏蔽试验。

a) 应安装2个0.22 μF的EMI滤波器。一个滤波器应安装在两个长15 m、2.5 mm^2的阻性负载的一端。每个滤波器应位于大约长2.0 m、1.5 mm^2的导线末端。燃弧位置应如图12所示；

b) 图14所示的EMI滤波器应安装在长15 m、2.5 mm^2的电缆末端。该滤波器应位于长2 m、1.5 mm^2的软线末端。AFDD以及燃弧位置应如图13所示。

9.9.4.4 带线路阻抗的屏蔽试验

AFDD应按照预期使用条件接入支路中，在下述每一种线路阻抗条件下，AFDD应按表1规定的分断时间动作。

支路由长30 m、2.5 mm^2的铠装电缆(包括钢制套管内2根导线)组成。额定电压为230 V的AFDD与3 A负载之间产生串联电弧，如图15所示。

9.9.5 误脱扣试验

9.9.5.1 概述

AFDD应进行9.9.5.2、9.9.5.3和9.9.5.4试验，以确保AFDD在不该脱扣时不会脱扣。

9.9.5.2 串扰测试

两个分支电路由同样的相线和中性线供电如图16所示，安装得尽可能靠近。一个带AFDD保护，另一个不带AFDD保护(但是带传统的过电流保护器)，两个电路中连接的都是5 A的阻性负载。

仅不带AFDD保护的一路中由电缆试品产生电弧，按9.9.2.4的试验条件进行试验，电弧应持续0.5 s；另一路中的AFDD不应脱扣。

9.9.5.3 脉冲试验

本试验已包括在9.21中。

9.9.5.4 带各种干扰负载的试验

AFDD按9.9.4.2进行试验，但没有图10所示的电弧发生器(S_1处于闭合状态)。

AFDD应在下述每一种负载下进行试验：

a) 起动和运行一个带通用电动机的真空吸尘器,其满载额定电压 230 V 下额定电流为 5 A～7 A;
b) 1 个电子式开关电源(或多个电源)在额定电压 230 V 下总负载电流至少为 3 A,最小总谐波畸变率(THD)为 100%,单独 3 次谐波最小畸变率为 75%,5 次谐波最小畸变率为 50%,7 次谐波最小畸变率为 25%。电源(或多个电源)应接通;
c) 对于额定电压为 230 V 的 AFDD,使用最大起动电流峰值为额定电压 230 V 下 65×(1±10%) A 的电容器起动电动机(空压机型)带载(压缩机在气缸无气压条件下操作)起动和运行。电容器功率为 2.2 kW;
d) 对于额定电压 230 V 的 AFDD,用一个包含滤波线圈的 600 W 电子灯光调节器(可控硅型)控制 600 W 钨丝灯负载。灯光调节器分别调整到充分接通及能使灯亮的最小接通状态,并分别在导通角为 60°、90°、120°时点亮灯;

   注:若没有钨丝灯负载,可由相同功率的阻性负载代替。
e) 2 个 40 W 荧光灯外加一个 5 A 的阻性负载;
f) 由电子变压器供电的 12 V 的卤素灯,总功率 300 W,外加 5 A 的阻性负载;
g) 手持电动工具,如 600 W 以上的电钻。

g)项的手持电动工具应预先运行 24 h。

负载至少带电 5 s,应至少进行 5 次启动/停止操作。

AFDD 不应脱扣。

9.10 验证机械和电气寿命

9.10.1 一般试验条件

AFDD 固定在一个金属支架上。

按 4.1.3 分类的 AFDD 应与声明的保护电器组装。

在额定工作电压下,用串联连接在负载端的电阻器和电抗器调节到额定电流进行试验。

如果使用空芯电抗器,每个电抗器应并联连接一个电阻器,流过电阻器的电流约为流过电抗器电流的 0.6%。

如果使用铁心电抗器,则这些电抗器的铁心功耗不应明显地影响恢复电压。

电流应基本上为正弦波,功率因数应在 0.85 和 0.9 之间。

AFDD 用表 11 所示尺寸的导线连接到电路上。

9.10.2 试验顺序

AFDD 应进行 2 000 次操作循环,每个操作循环包括一次闭合操作以及接着的一次断开操作。

AFDD 应按正常使用条件操作。

断开操作应按下列要求进行:

——开始 1 000 次操作循环用手动操作件进行断开操作;

——接着 500 次操作循环用试验装置,如适用;

——500 次(或没有试验装置时 1 000 次)由产生的电弧进行操作循环。脱扣机构和条件由制造商和实验室协商。

此外,AFDD 不接负载,用手动操作件再进行下列试验:

——对 I_n≤25 A 的 AFDD,2 000 次操作循环;

——对 I_n>25 A 的 AFDD,1 000 次操作循环。

操作频率为:

——对 I_n≤25 A 的 AFDD,每分钟 4 次操作循环,接通时间为 1.5 s～2 s;

——对 I_n>25 A 的 AFDD,每分钟 2 次操作循环,接通时间为 1.5 s～2 s。

9.10.3 试验后 AFDD 的状况

在 9.10.2 的试验后,AFDD 不应有下列现象:

——过度磨损;

——外壳损坏至能被标准试指触及带电部件;

——电气或机械连接松动;

——密封化合物(如果有的话)渗漏。

AFDD 的功能通过重复 9.9.2.4 试验验证,AFDD 通以表 1 最小试验电流和额定电流应脱扣,试验时不测量分断时间。然后,AFDD 应能完满地承受 9.7.4 规定的介电强度试验,试验电压为 900 V,试验时间为 1 min,试前不经过潮湿处理。

9.11 在短路情况下,验证 AFDD 的工作状况

9.11.1 一般原则

按 4.1.1 分类的 AFDD 应按 9.11.2 的试验来验证。

按 4.1.2 分类的 AFDD 和按 4.1.3 分类的 AFDD(根据组装的保护器按附录 D)应按 GB 10963.1—2005 或 GB 16916.1—2014 或 GB 16917.1—2014 或 GB 22794—2008 进行试验,如适用。

AFDD 的功能通过重复 9.9.2.4 的试验通以 1.25 倍的表 1 中的最小电流值来验证,不测量分断时间。

9.11.2 按 4.1.1 分类的 AFDD 的短路试验

9.11.2.1 概述

在短路情况下,验证按 4.1.1 分类的 AFDD 的工作状况的各种试验见表 17。

表 17 在短路情况下,验证 AFDD 的工作状况所进行的试验

验证项目	分条款
额定接通和分断能力 I_m	9.11.2.3
单极额定接通和分断能力 I_{m1} 和 IT 系统的适用性	9.11.2.4
额定限制短路电流 I_{nc} 时的配合	9.11.2.5a)
额定接通和分断能力 I_m 时的配合	9.11.2.5b)
单极额定限制短路电流 I_{nc1} 时的配合	9.11.2.5c)

9.11.2.2 一般试验条件

9.11.2 的条件适用于用来验证 AFDD 在短路条件下工作状况的任何试验。

a) 试验电路

图 19、图 20 和图 21 分别给出了有关单极两通路的 AFDD、两极 AFDD 的试验电路图。

由电源 S 供电的电路包括阻抗 Z,声明的保护器(如果有的话),被试 AFDD(D)以及附加阻抗 Z_1 和/或 Z_2(如适用的话)。

试验电路中的电阻器和电抗器应可调节以满足规定的试验条件。

电抗器 L 应为空芯电抗器。它们总是与电阻器 R 串联,其电抗值由几个独立的电抗器串联得到,当电抗器时间常数基本上相同时,也允许它们并联连接。

因为具有较大空芯电抗器的试验电路的暂态恢复电压特性不能代表正常的运行状况,所以任何一相的空芯电抗器应并联一个电阻器,流过电阻器的电流约为流过电抗器电流的 0.6%(见图 21)。如果制造厂同意,可以省略此电阻器。

在每个试验电路中,阻抗器 Z 接在电源 S 和 AFDD 之间。

声明的保护电器或等值的阻抗[见 9.11.2.3a)和 9.11.2.4a)]接在阻抗 Z 与 AFDD 之间。

附加的阻抗 Z_1(如果使用的话)应接在 AFDD 的负载侧。

对于 9.11.2.5a)和 c)项的试验,AFDD 的每极应连接一根长为 0.75 m 的电缆,其截面积为表 8 规定的额定电流相应的最大截面积。

推荐被试 AFDD 的电源端连接 0.5 m 的电缆,负载端连接 0.25 m 电缆。

试验电路图应在试验报告中给出,且应符合相关的图例。

试验电路中应有一个点并且只有一个点直接接地。这个点可以是试验电路的短路连接点,或者是电源的中性点或者其他任何合适的点,接地方式应在试验报告中说明。

适当调节 Z_2 可以得到下列电流:

——额定接通和分断电流 I_{m1};

——额定限制短路电流 I_{nc1}。

S_1 是辅助开关。

为验证 AFDD 能承受表 18 规定的 I^2t 和 I_p 的最小值,应进行试验。试验中应使用声明的过电流保护电器。

为进行本试验,在试验前先验证选择和调整过电流保护电器的正确性(I^2t 和 I_p),AFDD 用一个阻抗可忽略不计的临时连接代替。在 45°相位角处允许通过的能量 I^2t 和峰值电流 I_p 的最小值如表 18 规定。未经制造厂同意,这些值不应超过表 18 规定值的 1.1 倍。

表 18　I^2t 和 I_p 的最小值

I_{nc}和 I_{nc1} A		I_n A					
		≤16	≤20	≤25	≤32	≤40	≤63
500	I_p(kA)	0.45	0.47	0.5	0.57		
	I^2t(kA²s)	0.4	0.45	0.53	0.68		
1 000	I_p(kA)	0.65	0.75	0.9	1.18		
	I^2t(kA²s)	0.5	0.9	1.5	2.7		
1 500	I_p(kA)	1.02	1.1	1.25	1.5	1.9	2.1
	I^2t(kA²s)	1	1.5	2.4	4.1	9.75	22
3 000	I_p(kA)	1.1	1.2	1.4	1.85	2.35	3.3
	I^2t(kA²s)	1.2	1.8	2.7	4.5	8.7	22.5
4 500	I_p(kA)	1.15	1.3	1.5	2.05	2.7	3.9
	I^2t(kA²s)	1.45	2.1	3.1	5	9.7	28
6 000	I_p(kA)	1.3	1.4	1.7	2.3	3	4.05
	I^2t(kA²s)	1.6	2.4	3.7	6	11.5	25
10 000	I_p(kA)	1.45	1.8	2.2	2.6	3.4	4.3
	I^2t(kA²s)	1.9	2.7	4	6.5	12	24

注 1:应制造厂要求,可采用较高的 I^2t 和 I_p 值。

对中间的短路试验电流值，应采用邻近的较高的短路电流。

如果制造厂对 AFDD 规定的值大于最小 I^2t 值和 I_p 值，则无需再验证最小 I^2t 值和 I_p 值，在这种情况下只需验证制造厂的规定值。

对于与断路器的配合，需进行这种组合的试验。

AFDD 在运行中通常接地的所有部件包括安装 AFDD 的金属支架或任何金属外壳[见 9.11.2.2f)]应接至电源中性点，或接至基本上无电感的至少允许通过 100 A 的预期故障电流的人为中性点。

该连接应包括一根直径为 0.1 mm，长度不小于 50 mm 的铜丝 F，用以检测故障电流。如果需要，还应包括一个电阻器 R_2 以限制预期故障电流值在 100 A 左右。

电压传感器接到：

——对单极 AFDD，跨接到一极的端子之间，

——对多极 AFDD，跨接到电源侧的端子之间。

除非试验报告中另有规定，测量电路的电阻至少应为每伏工频恢复电压 100 Ω。

动作功能与电源电压有关的 AFDD 在电源端施加额定电压(或相应额定电压范围最小值的电压)。

b) 试验量的允许误差

除非另有规定，所有有关验证额定接通和分断能力，以及 AFDD 与声明的保护电器之间的正确配合的试验都应在制造厂按表 6 规定的影响量和影响因素的值下进行。

如果试验报告中记录的量值在下列规定值的允许误差内，则认为试验是有效的：

——电流：$^{+5}_{0}$%；

——频率：见 9.2；

——功率因数：$^{0}_{-0.05}$；

——电压(包括恢复电压)：±5%。

c) 试验电路的功率因数

试验电路每相的功率因数应根据认可的方法来确定，并应在试验报告中说明。

附录 G 给出了两个确定功率因数的示例。

多相电路的功率因数为每相功率因数的平均值。

功率因数范围如表 19 所示。

表 19 短路试验的功率因数

试验电流 I_c A	相应的功率因数范围
I_c≤500	0.95～1.00
500<I_c≤1 500	0.93～0.98
1 500<I_c≤ 3 000	0.85～0.90
3 000<I_c≤4 500	0.75～0.80
4 500<I_c≤6 000	0.65～0.70
6 000<I_c≤10 000	0.45～0.50
10 000<I_c≤25 000	0.20～0.25

d) 工频恢复电压

工频恢复电压值应等于被试 AFDD 额定电压的 105%。

注 2：额定电压 105%的值被认为包括了正常运行条件下系统电压变化的影响。制造厂同意时，可提高上限值。

在每次电弧熄灭后，工频恢复电压维持时间应不小于 0.1 s。

e) 试验电路的调节

AFDD 和声明的保护电器(如果有的话)用临时连接线 G_1 代替，连接线的阻抗与试验电路的

阻抗相比可忽略不计。

对于 9.11.2.5a)的试验，AFDD 的负载端用阻抗可忽略不计的连接线 G_2 短路，调节阻抗 Z 以便在试验电压和规定的功率因数下获得等于额定限制短路电流的电流值；试验电路各极同时通电，用电流传感器 I_1 记录电流波形。

此外，对 9.11.2.3、9.11.2.4、9.11.2.5b)和 9.11.2.5c)的试验，必要时，应使用附加的电阻器 Z_1 和/或 Z_2 以便获得要求的试验电流值(分别为 I_m、I_{m1} 和 I_{nc1})。

f) 被试 AFDD 的状况

AFDD 应按本条款 f)1)的规定在大气中进行试验，除非其设计成只能用于制造厂规定的外壳中或只能用于单独的外壳中。在这种情况下，AFDD 应按本条款的 f)2)进行试验，或经制造厂同意，按本条款的 f)1)进行试验。

注 3：单独的外壳是指设计成只能安装一个 AFDD 的外壳。

应尽可能地模拟正常使用操作 AFDD。

1) 在大气中试验

被试 AFDD 如附录 C 的图 C.1 所示的那样安装。

只有在断开操作(O)时，把附录 C 所规定的聚乙烯薄膜和绝缘材料挡板按图 C.1 所示的要求放置。

附录 C 所规定的栅格应这样放置，使得大部分发射出来的游离气体通过栅格，栅格应放置在最不利的位置。

注 4：如果游离气体排气孔的位置不明显，或者没有排气孔，则应由制造厂提供适当的说明资料。

栅格电路(见附录 C 的图 C.3)应连接到图 19～图 20 的试验电路图中所示的 B 点和 C 点。电阻器 R′电阻为 1.5 Ω，铜丝 F′(见图 C.3)长度为 50 mm，对额定电压为 230 V 的 AFDD，铜丝的直径为 0.12 mm。

注 5：对其他电压数据正在考虑。

试验电流小于等于 1 500 A 时，距离“*a*”应为 35 mm。

对较高的短路电流直至 I_{nc}，距离“*a*”可以增加和/或按制造厂的规定增加辅助挡板或绝缘装置。如果增加“*a*”，应从 40-45-50-55……mm 系列中选取并由制造厂规定。

2) 在外壳中试验

图 C.1 所示的栅格和绝缘材料挡板不用。

试验时应把 AFDD 放置在结构最不利的外壳中，在最不利的条件下进行试验。

注 6：这意味着如果在放置栅格的方向通常安装其他 AFDD(或其他电器)，则它们应安装在该处。这些 AFDD(或其他电器)应按正常使用那样供电，但是经过本条款 f)1)项规定的 F′和 R′并按图 19～图 20 所示的合适的试验电路连接。

根据制造厂的说明，可能应用挡板或其他设施或足够的电气间隙以防止游离气体影响装置。

只有在 O 操作时，把附录 C 所述的聚乙烯薄膜按图 C.1 所示放置在距离操作件 10 mm 的地方。

g) 操作顺序

试验程序由一个操作顺序组成。

采用下列符号来说明操作顺序：

O 表示一次断开操作，AFDD 和 SCPD(如果有的话)处于闭合位置，由开关 T 建立短路；

CO 表示开关 T 和 SCPD(如果有的话)处于闭合位置，AFDD 进行闭合操作以及紧接着自动断开操作(在有 SCPD 时，见 9.11.2.5)或手动断开操作。

t 表示 2 次连续的短路操作之间的时间间隔，该时间间隔应为 3 min，或者为重新闭合或更换 SCPD(如果有的话)可能需要的更长的时间。

h) 试验时 AFDD 的状况

在试验过程中，AFDD 不应危及操作者。

此外，应没有持续燃弧，极与极之间或极与外露导电部件之间不应有闪络，熔断器 F 和熔断器

F′(适用时)不应熔断。

i) 试验后 AFDD 的状况

按 9.11.2.3,9.11.2.4,9.11.2.5a),9.11.2.5b)和 9.11.2.5c)进行的每一项试验后,AFDD 不应有妨碍其继续使用的损坏现象,且不经维修应能:

——断开触头间的泄漏电流,符合 9.7.7.3 要求;

——短路试验后 2 h~24 h 之间进行 9.7.4 的介电强度试验,但试验电压等于其 2 倍额定电压,时间为 1 min,试前不进行潮湿处理;

——在额定电压下,接通和分断其额定电流。

在这些试验过程中,在 9.7.3a)规定的条件下进行试验后,应验证指示机构显示断开位置;在 9.7.3b)规定的条件下进行试验后,指示机构应显示闭合位置。

在 9.9.2.4 的试验条件下,AFDD 通以表 1 中的最小电流值来验证,试验时不测量分断时间。

不采用附加的放大手段,用正常的或矫正的视力进行观察,聚乙烯薄膜应无可见的孔。

j) 记录和说明

1) 施加电压和工频恢复电压的确定

通过被试 AFDD 所做的分断试验记录确定施加电压和工频恢复电压。施加电压如图 22 所示评估。

电源侧电压应在所有极电弧熄灭后和高频现象已衰减后的第一个周期内测量;

2) 预期短路电流的确定

预期电流的交流分量视为等于校准电流交流分量的有效值(值对应于图 22 的 A_2)。

如适用,预期短路电流应是所有相预期电流的平均值。

9.11.2.3 验证额定接通和分断能力(I_m)

本试验主要是用来验证 AFDD 接通、承载一个规定时间和分断短路电流的能力。

a) 试验条件

AFDD 按 9.11.2.2 规定的一般试验条件在电路中进行试验,电路中不接保护电器。

用 AFDD 及阻抗与保护电器近似的连接代替阻抗可忽略不计的连接 G_1。

辅助开关 S_1 保持断开;

b) 试验程序

通过操动器进行 O 操作断开机构,保证电流流过 AFDD 至少 0.05 s。进行下面的操作顺序:CO-t-CO-t-CO。

9.11.2.4 验证 AFDD 单极额定接通和分断能力(I_{m1})和其在 IT 系统的适用性

本试验是用来验证 AFDD 单极接通、承载一个规定时间和分断短路电流的能力以及 IT 系统的适用性。

a) 试验条件

AFDD 按 9.11.2.2 规定的一般试验条件进行试验,电路中不接保护电器,但是应这样连接,使得短路电流流过单极。

对于本试验,Z_1 不用,电路处于断开状态。

不承载短路电流的回路,其电源端与电源电压连接。

用 AFDD 及阻抗与 SCPD 近似的连接代替阻抗可忽略不计的连接 G_1。

辅助开关 S_1 保持闭合。

依次对除可开闭的中性极(如果有的话)以外的每极进行试验;

b) 试验程序

进行下面的操作顺序,通过操动器进行 O 操作闭合机构。

断开之前,试验电流流过 AFDD 至少 0.05 s。

CO-t-CO-t-CO;

c) 对于验证 IT 系统的适用性,本试验在新样品上进行。

——对于相极，在105%的额定相间电压下；对于中性极，在105%U_0下；

——且按照5.3.5，10I_n或500 A，两者取较大值。

每极单独进行试验，试验电路按图20所示。

试验程序CO-t-CO。

9.11.2.5 验证AFDD与声明保护电器之间的配合

这些试验按图19进行。

这些试验是用来验证由声明的保护电器保护的AFDD能够承受其额定限制短路电流以下的所有短路电流(5.3.6)而不发生损坏。

短路电流由AFDD和声明的保护电器共同分断。

在试验过程中，或是AFDD和声明的保护电器同时动作，或只有声明的保护电器动作。如果只有AFDD断开，也认为该试验合格。

每次动作后应重新更换或重新闭合声明的保护电器(适用时)。

在9.11.2.2规定的一般条件下进行下列试验(见表17)：

——验证额定限制短路电流I_{nc}时，声明的保护电器保护AFDD的试验[见9.11.2.5a)]。

——验证在对应于额定接通和分断能力I_m的短路电流时，声明的保护电器动作并保护AFDD的试验[见9.11.2.5b)]。

——验证在相对地短路及电流达到单极额定限制短路电流I_{nc1}时，AFDD能够承受相应应力的试验[见9.11.2.5c)]。

a) 验证在额定限制短路电流(I_{nc})时的配合

1) 试验条件

用AFDD和声明的保护电器代替阻抗可忽略不计的连接G_1。

辅助开关S_1保持断开；

2) 试验程序

进行下面的操作顺序：

CO-t-CO。

b) 验证在额定接通和分断能力(I_m)时的配合

1) 试验条件

用AFDD和声明的保护电器代替阻抗可忽略不计的连接G_1。

辅助开关S_1保持断开；

2) 试验程序

进行下面的操作顺序：

CO-t-CO-t-CO。

c) 验证在额定单极限制短路电流(I_{nc1})时的配合

1) 试验条件

AFDD按9.11.2.2规定的一般试验条件进行试验，但应这样连接，使得短路电流仅流过单极。

试验仅在一个极上进行，该极不应是AFDD的可开闭中性极。

不承载短路电流的电流回路，其电源端连接电源电压。

用AFDD和声明的保护电器代替阻抗可忽略不计的连接G_1。

辅助开关S_1保持闭合；

2） 试验程序

进行下面的操作顺序：

CO-*t*-CO-*t*-CO。

9.12 验证耐机械振动和撞击

9.12.1 机械振动

9.12.1.1 试验装置

用图 23 所示的装置对 AFDD 进行机械振动试验。把一块木质基座 A 固定在混凝土基座上，用铰链把一个木平台 B 连接在基座 A 上，平台上再放一块木板 C，木板 C 能以两个垂直位置固定在距绞链不同的距离的地方。平台 B 的端部有一个金属止动板 D，它靠在一个弹性系数为 25 N/mm 的螺旋形弹簧上。

把 AFDD 固定在木板 C 上，使试品的水平轴线至平台 B 的距离为 180 mm，木板 C 按图 23 所示，依次固定在使安装平面至铰链的距离为 200 mm 的地方。

在木板 C 的 AFDD 安装平面的反面，固定一个附加配重，使得作用在 D 上的静力为 25 N，以保证整个系统的惯量基本上不变。

9.12.1.2 试验程序

AFDD 处在闭合位置，但不接任何电源，将工作平台的自由端升高，然后从 40 mm 的高度落下 50 次，相邻两次落下的时间间隔应能使试品静止为准。

然后，把 AFDD 固定到 C 的反面，平台 B 再按上述要求落下 50 次。

在这试验后，把木板 C 绕着其垂直轴线转过 90°，如有必要，可将其重新定位，使 AFDD 的垂直对称轴线距铰链 200 mm。

然后如前所述，把 AFDD 固定在 C 的一面，将平台 B 落下 50 次，接着把 AFDD 固定在另一面再将平台落下 50 次。

在每次改变位置前，用手动操作方式断开和闭合 AFDD。

在试验过程中 AFDD 不应断开。

9.12.2 机械撞击

9.12.2.1 概述

对所有型式的 AFDD，按正常使用条件（见 8.3 的注）安装，在正常使用中易遭受到机械撞击的外露部件用 9.12.2.2 的试验来验证是否符合要求。此外，对于安装在安装轨上的 AFDD，还要进行 9.12.2.3 的试验。

注：对规定完全封闭起来的 AFDD 可不进行本试验。

9.12.2.2 用图 24 至图 26 所示的撞击试验装置对试品进行撞击试验

撞击元件的头部有一个半径为 10 mm 的半球形面，由洛氏硬度为 HR100 的聚酰胺制成。撞击元件的质量为 150 g±1 g 并被刚性地固定在一根外径为 9 mm、壁厚为 0.5 mm 的钢管下端，钢管的上端用枢轴固定，使其只能在一个垂直平面内摆动。枢轴的轴线在撞击元件轴线上方 1 000 mm±1 mm处。

确定撞击元件头部聚酰胺的洛氏硬度时，可采用下列条件：

——球的直径：12.7 mm±0.002 5 mm；

——起始载荷：100 N±2 N；

——过负荷：500 N±2.5 N。

注 1：关于确定塑料洛氏硬度的补充说明见美国材料试验协会规范 ASTM D785-08。

试验装置应这样设计,使得钢管要保持在水平位置,则应在撞击元件的前面施加一个1.9 N～2.0 N的力。

平面安装式的AFDD应安装在一块175 mm×175 mm、厚为8 mm的层压板上,层压板的上下两边固定在如图26所示的作为安装支架一部分的刚性托架上。

安装支架的质量应为10 kg±1 kg,并应用枢轴安装在一个刚性框架上,框架固定在实心墙上。

嵌入式AFDD安装在一个如图27所示的试验装置上,该装置固定在安装支架上。

配电板安装式AFDD安装在一个图28所示的试验装置上,该装置固定在安装支架上。

插入式AFDD安装在其合适的插座上,该插座固定在层压板上或固定在图27或图28所示的试验装置上(适用时)。

轨道安装式AFDD应安装在其合适的安装轨上,安装轨刚性地固定在安装支架上。

试验装置的设计是这样的:

——试品能在水平方向移动,并能绕着一根与层压板表面垂直的轴线转动;

——层压板能绕一根垂直轴线转动。

AFDD连同它的盖(如果有的话)按正常使用安装在层压板上或合适的试验装置上(适用时),使撞击点位于通过摆的枢轴轴线的垂直平面上。

把不是敲落孔的电缆进线孔打开,如果它们是敲落孔,则打开其中两只。

在施加撞击前,用表12规定值三分之二的力矩把固定基座、盖子及类似部件的螺钉拧紧。

撞击元件从10 cm的高度落到按正常使用安装时的AFDD外露表面。

撞击元件下落高度是摆释放时测量点的位置与撞击瞬间测量点位置之间的垂直距离。测量点是撞击元件表面的标志点,该点是通过摆的钢管的轴线与撞击元件轴线的交点并垂直于该两轴线构成的平面的直线与撞击元件表面的交点。

注2:从理论上讲,撞击元件的重心应为测量点。但由于确定重心较困难,所以测量点按上述规定选择。

每台AFDD承受10次撞击,其中两次施加在操作手柄上,其余几次应均匀地分布在试品易遭受撞击的部件上。

对敲落孔的部位或任何透明材料覆盖的孔不进行撞击。

通常,把试品绕一根垂直轴线尽可能地转过一个角度,但不超过60°,在试品的每个侧面施加一次撞击,而另外两次撞击施加在试品的侧面撞击点与操作件撞击点之间近似中间的地方。

然后,把试品绕着其垂直于层压板的轴线转过90°以后,用同样的方法对其施加余下的撞击。

如果试品有电缆进线孔或敲落孔,试品的安装应使得撞击点的两根连线尽可能地与这些孔等距。

对操作件应施加两次撞击:一次操作件处于闭合位置,而另一次操作件应处于断开位置。

试验后,试品应无本标准含义内的损坏,尤其是碎裂后易触及带电部件或妨碍AFDD继续使用的盖、操作件、绝缘材料衬垫或隔板,以及类似的部件均不应有这样的损坏。

如果有疑问时,可验证在不损坏外壳和盖这些外部零件或它们的衬垫的情况下,可以拆卸和更换这些部件。

注3:外观损坏,不导致爬电距离或电气间隙减少到小于8.2.3规定值的小的压痕以及不会对防电击保护产生有害影响的小的碎片可忽略不计。

对设计成既可用螺钉固定又可用安装轨安装的AFDD进行试验时,试验在两组AFDD上进行,一组用螺钉固定而另一组安装在安装轨上。

9.12.2.3 设计成安装在安装轨上的AFDD,按正常使用安装在一根刚性地固定在垂直刚性墙的安装轨上,但不接电缆也没有任何盖子或盖板。

在AFDD的正面施加一个垂直向下的50 N的力1 min,施加时不用冲击力,紧接着再施加一个垂直向上的50 N的力1 min(见图29)。

在试验过程中,AFDD不应松动,而且试验后,AFDD不应有妨碍其继续使用的损坏。

然后，AFDD 的功能通过在表 1 最小电流下重复 9.9.2.4 的试验来验证。

9.13 耐热试验

9.13.1 把试品的可拆卸的盖子(如果有的话)拿掉，放在温度为 100 ℃±2 ℃的加热箱中保持 1 h；可拆卸的盖子(如果有的话)放在温度为 70 ℃±2 ℃的加热箱中保持 1 h。

在试验过程中，试品不应有任何妨碍其继续使用的变化，密封化合物(如果有的话)不应流失到使带电部件外露的程度。

试验后以及试品冷却到接近室温后，试品按正常使用安装，在正常情况下不能触及的带电部件应不能触及，即使用一个不超过 5 N 的力施加标准试指也是如此。

然后，AFDD 的功能通过在表 1 最小电流下重复 9.9.2.4 的试验来验证。

在试验后，标志仍应清晰可见。

只要在本标准的含义内安全性不受影响，密封化合物的变色、起泡或轻微的位移可忽略不计。

9.13.2 除了外壳内把保护导体的端子保持在位置上必需的绝缘材料部件(适用时)应按 9.13.3 规定进行试验外，AFDD 中把载流部件或保护电路部件保持在其位置上必需的，由绝缘材料制成的外部部件应用图 30 所示的装置进行球压试验。

被试部件放置在一个钢质支架上，使其合适的面处于水平位置，用一个 20 N 的力把一个直径为 5 mm的钢球压在此表面上。

试验在一个温度为 125 ℃±2 ℃的加热箱中进行。

1 h 后，把球从试品上移开，然后把试品浸入冷水中使其在 10 s 内冷却至接近室温。

测量由钢球产生的压痕的直径，测量值不应超过 2 mm。

9.13.3 AFDD 中不是把载流部件和保护电路部件保持在其位置上必需的由绝缘材料制成的外部部件，即使与上述部件相接触，均应按 9.13.2 进行球压试验，但试验在 70 ℃±2 ℃或在 40 ℃±2 ℃的温度加上在 9.8 试验中对有关部件测定的最高温升下进行试验，两者中取较高的温度。

注：就 9.13.2 和 9.13.3 的试验而言，平面安装式 AFDD 的基座看作为外部部件。

对于陶瓷材料部件不进行 9.13.2 和 9.13.3 的试验。

如果 9.13.2 和 9.13.3 所述的两个或几个绝缘材料部件是用同一种绝缘材料制成，则仅对一个这样的部件分别按 9.13.2 或 9.13.3 进行试验。

9.14 耐异常热和火

在下列条件下，按 GB/T 5169.10—2006 在一完整的 AFDD 上进行灼热丝试验：

——对 AFDD 中把载流部件和保护电路部件保持在其位置上必需的，用绝缘材料制成的外部部件，在 960 ℃±15 ℃的温度下进行试验；

——对所有其他由绝缘材料制成的外部部件，在 650 ℃±10 ℃的温度下进行试验。

注：就本试验而言，把平面安装式 AFDD 的基座看作为外部部件。

如果上述两组绝缘部件由同一种材料制成，则仅对一个这样的部件按相应的灼热丝试验温度进行试验。

对陶瓷材料部件不进行本试验。

进行灼热丝试验是为了确保电加热的试验丝在规定条件下不会引起绝缘部件着火，或确保在规定的条件下可能被加热试验丝引燃的绝缘材料在一个有限的时间内燃烧，而不会由于火焰或燃烧的部件或从试验部件上落下的微粒而蔓延火灾。

试验在 3 个试品上进行。

每次试验在单独的样品上进行，同时在不同的部位施加灼热丝。

灼热丝不能直接施加到端子区域、灭弧室或电磁脱扣器部分，在接触到相对大的金属部件或陶瓷之前，灼热丝无法伸出穿过外表面，这样会迅速冷却灼热丝，另外限制了与灼热丝接触的绝缘材料的数量。在这种情况下，由于冷却了灼热丝并限制了接触被试绝缘材料的数量，部件只确保了试验的最低严酷度。

试验时，试品应处于其预期使用的最不利位置（被试表面处于垂直位置）。

如果绝缘材料的内部部件对试验有负面影响，允许从新试品上移去绝缘材料的相关内部部件。那么灼热丝试验应在新试品同样的位置重复进行。

按制造厂的规定，它是作为一种替代方法来移去正在被试整体的一部分，并单独测试该部分（见 GB/T 5169.11—2006 第 4 章）。

如果符合下列要求，则可看作试品通过了灼热丝试验：

——没有可见的火焰，也没有持续的辉光；

——或者在灼热丝移开后，试品上的火焰和辉光在 30 s 内自行熄灭。

此外，不应点燃簿纸或烧焦松木板。

9.15 验证自由脱扣机构

9.15.1 一般试验条件

AFDD 按 9.1.1 按正常使用安装和接线。

AFDD 在基本上无感的电路里进行试验，试验电路图见图 4。

9.15.2 试验程序

AFDD 闭合并把操作件保持在闭合位置，在表 1 中最低电流下重复 9.9.2.4 的试验，AFDD 应脱扣。

然后，在约 1 s 时间内把 AFDD 的操作件缓慢地移到电流开始导通的位置，这时操作件不再移动，AFDD 应脱扣。

两项试验各进行 3 次，每个与相线连接的极至少一次。

注：如果 AFDD 有几个操作件，则对所有的操作件都要验证自由脱扣动作。

9.16 防锈试验

将待试部件浸入冷的化学脱脂剂中 10 min，以除掉所有的油脂，化学脱脂剂如甲基氯或限定的汽油。然后将部件浸入(20±5)℃、氯化铵含量为 10% 的水溶液中 10 min。

将试品上的液滴甩掉，但不擦干，然后将试样放进装有温度为(20±5) ℃的饱和水汽的盒子中达 10 min。试品在(100±5) ℃的加热箱中烘 10 min 后，试品表面不得出现锈迹。

注 1：锐边上的锈迹或可擦掉的淡黄锈膜均可忽略不计。

对于小弹簧之类及会受到磨损的不易触及部件，有一层油脂，即足以防锈。对这类部件，只有在对油脂层的功效有怀疑时，才进行试验，而且试验前不去除油脂。

注 2：试验中使用规定的液体时，应谨慎，以防气体吸入。

9.17 验证过电流时，不动作电流的极限值

按 4.1.2 分类的 AFDD 和按 4.1.3 分类的 AFDD（根据组装的保护电器按附录 D），按 GB 10963.1—2005 或 GB 16916.1—2014 或 GB 16917.1—2014 或 GB 22794—2008 进行试验，如适用，无附加试验。

按 4.1.1 分类的 AFDD 应按下述进行试验：

——AFDD 按正常使用接线，连接一个实际上无感的等于 $6I_n$ 的负载；

——用一个两极试验开关接通负载，然后过 1 s 后再断开；

——该试验重复进行 3 次，两次闭合操作之间的时间间隔至少为 1 min。

AFDD 不应断开。

9.18 验证冲击电压产生的浪涌电流作用下 AFDD 的性能

9.18.1 概述

按 4.1.1 分类的 AFDD 应按 9.18.2 进行试验。

按 4.1.2 分类的 AFDD 和按 4.1.3 分类的 AFDD(根据组装的保护电器按附录 D)，按 GB 10963.1—2005 或 GB 16916.1—2014 或 GB 16917.1—2014 或 GB 22794—2008 进行试验，如适用，无附加试验。

9.18.2 验证在 3 000 A 浪涌电流下的性能（8/20 μs 浪涌电流试验）

9.18.2.1 试验条件

AFDD 用一个电流发生器进行试验，电流发生器能产生一个图 31 所示的 8/20 μs 衰减浪涌电流。AFDD 接线的试验电路图的示例见图 32。

对 AFDD 任选的一极施加 10 次浪涌电流，每施加两次变换浪涌电流的极性，连续两次施加浪涌电流之间的时间间隔约 30 s。

用一个适当的装置测量浪涌电流，并用一个附加的相同型式、相同 I_n 的 AFDD 调节电流以满足下列要求：

——峰值电流：3 000 A$^{+10}_{0}$%；

——前沿时间：8×(1±20%) μs；

——至半值时间：20×(1±20%) μs；

——反向电流峰值：小于峰值的 30%。

电流应调节到渐近曲线的电流形状。对另外一个相同型式、相同 I_n 的 AFDD 进行试验，反向电流(如果有的话)不能超过峰值的 30%。

9.18.2.2 试验结果

在试验过程中，AFDD 可以脱扣，在任何一次脱扣以后应重新闭合 AFDD。

在浪涌电流试验后，按 9.9.2.4 的试验验证 AFDD 的正确动作，仅在表 1 中的最小电流下进行试验。

9.19 验证可靠性

9.19.1 概述

用 9.19.2 和 9.19.3 的试验来检验是否符合要求。

注：有多个设定值的 AFDD，试验在最低设定值下进行。

9.19.2 气候试验

9.19.2.1 概述

本试验按 GB/T 2423.4—2008 并考虑 GB/T 2424.2—2005 进行。

9.19.2.2 试验室

试验室的结构应如 GB/T 2423.4—2008 所述。冷凝水应不断地从室内排出，并且在被净化以前不再使用。只能采用蒸馏水来维持室内湿度。

蒸馏水在进入试验室前，电阻率应不小于 500 Ω·m，pH 值为 7.0±0.2。在试验过程中和试验后，电阻率应不小于 100 Ω·m，并且 pH 值应保持在 7.0±1.0。

9.19.2.3 严酷性

试验周期应符合下列条件：

——上限温度：55 ℃±2 ℃；

——周期数：28 天。

9.19.2.4 试验顺序

试验顺序应按 GB/T 2423.4—2008 和 GB/T 2424.2—2005。

a) 初始验证

初始验证时，AFDD 按 9.9.2.4 进行试验，在表 1 所示的最低电流下试验。

b) 试验条件

1) AFDD 按正常使用安装和接线，然后放入试验室。

AFDD 应处在闭合位置。

2) 稳定阶段(见图 33)

AFDD 的温度应稳定在 25 ℃±3 ℃：

——在把 AFDD 放入试验室前，先放在另外一个单独的试验室中稳定；

——或在放入 AFDD 后，把试验室的温度调节到 25 ℃±3 ℃，并把温度保持在这个值下直至达到温度稳定。

在用上述任一方法稳定温度期间，相对湿度应在试验标准大气条件规定的极限范围(见表 6)内。

在最后 1 h，AFDD 在试验室内，在 25 ℃±3 ℃的周围温度下，相对湿度应增加到不小于 95%。

3) 24 h 周期的说明(见图 34)

——试验室的温度应逐渐地上升到 9.19.2.3 规定的合适的上限温度。

上限温度应在 3 h±30 min 的时间内达到，温度上升速率应在图 34 阴影面积规定的范围内。

在这期间，相对湿度不应小于 95%，AFDD 上应产生凝露。

注：产生凝露的条件是指 AFDD 的表面温度低于大气的露点。这意味着，如果热时间常数较小时，则相对湿度应大于 95%。应注意冷凝水滴不能落到试品上。

——然后温度应基本上恒定在规定的上限温度±2 ℃的极限范围内，至从试验周期开始的 12 h±30 min。

在此期间，除了最初和最后的 15 min 相对湿度应在 90%～100%之间外，其余时间的相对湿度应为 93%±3%。

在最后 15 min，AFDD 上不应产生凝露。

——然后，温度应在 3 h～6 h 内降到 25 ℃±3 ℃。开始 1.5 h 的降温速率应是这样的，如果保持图 34 所示的速率，则温度将在 3 h±15 min 内达到 25 ℃±3 ℃。

在降温期间，除了最初 15 min 相对湿度应不小于 90%外，其余时间的相对湿度应不小于 95%；

——接着，温度保持在 25 ℃±3 ℃，相对湿度不小于 95%直至 24 h 周期结束。

9.19.2.5 恢复

在试验周期结束时,AFDD 不应从试验室中取出。

打开试验室门,并停止调节温度和湿度。

然后经过 4 h~6 h,使得重新建立环境条件(温度和湿度)后进行最后测量。

在 28 个试验周期中,AFDD 不应脱扣。

9.19.2.6 最后验证

AFDD 重复按 9.9.2.4 进行试验,在 1.25 倍表 1 所示的最低电流下试验。

9.19.3 40 ℃温度试验

AFDD 按正常使用安装在一块厚约 20 mm,涂有无光泽黑漆的层压板壁上。

AFDD 每极的两侧连接一根长 1 m,标称截面积如表 11 规定的单芯电缆,端子的螺钉或螺母用表 12 规定值三分之二的扭矩拧紧,把这一组件放入加热箱。

AFDD 在任何合适电压下通以额定电流负载并在 40 ℃±2 ℃的温度下进行 28 周期试验,每个周期包括 21 h 通以电流和 3 h 不通电流。用一个辅助开关断开电流,AFDD 处于不动作状态。

注:对于四极 AFDD,本试验在考虑中。

在最后 21 h 通电周期结束时,用细线热电偶测定端子温升,这温升不应超过 65 K。

在这个试验后,AFDD 在加热箱内,不通电流,冷却到接近室温。

AFDD 重复按 9.9.2.4 进行试验,在表 1 所示的最低电流下试验。

9.20 验证电子元件抗老化性能

AFDD 通以额定电流负载,在 40 ℃±2 ℃的周围温度下放置 168 h,电子部件上的电压应为额定电压的 1.1 倍。

在上述试验后,AFDD 在加热箱内,不通电流,冷却至接近室温。电子部件应不损坏。

AFDD 重复按 9.9.2.4 进行试验,在 1.25 倍表 1 所示的最低电流下试验。

注:本验证的试验电路示例见图 35。

9.21 电磁兼容性(EMC)

9.21.1 概述

按 GB 18499—2008 及 9.21.2、9.21.3 和 9.21.4 给出的附加信息对 AFDD 进行电磁兼容试验。

9.21.2 本标准其他条款包括的 EMC 试验项目

表 20 中所列的试验已包含在本标准其他的试验条款中,不需要再重复进行。

表 20 本标准已包括的电磁兼容(EMC)试验项目

GB 18499—2008 中表 4 和表 5 的相应条款	电磁现象	本标准的试验
T1.3	电压幅值变化	9.9.2.4
T1.4	电压不平衡	9.9.2.4
T1.5	电源频率变化	9.2
T1.8	辐射磁场	9.11 和 9.17
T2.4	暂态振荡电流	9.18

9.21.3 需要进行的 EMC 试验

GB 18499—2008 的表 4、表 5 和表 6 中规定的其他试验，应按本标准附录 A 规定的试验程序 H、I 和 J 进行。试验电平和性能判别标准按表 21。

表 21 AFDD 需要进行的电磁兼容(EMC)试验项目

GB 18499—2008 的表 5 和表 6 中相应的序号	试验名称	试验方法依据的基本标准	试验电平和试验规范	性能判别标准
T 2.1	射频场感应的传导骚扰抗扰度试验	GB/T 17626.6[e,i]	试验等级 2 0.15 MHz～80 MHz Z=150 Ω 3 V	A
T2.2	电快速瞬变脉冲群抗扰度试验	GB/T 17626.4[b]	试验等级 4:4 kV(峰值) T_r/T_h:5/50 ns 重复频率:2.5 kHz	B[c]
T2.3a	浪涌(冲击)抗扰度试验	GB/T 17626.5	T_r/T_h:1.2/50 μs 共模,5 kV(峰值)[a]/12 Ω 差模,4 kV(峰值)[a]/2 Ω	B C[g,h]
T2.3b			T_r/T_h:1.2/50 μs 共模,4 kV(峰值)[a]/12 Ω 差模,2 kV(峰值)[a]/2 Ω	B[h]
T2.5	射频电磁场辐射抗扰度试验	GB/T 17626.3[e,f]	试验等级 2：3 V/m	A
T2.6(*)	0 Hz～150 kHz 共模传导骚扰抗扰度试验	IEC 61000-4-16	试验等级 3[j] 1 kHz～1.5 kHz:1 V 1.5 kHz～15 kHz:1 V～10 V 15 kHz～150 kHz:10 V	A
T3.1	静电放电抗扰度试验	GB/T 17626.2	严酷等级 3: 空气放电:8 kV 接触放电:6 kV	C[k]

[a] 不需要用比本表规定值较低的电压进行试验(说明原因:因为 GB/T 17626.5—1999 的 8.2 要求在所选电压水平及以下每个电压进行试验)。应在 RCD 处于闭合位置进行本试验,依次在下列条件下施加脉冲:

——金属支架与预期接地的部件(PE 导线,接地端子)连接在一起(如果有时),依次与每一根带电导线之间施加 5 kV(对 SRCD 和 PRCD 为 4 kV)冲击电压,阻抗为 12 Ω;

——依次在每根相线与中性线之间,以及依次在每两个极之间施加 4 kV(对 SRCD 和 PRCD 为 2 kV)冲击电压,阻抗为 2 Ω。

[b] 此外,试品应按正常使用安装在一块距离接地平面 10 cm 的扁平绝缘支撑上。

[c] 对每个试品的任选一极进行单相试验,应提供 3 个新的试品进行试验。如果在试验过程中,有 1 台试品因脱扣而不符合判断准则,则应再提供 3 台试品进行试验,重复试验时应完全符合 GB 18499—2008 中 5.1.2 判断准则的要求。

[d] 空。

表 21（续）

GB 18499—2008 的表 5 和表 6 中相应的序号	试验名称	试验方法依据的基本标准	试验电平和试验规范	性能判别标准

e 制造商同意时，T2.1 的传导试验可从 80 MHz 延伸到 230 MHz。如果这样，T2.5 的试验将从 230 MHz 开始，而不是从 80 MHz 开始试验。

f 在验证不脱扣时(性能判断准则 A)，应在规定的频率范围内扫描。在验证脱扣时(性能判断准则 A)，每个试品仅在规定频率范围内随机选取的 5 个不同的频率点进行试验，每个试品选择的频率点应不同，但 450 MHz 和 900 MHz 应进行试验。

g T2.3b 的试验应仅施加于在进行 T2.3a 试验时没有满足判断准则 B 的 AFDD。此时，仅对在 T2.3a 试验中发生脱扣的试验组合在 T2.3b 规定的冲击电压下重复试验。

h 试品处在闭合位置，施加额定电压 U_n，每个试品按下列方式进行试验：

1) 首先进行差模试验：依次在每个负载电流回路与其他负载电流回路之间；

2) 接着进行共模试验：依次在每个负载电路回路与连接在一起的金属支架和预期接地的部件(PE 导线，FE 端子，接地端子)(如果有时)之间。

每种情况下，试品在正半周期承受 5 次正脉冲，接着在负半周期承受 5 次负脉冲。

以每分钟 1 次的重复频率在电压波形的任选的点连续地施加所有的脉冲。

对 T2.3a 的试验，按上述程序总的脉冲次数为：

	差模试验	共模试验
1 极和 2 极 AFDD	10 次	20 次

在 T2.3a 试验时 AFDD 允许脱扣(性能判断准则 C)，如果在试验过程中 AFDD 脱扣，应在下一次施加脉冲前重新闭合 AFDD。对 T2.3b 试验，总的施加脉冲次数与 T2.3a 相同(适用时)。

i 在验证不脱扣时(性能判断准则 A)，应在规定的频率范围内扫描。

在验证脱扣时(性能判断准则 A)，每个试品仅在规定频率范围内随机选取的 5 个不同的频率点进行试验，每个试品选择的频率点应不同。

j 在 $1.1U_n$ 下，用额定频率的额定电流试验一次，按 IEC 61000-4-16:1998 的 6.1.3 规定的速率从 1 kHz 扫描至 150 kHz，AFDD 不应脱扣。

对每个试品在规定频率范围内任选的 5 个不同的频率点进行脱扣试验，每个试品应在不同的频率点进行试验。AFDD 应脱扣。

k 用 3 台试品进行试验，3 台试品都应通过试验。

AFDD 按正常使用进行安装，探查可接近的表面选择应施加静电放电的点，以每秒 20 次放电的频率选择。

对所选择的点用 10 次正极性和 10 次负极性放电进行试验，相邻两次放电之间的时间间隔至少 1 s。

(*) 本试验在美国不适用。

对包含有连续工作振荡器的 AFDD，在上述表 21 所示的试验程序前，应先按 GB 4343.1—2009 的要求进行发射试验。

9.21.4 性能判别标准

9.21.4.1 概述

当 AFDD 递交 EMC 试验时，9.21.3 的试验及表 21 的性能判别标准适用。

9.21.4.2 **判别标准 A**

在试验过程中,AFDD 在施加 1.1 U_n,持续通以额定电流值的正弦波电流时应保持闭合;在 9.9.2.2 的条件和额定电流值下,AFDD 应脱扣。

注:如果制造商同意,允许用电弧发生器代替碳化导线试品来进行 EMC 试验。

9.21.4.3 **判别标准 B**

在试验过程中,AFDD 在施加 1.1 U_n,持续通以额定电流值的正弦波电流时应保持闭合;试验后,AFDD 应符合 9.9.2.2 的要求,但仅在额定电流值下进行试验。

注:如果制造商同意,允许用电弧发生器代替碳化导线试品来进行 EMC 试验。

9.21.4.4 **判别标准 C**

在试验过程中,AFDD 在施加 1.1 U_n,持续通以表 1 的最低电流值的正弦波电流时可以脱扣;试验后,AFDD 应符合 9.9.2.2 的要求,但仅在表 1 的最低电流值下进行试验。

注:如果制造商同意,允许用电弧发生器代替碳化导线试品来进行 EMC 试验。

9.22 验证三相系统由于中性线断开引起的过电压保护

在三相电气装置内部,可能会发生由于中性线断开引起的相对中性线的过电压。此过电压的最大值能达到相对相的值。过电压负载内温度异常升高会导致着火。

AFDD 能包括一个对此状况提供保护的可选特性,这个附加可选特性在考虑中。

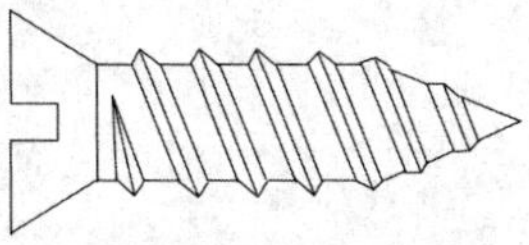

图 1 螺纹挤压成形自攻螺钉

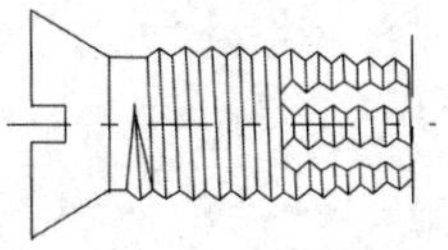

图 2 螺纹切削自攻螺钉

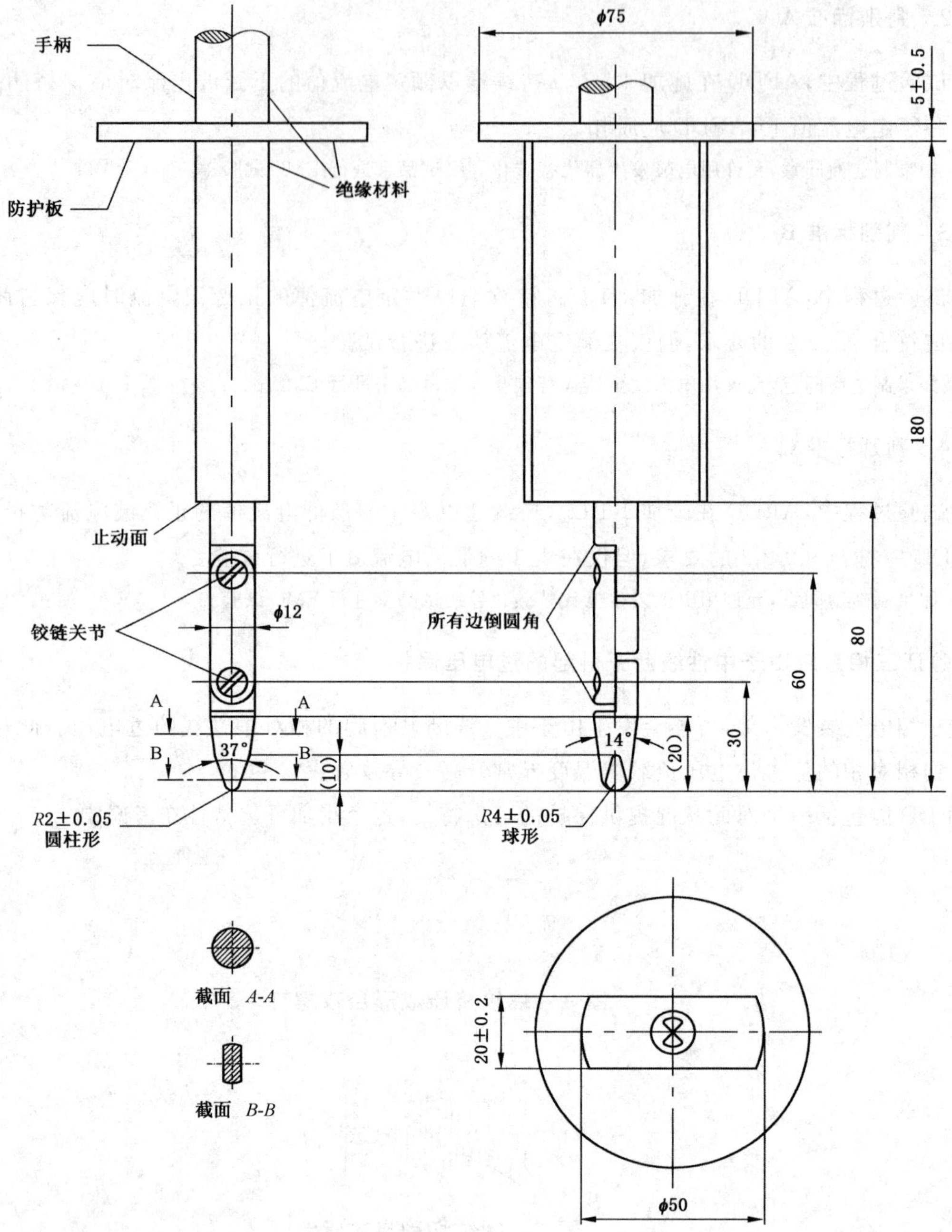

说明：

材料：金属(除图上另有规定外)

线尺寸以 mm 表示

未注公差尺寸其公差为：

角度：$^{0}_{-10'}$；线尺寸：小于等于 25 mm：$^{0}_{0.05}$ mm；大于 25 mm：±0.2 mm

两个关节能在同一平面及同一方向转过 90°，允许误差：$^{+10°}_{0°}$

图 3　标准试指(9.6)

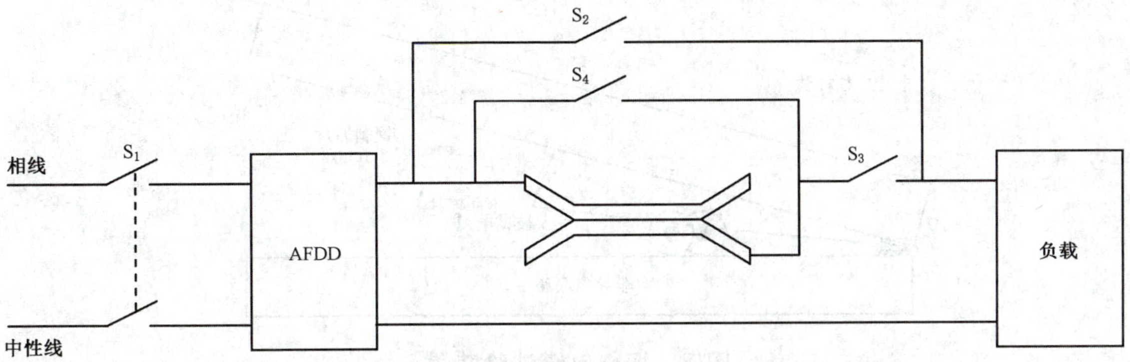

图 4　串联电弧故障试验电路

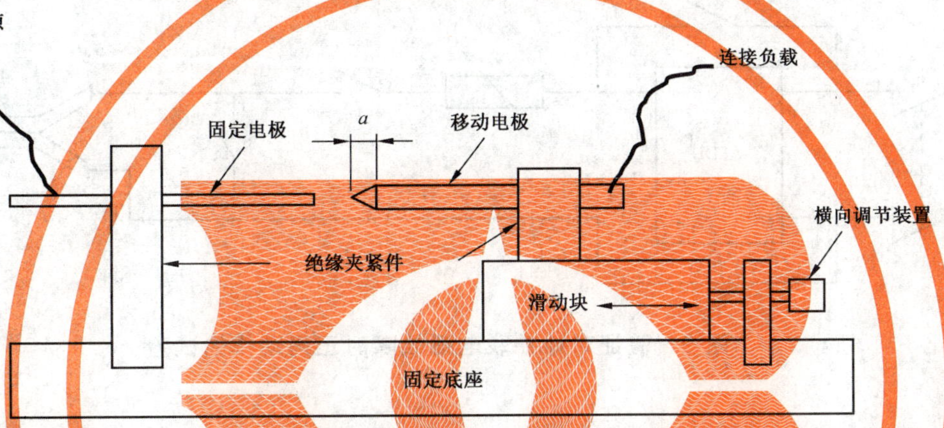

图 5　电弧发生器

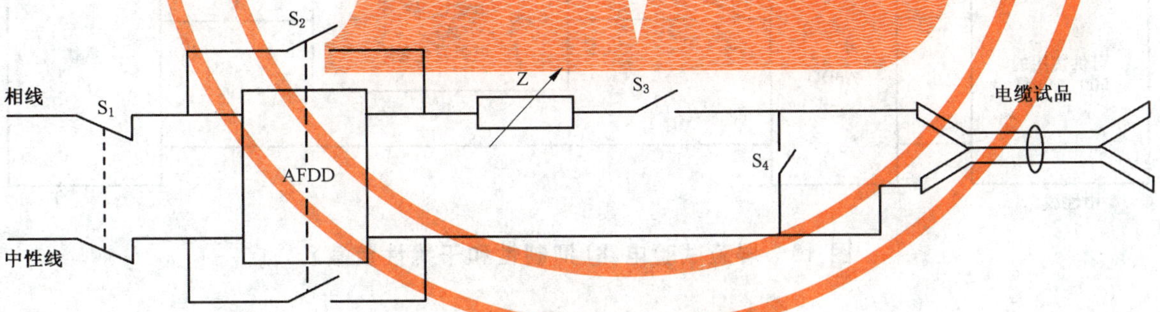

图 6　并联电弧故障试验电路

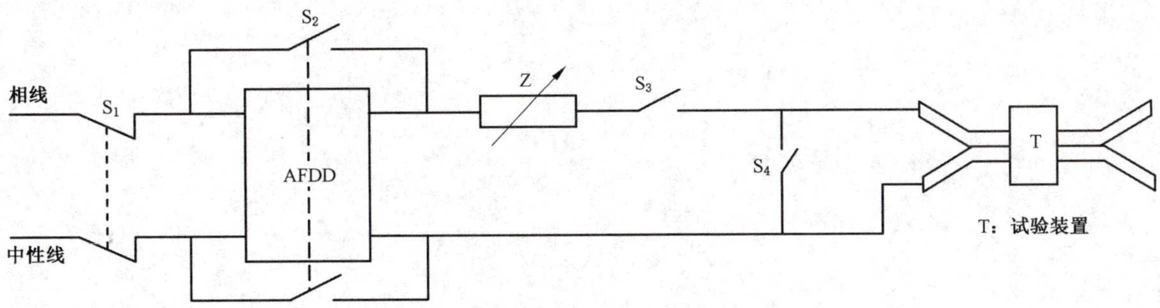

图 7　并联电弧电缆切割试验的试验电路

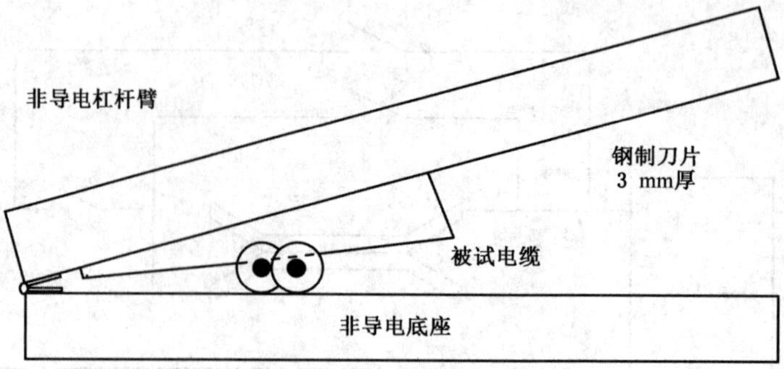

图 8　切割电缆试验装置

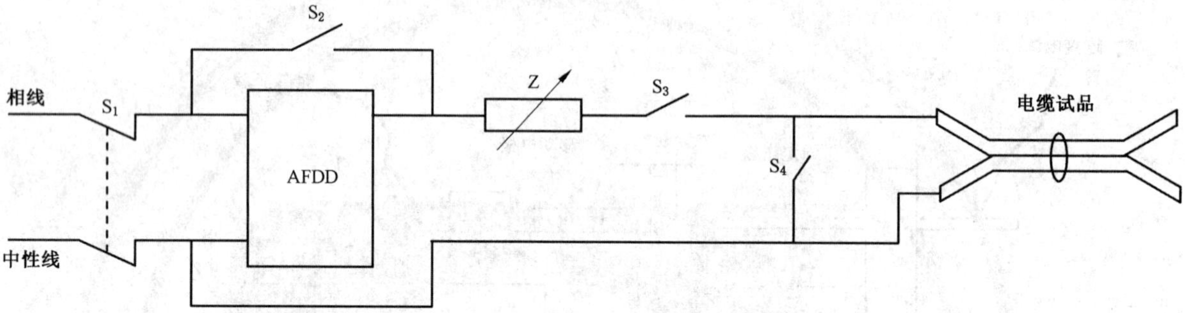

图 9　验证对地并联电弧故障时正确动作的试验

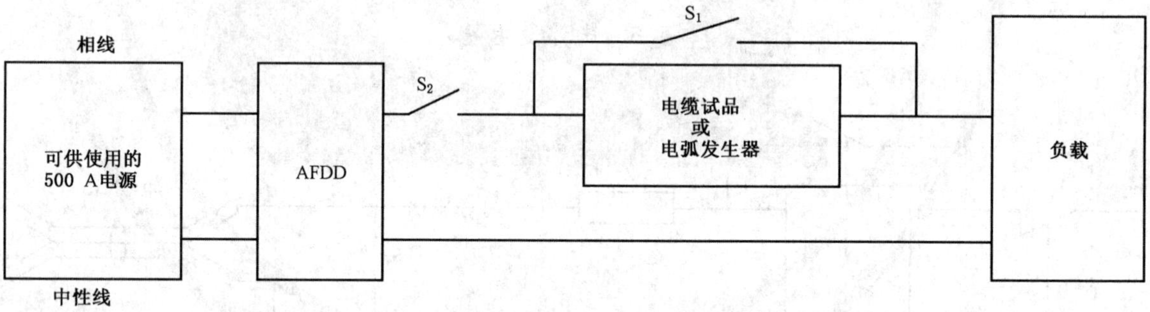

图 10　屏蔽试验电路(抑制性和干扰性负载)

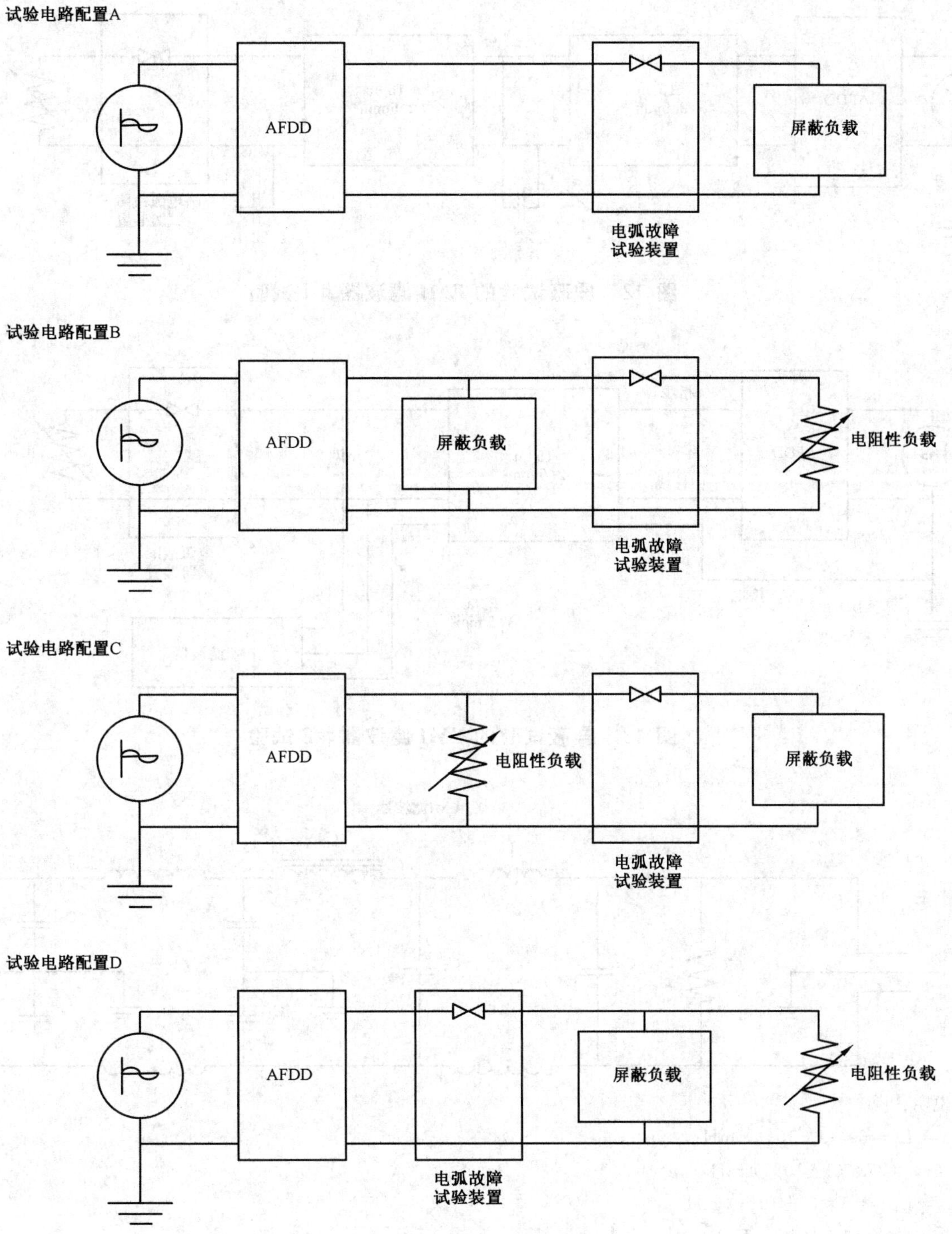

图 11　屏蔽试验的试验配置

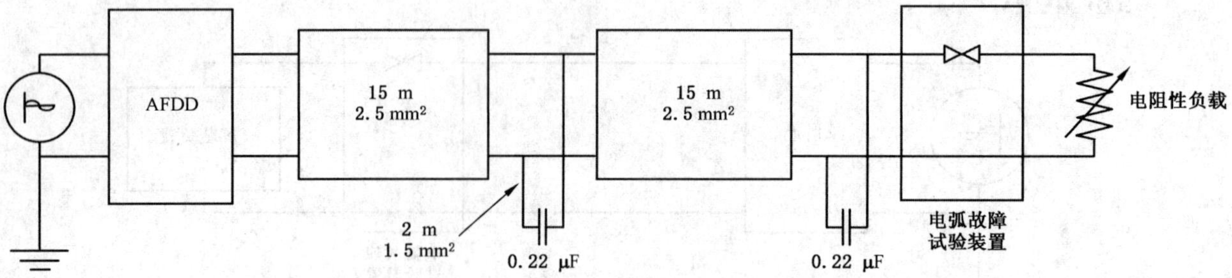

图 12 屏蔽试验的 EMI 滤波器＃1 试验

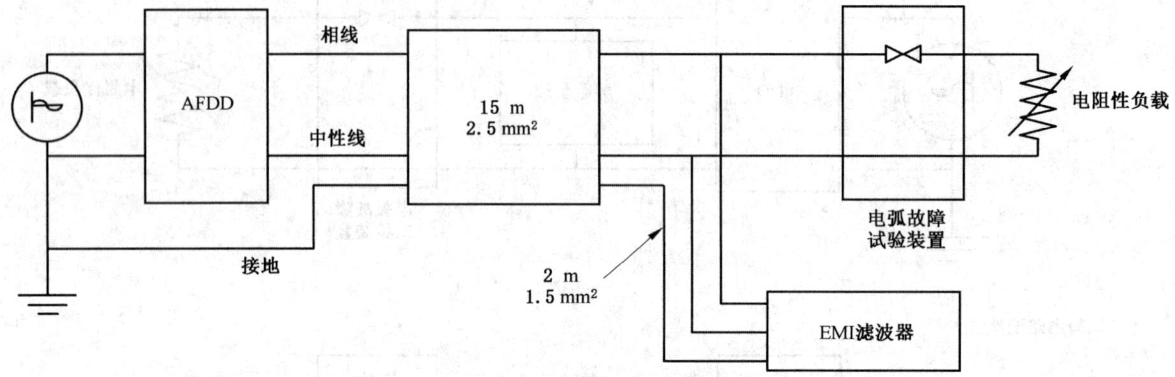

图 13 屏蔽试验的 EMI 滤波器＃2 试验

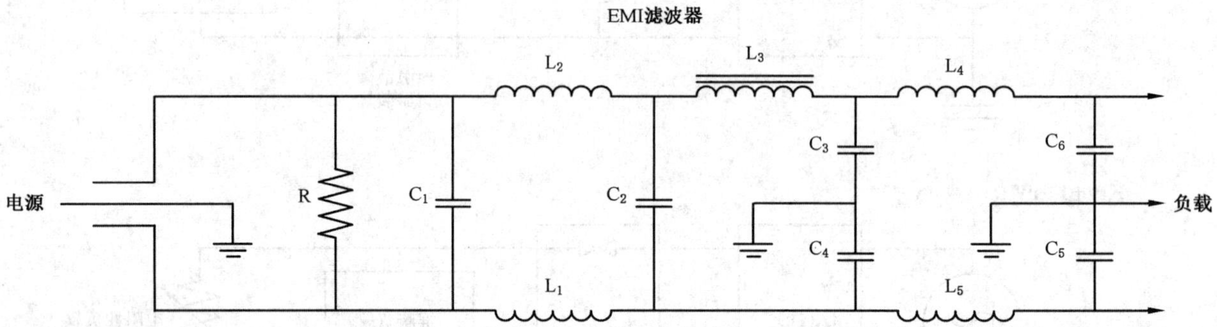

说明：

$L_1=L_2=6\times(1\pm10\%)$ mH

$L_3=0.037\times(1\pm10\%)$ mH

$L_4=L_5=1.5\times(1\pm10\%)$ mH

$C_1=100\times(1\pm10\%)$ nF，240 V

$C_2=0.33\times(1\pm10\%)$ μF

$C_3=C_4=C_5=C_6=0.002\times(1\pm10\%)$ μF

$R=330\times(1\pm10\%)$ kΩ

图 14 安装在图 13 中的 EMI 滤波器的描述

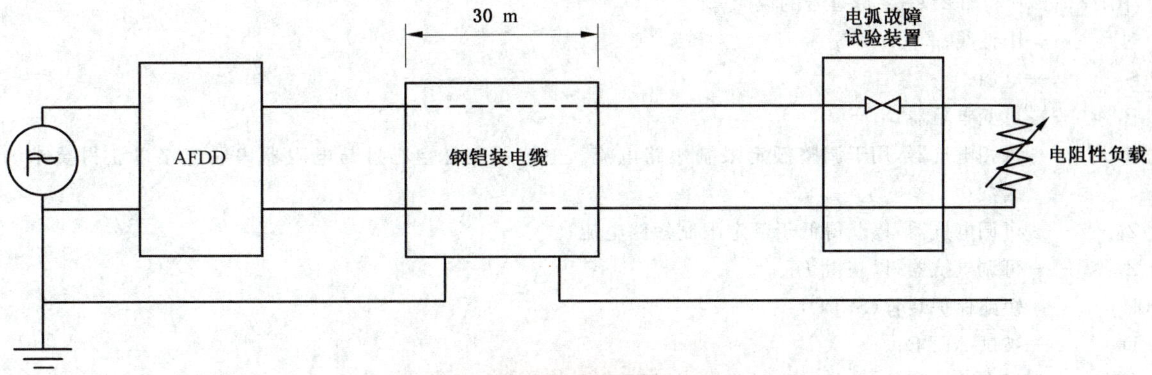

图 15 线路阻抗屏蔽试验的试验电路

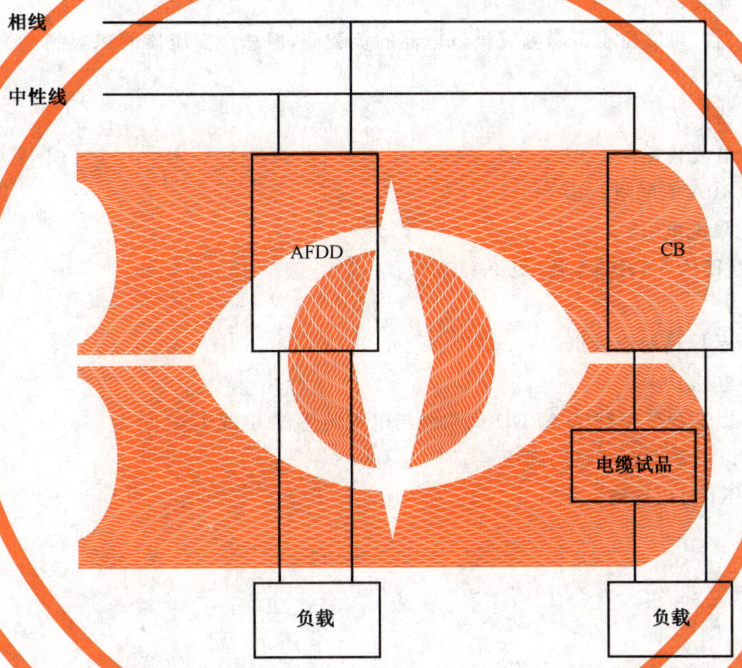

图 16 串扰试验

空

图 17 受控电流试验电路

空

图 18 滞后角为 45°、90°和 135°时的受控电流

图 19、图 20 和图 21 中字母符号的说明

N ——中性线；

S ——电源；

R ——可变电阻器；

Z ——每相电抗器，用于调整额定限制短路电流。电抗器应是空心且与电阻器串联连接以获得要求的功率因数；

Z_1 ——可调电抗器，以获得低于额定限制短路电流；

Z_2 ——可调电抗器，以获得 I_{m1}；

P ——短路保护装置(SCPD)；

D ——被试 AFDD；

框架 ——所有导电部件，一般工作时接地，包括 FE，如需要；

G_1 ——调节用临时连接；

G_2 ——额定限制短路电流试验的连接；

T ——短路闭合开关；

I_1、I_2 ——电流传感器。可以位于电源侧或被试电器的负载侧，但总在变压器的二次侧；

I_4 ——电流传感器；

U_r1 ——电压传感器；

F ——检测故障电流装置；

R_1 ——限流约为 10A 的电阻；

R_2 ——装置 F 的限流电阻；

r ——电阻，可获得约 0.6% 的电流(见 9.11.2.2)；

S_1 ——辅助开关；

B 和 C——附录 C 所示栅格的连接点；

L ——可调空心电感。

注 1：闭合开关 T 可以选择位于被试 AFDD 负载侧与电流传感器 I_1 或 I_2 之间。

注 2：可调负载 Z 可以位于供电电路的高压侧。

注 3：如制造厂同意 R1 可以省略。

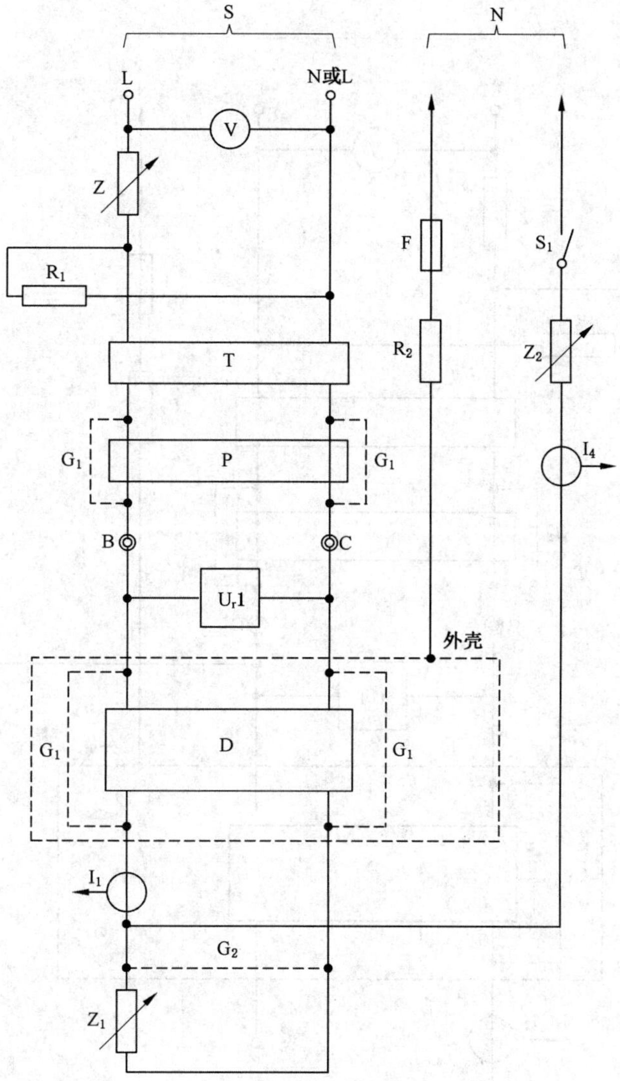

图 19　短路试验的试验电路

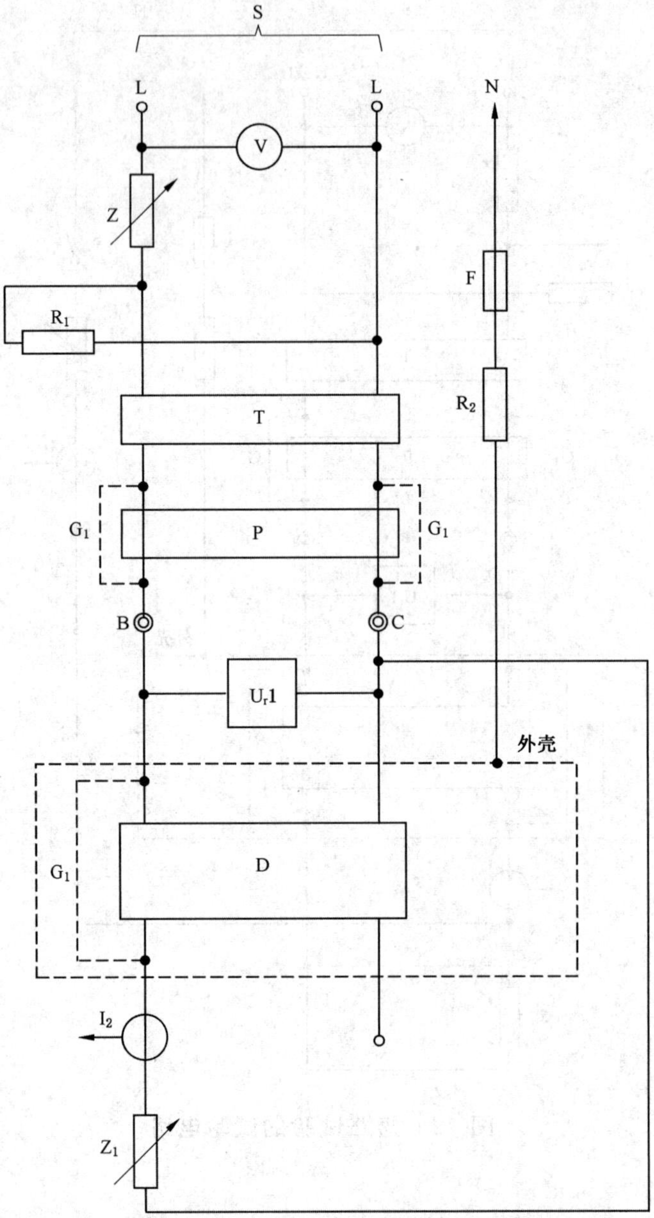

图 20 按 9.11.2.4c)的短路试验典型接线图

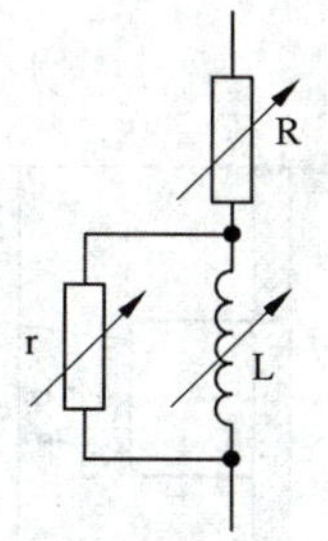

图 21　阻抗 Z、Z_1 和 Z_2 的接线图

说明：

1——电流；

2——电压。

图 22　短路试验的校准记录举例[9.11.2.2j)]

单位为毫米

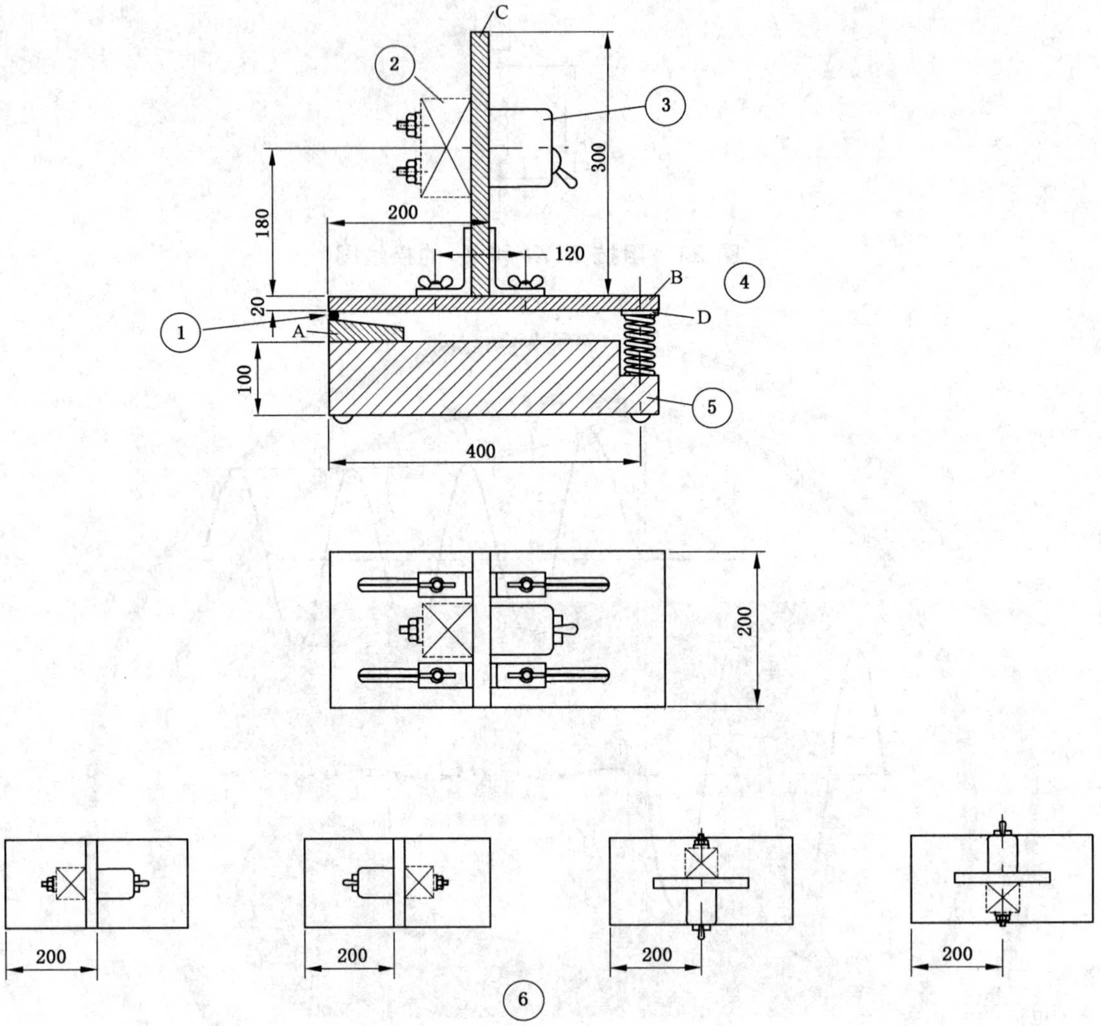

说明：

1——铰链；

2——附加配重；

3——试品；

4——金属止动板；

5——混凝土基座；

6——试品依次的试验位置。

图 23 机械振动试验装置(9.12.1)

单位为毫米

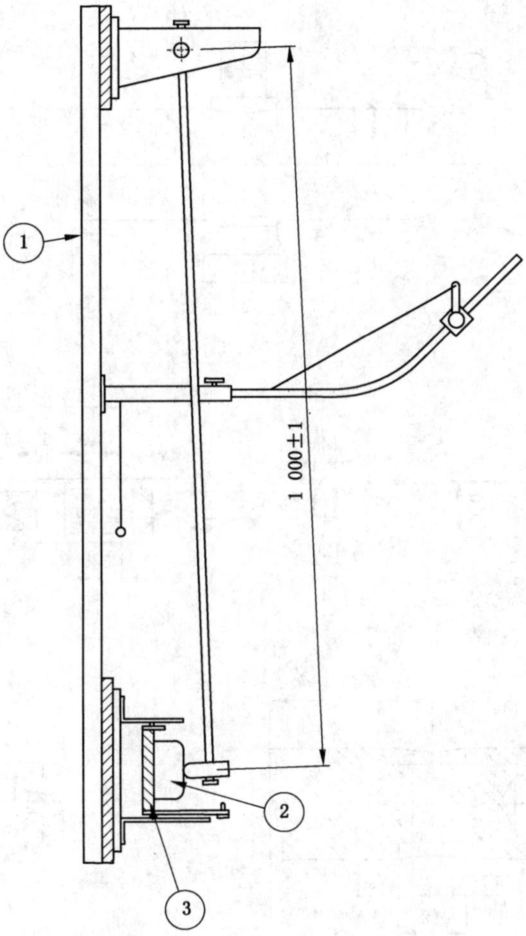

说明：

1——框架；

2——试品；

3——安装支架。

图 24　机械撞击试验装置(9.12.2.2)

单位为毫米

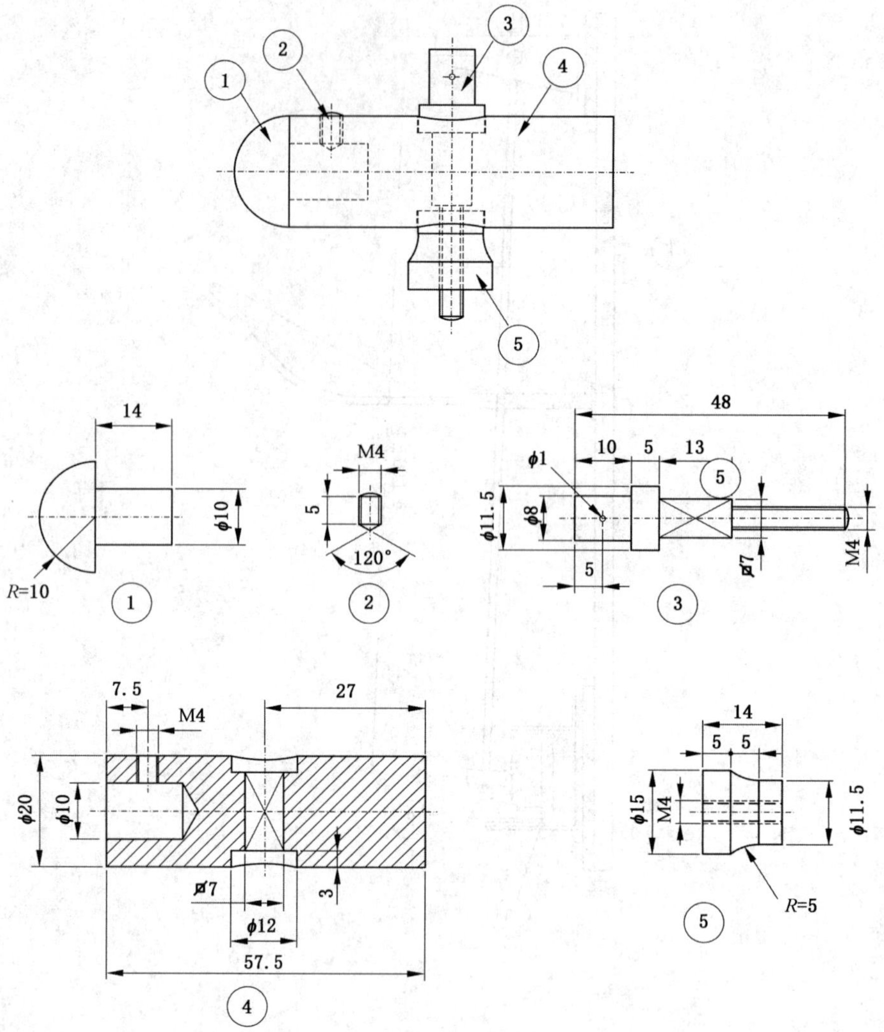

说明：

部件的材料：

1　　　——聚酰胺；

2,3,4,5——钢 Fe360。

图 25　摆动撞击试验装置的撞击元件(9.12.2.2)

单位为毫米

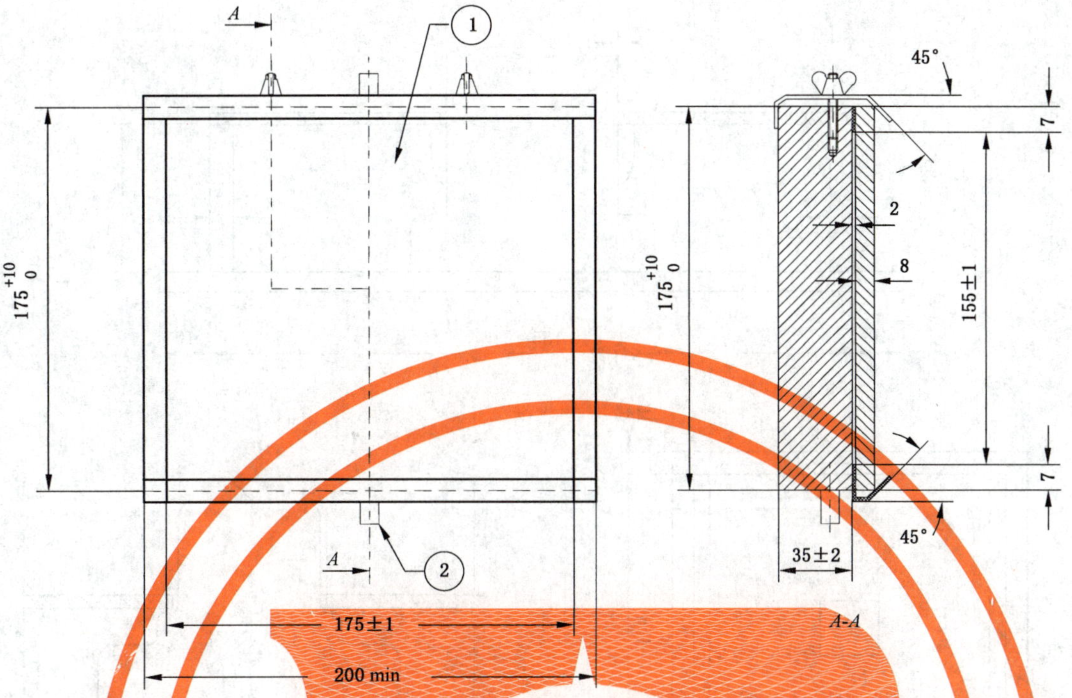

说明：

1——层压板；

2——枢轴。

图 26 机械撞击试验的试品安装支架(9.12.2.2)

单位为毫米

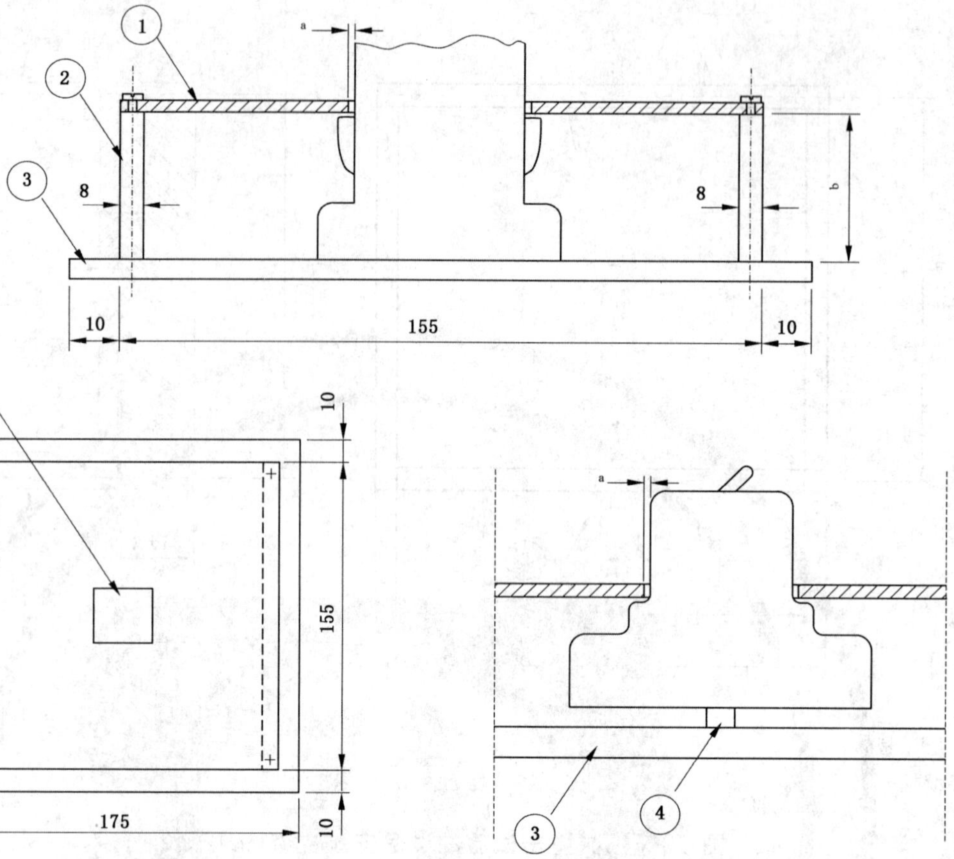

说明：

1——厚度为 1 mm 的可更换的钢板；

2——厚度为 8 mm 的铝板；

3——安装板；

4——轨道式安装 AFDD 的安装轨；

5——钢板上用于 AFDD 的开口。

[a] 开口的边至 AFDD 的距离应为 1 mm～2 mm。

[b] 铝板的高度应这样，使钢板靠在 AFDD 的支承面上，如果 AFDD 没有这样的支承面，则从用一个附加的盖板保护的带电部件至钢板下面的距离为 8 mm。

图 27　非封闭式 AFDD 机械撞击试验安装示例(9.12.2.2)

单位为毫米

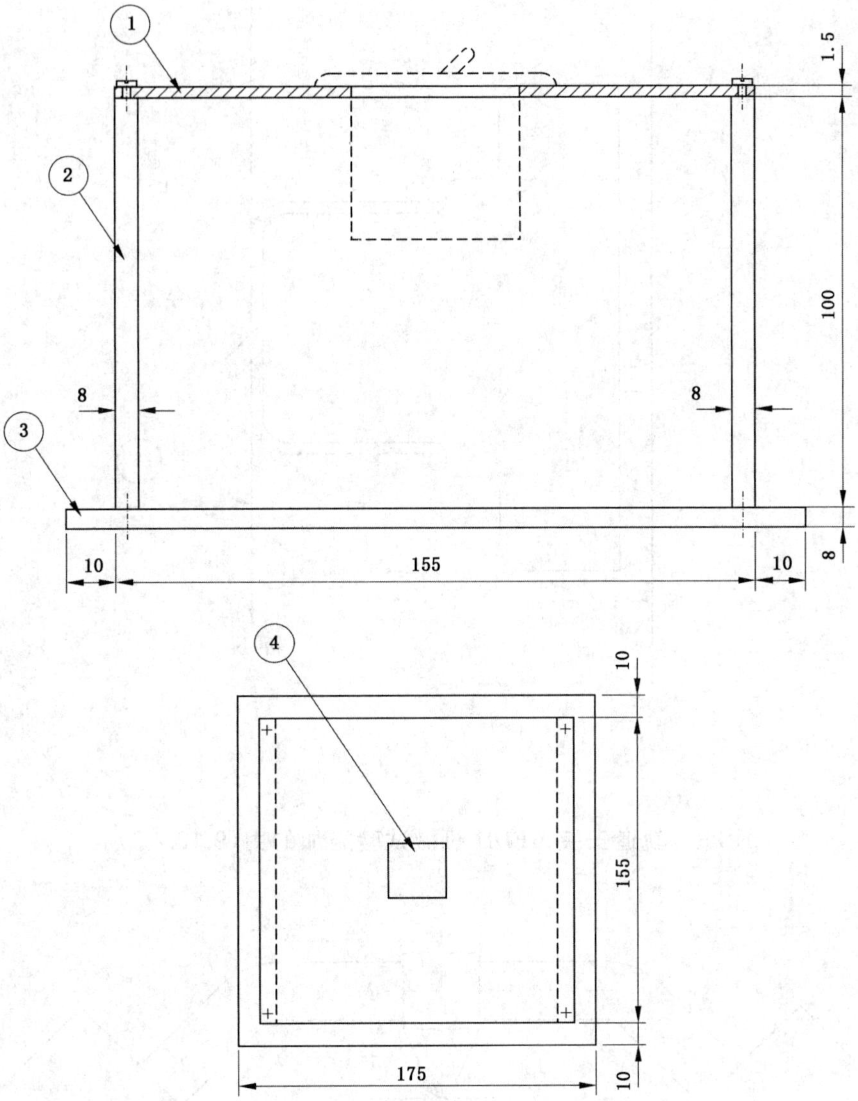

说明：

1——厚度为 1.5 mm 的可更换的钢板；

2——厚度为 8 mm 的铝板；

3——安装板；

4——钢板上用于 AFDD 的开口。

注：在特定情况下，尺寸可放大。

图 28　配电板安装式 AFDD 机械撞击试验安装示例(9.12.2.2)

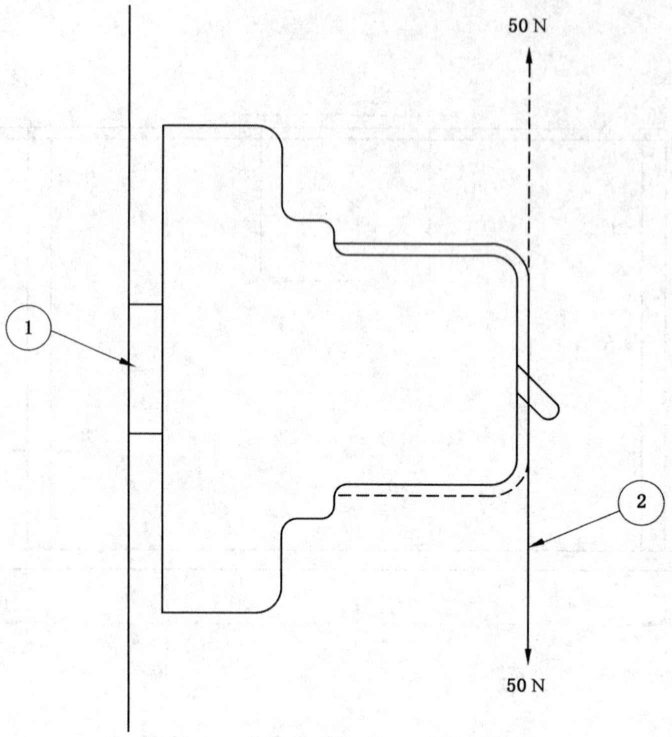

说明：
1——安装轨；
2——绳子。

图 29 轨道安装 AFDD 机械试验施加的力(9.12.2.3)

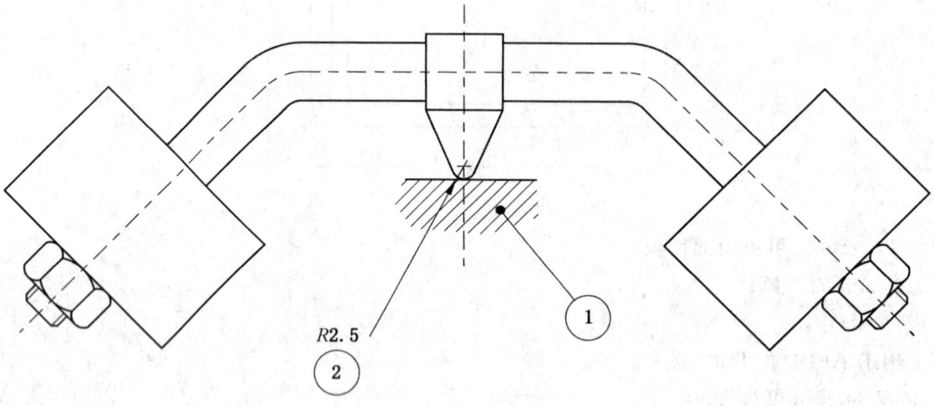

说明：
1——试品；
2——球形。

图 30 球压试验装置(9.13.2)

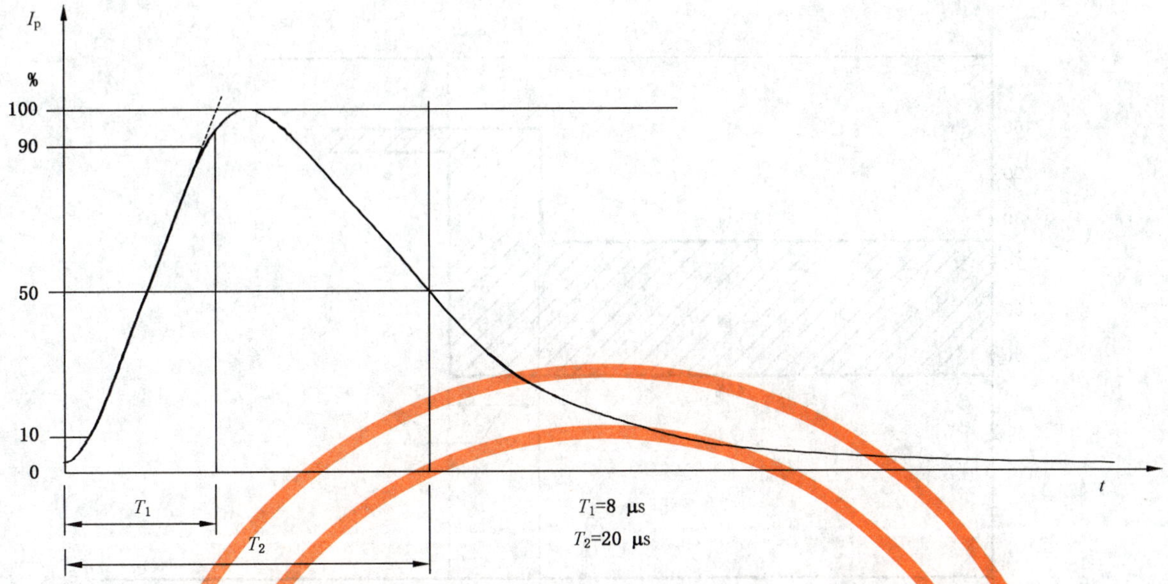

图 31 8/20 μs 浪涌电流脉冲

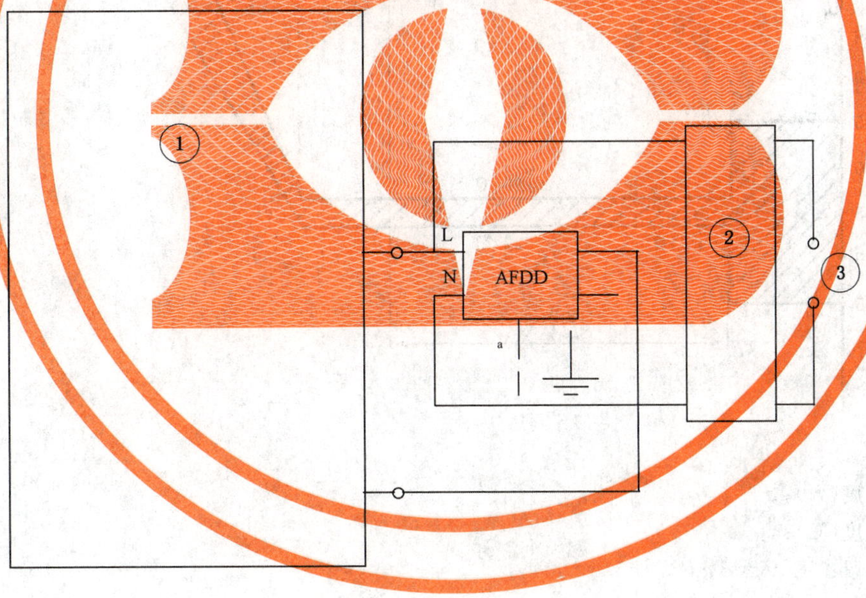

说明：

1——8/20 μs 冲击电流发生器；

2——滤波器；

3——电源。

[a] 如果 AFDD 有接地端子，应接到中性线端子上(如果有的话)；如果 AFDD 上有这样标志或没有标志，则应接到任何相线端子上。

图 32 AFDD 浪涌电流试验电路

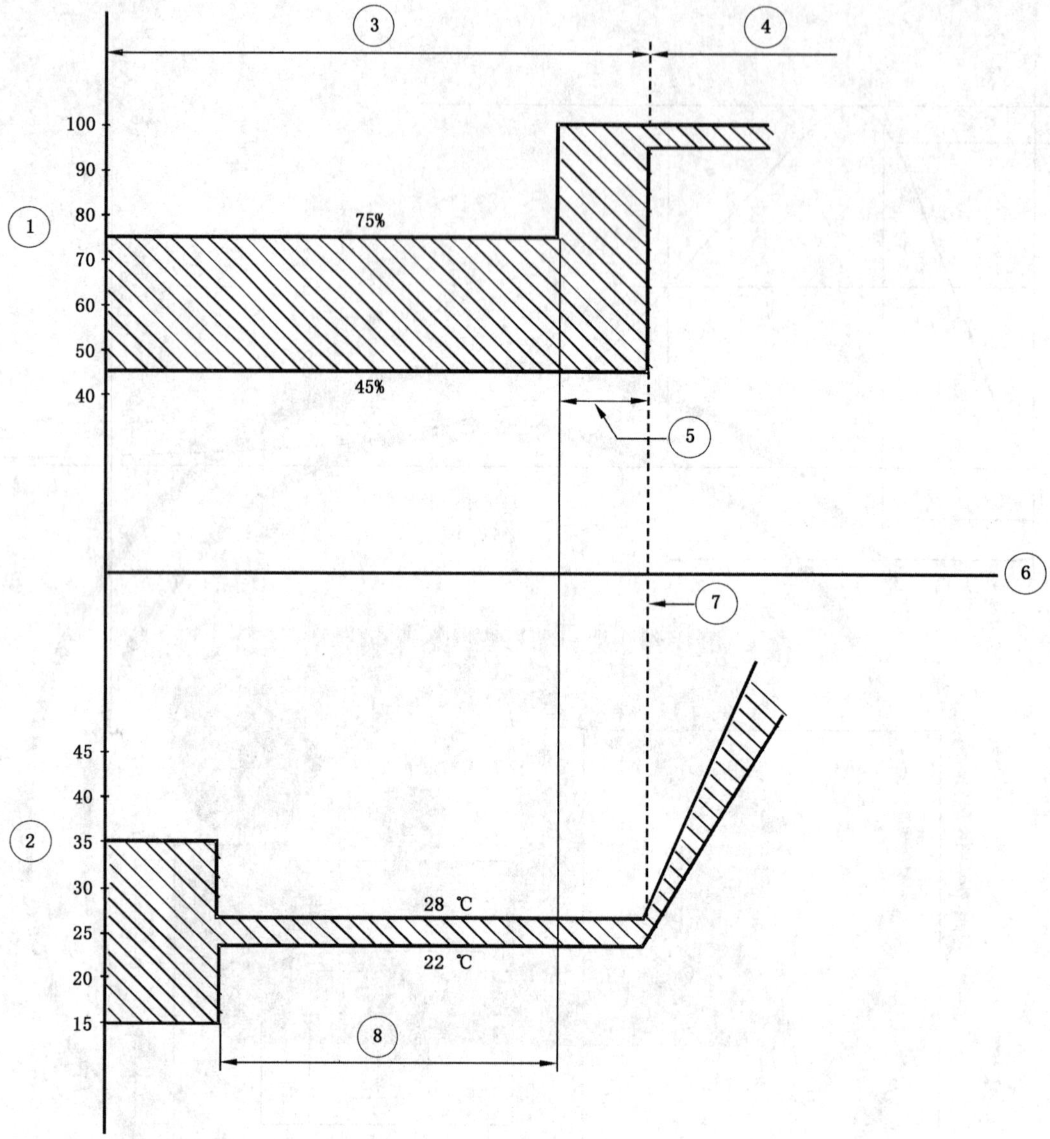

说明：
1——相对湿度(%)；
2——周围温度(℃)；
3——稳定阶段；
4——第一个周期；
5——相对湿度达到95%～100%所需的时间(不超过1 h)；
6——时间；
7——第一个周期开始；
8——试品达到稳定温度所需的时间。

图33　可靠性试验的稳定阶段(9.19.2.4)

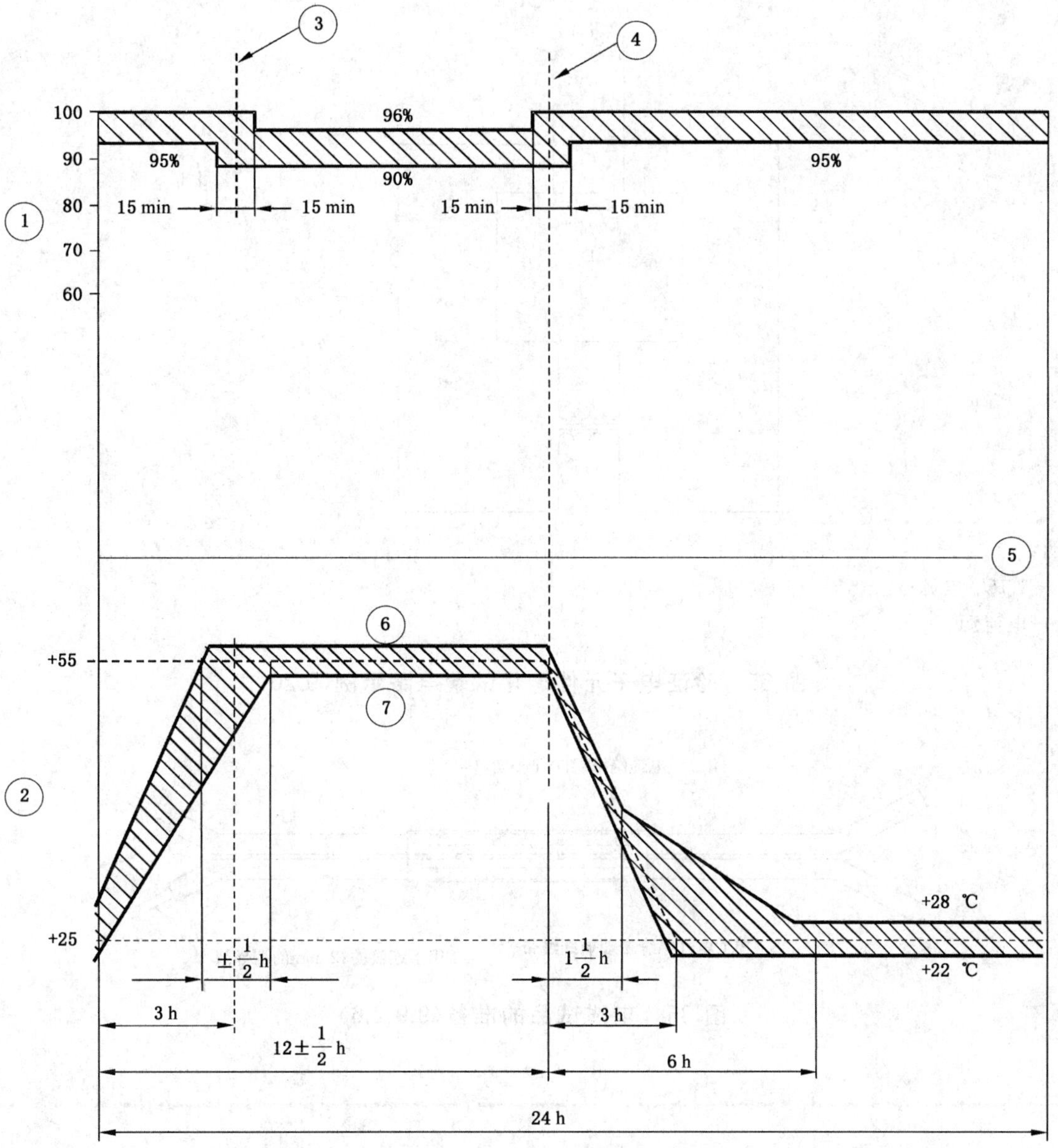

说明：

1——相对湿度(%)；

2——周围温度(℃)；

3——温度上升结束；

4——温度下降开始；

5——时间；

6——上限温度；

7——下限温度。

图 34 可靠性试验周期(9.19.2.4)

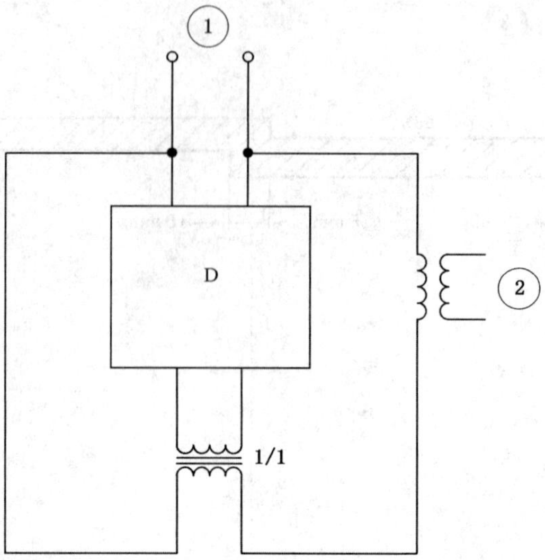

说明：

1——1.1U_n 电源；

2——电流源。

图 35　验证电子元件老化试验电路示例(9.20)

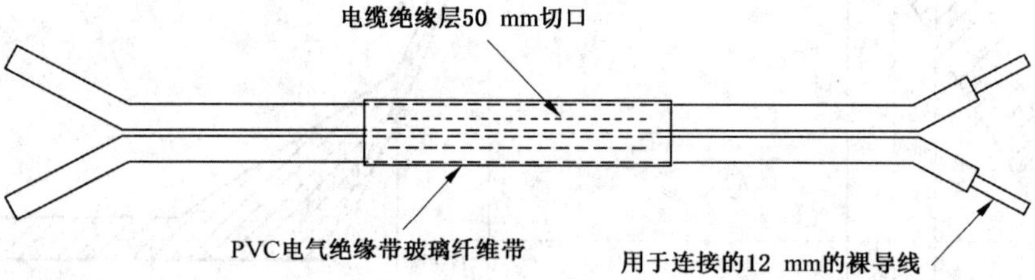

图 36　电缆试品的准备(9.9.2.6)

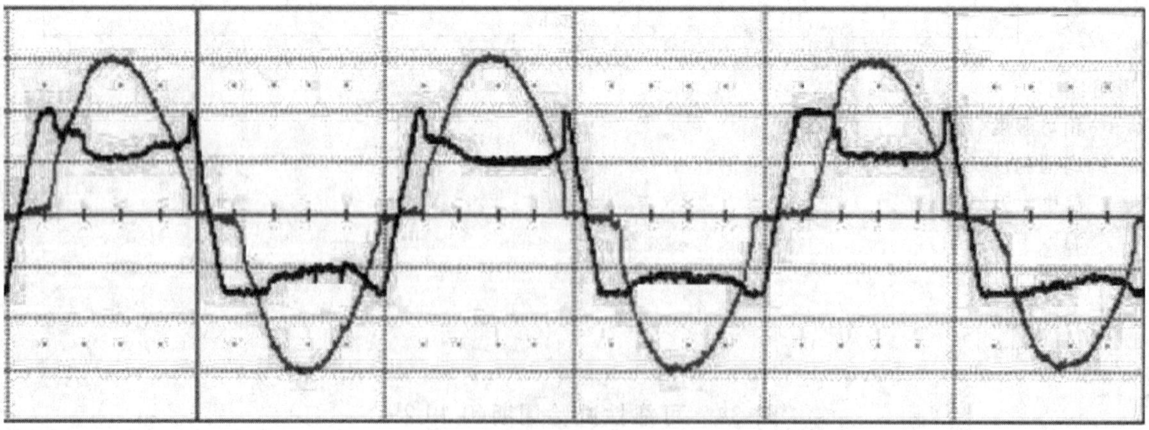

图 37　电缆样品的电弧电压和电流波形示例

附　录　A
（规范性附录）
认证试验的试验程序和试品数量

A.1　试验程序

试验应按本附录表 A.1 进行，表中每一个程序的试验按规定的次序执行。

按 4.1.1 分类的 AFDD，按表 A.1 的试验程序进行。

按 4.1.2 分类的 AFDD，首先按 GB 10963.1—2005 或 GB 16916.1—2014 或 GB 16917.1—2014 或 GB 22794—2008 或 GB 13539 进行试验，如适用。然后按表 A.2 的附加试验程序进行。如果本标准包括的试验程序也包括在 GB 10963.1—2005 或 GB 16916.1—2014 或 GB 16917.1—2014 或 GB 22794—2008 标准中，所有适用标准中最严酷的试验应仅施加一次，但认可标准包含所有适用标准的合格准则。

按 4.1.3 分类的 AFDD，首先应与制造厂声明的保护电器组装。然后本标准的试验程序以及附加要求和附录 D 给出的试验适用。附加试验程序见表 A.3。如果 AFDD 预期与多个保护器组装在一起，试验程序应对制造厂声明的每一个保护电器重复进行，或者所有适用标准中最严酷的试验应仅施加一次，但认可标准应涵盖所有适用标准的合格准则。

表 A.1　按 4.1.1 分类的 AFDD 的试验程序

试验程序	条款或分条款	试验(或检查)项目
A_1	6	标志
	8.2.1	一般要求
	8.2.2	机械结构
	9.3	标志的耐久性
	8.2.3	电气间隙和爬电距离(仅对外部部件)
	9.15	自由脱扣机构
	9.4	螺钉、载流部件和连接的可靠性
	9.5	连接外部导体的端子的可靠性
	9.6	防电击保护
	9.13	耐热性
	8.2.3	电气间隙和爬电距离(内部部件)
	9.16	防锈试验
A_2	9.14	耐异常发热和耐燃性
B	9.7.7.4	在正常条件下，验证断开触头绝缘和基本绝缘耐冲击电压能力
	9.7.7.5	验证跨接基本绝缘的元器件的性能
	9.7.2	耐潮湿性能
	9.7.3	主电路的绝缘电阻
	9.7.4	主电路的介电强度
	9.7.5	辅助电路的绝缘电阻和介电强度
	9.7.6	与主电路连接的控制电路承受绝缘测量产生的直流高压的能力
	9.7.7.2	验证电气间隙的冲击耐压
	9.8	温升
	9.19.3	在 40 ℃时的可靠性
	9.20	电子元件的老化

表 A.1（续）

试验程序		条款或分条款	试验(或检查)项目
C		9.10	机械和电气寿命
D	D_0	9.9.2	串联电弧故障动作特性
		9.9.3	并联电弧故障动作特性
	D_1	9.9.4	屏蔽试验
		9.9.5	误脱扣
		9.18	浪涌电流时的性能
		9.11.2.4a)、b)	在 I_{m1} 时的性能
		9.12	耐机械振动和撞击性能
		9.17	过电流情况下的不动作电流
	D_2	9.11.2.4c)	验证 IT 系统的适用性
E		9.11.2.5a)	在 I_{nc} 时的配合
		9.11.2.3	在 I_m 时的性能
F		9.11.2.5b)	在 I_m 时的配合
		9.11.2.5c)	在 I_{nc1} 时的配合
G		9.19.2	可靠性(气候试验)
H[a]		GB 18499—2008 表 4-T1.1	谐波,谐间波
		GB 18499—2008 表 4-T1.2	信号电压
		9.21 表 21-T2.3	浪涌
I		9.21 表 21-T2.1	传导振荡电流或电压
		9.21 表 21-T2.5	射频电磁场
		9.21 表 21-T2.2	快速瞬变脉冲群
J		9.21 表 21-T2.6	0 Hz～150 kHz 共模传导骚扰抗扰度
		9.21 表 21-T3.1	静电放电

[a] 对包含有连续工作振荡器的 AFDD,在上述试验程序前,应先按 GB 4343.1—2009 的要求进行发射试验。

表 A.2 按 4.1.2 分类的 AFDD 的试验程序

试验程序	条款或分条款	试验(或检查)项目
A_1	6	标志
	8.2.1	一般要求
	8.2.2	机械结构
	9.3	标志的耐久性
	8.2.3	电气间隙和爬电距离(仅对外部部件)
	9.15	自由脱扣机构
	9.4	螺钉、载流部件和连接的可靠性
	9.5	连接外部导体的端子的可靠性

表 A.2（续）

试验程序		条款或分条款	试验(或检查)项目
A_1		9.6 9.13 8.2.3 9.16	防电击保护 耐热性 电气间隙和爬电距离(内部部件) 防锈试验
A_2		9.14	耐异常发热和耐燃性
B		9.7.7.4 9.7.7.5 9.7.2 9.7.3 9.7.4 9.7.5 9.7.6 9.7.7.2 9.8 9.19.3 9.20	在正常条件下,验证断开触头绝缘和基本绝缘耐冲击电压能力 验证跨接基本绝缘的元器件的性能 耐潮湿性能 主电路的绝缘电阻 主电路的介电强度 辅助电路的绝缘电阻和介电强度 与主电路连接的控制电路承受绝缘测量产生的直流高压的能力 验证电气间隙的冲击耐压 温升 在 40 ℃时的可靠性 电子元件的老化
C		9.10	机械和电气寿命
D	D_0	9.9.2 9.9.3	串联电弧故障动作特性 并联电弧故障动作特性
	D_1	9.9.4 9.9.5 9.18 9.12 9.17	屏蔽试验 误脱扣 浪涌电流时的性能 耐机械振动和撞击性能 过电流情况下的不动作电流
	D_2	9.11.1	GB 10963.1—2005 的程序 C_2 或 GB 16916.1—2014 的程序 D_2 或 GB 16917.1—2014 的程序 C_2 后验证 AFDD
E		9.11.1	GB 10963.1—2005 的程序 E_1 或 GB 16916.1—2014 的程序 F 或 GB 16917.1—2014 的程序 F_0 后验证 AFDD
F		9.11.1	GB 10963.1—2005 的程序 E_2 或 GB 16916.1—2014 的程序 E 或 GB 16917.1—2014 的程序 F_1 后验证 AFDD
G		9.19.2	可靠性(气候试验)
H[a]		GB 18499—2008 表 4-T1.1 GB 18499—2008 表 4-T1.2 9.21 表 21-T2.3	谐波,谐间波 信号电压 浪涌

表 A.2(续)

试验程序	条款或分条款	试验(或检查)项目
I	9.21 表 21-T2.1	传导振荡电流或电压
	9.21 表 21-T2.5	射频电磁场
	9.21 表 21-T2.2	快速瞬变脉冲群
J	9.21 表 21-T2.6	0 Hz～150 kHz 共模传导骚扰抗扰度
	9.21 表 21-T3.1	静电放电
[a] 对包含有连续工作振荡器的 AFDD,在上述试验程序前,应先按 GB 4343.1—2009 的要求进行发射试验。		

表 A.3 按 4.1.3 分类的 AFDD 的试验程序

试验程序	条款或分条款	试验(或检查)项目
A_1[a]	6,D.4	标志
	8.2.1,D.5.1	一般要求
	8.2.2	机械结构
	9.3	标志的耐久性
	8.2.3	电气间隙和爬电距离(仅对外部部件)
	9.15	自由脱扣机构
	9.4	螺钉、载流部件和连接的可靠性
	9.5	连接外部导体的端子的可靠性
	9.6	防电击保护
	9.13	耐热性
	8.2.3	电气间隙和爬电距离(内部部件)
	9.16	防锈试验
	D.6.4	声称要拆卸的电器验证
A_2	9.14	耐异常发热和耐燃性
B	9.7.7.4	在正常条件下,验证断开触头绝缘和基本绝缘耐冲击电压能力
	9.7.7.5	验证跨接基本绝缘的元器件的性能
	9.7.2	耐潮湿性能
	9.7.3	主电路的绝缘电阻
	9.7.4	主电路的介电强度
	9.7.5	辅助电路的绝缘电阻和介电强度
	9.7.6	与主电路连接的控制电路承受绝缘测量产生的直流高压的能力
	9.7.7.2	验证电气间隙的冲击耐压
	9.8	温升
	9.19.3	在 40 ℃时的可靠性
	9.20	电子元件的老化
C	9.10	机械和电气寿命

表 A.3（续）

试验程序		条款或分条款	试验（或检查）项目
D	D_0	9.9.2	串联电弧故障动作特性
		9.9.3	并联电弧故障动作特性
	D_1	9.9.4	屏蔽试验
		9.9.5	误脱扣
		9.18	浪涌电流时的性能
		9.12	耐机械振动和撞击性能
		9.17	过电流情况下的不动作电流
	D_2	9.11.1	GB 10963.1—2005 的程序 C_2 或 GB 16916.1—2014 的程序 D_2 或 GB 16917.1—2014 的程序 C_2 后验证 AFDD
E		9.11.1	GB 10963.1—2005 的程序 E_1 或 GB 16916.1—2014 的程序 F 或 GB 16917.1—2014 的程序 F_0 后验证 AFDD
F		9.11.1	GB 10963.1—2005 的程序 E_2 或 GB 16916.1—2014 的程序 E 或 GB 16917.1—2014 的程序 F_1 后验证 AFDD
G		9.19.2	可靠性（气候试验）
H[b]		GB 18499—2008 表 4-T1.1	谐波，谐间波
		GB 18499—2008 表 4-T1.2	信号电压
		9.21 表 21-T2.3	浪涌
I		9.21 表 21-T2.1	传导振荡电流或电压
		9.21 表 21-T2.5	射频电磁场
		9.21 表 21-T2.2	快速瞬变脉冲群
J		9.21 表 21-T2.6	0 Hz～150 kHz 共模传导骚扰抗扰度
		9.21 表 21-T3.1	静电放电

[a] 根据 D.6.2、9.3、9.4、9.5、9.13、9.14 和 9.15 的试验另外在 AFD 单元上进行。

[b] 对包含有连续工作振荡器的 AFDD，在上述试验程序前，应先按 GB 4343.1—2009 的要求进行发射试验。

A.2 提交全部试验程序的试品数量

如果只有一种型式的一个电流额定值的 AFDD 提交试验，提交不同试验序列的试品数量如表 A.4 所示，表中还列出了最低性能合格判别标准。

如果按表 A.4 第二栏提交的所有试品都通过试验，则符合本标准的要求。如果只有第三栏中最少的试品数量通过试验，则应对第四栏所示增加的试品进行试验，并且所有的试品都应完满地完成试验程序。

表 A.4 全部试验程序的试品数量

试验程序[a]	试品数量	最少的合格试品数量[b]	重复试验的试品数量[c]
A_1	1	1	—
A_2	3	2	3
B	3	2	3
C	3	2	3
D_0	3	2[d]	3
D_1	3	2[d]	3
D_2	3	3	3
E	3	2[d]	3
F	3	2[d]	3
G	3	2	3
H[e]	3	2	3
I[e]	3	2	3
J[e]	3	2	3

[a] 总共最多可重复试验 3 个试验程序。

[b] 假定没有通过试验的试品是由于工艺或装配的缺陷造成没有满足技术要求，而不是由于设计的原因。

[c] 在重复试验时，所有的试验结果应合格。

[d] 所有试品均应符合 9.9.2，9.9.3 和 9.11.2.4 的要求（如适用），此外，在 9.11.2.3，9.11.2.5a），9.11.2.5b）或 9.11.2.5c）项试验时，任何试品均不应发生持续燃弧或极间闪络或极与框架之间闪络。

[e] 如制造厂要求时，这几个试验程序可以用同一组试品或两组试品进行试验。

A.3 基本设计结构相同的一个系列 AFDD 同时提交试验时，简化试验程序的试品数量

A.3.1 基本设计结构相同的一个系列 AFDD 或对这样一个系列的 AFDD 增加的试品提交认证时，则提交试验的试品数量可按表 A.5 减少。

注：就本附录而言，“相同的基本设计结构”包含整个额定电流（I_n）系列和/或不同极数。

如果符合下列要求，可认为 AFDD 具有相同的基本设计结构：

1） 具有相同的基本设计；

2） 动作装置具有相同的脱扣机构；

3） 除了下面 a）所列举的不同外，内部载流部件的材料、涂层和尺寸相同；

4） 端子有类似的结构[见下面 b）]；

5） 触头尺寸、材料、结构和连接方式相同；

6） 手动操作机构，材料和机械性能相同；

7） 模压材料和绝缘材料相同；

8） 灭弧装置的灭弧方法，材料和结构相同；

9） 除了下面 c）允许的不同外，对于一个给定特性的型式，剩余电流检测装置的基本设计是相同的；

10） 试验装置的基本设计相同。

只要 AFDD 在所有的其他方面均符合上面详细列举的要求，下面的不同是允许的：

a） 内部载流连接的截面积和环形连接的长度；

b) 端子的尺寸；

c) 在适用范围内，绕组的匝数和截面积以及电流互感器铁芯的尺寸和材料。

A.3.2 对根据结构类型(4.1)具有相同分类的AFDD以及不同电流额定值的AFDD，试验的试品数量可按表A.5减少。

表A.5 全部试验程序的试品数量

试验程序	试品数量[a,b]
A_1 A_2	1 最大 I_n 额定值 3 最大 I_n 额定值
B	3 最大 I_n 额定值
C	3 最大 I_n 额定值
D_0 D_1 D_2	3 最大 I_n 额定值 3 最大 I_n 额定值 3 最大 I_n 额定值
E	3 最大 I_n 额定值 3 最小 I_n 额定值(建议增加)
F	3 最大 I_n 额定值 3 最小 I_n 额定值
G	3 最大 I_n 额定值 3 最小 I_n 额定值(建议删去)
H	3 相同额定值[c] I_n 任选
I	3 相同额定值[c] I_n 任选
J	3 相同额定值[c] I_n 任选

[a] 如果根据A.2的最低性能合格判别标准需重复进行试验时，对有关试验用一组新的试品。重复试验时，所有的试验结果应合格。

[b] 也适用于带不可开断的中性线的单极AFDD和带一个保护极的二极AFDD。

[c] 仅最多数量的电流通路。

附 录 B
（规范性附录）
确定电气间隙和爬电距离

在确定电气间隙和爬电距离时，应考虑下列几点。

B.1 爬电距离的方向和位置

如有必要，制造厂应指明设备或元件预期使用的方位，以便在设计时考虑污染的积累对爬电距离的不利影响。

B.2 使用1种以上绝缘材料的爬电距离

如果爬电距离的某部分是按耐受全部电压来确定，或全部爬电距离是按具有最低的CTI和最高的污染等级的材料来确定，则一个爬电距离可以分成几个不同的材料部分和/或具有不同的污染等级。

B.3 由导电浮动部件分开的爬电距离

由相同材料组成的爬电距离可以分成几个部分，包括浮动导电部件或被浮动导电部件分开的部分，只要各单独部分的爬电距离之和等于或大于假定浮动导电部件不存在时所需值。

各个单独部分爬电距离最小值 X 在 GB/T 16935.1—2008 的 6.2 中规定（见例 11）。

B.4 电气间隙和爬电距离的测量

根据 GB/T 16935.1—2008 确定爬电距离时，下列举例中规定的尺寸 X 在污染等级 2 中最小值为 1.0 mm。

如果有关的电气间隙小于 3 mm，则尺寸 X 的最小值可减小至该电气间隙的 1/3。

测量爬电距离和电气间隙的方法示于以下例 1～例 11 中，这些举例对在气隙和槽之间或在各种绝缘型式之间没有区别。

可作以下假定：

——假定任意凹槽被长度等于规定宽度为 X 的绝缘接线在最不利的位置下桥接（见例 3）；

——当横跨槽的顶部的距离为 X 或更大时，沿着槽的轮廓测量爬电距离（见例 2）；

——假定相对运动的部件处于最不利的位置时，测定它们之间的爬电距离和电气间隙。

电气间隙　　　　爬电距离

例 1

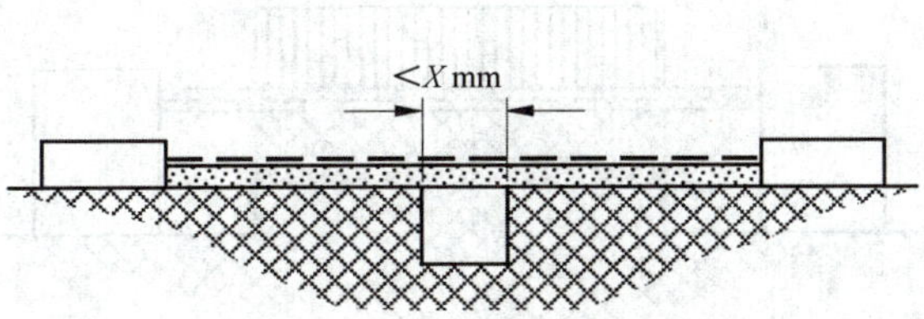

条件：所考虑的路径包括宽度小于 X mm 而深度为任意的平行边或收敛形边的槽。

规则：爬电距离和电气间隙如图所示，直接跨过槽测量。

例 2

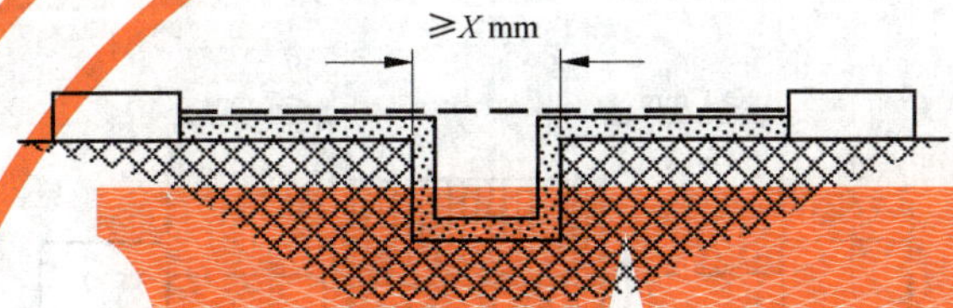

条件：所考虑的路径包括任意深度而宽度等于或大于 X mm 的平行边的槽。

规则：电气间隙是“虚线”距离，爬电路径沿着槽的轮廓。

例 3

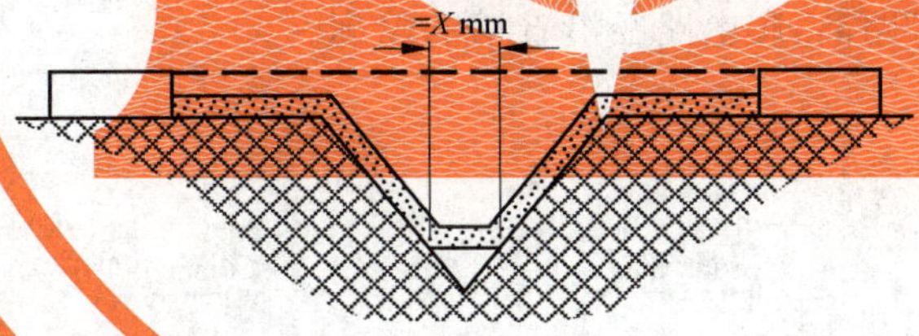

条件：所考虑的路径包括一个宽度大于 X mm 的 V 形槽。

规则：电气间隙是“虚线”的距离，爬电路径沿着槽的轮廓但被 X mm 接线把槽底“短路”。

例 4

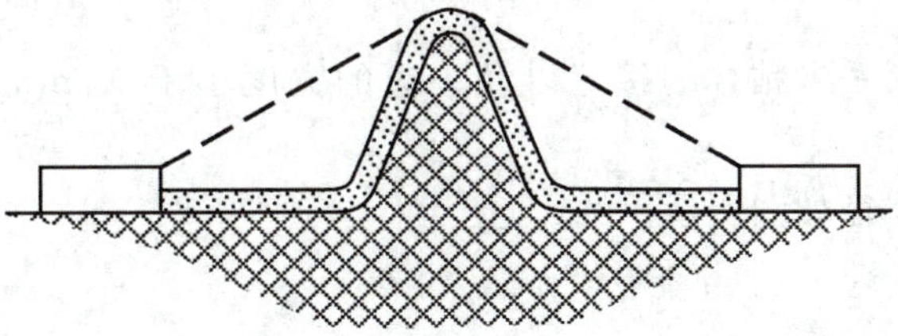

条件：所考虑的路径包括一条筋。

规则：电气间隙是通过筋顶的最短直接空气途径。爬电路径沿着筋的轮廓。

例 5

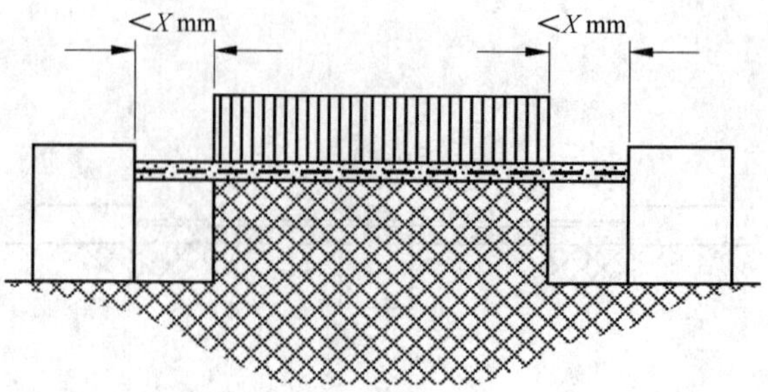

条件:所考虑的路径包括一未粘合的接缝以及每边的宽度小于 X mm 的槽。

规则:爬电距离和电气间隙的路径是所示的“虚线”距离。

例 6

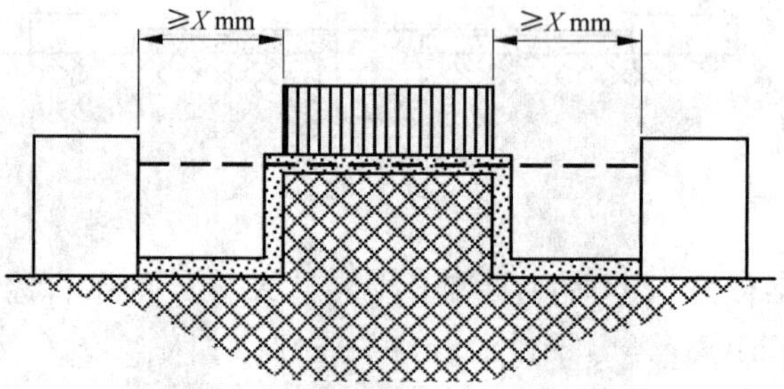

条件:所考虑的路径包括一未粘合的接缝以及每边的宽度等于或大于 X mm 的槽。

规则:电气间隙为“虚线”距离,爬电路径沿着槽的轮廓。

例 7

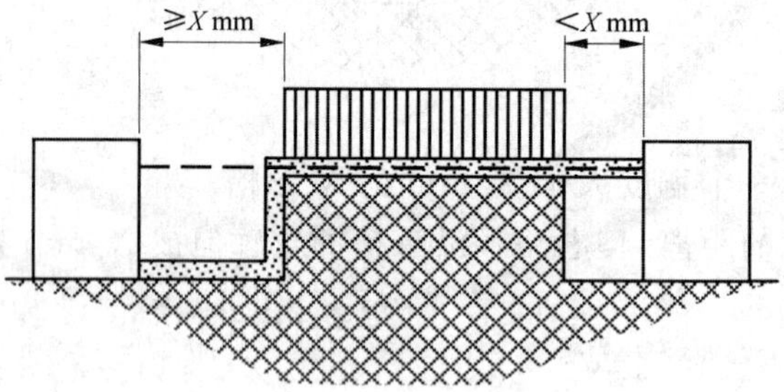

条件:所考虑的路径包括一未粘合的接缝以及一边的宽度小于 X mm,另一边的宽度等于或大于 X mm的槽。

规则:电气间隙和爬电路径如图所示。

例 8

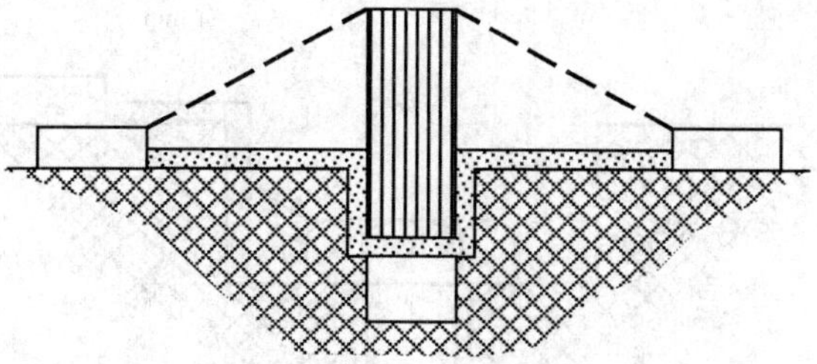

条件：穿过未粘合的接缝的爬电距离小于跨过隔栏的爬电距离。

规则：电气间隙是通过隔栏顶的最短直接空气路径。

例 9

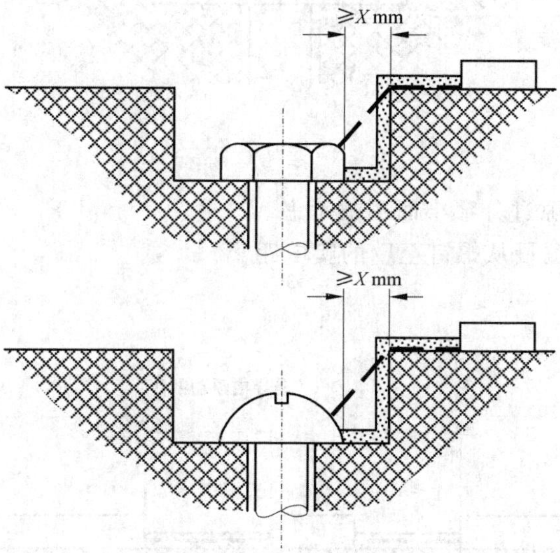

螺钉头与凹壁之间的间隙足够宽应加以考虑。

例 10

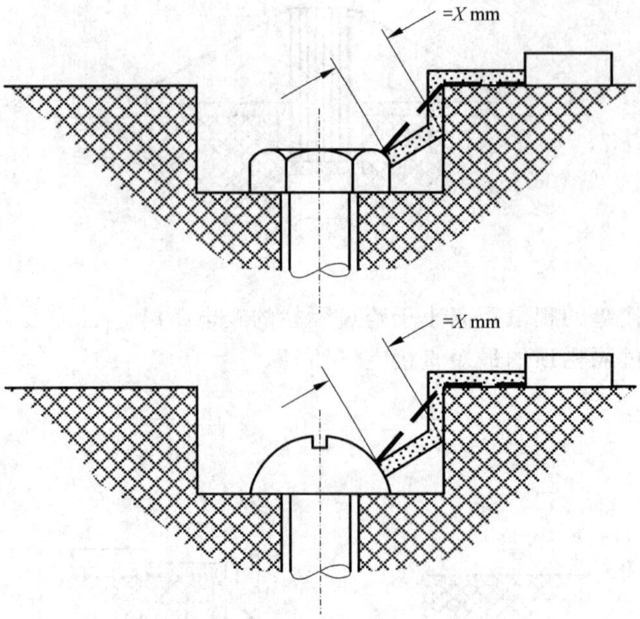

螺钉头与凹壁之间的间隙过分窄小而不被考虑。

当距离等于 X mm 时,测量从螺钉至壁的爬电距离。

例 11

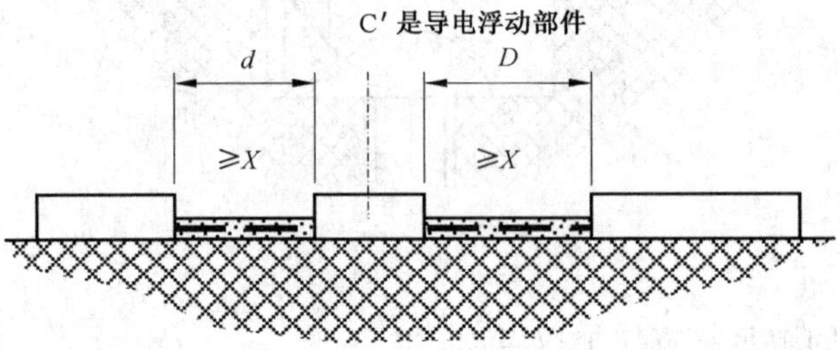

电气间隙是距离 $d+D$

爬电距离也是 $d+D$

附 录 C
（规范性附录）
短路试验中检测游离气体喷射的装置

被试装置按图 C.1 所示并按制造厂的说明进行安装，图 C.1 可要求适应 AFDD 的特定结构。

当需要时(即在“O”操作时)，把一片厚(0.05±0.01)mm，每边尺寸至少比 AFDD 前面的外形尺寸大 50 mm，但不小于 200 mm×200 mm 的透明聚乙烯薄膜固定并适当地绷紧在一个框架上，框架放置在距下列部位 10 mm 的地方：

——对没有操作件凹槽的 AFDD，离操作件的最高凸出部位；

——或对有操作件凹槽的 AFDD，离操作件凹槽的边缘。

聚乙烯薄膜应有下列物理性能：

在 23 ℃时的密度：(0.92±0.05)g/cm^3

熔点：110 ℃～120 ℃。

需要时，如图 C.1 所示在电弧喷出口和聚乙烯薄膜之间放置一块至少厚 2 mm 的绝缘材料隔板以免从电弧喷出口喷出的热的粒子损坏聚乙烯薄膜。

需要时，在距离 AFDD 的每个电弧喷出口这边为“a” mm 的地方放置一个如图 C.2 所示的栅格。

栅格电路(见图 C.3)应连接到点 B 和点 C。

栅格电路的参数如下：

电阻 R′：1.5 Ω

铜丝 F′：长度 50 mm，直径如 9.11.2.2f)1)所要求的值。

单位为毫米

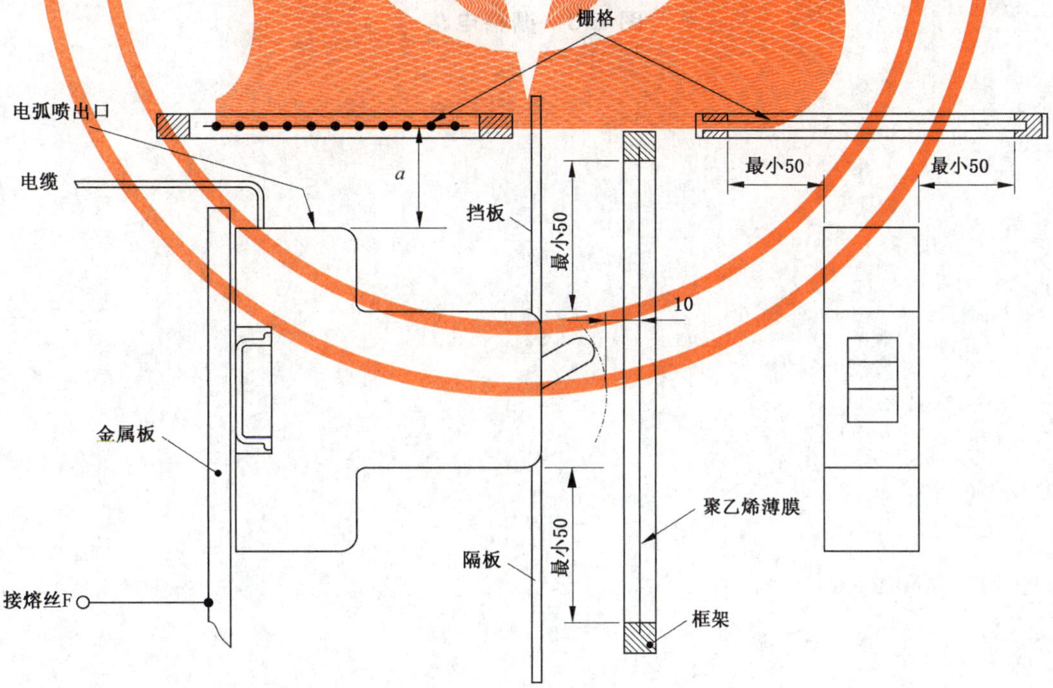

图 C.1 试验装置

单位为毫米

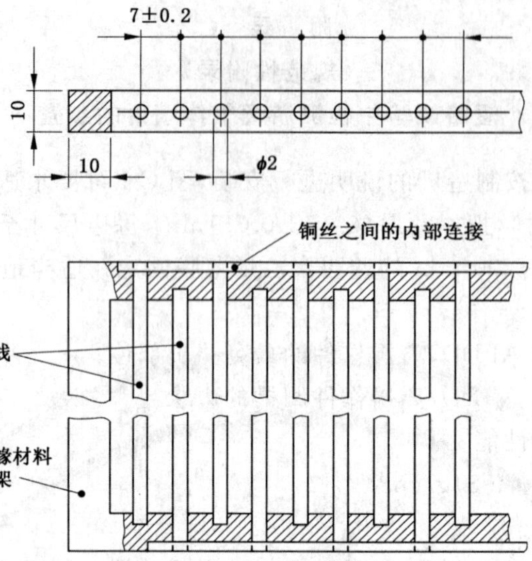

图 C.2 栅格

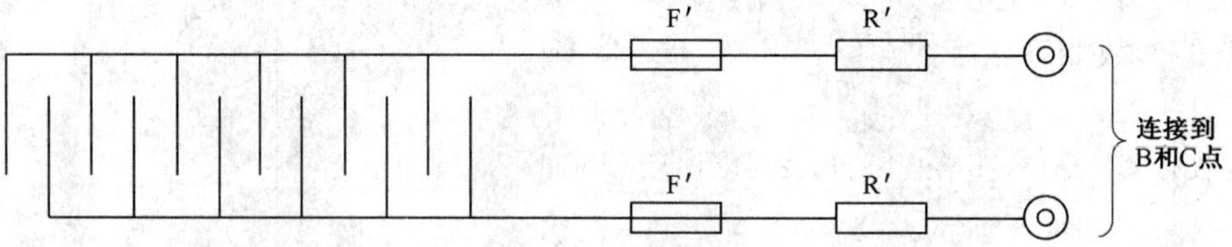

图 C.3 栅格电路

附 录 D
(规范性附录)
按 4.1.3 分类的专门与主保护设备(CB 或 RCCB 或 RCBO)现场组装的 AFDD 的附加要求和试验

D.1 概述

除非特别规定,否则本标准的正文内容适用于本附录包含的 AFDD。

D.2 范围

本附录适用于电弧故障检测单元(AFD 单元)按制造厂说明专门与符合 GB 10963.1—2005 的 CB 或 GB 16916.1—2014 或 GB 16917.1—2014 或 GB 22794—2008 的 RCD 现场组装的 AFDD。

制造厂应声明哪些类型的 AFD 单元和保护电器适合现场组装到一起。

D.3 定义

空。

D.4 标志和其他产品信息

D.4.1 制造厂的名称或商标

参考本标准 6.1 的表 5 中项 a),CB 和/或 RCD 和与其组装的 AFD 单元应具有相同的制造厂名称或商标。

D.4.2 标志

D.4.2.1 CB 或 RCD 的标志

CB 的标志应按 GB 10963.1—2005。

RCD 的标志应按 GB 16916.1—2014、GB 16917.1—2014 或 GB 22794—2008,如适用。

D.4.2.2 AFD 单元的标志

参阅本标准表 5,AFD 单元应具有表 5 中 a)、b)、c)、d)和 g)项的标志。

此外,AFD 单元还应标志:

——可以组装的 CB 或 RCD 的最大额定电流(例如,最大 16 A);

——符号(AFD 也可以显示在 CB 的左边)。

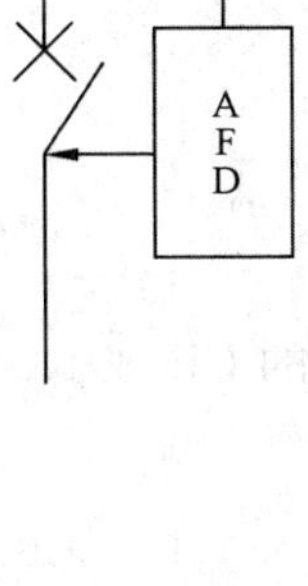

对于 AFD 单元，也可以包括剩余电流保护，应标志下列项目：

——额定剩余动作电流（安装后可视）；

—— S 型 RCCB 标以符号[S]（方框中一个 S）（安装后可视）；

——动作功能与电源电压有关的 RCCB 的标记（适用时）（正在考虑）；

——试验装置的操作件，用字母 T 表示（安装后可视）；

——接线图；

——剩余电流带有直流分量时的动作特性；

——AC 型 RCCB 用符号  表示；

——A 型 RCCB 用符号  表示；

——B 型 RCCB 用符号 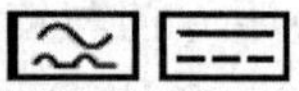 表示。

推荐标志 AFD 单元能组装的 CB 和/或 RCD 的项目。

D.4.2.3 CB 或 RCD 和 AFD 单元组装后（AFDD）的标志

在 D.4.2.2 中规定的下列标志在组装后应是不可见的：

——c）项；

——AFD 单元可与其组装的断路器的最大额定电流。

AFD 单元 h）项的标志（如适用时）在组装后应仍能看见。

D.4.3 组装和操作的说明

制造厂应对 AFD 单元提供足够的说明。这些说明至少应包括下列内容：

——可用来与 AFD 单元组装的断路器或 RCD 的型号和目录号包括电流和电压额定值、极数等；

注：CB 或 RCD 的回路数相应于 AFD 单元的回路数。中性线的端子或连接替代断路器或 RCD 的中性极。

——降容系数（如有的话）；

——组装方法；

——组装后，为检验机械动作必需的检查操作。

D.5 结构要求

D.5.1 概述

设计结构应是这样的，使得应能够在现场组装 AFDD。

按制造厂说明可以现场拆卸 AFDD。

对于声明不适合拆卸的 AFDD，拆卸应留下永久可见的损坏。

按 D.6.4 检查是否符合要求。

D.5.2 防护等级

D.5.2.1 一般要求

AFD 单元的防护等级应不小于与其组装的 CB 或 RCD 的防护等级。

D.5.2.2 机械要求

CB 或 RCD 和 AFD 单元应很容易地以正确的方式装配在一起，并且它们的设计结构应能防止不正确的组装。

连接脱扣机构时应无松动的部件。

组装用的固定装置应被栓住。

端子盖板(如有的话)不包括在本要求中。

D.5.3 电气兼容性

应不可能把一个给定额定电压的断路器或 RCD 与一个较低额定电压的 AFD 单元组装。

注：通过机械或电气设计可以排除不正确的组合。

应不可能把一个给定额定电流的断路器或 RCD 与一个较低的最大电流标志(见 D.4.2.2)的 AFD 单元组装。

AFD 单元的端子应能夹紧 GB 10963.1—2005 的表 4 或 GB 16916.1—2014 的表 6 对与其组装的断路器或 RCD 的额定电流规定的标称面积范围的导体。

AFD 单元和与其组装的断路器之间相互的电气连接应是 AFD 单元的一部分。

应不可能把一个给定短路能力的断路器或 RCD 与一个导致较低短路性能的 AFD 单元组装。

通过检查和手动试验检查是否符合要求。

D.6 型式试验和验证

D.6.1 CB 和 RCD 的试验

预期与 AFD 单元组装的断路器应符合 GB 10963.1—2005 的型式试验。

预期与 AFD 单元组装的 RCD 应符合 GB 16916.1—2014、GB 16917.1—2014 或 GB 22794—2008 的型式试验，如适用。

D.6.2 AFD 单元的试验

AFD 单元应符合表 10 中规定的下列型式试验项目：9.3、9.4、9.5、9.13、9.14 和 9.15。

D.6.3 组装后 AFDD 的试验

带剩余电流保护的 AFD，应首先按 GB 16916.1—2014 或 GB 22794—2008 进行试验，如适用。完成了这些试验后，表 10 规定的补充试验应适用，以表示符合本标准。

预期与多个保护电器组装的 AFD，或带剩余电流保护的 AFD，试验程序应按制造厂声明的每一种保护电器重复进行试验或所用适用标准中最严酷的试验仅施加一次。但认可准则包括了所用适用标准中的认可准则。

除了下面几项以外，表 10 中规定的型式试验适用于本附录所涉及的 AFDD：

——9.3，9.5，9.14 和 9.15 不适用；

——9.4：应对断路器或 RCD 和 AFD 相互之间的连接进行试验。

D.6.4 验证 AFDD 的标志和结构要求

通过直观检查和手动试验(适用时)来校核是否符合 D.4.1，D.4.2，D.4.3，D.5.1，D.5.2，D.5.3 的技术要求。

对于声明适合于拆装的电器，通过表 A.1 中试验程序 D_0 的试验来验证是否符合 D.5.1 的要求。

样品数应符合表 A.4 中试验程序 D_0 的要求。

根据制造厂声明，AFD 单元和电气兼容的 CB 或 RCD 应组装和拆装 5 次。然后 AFD 单元和电气兼容的 CB 或 RCD 重新组装用于试验程序 D_0 的试验。每次组装后，对于 RCD 通过试验按钮来验证组装体的正确动作；且对于 CB，通过瞬时脱扣电流的上限值来验证组装体的正确动作。每次 AFDD 应脱扣。

D.7 AFD 单元的常规试验

附录 E 适用，但试验应在 AFDD 连接试验电路，CB 或 RCD 调整到最严酷的条件下进行。

附　录　E
（规范性附录）
常规试验

E.1　概述

本标准所规定的试验的目的是从安全性方面揭示材料或制造方面不合格的缺陷。

一般来说，根据制造厂的经验，为确保每个 AFDD 与经受本标准试验的试品一致，应做更多的试验。

符合 4.1.1 和 4.1.3 分类的 AFDD，按下述试验进行。

符合 4.1.2 分类的 AFDD，按下述试验进行后，再按 GB 10963.1—2005、GB 16916.1—2014、GB 16917.1—2014 和 GB 22794—2008 的常规试验进行（若适用）。

E.2　脱扣试验

AFDD 接入如附录 F 的图 F.3 所示的振动电弧试验且调节负载电阻值到表 1 所规定的最低试验电流（AFDD 的额定电压为 230 V，电流为 3 A）时，AFDD 应在 1 s 内脱扣。

允许任何便利的验证正确脱扣的替代方法。

E.3　介电强度试验

在下列部位，施加频率为 50/60 Hz，基本上为正弦波的 1 500 V 电压 1 s：

a)　AFDD 在断开位置，AFDD 闭合时电气上连接在一起的端子之间；

b)　AFDD 在断开位置，取决于电子元件的位置，依次在各极的进线端之间或依次在各极的出线端之间。

不应发生闪络或击穿。

附 录 F
（资料性附录）
9.10.2 中振动电弧试验的描述

将两个铜柱头螺栓安装固定在一个非导电振动桌上的两个导电表面上。

采用长 300 mm，截面积 10 mm^2 的软线做一个铜跳线，两端止于铜接线片，测得的气隙约为 0.3 mm～0.6 mm，如图 F.1 和图 F.2。

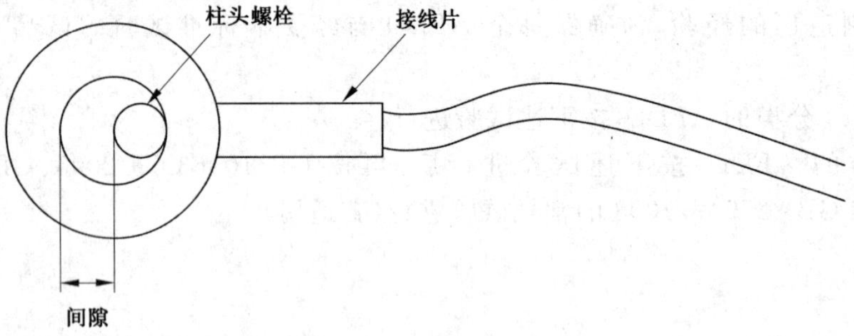

图 F.1 气隙测量

铜跳线以图 F.2 所示方式从柱头螺栓至端子，形成固定夹具之间的串联连接。扭紧螺栓上的自锁螺母，使螺母上的锁住机构正好完全啮合（此螺母仅用以确保端子不会从螺栓上振脱）。

螺母和螺栓底座之间的高度为 3 mm，不要任何进一步的收紧。

接线端应保持振动自由，同时与螺栓和自锁螺母保持断断续续的接触。

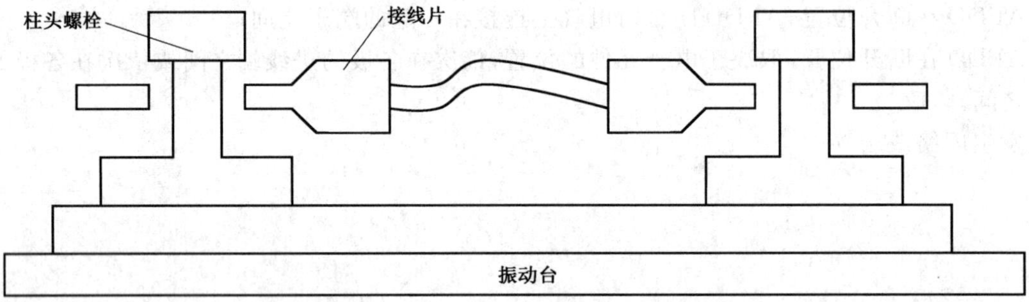

图 F.2 带松散接线端的振动电弧试验台

振动平台的频率为 30 Hz～60 Hz。

AFDD 的相线端子与图 F.2 所示的振动电弧试验台的柱头螺栓和接线片的铜线相接。

试验之前，通过开关 S_1 调整电流至额定电流的一半，然后断开 S_1。试验过程中，燃弧使 AFDD 脱扣。

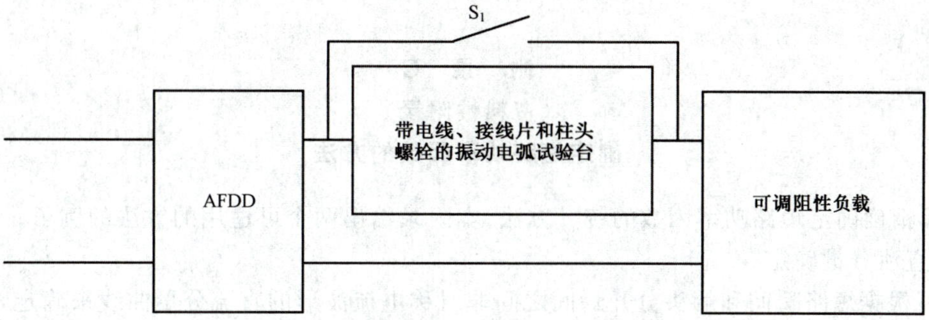

图 F.3 试验中 AFDD 连接到振动电弧试验台

附 录 G
（资料性附录）
确定短路功率因数的方法

目前尚无精确确定短路功率因数的统一方法，本附录给出两个可适用的方法的例子。

方法Ⅰ：根据直流分量确定

相角 φ 可根据短路瞬间和触头分开瞬间之间非对称电流波形的直流分量曲线来确定，方法如下：

G.1 直流分量的公式

$$i_{d} = i_{do} \times e^{-Rt/L}$$

式中：

i_{d} ——在 t 时刻的直流分量值；

i_{do} ——时间起始时刻的直流分量值；

L/R ——电路的时间常数，以 s 为单位；

t ——从起始时刻开始算起的时间，以 s 为单位；

e ——自然对数的底。

时间常数 L/R 能从上述公式算出，方法如下：

a) 测量短路时刻的 i_{do} 值和在触头分开前另一个时刻 t 的 i_{d} 值；

b) 用 i_{d} 除以 i_{do} 得出 $e^{-Rt/L}$ 值；

c) 根据 e^{-x} 值的表确定相应于比值 i_{d}/i_{do} 的 $-x$ 值；

d) x 值表示 Rt/L，由此可求出 L/R。

G.2 确定相角 φ 公式

$$\varphi = \arctan\omega L/R$$

式中 ω 是实际频率的 2π 倍。

当用电流互感器测量电流时，不应采用本方法。

方法Ⅱ：用辅助发电机确定

当使用一台与试验发电机同轴的辅助发电机时，首先在示波图上比较辅助发电机和试验发电机的相电压，然后比较辅助发电机的相电压与试验发电机的电流。

一方面根据辅助发电机电压和试验发电机电压的相角差，另一方面根据辅助发电机电压和试验发电机电流之间的相角差得出试验发电机电压和电流之间的相角，由此能确定功率因数。

附　录　H
（资料性附录）
端子设计示例

在本附录中给出一些端子的设计示例(见图 H.1～图 H.4)。

容纳导体的部位应有适合于实心硬导体的直径以及容纳硬绞合导线的截面积。

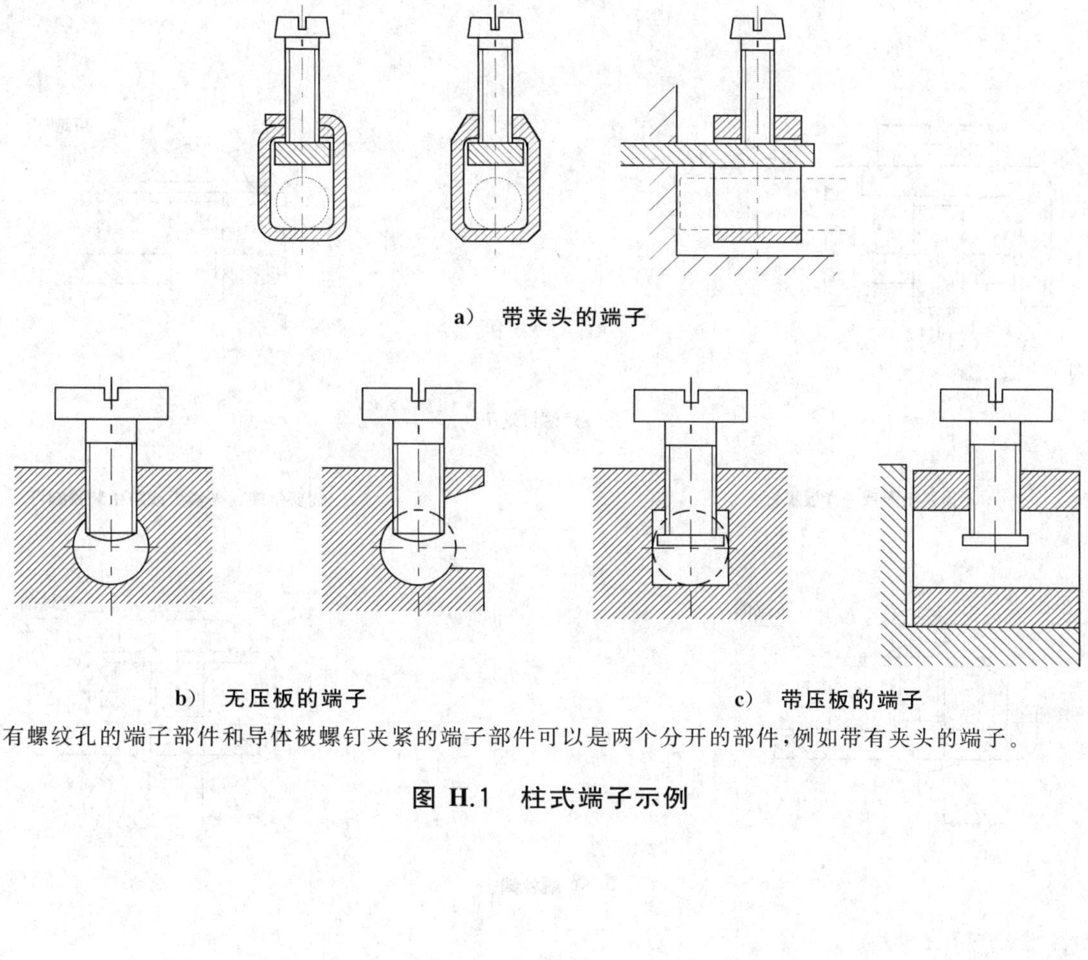

a)　带夹头的端子

b)　无压板的端子

c)　带压板的端子

带有螺纹孔的端子部件和导体被螺钉夹紧的端子部件可以是两个分开的部件,例如带有夹头的端子。

图 H.1　柱式端子示例

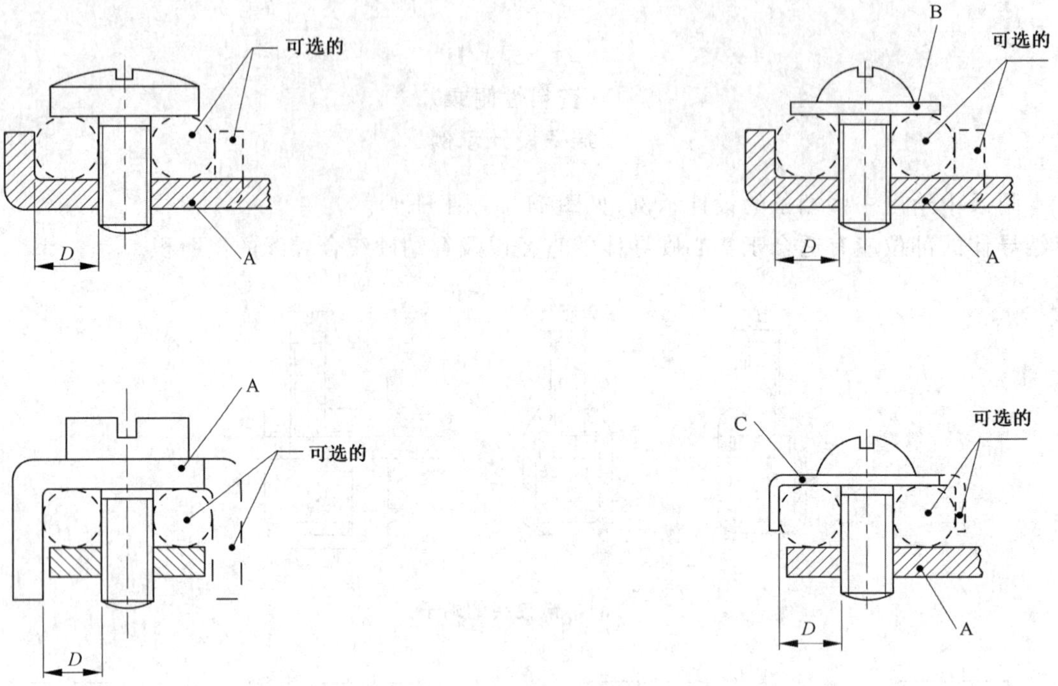

a）螺钉端子

不需要垫圈或夹紧板螺钉　　　　需要垫圈、夹紧板或防松装置螺钉

b）螺栓端子

说明：

A ——固定部件；

B ——垫圈或夹紧板；

C ——防松装置；

D ——导体空间；

E ——螺栓。

只要夹紧导体所必需的压力不是通过绝缘材料传递，使导体定位的部件可以由绝缘材料制成。

图 H.2　螺钉端子和螺栓端子示例

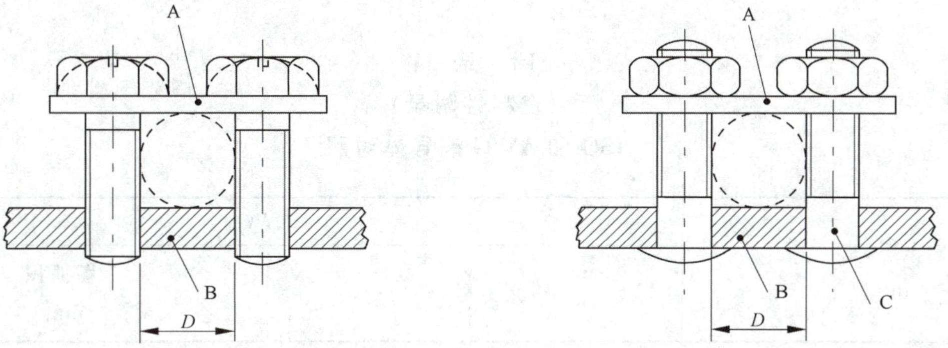

说明：

A ——鞍形板；

B ——固定部件；

C ——螺栓；

D ——导体空间。

鞍形板的两面可以是不同的形状，通过翻转鞍形板适应截面积大小不同的导体。

端子可以有两个以上的夹紧螺钉或螺栓。

图 H.3　鞍形端子示例

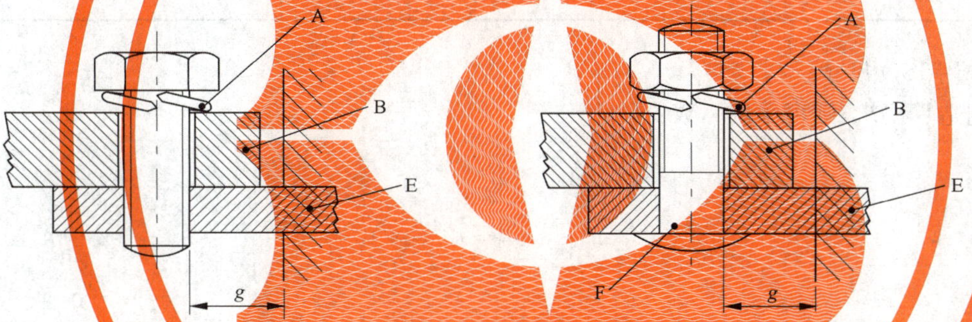

说明：

A ——锁紧装置；

B ——电缆接线片或母排；

E ——固定部件；

F ——螺栓。

对这种型式的端子，应提供一个弹簧垫圈或等效的锁紧装置，夹紧部位的表面应是光滑的。

对某些型式的电器，允许使用比要求尺寸较小的接线片式端子。

图 H.4　接线片式端子示例

附　录　I
（资料性附录）
ISO 和 AWG 铜导体对照

ISO 尺寸 mm^2	AWG	
	尺寸号码	截面积 mm^2
1.0	18	0.82
1.5	16	1.3
2.5	14	2.1
4.0	12	3.3
6.0	10	5.3
10.0	8	8.4
16.0	6	13.3
25.0	3	26.7
35.0	2	33.6
50.0	0	53.5

一般采用 ISO 尺寸。

如应制造厂要求，则可采用 AWG 尺寸。

附　录　J
（资料性附录）
AFDD 的追随试验

J.1　概述

为了保证产品稳定的质量水平，制造厂应制定对制造过程的追随检查程序。

本附录提出了制造 AFDD 时使用的追随程序示例。

本附录可作为制造厂旨在保持要求的产品质量水平的特定程序及组织的导则，

尤其是，可采用供货方及制造方追随的任何条款，以保证与制造产品 AFDD 的安全性有关的质量。

J.2　追随试验程序

追随试验程序包括两组试验。

J.2.1　季度追随试验程序

见表 J.1 试验程序 Q。

J.2.2　年度追随试验程序

见表 J.1 试验程序 Y1～Y3。

注：年度追随试验可由季度追随试验程序组成。

表 J.1　追随检查试验程序

试验程序	条款或分条款	试验	说明
Q	 9.9.2.2 9.9.2.4 9.7.7	电弧检测动作特性 电弧检测动作特性 验证绝缘耐冲击电压 验证试验按钮的正确动作	依次对每极之间也要试验 · AFDD 按正常使用供电； · 然后手动闭合 AFDD。 当按试验按钮时，AFDD 应脱扣
Y1	9.9.2.5 9.7 9.10	极限温度下的试验 介电性能试验 机械和电气寿命	
Y2	9.19.2	可靠性（耐气候试验）	
Y3	9.20	老化试验	

J.2.3　抽样程序

J.2.3.1　季度试验程序

对季度试验程序采用下列检查水平：

——正常检查；
——加强检查。
第一次追随检查采用正常检查水平。
取决于试验的结果，接下来的检查采用正常检查或加强检查，或停止生产。
从一种检查水平转换到另一种检查水平应采用下列的判别标准：
——保持正常检查水平：
正常检查时，如果6个试品全部通过试验程序(见表J.2，程序Q)，则保持正常水平。如果5个试品通过试验，下次检查仅在前次试验间隔一个月后进行，试品数量和试验程序与前次试验相同；
——正常检查水平→加强检查水平：
正常检查时，如果只有4个试品通过试验程序，则进入加强检查水平；
——正常检查水平→停止生产：
正常检查时，如果少于4个试品通过试验程序，则在质量改进以前应停止生产；
——加强检查水平→正常检查水平：
加强检查时，如至少有12个试品通过试验(见表J.2)，则应进入正常检查水平；
——保持加强检查水平：
加强检查时，只有10或11个试品通过试验程序，则保持加强检查水平，并且下次检查在前次检查后的一个月进行，试品数量和试验程序相同；
——加强检查水平→停止生产：
如果连续4次检查保持在加强检查水平，或少于10个试品通过试验程序，则在质量改进以前应停止生产；
——重新开始生产：
在合适的并经确认的改进工作后，可以重新恢复生产。应在加强检查水平条件下恢复生产。

J.2.3.2 年度试验程序

对年度试验程序采用下列检查水平：
——正常检查；
——加强检查。
第一次追随检查采用正常检查水平。
取决于试验的结果，接下来的检查采用正常检查或加强检查。
从一种检查水平转换到另一种检查水平应采用下列的判别标准：
——保持正常检查水平：
正常检查时，如果所有试品全部通过试验程序，则保持正常水平。如果2个试品通过试验程序Y1，并且试验程序Y2和Y3没有失败，则下次检查在前次检查的3个月后进行，试品数量和试验程序相同。
——正常检查水平→加强检查水平：
正常检查时，如果出现下面任一情况，则应进入加强检查水平：
- 只有一个试品通过试验程序Y1；
- 或试验程序Y2或Y3中任一程序出现一次失败。

下一次检查应在前次试验后的3个月内进行，出现失败的试验程序采用加强检查水平，其他试验程序采用正常检查水平。
——正常检查水平→停止生产：
正常检查时，如果没有试品通过试验程序Y1，或在试验程序Y2或Y3中出现多于一次失败，则在质量改进以前应停止生产。

——加强检查水平→正常检查水平：

加强检查时，如果符合下面条件，则应进入正常检查水平：

- 至少 5 个试品通过试验程序 Y1；和
- 试验程序 Y2 或 Y3 中没有出现失败。

——保持加强检查水平：

加强检查时，如果只有 4 个试品通过试验程序 Y1，并且试验程序 Y2 和 Y3 没有失败，保持加强检查水平，下次检查应在前次试验后的 3 个月后进行，试品数量和试验程序相同。

——加强检查水平→停止生产：

如果连续 4 次检查保持在加强检查水平，或在一次年度检查中出现下列一种失败，则在质量改进以前应停止生产：

- 少于 4 个试品通过试验程序 Y1；
- 试验程序 Y2 或 Y3 中出现多于一次失败。

——重新开始生产：

在合适的并经确认的改进工作后，可以重新恢复生产。应在加强检查水平条件下恢复生产。

J.2.4 被试的试品数量

不同检查水平的试品数量见表 J.2。

表 J.2 被试的试品数量

检查程序	正常检查试品数量	加强检查试品数量
Q	6	13
Y1、Y2、Y3	每个程序 3	每个程序 6

基本设计结构相同的一个系列 AFDD 只需要对一组试品进行试验，而不考虑其额定值。

对追随试验程序来讲，如果 AFDD 属于 4.1 规定的同一种分类并符合下列要求，则认为基本设计结构相同：

——电弧检测动作装置除了下面的不同外，具有相同的脱扣机构：

- 绕组的匝数和截面积；
- 电流互感器铁芯的尺寸和材料；
- 预期电弧电流。

——电子部件(如果有的话)具有相同的设计并使用同样的元件，除了为达到不同的电弧电流动作值而发生的变化以外。

附 录 K
（资料性附录）
短路试验的SCPD

K.1 引言

为验证AFDD能承受表18规定的I^2t和I_p的最小值，应进行短路试验。应使用声明的保护电器或采用图K.1所示试验装置的银丝或使用任何其他能产生要求的I^2t和I_p值的装置进行短路试验。

K.2 银丝

为验证AFDD能承受的I^2t和I_p的最小值，并获得重复的试验结果，SCPD（如果有的话）可以是采用图K.1所示的试验装置的银丝。

银丝的含银量至少为99.9%，其直径按额定电流I_n、短路电流I_{nc}确定，如表K.1所示。

表K.1 对应于额定电流与短路电流的银丝直径

I_{nc} A	I_n A					
	≤16	≤20	≤25	≤32	≤40	≤63
	银丝直径[a] mm					
500	0.30	0.35	0.35	0.35		
1 000	0.30	0.35	0.40	0.50		
1 500	0.35	0.40	0.45	0.50	0.65	0.85
3 000	0.35	0.40	0.45	0.50	0.60	0.80
4 500	0.35	0.40	0.45	0.50	0.60	0.80
6 000	0.35	0.40	0.45	0.50	0.60	0.75
10 000	0.35	0.40	0.45	0.50	0.60	0.70

[a] 银丝直径基本上是根据峰值电流（I_p）来考虑的（见表18）。

银丝应插入到图K.1所示的试验装置的适当的位置，并且要水平地插入和绷紧。每次试验后，应更换银丝。

K.3 声明的保护电器

为验证AFDD能承受的I^2t和I_p的最小值，并获得重复的试验结果，SCPD（如果有的话）可以是声明的保护电器。

声明的保护电器的额定值不能比AFDD的额定值小，可以使用较高额定值的声明的保护电器以便获得表18规定的I^2t和I_p的值。

注：增加并联的熔断器能达到中间的值。

K.4　其他装置

只要符合表 18 规定的值,可以使用其他装置。

单位为毫米

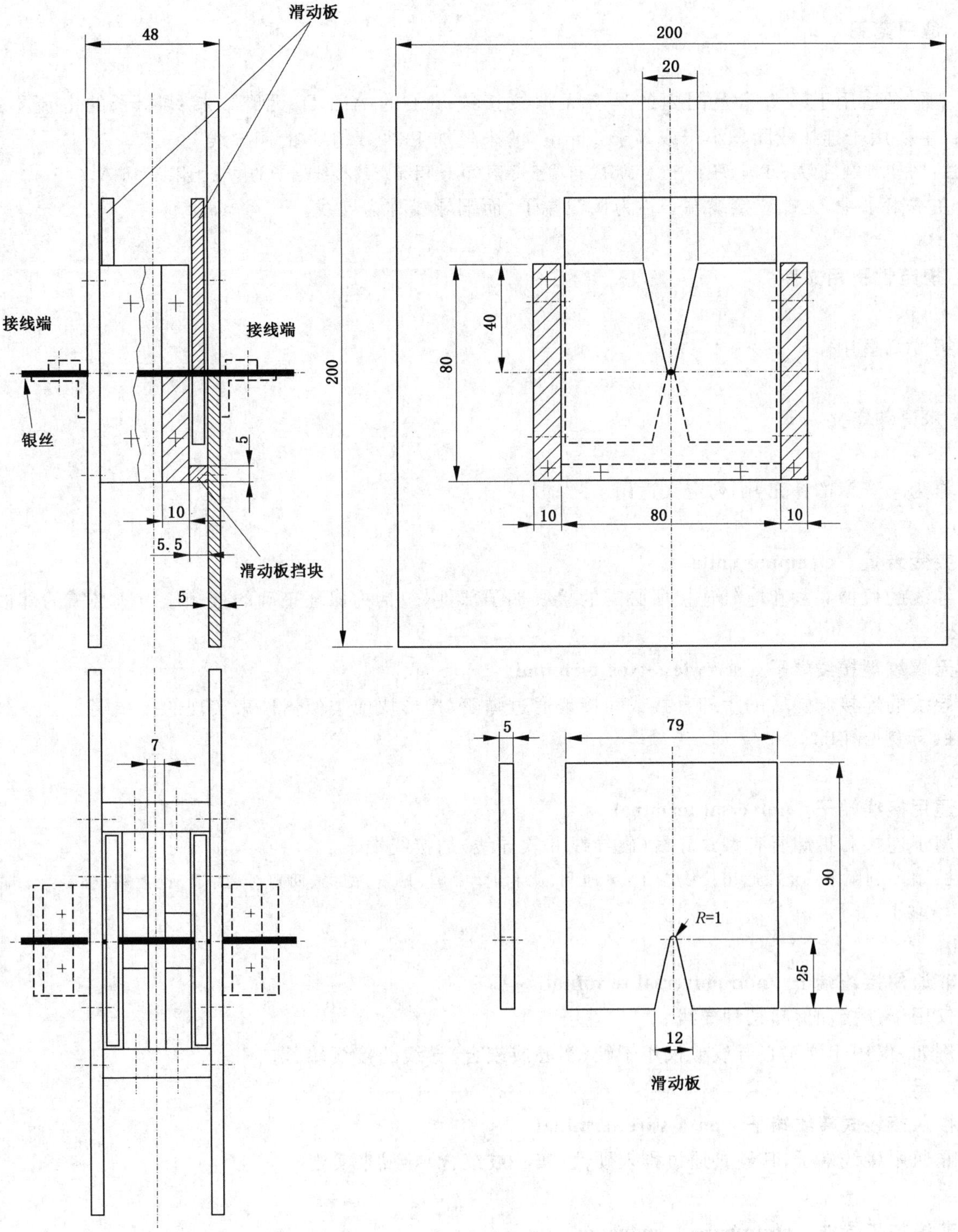

图 K.1　验证 AFDD 所能承受的最小 I^2t 和 I_p 值的试验装置

附　录　L
（规范性附录）
具有连接外部铜导线的无螺纹型接线端子的AFDD的特殊要求

L.1　适用范围

本附录适用于第1章范围内的具有无螺纹接线端子的AFDD，无螺纹接线端子的电流不超过20 A，主要用于连接截面积小于或等于4 mm^2 的未经加工（见L.3.6）的铜导线。

注：在奥地利、捷克、德国、丹麦、荷兰、挪威和瑞士等国家，使用无螺纹接线端子的电流上限是16 A。

在本附录中，无螺纹接线端子称为接线端子，而铜导线称为导线。

L.2　规范性引用文件

第2章适用。

L.3　术语和定义

作为第3章的补充，下列定义适用。

L.3.1

夹紧装置　clamping units

导线的机械夹紧和电气连接所必需的接线端子部件，包括为保证正确的接触压力所必需的部件。

L.3.2

无螺纹型接线端子　screwless-type terminal

导线的连接和随后的拆卸直接或间接地通过弹簧、楔形块或类似器件来实现的接线端子。

注：示例见图L.2。

L.3.3

通用接线端子　universal terminal

用于连接和拆卸所有型式导线（硬导线和软导线）的接线端子。

注：在下列国家只允许通用接线端子：奥地利、比利时、中国、丹麦、德国、西班牙、法国、意大利、葡萄牙、瑞典和瑞士。

L.3.4

非通用接线端子　non-universal terminal

仅用于连接和拆卸某种导线。

例如，仅用于硬实心导线或仅用于硬（实心或绞合）导线的接线端子。

L.3.5

推入接线式接线端子　push-wire terminal

非通用接线端子，其连接通过推入硬性（实心或绞合）导线来实现。

L.3.6

非经加工导线　unprepared conductor

导线切断并在插入至接线端子的一定长度上剥去绝缘。

注1：为插入接线端子而整形或为加强端部而拧线丝的导线认为是非经加工导线。

注 2：术语“非经加工导线”指导线未经导线线丝的焊接、使用电缆接头、弯成小圆环等加工处理，但包括导线插入接线端子前的重新整形或为增加软导线端部强度而拧紧导线。

L.4 分类

第 4 章适用。

L.5 AFDD 的特性

第 5 章适用。

L.6 标志

除了第 6 章以外，下列要求适用：

通用接线端子：

——无标志。

非通用接线端子：

——声明用于硬实心导线的接线端子应标志字母“sol”；

——声明用于硬(实心或绞合)导线的接线端子应标志字母“r”；

——声明用于软导线的接线端子应标志字母“f”。

标志应位于 AFDD 上，或如果可用的空间不够，可位于最小的包装单元上或在技术资料中标明。

在 AFDD 上应有合适的标志指示导线插入接线端子前应剥去的绝缘长度。

制造厂也应在其技术文件中提供关于可夹紧的最多导线数量的资料。

L.7 使用和安装的标准工作条件

第 7 章适用。

L.8 结构和操作的要求

L.8.1 概述

第 8 章适用，但有以下修正。

在 8.2.5 中，只有 8.2.5.1、8.2.5.2、8.2.5.3、8.2.5.6 和 8.2.5.7 适用。

通过直观检查和用本附录中 L.9.1 和 L.9.2 的试验代替 9.4 和 9.5 来检验是否符合要求。

此外，以下要求适用。

L.8.2 导线的连接或拆卸

导线的连接或拆卸应采用下列方法来完成：

——采用一般用途的工具或与接线端子构成整体的合适的装置来打开接线端子并帮助导线的插入或拔出(例如，对通用接线端子)；

或，对硬导线：

——采用简单的插入的方法。拆卸导线时，应除了拉导线外还应对导线有一个操作(例如对推入接线式端子)。

通用接线端子应能连接硬性(实心或绞合)和软性的未经加工处理的导线。

非通用接线端子应能连接制造厂声明的型式的导线。

通过直观检查和 L.9.1 和 L.9.2 的试验来检验是否符合要求。

L.8.3 可连接导线的尺寸

可连接导线的尺寸如表 L.1 所示。

连接这些导线的能力应通过直观检查和 L.9.1 和 L.9.2 的试验来检验。

表 L.1 可连接的导线

可连接的导线及其理论直径									
公制					AWG				
硬导线			软导线		硬导线			软导线	
	实心导线	绞合导线				实心导线[a]	B级绞合导线[a]		I,K,M 级绞合导线[b]
mm^2	ϕ/mm	ϕ/mm	mm^2	ϕ/mm	线规	ϕ/mm	ϕ/mm	线规	ϕ/mm
1.0	1.2	1.4	1.0	1.5	18	1.02	1.16	18	1.28
1.5	1.5	1.7	1.5	1.8	16	1.29	1.46	16	1.60
2.5	1.9	2.2	2.5	2.3	14	1.63	1.84	14	2.08
4.0	2.4	2.7	4.0	2.9	12	2.05	2.32	12	2.70

注：最大硬导线和软导线的直径依据 GB/T 3956—2008；对 AWG 导线，依据 ASTM B172-71 和 ICEA 出版物 S-19-81，S-66-524 和 S-68-516。

[a] 标称直径+5%。

[b] 对 I，K，M 三级中任何一级，最大直径+5%。

L.8.4 可连接的截面积

被夹紧的标称截面积如表 L.2 的规定。

表 L.2 无螺纹型接线端子可连接的铜导线的截面积

额定电流 A	被夹紧的标称截面积 mm^2
≤13	1～2.5
>13～20	1.5～4

通过直观检查和 L.9.2 和 L.9.3 的试验来检验是否符合要求。

L.8.5 导线的插入和拆卸

导线的插入和拆卸应按制造厂的说明书来操作。

通过直观检查来检验是否符合要求。

L.8.6　接线端子设计和结构

接线端子的设计和结构应符合下列要求：

——单独地夹紧每根导线；

——在连接或拆卸的过程中，能同时或分别地连接或拆卸导线；

——避免不适当地插入导线。

应可以可靠地夹紧规定的最大值以下的任何数量的导线。

通过直观检查和 L.9.2 和 L.9.3 的试验来检验是否符合要求。

L.8.7　抗老化

接线端子应能抗老化。

通过 L.9.4 的试验来检验是否符合要求。

L.9　试验

L.9.1　概述

第 9 章适用，但用下列试验替代 9.4 和 9.5。

L.9.2　无螺纹接线端子的可靠性试验

L.9.2.1　无螺纹系统的可靠性

用符合表 L.2 的额定截面积的铜导线对新的试品各极的 3 个接线端子进行试验。导线的型式应按 L.8.2。

用最小直径的导线连接并随后拆卸 5 次，接着再用最大直径的导线试验 5 次。

除了第 5 次以外，每次试验应使用新的导线。第 5 次试验时把第 4 次插入使用过的导线在同样的位置夹紧。在插入接线端子前，应把硬绞合导线的股线重新整形，并把软导线的线丝拧紧以增加端部强度。

对每次插入，应该把导线尽可能地推入到接线端子中，或把导线这样插入使得其显而易见具有适当的连接。

在每次插入后，插入的导线绕着其轴线在夹紧区域的水平面转过 90°，接着把导线拆卸。

在这些试验后，接线端子不应损坏至影响其继续使用。

L.9.2.2　连接的可靠性试验

新试品各极的 3 个接线端子连接符合表 L.2 的型式和额定截面积的新铜导线。

导线的型式应按 L.8.2。

在插入接线端子前，硬绞合导线和软导线的股线应重新整形，并应把软导线的线丝拧紧以增加端部强度。

如果是通用接线端子，应不过度用力就可以把导线连接到接线端子中。如果是推入接线式接线端子，用手施加必要的力。

把导线尽可能地推入到接线端子中，或把导线这样插入使得其显而易见具有适当的连接。

在试验后，应没有导线的线丝脱落至接线端子外面。

L.9.3　连接外部导线的接线端子的可靠性试验：机械强度

拉出试验时，新试品各极的 3 个接线端子连接符合表 L.2 的型式及最小截面积和最大截面积的新铜导线。

在插入接线端子前，硬绞合导线和软导线的股线应重新整形，并应把软导线的线丝拧紧以增加端部强度。

然后，对每根导线施加表 L.3 规定值的拉力。施加拉力时不能用冲击力，时间为 1 min，方向为导线的轴线方向。

表 L.3 拉力

截面积 mm^2	拉力 N
1.0	35
1.5	40
2.5	50
4.0	60

在试验过程中，导线不应滑出接线端子。

L.9.4 循环试验

用符合表 13 截面积的新的铜导线进行试验。

试验在新的试品(单极试品)上进行，试品的数量按接线端子的型式规定如下：

——用于硬(实心或绞合)导线和软导线的通用接线端子：每种导线 3 个试品(总共 6 个试品)；

——专门用于实心导线的非通用接线端子：3 个试品；

——用于硬(实心或绞合)导线的非通用接线端子：每种导线 3 个试品(6 个试品)；

注：如果是硬导线，宜使用实心导线(如果所在国家没有实心导线，可使用绞合导线)。

——专门用于软导线的非通用接线端子：3 个试品。

如图 L.1 规定那样，把具有表 13 规定截面积的导线按正常使用串联连接到 3 个试品中的每个试品。

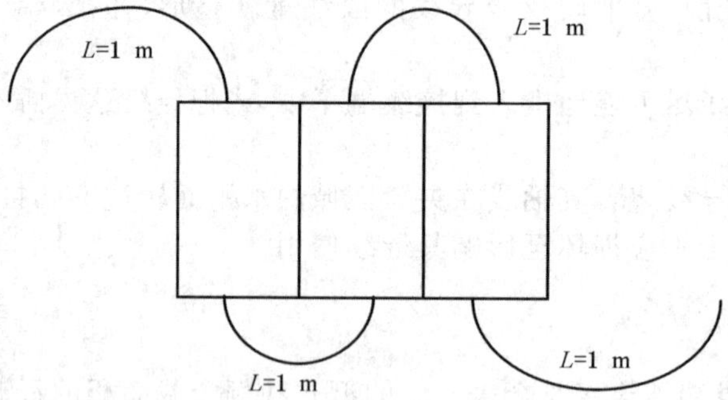

图 L.1 试品连接

试品上应有一个孔(或等效的措施)以便测量接线端子上的电压降。

整个试验装置，包括导线，放置在一个初始温度保持在(20±2) ℃的加热箱中。

为了在下列所有的电压降测量完成以前避免试验装置的任何移动，建议各极固定在一个公共支架上。

除了在冷却期间以外，对电路通以相应于 RCBO 额定电流的试验电流。

然后，试品承受 192 个温度循环，每个循环约 1 h，具体要求如下：

在约 20 min 的时间内使箱内温度升高到 40 ℃，温度保持在该温度值±5 ℃的范围内约 10 min。

然后，把试品在约 20 min 内冷却到约 30 ℃的温度，允许采用强迫冷却。试品保持在该温度约 10 min。如果为测量电压降需要时，允许再降低至(20±2) ℃的温度。

在第 192 个循环结束时，在每个接线端子上通以标称电流测量的最大电压降不应超过下列两个值中的较小值：

——22.5 mV；

——或第 24 个循环后测量值的 1.5 倍。

应尽可能地在接近接线端子的接触部位进行测量。

如果测量点不能位于接近接触点的部位，则应从测得的电压降中减去理想测量点和实际测量点之间部分导线内的电压降。

加热箱的温度应在至少离试品 50 mm 的距离处测量。

试验后，不采用附加的放大手段，通过正常的或校正的视力用肉眼检查，应没有明显的影响继续使用的变化，例如裂缝、变形或类似的变化。

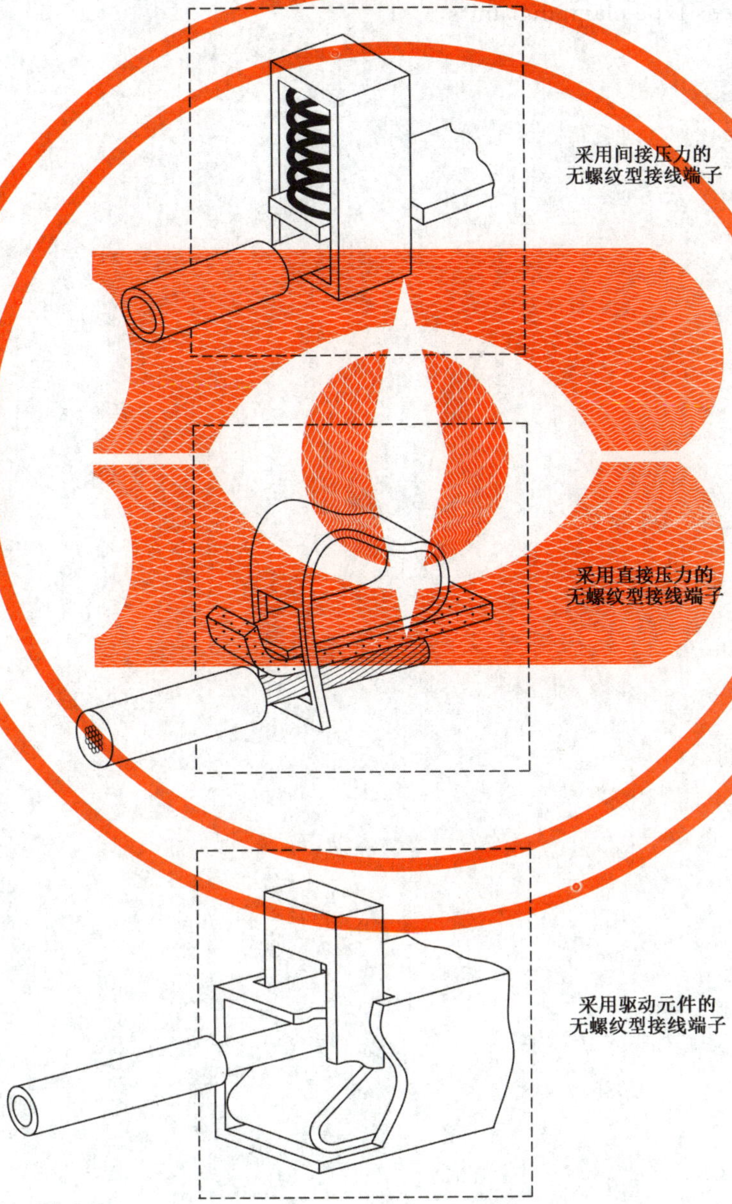

图 L.2　无螺纹型接线端子示例

L.10 参考文件

[1] IEC 60228 Conductors of insulated cables

[2] IEC 60998-1 Connecting devices for low-voltage circuits for household and similar purposes—Part 1: General requirements

[3] IEC 60998-2-2 Connecting devices for low-voltage circuits for household and similar purposes—Part 2-2: Particular requirements for connecting devices as separate entities with screwless-type clamping units

[4] IEC 60999(all parts) Connecting devices—Electrical copper conductors—Safety requirements for screw-type and screwless-type clamping units

附 录 M
（规范性附录）
带扁平快速连接端头的 AFDD 的特殊要求

M.1 适用范围

本附录适用于第 1 章范围内的具有扁平快速连接端头的 AFDD，该端头由标称宽度 6.3 mm 和厚度 0.8 mm 的插入式连接片（见 M.3.2）及与其配套的插套连接器组成，用于按制造厂的说明连接电气铜导线，额定电流小于等于 16 A。

注：在比利时、法国、意大利、西班牙、葡萄牙和美国等国家，允许使用额定电流 20A 及以下的带扁平快速连接端头的 AFDD。

可连接的电气铜导线为截面积 4 mm^2 及以下的软导线，或截面积 2.5 mm^2 及以下的硬导线（AWG 线规等于或大于 12）。

本附录专门适用于插入式连接片作为装置整体部分的 AFDD。

M.2 规范性引用文件

作为第 2 章的补充，下列规范性引用文件适用。

GB 17196 连接器件 连接铜导线用的扁形快速连接端头 安全要求（IEC 61210，IDT）

M.3 术语和定义

作为第 3 章的补充，下列定义适用。

M.3.1

扁平快速连接端头 flat quick-connect termination

由插入式连接片和插套连接器组成的电气连接，用工具或不用工具能把插套连接器推入和拔出。

M.3.2

插入式连接片 male tab

快速连接端头的一部分，能接纳插套连接器。

M.3.3

插套连接器 female nonnector

快速连接端头的一部分，用来推入到插入式连接片中。

M.3.4

定位扣 detent

在插入式连接片上与插套连接器上凸起部分啮合的凹痕（凹陷）或孔，作为配合部分的锁扣。

M.4 分类

第 4 章适用。

M.5 AFDD的特性

第5章适用。

M.6 标志和其他产品信息

整个第6章适用，在表5的j)项的后面增加下列内容：

下面符合GB 17196有关插套连接器的信息和采用的导线型式应在制造厂的说明书中规定。

k) 制造厂的名称或商标；

l) 型号；

m) 关于导线截面积及绝缘插套连接器色码的信息（见表M.1）；

n) 只能使用镀银或镀锡的铜合金。

表M.1 关于插套连接器色码与导线截面积关系的信息表

导线截面积 mm^2	插套连接器的色码
1	红
1.5	红或蓝
2.5	蓝或黄
4	黄

M.7 使用和安装的标准工作条件

第7章适用。

M.8 结构和操作的要求

M.8.1 概述

第8章适用，但下列内容除外。

用下面条款替代8.2.3。

M.8.2 电气间隙和爬电距离（见附录B）

插套连接器连接至RCBO的插入式连接片时，分条款8.2.3适用。

用下面条款替代8.2.5。

M.8.3 连接外部导线的接线端子

M.8.3.1 插入式连接片和插套连接器应由对预期使用有足够机械强度、导电性和耐腐蚀性的金属制成。

注：镀银或镀锡的铜合金是合适的解决方案的例子。

M.8.3.2 插入式连接片的标称宽度为 6.3 mm,厚度为 0.8 mm,适用于额定电流为 16 A 及以下。

注 1:在比利时、法国、意大利、葡萄牙、西班牙和美国等国家,允许使用的额定电流为 20 A 及以下。

插入式连接片的尺寸应符合表 M.3 及图 M.2、图 M.3、图 M.4 和图 M.5 规定的尺寸,其中 *A*、*B*、*C*、*D*、*E*、*F*、*J*、*M*、*N* 和 *Q* 的尺寸是强制性尺寸。

可组装的插套连接器的尺寸如图 M.6 和表 M.4 所示。

注 2:只要规定的尺寸不受影响和试验要求能符合,各种部件的形状可以与图中给出的形状不一致,例如波纹状连接片,折叠式连接片等。

通过直观检查和测量来检验是否符合要求。

M.8.3.3 插入式连接片应可靠地保持

通过 M.9.2 的机械过载试验来检验是否符合要求。

M.9 试验

M.9.1 概述

第 9 章适用,但作下列修改。

用下面条款替代 9.5。

M.9.2 机械过载力

在 AFDD 的 10 个接线端子上进行试验,AFDD 按正常使用安装和接线。

在与 AFDD 组成整体的插入式接线片上逐渐施加一个表 M.2 规定的轴向推力,接着再逐渐施加一个表 M.2 规定的轴向拉力,仅用合适的试验装置试验一次。

表 M.2 过载试验力

推力 N	拉力 N
96	88

接线片或与接线片组装成一体的断路器不应发生可能影响其继续使用的损坏。

对 9.8.3 增加:

细线热电偶应这样放置,使其不影响接触区域或连接区域。热电偶放置的例子如图 M.1 所示。

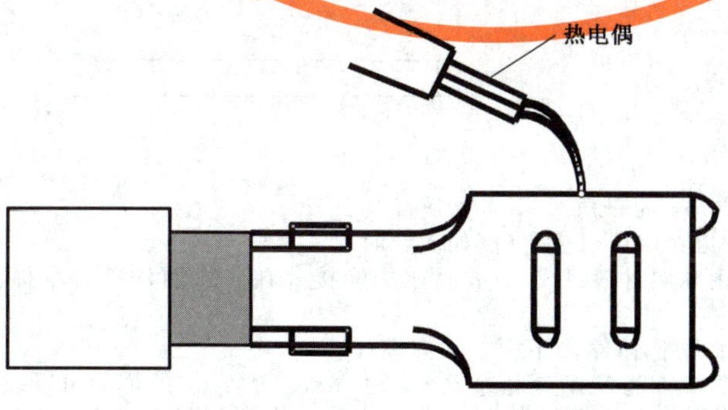

图 M.1 测量温升的热电偶放置位置示例

表 M.3 接线片尺寸

单位为毫米

标称尺寸		A	B min.	C	D	E	F	J	M	N	P	Q min.
6.3×0.8	凹痕	1.0		0.84	6.40	4.1	2.0	12°	2.5	2.0	1.8	
		0.7	7.8	0.77	6.20	3.6	1.6	8°	2.2	1.8	0.7	8.9
	孔	1.0		0.84	6.40	4.7	2.0	12°			1.8	
		0.5	7.8	0.77	6.20	4.3	1.6	8°			0.7	8.9

注 1：尺寸 A～Q，参考图 M.2～图 M.5。

注 2：在同一栏中有两个值时，是给出了最大尺寸和最小尺寸。

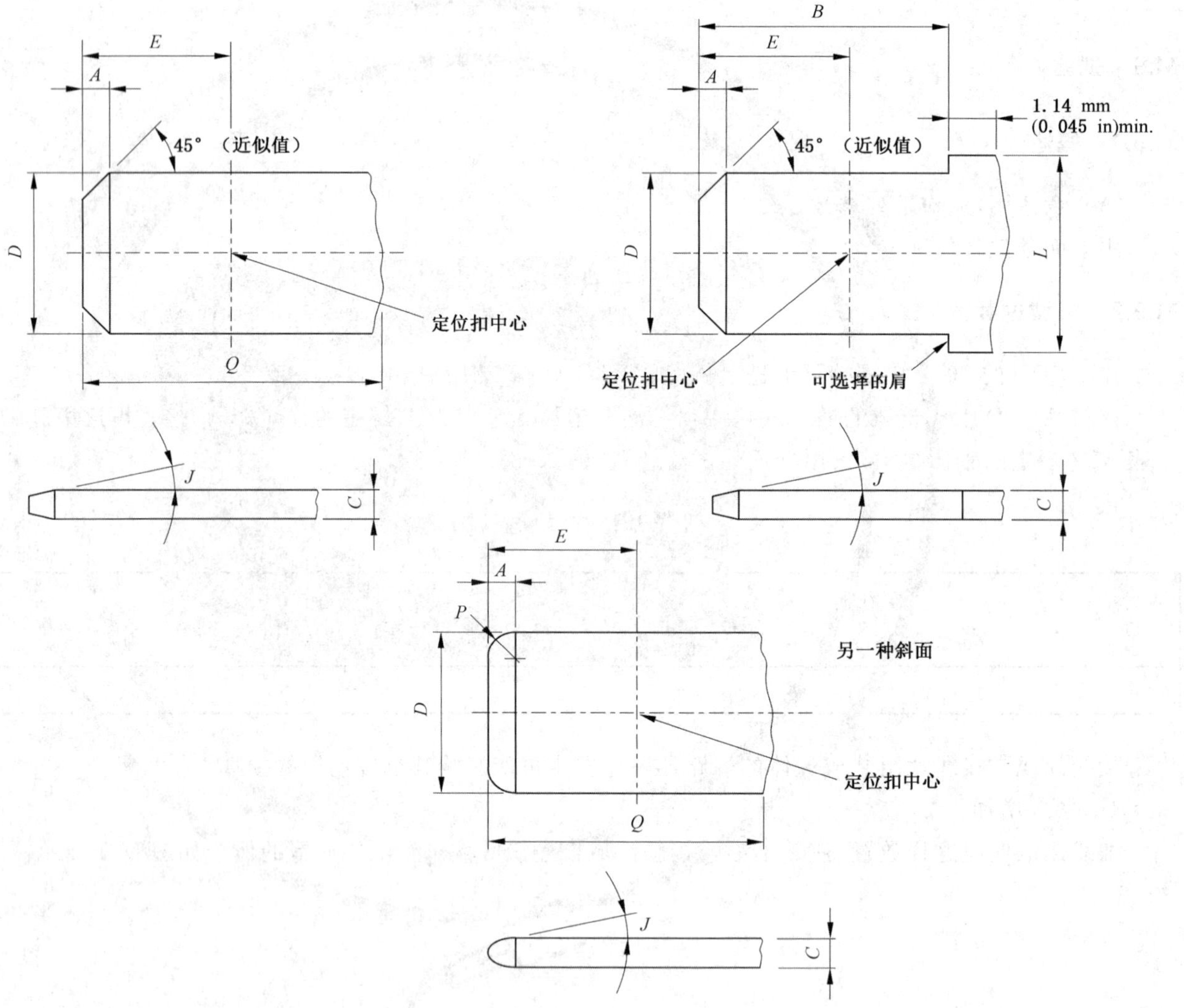

注 1：如果在所示的边界内，45°的斜角 A 不需要是直线。

注 2：尺寸 L 没有规定，可以在应用时变化（例如固定时）。

注 3：连接片的尺寸 C 可由几层材料组成，只要制成的连接片在各方面均符合本标准的要求。允许连接片的纵向边缘呈圆弧形。

注 4：除了所示的有关尺寸以外，本草图不用来约束设计。

注 5：插入式连接片的厚度 C 在超过 Q 或超过 B＋1.14 mm(0.045 in)的部分可以改变。

注 6：连接片的所有部分应平直并无毛刺或突起，除了定位扣周围并距离定位扣 1.3 mm(0.051 in)的界线限定的区域内每边可以有 0.025 mm(0.001 in)高的凸台。

图 M.2 插入式连接片的尺寸

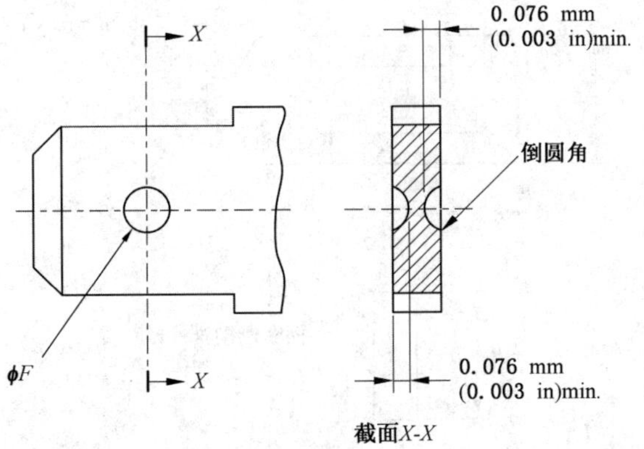

定位扣应位于连接片中心线 0.076 mm(0.003 in)范围内。

图 M.3　圆形凹痕定位扣的尺寸(见图 M.2)

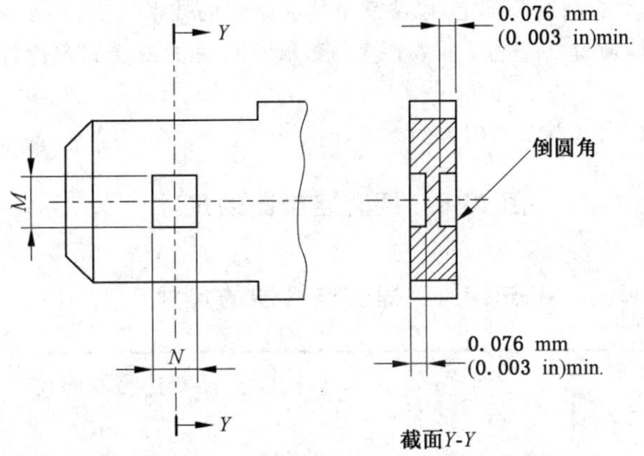

定位扣应位于连接片中心线 0.13 mm(0.005 in)范围内。

图 M.4　矩形凹痕定位扣的尺寸(见图 M.2)

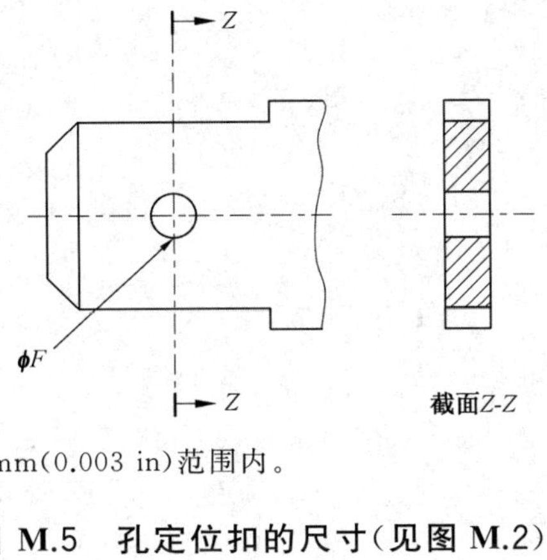

定位扣应位于连接片中心线 0.076 mm(0.003 in)范围内。

图 M.5　孔定位扣的尺寸(见图 M.2)

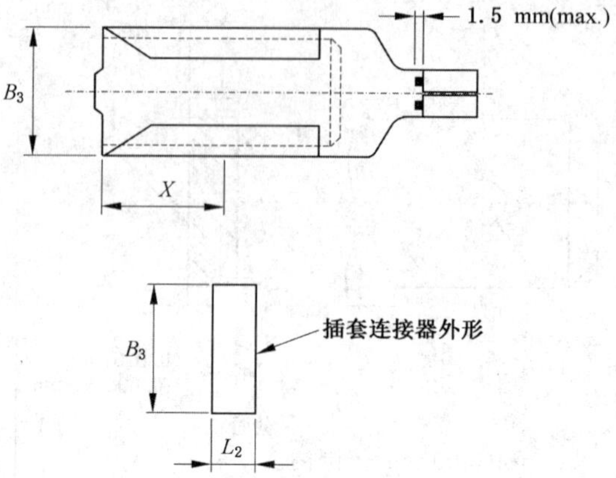

尺寸 B_3 和 L_2 是强制性的。

注 1：为了确定插套连接器与 B_3 和 L_2 不同的尺寸，必需参考连接片的尺寸，以确保在最不利的条件下连接片和插套连接器的插合(以及定位，如果有定位扣时)是正确的。

注 2：如果具有定位扣，尺寸 X 由制造厂确定，以便满足性能条款的技术要求。

注 3：插套连接器应这样设计，使得电线过度插入到卷边区域是可见的或受到定位件限止，以避免导线与完全插入的连接片之间的干涉。

注 4：除了所示的有关尺寸以外，本草图不用来约束设计。

图 M.6 插套连接器的尺寸

表 M.4 插套连接器的尺寸

连接片尺寸 mm	插套连接器的尺寸 mm	
	B_3(最大)	L_2(最大)
6.3×0.8	7.8	3.5

附　录　N
（规范性附录）
具有连接外部未经处理铝导线的螺纹型接线端子和连接铜或铝导线的铝制螺纹型接线端子 AFDD 的特殊要求

N.1　适用范围

本附录适用于本标准范围内的具有连接未经处理铝导线的螺纹型接线端子或连接铜或铝导线的铝制螺纹型接线端子的 AFDD。用于连接未经处理铝导线的螺纹型接线端子由铜制成，或由至少含有 58%铜合金(冷加工)或至少含有 50%铜合金(其他方式加工)制成，或由耐腐蚀性能不低于铜并具有适当机械性能的其他金属或适当的涂层的金属制成。

本附录中镀铜和镀镍的铝导线均看作是铝导线。

注：在奥地利、澳大利亚和德国，不允许使用连接铜导线的铝制螺纹型接线端子：

——在奥地利、瑞士和德国，不允许使用仅连接铝导线的接线端子；

——在西班牙，家用和类似场所(例如，办公室、商店等)的终端电路中不允许使用铝导线；

——在丹麦，铝导线的最小截面积是 16 mm^2。

N.2　规范性引用文件

第 2 章适用。

N.3　术语和定义

作为第 3 章的补充，下列定义适用于本附录。

N.3.1

经处理的导线　treated conductor

导线的接触部位，其股线外层的氧化层被擦除，和/或加化合物以改善连接能力和/或防腐蚀能力。

N.3.2

未经处理/未加工导线　untreated/unprepared conductor

为插入端子而被剪断并剥去绝缘的导线。

注：为插入接线端子而整形的导线，或为增加导线端部强度而将股线拧紧的导线，均视为未经处理的导线。

N.3.3

均衡器　equalizer

在试验回路中使用的，用来确保绞合导线等位点和均衡绞合导线电流密度，而不会对导线的温度产生有害影响的装置。

N.3.4

基准导线　reference conducor

在被试接线端子单元中使用的并连接在同一串联电路中的同样型号和尺寸的连续长度导线，该导线用来确定基准温度,如果需要时也用来确定基准电阻。

N.3.5

稳定性因数 stability factor

S_f

电流循环试验过程中,接线端子单元温度稳定性的度量。

N.4 分类

第4章适用。

N.5 AFDD的特性

第5章适用。

N.6 标志和其他产品信息

除第6章以外,下列要求适用:

表N.1规定的接线端子标志应在AFDD接线端子附近标明。

其他有关导线数量、螺钉扭矩(如果与表12不同)和截面积等信息应在AFDD上标明。

表 N.1 接线端子标志

可接受的导线型式	标志
仅接受铜导线	无
仅接受铝导线	Al
铜导线和铝导线	Al/Cu

制造厂应在其产品目录上说明,对于夹紧铝导线,紧固扭矩应以合适的方法施加。

N.7 使用和安装的标准工作条件

第7章适用。

N.8 结构和操作的要求

第8章适用,除以下内容:

在8.2.5.2最后,增加以下内容:

对于铝导线的连接,AFDD应具有允许连接表N.2规定的标称截面积导线的螺纹型接线端子。

用于铝导线连接的端子和用以铜或铝导线连接的铝制端子应具有足以耐受9.4试验的机械强度,试验导线按表12规定的扭矩或制造厂规定的扭矩(该扭矩不应低于表12规定的扭矩)拧紧。

表 N.2　螺纹型接线端子可连接的铝导线截面积

额定电流[a] A	夹紧的标称截面积范围[b] mm²
≤13	1～4
<13～≤16	1～6
<16～≤25	1.5～10
<25～≤32	2.5～16
<32～≤50	4～25
<50～≤80	10～35
<80～≤100	16～50
<100～≤125	25～70

[a] 对额定电流小于等于 50A 的接线端子，要求其设计成夹紧实心导线和硬绞合线；允许使用软导线。但是对截面积为1 mm²～10 mm² 的导线，允许其结构仅用于夹紧实心导线。

[b] 表 8 的最大导线尺寸，按照 IEC 61545:1996 的表 D.2 增加。

通过直观检查、测量以及依次连接一根规定的最小截面积和一根最大截面积的导线来检验是否符合要求。

8.2.5.4 的条款用下列内容代替：

接线端子应可以连接未经特殊加工的导线。

通过直观检查和 N.9 试验来检验是否符合要求。

N.9　试验

N.9.1　概述

经以下修改/补充，第 9 章适用：

对于受接线端子材料和能与其连接的导线的型式影响的试验，表 N.3 的试验条件适用。

此外，N.9.3 试验在与 AFDD 分离的接线端子上进行。

表 N.3　根据导线和接线端子材料的试验列表

端子材料	按 8.2.4.4 的材料[a]	Al[a]	
导线的材料(表 N.1)	Al 使用表 N.2 和表 N.5	Cu 使用表 8 和表 11	Al 使用表 N.2 和表 N.5
9.4 螺钉可靠性	使用表 N.2，表 N.5 和表 13	使用表 8，表 12 和表 13	使用表 N.2，表 N.5 和表 13
9.5.1 拉出试验[b]	使用表 N.2，表 N.5 和表 13	使用表 8，表 12 和表 13	使用表 N.2，表 N.5 和表 13
9.5.2 导线的损坏	使用表 N.2，表 N.5 和表 12	使用表 8，表 12 和表 13	使用表 N.2，表 N.5 和表 12
9.5.3 导线的插入	使用表 N.4	使用表 12	使用表 N.4
9.8 温升	使用表 N.5	使用表 12	使用表 N.5
9.19 验证可靠性	使用表 N.5	使用表 12	使用表 N.5
N.9.3 循环试验	使用表 12	使用表 12	使用表 12

[a] 采用附录 A 规定试验程序 A 和 B 以及试品数量。对于能连接 Al 或 Cu 导线的 AFDD，试验程序和样品数目要加倍(一套用于 Cu 导线，一套用于 Al 导线)。

[b] 对于 9.5.1 拉出试验，70 mm² 导线的拉力值正在考虑中。

表 N.4 可连接导线及其理论直径

公制					AWG				
硬线			软线（仅适用于铜）		硬线			软线（仅适用于铜）	
S	实心	绞合	S			实心[a]	B类绞合[a]		I、K、M类[b] 绞合
mm^2	ϕ/mm	ϕ/mm	mm^2	ϕ/mm	线规	ϕ/mm	ϕ/mm	线规	ϕ/mm
1.0	1.2	1.4	1.0	1.5	18	1.07	1.23	18	1.28
1.5	1.5	1.7	1.5	1.8	16	1.35	1.55	16	1.50
2.5	1.9	2.2	2.5	2.3[c]	14	1.71	1.95	14	2.08
4.0	2.4	2.7	4.0	2.9[c]	12	2.15	2.45	12	2.70
6.0	2.9	3.3	4.0	2.9[c]	10	2.72	3.09		
10.0	3.7	4.2	6.0	3.9	8	3.43	3.89	10	3.36
16.0	4.6	5.3	10.0	5.1	6	4.32	4.91	8	4.32
25.0		6.6	16.0	6.3	4	5.45	6.18	6	5.73
35.0		7.9	25.0	7.8	2	6.87	7.78	4	7.25
					1	7.72	8.85		
50.0		9.1	35	9.2	0	8.51	9.64		12.08
70.0		12.0	50	12	00	9.266	10.64		

注：最大硬线和软线的直径基于 IEC 60228；对于 AWG 导线，基于 ASTM B172-71，ICEA S-19-81，ICEA S-66-524，ICEA S-68-516。

a 标称直径+5%。

b 对于 I、K、M 类中的任一种，最大直径+5%。

c 按照 IEC 60228，仅指 5 类软线的尺寸。

N.9.2 试验条件

除所连接的 Al 导线从表 N.5 选取外，条款 9.1 适用。

表 N.5 与额定电流相应的试验铝导线的截面积(*S*)

S mm^2	I_n A
1.5	$I_n \leqslant 6$
2.5	$6 < I_n \leqslant 13$
4	$13 < I_n \leqslant 20$
6	$20 < I_n \leqslant 25$
10	$25 < I_n \leqslant 32$
16	$32 < I_n \leqslant 50$
25	$50 < I_n \leqslant 63$
35	$63 < I_n \leqslant 80$
50	$80 < I_n \leqslant 100$
70	$100 < I_n \leqslant 125$

N.9.3 电流循环试验

N.9.3.1 概述

本试验通过在加速循环条件下，比较导线与基准导线的温度性能，验证螺纹型接线端子的稳定性。

本试验在单独的接线端子上进行。

N.9.3.2 试验准备

试验在4组试品上进行，每组试品由一对接线端子组成，其装配方式应代表端子在AFDD中的使用状况(见图N.2～图N.6的示例)。从产品中拆下的螺纹型接线端子应固定在与其安装在产品上时具有相同截面积、形状、金属和涂层的导电部件上。螺纹型接线端子应以其在产品上同样的方式(位置、扭矩等)固定在导电部件上。如果有一个试品在试验中出现故障，则应在另外4组试品上进行试验，并不允许再出现故障。

N.9.3.3 试验布置

试品总的布置应如图N.1所示。

对试品使用的扭矩应为制造厂规定的扭矩值的90%，如制造厂未规定，则从表12中选取。

试验采用按表N.5选取的导线。试验导线从插入螺纹型接线端子的点至均衡器(见N.3.3)的长度应如表N.6所示。

表N.6 试验导线长度

导线截面积 S mm²	导线尺码 AWG	最小导线长度 mm
$S \leqslant 10.0$	≤8	200
$16.0 \leqslant S \leqslant 25.0$	6～3	300
$35.0 \leqslant S \leqslant 70.0$	2～00	460

试验导线与具有相同截面积的基准导线串联。

基准导线的长度至少应近似为试验导线长度的2倍。

试验导线和基准导线的每个未连接至螺纹型端子试品的自由端应焊接或铜焊至与导线材料相同，并且截面积不大于表N.7规定值的一小段均衡器。导线的所有股线均应焊接或铜焊，与均衡器形成电气连接。

如果制造厂认可，并具有相同的性能，无需焊接的工具加压型端头可以用作均衡器。

表N.7 均衡器和汇流排尺寸

试验电流范围 A	最大截面积 mm²	
	Al	Cu
0～50	45	45
51～125	105	85
126～225	185	155

试验导线和基准导线间的间距应至少为 150 mm。

应采用非导电的支架支撑均衡器或汇流排，把试品水平或垂直地悬挂在大气中，以避免螺纹型接线端子承受拉力负载。隔热屏障应安装在导线的中间，其宽度应超出螺纹型接线端子 25 mm±5 mm，长度应超出 150 mm±10 mm(见图 N.1)。如果试品间的间距至少为 450 mm，则不需要隔热屏障。试品的位置应与地板、墙壁或天花板的距离至少为 600 mm。

试品应放置在基本上无震动和无气流的环境中，周围温度为 20 ℃～25 ℃。一旦试验开始，只要不超过极限范围，最大允许的变化是±1 K。

N.9.3.4 温度测量

采用截面积不超过 0.07 mm^2(近似为 30 AWG)的线丝的热电偶测量温度。

对于螺纹型接线端子，热电偶应放置在螺纹型端子的导线入口端，靠近接触面处。

对于基准导线，热电偶应放置在导线两端的中间，并位于其绝缘层下。

热电偶的安置不应损害螺纹型接线端子或基准导线。

注 1：如果性能不受影响并且制造厂认可，钻小孔并随后栓住热电偶是一个可行方法。

周围环境温度应采用两个热电偶以这样的方式测量，以便在测试回路的邻近部位获得平均和稳定的读数，而不受外部过度的影响。热电偶应放置在一个与试品交叉的水平面上，与试品的最小距离为 600 mm。

注 2：达到稳定测量的一个令人满意的方法，例如，将热电偶放置在尺寸约为 50 mm×50 mm，厚度在 6 mm～10 mm之间的无镀层的铜板上。

N.9.3.5 试验方法和合格判别标准

注 1：性能的评估是基于螺纹式接线端子的温升极限和试验过程中温度变化。

试验回路应经受 500 个 1 h 通电流和 1 h 断电流的循环，开始时，电流为等于表 N.8 规定的试验电流的 1.12 倍的交流电流。前 24 个循环，在接近每个通电流期间结束时，应接着调整电流以便将基准导线的温度升至 75 ℃。

在第 25 个循环，应最后一次调整试验电流，并应记录稳定温度作为第一次测量。对余下的试验，试验电流不应再调整。

每个工作日至少应记录一个循环的温度，以及在大约 25、50、75、100、125、175、225、275、350、425 和 500 个循环后应记录温度。

应在通电流期间的最后 5 min 测量温度。如果试验样品组的尺寸或数据读取系统的速度不能使得所有的测量在 5 min 内完成，通电流的时间应延长至为完成测量所必需的时间。

在前 25 个循环以后，断电流的时间可以减少到比所有接线端子组件在断电流期间冷却到环境温度 T_a 和 T_a+5 K 之间的温度所需的时间长 5 min 的时间。如果制造厂认可，可采用强迫通风冷却以减少断电流时间。这种情况下，强迫通风冷却应用于整个试验回路，由于强迫通风导致的温度不应低于周围空气温度。

每 11 个测量温度的稳定性因数 S_f 用 11 个温度偏差 d 分别减去平均温度偏差 D 确定。

11 个单独温度测量的温度偏差 d 值由螺纹型接线端子的温度减去相关的基准导线的温度得到。

注 2：如果螺纹型接线端子的温度高于基准导线的温度，d 值为正；如果低于基准导线的温度，d 值为负。

对于每个螺纹型接线端子：

——温升不应超过 110 K；

——稳定性因数 S_f 不应超过±10 ℃。

对于一个螺纹型接线端子的计算示例见表 N.9。

表 N.8 与额定电流相应的试验电流

公制		
额定电流 A	Al 导线尺寸 mm^2	试验电流 A
$0 \leqslant I_n \leqslant 15$	2.5	26
$15 < I_n \leqslant 20$	4	35
$20 < I_n \leqslant 25$	6	46
$25 < I_n \leqslant 32$	10	60
$32 < I_n \leqslant 50$	16	79
$50 < I_n \leqslant 65$	25	99
$65 < I_n \leqslant 80$	35	137
$80 < I_n \leqslant 100$	50	171
$100 < I_n \leqslant 125$	70	190

AEG		
额定电流 A	Al 导线线规 N°	试验电流 A
$0 \leqslant I_n \leqslant 15$	12	30
$15 < I_n \leqslant 25$	10	40
$25 < I_n \leqslant 40$	8	63
$40 < I_n \leqslant 50$	6	69
$50 < I_n \leqslant 65$	4	99
$65 < I_n \leqslant 75$	3	110
$75 < I_n \leqslant 90$	2	123
$90 < I_n \leqslant 100$	1	152
$100 < I_n \leqslant 120$	0	190

表 N.9 确定平均温度偏差 *D* 的计算示例

温度测量	循环次数	温度		温度偏差 $d=a-b$ K	稳定因数 $S_f=d-D$ K
		螺纹型接线端子 a ℃	基准导线 b ℃		
1	25	79	78	1	0.18
2	50	80	77	3	2.18
3	75	78	78	0	−0.82
4	100	76	77	−1	−1.82
5	125	77	77	0	−0.82
6	175	78	77	1	0.18
7	225	79	76	3	2.18
8	275	78	76	2	1.18
9	350	77	78	−1	−1.82
10	425	77	79	−2	−2.82
11	500	81	78	3	2.18

$$平均温度偏差\ D=\frac{\sum d}{测量次数}=\frac{9}{11}=0.82$$

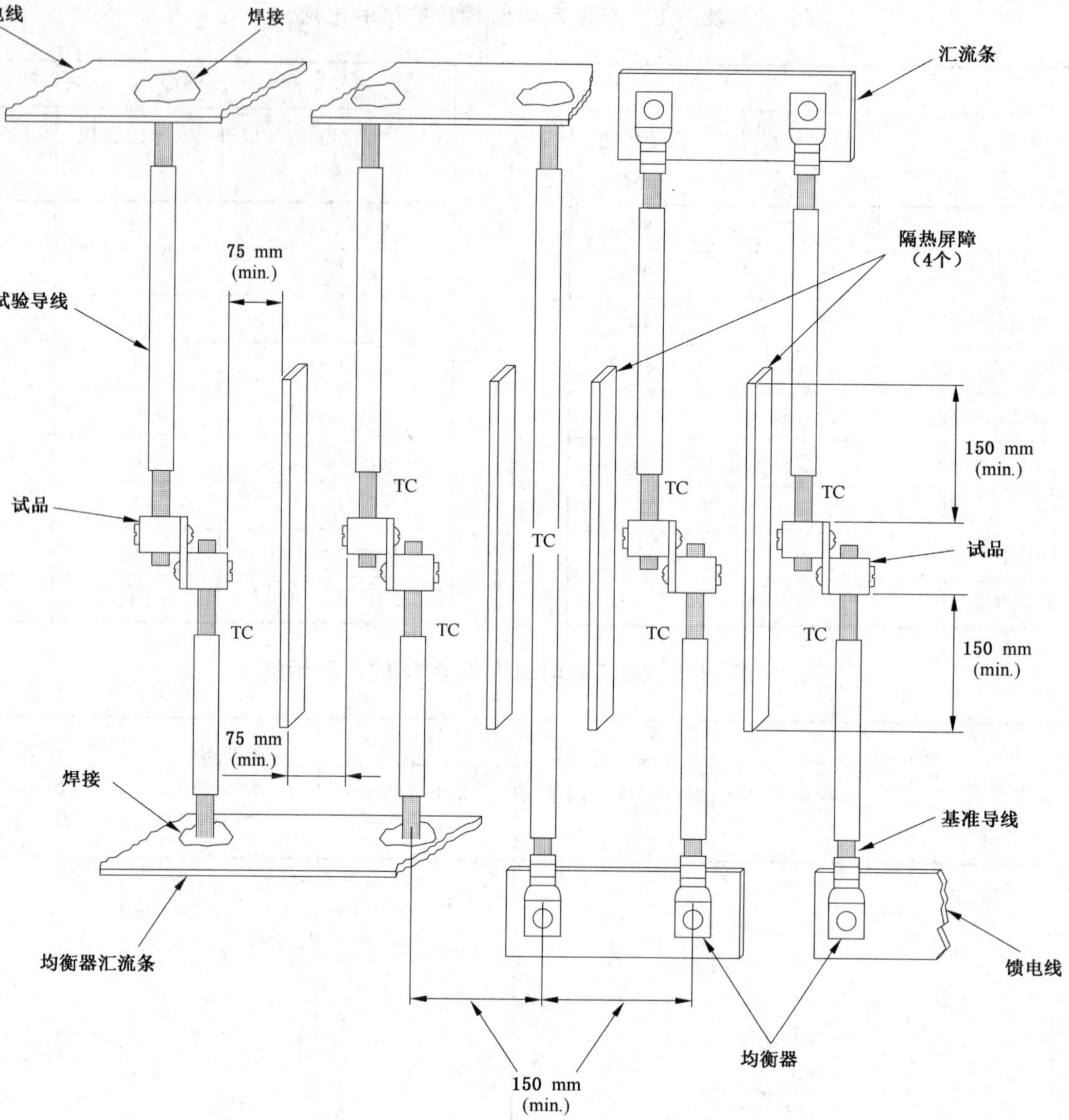

说明：

TC——热电偶。

图 N.1　试验的总体布置

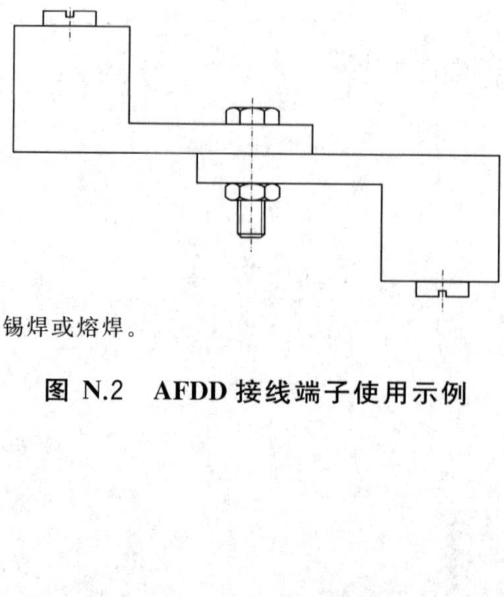

注：导电部件可以是螺栓固定、锡焊或熔焊。

图 N.2　AFDD 接线端子使用示例

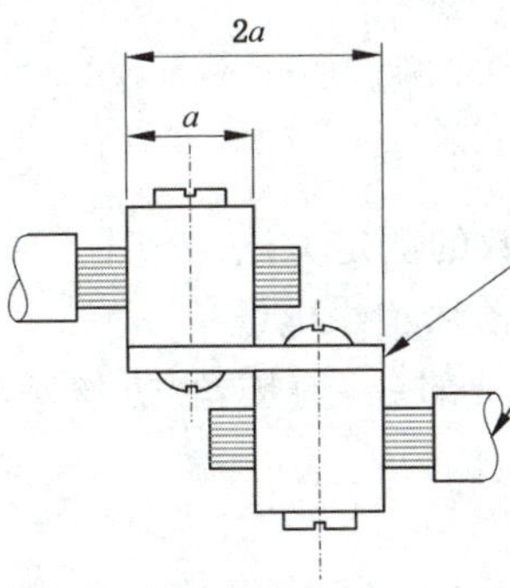

图 N.3　AFDD 接线端子使用示例

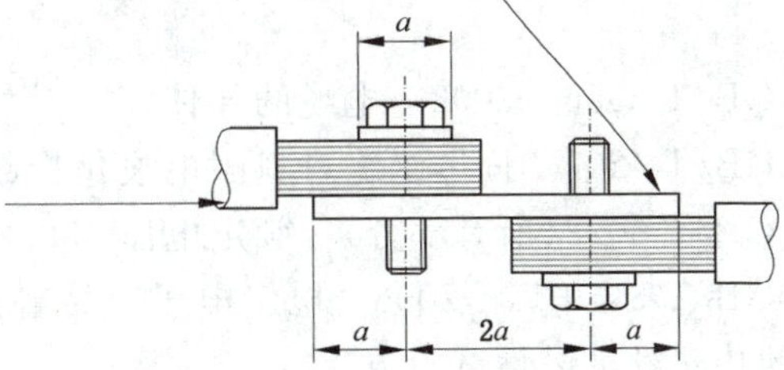

图 N.4　AFDD 接线端子使用示例

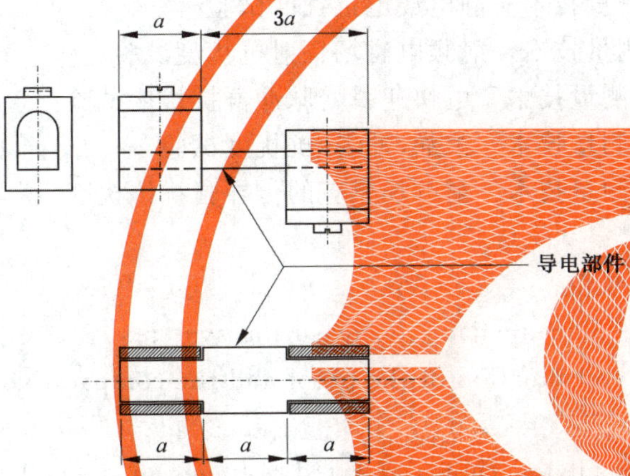

图 N.5　AFDD 接线端子使用示例

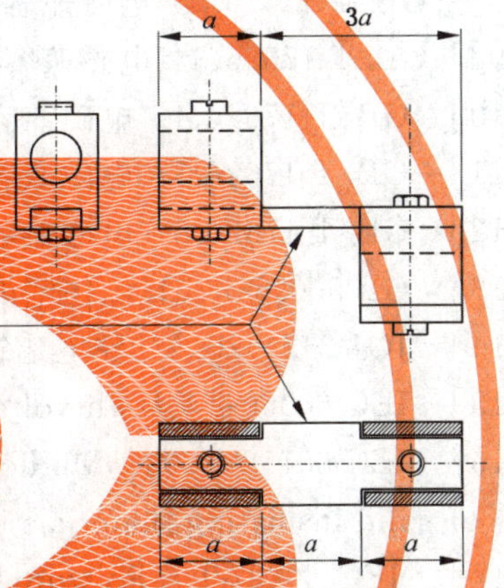

图 N.6　AFDD 接线端子使用示例

参 考 文 献

[1] GB/T 3956—2008 电缆的导体

[2] GB/T 4207 固体绝缘材料耐电痕化指数和相比电痕化指数的测定方法

[3] GB/T 5023(所有部分) 额定电压450/750 V及以下聚氯乙烯绝缘电缆

[4] GB/T 5169.11—2006 电工电子产品着火危险试验 第11部分:灼热丝/热丝基本试验方法 成品的灼热丝可燃性试验方法

[5] GB 13539(所有部分) 低压熔断器

[6] GB/T 16935.3 低压系统内设备的绝缘配合 第3部分:利用涂层、罐封和模压进行防污保护

[7] GB/T 16935.5 低压系统内设备的绝缘配合 第5部分:不超过2 mm的电气间隙和爬电距离的确定方法

[8] GB/T 17626.2 电磁兼容 试验和测量技术 静电放电抗扰度试验

[9] GB/T 17626.3 电磁兼容 试验和测量技术 射频电磁场辐射抗扰度试验

[10] GB/T 17626.4 电磁兼容 试验和测量技术 电快速瞬变脉冲群抗扰度试验

[11] GB/T 17626.5 电磁兼容 试验和测量技术 浪涌(冲击)抗扰度试验

[12] GB/T 17626.6 电磁兼容 试验和测量技术 射频场感应的传导骚扰抗扰度

[13] GB 50096—2011 住宅设计规范

[14] JGJ 242—2011 住宅建筑电气设计规范

[15] IEC 60060-2 High-voltage test techniques—Part 2: Measuring systems

[16] IEC 60112:2003 Method for the determination of the proof and the comparative tracking indices of solid insulating materials

[17] IEC 60227-1 Polyvinyl chloride insulated cables of rated voltages up to and including 450/750 V—Part 1: General requirements

[18] IEC 60228 Conductors of insulated cables

[19] IEC 60269-1:2006 Low-voltage fuses—Part 1: General requirements

[20] IEC 60364-5-53:2001 Electrical installations of buildings—Part 5-53: Selection and erection of electrical equipment—Isolation, switching and control

[21] IEC 60617 Graphical symbols for diagrams

[22] IEC/TR 60664-2-1 Insulation coordination for equipment within low-voltage systems—Part 2-1: Application guide—Explanation of the application of the IEC 60664 series, dimensioning examples and dielectric testing

[23] IEC 60664-3 Insulation coordination for equipment within low-voltage systems—Part 3: Use of coating, potting or moulding for protection against pollution

[24] IEC 60664-5 Insulation coordination for equipment within low-voltage systems—Part 5: Comprehensive method for determining clearances and creepage distances equal to or less than 2 mm

[25] IEC 60695-2-11:2000 Fire hazard testing—Part 2-11: Glowing/hot-wire based test methods—Glow-wire flammability test method for end-products

[26] IEC 60884-1 Plugs and socket-outlets for household and similar purposes—Part 1: General requirements

[27] IEC 61000-4-16:1998 Electromagnetic compatibility (EMC)—Part 4-16: Testing and measurement techniques—Test for immunity to conducted, common mode disturbances in the frequen-

cy range 0 Hz to 150 kHz

Amendment 1:2001

Amendment 2:2009

[28] IEC 61210 Connecting devices—Flat quick-connect terminations for electrical copper conductors—Safety requirements

[29] IEC 61545:1996 Connecting devices—Devices for the connection of aluminium conductors in clamping units of any material and copper conductors in aluminium bodied clamping units

[30] ASTM B172-71(Re-approved 1985) Specification for rope-lay-stranded copper conductors having bunch-stranded members, for electrical conductors

[31] ASTM D785-08 Standard Test Method for Rockwell Hardness of Plastics and Electrical Insulating Materials

[32] ICEA Publication S-19-81 Rubber-insulated wire and cable for the transmission and distribution of electrical energy

Revision No.1 February 1994

[33] ICEA Publication S-68-516 Ethylene-propylene-rubber-insulated wire and cable for the transmission and distribution of electrical energy

[34] ICEA Publication S-66-524 Cross-linked-thermosetting-polyethylene-insulated wire and cable for the transmission and distribution of electrical energy

ICS 79.120.10
J 65

中华人民共和国国家标准

GB 31144—2014

木工机床安全　手动式摇臂锯

Safety of woodworking machines—Manual radial arm saws

2014-09-03 发布　　2015-10-01 实施

中华人民共和国国家质量监督检验检疫总局
中国国家标准化管理委员会　发布

前　　言

本标准第3章、附录A是推荐性的，其余为强制性的。

本标准按照GB/T 1.1—2009给出的规则起草。

本标准由中国机械工业联合会提出。

本标准由全国木工机床与刀具标准化技术委员会(SAC/TC 84)归口。

本标准主要起草单位：福州木工机床研究所、亚洲工友(威海)有限公司、威海齐全木工机械有限公司、江苏海潮科技股份有限公司、东莞市南兴家具装备制造股份有限公司、福建省长汀县质量技术监督局、福建省长汀县质量计量检测所、金华市强宏板式家具有限公司、闽侯县联翔木工机械厂、福建省得力机电有限公司。

本标准起草人：张震、宋志敏、刘新本、杨高怀、董延文、钟炘昌、杨树金、陈云根、林文信、周富涛。

木工机床安全　手动式摇臂锯

1　范围

本标准规定了手动式摇臂锯(以下简称机床)上去除危险和限制风险的要求和/或措施。

本标准适用于锯切实木、刨花板、纤维板、胶合板和有塑料贴面或贴边材料的机床。

本标准不适用下列机床：

a)　可由一人搬动,在固定工作点工作,安装在工作台或类似装置上的台式机床；

b)　安装液压动力操作件(例如,液压夹紧装置)的机床；

c)　装有动力定位装置的机床；

d)　装有用于纵剖、铣削(包括切断和开槽)、砂削或钻孔等附件的机床；

e)　有多个锯轴的机床。

2　规范性引用文件

下列文件对于本文件的应用是必不可少的。凡是注日期的引用文件,仅注日期的版本适用于本文件。凡是不注日期的引用文件,其最新版本(包括所有的修改单)适用于本文件。

GB/T 3767—1996　声学　声压法测定噪声源声功率级　反射面上方近似自由场的工程法

GB/T 3768—1996　声学　声压法测定噪声源声功率级　反射面上方采用包络测量表面的简易法

GB 4208—2008　外壳防护等级(IP 代码)

GB/T 5013.1—2008　额定电压 450/750 V 及以下橡皮绝缘电缆　第 1 部分:一般要求

GB/T 5023.1—2008　额定电压 450/750 V 及以下聚氯乙烯绝缘电缆　第 1 部分:一般要求

GB 5226.1—2008　机械电气安全　机械电气设备　第 1 部分:通用技术条件

GB/T 6881.2—2002　声学　声压法测定噪声源声功率级　混响场中小型可移动声源工程法　第 1 部分:硬壁测试室比较法

GB/T 6881.3—2002　声学　声压法测定噪声源声功率级　混响场中小型可移动声源工程法　第 2 部分:专用混响测试室法

GB/T 6882—2008　声学　声压法测定噪声源声功率级　消声室和半消声室精密法

GB 7247.1—2012　激光产品的安全　第 1 部分:设备分类、要求

GB/T 8196—2003　机械安全　防护装置　固定式和活动式防护装置设计与制造一般要求

GB 12557—2010　木工机床　安全通则

GB 14048.4—2010　低压开关设备和控制设备　第 4-1 部分:接触器和电动机起动器　机电式接触器和电动机起动器(含电动机保护器)

GB 14048.5—2008　低压开关设备和控制设备　第 5-1 部分:控制电路电器和开关元件　机电式控制电路电器

GB/T 14574—2000　声学　机器和设备噪声发射值的标示和验证

GB/T 15706—2012　机械安全　设计通则　风险评估与风险减小

GB/T 16855.1—2008　机械安全　控制系统有关安全部件　第 1 部分:设计通则

GB/T 17248.3—1999　声学　机器和设备发射的噪声　工作位置和其他指定位置发射声压级的测量　现场简易法

GB/T 17248.5—1999 声学 机器和设备发射的噪声 工作位置和其他指定位置发射声压级的测量 环境修正法

GB 18209.1—2010 机械电气安全 指示、标志和操作 第1部分:关于视觉、听觉和触觉信号的要求

GB/T 18831—2010 机械安全 带防护装置的联锁装置设计和选择原则

GB 18955—2003 木工刀具安全 铣刀、圆锯片

GB/T 19670—2005 机械安全 防止意外启动

GB/T 19992—2005 木工机床 摇臂式圆锯机 术语和精度

GB 23821—2009 机械安全 防止上下肢触及危险区的安全距离

GB/T 25078.1—2010 声学 低噪声机器和设备设计实施建议 第1部分:规划

GB 31145—2014 木工机床安全 带上切式横截手动进给圆锯机

EN 982:1996 机械安全 对流体系统及其部件的安全要求 液压装置

EN 983:1996 机械安全 对流动系统及其部件的安全要求 气动装置

3 术语和定义

GB/T 15706—2012 中第3章界定的以及下列术语和定义适用于本文件。

3.1

横截 cross-cutting

穿过工件纵向的锯切。

3.2

手动式摇臂锯 manual radial arm saw

该机床的锯切单元为手动进给,切削时,锯切单元沿摇臂作直线水平移动以锯切工件,然后回到停止位置(见图1和图2)。摇臂能绕立轴作水平转动,且锯切单元能绕水平轴线作平行于摇臂的转动(倾斜)。工件手动定位并从工作台上手动下料。

注:锯片不在静止位置。

图1 手动式摇臂锯实例一

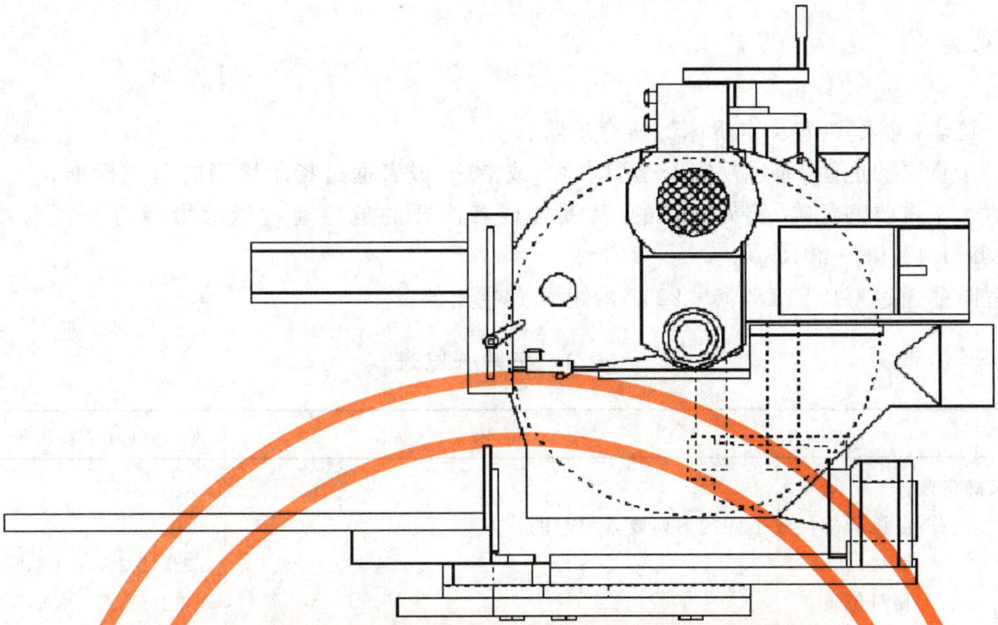

图 2 手动式摇臂锯实例二

3.3

锯切单元的手动进给 hand feed of the saw unit

在进给方向,沿着摇臂前部,手动移动与锯片连成一体的锯切单元。

3.4

机械致动机构 machine actuator

[GB 5226.1—2008,定义 3.34]。

3.5

机床的切削区域 cutting area of the saw blade

[GB 12557—2010,定义 3.8]。

3.6

机床的无切削区域 non-cutting area of the saw blade

[GB 12557—2010,定义 3.9]。

3.7

摇臂锯的切削区域 cutting area of a radial arm saw

在最大行程上,带最大设计直径锯片的锯切单元的倾斜与摇臂绕立轴左右转动所形成的最大区域。

3.8

惯性运转时间 unbraked run-down time

[GB 12557—2010,定义 3.15]。

3.9

保证书 confirmation

[GB 12557—2010,定义 3.19]。

3.10

可移动机床 displaceable machine

该机床置于地面上,使用时是静止的,它装有一个能使机床在场所之间移动的装置,该装置通常是车轮。

4 危险一览表

危险一览表(见表1)涉及本机床的所有危险：

——对于重要的危险，通过规定安全要求和/或措施，或者通过指示恰当的B类标准；

——对于不重要的危险，例如一般的、从属的或者次要的危险通过指示恰当的A类标准，特别是GB/T 15706—2012。

这些危险是通过GB/T 15706—2012的附录B提出的。

表1 危险一览表

序号	危险	符合本标准的条号
1	**机械危险：**	
	——由机器部件或工件的下列要素引起的：	
	形状；	5.3.3,5.3.5,5.3.7,5.4.5
	相对位置；	5.2.2,5.3.3,5.3.5,5.3.6,5.3.7,5.4.3,5.4.5
	质量和速度(运动中可控或不可控的动能)；	5.3.3,5.3.7
	机械强度；	5.3.2,5.3.3
	——由以下原因引起的位能积累：	
	弹性元件(弹簧)；	5.3.3.5
	在压力下的液体或气体；	5.2.5,5.3.7,5.4.12
1.1	挤压危险	5.3.6
1.2	剪切危险	5.3.6
1.3	切割或切断危险	5.3.3.5,5.3.3.6,5.3.6
1.4	缠绕危险	5.3.6
1.5	引入或卷入危险	5.3.6
1.6	冲击危险	5.3.7
1.7	刺伤或扎伤危险	5.3.6.1
1.8	摩擦或磨损危险	5.3.6.1
1.9	高压流体喷射危险	5.4.6
2	**电气危险，产生原因包括：**	
2.1	人体与带电部件的接触(直接接触)	5.4.4
2.2	人体与在故障条件下变为带电的零件的接触(间接接触)	5.4.4
2.3	静电现象	5.4.9
3	**由噪声产生的危险，导致：**	
3.1	听力损失(耳聋)、其他生理障碍(例如失去平衡、失去知觉)	5.4.2
3.2	干扰语言通讯、听觉信号等	5.4.2
4	**由噪声产生的危险：**	
4.1	激光	5.4.8
5	**由机械加工时、使用的或排出的材料和物质产生的危险，例如：**	
5.1	由于接触或吸入有害的液体、气体、烟雾和灰尘导致的危险	5.4.3
5.2	火危险	5.4.1

表 1（续）

序号	危　　险	符合本标准的条号
6	**机械设计时忽略人类工效学原则产生的危险：**	
6.1	不健康的姿态或过度用力	5.2.2,5.4.5
6.2	不适当的考虑人的手臂或脚腿构造	5.4.5
6.3	人的差错、人的行为	5.2.1,5.2.3,5.4.10
6.4	手动控制的设计、位置或鉴定方法	5.2.2,5.4.11
6.5	可视显示装置的设计或位置	5.3.3.5,5.4.5
7	**由于意外起动、意外过流、意外过速(或其他任何类似故障)产生的危险：**	
7.1	控制系统的失效/故障	5.2.1,5.2.6
7.2	能源供应中断后的恢复	5.2.5
7.3	电力设备的外部影响	5.4.7
7.4	操作出错(由于不匹配的机械特性和能力，见 8.6)	5.4.10,6.3
8	**在最佳条件下停止机器的不可能性**	5.2.4,5.3.4
9	**能量失效**	5.2.5
10	**控制电路失效**	5.2.1,5.2.6
11	**安装出错**	5.4.10
12	**控制系统中断**	5.3.2,5.3.3
13	**机械零件或流体意外抛射**	5.3.3.5
14	**机器翻倒，意外失去稳定性**	5.3.1

5　安全要求和/或措施

5.1　一般要求

机床的安全除应符合本标准的规定外，还应符合 GB 12557、GB/T 15706—2012 的规定。

5.2　控制

5.2.1　控制系统的安全性和可靠性

5.2.1.1　一般要求

对本标准而言，有关安全控制系统包括从最初的装置，如操纵器或位置传感器到最终的机械致动机构的输入端，例如电动机或制动器。以下安全控制部件应符合 GB/T 16855.1—2008 中表 10 的类别要求：

——起动：类别 1(见 5.2.3)；

——正常停止：类别 1(见 5.2.4)；

——防止动力源失效后的意外重启：类别 1(见 5.2.5)；

——制动系统：类别 B、1 或 2(见 5.2.4、5.3.4)；

——夹紧-关闭压力监视器：类别 1(见 5.3.7)；

一种以上的类别的附别信息，在引用的章节中给出。

这些控制系统至少应采用“经验证”的元件和原则予以设计和制造。

5.2.1.2 “经验证”元件的使用

本标准中“经验证”的元件和原则是指：

a) 电气元器件应符合相应国家标准、行业标准的规定，包括下列元器件：
——强制切断的控制开关(用于联锁的防护装置中作为机械操作的位置传感器)和用于辅助电路中的继电器应符合 GB 14048.5 的规定；
——用于主电路上的电气机械式接触器和电动机起动器应符合 GB 14048.4 的规定；
——橡胶绝缘电缆应符合 GB/T 5013.1 的规定；
——通过固定(例如安装在机床床身内部)以防止机械损坏的聚氯乙烯电缆应符合 GB/T 5023.1 的规定。

b) 在电路原则方面，应符合 GB 5226.1—2008 中 9.4.2.1 规定的前四种措施，电路应硬接线。
若有关安全控制系统中采用电子元器件，则应符合 GB 5226.1—2008 中 9.4.2.2 的要求。

c) 机械的零部件应符合 GB/T 15706—2012 中 6.2.5 的规定。

d) 防护装置用机械操作的位置传感器如采用强制作用的模式，它的安排和连接以及凸轮设计和安装应符合 GB/T 18831—2010 中 5.2.2 和 5.3 的规定。

e) 气动和液压元器件及系统应分别符合 EN 983:1996 和 EN 982:1996 的规定。

时间延时装置应用硬接线连至控制电路，有关控制电路应采用失效安全技术，或满足 GB/T 16855.1—2008 中表 10 的类别要求中的 3 类。

检验方法：检验相应图样和/或电路图，检查机床，应提供元器件制造者出具的所有元器件符合相应标准的保证书。

5.2.2 操纵器的位置

用于锯轴驱动电机的起动和停止控制器应位于下列位置之一：

a) 与机床的手动控制件连成一体或相邻，当锯切单元在停止位置时，离工作台前端距离不大于 600 mm；

b) 位于机床前端，工作台下方，离地高度至少为 600 mm，当它与导向板成 90°时，离切削线不大于 1.0 m。

机床若装有用于夹紧和放松的气动夹紧装置，应符合下列要求之一：

1) 使用手动操作阀时，位于机床前端，工作台下方，离地高度至少为 600 mm，当它与导向板成 90°，离切削线不大于 1.0 m；

2) 使用脚踏板时，安装在地面上，当它与导向板成 90°，离切削线不大于 1.0 m；

3) 采用自动操作开关，应安装在行程的初始端。

机床上若采用脚踏板控制机动工件夹紧时，应有一护罩防止其意外操作。脚踏板的操纵力不能超过 350 N，脚踏板的开关装置应为硬接线，控制系统有关安全部件满足 GB/T 16855.1—2008 中的 1 类要求。

检验方法：检验相应图样和/或电路图，测量和检查机床。

5.2.3 起动

在机床起动或重新起动之前，所有的联锁防护装置应就位并起作用，并由 5.3.6 中联锁装置的安排而实现的，“运行”是指锯片的旋转。

起动或重新起动只有当引发起动控制装置时才能进行。

对于电气控制机床，应采用 GB 5226.1—2008 中 9.2.5.2 的规定，但 GB 5226.1—2008 中 9.2.4 的要求不适用。

起动主轴运转的相关安全控制系统(见 5.2.1)应满足 GB/T 16855.1—2008 中的 1 类要求。

上述要求是由控制电路的结构来实现的。

检验方法:检查相应图样和/或电路图,检查机床,并机床上作功能试验。

5.2.4 正常停止

机床应装有一个停止控制系统,可将机床安全彻底地停止下来。停止操作应包括机床上所有致动器的动力切断,并引发制动(如果提供见5.3.4)。

装有机械制动器的机床,其正常停止控制系统应符合GB 5226.1—2008中9.2.2的0类停止。

装有其他制动器(例如电气制动器)的机床,其正常停止控制系统应符合GB 5226.1—2008中9.2.2的1类要求。

当装有1类停止操纵器时,正常停止顺序应为:

a) 除工件夹紧(如果安装)外,切断所有机床致动机构的动力,并引发制动。

b) 锯轴停止旋转后切断到制动器的动力(如果安装电气制动器),例如通过满足5.2.1.2的时间延时装置。

控制电路应满足正常停止顺序的要求。若使用一时间延时装置,则延时至少等于最大的惯性运转时间。时间继电器应是固定的或其延时调整装置是密封的。

正常停止的控制系统有关安全部件(见5.2.1)应满足GB/T 16855.1—2008中的1类要求。

检验方法:检查相应图样和/或电路图,检查机床,并在机床上作功能试验。

5.2.5 动力源故障

电驱动的机床,应对电源中断随后复原的重新起动按GB 5226.1—2008中7.5的第1段到第3段进行防护。

检验方法:检查相应图样和/或电路图,检查、并在机床上作相应功能试验。

5.2.6 控制电路失效

应符合GB/T 19670—2005第6章,且在气源中断时,应保持工件的夹紧,直至回到停止位置。当使用单向阀来防护时,单向阀应安装在驱动气缸上。

也见5.2.1。

检验方法:检查相应图样和/或电路图,检查机床并在机床上作相应功能试验。

5.3 机械危险的防护

5.3.1 稳定性

机床的结构应能将固定式机床固定在一个适合的稳定的结构(如地面)上,例如机架底座上的孔[见6.3h)]。

带有车轮的移动式机床,应有在加工中稳固的装置,这样的装置可以是:

a) 用车轮的制动装置;或

b) 车轮和稳固装置的结合;或

c) 将车轮从地面收回的装置。

检验方法:检查相应图样,检查机床及作附录A的相应试验。

5.3.2 运转中的断裂危险

刀具的防护装置至少用下列材料制造:

a) 钢,抗拉强度不小于350 N/mm^2,厚度至少为1.5 mm;

b） 轻合金，应按表2的规定；

表2 轻合金刀具防护装置材料特性

抗拉强度下限 N/mm^2	最小壁厚 mm
180	5
240	4
360	2

c） 聚碳酸酯，厚度不小于3 mm；或其他塑性材料，其抗冲击强度不小于3 mm厚的聚碳酸酯的抗冲击强度；

d） 铸铁，抗拉强度不小于200 N/mm^2，壁厚不小于5 mm；

检验方法：检查相应图样，测量并检查机床，及材料制造者提供的抗拉强度的保证书。

5.3.3 刀夹和刀具的结构

5.3.3.1 锯片的设计

刀具应符合GB 18955的要求。

检验方法：检查相应图样，检查机床。

5.3.3.2 锯轴的设计

锯轴的材料为抗拉强度应不小于580 N/mm^2的钢。其公差应符合GB/T 19992—2005第5章中G4和G5的要求。

锯片的旋转方向应为：锯片切削力的方向与导向方向相反。

检验方法：检查相应图样，测量及在机床上作相应的功能试验，及钢制造者的保证书。

5.3.3.3 主轴的锁紧

换刀时，主轴应保持静止，并提供主轴锁定装置。可采用双扳手，也可由操作者在主轴内插入一锁定棒。锁定时，能阻止刀轴旋转，且当锁定装置就位时，起动锯轴电机，锁定装置不应变形。

检验方法：检查相应图样和/或电路图，检查机床，并在机床上作功能试验。

5.3.3.4 锯片的安装

不能安装大于锯片最大设计直径和厚度的锯片。例如通过对锯片防护罩的设计（见5.3.6.1）。

机床的设计应确保不能安装切削宽度大于6 mm的圆锯片。

锯片的两法兰盘应满足以下要求：

a） 当锯片直径小于或等于450 mm时，两个法兰盘的直径至少为$\frac{D}{4}$（其中，D为锯片最大设计直径）；当锯片直径大于450 mm时，两个法兰盘的直径至少为$\frac{D}{6}$，但不能小于115 mm。

b） 两法兰盘外径公差为±1 mm。

c） 法兰盘外部的夹紧表面宽度至少为5 mm，并中凹（见图3）。

起动、运行、惯性运转或制动时，应有锯片防松措施，例如通过锯轴和锯片的强制联结，或前法兰盘和锯轴的强制联结来实现。

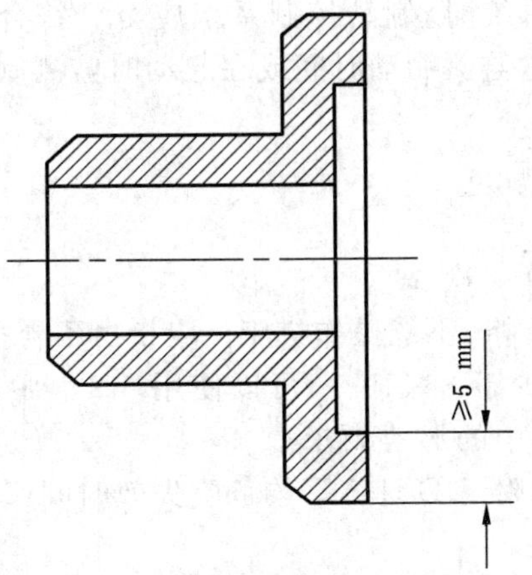

图 3　锯片法兰盘

检验方法：检查相应图样和/或电路图，测量、检查，并在机床上作相应的功能试验。

5.3.3.5　回程控制

锯切单元应安装一手柄，控制其沿摇臂运动。该手柄设计为弯形手把。

在停止位置上，锯切单元应有一自动的卡销，卡销的释放控制器在手柄上面或旁边，当手柄使锯切单元沿摇臂运动时，可释放控制器并由一手拉其运动。

锯切单元应在 3 s 内自动回到停止位置，例如通过一弹簧或重力作用。最大的回程速度不应超过 1.0 m/s。

机床应安装一装置来防止锯切单元在切削时的加速前移，从而引起锯片卡入工件中。可以通过安装一液压或机械限制装置，如惯量回缩系统[见 6.3b)]。

检验方法：检查相应图样和/或电路图，测量、检查，并在机床上作相应的功能试验。

5.3.3.6　锯切单元的转动限制

用于支承锯切单元的摇臂绕立轴转动，以改变行程方向，其与工件导向板垂直的两边夹角应限制在 48°以内。摇臂绕立轴转动可有一边或两边超过 48°时，但不能大于 70°，并应在相关区域提供可调的工件夹紧装置。

锯切单元不能作垂直于摇臂的 Y 轴方向的转动，安装锯片时除外。用于限制锯切单元调整旋转的装置是锯切单元支承的一个主要部分。用于限制调整的销或螺母和螺栓，应采用焊接或过盈配合，使其不能移去。

检验方法：检查相应图样和/或电路图，测量、检查，并在机床上作相应的功能试验。

5.3.3.7　锯切单元倾斜的限制

锯切单元关于 X 轴的倾斜角度在 Y 轴的两边不能同时超过 60°。

检验方法：检查相应图样和/或电路图，测量、检查，并在机床上作相应的功能试验。

5.3.4　制动

当不制动的惯性运动时间超过 10 s，应在锯轴上设置一个自动的制动器。

制动器制动的时间应小于 10 s。

对于电气制动系统，不可使用反接制动。

当机床上安装一弹簧操作的机械制动器时，GB 5226.1—2008 中 9.3.4 的最后一段不适用，并给出机械制动器的寿命和操作日期。

采用有电子元件的电气制动系统时，制动控制系统应至少符合 GB/T 16855.1—2008 中的 2 类要求，并应定期测试控制系统，如通过监测制动时间或在起动时监测制动的电流环路（短暂制动）。测试应在以下条件下进行：

a) 不受制动控制系统的影响；

b) 不受操作者的影响；

c) 机床每运行 8 h，至少操作一次。

如果测试结果连续三次均不合格，不能操作机床。应指出不合格的测试结果。

若危险性失效的概率（PFH）少于 3×10^{-6}，可以使用 5.2.1 中的简单的制动器（不使用程序控制器），并符合 GB/T 16855.1—2008 中的 B 类要求。

应按 GB/T 16855.1—2008 中附录 D 计算平均危险失效时间（MTTF），并按 GB/T 16855.1—2008 中的附录 K 查出 PFH 值。

检验方法：按 GB 12557—2010 中 5.3.4 的要求测试不制动的惯性运动时间、起动时间和制动时间。

5.3.5 工作台与导向装置

5.3.5.1 工作台

机床上应安装工作台，并符合以下要求：

a) 工作台的形状（见图 4）应设计成，锯切单元在最前端时，最大设计锯片的前端不能凸出工作台之外，这个最前端应考虑锯切单元转动和倾斜的范围、最大切削行程和最大切削深度；

b) 在切削区的工作台应由塑料、木制品或胶合板等易于锯切的材料制成，以防切削时锯片与工作台接触；

c) 应至少在锯切单元转动角度超过 48°的一侧（或多侧）处提供延伸工作台。当锯切单元与工件导向成 90°时，延伸工作台的宽度至少为机床最大切削范围的 60%［也见 6.3b)］。

检验方法：检查相应图样和/或电路图，测量、检查，并在机床上作相应的功能试验。

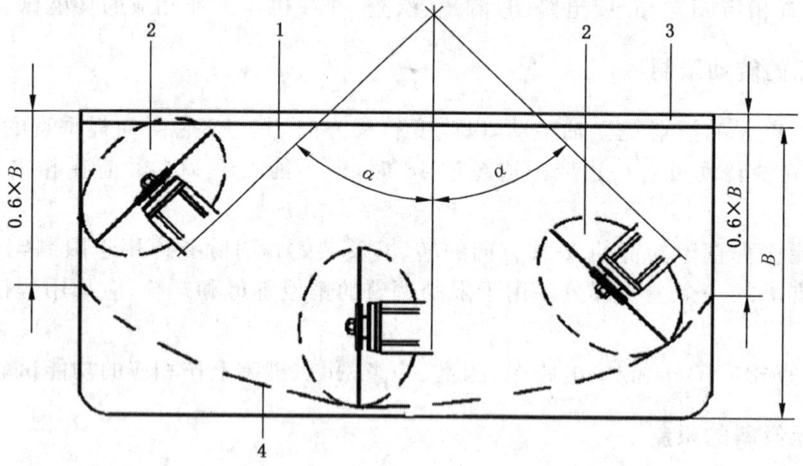

说明：

1 ——机床工作台；

2 ——锯片（调整至最大转动与倾斜位）；

3 ——导向板；

4 ——工作台最小延伸；

B ——工作台宽度；

α ——最大转角。

图 4 工作台的尺寸

5.3.5.2　**工件的导向**

机床应装有一个导向板，放置在切削线两边并延伸到工作台的全长度上。

除锯片通过的区域外，导向板的高度至少为最大切削高度的50%，不能低于60 mm。

切削区域两边各加10 mm范围的那部分导向板应用木制品、塑料或轻合金等能被锯切的材料制造。

导向板不能调整，当锯切单元在停止位置时，锯片不能超出导向板外。

检验方法：检查相应图样和/或电路图，测量、检查，并在机床上作相应的功能试验。

5.3.6　**进入机床运动零部件的防护**

5.3.6.1　**锯片的防护**

应由一固定式防护装置来防止进入锯片的无切削区域。该防护装置可延伸到锯片法兰盘外围的最低点，且按5.4.3的要求安装吸尘口（见图1和图6）。用于更换锯片的开启部件只能借助工具打开。并在打开时，开启部件仍与机床连成一体，例如按GB/T 8196—2003中5.4.8要求的铰链，该防护装置应通过固定保持定位。

应通过下列方法之一，防止进入固定式防护装置下面的切削区。

——覆盖锯片切削的可调式防护装置，该装置至少能手动调整至导向板和工件的上表面，并设计成不移去该防护装置就能更换锯片（图6中6）；

——手动的可调式防护装置（图6中10），或自调式防护装置，用于防护在固定防护装置和导向板上部（或工件之间）的那部分切削齿。该防护装置至少应覆盖锯片周围和锯齿两边（尺寸按图7）。

上述两种情况，操作者均可见切削线。

二种防护装置联合使用时，每一类型都应满足相关的要求。

当锯切单元在停止位置时，应通过下列方法之一以防止进入切削区：

a)　装在机床上的固定式防护装置，当锯片退回至停止位置时，无论锯片旋转或倾斜，都能退入防护装置（见图2的实例）。

b)　下列方法的联合：

　1)　安装在锯切单元上，在锯片两边的可调式或自调式防护装置，该装置至少能覆盖锯片四周和设计的最大和最小锯片的锯齿两边，使操作者不能从机床前部接触到处于停止位置的锯片。

　2)　机床后部的阻挡装置（实例见图1）。该阻挡装置应符合图5的尺寸要求。在阻挡装置的外端，应提供垂直挡板，并与阻挡装置在同一高度（见图5中2），且垂直挡板处前端触及导向板。

c)　与导向板高度一致的固定式防护装置。该装置与吸尘口连在一起，并与锯切单元一起调整（见图6中8）。该装置应在切削线两边安装手动调整部件，当锯切单元在停止位置时，无论是旋转和倾斜位置时，都能防止进入导向板和机床后部间的那部分切削区域。

防护装置的开口到锯片危险区的安全距离应满足GB 23821—2009中表4的要求。

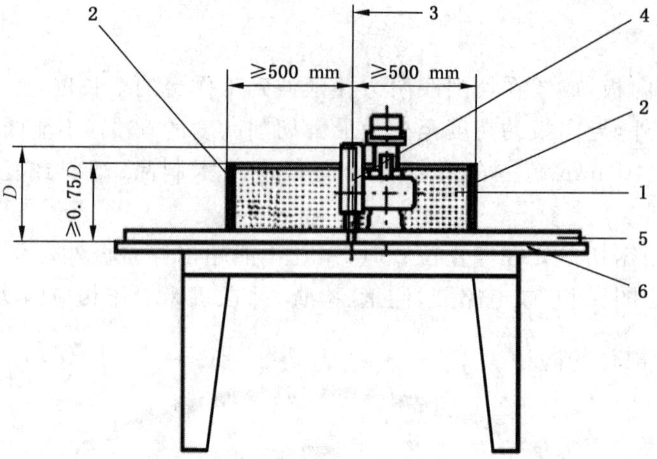

说明：

1——阻挡装置；
2——垂直挡板；
3——切削线(与导向板垂直)；
4——锯片；
5 ——导向板；
6 ——工作台。
D——锯片最大直径。

图 5　机床后部的阻挡装置

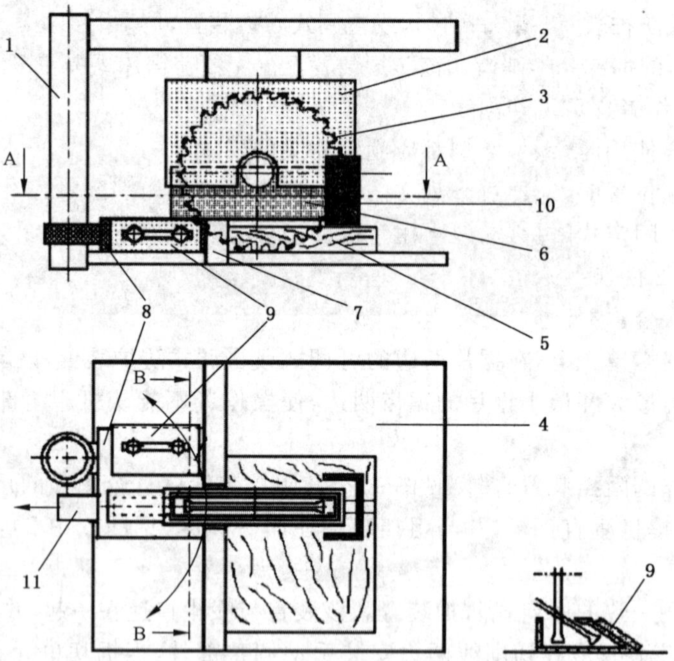

说明：

1——锯切单元的支承(立柱)；
2——固定式锯片防护罩；
3——锯片；
4——机床工作台；
5——工件；
6——手动调整的防护罩；
7 ——导向板；
8 ——在停止位置的固定式防护装置(包括吸尘口)；
9 ——8 中的可调部分；
10——前端护罩；
11——吸尘口。

图 6　在停止位置的固定式和可调式防护的联合实例

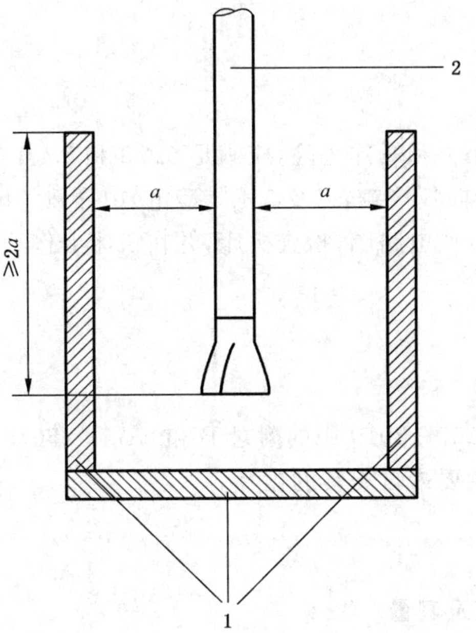

说明：
1——手动调节防护罩；
2——锯片。

图7 锯片切削区的前端护罩

检验方法：检查相应图样和/或电路图，测量、检查，并在机床上作相应的功能试验。

5.3.6.2 传动的防护

通过固定式防护装置来防止进入锯片的传动部分，其安全距离应满足GB 23821—2009的要求。

检验方法：检查相应图样，检查机床。

5.3.7 夹紧装置

若机床上装有气动的工件夹紧装置，应通过下列方法之一来防止挤压危险。

a) 两步夹紧，第一步用最大为50 N的夹紧力，随后通过手动控制施加全部夹紧力；
b) 两步夹紧，第一步用最大为50 N的夹紧力，当夹紧器接触一平整平面时才引发全部夹紧力；
c) 通过一手动可调的装置减小夹紧工件的间隙，使之不大于6 mm，且行程限制不大于10 mm；
d) 夹紧器的闭合速度不大于10 mm/s；
e) 通过固定在夹紧装置上的防护装置来防护，该装置护置将工件与防护罩之间的间隙减少到不大于6 mm。夹紧装置延伸到防护装置外的部分不应大于6 mm。

工件夹紧的引发通过符合5.2.2要求的手动操作件或脚踏板。

用于第一步的夹紧力[5.3.7.a)和b)]和夹紧装置的闭合速度监控的控制电路的类别至少应满足GB/T 16855.1—2008中的1类要求。

夹紧气缸的位置可以在切削线外。

气动夹紧应符合EN 983:1996的要求。

有气动夹紧，应防止在气源中断随后复原时，驱动气缸的自动夹紧运动。

也见5.2.6。

检验方法：检查相应图样和/或电路图，测量、检查，并在机床上作相应的功能试验。

5.4 非机械危险的防护

5.4.1 火和爆炸

为了避免和最大限度地减小火和爆炸危险，应满足5.4.3和5.4.4的要求。也见6.3。

也见5.3.5.2，避免锯片与导向板接触，以及5.4.9(静电)中导致的电火花。

检验方法：检查相应图样和/或电路图，检查机床，并在机床上作功能试验。

5.4.2 噪声

5.4.2.1 设计阶段的降噪

设计机床时，应考虑GB 12557—2010中的附录B和GB/T 25078.1—2010中在噪声源方面控制噪声的信息和技术手段。噪声源主要来自旋转的锯片。

5.4.2.2 噪声测量

5.4.2.2.1 空载噪声声压级限值及测量

机床在空运转条件下，测定出的机床噪声最大声压级不得超过GB 12557—2010中表4的规定。

测量噪声时的机床工作(运转)条件按GB 31145—2014附录E的规定。

测量方法按GB 12557—2010中5.4.2.2.2的规定。

局部环境修正系数K_{3A}应按GB/T 17248.5—1999中A.2计算。

5.4.2.2.2 噪声声功率级的测定

在本标准实施2年之内，应进行机床噪声声功率级的测定。测出的机床噪声声功率级连同工作(运转)条件及测定方法记入机床的使用说明书。

测定方法按GB 12557—2010中5.4.2.2.2和附录C的规定。传声器的位置应为9个。

5.4.2.3 噪声声明

见6.3。

5.4.3 木屑、粉尘和有害气体的排放

应采取措施从机床中吸出粉尘和木屑，在机床上设置有吸尘管接头以便机床与吸尘系统相连接。吸尘口按下列要求：

a) 安装在按5.3.6.1a)要求的锯切单元的固定式防护装置上，该装置应在锯片的垂线上；

b) 安装在下列位置之一：

   1) 按5.3.6.1a)要求的固定式防护装置(见图6)处；

   2) 机床末端，位于锯切单元停止位置的后面，安装按5.3.6.1b)要求的自调式防护装置的处；

   3) 按5.3.6.1b)要求的阻挡装置(见图5)处；

   4) 按5.3.6.1c)要求的固定式防护装置处。

注：建议气流为800 m^3/h。为了保证木屑和粉尘从其原始点被输送到收集系统，建议吸尘罩、导管、挡板的结构应满足抽出的气体在导管中的速度为20 m/s(对于含水率小于或等于18%的木屑)和28 m/s(对于含水率大于18%的木屑)。

见6.3。

检验方法：检查相应图样，检查机床。

5.4.4 电气设备

按 GB 5226.1,除非本标准中另有规定。

直接接触的电击防护要求应按 GB 5226.1—2008 中 6.2,间接接触的电击防护应按 GB 5226.1—2008 中 6.3,短路保护和过载保护应按 GB 5226.1—2008 中第 7 章的规定。

所有护罩外的电气元件和电气元件外壳的防护等级应符合 GB 4208—2008 中 IP5x。

按 GB 5226.1—2008 中 18.2 和 18.6 作保护联结电路连续性和功能检验。

检验方法:检查相应电路图、制造者的保证书,在机床上作检查及按 GB 5226.1 作相应检验。

5.4.5 人类工效学和安全搬运的要求

应符合 GB 12557—2010 中 5.4.5 的要求。

工作台的离地高度为 800 mm~900 mm。

当锯片不旋转时,从任意位置向前推锯切单元并使其移动的力应不大于(50±5)N(也见 5.3.3.5)。

当锯切单元在停止位置时,按 5.3.3.5 要求的手柄与工作台的前端距离应不大于 850 mm。

其他控制器位置见 5.2.2 的要求。

所有锯切单元可调件的位置(旋转,倾斜、高度调整)无需借助工具就能调整。

机床和零部件如果质量超过 25 kg,应有必要的辅助装置来配合提升装置,例如吊环,以避免在运输、装配、拆除等情况下,发生翻倒、下落、移动等非控运动。

检验方法:检查相应的图样和或电路图,测量、检查机床。

5.4.6 气动装置

安装气动工件夹紧的机床,应按 EN 983:1996 规定,也见 5.2.1,5.2.2,5.2.6,5.3.7,5.4.11。

检验方法:检查相应的图样和或电路图,检查机床。

5.4.7 电磁兼容性

机床应按 GB 5226.1 的要求,具有足够的防电磁干扰的能力,使其安全操作。

注:机床使用 3C 认证标志的电气元件,且此类元件是按其生产厂家要求进行安装的,则认为该可机床可防外界电磁干扰。

检验方法:检查相应的图样和或电路图,检查机床。

5.4.8 激光

机床若装有用以指示切削线的激光装置,该装置应符合 GB 7247.1—2001 中类别 2、2M 或一个更低危险的类别。

应符合制造商关于激光装置安装和使用的相关规定。激光装置的操作指导书应在机床的使用说明书中重述。机床上如果提供眼睛保护器,则该保护器使用的有关警告标志和警告语应放置靠近操作者位置。

机床若安装激光装置,激光装置本身的警告标志应清晰可见。

检验方法:检查相应的图样,检查机床、激光产品制造商的保证书。

5.4.9 静电

若机床上安装了吸尘用软管,则这些软管应接地。

检验方法:检查相应的图样,检查机床。

5.4.10 装配失效

装配失效是指当锯切单元在停止位置时，导向板未能可靠定位，使得锯片超出导向板之外。关于锯片尺寸的限制也可见5.3.3.4。

检验方法：检查相应的图样，检查机床。

5.4.11 能量输送的切断

应符合GB/T 19670—2005中第5章，此外还应符合下列要求：

机床电源供应由电源切断(隔离)开关来控制的电气式切断(隔离)开关，并应采用GB 5226.1—2008中5.3.2a)、b)、c)型式。

若机床上有插头连接至三相电源，则应配备相序传换器。

若机床上安有工件气动夹紧装置，至少应按EN 983:1996的要求使用一快速作用离合器来切断气源。也见6.2j)。

检验方法：检查相应的图样和/或电路图，检查机床和在机床上作相应的功能试验。

5.4.12 维修

机床维修方面的有关要求按GB 12557—2010第6章的规定。

应提供GB/T 15706—2012中6.4.5.1e)中的维修信息。

检验方法：检查相应的图样和/或电路图，检查机床和在机床上作相应的功能试验。

6 使用信息

6.1 一般要求

见GB/T 15706—2012的6.4和GB 18955—2003第8章的规定。

6.2 标志

按GB/T 15706—2012中6.4.4的规定及下列要求：

在机床的使用期内，以下信息应永久、清晰地标注在机床上，可直接刻在机床上(如雕刻、蚀刻)或使用标志、铭牌等(如用铆钉、粘贴)永久地固定在机床上：

a) 生产厂名、厂址；
b) 生产日期；
c) 机型或设计系列；
d) 生产编号；
e) 锯片的最大和最小设计直径；
f) 锯片的孔径；
g) 气动系统的额定压力值(若提供)；
h) 若安装气动/液压系统切断开关，应通过标志或形象化指示符号标注其功能、位置和操纵位置；
i) 锯片旋转方向的示意图；
j) 若机床装有气源，且通过电气切断开关不能切断气源，则应在电气切断开关附近设置一个永久警告标牌，在上面写着：电气切断开关不能切断气源；
k) 调整前切断动力电源的警告；
l) 额定参数(按GB 5226.1—2008中16.4的要求的电气生产厂家强制规定的额定电压、相数和功率)。

锯片的旋转方向应示在固定装置作标示，例如在靠近锯轴处，锯片上方的固定式防护装置上，通过箭头指向来标示，该箭头在更换锯片时应可见；或通过其他可见的不能被擦除的方法。

与操纵致动器相关的形象化指示符号应按 GB 18209.1—2000 中的表 6。

检验方法：检查相应图样，检查机床。

6.3 使用说明书

按 GB 12557—2010 中 6.3 的规定，此外至少应包括下列内容：

a) 按 6.1 和 6.2 的要求，重述标志、图形符号和机床上的其他说明内容，如有必要，应提供这些内容的含义。

b) 机床的使用范围，包括适用于机床的特殊操作的备选装置(见 5.3.3.5 和 5.4.8)。

c) 降低有害粉尘吸入的预防措施。

d) 戴耳罩防止听力下降的警告。

e) 切削、进给或维修时的风险警告。

f) 按 GB/T 15706—2012 中 6.4.5.1d)要求的安全使用信息，包括适用于机床的特殊操作的备选装置(见 5.3.3.5 和 5.4.8)。

g) 当导向板和/或工作台损坏后无法提供支承时的更换指示，应包括导向板和/或工作台固定至机床的方法。

h) 固定式机床与地面固定的方法说明。

i) 可移动机床的移动方法及在加工中保持稳定的方法。

j) 只采用符合 GB 18955—2003 要求制造的锋利刀具。

k) 只使用锯齿前角为±5°的锯片的警告。

l) 不能使用最高标记转速比锯轴旋转速度低的锯片。

m) 机床的最大加工宽度和最大加工厚度。

n) 锯切圆形木块时使用适合的夹具确保工件不转动的警告。

o) 操作者应进行充分培训，并掌握正确使用、调整、操作机床的方法，也包括在易于靠近调整手柄的说明。

p) 提供充足的整体和局部照明的建议。

q) 若装有激光装置的机床，应提供有下列声明：不允许更换不同型式的激光装置，不应使用附加光学设施，只能由激光装置的制造者或有资格的人员进行修理。

r) 安装到机床上吸尘装置的下列有关信息：

——风量，m^3/h；

——各吸尘管的压降(建议提供)，Pa；

——吸尘管中建议的空气速度，m/s；

——各吸尘管接头的断面尺寸和结构细节。

s) 使用机床时，应连接的外部吸尘系统的信息。

t) 只有连接了有效的吸尘系统时，才能使用机床的信息。

u) 维修信息，包括摩擦涂层在使用寿命期内的维护、机械制动器的生产日期，以及只有当能源切断，且不能重新启动时，才可以进行维修和调整的信息。

v) 安全清洁的信息。

w) 如果机床上安装了气动系统，应提供残余能量的安全释放方法。

x) 需要检验的安全装置的清单、检验频次及检验方法，至少包括以下内容：

1) 制动器：功能试验时检查是否在规定制动时间内制动，若机床上装有机械制动器，则应加入过载保护器后检验；

2） 锯切单元反加速装置:通过功能试验;

3） 锯切单元的限位销:通过功能试验;

4） 锯切单元的自动回程装置:通过功能试验。

y） 机床的气动力噪声声明,按5.4.2.2中给出的方法测得,可以是实际值也可以是对相同机床的测量基础上得出的噪声值。

1） 工作场所噪声声压级(A计权);

2） 机床产生的噪声功率级(A计权)。

噪声声明应附有所采用的测量方法和检验时机床工作(运转)条件的说明,及相应的不确定度数值(用双数字声明的形式,其定义在GB/T 14574中),不确定度 K 的数值规定如下:

4 dB 当使用GB/T 3768和GB/T 17248.3时;

2 dB 当使用GB/T 3767、GB/T 6881.2、GB/T 6881.3时;

1 dB 当使用GB/T 6882时。

举例如下:

噪声声功率级 $L_{WA}=93$ dB(测量值);

不确定度 $K=4$ dB;

测量方法按GB/T 3768—1996。

如果要核查噪声声明中发射值,则应采用与声明中相同的测定方法和工作(运转)条件。

在使用说明中的噪声声明应附下列说明:

“这里给出的数值只是排放值而不是安全工作数值。尽管在排放值和暴露值之间存在修正关系,它能使用户较好地评价风险,但这不能确定是否需要进一步防护措施。影响暴露值的因素包括工作间的特性、其他噪声源等。例如机床的数量,其他的邻近加工。

注:相关的销售文献中也应注明有关噪声排放量的说明。

z） 应说明机床及其零件在运输、装配、拆卸、禁用、报废过程中禁止翻到、下落或以不当的方式搬运。

aa） 机床在发生意外或故障时的操作方法。若机床工作时出现中断现象,应提供使机床工作畅通的操作方法。

bb） 当某零件危害到操作者健康和安全时,使用备件,并提供备件的规格。

cc） 针对间接接触引起的电击,提供相关人员保护的保护信息。

检验方法:检查使用说明书和相应图样。

附　录　A
（规范性附录）
可移动机床的稳定性试验

机床工作位置的地面上应铺有刨花板。安装有车轮的机床应在车轮处安装刹车装置，若该机床有回缩车轮装置，则应将车轮从地面收起。锯切单元应放在停止位置并调整至横截方向，并与导向板垂直。如图 A.1，在工作台的前角的 30 mm 内施加一 F_1＝500 N 的垂直作用力（两边均可），机床不得移动或倾斜。

图 A.1　可移动机床的稳定性试验

ICS 79.120.10
J 65

中华人民共和国国家标准

GB 31145—2014

木工机床安全
带上切式横截手动进给圆锯机

**Safety of woodworking machines—
Circular saw benches/up-cutting cross-cut sawing machines**

2014-09-03 发布　　　　2015-10-01 实施

中华人民共和国国家质量监督检验检疫总局
中国国家标准化管理委员会　发布

前 言

本标准第3章、附录A是推荐性的，其余为强制性的。

本标准按照GB/T 1.1—2009给出的规则起草。

本标准由中国机械工业联合会提出。

本标准由全国木工机床与刀具标准化技术委员会(SAC/TC 84)归口。

本标准由福州木工机床研究所、亚洲工友(威海)有限公司、邵武市振达机械制造有限责任公司、江苏江佳机械有限公司、福建省长汀县质量技术监督局、广东锐亚机械有限公司、威海泓意机械有限公司、江苏海潮科技股份有限公司、威海市产品质量监督检验所负责起草。

本标准起草人：肖晓晖、宋志敏、杨华、王均东、钟炘昌、周华标、尹岩锋、杨高怀、李文晓。

木工机床安全
带上切式横截手动进给圆锯机

1 范围

本标准规定了带上切式横截手动进给圆锯机(以下简称机床)上去除危险和限制风险的要求和/或措施。

本标准适用于切削实木、刨花板、纤维板、胶合板和有塑料贴面或贴边材料的机床。

本标准不适用于手持式机床和台式机床。

2 规范性引用文件

下列文件对于本文件的应用是必不可少的。凡是注日期的引用文件,仅注日期的版本适用于本文件。凡是不注日期的引用文件,其最新版本(包括所有的修改单)适用于本文件。

GB/T 3767—1996 声学 声压法测定噪声源声功率级 反射面上方近似自由场的工程法

GB/T 3768—1996 声学 声压法测定噪声源声功率级 反射面上方采用包络测量表面的简易法

GB 4208—2008 外壳防护等级(IP 代码)

GB/T 5013.1—2008 额定电压 450/750 V 及以下橡皮绝缘电缆 第1部分:一般要求

GB/T 5023.1—2008 额定电压 450/750 V 及以下聚氯乙烯绝缘电缆 第1部分:一般要求

GB 5226.1—2008 机械电气安全 机械电气设备 第1部分:通用技术条件

GB/T 6881.2—2002 声学 声压法测定噪声源声功率级 混响场中小型可移动声源工程法 第1部分:硬壁测试室比较法

GB/T 6881.3—2002 声学 声压法测定噪声源声功率级 混响场中小型可移动声源工程法 第2部分:专用混响测试室法

GB/T 6882—2008 声学 声压法测定噪声源声功率级 消声室和半消声室精密法

GB 7247.1—2012 激光产品的安全 第1部分:设备分类、要求

GB 12557—2010 木工机床 安全通则

GB 13960.1—2008 可移式电动工具的安全 第一部分:通用要求

GB 14048.4—2010 低压开关设备和控制设备 第4-1部分:接触器和电动机起动器 机电式接触器和电动机起动器(含电动机保护器)

GB 14048.5—2008 低压开关设备和控制设备 第5-1部分:控制电路电器和开关元件 机电式控制电路电器

GB/T 14303—2008 木工机床 单锯片圆锯机 术语和精度

GB/T 14574—2000 声学 机器和设备噪声发射值的标示和验证

GB/T 15706—2012 机械安全 设计通则 风险评估与风险减小

GB/T 16855.1—2008 机械安全 控制系统有关安全部件 第1部分:设计通则

GB/T 17248.3—1999 声学 机器和设备发射的噪声 工作位置和其他指定位置发射声压级的测量 现场简易法

GB/T 17248.5—1999 声学 机器和设备发射的噪声 工作位置和其他指定位置发射声压级的测量 环境修正法

GB 18955—2003　木工刀具安全　铣刀、圆锯片
GB/T 19670—2005　机械安全　防止意外启动
GB 20179—2006　木工机床安全　手动进给圆锯机和带移动工作台锯板机
GB 23821—2009　机械安全　防止上下肢触及危险区的安全距离
GB/T 25078.1—2010　声学　低噪声机器和设备设计实施建议　第1部分：规划
EN 982:1996　机械安全　对流体系统及其部件的安全要求　液压装置
EN 983:1996　机械安全　对流动系统及其部件的安全要求　气动装置

3　术语和定义

GB 5226.1 和 GB 12557 界定的以及下列术语和定义适用于本文件。

3.1　术语

机床的各部分术语见图1。

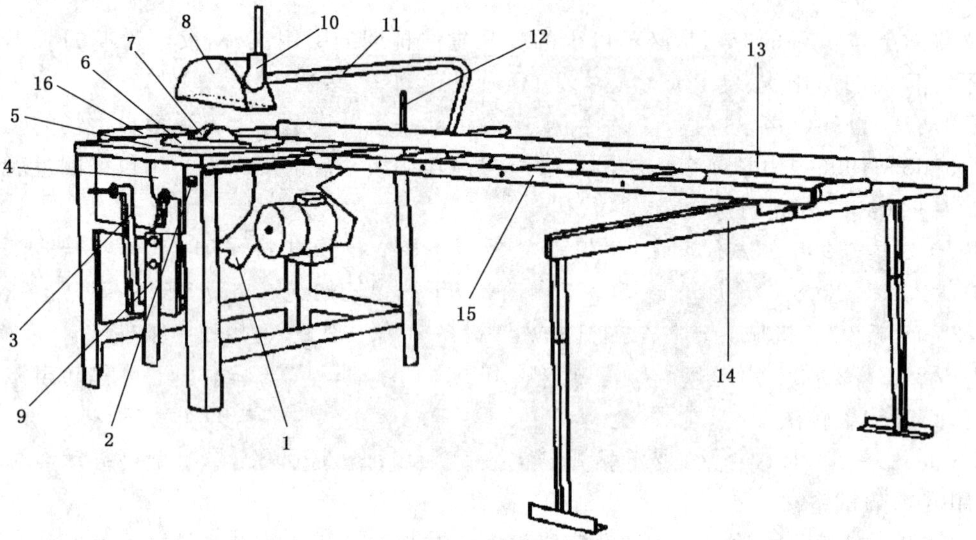

说明：

1 ——工作台下方吸尘口；
2 ——控制器；
3 ——升降杆；
4 ——工作台下部的固定式防护装置；
5 ——工作台；
6 ——工作台的旋转部分；
7 ——分料刀；
8 ——锯片防护装置；
9 ——推杆；
10——锯片防护装置上的吸尘口；
11——锯片防护装置的支承；
12——可移动辊轮工作台的锁紧装置；
13——导向板；
14——可移动辊轮工作台支承；
15——可移动辊轮工作台；
16——延伸工作台。

图1　术语

3.2　定义

3.2.1

带上切式横截手动进给圆锯机　circular saw bench/up-cutting cross-cut sawing machine

该机床只带一个锯片，锯轴只有一种固定的转速。锯切单元在工作台支承（工作台）的下方，机床有

三个加工模式：

a) 用于纵剖，锯片的位置与导向板平行，工件手动进给或由可拆卸的机动进给装置进给(见图 2)；

b) 用于横截，锯片的位置与导向板成 90°，工件通过移动的上料工作台手动进给，工作台移动方向与导向板成 90°(见图 3)；

c) 用于横截，锯切单元手动上升(例如通过一个手柄)，切削通过固定的工件(见图 4)；

此外，每一模式中，锯切单元都可以沿水平锯轴倾斜，可以对工件进行角度切削。在横截模式时，锯切单元还能关于 Y 轴转动用于斜面加工。

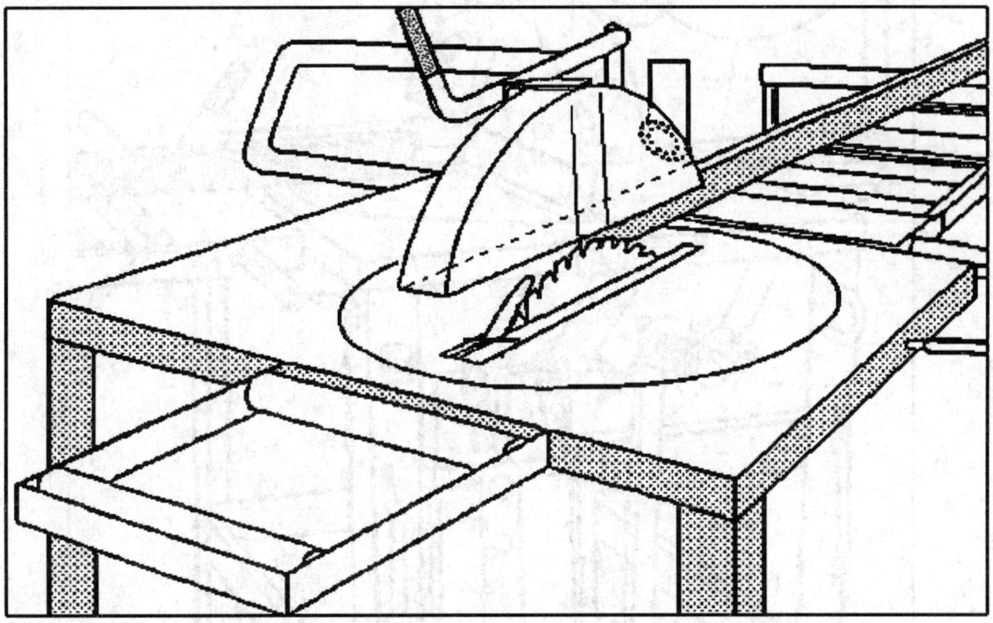

图 2 纵剖模式时的机床实例

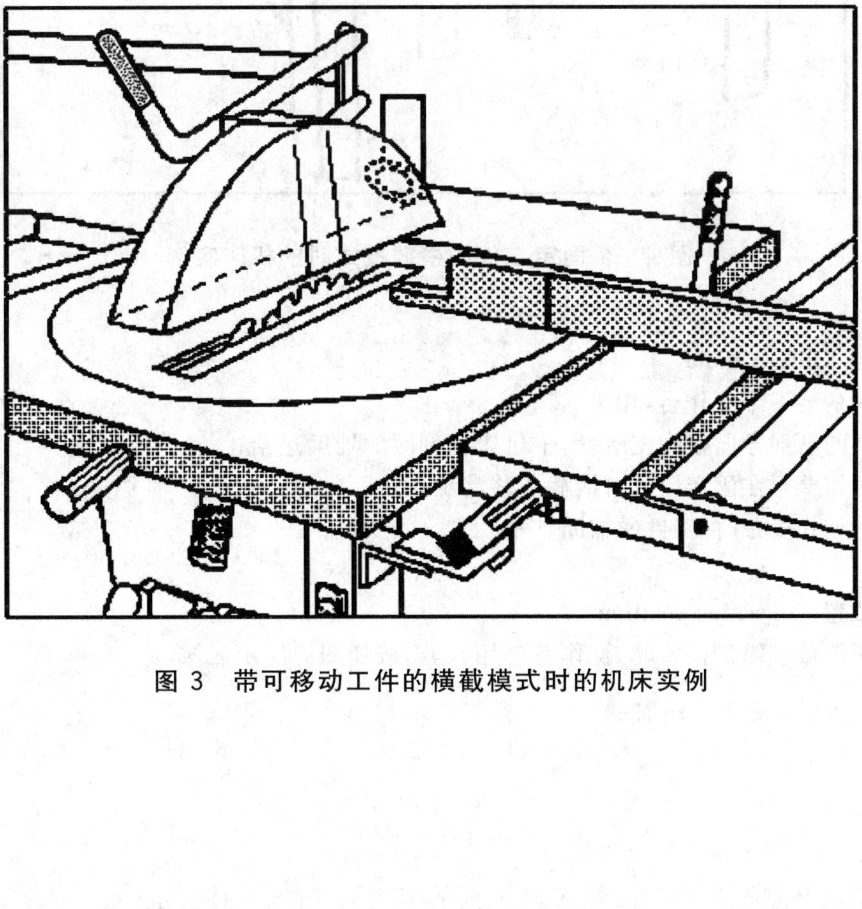

图 3 带可移动工件的横截模式时的机床实例

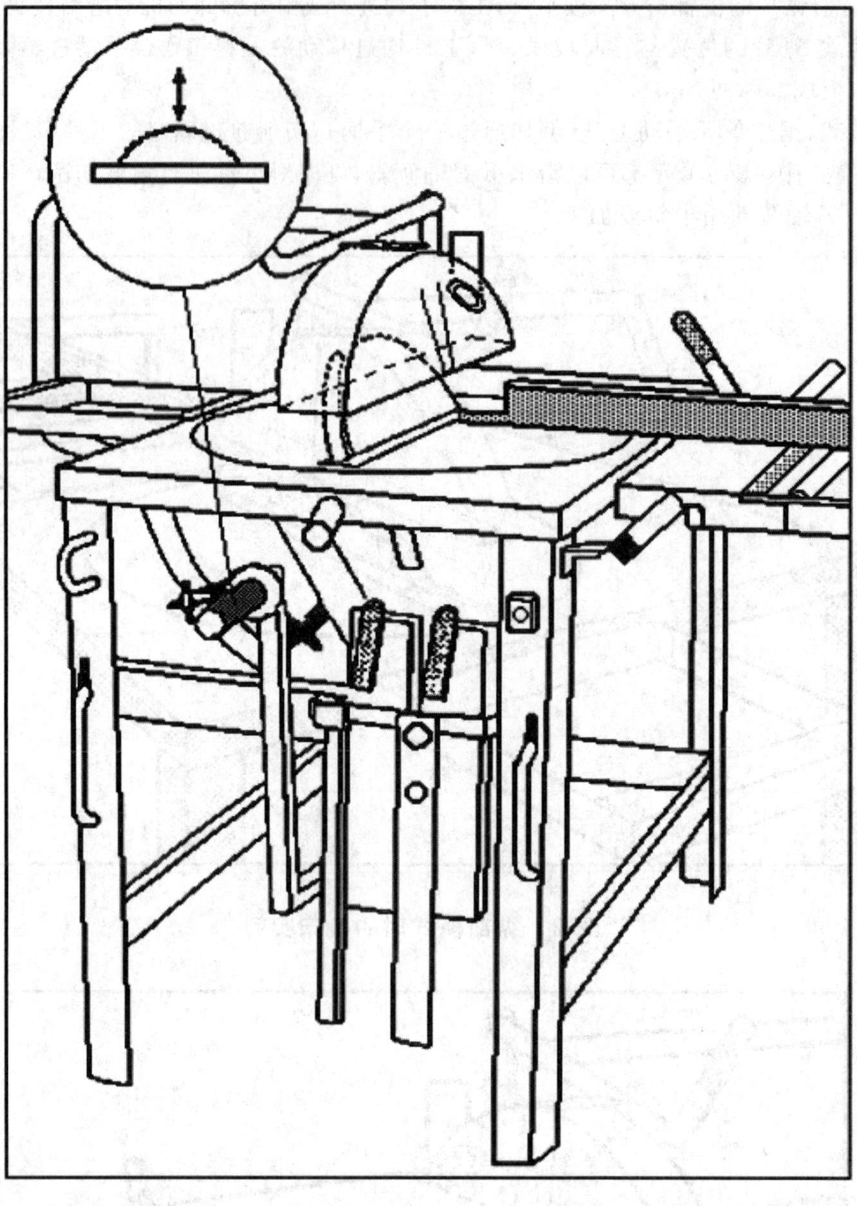

图 4 带固定工件的横截模式时的机床实例

3.2.2

进给工作台 infeed table

机床进给时的另一个工作台，用于：

a) 工作台的纵剖导向板的支承，用于机床纵剖时的辅助进给；

b) 用于锯切单元在固定位置时横截的移动工作台；

c) 用作上切式横截时，工件的辅助支承。

3.2.3

操作者的位置 operator position

当机床用于横截或纵剖模式时，操作者使用区域，按如图 5 所示区域。

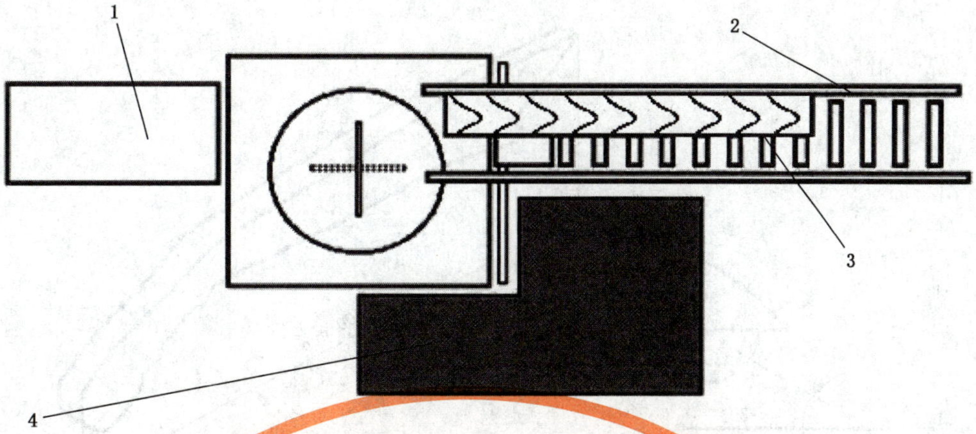

说明：

1——出料工作台；

2——进料工作台；

3——工件；

4——用于纵剖和横截模式的操作区域。

图 5　操作者的位置

3.2.4

可移动机床　displaceable machine

该机床置于地面上，使用时是静止的，它装有一个能使机床在场所之间移动的装置，该装置通常是车轮。

3.2.5

机械致动机构　machine actuator

[GB 5226.1—2008，定义 3.34]

3.2.6

手动进给　hand feed

[GB 12557—2010，定义 3.3]。

3.2.7

可拆卸的机动进给装置　demountable power feed unit

[GB 12557—2010，定义 3.4]。

3.2.8

抛射　ejection

[GB 12557—2010，定义 3.11]。

3.2.9

返弹　kickback

[GB 12557—2010，定义 3.12]。

3.2.10

止逆器　anti-kickback device

[GB 12557—2010，定义 3.13]。

3.2.11

安全附件　safety appliance

[GB 12557—2010，定义 3.10]。

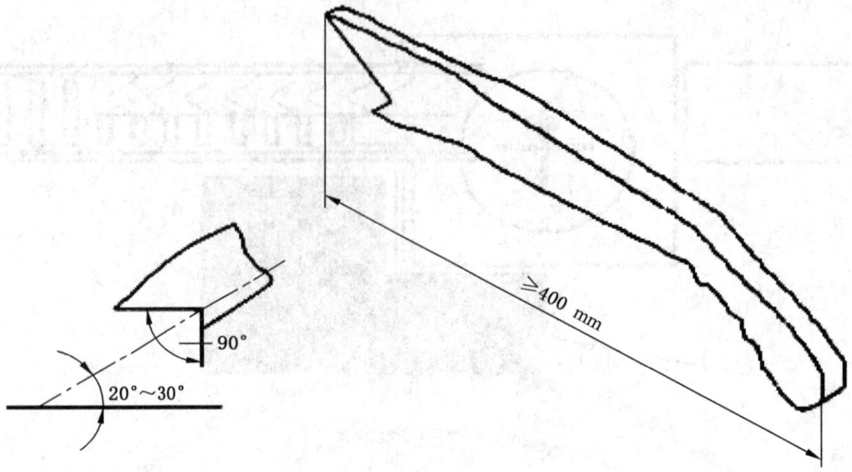

a) 推棒的实例

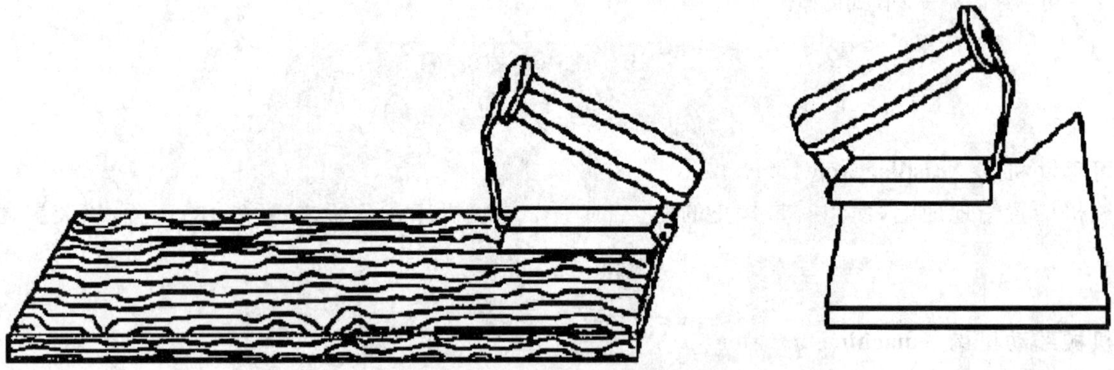

b) 推块的实例

图 6 推棒和推块的实例

3.2.12

惯性运动时间 run-down time

[GB 12557—2010,定义 3.14]。

3.2.13

保证书 confirmation

[GB 12557—2010,定义 3.17]。

4 危险一览表

危险一览表(见表 1)涉及本机床的所有危险:

——对于重要的危险,通过规定安全要求和/或措施,或者通过指示恰当的 B 类标准;

——对于不重要的危险,例如一般的、从属的或者次要的危险通过指示恰当的 A 类标准,特别是 GB/T 15706—2012。

这些危险是通过 GB/T 15706—2012 的附录 B 提出的。

表 1 危险一览表

序号	危险	符合本标准的条号
1	**机械危险：**	
	——由机器部件或工件的下列要素引起的：	
	形状；	5.3.3,5.3.5,5.3.6,5.3.7,5.3.8
		5.2.2,5.3.5,5.3.6,5.3.7
	相对位置；	5.3.6
	质量和稳定性(在重力的影响下可能运动的零部件的势能)；	
	质量和速度(可控或不可控运动中的零部件的动能)；	5.3.6
	机械强度。	5.3.2,5.3.3,5.3.5,5.3.6
	——机床内部的位能积累：	
	在压力下的液体或气体	5.4.7,5.4.8
1.1	挤压危险	5.3.7,5.3.8
1.2	剪切危险	5.3.7,5.3.8
1.3	切割或切断危险	5.3.2,5.3.3,5.3.4,5.3.7
1.4	缠绕危险	5.3.7
1.5	引入或卷入危险	5.3.7
1.6	高压流体喷射危险	5.4.7
2	**电气危险，产生原因包括：**	
2.1	人体与带电部件的接触(直接接触)	5.4.4,5.4.16,5.4.17
2.2	人体与在故障条件下变为带电的零件的接触(间接接触)	5.4.4,5.4.16,5.4.17
3	**由噪声产生的危险，导致：**	
3.1	听力损失(耳聋)、其他生理障碍(例如失去平衡、失去知觉)	5.4.2
3.2	干扰语言通信、听觉信号等	5.4.2
4	**由噪声产生的危险：**	
4.1	激光	5.4.13
5	**由机械加工时、使用的或排出的材料和物质产生的危险，例如：**	
5.1	由于接触或吸入有害的液体、气体、烟雾和灰尘导致的危险	5.4.3
5.2	火危险	5.4.1,5.4.3,6.3
6	**机械设计时忽略人类工效学原则产生的危险：**	
6.1	不健康的姿态或过度用力	5.2.2
6.2	不适当的考虑人的手臂或脚腿构造	5.2.2
6.3	不适当的工作面照明	6.3
6.4	人的差错、人的行为	6.3
6.5	手动控制的设计、位置或鉴定方法	5.2.2
6.6	可视显示装置的设计或位置	5.2.2
7	**各种危险的组合**	5.2.5
8	**由于意外起动、意外过流、意外过速(或其他任何类似故障)产生的危险：**	
8.1	控制系统的失效/故障	5.2.1
8.2	能源供应中断后的恢复	5.2.6,5.2.5,5.4.7
8.3	电力设备的外部影响	5.2.1,5.4.4,5.4.12
8.4	操作出错(由于不匹配的机械特性和能力，见 8.6)	5.2.1,5.4.5,6.3

表 1（续）

序号	危　　险	符合本标准的条号
9	在最佳条件下停止机器的不可能性	5.2.2,5.2.4
10	能量失效	5.2.5
11	控制电路失效	5.2.1
12	安装出错	5.3.3
13	控制系统中断	5.3.2
14	机械零件或流体意外抛射	5.3.2,5.3.3,5.3.5,5.3.6,5.3.8
15	机器翻倒,意外失去稳定性	5.3.1

5 安全要求和/或措施

5.1 一般要求

机床的安全除应符合本标准的规定外,还应符合 GB 12557、GB/T 15706—2012 的规定。

5.2 控制

5.2.1 控制系统的安全性和可靠性

5.2.1.1 一般要求

对本标准而言,有关安全控制系统包括各类装置,如从最初的手动操纵器或位置传感器到最终的机械致动机构或部件(例如电机)的输入端,例如电动机。以下安全控制部件用于:

——起动(见 5.2.3);

——正常停止(见 5.2.4);

——联锁(见 5.3.7.3,5.3.7.4);

——制动(见 5.2.4、5.3.4);

这些控制系统至少应采用“经验证”的元件和原则予以设计和制造。

5.2.1.2 “经验证”元件的使用

本标准中“经验证”的元件和原则是指:

a) 电气元器件应符合相应国家标准、行业标准的规定,包括下列元器件:

——强制切断的控制开关(用于联锁防护装置的机械操作的位置传感器)和用于辅助电路中的继电器应符合 GB 14048.5 的规定;

——用于主电路上的电气机械式接触器和电动机起动器应符合 GB 14048.4 的规定;

——橡胶绝缘电缆应符合 GB/T 5013.1 的规定;

——通过固定(例如安装在机床床身内部)以防止机械损坏的聚氯乙烯电缆应符合 GB/T 5023.1 的规定。

b) 在电路原则方面,应符合 GB 5226.1—2008 中 9.4.2.1 规定的前四种措施,电路应硬接线。

若有关安全控制系统中采用电子元器件,则应符合 GB 5226.1—2008 中 9.4.2.2 中的要求。

c) 机械的零部件,例如用于零件间的强制机械作用,应符合 GB/T 15706—2012 中 6.2.5 的规定。

d) 防护装置用机械操作的位置传感器如采用强制作用的模式，它的安排和连接以及凸轮设计和安装应符合 GB/T 5023.1—2008 中 5.2.2 和 5.3 的规定。

当时间继电器装置的设计寿命为 100 万次，继电器应硬接线至安全控制电路上，并符合 GB/T 16855.1—2008 中表 10 的 B 类要求。

检验方法：检验相应图样和/或包括电路图，检查机床及元器件制造者出具的所有元器件符合相应标准的保证书。

5.2.2 操纵器的位置

用于机床起动、停止的操纵器应位于图 7 中 1 区。

检验方法：检验相应图样和/或电路图，测量和检查机床。

单位为毫米

说明：

1——操纵器的位置。

图 7 操纵器的位置

5.2.3 起动

按 GB 5226.1—2008 中 9.2.5.2 的要求，此外，所有的联锁防护装置应就位并起作用，并由 5.3.7 中联锁装置的安排而实现的，“运行”是指锯片的旋转。

GB 5226.1—2008 中 9.2.4 的要求不适用。

检验方法：检查相应图样和/或电路图；检查机床并在机床上作相应的功能试验。

5.2.4 正常停止

机床应装有一个停止控制系统，可将机床安全彻底地停止下来。停止操作应切断机床上所有致动器的动力，并引发制动（如果提供）。

装有机械制动器的机床，正常停止控制系统应符合 GB 5226.1—2008 中 9.2.2 的 0 类停止。

装有电气制动器的机床，正常停止控制系统应符合 GB 5226.1—2008 中 9.2.2 的 1 类停止。引发时，正常停止顺序应为：

a) 切断所有机床致动器的动力，并引发制动。

b) 停止顺序完成后切断到制动器的动力。

停止顺序应通过相应的控制电路来实现。若采用时间继电器,则延时至少等于最大惯性运转时间。时间继电器应是固定的或其延时调整装置是密封的。

检验方法:检查相应图样和/或电路图,检查机床并在机床上作相应的功能试验。

5.2.5 动力源故障

电驱动的机床,应对电源中断随后复原的重新起动按 GB 5226.1—2008 中 7.5 的第 1 段至第 3 段进行防护。

检验方法:检查相应图样和/或电路图,检查并在机床上作相应的功能试验。

5.2.6 控制电路失效

见 5.2.1。

5.3 机械危险的防护

5.3.1 稳定性

机床上应有将其固定在地面的措施,例如在机床底座有孔。

机床的稳定性应符合 GB 20179—2006 附录 A 的要求。

如果机床的移动使用起吊设备,应配备起吊设施,如吊环。这些设施能根据机床的重心正确定位。

安装了轮子的移动式机床,应配备防止机床在加工时移位的装置,如提供车轮制动器或能将轮子从地面收起的装置。

检验方法:检查相应图样,检查机床并在机床上作相应的功能试验。

5.3.2 运转中的断裂危险

刀具的防护装置至少用下列材料制造:

a) 钢,抗拉强度不小于 350 N/mm^2,厚度至少为 1.5 mm;

b) 轻合金,应按表 2 的规定;

c) 聚碳酸酯,厚度不小于 3 mm;或其他塑性材料,其抗冲击强度不小于 3 mm 厚的聚碳酸酯的抗冲击强度。

检验方法:检查相应图样,测量、检查机床。

表 2 轻合金刀具防护装置材料特性

抗拉强度下限 N/mm^2	最小壁厚 mm
180	5
240	4
300	3

5.3.3 刀夹和刀具的结构

5.3.3.1 锯片的设计

机床上不应安装大于最大设计直径的刀具。

锯轴的公差应符合 GB/T 14303—2008 中 G12 和 G13 的要求。

检验方法:检查相应图样,检查机床、并在机床上作相应的功能试验。

5.3.3.2 主轴的锁紧

若换刀时必需锁定主轴,则应提供主轴锁定装置。可采用双扳手,也可由操作者在主轴内插入锁定棒。

当采用棒锁定时,该棒的最小直径为 8 mm,并应采用抗拉强度不小于 350 N/mm^2 的钢制造。

当主轴电机意外接通时,该锁定棒应能防止主轴旋转。

检验方法:检查相应图样和/或电路图,测量、检查和锁定棒制造者的保证书,并在机床上进行相应功能试验。此外还可通过下列试验:当锁紧装置起作用时,启动主轴电机,主轴仍能保持静止。

5.3.3.3 锯片的锁紧装置

应提供两个锯片法兰盘(或平装锯片时为一个法兰盘)。

当锯片直径小于或等于 450 mm 时,两个法兰盘(或平装锯片时为一个法兰盘)的直径至少为$\frac{D}{4}$mm(式中:D 为锯片最大设计直径)。

当锯片直径大于 450 mm 时,两个法兰盘(或平装锯片时为一个法兰盘)的直径至少为$\frac{D}{6}$mm,但不能大于 115 mm。

法兰盘(非平装锯片)外部的夹紧表面至少为 5 mm,并中凹(见图 8)。

若提供两个法兰盘,则其外径差不应大于 1 mm。

起动、运行、惯性运转或制动时,应有锯片防松措施,例如通过锯轴和锯片的强制联结,或通过前法兰盘和锯轴的强制联结来实现。

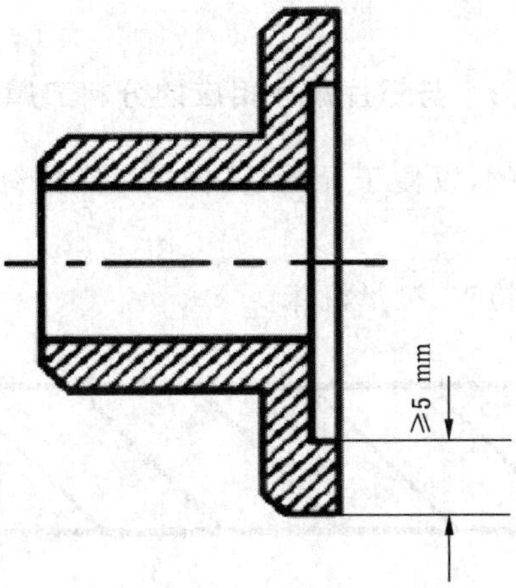

图 8 锯片法兰盘

检验方法:检查相应图样和/或电路图,检查机床并在机床上作功能试验。

5.3.4 制动

当不制动的惯性运动时间超过 10 s,应在刀轴上设置一个自动制动器。

制动器制动的时间应小于 10 s。

对于电气制动系统,不可使用反接电流制动。

检验方法:按 GB 12557—2010 中 5.3.4.2 和 5.3.4.3 的要求测试不制动的惯性运动时间、起动时间和制动时间。

5.3.5 将抛射可能性和影响降低到最小的装置

当机床用于手动进给圆锯机模式时，应安装分料刀。分料刀的尺寸应与机床使用说明书中规定的锯片尺寸范围相适应。

检验方法：检查相应图样，检查机床。

分料刀及其安装应满足下列要求：

a) 分料刀应采用抗拉强度不低于 580 N/mm² 的钢或与其相当的材料制造，两侧面应平整（直线度在 100 mm 测量长度上为 0.1 mm），其宽度应介于锯身宽度与锯齿宽度之间（见图 9）。

检验方法：检查相应图样，测量并检查机床及材料制造者提供的抗拉强度保证书。

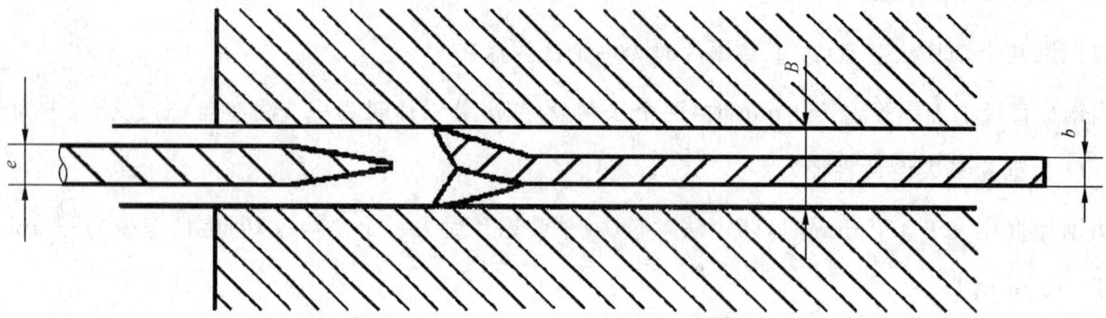

说明：

e ——分料刀的厚度；

B——锯料宽度；

b ——锯片厚度。

图 9　与锯片尺寸相应的分料刀厚度

b) 分料刀的引导边应为楔形的，以便于导入（见图 10）。分料刀在全长上厚度要一致，其公差为 0.05 mm。

检验方法：检查相应图样，检查、测量机床。

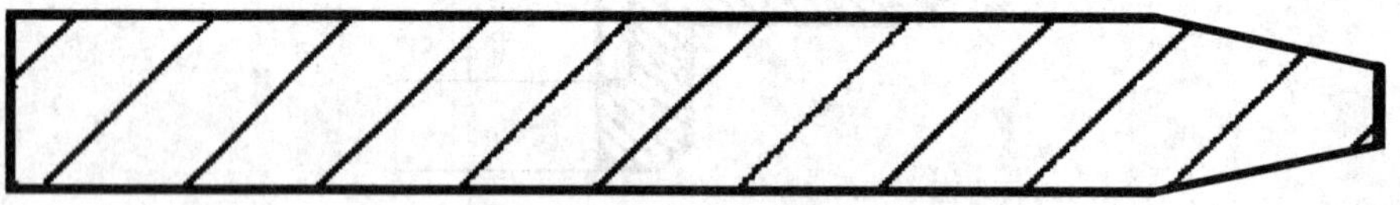

图 10　分料刀的楔形导入边

c) 分料刀应能作垂直调整，按本标准的要求安装后，分料刀顶部应不低于锯片圆周上的最高点（见图 11）。

检验方法：检查相应图样，检查、测量机床。

图 11　分料刀的高度调整

d）分料刀的结构应确保其安装和调整时，分料刀最靠近的锯片处与锯片的距离不超过 3 mm，其他各处与锯片的距离（从锯轴中心测量）不得超过 8 mm（见图 12）。

检验方法：检查相应图样，检查、测量机床。

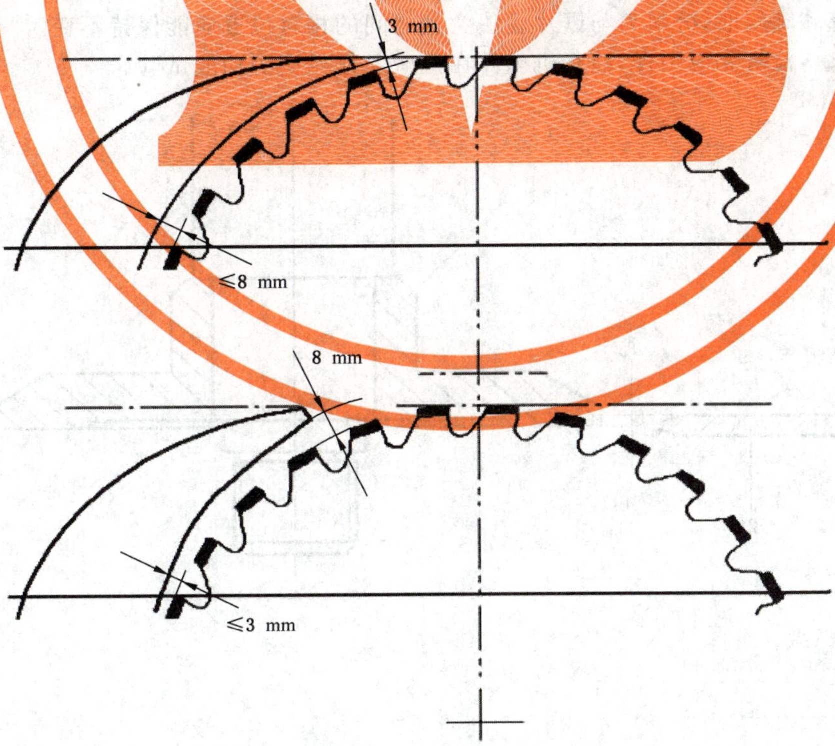

图 12　分料刀定位极限

e) 分料刀前、后的轮廓线应是连续的曲线或直线，不应有任何削弱其刚度和强度的弯曲(实例见图 13)。
检验方法：检查相应图样，检查机床。

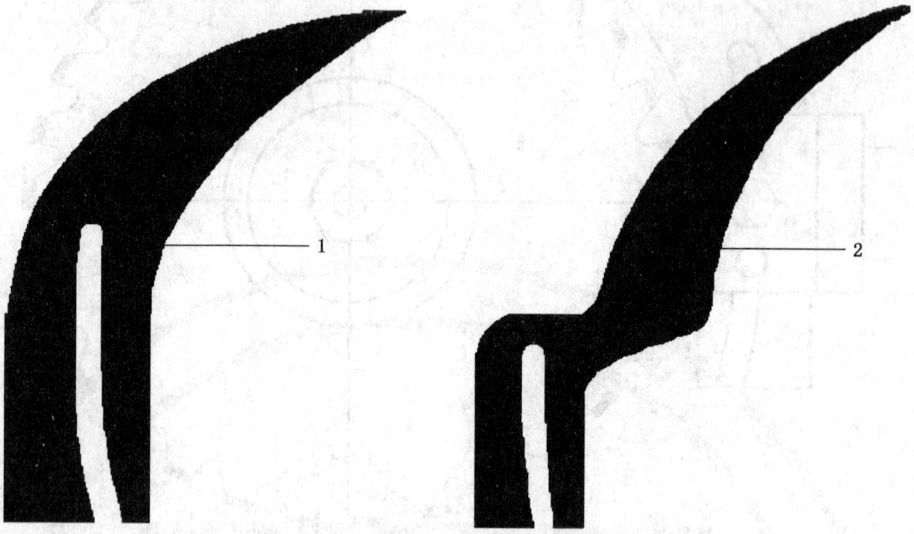

说明：
1——合格分料刀；
2——不合格分料刀。

图 13　分料刀形状实例

f) 分料刀的固定装置应保证分料刀与锯片主法兰盘之间的相对位置符合图 14 规定的公差。锯片升、降和倾斜时，分料刀与锯片主法兰盘之间的相对位置应能保持不变。
检验方法：检查相应图样，检查机床并在机床上作相应的功能试验。

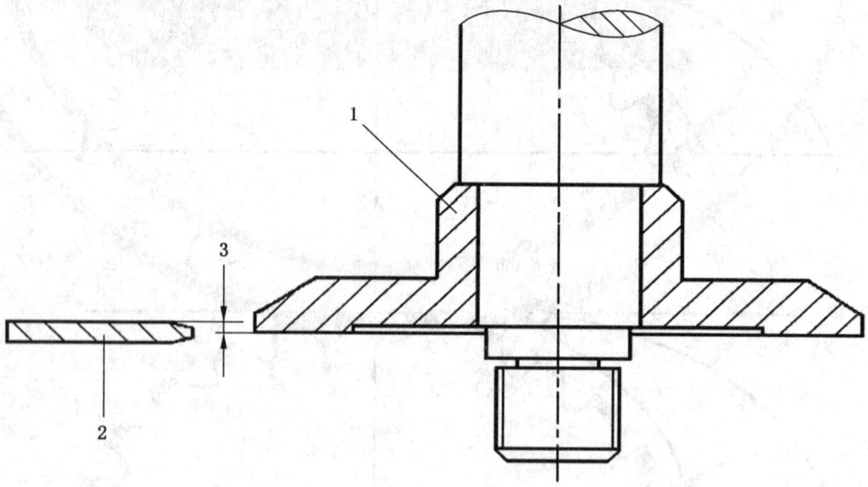

说明：
1——锯片主法兰盘；
2——分料刀；
3——最大公差 0.2 mm。

图 14　分料刀相对于锯片主法兰盘的位置

g) 分料刀固定装置的稳定性应能满足 GB 20179—2006 附录 C 的要求。
检验方法：检查相应图样，按 GB 20179—2006 附录 C 进行试验。

h) 分料刀或是符合 GB 20179—2006 附录 D 规定的侧面稳定性试验，或是在安装区域内固定槽的两边宽度应符合下列公式的规定(见图 15)：

$$X + Y \geqslant \frac{D_{\max}}{6}$$

式中：$X = Y \pm 0.5Y$；

$D_{\max}$：与分料刀匹配可使用的锯片最大直径。

X 和 Y 应沿着安装区域内的分料刀固定槽的中部位置测量(见图 15)。

检验方法：检查相应图样、测量和检验。适当时按 GB 20179—2006 附录 D 进行试验。

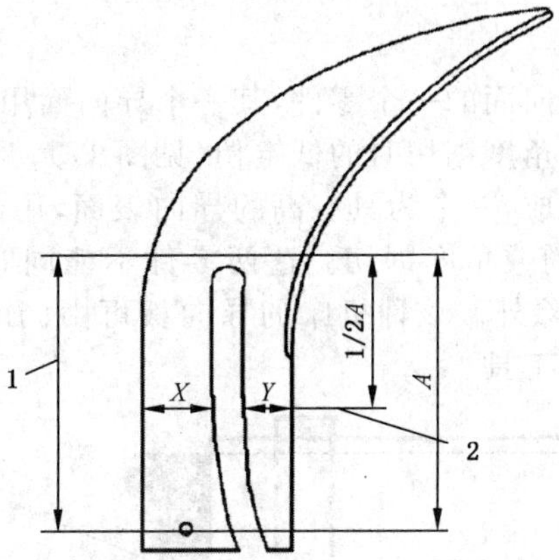

说明：

1——安装区域；

2——测量点。

图 15 分料刀的宽度

i) 分料刀应通过用导向元件定位夹紧，例如导向螺栓(见图 16)。

分料刀的固定槽的宽度与导向零件宽度之差不超过 0.5 mm。

检验方法：检查相应图样，检查、测量机床。

j) 在需要改变分料刀，以适应不同的锯片直径的场合，分料刀固定槽的端部应是开式的。

检验方法：检查相应图样，检查机床。

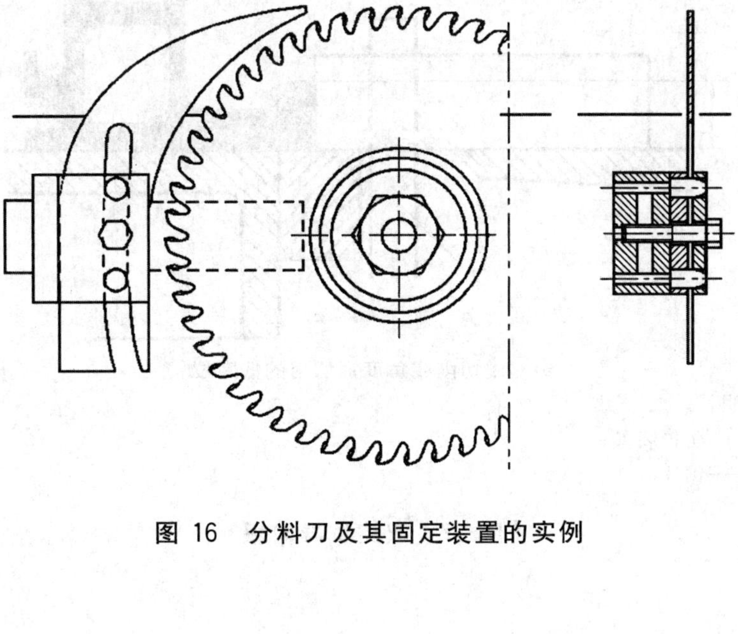

图 16 分料刀及其固定装置的实例

5.3.6 工件的支承与导向装置

5.3.6.1 工件的导向

机床上应安装导向板，并符合以下要求：

a) 纵剖导向板的工件导向部分应：

1) 若该导向板有可能与锯片接触，则应采用塑料、轻合金或木材制造。

2) 应能平行于锯片调整，以使其出料端能向前调整到与分料刀前边缘一致的点上，向后调整到工作台面上的一点上（该点与机床设计的最大锯片的第一个切削齿相一致），并能调整到最大切削高度。

3) 或是以下两种情况之一：

——制造成有两个导向面的一个零件，其一个导向面用于深切削时的高定位；另一个导向面用于浅切削或角度锯切时的低定位（见图 17）；

——或由两个部分组成，一个为具有高的导向表面，用于深切削；另一个为具有低的导向表面，用于浅切削或角度锯切。这两零件不能同时装在支承上，锯片的最大直径为 200 mm 的机床除外。该种机床的导向板可由同时能装在一起的两个零件组成，但其拆卸不应借助工具。

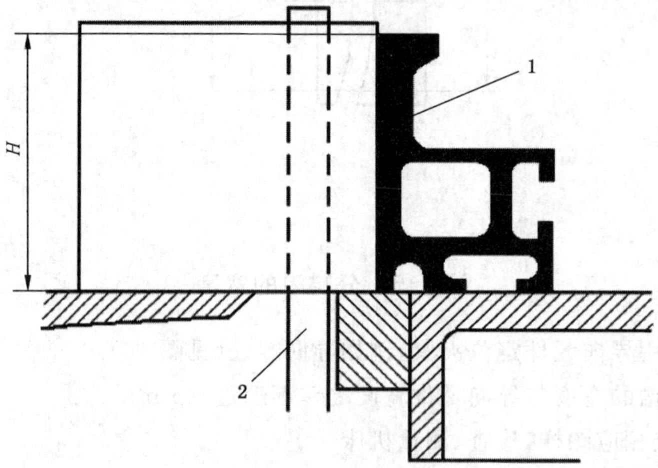

a) 深切削用的高定位

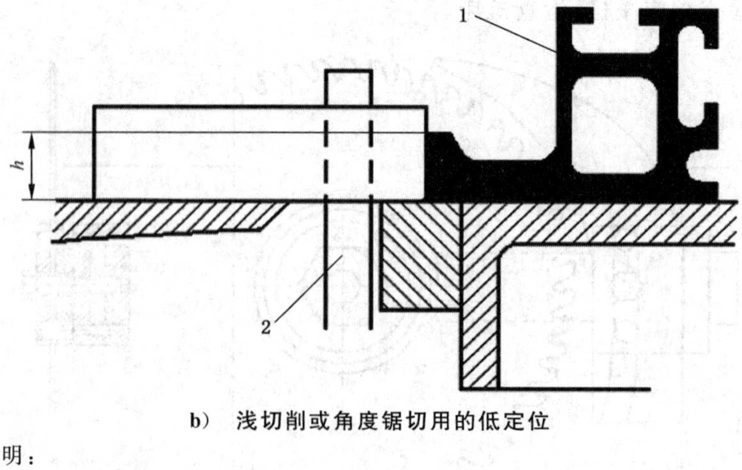

b) 浅切削或角度锯切用的低定位

说明：

1——防护装置；

2——锯片。

图 17 双定位导向板

4） 导向板高定位 H 和低定位 h 导向部分的最小尺寸见表 3。

表 3 导向板高和低导向部分的最小尺寸

高度 mm	锯片直径 D/mm		
	$D \leqslant 200$	$200 < D \leqslant 315$	$D > 315$
H	≥30	≥50	≥90
h	$6 \leqslant h \leqslant 15$		

5） 应设计成为处于低定位而锯片处于最大倾斜位置时，锯片不应在 B 点与该导向板相接触（见图 18）。

说明：

1——锯片；

2——低定位纵剖导向板；

3——工作台。

图 18 低定位的纵剖导向板的结构

b） 横截导向板的工件导向部分应：

1） 横截导向板的导向部分在纵向是可调的。

2） 导向板靠近锯片部分的长度不小于 D（D 是设计锯片的最大直径），应用木材、轻合金或塑性材料制造。

3） 若该导向板延伸至锯片防护罩下（在横截位置），则该部分的高度不得超过 15 mm。

纵剖和横截时，导向板的所有调整均应无需借助工具。

检验方法：检查相应图样，检查、测量机床并在机床上作相应的功能试验。

5.3.6.2 工作台尺寸

锯工作台的尺寸（见图 19）按表 4 的规定。

检验方法：检查相应图样，检查并测量。

单位为毫米

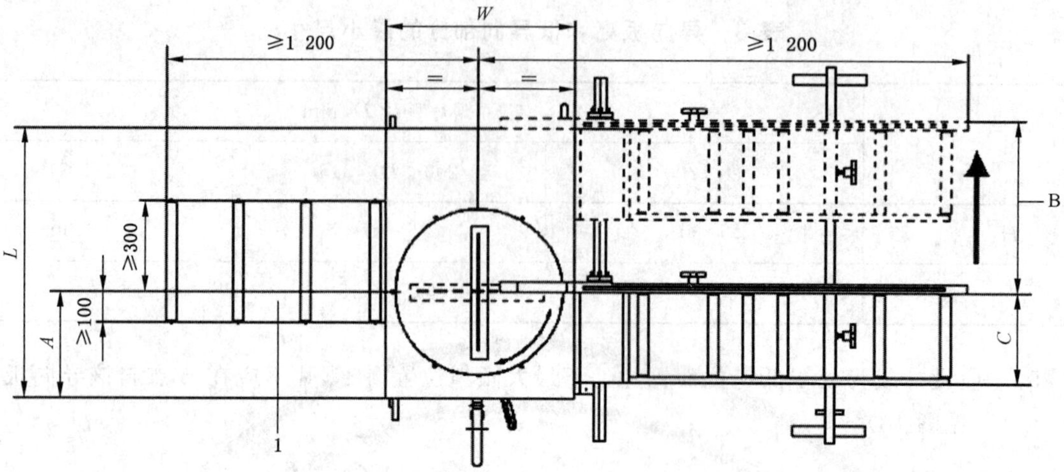

说明：
1——出料工作台；
B——移动距离 L。

图 19 工作台的最小尺寸

表 4 工作台尺寸

单位为毫米

工作台尺寸	锯片直径						
	$D \leqslant 200$	$200 < D \leqslant 250$	$250 < D \leqslant 350$	$350 < D \leqslant 400$	$400 < D \leqslant 450$	$450 < D \leqslant 500$	$D > 250$
L	500	530	750	400	1 000	1 150	1 300
W	335	400	500	600	700	800	900
A	250	270	320	350	380	420	480
辊轮工作台的最小宽度 $= C_{\min} = \frac{1}{2}(B - \frac{1}{2}D)$							

5.3.6.3 移动式辊轮工作台

机床上应安装移动式辊轮工作台，并符合下列要求：

a) 工作台的最小长度为 1 200 mm 和最小宽度（$C_{\min}$）按表 4 所示的公式；

b) 锯工作台和可移动工作台的连接至少能覆盖工作台的全宽（L）（见图 19）；

c) 在任意位置能锁住；

d) 锯片的最远端应有支承，该支承应在高度上可调；

e) 离锯片最近端的辊轮工作台的第一个 150 mm 应是连续的，也就是说，这一段不应有辊轮。

检验方法：检查相应图样，检查、测量机床并在机床上作相应的功能试验。

5.3.6.4 出料工作台

应提供一个单独的延伸工作台（或是机床工作台的一部分），其全长和全宽的尺寸应符合图 19 的要求。

检验方法：检查相应图样，检查、测量机床。

5.3.7 进入机床运动零部件的防护

5.3.7.1 工作台上部锯片的防护

应通过手动的可调式防护罩防止接近工作台上部的锯片。该防护罩应满足下列要求：

a) 在不透明的防护罩上应指示出切削线，例如，通过开槽或划线。

b) 应与分料刀分开安装。

c) 应覆盖锯片的上部和两侧，并尽可能放低，使其底部能放置在工作台面上，升起时能使最大高度的加工工件通过。防护罩应安装一便于高度调节的装置(例如，一个手柄)，也可以是放置在可调式锯片防护罩上的夹具中的推捧。

d) 防护罩高度调整时，锯片防护罩的底部应与工作台面保持平行。

e) 当工作台的旋转部分旋转时，防护罩的支承也应随着锯切单元旋转。

f) 在锯片不可倾斜的机床上，锯片防护罩底部的宽度应小于或等于 50 mm，其在有导向板的一侧从锯片主法兰盘算起的宽度应小于或等于 15 mm(见图 20)。

单位为毫米

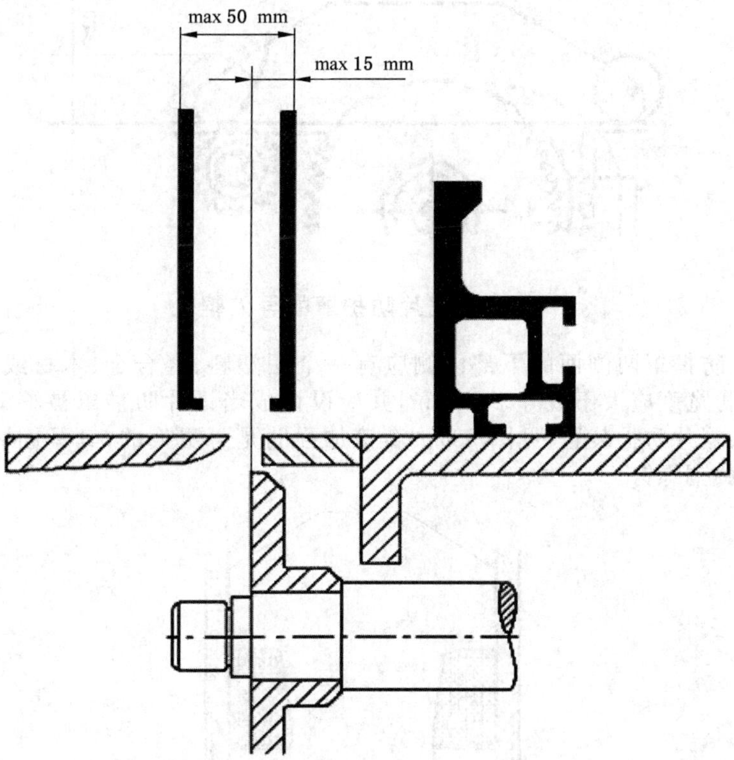

图 20 锯片防护罩的最大宽度

g) 在锯片可倾斜的机床上，应提供一个辅助防护装置，或锯片防护罩装有一个延伸件用于角度切削。

h) 锯片防护罩底部的进料和出料端应设计成能使锯片防护罩向上垂直运动，以避免锯片防护装置不正确安装或工件不平时出现的误进给。可通过以下实例实现：

1) 按图 21 给定的要求设计锯片防护装置；

2) 或按图 22 给定的尺寸，安装带辊轮的锯片防护装置，辊轮在进料端的最小直径为 60 mm。

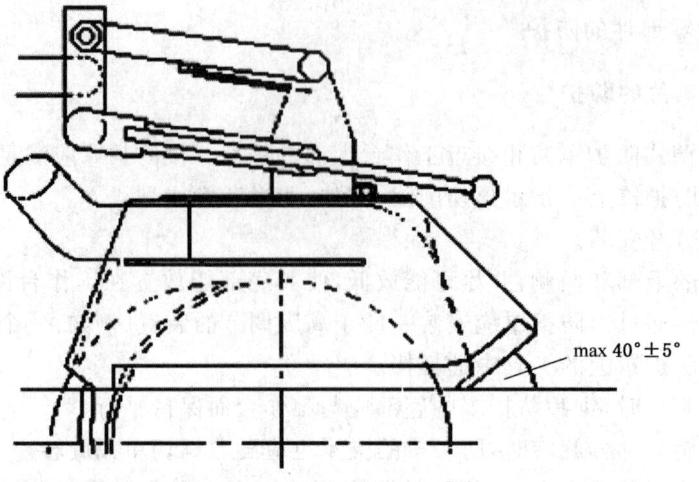

图 21　锯片防护罩的导入

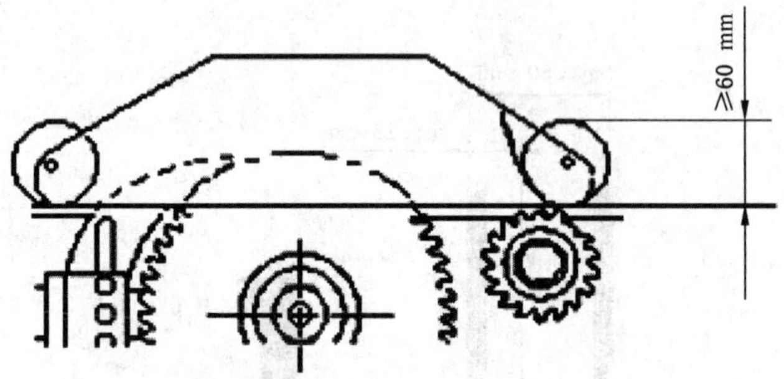

图 22　锯片防护罩的导入辊轮

i)　可调式锯片防护罩两侧面的下部内侧应有一个用塑料、轻合金、木材或木质材料制成的加强肋，该加强肋宽度应大于或等于 3 mm，并应设计成当锯片防护罩被移动离开切削线时，能防止锯齿切入锯片防护装置（见图 23）。若该加强肋是可更换的，其紧固装置应不会损坏锯片，例如，采用黄铜螺钉。

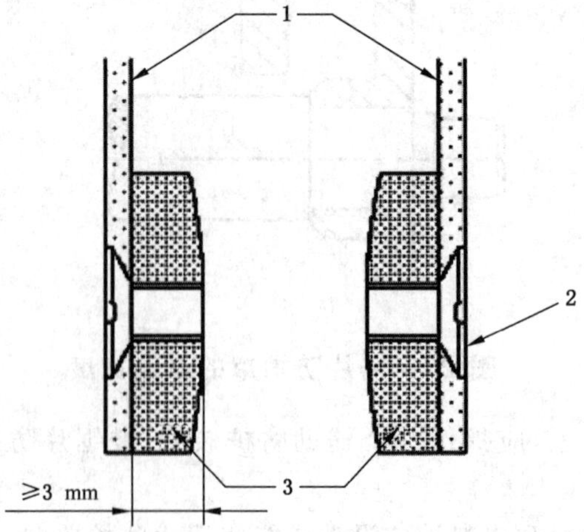

说明：
1——侧壁；
2——固定螺栓；
3——加强肋。

图 23　锯片防护罩侧壁下方的加强结构

j) 锯片防护罩的稳定性应符合 GB 20179—2006 附录 F 的要求。

检验方法:检查相应图样,检查、测量机床并在机床上作相应的功能试验。

5.3.7.2 工作台或工作台嵌板中的锯片槽

锯片直径小于或等于 500 mm 的机床,锯片槽总宽度应小于或等于 12 mm;锯片直径大于 500 的机床,锯片槽总宽度应小于 16 mm。工作台锯片主法兰盘的那侧,锯片主法兰盘与工作台边缘的距离分别应小于或等于 3 mm(锯片直径小于或等于 500 mm 的机床)和小于或等于 5 mm(锯片直径大于 500 mm 的机床)(见图 24)。

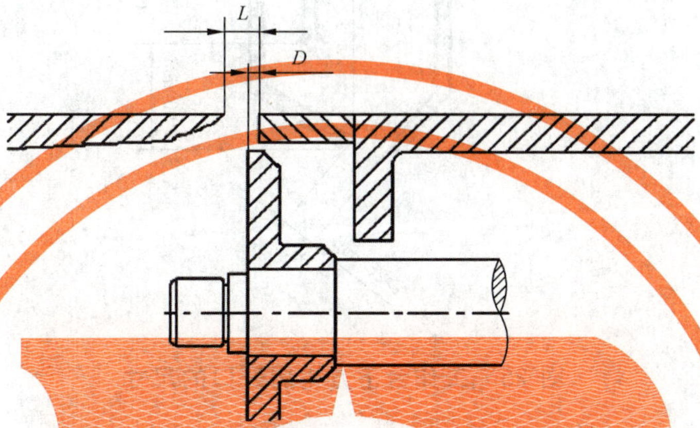

说明:

L ——锯片槽宽度;

D ——锯片主法兰盘与工作台边缘的距离。

图 24 锯片主法兰盘和锯片槽边缘的距离

当机床上安装最大设计直径的锯片,并上升到最高位置时,在水平位置上工作台的槽口至锯片前面的距离不应超过 20 mm。

工作台嵌板应采用塑料、轻合金、木材或木制材料。

对于锯片直径大于 315 mm 的机床,应装有可更换的工作台嵌板,其应保持定位以防止与锯片接触。

检验方法:检查相应图样,检查、测量机床。

5.3.7.3 进入工作台下方的锯片

工作台下方的锯片应用固定式防护装置防护。由于维修、清理或更换锯片而需进入时,应采用活动式联锁防护装置。

用于排屑的开口应能满足 GB 23821—2009 中表 4 的要求或按图 25 给定的尺寸。

检验方法:检查相应图样和/或电路图,检查、测量机床、并在机床上作相应的功能试验。

5.3.7.4 传动的防护

通过固定式防护装置或活动式防护装置防止进入机床的传动部分。

检验方法:检查相应图样和/或电路图,检查机床、并在机床上作相应的功能试验。

5.3.8 安全附件

机床上应提供推棒和推块,应采取措施以便将推棒和推块定位在机床上。推棒应采用塑料、木材或胶合板制造。

推棒的长度应小于 400 mm,其入口应按图 6a)的要求。

检验方法:检查相应图样,检查、测量机床。

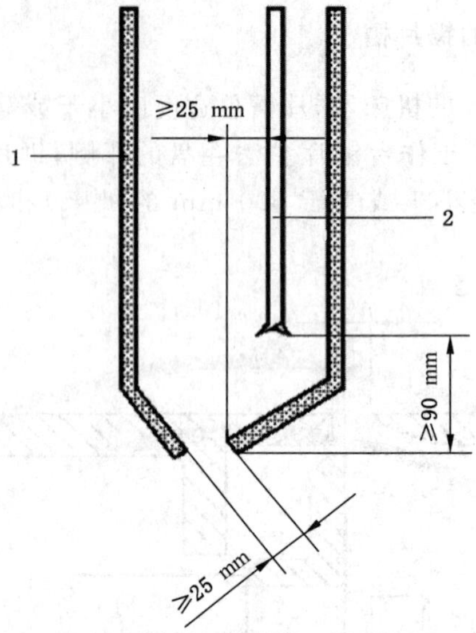

图 25 工作台下方排屑开口的尺寸

5.4 非机械危险的防护

5.4.1 火和爆炸

为了避免和最大限度地减小火和爆炸危险,应满足 5.4.3 和 5.4.4 的要求(也见 6.3)。

5.4.2 噪声

5.4.2.1 设计阶段的降噪

设计机床时,应考虑 GB 12557—2010 中附录 B 和 GB/T 25078.1—2010 中在噪声源方面控制噪声的信息和测量技术。

5.4.2.1.1 空载噪声声压级限值及测量

机床在空运转条件下,机床噪声最大声压级不得超过 GB 12557—2010 中表 4 的规定。

当机床用于 3.2.1 模式 a)和 b)时,测量噪声时的机床工作(运转)条件按 GB 20179—2006 中附录 G 的规定;当机床用于 3.2.1 模式 c)时,测量噪声时的机床工作(运转)条件按附录 A 的规定。若机床转速和锯片尺寸不符合上述两个附录的要求时,应按附录 A 中表 A.1 的格式填写机床的噪声测量时有关参数数据和信息。

测量方法按 GB 12557—2010 中 5.4.2.2.2 的规定。

局部环境修正系数 K_{3A}应按 GB/T 17248.5—1999 中附录 A 中的 A.2 计算。

5.4.2.1.2 噪声声功率级的测定

在本标准实施 2 年之内,应进行机床噪声声功率级的测定。测出的机床噪声声功率级连同工作(运转)条件及测定方法记入机床的使用说明书。

测定方法按 GB 12557—2010 中 5.4.2.2.2。传声器的位置应为 9 个。

5.4.2.2 噪声声明

见 6.3 中 v)。

5.4.3 木屑、粉尘和有害气体的排放

位于工作台下的锯片部分应连接一个带吸尘管的封闭式排屑口(见 5.3.7.3)。

对于最大切削高度大于 50 mm 的机床,应在锯片防护装置上连接一个吸尘管(见图 1)。

仅用于室外的机床无需提供吸尘系统。

注:为了保证木屑和粉尘从其原始点被输送到收集系统,建议吸尘罩、导管、挡板的结构应根据抽出的气体在导管中的速度为 20 m/s(对于含水率小于或等于 18%的木屑)和 28 m/s(对于含水率大于 18%的木屑)来设计。

检验方法:检查相应图样,检查机床。

5.4.4 电气设备

均执行 GB 5226.1,除非本标准中另有规定。

直接接触的防护要求应按 GB 5226.1—2008 中 6.2 的规定,间接接触的防护要求应按 GB 5226.1—2008 中 6.3 的规定,短路保护和过载保护应按 GB 5226.1—2008 中第 7 章的规定。

额定输入功率小于 1 kW 的单项电机应符合 GB 13960.1 的要求。

所有护罩外的电气元件和电气元件本身的外壳的防护等级应符合 GB 5226.1—2008 中 11.3 的规定,以下要求除外:

a) 三相电动机的防护等级应至少符合 GB 4208—2008 中 IP5X 的要求。

b) GB 5226.1—2008 中 11.3 的规定的最后一句不适用于此。

按 GB 5226.1—2008 中 18.2 和 18.6 作保护联结电路连续性和功能检验。

检验方法:检查相应电路图,制造者的保证书,在机床上作检查及按 GB 5226.1 作相应检验。

5.4.5 人类工效学和安全搬运的要求

应符合 GB 12557—2010 中 5.4.5 的要求。

注:移动式机床的设计者应考虑质量并易于移动。

5.4.6 照明

见 6.3 中 k)。

5.4.7 气动装置

应按 EN 983:1996 规定。

5.4.8 液压装置

应按 EN 982:1996 规定。

5.4.9 热危险

不适用。

5.4.10 危险物质

见 5.4.3。

5.4.11 振动

不适用。

5.4.12 电磁辐射

机床应按 GB 5226.1 的要求，具有足够的防电磁干扰的能力，使其安全操作。

注：机床使用 3C 认证标志的电气元件，且此类元件是按其生产厂家要求进行安装的，则认为该可机床可防外界电磁干扰。

检验方法：检查相应的图样和或电路图，检查机床。

5.4.13 激光

机床若装有用以指示切削线的激光装置，该装置应符合 GB 7247.1—2012 中 3A 类或是一个更低危险的类别。

机床若安装激光装置，激光装置本身的警告标志应清晰可见。

应符合制造商关于激光装置安装和使用的相关规定。激光装置的操作指导书应在机床的使用说明书中重述。机床上如果提供眼睛保护器，则该保护器使用的有关警告标志和警告语应放置靠近操作者位置。

检验方法：检查相应的图样，检查机床及激光产品制造商的保证书。

5.4.14 静电

不适用。

5.4.15 装配失效

见 5.4.16、5.4.17、6.3。

5.4.16 能量输送的切断

应符合 GB/T 19670—2005 中第 5 章，此外还应符合下列要求：

电气式切断(隔离)开关应按 GB 5226.1—2008 中 5.3 的规定，不应采用 GB 5226.1—2008 中 5.3.2d)型式。

额定电流不超过 16 A，机床总功率不超过 3 kW 的可移式机床的电气切断(隔离)开关见 GB 5226.1—2008 中 5.3.2d)型式。

当机床用插头连接到三相电源，则应配备相序传换器。

当使用气动系统时，应安装合适的切断装置，该装置应能将其锁定在断开位置，例如加一把锁。当气动系统只用于夹紧工件，则应采用一个快速作用的离合器来切断气动源。该离合器可不带锁定措施。

当机床上使用液压驱动电机，则液压源应通过电气切断开关来切断。

当残余能量储存在储存器或管道时，应提供卸下残余压力的措施。这些措施包括一个阀，但不包括任何管道的切断。

检验方法：检查相应图样和/或电路图，检查机床并在机床上作相应的功能试验。

5.4.17 维修

机床维修方面的有关要求按 GB 12557—2010 第 6 章的规定。

应提供 GB/T 15706—2012 中 6.4.5.1e)中的维修信息。

检验方法：检查相应图样，使用说明书。

6 使用信息

6.1 警告装置

不适用。

6.2 标志

6.2.1 机床的标志

按 GB/T 15706—2012 中 6.4.4 的规定及下列要求：

在机床的使用期内，以下信息应永久、清晰地标注在机床上，可直接刻在机床上（如雕刻、蚀刻）或使用标志、铭牌等（如用铆钉、粘贴）永久地固定在机床上：

a) 生产厂名、厂址；

b) 生产日期；

c) 机型或设计系列；

d) 生产编号；

e) 额定参数（电气生产厂家规定的额定电压、相数和功率）；

f) 若安装气动/液压系统，应提供额定压力值；

g) 若安装气动/液压系统切断开关，应通过标志或形象化指示符号标示其功能、定位和操纵位置；

h) 锯片旋转方向；

i) 锯片的最大、最小设计直径和孔径；

j) 分料刀导向部分的宽度。

标示额定压力值和切断开关（如果安装）的标志或图形符号，应放置在机床上相应的切断开关附近。

检验方法：检查相应图样，检查机床。

6.2.2 分料刀的标志

以下信息应永久地标注在分料刀上：

a) 安装槽的宽度；

b) 锯片的厚度和直径范围。

永久性标注方法例如，雕刻、蚀刻等。

检验方法：检查相应图样，检查部件。

6.3 使用说明书

按 GB 12557—2010 中 6.3 的规定，至少应包括下列内容：

a) 按 6.1 和 6.2 的要求，重述标志、图形符号和机床上的其他说明内容，如有必要，应提供这些内容的含义；

b) 机床的使用范围；

c) 有关遗留风险的警告，如粉尘、噪声等；

d) 按 GB/T 15706—2012 中 6.4.5.1d）要求的安全使用信息，应包括以下几点：

   1) 保证机床所在的地面及周围平整、维护良好且无松散材料，如木屑和切下物等；

   2) 必要时穿戴适宜的个人防护器，包括：

      i) 听力保护器，用以降低听力损失风险；

      ii) 呼吸保护器，用以降低有害粉尘吸入的风险；

iii) 装卸刀具时用的手套(在一般情况下,刀具均应装在刀夹中)。

3) 当操作者不在时,应停止加工;

4) 机床故障报告,包括防护装置或刀具故障,一发现立即报告;

5) 定期并采用安全的程序来清洁、维护、移除切下物和粉尘,避免发生火灾;

6) 确保所用的隔套和锯片法兰盘符合制造商要求,能达到使用目的(见 5.3.3.3);

7) 机床运行时,不能从切削区移去切下物或工件的其他部分;

8) 保证防护装置和其他安全装置就位,工作秩序良好并进行适当维护。

e) 出料端的空间信息:应保证在出料工作台以外留下足够大的空间,该空间的大小至少比最长加工长度大 500 mm;

f) 若需要,提供机床安装于地面的要求及其安装方法;

g) 机床适用锯片直径和厚度范围;

h) 安装有带分料刀的玻璃压条锯片的机床,提供使用分料刀的信息,与分料刀与锯片之间的定位距离介于 3 mm～6 mm;

i) 应使用 GB 18955—2003 中要求的正确、锋利的锯片;

j) 操作者应进行充分培训,并掌握正确使用、调整、操作机床的方法的信息;

k) 提供充足整体和局部的照明指示;

l) 如果相关,应提供如何避免主轴机动调整时,刀具与机床的其他部分接触的信息,例如,手动调整的机械回退装置或数控系统中的正确定位;

m) 隔声罩不联锁时(见 5.4.2.1),隔声罩应尽可能的关闭以保证最有效降低噪声;

n) 安装到机床上吸尘装置的下列有关信息:

——风量,m^3/h;

——各吸尘管的压降(建议提供),Pa;

——吸尘管中建议的空气速度,m/s;

——各吸尘管接头的断面尺寸和结构细节。

o) 使用机床时,应连接的外部吸尘系统的信息;

p) 只有连接了有效的吸尘系统时,才能使用机床的信息;

q) 换刀前,应切断机床动力的信息;

r) 机床的维护只有在切断所有动力源,并能防止意外重新起动的情况下才可以进行;

s) 安全清洁的信息;

t) 如果机床上安装了气动/液压系统及相关系统,应提供残余能量的安全释放方法(见 5.4.16);

u) 安全和维护需求的设备清单、检验的频次、检验方法的信息,应至少包括如下:

1) 急停—功能试验时检验;

2) 联锁防护装置—依次打开每一防护装置使机床停止,并验证每一防护装置在打开状态下不能起动机床;

3) 触发装置——功能试验时检验;

4) 制动器——功能试验时检查是否在规定制动时间内制动。

v) 机床的气动力噪声声明,按 5.4.2.2 中给出的方法测得,可以是实际值也可以是对相同机床的测量基础上得出的噪声值;

1) 工作场所噪声声压级(A 计权);

2) 机床产生的噪声功率级(A 计权)。

按 5.3.2.2 给定的方法测定气动力噪声的声明(按 GB 12557—2010 中 6.3 的要求)。噪声声明应附有所采用测量方法和检验时机床工作(运转)条件的说明,以及相应的不确定度数值(用双数字声明的形式,其定义在 GB/T 14574 中),不确定度 K 的数值规定如下:

4 dB　当使用 GB/T 3768 和 GB/T 17248.3 时；

2 dB　当使用 GB/T 3767、GB/T 6881.2、GB/T 6881.3 时；

1 dB　当使用 GB/T 6882 时。

举例如下：

噪声声功率级 $L_{WA}=93$ dB(测量值)；

不确定度 $K=4$ dB；

测量方法按 GB/T 3768—1996。

如果要核查噪声声明中发射值，则应采用与声明中相同的测定方法和工作(运转)条件。

在使用说明中的噪声声明应附下列说明：

“这里给出的数值只是排放值而不是安全工作数值。尽管在排放值和暴露值之间存在修正关系，它能使用户较好地评价风险，但这不能确定是否需要进一步防护措施。影响暴露值的因素包括工作间的特性、其他噪声源等。例如机床的数量，其他的邻近加工。

注：相关的销售文件中也应注明有关噪声排放量的说明。

w) 应说明机床在运输、装配、拆卸、禁用、报废过程中禁止翻倒、下落或以不当的方式搬运；

x) 机床在发生意外或故障时的操作方法。若机床工作时出现中断现象，应提供使机床工作顺畅的操作方法；

y) 当某零件危害到操作者健康和安全时，使用备件，并提供备件的规格；

z) 针对间接接触引起的电击，提供相关保护人员的保护信息。

检验方法：检查使用说明书和相应图样。

附 录 A
（规范性附录）
噪声测量时机床的工作(运转)条件

A.1 一般要求

本附录规定了测量机床噪声应遵守的工作(运转)条件。这些标准的条件应尽量严格遵守,如果存在特殊情况,需与标准条件有偏差,则应将测量时遵照的实际条件记录在表 A.1 的“偏离标准条件”栏中。

为了能在操作者的位置测量声压级以及确定一台此类机床的声功率级,规定了传声器的位置。

检验时应安装和使用强制性的和标准的安全附件。

记录工作(运转)条件的记录单见表 A.1。

A.2 噪声测量

机床应在下列条件下进行试验:

a) 按本附录规定的技术条件进行机床空运转噪声试验;

b) 负载情况下进行噪声检验时,应以至少将三次测量的平均值作为测量结果。在机床工作循环的起初阶段,由于试验材料进入刀具,可能会产生较高的噪声级,这与进给速度有关。手动进给的机床,进给难以控制,起初阶段的这部分测量不应计入。

c) 试验时操作者的传声器位置(见图 A.1):

——离地面高度为 1.5 m;

——在基准体的前面;

——到锯片右边 0.2 m 处。

注:推荐采用积分式声级计(不强制)。

单位为米

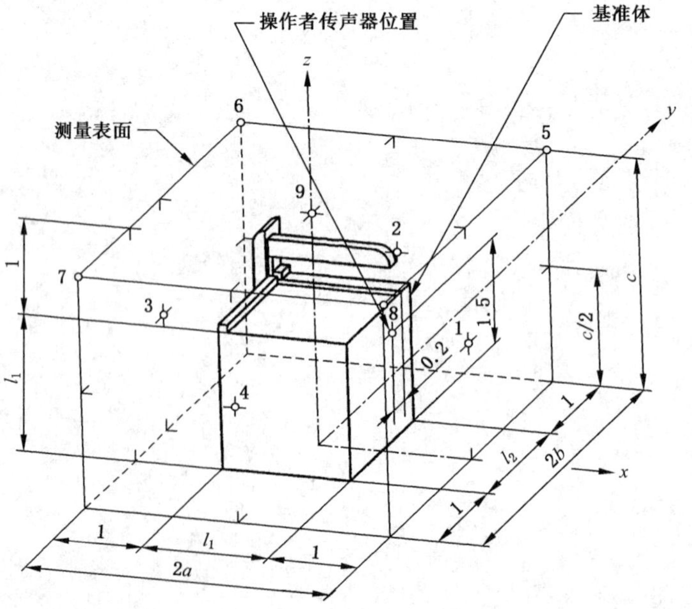

图 A.1 机床噪声声功率级的测量表面和传声器位置

A.3 一般数据单

机床噪声测量时有关参数数据和信息见表 A.1。

表 A.1 机床噪声测量数据单

机床数据

机床制造者：______

机床型号：______

制造日期：______ 系列号______

机床外形尺寸[a]：

长度______mm 宽度______mm 高度______mm

锯片最大直径：______mm 夹紧法兰盘直径______mm

额定转速：______

电动机转速：______r/min

锯片： 最大：______r/min； 最小：______r/min

机床的安装

按机床制造者使用说明书安装机床

是 □ 否 □

按制造者的技术条件安装吸尘口

是 □ 否 □

机床安装有减/隔振材料

是 □ 否 □

机床安装有分离式的吸声罩

是 □ 否 □

机床安装有整体式的吸声罩

是 □ 否 □

机床装有降噪罩

是 □ 否 □

其他的噪声控制措施

是 □ 否 □

动转条件 运转安排	**软木的横截** 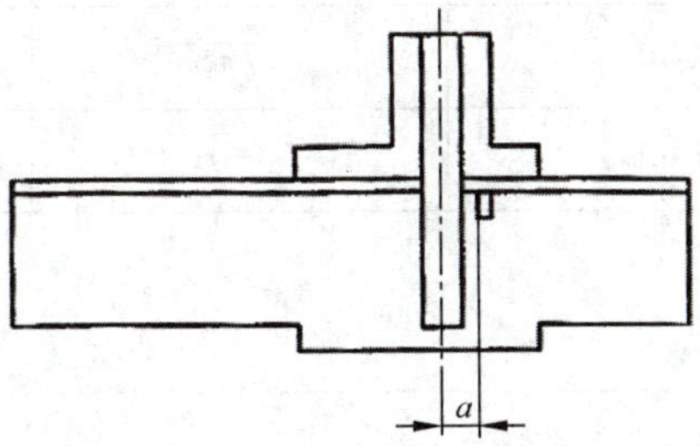 固定式挡块的位置 a mm	标准条件 20	在允许范围内选择的条件或偏差标准条件

表 A.1（续）

刀具参数			
	刀具型式：标准的硬质合金圆锯片 锯片参数：（应选择最大推荐的最大锯片直径）		

锯片直径 mm	齿数	齿宽 mm	齿厚 mm
200	48～64	2.5～3.2	1.6～2.2
250	56～84	2.5～3.2	1.6～2.2
315(300)	56～84	3.0～3.2	2.0～2.2
355(350)	54～60	3.2～3.6	2.2～2.6
400	36～64	3.2～3.6	2.2～2.6
450	40～64	3.6～4.0	2.5～2.8
500	48～72	4.0～4.5	2.8～3.2
630(600)	48～72	5.6	3.6
630～1 000	按使用说明书		

	主轴转速[b]/(r/min)		
	锯片直径/mm		
	切削速度/(m/s)		
	齿数		
	齿宽/mm	____ ±0.1	
	实际刀片厚度/mm	____ ±0.1	
	进给速度/(m/min)	6±2	

试验材料：

材料：　软木，中等等级

含水率：　8%～14%

长度：　1 000 mm，切削后最终长度为 500 mm

锯片直径　mm	≤315	355～450	>450
试件高度　mm	50	75	100
试件宽度　mm	50	150	250

预加工：　无

[a] 凸出机床而不影响噪声传播的零件(如手轮、手柄等)可忽略不计。

[b] 锯片实际转速尽可能大。

表 A.1（续）

试验机床的照片或总装图：
进行试验的实验室 公司/研究所：__________ 地址：__________ 电话：__________ 日期：__________ 签名：__________ 试验地点：__________ 试验日期：__________

ICS 79.120.10
J 65

中华人民共和国国家标准

GB 31146—2014

木工机床安全　链式双头开榫机

Safety of woodworking machines—Double end tenoning and/or profiling machines fed by chain or chains

2014-09-03 发布　　2015-10-01 实施

中华人民共和国国家质量监督检验检疫总局
中国国家标准化管理委员会　发布

前　言

本标准第 3 章、附录 A、附录 B 是推荐性的，其余为强制性的。

本标准按照 GB/T 1.1—2009 给出的规则起草。

本标准由中国机械工业联合会提出。

本标准由全国木工机床与刀具标准化技术委员会(SAC/TC 84)归口。

本标准主要起草单位：福州木工机床研究所、广东锐亚机械有限公司、邵武市振达机械制造有限责任公司、临海市华洲机械有限公司、金华市强宏板式家具有限公司、东莞市南兴家具装备制造股份有限公司、威海泓意机械有限公司、威海齐全木工机械有限公司。

本标准起草人：郑莉、周华标、杨华、范庆平、陈云根、董延文、尹岩锋、刘新本。

木工机床安全　链式双头开榫机

1　范围

本标准规定了链式双头开榫机(以下简称机床)上去除危险和限制风险的要求和/或措施。

本标准适用于切削实木、刨花板、纤维板、胶合板和有塑料、铝合金等贴面或贴边材料的机床。工件为机械进给。

本标准不适用下列机床:

a)　全封闭式机床(见3.3.10);

b)　移动式机床(见3.3.11)。

本标准不适用于以下情况带来的危险:

a)　工件的机械上料部分;

b)　与其他机床联合使用或者作为生产线的一部分;

c)　在机床的半部间使用刀具加工(见3.1);

d)　使用激光。

2　规范性引用文件

下列文件对于本文件的应用是必不可少的。凡是注日期的引用文件,仅注日期的版本适用于本文件。凡是不注日期的引用文件,其最新版本(包括所有的修改单)适用于本文件。

GB/T 3767—1996　声学　声压法测定噪声源声功率级　反射面上方近似自由场的工程法

GB/T 3768—1996　声学　声压法测定噪声源声功率级　反射面上方采用包络测量表面的简易法

GB 4208—2008　外壳防护等级(IP代码)

GB/T 5013.1—2008　额定电压450/750 V及以下橡皮绝缘电缆　第1部分:一般要求

GB/T 5023.1—2008　额定电压450/750 V及以下聚氯乙烯绝缘电缆　第1部分:一般要求

GB 5226.1—2008　机械电气安全　机械电气设备　第1部分:通用技术条件

GB/T 6881.2—2002　声学　声压法测定噪声源声功率级　混响场中小型可移动声源工程法　第1部分:硬壁测试室比较法

GB/T 6881.3—2002　声学　声压法测定噪声源声功率级　混响场中小型可移动声源工程法　第2部分:专用混响测试室法

GB/T 6882—2008　声学　声压法测定噪声源声功率级　消声室和半消声室精密法

GB 12557—2010　木工机床　安全通则

GB 14048.4—2010　低压开关设备和控制设备　第4-1部分:接触器和电动机起动器　机电式接触器和电动机起动器(含电动机保护器)

GB 14048.5—2008　低压开关设备和控制设备　第5-1部分:控制电路电器和开关元件　机电式控制电路电器

GB/T 14574—2000　声学　机器和设备噪声发射值的标示和验证

GB/T 15706—2012　机械安全　设计通则　风险评估与风险减小

GB 16754—2008　机械安全　急停　设计原则

GB/T 16855.1—2008　机械安全　控制系统有关安全部件　第1部分:设计通则

GB/T 17248.3—1999 声学 机器和设备发射的噪声 工作位置和其他指定位置发射声压级的测量 现场简易法

GB/T 17248.5—1999 声学 机器和设备发射的噪声 工作位置和其他指定位置发射声压级的测量 环境修正法

GB/T 17454.2—2008 机械安全 压敏保护装置 第2部分:压敏边和压敏棒的设计和试验通则

GB/T 18831—2010 机械安全 带防护装置的联锁装置设计和选择原则

GB 18955—2003 木工刀具安全 铣刀、圆锯片

GB/T 19436.2—2004 机械电气安全 电敏防护装置 第2部分:使用有源光电防护器件(AOPDs)设备的特殊要求

GB/T 19670—2005 机械安全 防止意外启动

GB/T 19983—2005 木工机床 双头开榫机 术语和精度

GB/T 20247—2006 声学 混响室吸声测量

GB/T 25078.1—2010 声学 低噪声机器和设备设计实施建议 第1部分:规划

EN 982:1996 机械安全 对流体系统及其部件的安全要求 液压装置

EN 983:1996 机械安全 对流动系统及其部件的安全要求 气动装置

3 术语和定义

GB/T 15706—2012 中第3章界定的以及下列术语和定义适用于本文件。

3.1 术语

各部分术语见图1。

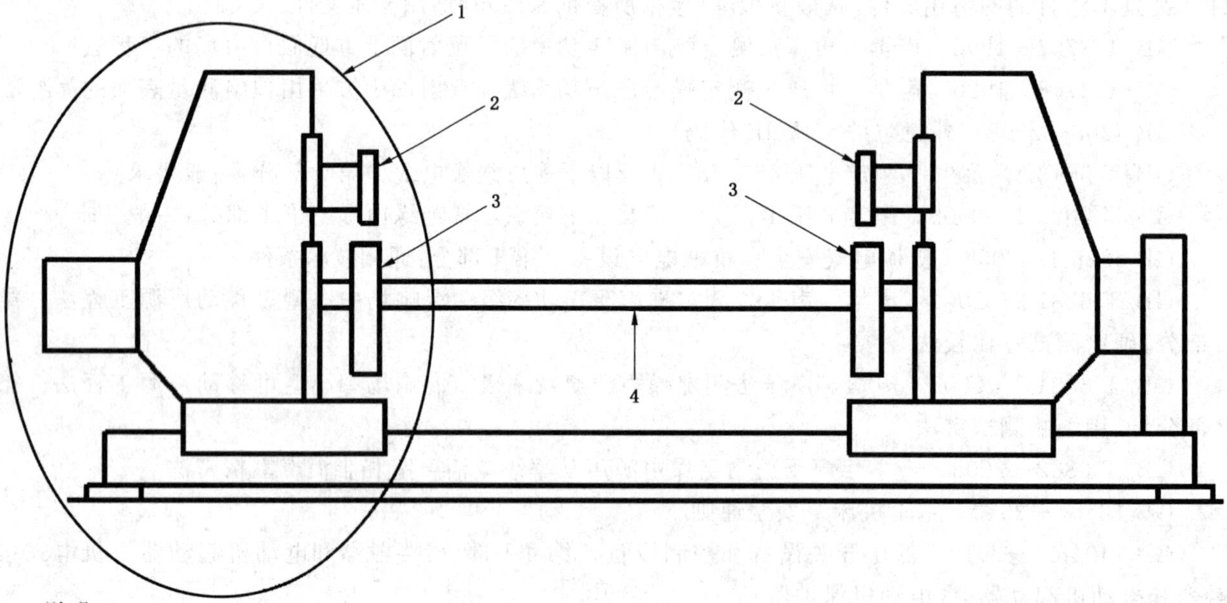

说明:

1——机床半部;

2——上压板;

3——链架;

4——横向进给驱动轴。

图1 机床各部分的术语

3.2 定义

3.2.1

链式双头开榫机　double end and/or profiling machine fed by chain or chains

该机床主要设计为用一个工序在工件的两端部开榫头和/或成形加工。榫头或成型面用安装在机床每一半部的一个或多个主轴上的铣刀、锯片和/或砂轮加工而成。工件放置并安装在连续链条或类似输送装置上的垫块或销上。

3.2.2

机床半部　machine half

机床的一部分，由机架、链轴、上压板和加工单元组成。机床的每一半部加工一个的工件端。一个或两个机床半部可移动，以配合不同尺寸的工件。

3.2.3

成形加工　profile

由铣刀、锯片和/或砂轮加工工件的端部形状。成形加工也包括板料的定长加工。

3.2.4

机械进给　integrate feed

[GB 12557—2010，定义 3.5]

3.2.5

返弹　ejection

[GB 12557—2010，定义 3.12]

3.2.6

机械致动机构　machine actuator

[GB 5226.1—2008，定义 3.34]

3.2.7

起动时间　run-up time

[GB 12557—2010，定义 3.14]

3.2.8

惯性运转时间　unbraked run-down time

[GB 12557—2010，定义 3.15]

3.2.9

整体式封闭　integral enclosure

防护装置设计成和机床连成一体，并可降低机床的噪声的方法，一些特定的调整装置在封闭体外部。每一机床半部都有独立的防护装置，在可调的机床半部上的防护装置，可按工件宽度调整。

3.2.10

全封闭　complete enclosure

全封闭机床，主要用于降低噪声，允许操作者在内部自由地移动，所有机床的设置和调整装置全部包含在内。

3.2.11

移动式机床　displaceable machine

该机床置于地面上，使用时是固定的，它装有一个能使机床在场所之间移动的装置，该装置通常是车轮。

3.2.12

保证书 information from the supplier

[GB 12557—2010,定义 3.19]

4 危险一览表

危险一览表(见表 1)涉及本机床的所有危险:

——对于重要的危险,通过规定安全要求和/或措施,或者通过指示恰当的 B 类标准;

——对于不重要的危险,例如一般的、从属的或者次要的危险通过指示恰当的 A 类标准,特别是 GB/T 15706—2012。

这些危险是通过 GB/T 15706—2012 的附录 B 提出的。

表 1 危险一览表

序号	危险	符合本标准的条号
1	**机械危险:**	
	——由机器部件或工件的下列要素引起的:	
	形状;	5.3.3,5.3.7,5.4.5,6.3
	相对位置;	5.2.2,5.2.5,5.3.7
	质量和速度(运动中可控或不可控的动能);	5.2.7,5.3.5,5.3.7
	机械强度;	5.3.2,5.3.3
	——由以下原因引起的位能积累:	
	在压力下的液体或气体;	5.4.7,5.4.8
1.1	挤压危险	5.3.7
1.2	剪切危险	5.3.7
1.3	切割或切断危险	5.3.2,5.3.3,5.3.4,5.3.7
1.4	缠绕危险	5.3.3,5.3.4,5.3.6,5.3.7
1.5	引入或卷入危险	5.3.7.1
1.6	冲击危险	5.3.7
1.7	高压流体喷射危险	5.3.4,5.4.7,5.4.8
2	**电气危险,产生原因包括:**	
2.1	人体与带电部件的接触(直接接触)	5.4.4,5.4.6,5.4.12,5.4.13
2.2	人体与在故障条件下变为带电的零件的接触(间接接触)	5.4.4,5.4.6,5.4.12,5.4.13
3	**由噪声产生的危险,导致:**	
3.1	听力损失(耳聋)、其他生理障碍(例如失去平衡、失去知觉)	5.4.2
3.2	干扰语言通讯、听觉信号等	5.4.2
4	**由机械加工时、使用的或排出的材料和物质产生的危险,例如:**	
4.1	由于接触或吸入有害的液体、气体、烟雾和灰尘导致的危险	5.4.3,6.3
4.2	火危险	5.4.1,5.4.3

表 1（续）

序号	危　　险	符合本标准的条号
5	**机械设计时忽略人类工效学原则产生的危险：**	
5.1	不健康的姿态或过度用力	5.2.2,5.4.5,6.3
5.2	不适当的考虑人的手臂或脚腿构造	5.2.2,5.4.5,6.3
5.3	不适当的工作面照明	5.4.6,6.3
5.4	人的差错、人的行为	6.3
5.5	手动控制的设计、位置或鉴定方法	5.2.2
5.6	可视显示装置的设计或位置	5.2.2
6	**各种危险的组合**	5.2.6,5.2.7
7	**由于意外起动、意外过流、意外过速(或其他任何类似故障)产生的危险：**	
7.1	控制系统的失效/故障	5.2.1,5.2.11
7.2	能源供应中断后的恢复	5.2.10,5.3.3.7
7.3	电力设备的外部影响	5.4.4,5.4.9
7.4	操作出错(由于不匹配的机械特性和能力，见 8.6)	5.2.1,5.4.5,6.3
8	**在最佳条件下停止机器的不可能性**	5.2.2,5.2.4,5.2.9
9	**能量失效**	5.2.10
10	**控制电路失效**	5.2.11
11	**安装出错**	5.4.11,6.3
12	**控制系统中断**	5.2.2
13	**机械零件或流体意外抛射**	5.2.6,5.2.8,5.3.2,5.3.3,5.3.5,5.3.6,5.4.2
14	**机器翻倒，意外失去稳定性**	5.3.1

5　安全要求和/或措施

5.1　一般要求

机床的安全除应符合本标准的规定外，还应符合 GB 12557、GB/T 15706—2012 的规定。

5.2　控制

5.2.1　控制系统的安全性和可靠性

5.2.1.1　一般要求

对本标准而言，有关安全控制系统包括从最初的装置，如操纵器或位置传感器到最终的机械致动机构的输入端，例如电动机或制动器。该机床的安全控制部件如下：

——起动(见 5.2.3)；

——正常停止（见 5.2.4)；

——紧急停止（见 5.2.5)；

——可移式联锁防护装置(见 5.3.7);
——可移式带防护锁定装置的联锁(见 5.3.7);
——触发装置、限位装置和“停止-运转”控制装置(见 5.3.7.3 的要求);
——模式选择(见 5.2.7);
——机械进给(见 5.2.6);
——无级调速(见 5.2.8);
——主轴部件的锁定(见 5.3.3.4);
——制动(见 5.2.4,5.2.5,5.3.4);

上述安全控制部件至少应按 GB/T 16855.1—2008 表 10 类别要求中的 1 类进行设计制造,除非在引用的章节中另有说明。

这些控制系统至少应采用“经验证”的元件和原则予以设计和制造。

5.2.1.2 “经验证”元件的使用

本标准中“经验证”的元件和原则是指:

a) 电气元器件应符合相应国家标准、行业标准的规定,包括下列元器件:
——强制切断的控制开关(用于联锁的防护装置中作为机械操作的位置传感器)和用于辅助电路中的继电器应符合 GB 14048.5 的规定;
——用于主电路上的电气机械式接触器和电动机起动器应符合 GB 14048.4 的规定;
——橡胶绝缘电缆应符合 GB/T 5013.1 的规定;
——通过固定(例如安装在机床床身内部)以防止机械损坏的聚氯乙稀电缆应符合 GB/T 5023.1 的规定。

b) 在电路原则方面,应符合 GB 5226.1—2008 中 9.4.2.1 规定的前四种措施,电路应硬接线。若有关安全控制系统中采用电子元器件,则应为“经验证”的,并符合 GB 5226.1—2008 中 9.4.2.2(例如,冗余交叉监测技术)或 9.4.2.3 中的要求(见附录 A)。

c) 机械的零部件如果其操作为强制模式,应符合 GB/T 15706—2012 中 6.2.5 的规定。

d) 防护装置上使用的机械位置传感器,如采用强制作用的模式,它的安排和连接以及凸轮设计和安装应符合 GB/T 18831—2010 中 5.2.2 和 5.3 的规定。

e) 带防护锁定的联锁装置应满足 5.3.7.1 的要求。

f) 气动和液压元器件及系统应分别符合 EN 983:1996 和 EN 982:1996 的规定。

此外,时间延时装置应用硬接线连至控制电路,有关控制电路至少一百万次操作,其元件由“停止-运转”控制装置的最初的手动控制件组成,并满足 GB/T 16855.1—2008 表 10 的类别要求中的 B 类。

无级变速的控制系统按以下原则设计并构成:

实际速度或输出频率能用转换器改变,例如,通过自身带有比较器的变频器或常有可选频的外部比较器的电气系统来实现。

检验方法:检验相应图样和/或包括电路图,检查机床及元器件制造者出具的所有元器件符合相应标准的保证书。

5.2.2 操纵器的位置

用于刀具的起动、正常停止、链架的移动和模式选择的主要电气控制操作装置应安放在一起,且从上料位置处可见。若这些控制操作件放在分离的控制台上,其位置应在使用说明书中标出(见 6.3)。

“停止-运转”控制装置应放置在该装置引发时,操作者能看见所有受控运动的位置[也可见 5.2.7.2e)]。

紧急停止控制件的位置见 5.2.5。

若使用可移动式控制台,则应用电缆线连接到机床。

检验方法:检验相应图样和/或电路图,检查机床并在机床上作相应的功能试验。

5.2.3 起动

在机床起动或重新起动之前,所有的防护装置应就位并起作用,这是由5.3.7中联锁装置的安排而实现的。起动或重新起动只有当引发起动控制装置时,才能进行。

当动力供应到刀轴电机,应作指示。指示方式可通过靠近起动控制件,或与起动控制件连成一体的提示灯,或通过使用双位置开关,或操作者通过控制计算机来实现。

工件和机床部件之间的剪切和/或挤压区域,应从主控制位置直接或间接可见(如通过镜子或摄像头)。

可分别起动每一个刀轴电机和进给机构(见5.2.6)。

电气起动见GB 5226.1—2008中9.2.5.2。

检验方法:检查相应图样和/或电路图;检查机床并在机床上作相应的功能试验。

5.2.4 停止控制器

5.2.4.1 正常停止

机床应装有一个停止控制系统。引发时,可停止机床所有致动机构并切断其的动力,使机床彻底地停止下来。

正常停止功能应符合GB 5226.1—2008中9.2.2的0类或1类,机床"安全和/或功能的"要求的实现,是通过避免工件与惯性运转的刀体或静止的刀体之间的碰撞危险,允许保持电气制动器(如果提供)的动力直至制动完成。

上述要求应由控制电路的结构来实现。如果采用时间延时器,则延时至少等于最大惯性运转时间。时间延时器应是固定的,或其延时调整装置是密封的。

如果按5.2.5提供的急停控制器也至少达到以上要求,则该急停控制器可认为是满足正常停止控制的要求。在此情况下,应采取措施防止自动起动或意外重启(也见GB 5226.1—2008中7.5)。

检验方法:检查相应图样和/或电路图,检查机床并在机床上作相应的功能试验。

5.2.4.2 其他停止控制

其他停止控制按其设定功能应按综合GB 5226.1—2008中9.2.2的0类、1类和2类。若使用2类停止控制器,且其在设定的模式中可停止所有的运动,或在加工模式中仅停止进给运动,都应满足与这些特定模式有关的所有安全要求。

引发时,正常停止的停止顺序应是:

a) 停止轴线运动;

b) 停止主轴旋转,并引发制动(如果提供);

c) 制动过程完成后,切断制动(如果安装电气制动);

当机床处于调整模式或加工模式的进给运动时发生意外起动,应按GB/T 19670—2005的要求进行防护。如果不能切断机床所有的致动器的动力,应按GB/T 19670—2005中6.4的要求,进行停机监控。当出现故障时,停机监控系统能切断这些运动件的动力。

检验方法:检查相应图样和/或电路图,检查机床并在机床上作相应的功能试验。

5.2.5 紧急停止

应符合GB 16754—2008的要求,此外还应按GB 5226.1—2008的9.2.5.4.2和10.7的要求(GB 5226.1—2008中10.7.4的要求除外)安装紧急停止控制器。

应满足5.2.4的正常停止的要求。

紧急停止控制器应安装在下列位置：

a) 每个机床半部两端的上下料位置；

b) 每一移动或固定的控制台上；

c) 距离“停止-运转”控制装置不超过0.5 m处；

d) 每个安装有模式选择开关的护罩的里面(见5.2.7)，能从任意位置触及。

一个独立紧急停止控制器按其放置要求，能同时满足上述多项要求。

检验方法：检查相应图样和/或电路图，检查、测量并在机床上作相应的功能试验。

5.2.6 机械进给

动力调整后的刀具，只有当所有旋转主轴都旋转，不旋转的主轴退至按最大刀具直径设计的非切削区，并满足下列条件之一时，进给才能开启：

a) 限位开关至少为GB/T 16855.1—2008中B类；

b) 通过可编程的电子系统。

手动调整的刀具的要求见6.3，这里手动调整包括“停止-运转”控制装置。

检验方法：检查相应图样和/或电路图，检查机床并在机床上作相应的功能试验。

5.2.7 模式选择

5.2.7.1 一般要求

加工中，若防护装置需要打开而机床的某些部分正在运行时，应提供一个模式选择开关。这种控制模式除紧急停止外，应优先于其他控制系统。

检验方法：检查相应图样和/或电路图，检查机床并在机床上作相应的功能试验。

5.2.7.2 刀具调整的模式

对于刀具，应提供模式选择开关。并满足下列要求：

a) 在调整模式时，正常(自动)控制模式不起作用。

b) 不应引发任何运动。

c) 移至调整位置时，能引发进给和刀轴的停止。

d) 应能锁定，例如，按GB/T 15706—2012中6.2.11.10的要求，通过锁定操作。

e) 通过“停止-运转”控制装置控制进给运动(也见5.2.2)。若用于进给的“停止-运转”控制连续操作超过5 min，进给和主轴应停止运动。“停止-运转”控制装置应安装在移动控制台上。

f) 动力调整应由“停止-运转”控制装置控制(也见5.2.2)。

g) 起动后，全部或部分刀具应能旋转。当调整模式开启时，能进行起动操作，操作者都应能看见刀具区域。

h) 应安置一阻挡装置，用以防止从防护罩内水平进入转动的刀具，其材料和特性见5.3.2。

检验方法：检查相应图样和/或电路图，检查机床并在机床上作相应的功能试验。

5.2.7.3 加工中刀具进给的微调模式

刀具的微调应提供模式选择开关。且满足下列要求：

a) 在调整模式时，正常(自动)控制模式不起作用；

b) 使用时，不引发任何调整动作；

c) 应能锁定,例如,按 GB/T 15706—2012 中 6.2.11.10 的要求,通过锁定操作;

d) 跳过防护罩上门的联锁,该门的长度不能超过 2 m,调整时间不能超过 3 min,若超过这个时间,进给和刀轴则应停止运动;

e) 应安置一阻挡装置,用以防止从防护罩内水平进入刀具,其材料和特性见 5.3.2,也可见 5.2.2 和 5.3.7。

检验方法:检查相应图样和/或电路图,检查、测量并在机床上作相应的功能试验。

5.2.8 转速改变

当机床装有刀轴无级变速装置(例如变频器),则刀轴实际转速的偏差不能超过所选转速的 10%。实际速度或输出频率可通过一个比较器来调整。

检验方法:检查相应图样和/或电路图,测量和检查机床。

5.2.9 双倍指令控制

若机床上装有两个起动操纵器,则应符合 GB/T 15706—2012 中 6.2.11.8e)的规定。

检验方法:检查相应图样和/或电路图,检查机床并在机床上作相应的功能试验。

5.2.10 动力源故障

电驱动的机床,应对电源中断随后复原的重新起动按 GB 5226.1—2008 中 7.5 的第 1 段~第 3 段进行防护。

当机床上装有气动操作器,应提供压力装置,当气压值低于正常气压的 50%就停止机床。且应防止机床的自动重新起动。

装有工件气动夹紧装置的机床,应安装保持压力稳定的装置,在动力源故障情况下,保持气源的气压,当使用一单向阀来防护时,应安装在驱动气缸上。

检验方法:检查相应图样和/或电路图,检查、测量并在机床上作相应的功能试验。

5.2.11 控制电路失效

应符合 GB/T 19670—2005 第 6 章,且控制电路中任一线路的中断(如电线、管道等断裂)不会导致安全功能的失效,例如意外起动。

控制电路的要求见 5.2.1。

检验方法:检查相应图样和/或电路图,检查机床并在机床上作相应的功能试验。

5.3 机械危险的防护

5.3.1 稳定性

机床的结构应能将固定式机床及其辅助设备(如工件支承)固定在一个适合的稳定的结构(如地面)上,例如机架底部有孔(见 6.3)。

检验方法:检查相应图样,检查机床。

5.3.2 运转中的断裂危险

刀具的防护装置至少用下列材料制造(也见 5.3.7):

a) 钢,抗拉强度不小于 350 N/mm^2,厚度至少为 2 mm;

b) 轻合金,应按表 2 的规定;

表 2　轻合金刀具防护装置材料特性

抗拉强度下限/(N/mm²)	最小壁厚/mm
180	5
240	4
300	3

c)　聚碳酸酯，厚度不小于 5 mm；或其他塑性材料，其抗冲击强度不小于 5 mm 厚的聚碳酸酯的抗冲击强度；

d)　铸铁，抗拉强度不小于 200 N/mm²，壁厚不小于 5 mm。

刀轴动力调整时，应避免刀具与机床部件的接触，例如，通过一个手动的机械限制装置或通过数字控制。该调整不包括加工时受控的运动(也见 6.3)。

检验方法：检查相应图样，测量并检查机床及材料制造者提供的抗拉强度保证书。

5.3.3　刀夹和刀具的结构

5.3.3.1　几何特性

所有刀轴的径向圆跳动和端面圆跳动应符合 GB/T 19983—2005 中 G11 和 G12 要求。

主轴上安装锯片的部分公差为 g6。

检验方法：检查相应图样，测量机床。

5.3.3.2　强度

制造刀轴的钢材的抗拉强度应不小于 580 N/mm²。

检验方法：检查相应图样和钢制造者的保证书。

5.3.3.3　刀轴和刀的尺寸

刀轴的动平衡要求见 GB 18955—2003 中 6.2.4 的要求，制造商应确定每一刀轴最大转速、最大质量以及可用刀具的尺寸(也可见 6.3)。

检验方法：通过计算或其他方法，例如，试验、验收标准、经证实的经验等。

5.3.3.4　刀轴部件的锁紧

加工中，主轴部件应固定在一定位置，并在加工中保持在该位置，例如可以通过下列方法：

a)　在手动调整装置的场合，由一保险装置来保持；

b)　在电机驱动调整的场合，由制动器或自锁转换器(例如一个齿轮齿条副)来保持；

c)　在气动驱动调整的场合，由一直接联结到气缸上的单向阀来保持；

d)　在 NC 控制调整的场合，由控制电路来保持。

检验方法：检查相应图样和/或电路图，检查机床并在机床上作相应的功能试验。

5.3.3.5　主轴的锁紧

换刀时，主轴应保持静止，应提供主轴锁定装置。可采用双扳手，也可由操作者在主轴内插入一锁定棒。

检验方法：检查相应图样和/或电路图，检查机床并在机床上作相应的功能试验。

5.3.3.6 主轴隔套

主轴隔套的内径公差为 H8,其夹紧表面间的平行度不超过 0.02 mm。

主轴隔套应用抗拉强度不低于 580 N/mm^2,厚度不小于 9.5 mm 的钢制造。

检验方法:检查相应图样,测量、检查机床和材料制造者的保证书。

5.3.3.7 刀具的紧固装置

刀轴应安装下列刀具紧固装置之一:

a) 刀具与刀轴之间的强制联接;

b) 前法兰盘或轴套与刀轴间的强制联接;

c) 锥形联接。

当刀轴上装有锯法兰盘,应符合下列要求:

a) 两个法兰盘(或平装锯片时为一个法兰盘)的直径至少为$\frac{D}{6}$(其中,D 为锯片最大设计直径);

b) 对于除平装锯片外,其他锯片用法兰盘外部的夹紧表面应平直,宽度至少为 5 mm,并中凹(见图 2),两法兰盘外径差不大于 1 mm。

用液压式刀具紧固装置时,应安装当液压系统失效时,能防止刀具产生轴向运动的装置。

检验方法:检查相应图样和/或电路图,检查、测量并在机床上作相应功能试验。

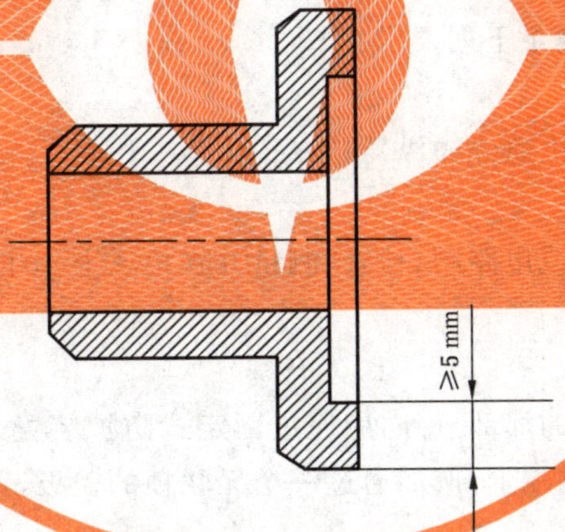

图 2 锯片法兰盘

5.3.4 制动

自动的制动器用于下列情况:

a) 当不制动的惯性运动时间超过 10 s,机床的制动时间应小于 10 s;或者,当起动时间超过 10 s,则制动时间应小于起动时间,但不应超过 30 s;

b) 当砂带部件的不制动惯性运动时间超过 30 s,制动的时间应小于 30 s。

对于电气制动系统,不可使用反接制动。

检验方法:按 GB 12557—2010 中 5.3.4.2 和 5.3.4.3 的要求测试不制动的惯性运动时间、起动时间和制动时间。

5.3.5 将抛射的可能性和影响降低到最小的装置

通过挡板、推棒等方法,把切下物从锯片处移开,以防止其进入并接触下面的刀具并从机床上抛射出去,或者将切下物折弯并吸走。

检验方法:检查相应图样和/或电路图,检查机床并在机床上作相应功能试验。

5.3.6 工件的支承与导向装置

工件应通过履带、止动销和上压板进行导向和支承。

检验方法:检查相应图样和/或电路图,检查机床并在机床上作相应功能试验。

5.3.7 进入运动零部件的防护

5.3.7.1 刀具的防护

除了进给链和上压板之间,工件通过的间隙之外,其他区域应通过防护罩或整体式防护装置(也见5.4.2)防止接近旋转的刀具,包括砂轮。

在更换刀具、调整和设置时,应按 GB/T 18831—2010 的要求采用可移式的带防护锁定的联锁装置(例外情况见 5.2.7.2)。

刀具的停止时间超过 10 s,防护罩至少应按 GB/T 18831—2010 的附录 M 采用带弹簧结合、动力脱开防护锁定装置的联锁装置。

整体式防护罩应设计成:当门关闭时,机床内部空间不能允许有人员可以直立。当机床的设计或门的尺寸无法满足这一要求时,应满足下列要求:

a) 限制人员在内部走动;

b) 为站立在内部的人员提供急停操纵器;

c) 能从内部打开门。

检验方法:检查相应图样和/或电路图,检查、测量并在机床上作相应功能试验。

5.3.7.2 砂带的防护

除砂削工件时需要暴露在外的那部分外,应通过固定式防护装置来防止接近砂带。该防护装置应可以更换或调整砂带,并能清洁和除尘,例如通过一个无联锁的盖板,正常情况下,盖板应锁紧在关闭的位置。

检验方法:检查相应图样(包括电路图),检查机床并在机床上作相应功能试验。

5.3.7.3 链或其他进给机构的防护

5.3.7.3.1 一般要求

按 5.3.7.1 要求的防护罩来防止接近链条和压紧装置,除了链和压紧装置上用于夹持和进给工件需要暴露在外的部分外,其余在防护罩外的部分通过固定式防护装置来防护。

在进料和出料处,防护罩的外面,通过链的尺寸设计(见图 3)或防护措施,最大限度地降低闭合链条的垫片间的挤压危险,链与机床固定位置及断屑器之间的危险,通过使用一个工作支承或一个合适的延伸装置来覆盖卷入点(见图 4 和图 5),使危险降至最小。

单位为毫米

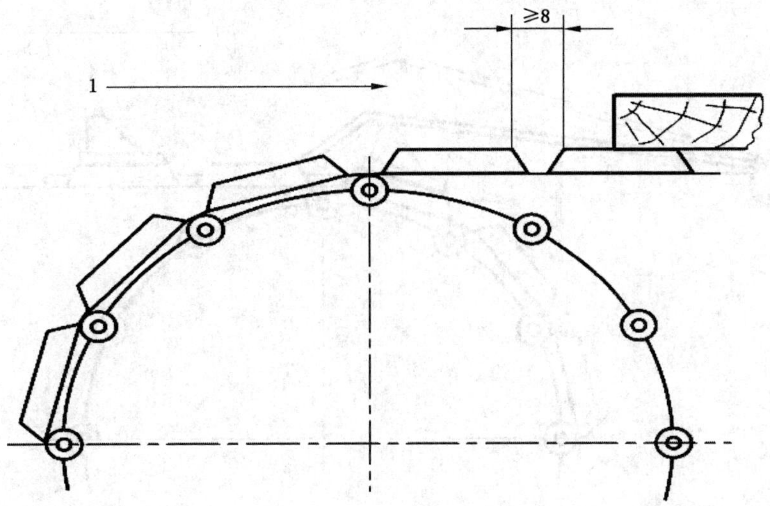

说明：
1——进给方向。

图 3 进给链设计的实例

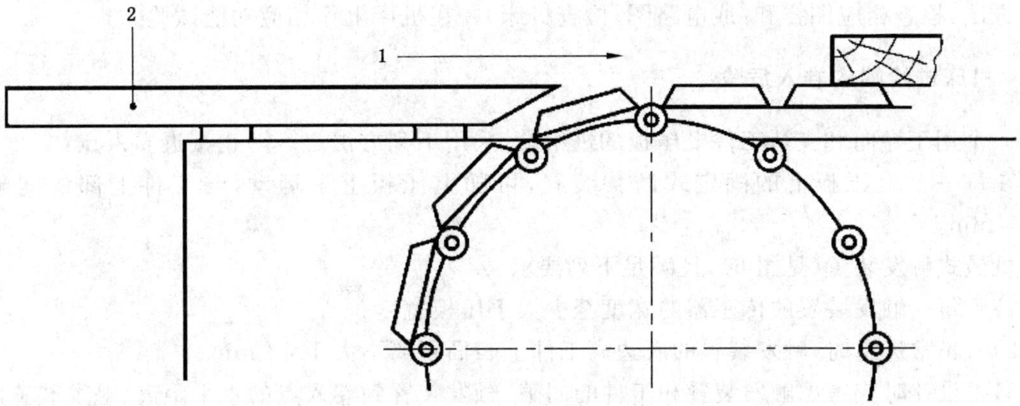

说明：
1——进给方向；
2——工件支承。

图 4 进料端的工件支承

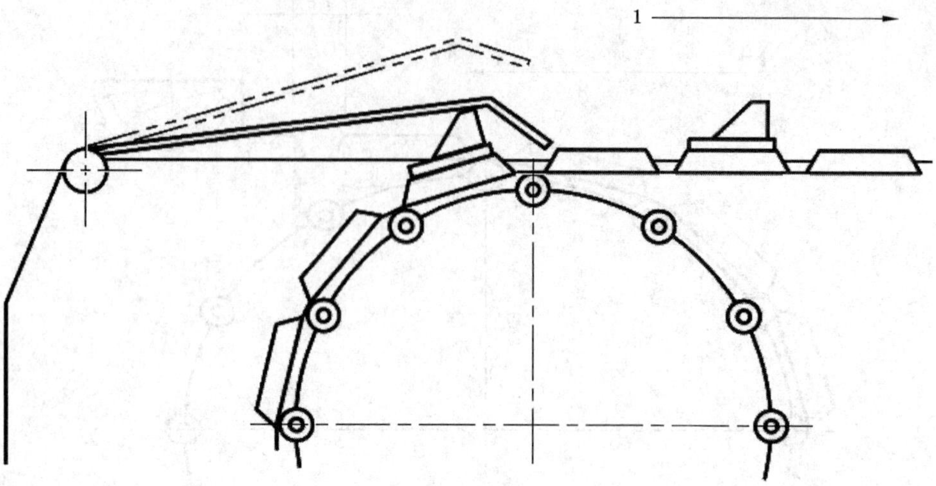

说明：
1——进给方向。

图5 进料端进给链的防护实例

检验方法：检查相应图样和/或电路图，检查机床，并在机床上作相应功能试验。

5.3.7.3.2 机床进给端的卷入危险

在每一个用于导向和夹持工件上压板的进给端，采用下列方法之一防止接近卷入点：

a) 在每一个上压板上的固定式防护装置，可随上压板上下运动，与工件上部的间隙不大于4 mm。
b) 机械式触发装置（见图6），且满足下列要求：
    1) 每一触发装置的传感器的宽度至少大于压板宽度；
    2) 正常进给时，触发装置的底边离工件上表面距离不大于12 mm；
    3) 设计时应考虑触发装置和工件的间隙、触发装置到卷入点的水平距离、触发装置的反应时间和链的停止时间，使机床在设计的最高速进给时，人手停留在工件上且移至卷入点之前，机床能停止进给；
    4) 触发装置本身不能引起卷入危险。

检验方法：检查相应图样和/或电路图，检查、测量并在机床上作相应功能试验。

单位为毫米

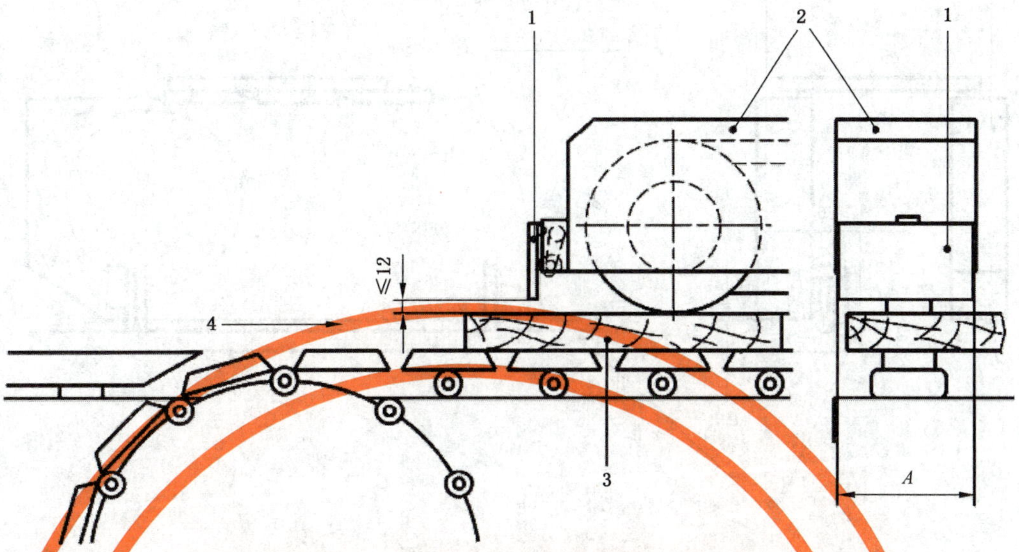

说明：

1——触发装置的传感器；

2——上压板；

3——工件；

4——进给方向。

A——传感器的宽度（A≥上压板宽度）。

图 6　机床进给端的触发装置

5.3.7.3.3　**机床半部间的挤压危险**

为防止人在链架间的挤压危险，机床上应安装下列装置之一：

a）按 GB/T 17454.2—2008 要求的机械式触发装置（见图 7），且满足下列要求：
   1）至少延伸至链架全长；
   2）最大触发力为 50 N；
   3）安装并定位在移动链架上，传感器离链架前部至少 50 mm，且离链架的挤压点最下方不超过 70 mm（见图 7）；
   4）当触发装置引发时，在触发装置完全被压之前，链架应停止下来。

b）符合 5.3.7.3.3a）1）和 3）要求的一个或多个链架。链架上装有源光电防护器件（光栅），该装置应符合 GB/T 19436.2—2004 的要求。器件引发后，链架的剩余行程应不大于 50 mm，至少为 GB/T 19436.2—2004 的 2 类，且在每次接通机床时自动检测。

c）防止机床半部间的距离小于 500 mm 的限制装置（定义见 GB/T 15706—2012 中 3.28.1）。当机床半部间距离小于 500 mm 时，只能通过"停止-运转"控制装置作靠近运动并定位，使机床半部在长度方向有一个清晰的视线。

d）在机床半部之间作靠近运动的"停止-运转"控制装置，定位在使机床半部在长度方向有一个清晰的视线的位置上。

当链架间距离不大于 150 mm 时，不要求采用 5.3.7.3.3a）和 5.3.7.3.3b）。

检验方法：检查相应图样和/或电路图，检查、测量并在机床上作相应功能试验。

单位为毫米

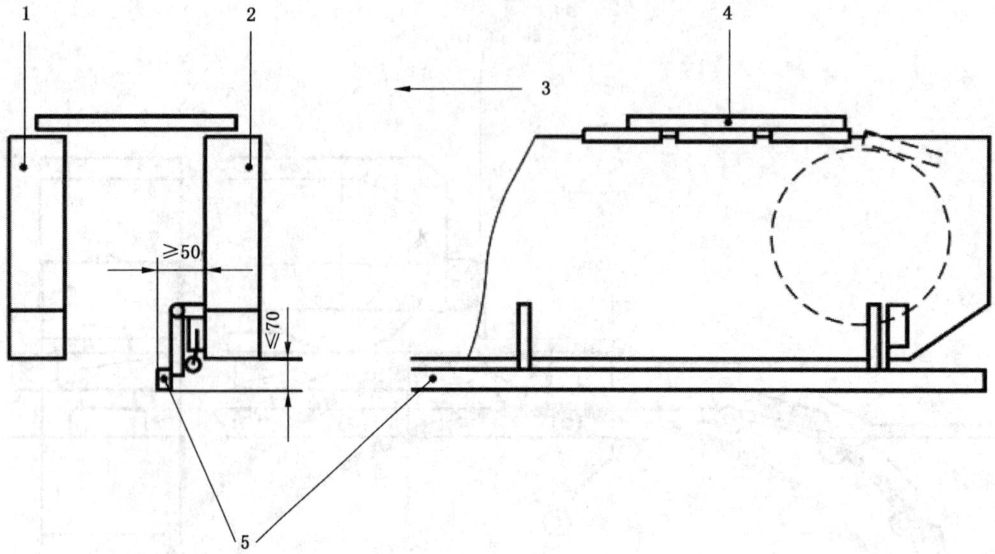

说明：

1——固定链架；

2——移动链架；

3——进给方向；

4——工件；

5——延伸至链架全长上的触发装置。

图7 移动链架上的触发装置

5.3.7.3.4 机床半部和机床固定部分的挤压危险

当机床固定部分与机床半部的运动/打开之间存在挤压/剪切危险时，采用下列方法之一或下列方法的组合来防护：

a) 安装按5.3.7.3.3a)中1)和3)要求的机械式触发装置；

b) 用于机床半部的打开运动的“停止-运转”控制装置，其安装与定位应使危险区可见；

c) 安装用于防止机床半部间的距离小于500 mm的限制装置(定义见GB/T 15706—2012中3.28.8)。当机床半部间距离小于500 mm，只允许通过“停止-运转”控制装置作靠近运动并定位，使机床半部在长度方向有一个清晰的视线。

检验方法：检查相应图样和/或电路图，检查、测量并在机床上作相应功能试验。

5.3.7.3.5 冲击危险

当可移动机床半部的移动速度超过25 m/min时，可安装一触发装置或采用“停止-运转”控制装置，使冲击危险降到最小。

检验方法：检查相应图样和/或电路图，检查、测量并在机床上作相应功能试验。

5.3.7.3.6 机床半部间的意外靠近

至少应在一个链架上安装一个触发导线或一个有效光电保护器件(光栅)，该器件应符合GB/T 19436.2—2004的要求，至少为2类，且在每次接通开机时自动检测。

该装置应满足下列要求：

a) 当引发时能停止进给运动；

b) 延伸至链架间的开口的全宽度上；

c) 安装在横向进给链轴线高的±150 mm处，且水平放置在与链架前部和整体的防护罩之间(见图8)。

检验方法：检查相应图样和/或电路图，检查、测量，并在机床上作相应功能试验。

单位为毫米

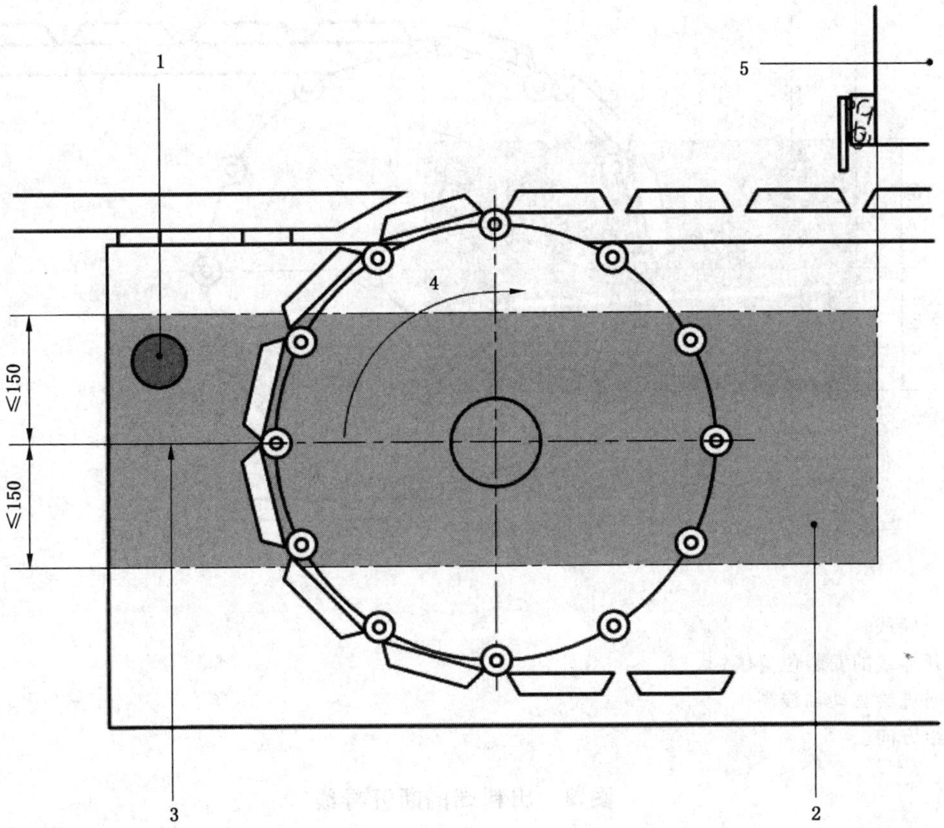

说明：

1——触发装置；

2——触发装置的安装位置区；

3——横向进给驱动轴线高；

4——进给方向；

5——整体式防护装置。

图8 防止机床半部间的意外靠近的触发装置

5.3.7.4 传动的防护

除了横向进给驱动轴，所有传动机构应采用固定式防护装置来防护。

各刀轴传动机构和机械进给传动机构等应由一固定式防护装置来防护。维修和调整时需频繁进入传动机构处，即每班不止一次进入，应通过一个联锁的活动式防护装置来防护。打开防护装置如能接触刀具，则该防护装置应符合5.3.7.1要求的带防护锁定装置。

横向进给驱动轴通过触发装置来防护，该触发装置覆盖横向进给驱动轴的全长。用断开导线作为触发装置，则导线放在离横向进给驱动线的同高(±150 mm)，且在进给方向上(见图9)离该轴不能大于350 mm(见图9)。

检验方法:检查相应图样和/或电路图,检查、测量机床并在机床上作相应功能试验。

单位为毫米

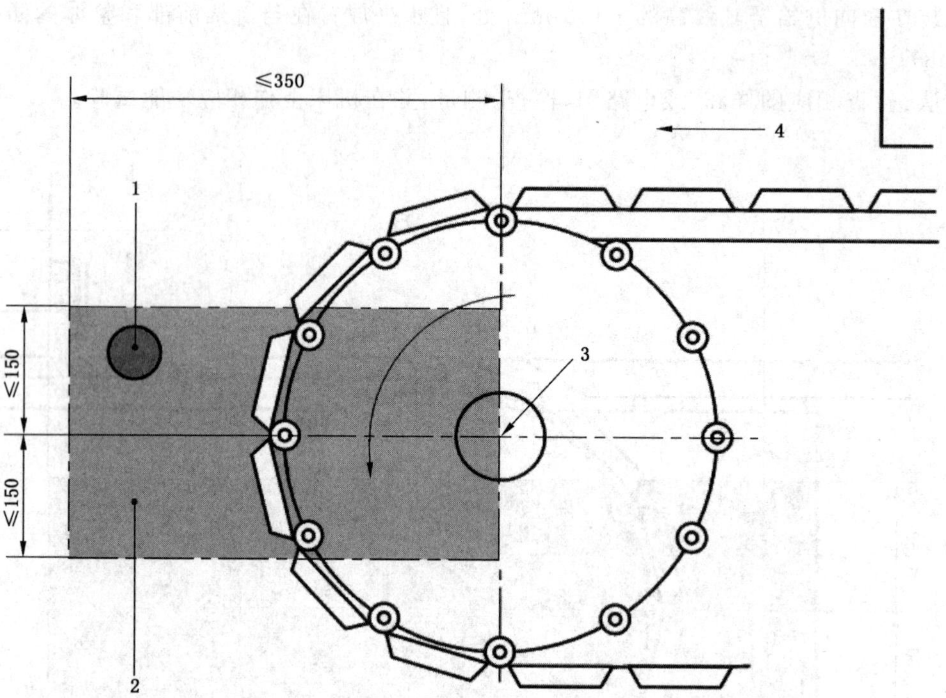

说明:

1——断开导线;

2——断开导线的安装位置区;

3——横向进给驱动轴线高;

4——进给方向。

图9 出料端的断开导线

5.4 非机械危险的防护

5.4.1 火和爆炸

为了避免和最大限度地减小火和爆炸危险,应满足5.4.3和5.4.4的要求。

5.4.2 噪声

5.4.2.1 设计阶段的降噪

设计机床时,应考虑GB 12557—2010的附录B和GB/T 25078.1—2010中在噪声源方面控制噪声的信息和技术测量。

机床应提供隔声罩。若隔声罩为联锁防护系统和/或带防护锁的联锁装置的一部分,则隔声罩应完全满足5.3.7的要求。若隔声罩只是用于降低噪声,即机械危险由其他防护装置来防止,则隔声罩不需联锁(也见6.3)。

隔声罩的内表面至少75%的区域应含有吸声的材料。该吸声标准的吸声系数 α 按GB/T 20247—2006在1 kHz上不应小于0.7,进料和出料的开口尺寸(高度和宽度)应不超过机床最大加工工件在所有方向上加20 mm。

检验方法:检查相应图样和/或电路图,检查、测量机床。

5.4.2.2 噪声测量

5.4.2.2.1 空载噪声声压级限值及测量

机床在空运转条件下，测定出的机床噪声最大声压级不得超过 GB 12557—2010 中表 4 的规定。

测量噪声时的机床工作(运转)条件按附录 B 的规定。

测量方法按 GB 12557—2010 中 5.4.2.2.2 的规定。

局部环境修正系数 K_{3A} 应按 GB/T 17248.5—1999 中 A.2 计算。

5.4.2.2.2 噪声声功率级的测定

在本标准实施 2 年之内，应进行机床噪声声功率级的测定。测出的机床噪声声功率级连同工作(运转)条件及测定方法记入机床的使用说明书。

测定方法按 GB 12557—2010 中 5.4.2.2.2 和附录 B 的规定。传声器的位置应为 9 个，按附录 B。

5.4.2.3 噪声声明

见 6.3v)。

5.4.3 木屑、粉尘和有害气体的排放

应采取措施从机床中吸出粉尘和木屑。在机床上设置有吸尘管接头以便机床与吸尘系统相连接。

注：为了保证木屑和粉尘从其原始点被输送到集尘系统，建议吸尘罩、导管、挡板的结构应根据抽出的气体在导管中的速度为 20 m/s(对于含水率小于或等于 18%的木屑)和 28 m/s (对于含水率大于 18%的木屑)来设计。

检验方法：检查相应图样，检查机床。

5.4.4 电气设备

应符合 GB 5226.1 的要求。尤其是电击防护应按 GB 5226.1—2008 第 6 章的规定，短路保护和过载保护应按 GB 5226.1—2008 第 7 章的规定。

三相电机的防护等级至少为 GB 4208—2008 中 IP5x，电气元件的防护等级应符合 GB 5226.1—2008 中 11.3 的要求；按 GB 5226.1—2008 中 18.2 和 18.6 作保护联结电路连续性和功能检验。

检验方法：检查相应图样和/或电路图，检查机床及按 GB 5226.1 作相应试验。

5.4.5 人类工效学和安全搬运的要求

机床人类工效学和安全搬运的要求应符合 GB 12557—2010 中 5.4.5 和 5.2.2、5.2.5 和 6.3 的规定，工件支承的离地高度为 750 mm～900 mm。

贮气罐和油箱应放置在易于填注与排空的位置或方向。

质量超过 25 kg 的机床零部件，应配备必要的辅助装置来安装提升装置，例如吊环，以避免在运输、装配、拆除等情况下，发生翻倒、下落、移动等非控运动。

若机床上装有移动的控制面板，该面板应装在便于移动的位置。

检验方法：检查相应图样，测量并检查机床。

5.4.6 照明

按 GB 12557—2010 中 5.4.6 和 GB 5226.1—2008 中 15.2 的要求。

检验方法：检查相应图样和/或电路图，检查机床。

5.4.7 气动装置

见 5.2.1、5.2.10、5.3.3.4、5.4.12、5.4.13、6.1 和 6.2 及 EN 983:1996 规定。

5.4.8 液压装置

见 5.2.1、5.3.3.7、5.4.12、5.4.13、6.1 和 6.2 及 EN 982:1996 规定。

5.4.9 电磁兼容性

机床应按 GB 5226.1 的要求，具有足够的防电磁干扰的能力，使其安全操作。

注：机床使用 3C 认证标志的电气元件，且此类元件和布线是按其生产厂家要求进行安装的，则认为该机床可防外界电磁干扰。

检验方法：检查相应的图样和/或电路图，检查机床。

5.4.10 静电

若机床上安装了吸尘用软管，则这些软管应接地。

检验方法：检查相应图样，检查机床。

5.4.11 装配失效

不能安装超过大于设计刀具尺寸的刀具。也可见 5.4.12 和 6.3。

检验方法：检查相应图样，检查机床。

5.4.12 能量输送的切断

应符合 GB/T 19670—2005 中第 5 章，此外还应符合下列要求：

a) 除 GB 5226.1—2008 中 5.3.2d)型式外，电气式切断(隔离)开关应按 GB 5226.1—2008 中 5.3 的规定。

b) 若机床上有气动系统，应安装合适的切断装置，例如一个阀门。该装置应能将其锁定在断开位置，例如加一把锁。

c) 若机床上有液压系统，其切断开关则应满足下列条件之一：

   1) 按 GB 5226.1—2008 的 5.3 要求切断液压驱动电机的电力供应；

   2) 装有切断开关，如带机械锁定的阀(见 EN 982:1996)，可在断开位置锁紧。

检验方法：检查相应图样(包括电路图)，检查机床，并在机床上作相应功能试验。

5.4.13 维修

机床维修方面的有关要求按 GB 12557—2010 第 6 章的规定。

至少应提供 GB/T 15706—2012 中 6.4.5.1e)中的维修信息。

当残余能量储存在储存器或管道等场合，应提供卸除残余压力的措施，例如使用一个阀。不应断开管道来卸除残余压力。

检验方法：检查相应图样、使用说明书，检查机床并在机床上作相应的功能试验。

6 使用信息

6.1 警告装置

有关“上压板应按工件厚度正确调整”的警告，应以文字或图像的形式，永久地粘贴在机床上。

若机床装有气/液源,不能通过电气切断开关切断,则应在电气切断开关附近设置一个永久警告标牌,**警告:电气切断开关不能切断气/液源**。

检验方法:检查相应的图样,检查机床。

6.2 标志

按GB/T 15706—2012中6.4.4的规定及下列要求:

在机床的使用期内,以下信息应永久、清晰地标注在机床上,可直接刻在机床上(如雕刻、蚀刻)或使用标志、铭牌等(如用铆钉、粘贴)永久地固定在机床上(按GB 12557—2010中6.2的规定):

a) 生产厂名、厂址;
b) 生产日期;
c) 机型或设计系列;
d) 生产编号;
e) 额定参数(电气生产厂家规定的额定电压、相数和功率);
f) 分料刀的安装位置与分料刀导向装置之间的宽度;
g) 最大加工长度、宽度和厚度;
h) 转速图或指示牌,并贴在变速装置附近或传动机构防护罩的门上,以指示每一主轴的运转速度。如果相关,该信息也应指示在每个控制装置位置的速度或皮带轮直径;
i) 若安装气动/液压系统,应提供额定压力值;
j) 若安装气动/液压系统切断开关,应通过标志或形象化指示符号标示其功能、定位和操纵位置,标示额定压力值和切断开关(如果安装)的标志或图形符号,应放置在机床上相应的切断开关附近。

检验方法:检查相应图样,检查机床。

6.3 使用说明书

按GB 12557—2010中6.3的规定,至少应包括下列内容:

a) 按6.1和6.2的要求,重述标志、图形符号和机床上的其他说明内容,如有必要,应提供这些内容的含义。
b) 机床的使用范围。
c) 有关遗留风险的警告,如粉尘、噪声等。
d) 按GB/T 15706—2012中6.4.5.1d)要求的安全使用信息,应包括以下几点:
    1) 保证机床所在的地面及周围平整、维护良好且无松散材料,如木屑和切下物等。
    2) 必要时穿戴适宜的个人防护器,包括:
        ⅰ) 听力保护器,用以降低听力损失风险;
        ⅱ) 呼吸保护器,用以降低有害粉尘吸入的风险;
        ⅲ) 装卸刀具时用的手套(在一般情况下,刀具均应装在刀夹中)。
    3) 当操作者不在时,应停止加工。
    4) 机床故障报告,包括防护装置或刀具故障,一发现立即报告。
    5) 定期采用安全的程序来清洁、维护、移除切下物和粉尘,避免发生火灾。
    6) 确保所用的隔套和锯片法兰盘符合制造商要求,能达到使用目的(见5.3.3.6)。
    7) 机床运行时,不能从切削区移去切下物或工件的其他部分。
    8) 保证防护装置和其他安全装置就位,工作次序良好并进行适当维护。
e) 出料端的空间信息,应保证该空间大小至少比最长加工长度大500 mm。
f) 机床的可移动部分的空间信息:应保证可移动部分与其他固定的相邻机床、与材料堆等之间的空间至少为 500 mm。

g) 机床适用锯片和铣刀的直径和厚度范围。

h) 应使用 GB 18955—2003 中要求的正确、锋利的锯片和铣刀。

i) 操作者应进行充分培训,并掌握正确使用、调整、操作机床的方法的信息。

j) 提供充足整体和局部的照明的指示。

k) 如果相关,应提供如何避免手动调整的刀具与机床的其他部分接触的信息。

l) 如果相关,应提供如何避免主轴机动调整时,刀具与机床的其他部分接触的信息,例如:手动调整的机械退回装置的正确定位,或数控系统中相关程序的有效操作。

m) 隔声罩不联锁时(见 5.4.2.1),隔声罩应尽可能地关闭以保证最有效降低噪声。

n) 安装到机床上吸尘装置的下列有关信息:

——风量,m^3/h;

——各吸尘管的压降(建议提供),Pa;

——吸尘管中建议的空气速度,m/s;

——各吸尘管接头的断面尺寸和结构细节。

o) 使用机床时,应连接的外部吸尘系统的信息。

p) 只有连接了有效的吸尘系统时,才能使用机床的信息。

q) 换刀前,应切断机床动力的信息。

r) 机床的维护只有在切断所有动力源,并能防止意外重新起动的情况下才可以进行的指示。

s) 安全清洁的信息。

t) 如果机床上安装了气动/液压系统及相关系统,应提供残余能量的安全释放方法(见 5.4.13)。

u) 安全和维护需求包括要检验的设备清单、检验的频次、检验方法的信息,应至少包括如下:

1) 急停:功能试验时检验;

2) 联锁防护装置:依次打开每一防护装置使机床停止,并验证每一防护装置在打开状态下不能起动机床;

3) 触发装置:功能试验时检验;

4) 制动器:功能试验时检查是否在规定制动时间内制动。

v) 按 5.4.2.2 给定的方法测定气动力噪声的声明(按 GB 12557—2010 中 6.3 的要求)。噪声声明应附有所采用的测量方法和检验时机床工作(运转)条件的说明,及相应的不确定度数值(用双数字声明的形式,其定义在 GB/T 14574 中),不确定度 K 的数值规定如下:

4 dB 当使用 GB/T 3768 和 GB/T 17248.3 时;

2 dB 当使用 GB/T 3767、GB/T 6881.2、GB/T 6881.3 时;

1 dB 当使用 GB/T 6882—2008 时。

举例如下:

噪声声功率级 LWA=93 dB(测量值);

不确定度 $K=4$ dB;

测量方法按 GB/T 3768—1996。

如果要核查噪声声明中发射值,则应采用与声明中相同的测定方法和工作(运转)条件。

在使用说明中的噪声声明应附下列说明:

“这里给出的数值只是排放值而不是安全工作数值。尽管在排放值和暴露值之间存在修正关系,它能使用户较好地评价风险,但这不能确定是否需要进一步防护措施的依据。影响暴露值的因素包括工作间的特性、其他噪声源等。例如机床的数量,其他的邻近加工。”

注:相关的销售文献中也应注明有关噪声排放量的说明。

w) 应有文件说明在机床的使用期内,机床包括其零部件机床在运输、装配、拆卸、禁用、报废过程中禁止翻倒、下落或以不当的方式搬运。

x） 机床在发生意外或故障时的操作方法。若机床工作时出现中断现象，应提供使机床工作畅通的操作方法。

y） 当某零件危害到操作者健康和安全时，使用备件，并提供备件的规格。

z） 针对间接接触引起的电击，提供相关保护人员的信息。

检验方法：检查使用说明书和相应图样。

附 录 A
（资料性附录）
安全控制系统实例

如图 A.1～图 A.4 所示是满足本标准要求的有关安全控制系统的实例。

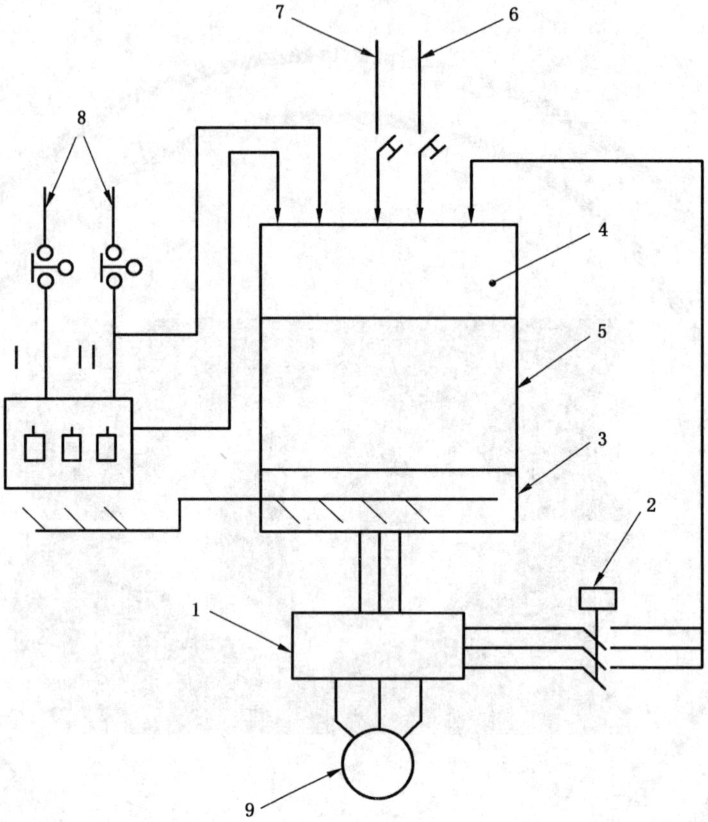

说明：
1——驱动控制器；
2——接触器；
3——可编程电气系统的输出；
4——可编程电气系统的输入；
5——可编程电子系统；
6——停止；
7——起动；
8——联锁防护装置；
9——电机。

图 A.1 有关联锁的安全控制系统

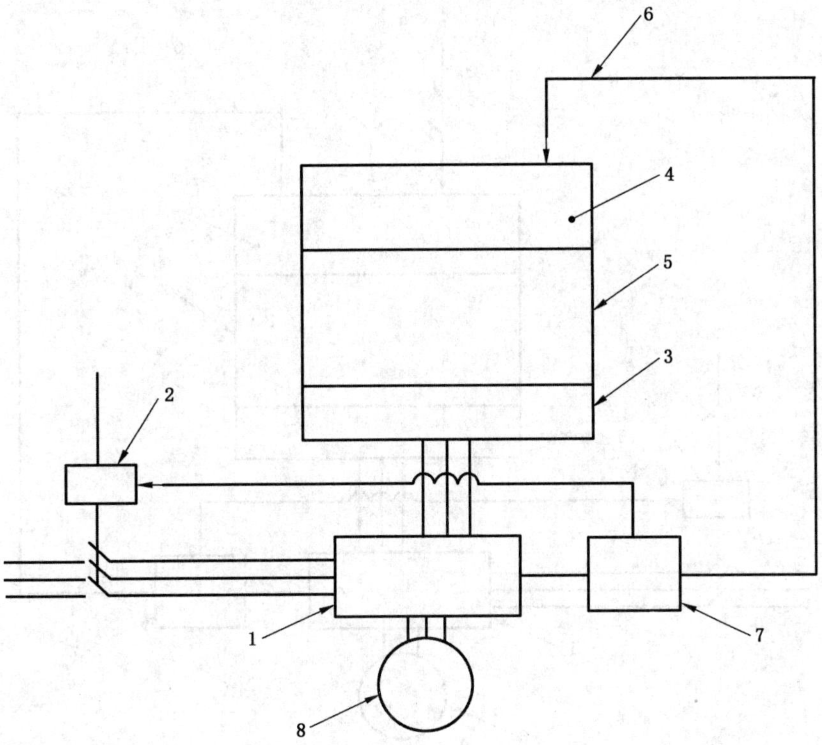

说明：

1——驱动控制器；

2——接触器；

3——可编程电气系统的输出；

4——可编程电气系统的输入；

5——可编程电子系统；

6——测试回路；

7——监控器；

8——电机。

图 A.2　按 GB 5226.1—2008 正常停止中的 2 类安全控制系统

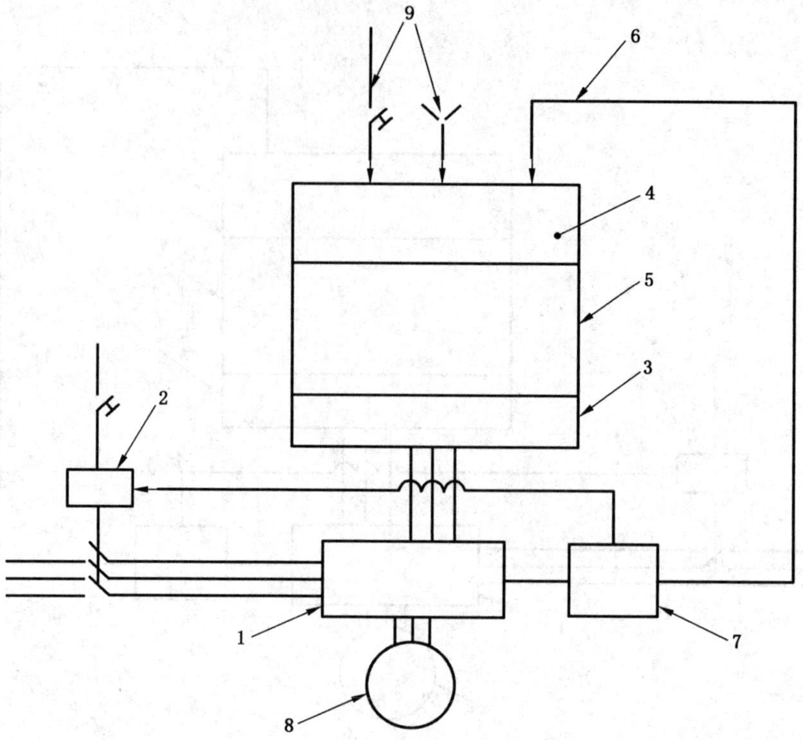

说明：
1——驱动控制器；
2——接触器；
3——可编程电气系统的输出；
4——可编程电气系统的输入；
5——可编程电子系统(PES)；
6——测试回路；
7——监控器；
8——电机；
9——起动和停止控制。

图 A.3　有关轴线的安全控制系统

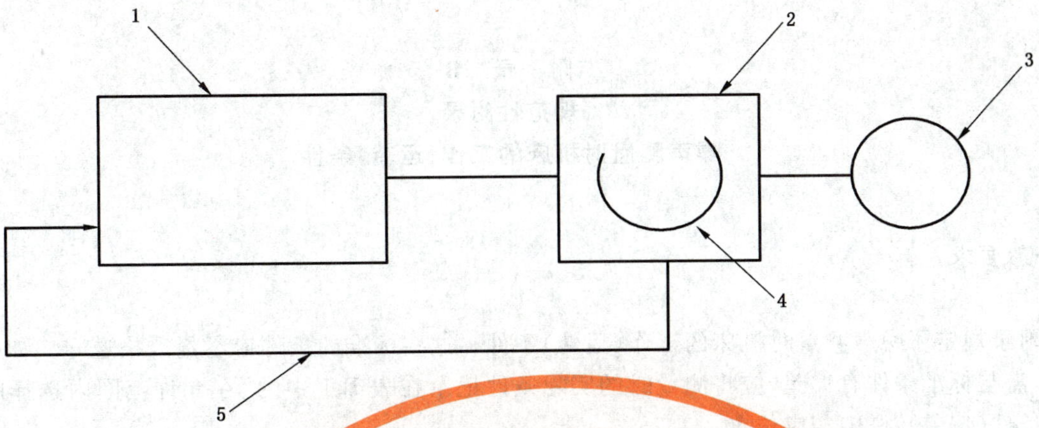

说明：

1——可编程电子系统；

2——变频器；

3——电机；

4——第 1 内部电路；

5——第 2 外部电路。

图 A.4　用于速度监控的有关控制系统的实例

附 录 B
（规范性附录）
噪声测量时机床的工作（运转）条件

B.1 一般要求

本附录规定了噪声测量时机床的工作（运转）条件。这些标准的条件应尽量严格遵守。如果存在特殊情况，需与标准条件有偏差，应将测量时的实际条件记录在表 B.1 中的“在允许范围内选择的条件或与标准条件（偏差）”栏中相应位置。

为了在机床的操作者位置测量机床噪声声压级和测定机床的声功率级，规定了传声器的位置（见图 B.1）。

噪声测定中应安装和使用强制性的和标准的安全附件。

本附录中数据单也可用于记录工作（运转）条件信息。

本附录也可用于与本机床有类似结构和功能的专用机床的噪声测量。

B.1.1 双端成形加工的双头开榫机

机床应在下列条件下进行试验：

a） 按本附录规定的技术条件、刀具、切削数据进行机床空运转噪声试验；

b） 进行机床负载噪声试验时，测试件应以最小间距连续进给，在所有工作部件同时工作时进行测试；

c） 检验时操作者的传声器位置（见图 B.1）：

位置 A：

——离地面高度为 1.5 m；

——测量表面前面的平面；

——进料的中心线上，试件的宽度为 600 mm。

位置 B：

——离地面高度为 1.5 m；

——测量表面前面的平面；

——与出料的中心线上，试件的宽度为 600 mm。

d） 基准体应包含对噪声发射有影响的机床所有部件，加工成形端面时，基准体的加工宽度为 600 mm。

注：推荐采用积分式声级计测量。

B.1.2 用于双头开槽的双头开榫机

机床应在下列条件下进行试验：

a） 按本附录规定的技术条件、刀具、切削数据进行机床空运转噪声试验；

b） 进行机床负载噪声试验时，应以连续向机床进给三个工件为一个测试周期，并记录测试时间；

c） 检验时操作者的传声器位置（见图 B.1）：

——离地面高度为 1.5 m；

——与进、出料的中心线一致，试件的加工长度为 2 000 mm；

——在基准体的前、后面的平面上。

注：如果进、出料的中心线无法确定，可以采用测试表面的 1 或 3 点的位置。

d) 基准体应包含对噪声发射有影响的机床所有部件，加工成形端面时，基准体的加工长度为 2 000 mm。

注：推荐采用积分式声级计测量。

单位为米

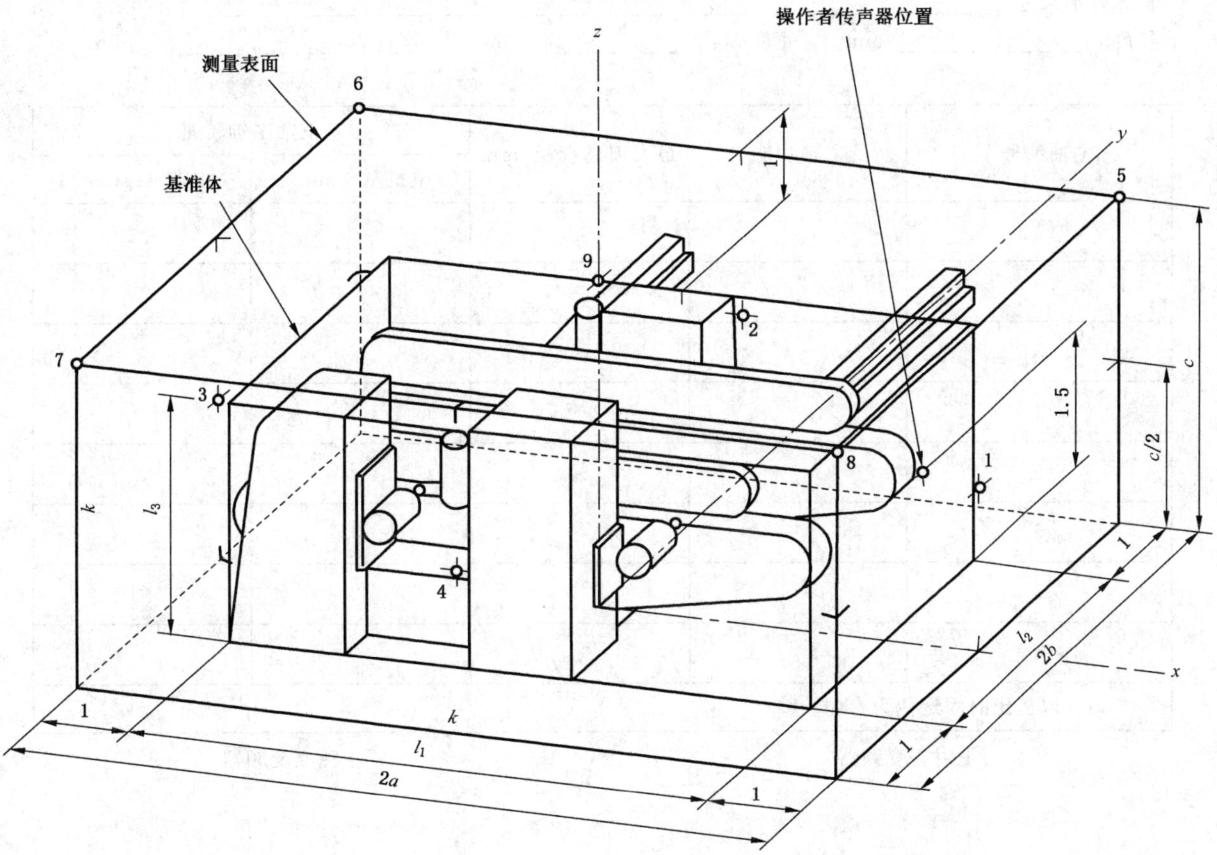

图 B.1 测定机床噪声声功率级的测量表面和传声器位置

B.2 机床噪声测量数据单

B.2.1 双端成形加工的双头开榫机

应按表 B.1 进行试验。

表 B.1　机床噪声测量数据单

机床数据

机床制造者：______

机床型号：______

制造日期：______ 系列号：______

机床外形尺寸[a]：______

长度 l：______ mm　宽度 l_2：______ mm　高度 l_3：______ mm

主轴编号[1)]	主轴功能	最大刀具直径/mm	正常主轴转速	
			电机/(r/min)	主轴/(r/min)
1				
2				
3				
4				
5				
6				
7				
8				
1) 以机床的固定侧为参照。				

☐ 附备变频器　　☐ 独立变频器

机床的安装

按机床制造者使用说明书安装机床

是 ☐　否 ☐

按制造者的技术条件安装带吸尘管的机床

是 ☐　否 ☐

机床安装在减/隔振材料

是 ☐　否 ☐

机床安装有单独吸声的封闭式防护装置

是 ☐　否 ☐

机床安装有吸声的整体封闭式防护装置

是 ☐　否 ☐

机床装有降噪的吸尘罩

是 ☐　否 ☐

其他的噪声控制措施

是 ☐　否 ☐

表 B.1（续）

运转条件：

刨花板上定长和开槽：使用下列工序之一：

工序 S

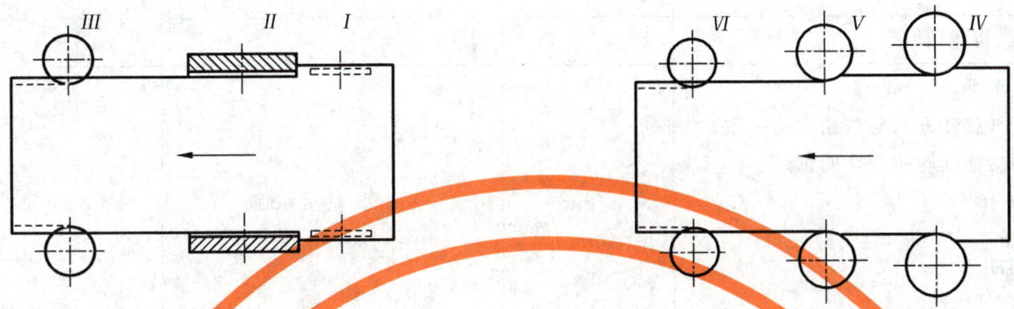

I ——划线锯片；*II* ——拱形铣刀；*III* ——开槽锯。　*IV* ——修边：铲齿铣刀；*V* ——修边：精刨刀；*VI* ——开槽锯。

机床两端各加工 8 mm，加工过程应平稳。

运转安排：

工序 S：用划线锯片和拱形铣刀进行定长加工。拱形铣刀轴在试件的中心线上。

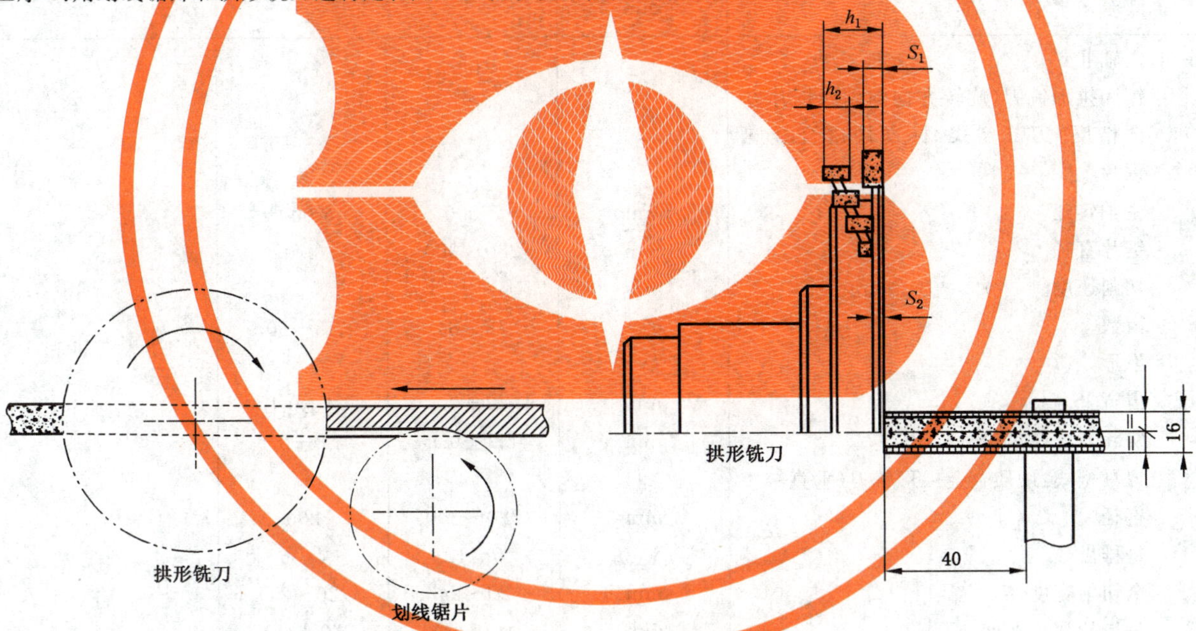

工序 M：用铲齿铣刀和精刨刀进行定长加工：

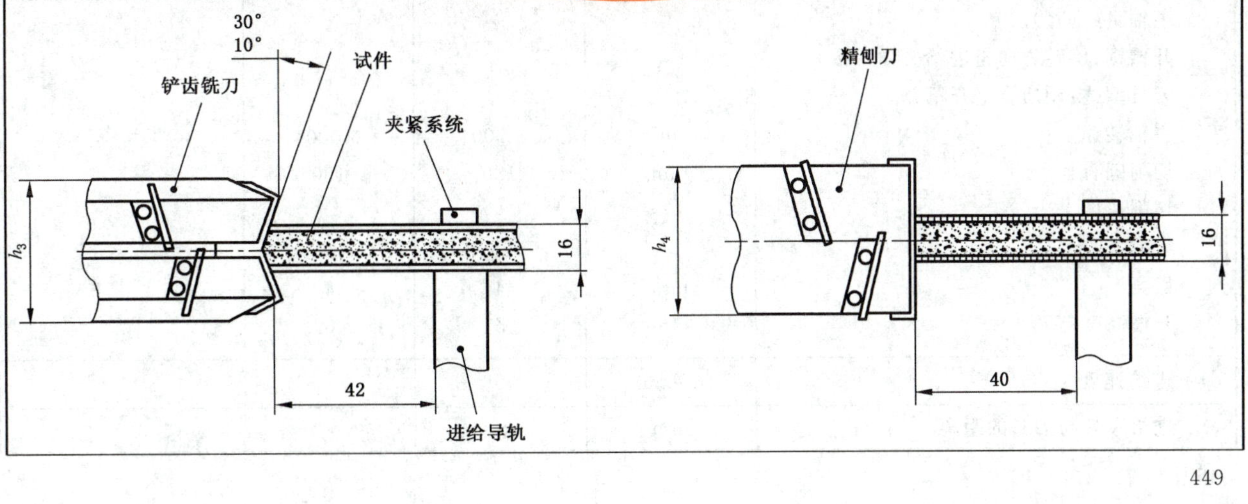

表 B.1（续）

刀具和切削参数	单位	标准条件		在允许范围内选择的条件或偏差标准条件
工序 S：划线、锯槽、截断				
a） 主轴Ⅰ（水平）				
划线锯片（旋转方向与进给方向一致）				
刀具型式：标准硬质合金圆锯片				
主轴转速	r/min	3 000[b] 或 6 000[b]		
锯片直径	mm	180～200		
切削速度	m/s			
齿数		36～48		
齿形				
齿宽	mm	3.2±0.1		
实际刀片厚度	mm	2.2±0.1		
槽深	mm	2		
b） 主轴Ⅱ				
锯和拱形铣刀（旋转方向与划线锯片方向相反）刀具型式：标准硬质合金圆锯片				
主轴转速	r/min	3 000	6 000[b]	
锯片直径	mm	280～300	200	
切削速度	m/s			
齿数		72～84	48～60	
齿形				
齿宽，S_1	mm	3.2±0.1	4±0.1	
实际刀片厚度，S_2	mm	2.2±0.1	2.8±0.1	
刀具型式：硬质合金拱形铣刀（垂直）				
直径	mm	280～300	200	
每排齿数		6～12	4～6	
全切削宽度，h_1	mm	20～24	20～24	
每齿的加工宽度，h_2	mm	4（最小）	4（最小）	
c） 主轴Ⅲ（垂直）				
开槽锯（旋转方向与进给方向一致）				
刀具型式：硬质合金开槽锯				
主轴转速	r/min	3 000	6 000[b]	
切削圆直径	mm	180	180	
切削速度	m/s			
齿数		12	18	
齿宽	mm	4	4	
开槽高度	mm	5	5	
d） 进给速度	m/min	15[c]		
e） 进给履带与刀具的距离	mm	40		

表 B.1（续）

工序 M:修边			
a) 主轴Ⅳ(垂直) 齿形铣刀(与进给方向相反) 刀具型式:硬质合金齿形铣刀 主轴转速 切削圆直径 切削速度 刀片数量 刀片宽度,h_3 切削深度	 r/min mm m/s mm mm	 3 000[b] 或 6 000[b] 200 2×4 56 6	
b) 主轴Ⅴ(垂直) 刨削平面(与进给方向相反) 刀具型式:带硬质合金刀片的精刨刀 主轴转速 切削圆直径 切削速度 刀片数量 刀片宽度,h_4 切削深度	 r/min mm m/s mm mm	 3 000[b] 或 6 000[b] 180 2×3 56 2	
c) 主轴Ⅵ(垂直) 开槽(与进给方向相反) 刀具型式:硬质合金开槽锯 主轴转速 切削圆直径 切削速度 刀片数量 刀片宽度 切削深度	 r/min mm m/s mm mm	 3 000[b] 或 6 000[b] 180 12 或 18 4 5	
d) 进给速度	m/min	15[c]	
e) 进给履带与刀具的距离	mm	40	
[a] 凸出机床而不影响噪声传播的零件(如手轮、手柄等)可忽略不计。 [b] 尽可能使用 6 000 r/min。 [c] 这个进给速度不可能达到,尽可能接近。			

表 B.1（续）

试验材料： 材料：　三层刨花板 含水率：　6％～14％ 试件厚度：　16 mm 试件长度：　2 000 mm 试件宽度：　600 mm，加工后最终最小宽度为 400 mm 试件高度：　58 mm～65 mm 预加工：　—
试验机床的照片或总装图
进行试验实验室 公司/研究所：________ 地址：________ 电话：________ 日期：________　签名：________ 试验地点：________ 试验日期：________

B.2.2　用于双头开槽的双头开榫机

应按表 B.2 进行试验。

表 B.2　机床噪声测量数据单

机床数据

机床制造者：________________

机床型号：________________

制造日期：________________　系列号：________________

机床外形尺寸ª：________________

长度 l_1：________ mm　宽度 l_2：________ mm　高度 l_3：________ mm

主轴编号[1)]	主轴功能	最大刀具直径 mm	正常主轴转速	
			电机/(r/min)	主轴/(r/min)
1				
2				
3				
4				
5				
6				
7				
8				

1） 以机床的固定侧为参照。

□ 附备变频器　　□ 独立变频器

机床的安装

按机床制造者使用说明书安装机床

是 □　否 □

按制造者的技术条件安装带吸尘管的机床

是 □　否 □

机床安装在减/隔振材料

是 □　否 □

机床安装有单独吸声的封闭式防护装置

是 □　否 □

机床安装有吸声的整体封闭式防护装置

是 □　否 □

机床装有降噪的吸尘罩

是 □　否 □

其他的噪声控制措施

是 □　否 □

表 B.2（续）

运转条件	软木的开榫和开槽	标准条件	在允许范围内选择的条件或偏差标准条件
运转安排	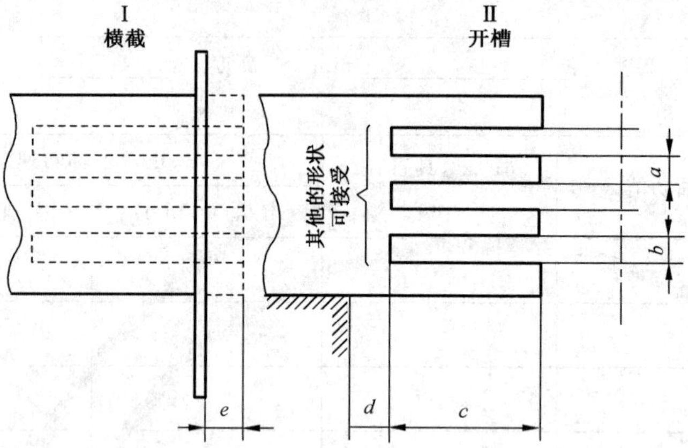 开槽厚度：　a/mm 开槽宽度：　b/mm 榫头深度：　c/mm 到支承面距离：　d/mm 横截余量：　e/mm	8 8 60～65 尽可能小 2～20	
刀具和切削参数	f)　主轴Ⅰ 横截锯片(标准硬质合金圆锯片) 主轴转速/(r/min) 切削圆直径/mm 切削速度/(m/s) 齿数 齿形：顶部交错 齿宽/mm 实际刀片厚度/mm	 3 000[b] 355(350) 48～64 3.2～3.6 2.2～2.6	
	g)　主轴Ⅱ 开槽刀(切削方向与进给方向相反) 每边的刀片数 主轴转速/(r/min) 切削圆直径/mm 切削速度/(m/s) 刀片数量 刀片形状/mm	 3 3 000[b] 300 2～3 	
	h)　开榫时的进给速度/(m/min)	6±2	

[a] 凸出机床而不影响噪声传播的零件(如手轮、手柄等)可忽略不计。

[b] 主轴转速应尽量接近 3 000 r/min。

表 B.2（续）

试验材料： 材料：　　软木，中等等级 含水率：　　8%～14% 试件长度：　　1 000 mm～2 000 mm 试件宽度：　　58 mm～65 mm 试件高度：　　58 mm～65 mm 预加工：　　四面已经刨削
试验机床的照片或总装图
进行试验实验室 公司/研究所：____________________ 地址：____________________ 电话：____________________ 日期：__________　签名：__________ 试验地点：____________________ 试验日期：____________________

ICS 13.100
C 75

GB

中华人民共和国国家标准

GB/T 31147—2014

人身损害护理依赖程度评定

Assessment of the level of nursing dependency for the personal injury

2014-09-03 发布　　2015-01-01 实施

中华人民共和国国家质量监督检验检疫总局
中国国家标准化管理委员会　发布

前　言

本标准按照 GB/T 1.1—2009 给出的规则起草。

本标准由中华人民共和国公安部提出并归口。

本标准起草单位：内蒙古自治区公安厅交通管理总队。

本标准主要起草人：王葆元、宁锦、王岩、焦晋岩、王旭、包丽茹、安雪梅、陈誉、闫荣、张建伟。

人身损害护理依赖程度评定

1 范围

本标准规定了人身损害造成躯体伤残或精神障碍者，在治疗终结后是否需要护理依赖及其程度的评定要求和方法。

本标准适用于对人身损害护理依赖程度进行的评定，但国家已有特殊规定的，从其规定。

2 术语和定义

下列术语和定义适用于本文件。

2.1

躯体伤残 the disabled due to body injury

因各种损害造成人体组织器官不可恢复的结构破坏、功能丧失或障碍，导致全部或部分活动能力丧失。

2.2

精神障碍 the mentally disordered

因各种损害造成大脑功能失调或结构改变，导致感知、情感、思维、意志和行为等精神活动出现紊乱或者异常，社会功能受损。

2.3

日常生活活动能力 activities of daily living;ADL

人在躯体健康的情况下，日常生活必需反复进行的、基本的、共性的活动能力。包括：进食、床上活动、穿衣、修饰、洗澡、床椅转移、行走、大小便、用厕等能力。

2.4

日常生活自理能力 ability of taking care of oneself

人在正常思维支配的情况下，自我料理个人日常生活的能力。包括：进食、修饰、更衣、整理个人卫生、大小便、外出行走、使用日常生活工具、乘坐交通工具等能力。

2.5

躯体移动能力 ability of body moving

人体自主在床上移动，上、下床，室内或室外行走，上、下楼梯等能力。

2.6

护理依赖 nursing dependency

躯体伤残或精神障碍者在治疗终结后，仍需他人帮助、护理才能维系正常日常生活。

2.7

护理依赖程度 level of nursing dependency

躯体伤残或精神障碍者需要他人护理所付出工作量的大小，分为完全、大部分和部分护理依赖。

2.8

治疗终结 end of treatment

人身损害直接导致的损伤或损伤引发的并发症经过治疗，达到临床治愈或临床稳定。

2.9

损伤参与度　injury involvement in nursing dependency

损害因素对造成护理依赖后果所起作用的大小比例。

3　一般规定

3.1　评定要求

3.1.1　对被评定人应进行详细询问，针对人身损害情况进行身体检查，必要时应做相关辅助检查。

3.1.2　经检查，被评定人应有明确的临床体征，并与辅助检查、病历记载相一致。

3.1.3　被评定人原有疾病或伤残与本次损害因素共同作用造成护理依赖的，应确定本次损伤参与度。见附录A。

3.1.4　精神障碍护理依赖程度的评定，应当有专科医疗机构精神科执业医师作出的诊断证明，或聘请精神科执业医师参加。

3.1.5　被评定人同时有躯体伤残、精神障碍和精神障碍安全问题均需要护理依赖的，应分别评定，按护理依赖程度较高的定级。

3.2　评定时机

3.2.1　躯体伤残护理依赖程度评定应在本次损伤治疗终结后进行。

3.2.2　精神障碍护理依赖程度评定应在治疗满一年后进行。

3.3　评定等级及比例

3.3.1　护理依赖程度等级

由低到高分以下三级：

a)　部分护理依赖；

b)　大部分护理依赖；

c)　完全护理依赖。

3.3.2　护理依赖赔付比例

护理依赖赔付比例，参见附录B。

3.4　护理依赖程度表述

护理依赖程度表述，参见附录C。

3.5　评定人资质

由取得主检法医师、精神科执业主治医师、临床副主任医师以上职称或取得司法鉴定人资格的人员担任。

3.6　数字规定

本标准列举数字“以上或以下”，均包括本数。

4 躯体伤残护理依赖程度评定

4.1 躯体伤残日常生活活动能力项目、评定分值和计算

4.1.1 项目

4.1.1.1 进食

拿取食物，放入口中，咀嚼，咽下。

4.1.1.2 床上活动

床上活动包括：

a) 翻身；
b) 平移；
c) 起坐。

4.1.1.3 穿衣

穿衣包括：

a) 穿脱上身衣服；
b) 穿脱下身衣服。

4.1.1.4 修饰

修饰指使用放在身边的洗漱用具，包括：

a) 洗（擦）脸；
b) 刷牙；
c) 梳头；
d) 剃须。

4.1.1.5 洗澡

进入浴室，完成洗澡。

4.1.1.6 床椅转移

从床上移动到椅子上或从椅子上移动到床上。

4.1.1.7 行走

行走包括：

a) 平地行走；
b) 上楼梯；
c) 下楼梯。

4.1.1.8 小便始末

到规定的地方，解系裤带，完成排尿。

4.1.1.9 大便始末

到规定的地方，解系裤带，完成排便。

4.1.1.10 用厕

用厕包括：

a) 蹲下站起；

b) 拭净；

c) 冲洗(倒掉)；

d) 整理衣裤。

4.1.2 分值

躯体伤残日常生活活动能力10项评定分值见表1。

表1 躯体伤残日常生活活动能力项目评定分值(100分)

<table>
<tr><th>项目</th><th colspan="4">评定分值</th></tr>
<tr><td>进食</td><td>10分
自己到就餐处，自主完成</td><td>5分
依靠他人帮助把食物拿取到面前(身边)才能完成</td><td colspan="2">0分
完全依靠他人拿取食物和接触身体的帮助才能完成，或需他人喂食</td></tr>
<tr><td>床上活动</td><td>10分
自主完成4.1.1.2的a)、b)、c)</td><td>5分
需要他人看护或扶助才能完成，或只能自主完成4.1.1.2中的1项或2项，其余需依靠他人接触身体的帮助才能完成</td><td colspan="2">0分
完全依靠他人接触身体的帮助才能完成4.1.1.2的a)、b)、c)</td></tr>
<tr><td>穿衣</td><td>10分
自主完成4.1.1.3的a)、b)</td><td>5分
需要他人帮助把衣服拿到身边才能完成，或只能完成4.1.1.3中的a)或b)</td><td colspan="2">0分
完全依靠他人接触身体的帮助才能完成4.1.1.3的a)和b)</td></tr>
<tr><td>修饰</td><td colspan="2">5分
自主完成4.1.1.4的a)、b)、c)、d)</td><td colspan="2">0分
完全依靠他人帮助把洗漱用品拿到身边，或主要依靠他人接触身体的帮助才能完成4.1.1.4的a)、b)、c)、d)</td></tr>
<tr><td>洗澡</td><td colspan="2">5分
自主完成</td><td colspan="2">0分
主要或完全依靠他人引领、扶助或接触身体的帮助才能完成</td></tr>
<tr><td>床椅转移</td><td>15分
自主完成</td><td>10分
借助残疾辅助器具(康复辅助器具)或其他工具才能完成</td><td>5分
需依靠他人引领、看护或扶助才能完成</td><td>0分
完全依靠他人接触身体的帮助才能完成</td></tr>
</table>

表 1（续）

项目	评定分值			
行走	15 分 自主完成 4.1.1.7 的 a)、b)、c)	10 分 借助残疾辅助器具（康复辅助器具）或其他工具才能完成 4.1.1.7 的 a)、b)、c)	5 分 借助残疾辅助器具（康复辅助器具）只能完成 4.1.1.7 的 a)，其余需依靠他人引领、看护或扶助才能完成	0 分 完全依靠他人接触身体的帮助才能完成 4.1.1.7 的 a)、b)、c)
小便始末	10 分 自主完成	5 分 需他人引领、看护或扶助才能去规定的地方完成小便过程	0 分 在床上小便或完全依靠他人接触身体的帮助才能完成，并依靠他人帮助清理小便	
大便始末	10 分 自主完成	5 分 需他人引领、看护或扶助才能去规定的地方完成大便过程	0 分 在床上大便或完全依靠他人接触身体的帮助才能完成，并依靠他人帮助清理大便	
用厕	10 分 自主完成4.1.1.10 的 a)、b)、c)、d)	5 分 只能完成 4.1.1.10 的 a)、b)、c)、d) 中的 3 项以下，其余需依靠他人接触身体帮助或借助其他设施、辅助用具才能完成	0 分 完全依靠他人接触身体帮助才能完成 4.1.1.10 的 a)、b)、c)、d)	

注 1：自主完成：指躯体伤残者不需要他人帮助就能完成。

注 2：完全依靠：指躯体伤残者某项日常生活活动能力完全丧失，完全靠他人帮助才能完成。

注 3：他人接触身体的帮助：指护理人员近距离给予伤残者抱、抬、搬、背等帮助。

注 4：看护：指为了防止躯体伤残者在进行日常生活活动时出现行走不稳、摔倒、跌下等危险，而需他人在旁边照看、保护。

注 5：扶助：指为了防止躯体伤残者在进行日常生活活动时出现行走不稳、摔倒、跌下等危险，而需他人在旁边实施搀扶、护持等帮助。

注 6：看护和扶助，躯体伤残者日常生活活动主要是靠自身的能力完成。

4.1.3 计算

4.1.3.1 根据躯体伤残者完成日常生活活动能力项目的情况，客观确定每项分值。

4.1.3.2 将各项分值相加得出总分值。

4.2 护理依赖程度评定

4.2.1 护理依赖

4.2.1.1 日常生活活动能力项目总分值为 100 分。

4.2.1.2 总分值在 61 分以上，日常生活活动基本自理，无护理依赖。

4.2.1.3 总分值在 60 分以下，有护理依赖。

4.2.2 护理依赖程度

4.2.2.1 总分值在60分～41分，为部分护理依赖。

4.2.2.2 总分值在40分～21分，为大部分护理依赖。

4.2.2.3 总分值在20分以下，为完全护理依赖。

5 精神障碍者护理依赖程度评定

5.1 精神障碍日常生活自理能力项目、评定分值和计算

5.1.1 项目

5.1.1.1 进食

进食包括：

a) 按时；

b) 定量；

c) 在规定地点完成进食。

5.1.1.2 修饰

修饰包括：

a) 洗(擦)脸；

b) 刷牙；

c) 梳头；

d) 剃须。

5.1.1.3 更衣

更衣包括：

a) 穿脱衣服；

b) 定时更换衣服；

c) 按季节、天气、温度变化适时增减衣服。

5.1.1.4 理发、洗澡、剪指甲

理发、洗澡、剪指甲包括：

a) 去理发店理发；

b) 去洗浴处洗澡；

c) 自己或要求他人帮助剪指甲。

5.1.1.5 整理个人卫生

整理个人卫生包括：

a) 整理自己的床铺；

b) 打扫室内卫生；

c) 清洗衣服；

d) 女性能处理经期卫生，使用更换卫生巾、清洗内裤等。

5.1.1.6 **小便始末**

小便始末包括：

a) 到规定地方；

b) 解系裤带，完成小便过程；

c) 清理小便。

5.1.1.7 **大便始末**

大便始末包括：

a) 到规定地方；

b) 解系裤带，完成大便过程；

c) 清理大便。

5.1.1.8 **外出行走**

外出行走包括：

a) 自主外出；

b) 能找回出发处。

5.1.1.9 **睡眠**

按照一般正常人的作息时间、规律睡眠。

5.1.1.10 **服药**

服药包括：

a) 保管药物；

b) 定时服药；

c) 定量服药。

5.1.1.11 **使用日常生活用具**

使用日常生活用具包括：

a) 使用炉灶；

b) 使用日用电器；

c) 使用自来水。

5.1.1.12 **乘车**

乘坐交通工具，如公共汽车、出租车等。

5.1.2 **分值**

精神障碍日常生活自理能力 12 项评定分值见表 2。

表 2　精神障碍日常生活自理能力项目评定分值(120 分)

项目	评定分值		
进食	10 分 能自主完成 5.1.1.1 的 a)、b)、c)	5 分 经常需他人提醒、督促、引领、控制才能完成 5.1.1.1 的 a)、b)、c)中的 1 项或 2 项	0 分 完全依靠他人督促、帮助才能完成 5.1.1.1 的 a)、b)、c)或需他人喂食
修饰	10 分 能保持外貌整洁。自主完成 5.1.1.2 的 a)、b)、c)、d)中 2 项以上	5 分 经常需他人提醒、督促、帮助才能完成 5.1.1.2 的 a)、b)、c)、d)中 1 项以上	0 分 完全依靠他人帮助才能完成 5.1.1.2 的 a)、b)和(或)c)、d)
更衣	10 分 衣着得体。能自主完成 5.1.1.3 的 a)、b)、c)	5 分 经常需他人提醒、督促、帮助才能完成 5.1.1.3 的 a)、b)、c)	0 分 完全依靠他人帮助才能完成 5.1.1.3 的 a)、b)、c)
理发、洗澡、剪指甲	10 分 能自主完成 5.1.1.4 的 a)、b)、c)	5 分 经常需他人提醒、督促、引领、帮助才能完成 5.1.1.4 的 a)、b)、c)中 1 项以上	0 分 从不主动理发、洗澡、剪指甲,完全需他人强制、帮助才能完成 5.1.1.4 的 a)、b)、c)
整理个人卫生	10 分 能自主完成 5.1.1.5 的 a)、b)、c),女性能自主完成 5.1.1.5 的 d)	5 分 经常需他人提醒、指导才能完成 5.1.1.5的 a)、b)、c)中的 1 项以上。女性在他人提醒、指导下才能完成 5.1.1.5 的 d)	0 分 完全依靠他人帮助才能完成 5.1.1.5 的 a)、b)、c),女性完全依靠他人帮助才能完成 5.1.1.5 的 d)
小便始末	10 分 能自主完成 5.1.1.6 的 a)、b)、c)	5 分 经常需他人提醒、督促、引领才能完成 5.1.1.6 的 a),5.1.1.6 的 b)、c)基本能自主完成	0 分 完全依靠他人帮助才能完成 5.1.1.6 的 a)、b)、c)
大便始末	10 分 能自主完成 5.1.1.7 的 a)、b)、c)	5 分 经常需他人提醒、督促、引领才能完成 5.1.1.7 的 a),5.1.1.7 的 b)、c)基本能自主完成	0 分 完全依靠他人帮助才能完成 5.1.1.7 的 a)、b)、c)
外出行走	10 分 能自主完成 5.1.1.8 的 a)、b)	5 分 完成 5.1.1.8 的 a)、b),需要他人陪同,否则就有走失的危险;或从不外出	0 分 完成 5.1.1.8 的 a)、b),必需有他人陪同,否则就会丢失

表 2（续）

项目	评定分值		
睡眠	10 分 能自主按正常人的作息时间、规律睡眠，或偶有异常睡眠但不需他人监护、帮助	5 分 有下列异常睡眠表现：昼夜颠倒、白天思睡、夜间不宁、晚上不睡、早晨不起等 1 种以上，经常需要他人监护、帮助	0 分 有下列异常睡眠表现：昼夜颠倒、白天思睡、夜间不宁、晚上不睡、早晨不起等表现 1 种以上，长期需要他人监护、帮助
服药	10 分 不需要服药，或需要服药，但能遵照医嘱自主完成 5.1.1.10 的 a)、b)、c)	5 分 需要服药，能自主完成 5.1.1.10 的 a)，但 5.1.1.10 的 b)、c)需他人提醒、督促、帮助才能完成	0 分 需要服药，完全依靠他人帮助才能完成 5.1.1.10 的 a)、b)、c)
使用日常生活用具	10 分 能自主安全使用 5.1.1.11 的 a)、b)、c)	5 分 经常需他人指导、监护才能使用 5.1.1.11的 a)、b)、c)中 1 项以上	0 分 从不使用 5.1.1.11 的 a)、b)、c)或使用 5.1.1.11 的 a)、b)、c)经常引发危险
乘车	10 分 能自主完成乘坐交通工具	5 分 乘坐交通工具，经常需要有他人陪同	0 分 从不乘坐交通工具，或在他人陪同下，也很难完成乘坐交通工具

5.1.3 计算

5.1.3.1 根据精神障碍者完成日常生活自理能力项目的情况，客观确定每项分值。

5.1.3.2 将各项分值相加得出总分值。

5.2 护理依赖程度评定

5.2.1 护理依赖

5.2.1.1 日常生活自理能力项目总分值为 120 分。

5.2.1.2 总分值在 81 分以上，日常生活基本能够自理，无护理依赖。

5.2.1.3 总分值在 80 分以下，有护理依赖。

5.2.2 护理依赖程度

5.2.2.1 总分值在 80 分～61 分，为部分护理依赖。

5.2.2.2 总分值在 60 分～41 分，为大部分护理依赖。

5.2.2.3 总分值在 40 分以下，为完全护理依赖。

5.2.2.4 安全问题：有以下危害自身、他人和公共安全行为或倾向 1 项以上，治疗满一年，经专科医疗机构精神科执业主治以上职称医师或鉴定人员诊断、鉴定无明显改善的，为大部分护理依赖：

a） 自杀；

b） 自残；

c） 伤人；

d） 毁物；

e） 其他危害公共安全的情形或倾向。

附　录　A
（规范性附录）
损伤参与度

A.1　损伤参与度的表示

损伤参与度采用百分比表示，分为：100%，75%，50%，25%，0 五种。

A.2　损伤参与度的划分

A.2.1　完全由本次损害及其并发症、后遗症造成，原有疾病或残疾与其所需护理依赖程度无因果关系的，损伤参与度为100%。

A.2.2　主要由本次损害及其并发症、后遗症造成，原有疾病或残疾对其所需护理依赖程度只起到加重和辅助作用的，损伤参与度为75%。

A.2.3　本次损害及其并发症、后遗症与原有疾病或残疾共同造成护理依赖程度，且作用相当，难分主次的，损伤参与度为50%。

A.2.4　主要由原有疾病或残疾造成，本次损害及其并发症、后遗症对其所需护理依赖程度只起到加重和辅助作用的，损伤参与度为25%。

A.2.5　完全由原有疾病或残疾造成，本次损害及其并发症、后遗症与其所需护理依赖程度无明确因果关系的，损伤参与度为0。

附 录 B
（资料性附录）
护理依赖赔付比例

护理依赖赔付比例是指各护理依赖程度等级所需护理费用的比例，分为以下三等：

a） 完全护理依赖：按100%的比例计算；

b） 大部分护理依赖：按完全护理依赖费用80%计算；

c） 部分护理依赖：按完全护理依赖费用50%计算。

附　录　C
（资料性附录）
护理依赖程度的表述

护理依赖后果完全是由本次损害及其并发症、后遗症造成的，直接书写其所需护理依赖的程度。

示例：李某某需要完全护理依赖；张某某需要大部分护理依赖；赵某某需要部分护理依赖。

护理依赖后果是由于损害及其并发症、后遗症与其原有疾病或残疾共同造成的，在所需护理依赖程度之后，加上损伤参与度所占的百分比。

示例：李某某需要大部分护理依赖，损伤参与度为50%。表示该被评定人所需大部分护理依赖，其50%是由于损害因素造成的。

护理依赖后果完全是由于原有疾病或残疾造成的，损伤参与度确定为0，必要时说明本次损害与护理依赖无因果关系。

ICS 55.180.20
A 85

中华人民共和国国家标准

GB/T 31148—2014

联运通用平托盘　木质平托盘

General-purpose flat pallets for through transit of goods—Wooden flat pallet

2014-09-03 发布　　　　2014-12-01 实施

中华人民共和国国家质量监督检验检疫总局
中国国家标准化管理委员会　发布

前 言

本标准按照 GB/T 1.1—2009 给出的规则起草。

本标准由全国物流标准化技术委员会(SAC/TC 269)提出并归口。

本标准主要起草单位:无锡市前程包装工程有限公司、金华市捷特包装有限公司、金源集团芜湖钟山木器包装有限公司、中国物流与采购联合会托盘专业委员会、天津开发区新创科工贸有限公司、广东新阳物流设备有限公司、昆山市信和包装有限公司。

本标准主要起草人:徐平、周德志、周卫中、夏则荣、程涛、唐英、王立新、叶家菲、姚志明、詹敏瑟。

联运通用平托盘 木质平托盘

1 范围

本标准规定了木质平托盘的术语和定义、样式、要求、试验方法、检验规则以及标志、包装、运输与贮存。

本标准适用于联运通用木质平托盘,也适用于托盘共用系统中反复使用的木质平托盘,一次性托盘也可参照使用。

2 规范性引用文件

下列文件对于本文件的应用是必不可少的。凡是注日期的引用文件,仅注日期的版本适用于本文件。凡是不注日期的引用文件,其最新版本(包括所有的修改单)适用于本文件。

GB/T 1935 木材顺纹抗压强度试验方法

GB/T 1936.1 木材抗弯强度试验方法

GB/T 1938 木材顺纹抗拉强度试验方法

GB/T 2828.1—2012 计数抽样检验程序 第1部分:按接收质量限(AQL)检索的逐批检验抽样计划

GB/T 3716 托盘术语

GB/T 4823 锯材缺陷

GB/T 4995 联运通用平托盘 性能要求

GB/T 4996 联运通用平托盘 试验方法

GB/T 17657—2013 人造板及饰面人造板理化性能试验方法

GB/T 23898—2009 木质平托盘用人造板

GB 27704 钢钉

EN 13183-2:2002 锯材的含水率 第2部分:由电阻法估算(Moisture content of a piece of swan timber—Part 2:Estimation by electrical resistance method)

3 术语和定义

GB/T 3716 和 GB/T 4996 界定的以及下列术语和定义适用于本文件。

3.1

木质平托盘 wooden flat pallet

由木材、人造板等木质包装材料制成没有上部构件的平托盘。

3.2

锯材 sawn timber

原木经制材加工得到的产品。

3.3

刨花垫块 composite chipboard block

由木材碎料(木刨花、锯末、木材经粉碎后制得的碎料或类似材料)与胶粘剂一起,经热压成型后制得的托盘用垫块。

4 样式

木质平托盘的样式如图1所示。

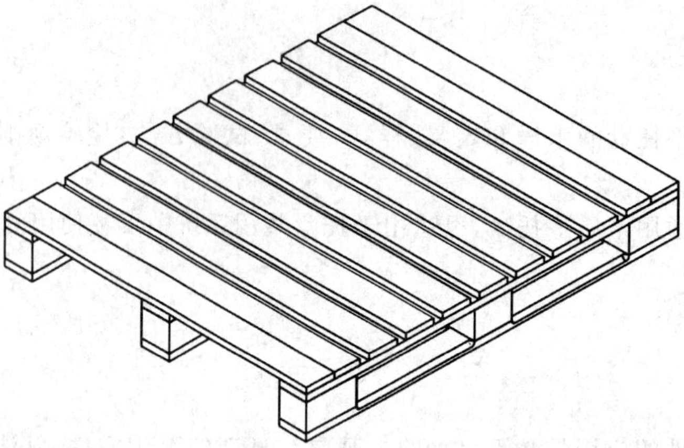

a) 托盘平面尺寸为1 200 mm×1 000 mm、四向进叉、单面使用、紧密对接边板、纵梁板与底铺板同方向、底板结构为川字型平托盘(简称"川字式托盘")

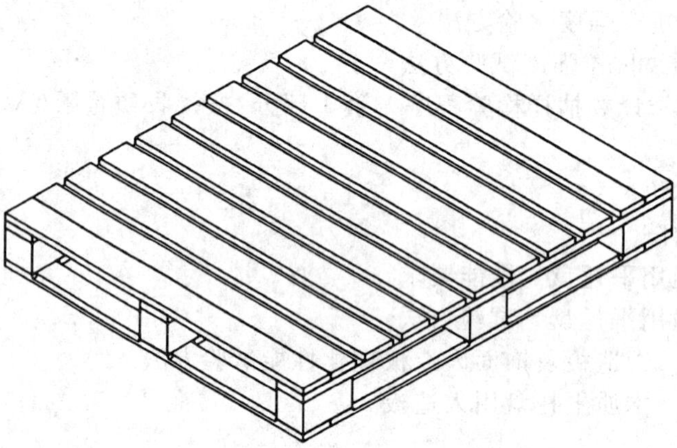

b) 托盘平面尺寸为1 200 mm×1 000 mm、四向进叉、单面使用、紧密对接边板、周底型平托盘(简称"周底式托盘")

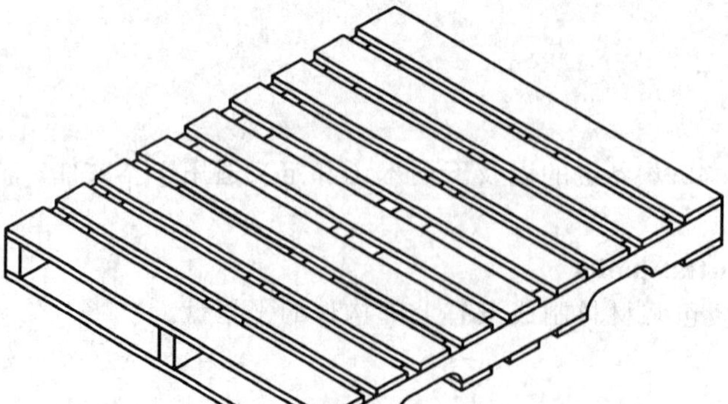

c) 托盘平面尺寸为1 200 mm×1 000 mm、单面使用、纵梁上有U型槽的局部四向进叉平托盘(简称"纵梁式托盘")

图1 木质平托盘的样式

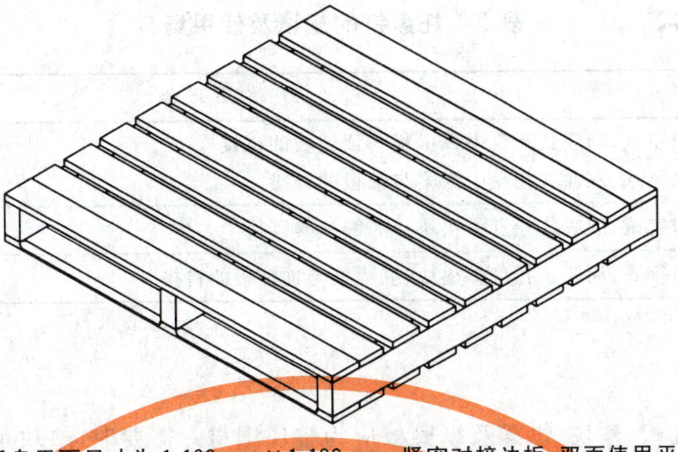

d） 托盘平面尺寸为 1 100 mm×1 100 mm、紧密对接边板、双面使用平托盘
（简称“双面式托盘”）

图 1（续）

5 要求

5.1 材料

5.1.1 木材

5.1.1.1 木材许用强度

木质平托盘用木材的许用强度按表 1 的规定（许用强度等于试验强度除以安全系数，抗弯强度及抗拉强度的安全系数为 6.5，抗压强度的安全系数为 5.5）。

表 1 木材的许用强度

单位为兆帕斯卡

抗弯强度，f_b	（顺纹）抗压强度，f_c	（顺纹）抗拉强度，f_t
10.5	6.0	12.7

5.1.1.2 木材树种

木质平托盘用木材树种为马尾松、南方松、赤松、铁杉、花旗松、樟子松、油松、云杉、辐射松等，也可以使用强度与之相同或更大的树种。

5.1.1.3 含水率

木质平托盘各部件的含水率不应高于 20%。

5.1.1.4 除害处理

需要时，应对木质平托盘进行熏蒸、热处理等除虫害处理。

5.1.2 托盘钉

木质平托盘用托盘钉的表面应经电化学镀处理，性能要求参照 GB 27704 执行，托盘钉的规格及使用场合见表 2 规定。

表 2　托盘钉的规格及使用场合

托盘钉规格	使用场合
P 2.68×50.8 HW	川字式、周底式托盘中纵梁板与顶铺板的钉接 纵梁式、双面式托盘中纵梁与铺板的钉接
P 2.87×63.5 HW	川字式、周底式托盘中垫块与底铺板的钉接
P 3.05×76.2 HW	川字式、周底式托盘中垫块、纵梁板与顶铺板的钉接

5.2　部件要求

5.2.1　木质平托盘的铺板、垫块、纵梁及纵梁板应为整块锯材。需要时，垫块可使用刨花垫块，刨花垫块应符合附录 A 中的规定。

5.2.2　部件用木材质量

木质平托盘各部件用木材质量应符合表 3 的规定。

表 3　木质平托盘部件用木材质量

缺陷	检量与计算方法	托盘部件质量要求			
		铺板	纵梁板	垫块	纵梁
节子	最大尺寸不得超过材宽的	30%	15%	30%	25%
	任意材长 1 m 范围内个数不得超过	6	4	6	6
腐朽	—	不允许			
虫眼	任意材长 1 m 范围内的个数不得超过	4	1	4	4
裂纹	长度不得超过材长的	5%	5%	10%	10%
斜纹	斜纹倾斜程度不得超过	10%	5%	20%	10%
钝棱	最严重缺角尺寸不得超过板宽的	30%	15%	30%	20%
翘曲	顺弯、横弯最大拱高不得超过内曲水平长的	2%	1%	1%	1%
夹皮	—	不允许			

5.3　尺寸及公差

5.3.1　木质平托盘平面尺寸的制造公差为 $^{+3}_{-6}$ mm。

5.3.2　木质平托盘中各部件尺寸及公差按照附录 B 的规定进行。

5.4　加工要求

5.4.1　钉接

钉接时，要求无露钉、无漏钉。在板材背面伸出的钉尖应在板材背面折弯回头；钉帽埋入板材的深度不应超过 3 mm。

5.4.2　布钉

木质平托盘的布钉（托盘钉的规格、用钉数量、钉接位置等）按照附录 C 的规定进行。

5.4.3 倒棱

木质平托盘的四周角部不必进行角部倒棱，有需要时，可由供需双方商定。底铺板应进行局部倒棱，局部倒棱尺寸为 10 mm×45°。

5.4.4 平面对角线

木质平托盘平面两对角线长度之差不应超过 3 mm。

5.5 外观质量

木质平托盘板面要求平整、无污染、无影响使用的毛刺以及无机械损伤。

5.6 性能要求

木质平托盘的额定载荷（*R*）为 1 000 kg，满足 GB/T 4995 中规定的抗弯试验、叉举试验、垫块或纵梁抗压试验、堆码试验、底铺板抗弯试验、角跌落试验等各项性能要求。

6 试验方法

6.1 材料

6.1.1 木材抗弯强度

木材抗弯强度按 GB/T 1936.1 的规定进行。

6.1.2 木材的顺纹抗压强度

木材顺纹抗压强度按 GB/T 1935 的规定进行。

6.1.3 木材的顺纹抗拉强度

木材顺纹抗拉强度按 GB/T 1938 的规定进行。

6.1.4 含水率检测

木材含水率按照 EN 13183-2:2002 的规定进行。

6.1.5 托盘钉

托盘钉的性能、尺寸及允许偏差按照 GB 27704 的规定进行。

6.2 部件及木材质量检验

在自然光线下目测，木材质量中各种缺陷的检量和计算方法按 GB/T 4823 的规定进行。

6.3 尺寸公差及加工要求

在自然光线下目测，采用钢板尺、卷尺等检量工具进行逐项检验，精确至 0.5 mm。

6.4 外观质量检验

在自然光线下目测。

6.5 性能要求检验

6.5.1 抗弯试验

按 GB/T 4996 中规定进行。

6.5.2 叉举试验

按 GB/T 4996 中规定进行。

6.5.3 垫块或纵梁抗压试验

按 GB/T 4996 中规定进行。

6.5.4 堆码试验

按 GB/T 4996 中规定进行。

6.5.5 底铺板抗弯试验

按 GB/T 4996 中规定进行。

6.5.6 角跌落试验

按 GB/T 4996 中规定进行。

7 检验规则

7.1 检验分类

产品检验分出厂检验和型式检验。

7.2 检验顺序

检验时，应首先对样本进行非破坏性的尺寸、外观等项目检验，检验合格后再进行破坏性的抗弯试验、叉举试验等项目检验。

7.3 检验项目

出厂检验和型式检验的检验项目见表 4。

表 4 出厂检验和型式检验的检验项目

序号	检验项目	出厂检验	型式检验	要求章条号	试验方法章条号
1	材料	●	●	5.1	6.1
2	部件要求	●	●	5.2	6.2,附录 A
3	尺寸及公差	●	●	5.3	6.3
4	加工要求	●	●	5.4	6.3
5	外观质量	●	●	5.5	6.4
6	抗弯试验	○	●	5.6	6.5.1

表 4（续）

序号	检验项目	出厂检验	型式检验	要求章条号	试验方法章条号
7	叉举试验	○	●	5.6	6.5.2
8	垫块或纵梁抗压试验	○	●	5.6	6.5.3
9	堆码试验	○	●	5.6	6.5.4
10	底铺板抗弯试验	○	●	5.6	6.5.5
11	角跌落试验	○	●	5.6	6.5.6
注："●"为必检项目，"○"为可选项目。					

7.4 型式检验

当有下列情况之一时，应进行型式检验：

a) 新产品投产、定型鉴定时；

b) 当原材料、工艺发生较大变化，可能影响产品性能时；

c) 正常生产每一年进行一次；

d) 停产半年以上，再次恢复生产时；

e) 国家质量监督检验部门提出检验要求时。

7.5 组批与抽样

7.5.1 组批

一般情况下，以相同原料、同一规格、相同工艺条件为一批，单一检验批量（N）不应大于 10 000 只。

7.5.2 缺陷分类

当木质平托盘检验的结果判定需要区分缺陷类别时，按照表 5 的规定进行。

表 5 缺陷分类

检验项目	缺陷		类别		
			严重	重度	轻度
材料	木材树种或许用强度不符合表 1 规定		101	—	—
	木材含水率大于 26%		—	201	—
	木材含水率为 20%～26%		—	—	301
	托盘钉的规格不符合 5.1.2 的规定		102	—	—
部件要求	木质平托盘部件未采用整块锯材		103	—	—
	木质平托盘部件用木材出现腐朽		104	—	—
	木质平托盘部件用木材出现夹皮		—	—	302
	铺板	节子最大尺寸或数量不符合表 3 规定	—	202	—
		虫眼数量、裂纹不符合表 3 规定	—	203	—
		斜纹倾斜程度不符合表 3 规定	—	—	303
		钝棱最严重缺角尺寸、翘曲不符合表 3 规定	—	—	304

表 5（续）

检验项目	缺陷		类别		
			严重	重度	轻度
部件要求	纵梁板	节子最大尺寸或数量不符合表 3 规定	105	—	—
		虫眼数量、裂纹不符合表 3 规定	106	—	—
		斜纹倾斜程度、翘曲不符合表 3 规定	—	204	—
		钝棱最严重缺角尺寸不符合表 3 规定	107	—	—
	垫块	垫块用木材质量要求不符合表 3 规定	—	205	—
		刨花垫块不符合附录 A 规定	108	—	—
	纵梁	节子最大尺寸或数量不符合表 3 规定	—	206	—
		斜纹倾斜程度、翘曲不符合表 3 规定	—	—	305
		虫眼数量、钝棱最严重缺角尺寸、裂纹不符合表 3 规定	—	207	—
尺寸及公差	木质平托盘平面尺寸的制造公差不符合 5.3.1 的规定		109	—	—
	木质平托盘各部件尺寸及公差不符合附录 B 规定		—	208	—
加工	托盘钉未按要求折弯回头		—	209	—
	托盘钉的钉帽埋入深度不符合 5.4.1 的规定		—	—	306
	木质平托盘的布钉不符合附录 C 的规定		—	210	—
	底铺板未进行局部倒棱		—	211	—
外观	不符合 5.5 的规定		—	—	307

7.5.3 接收质量限（AQL）

按照 GB/T 2828.1—2012 的规定，木质平托盘的接收质量限（AQL）：严重缺陷为 0.1、重度缺陷为 25、轻度缺陷为 65。

7.5.4 抽样方案

除性能要求检验项目，每项检验从一批样本中任意抽取 3 个样品进行试验外，所有检验项目按照 GB/T 2828.1—2012 的规定确定木质平托盘正常检验一次抽样方案。在一个样本单位中，每种缺陷只计一次，木质平托盘一次抽样方案见表 6。

表 6 木质平托盘抽样与合格判定方案

检验批量 (N)	样本量(n)	严重缺陷		重度缺陷		轻度缺陷	
		接收数 Ac	拒收数 Re	接收数 Ac	拒收数 Re	接收数 Ac	拒收数 Re
N≤150	8	0	1	5	6	10	11
151≤N≤280	13	0	1	7	8	14	15
281≤N≤500	20	0	1	10	11	21	22
501≤N≤1 200	32	0	1	14	15	30	31
1 201≤N≤3 200	50	0	1	21	22	44	45
3 201≤N≤10 000	80	0	1	30	31	70	71
注：超过 10 000 只的按另一批处理。							

7.6 判定规则

抽样样本按表4的检验项目,对木质平托盘进行单项判定。任意一项不符合本标准,即判定该批产品不合格。

8 标志、包装、运输与贮存

8.1 标志

木质平托盘四周明显可见位置,应印制清晰可辨、不易去除的标志,标明产品规格、生产日期、生产单位名称等信息。

8.2 包装

包装时,应码放整齐,堆码高度应适应现代物流系统,有特殊要求可由供需双方商定。

8.3 运输

运输过程中应有避雨、防水措施。

8.4 贮存

放置在通风干燥的库房内,应有避免虫蛀、污染等措施;短期露天存放时,应有防雨措施。

附 录 A
（规范性附录）
刨花垫块

A.1 尺寸及公差

刨花垫块的尺寸及公差如图 A.1 所示，尺寸及公差检验按照 GB/T 17657—2013 中 4.1 的规定进行。

单位为毫米

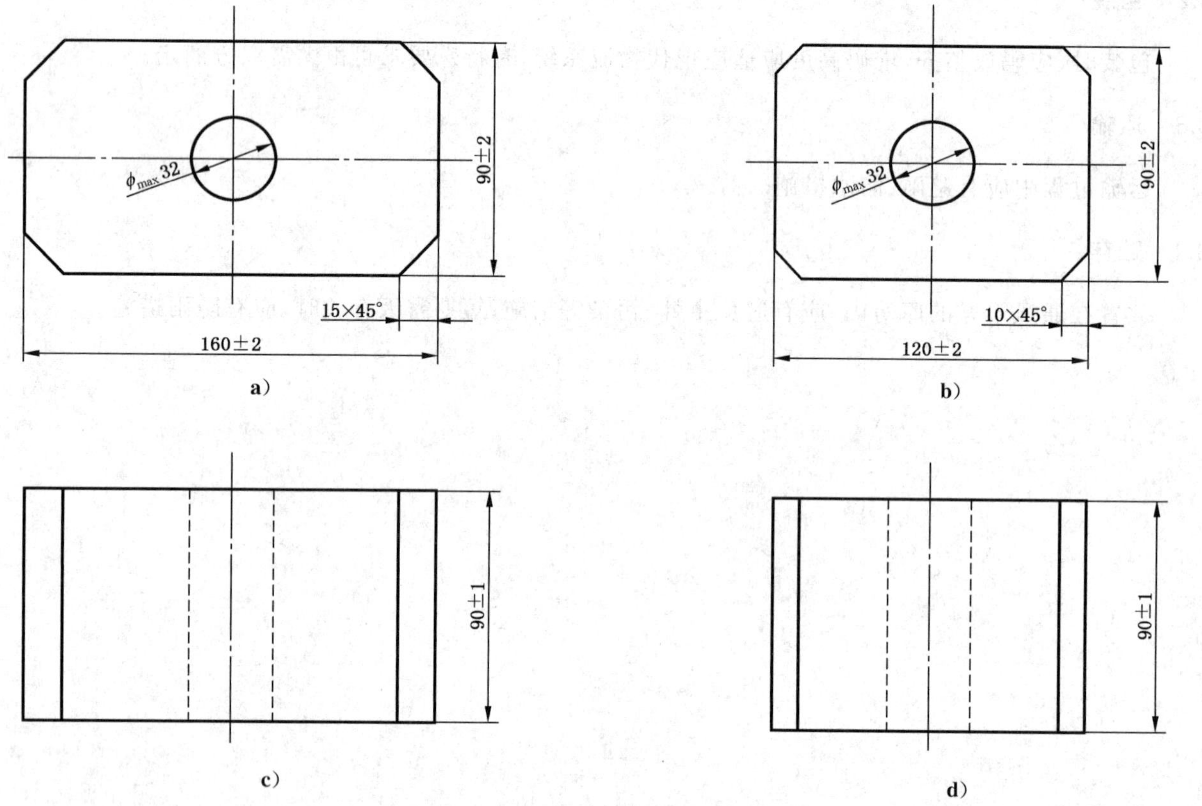

图 A.1 刨花垫块的尺寸及公差

A.2 性能要求及试验方法

A.2.1 密度

刨花垫块的密度不应低于 600 kg/m^3，每种规格样品数量为 10 个，测试方法按照 GB/T 17657—2013 中 4.2 的规定进行。

A.2.2 极限体积膨胀率

刨花垫块极限体积膨胀率在长度、宽度方向不超过 2%，在厚度方向不超过 4.5%。每种规格样品数量为 10 个，测试方法按照 GB/T 17657—2013 中 4.4 的规定进行。

A.2.3 胶层剪切强度

胶层剪切强度不应低于0.25 MPa，每种规格样品数量为5个，测试方法按照GB/T 17657—2013中4.16的规定进行。

A.2.4 甲醛释放量

甲醛释放量满足GB/T 23898—2009中表7规定的E2级，每种规格样品数量为2个，测试方法按照GB/T 17657—2013中4.11或4.12的规定进行。

A.2.5 握螺钉力

刨花垫块的平均握螺钉力不小于5.5 kN。每种规格样品数量为10个，测试方法按照GB/T 17657—2013中4.10的规定进行。

A.2.6 蒸煮试验

刨花垫块在一个大气压下，浸泡在100 ℃沸水中蒸煮2 h，取出置于(65±3)℃环境下干燥2 h后观察，要求表面完好、无裂缝，无片材脱离，每种规格样品数量为5个。

附 录 B
（规范性附录）
木质平托盘构件尺寸及公差

B.1 1 200 mm×1 000 mm 川字式托盘构件尺寸及公差图见图 B.1。

单位为毫米

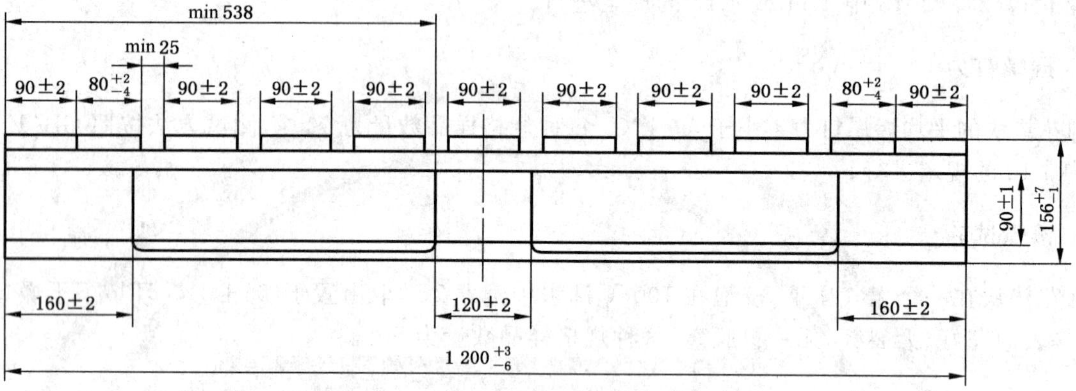

a）

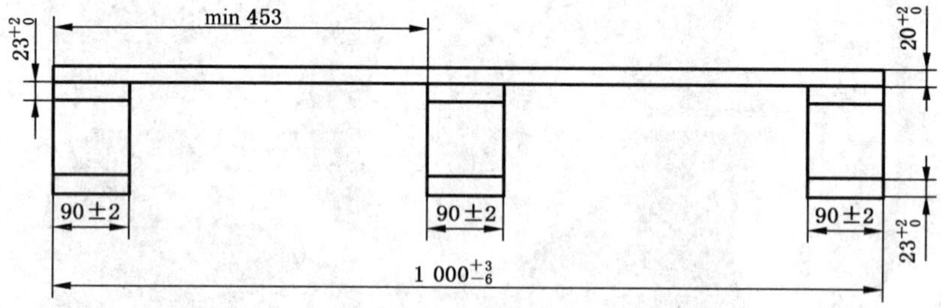

b）

图 B.1 1 200 mm×1 000 mm 川字式托盘构件尺寸及公差

B.2 1 200 mm×1 000 mm 周底式托盘构件尺寸及公差图见图 B.2。

单位为毫米

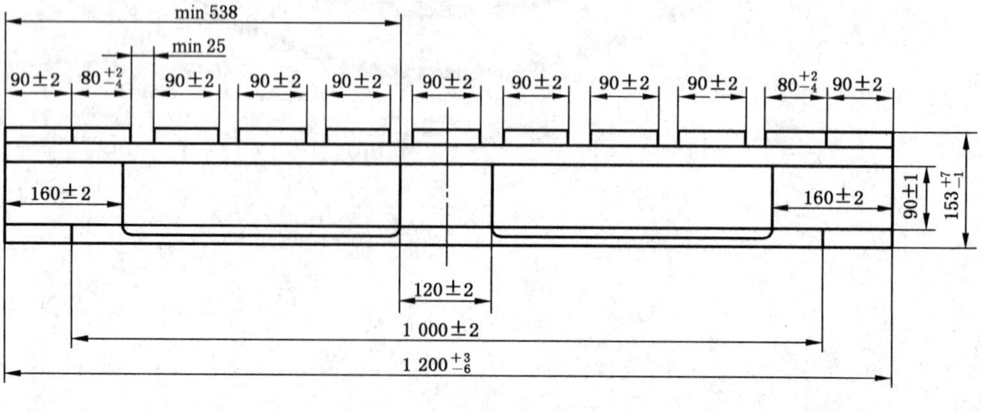

a）

图 B.2 1 200 mm×1 000 mm 周底式托盘构件尺寸及公差

单位为毫米

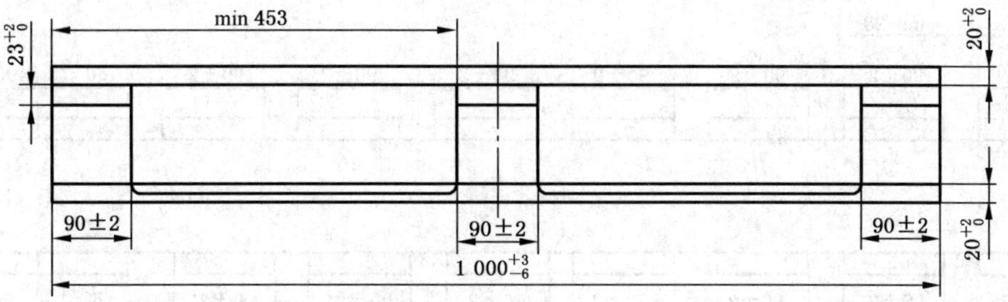

b）

图 B.2（续）

B.3 1 200 mm×1 000 mm 纵梁式托盘构件尺寸及公差图见图 B.3。

单位为毫米

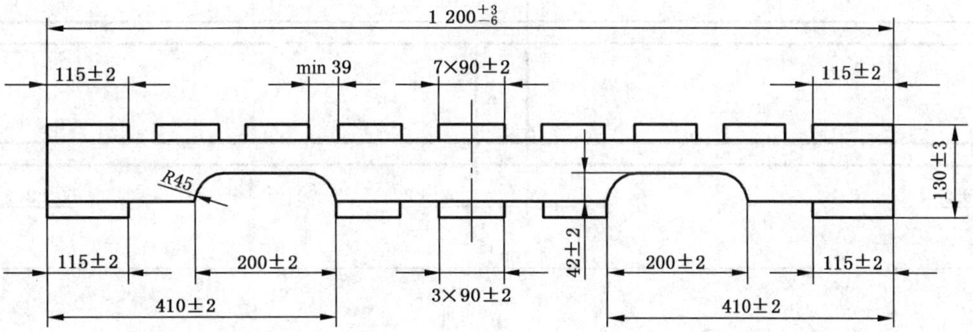

a）

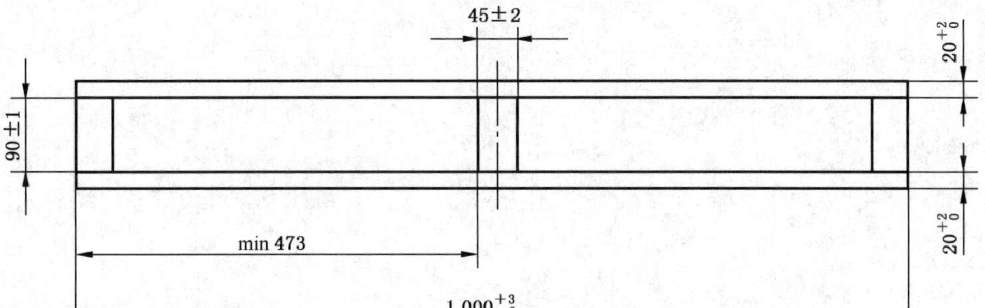

b）

图 B.3 1 200 mm×1 000 mm 纵梁式托盘构件尺寸及公差

B.4 1 100 mm×1 100 mm 双面式托盘构件尺寸及公差图见图 B.4。

单位为毫米

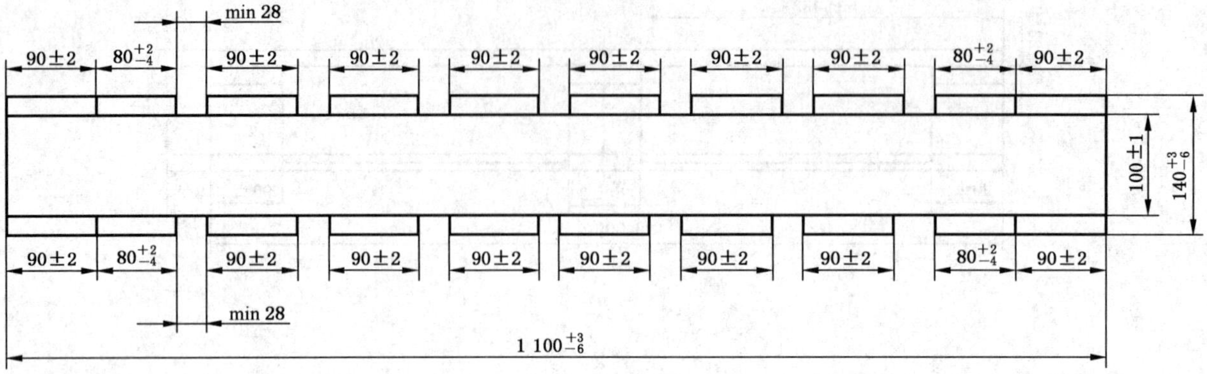

a)

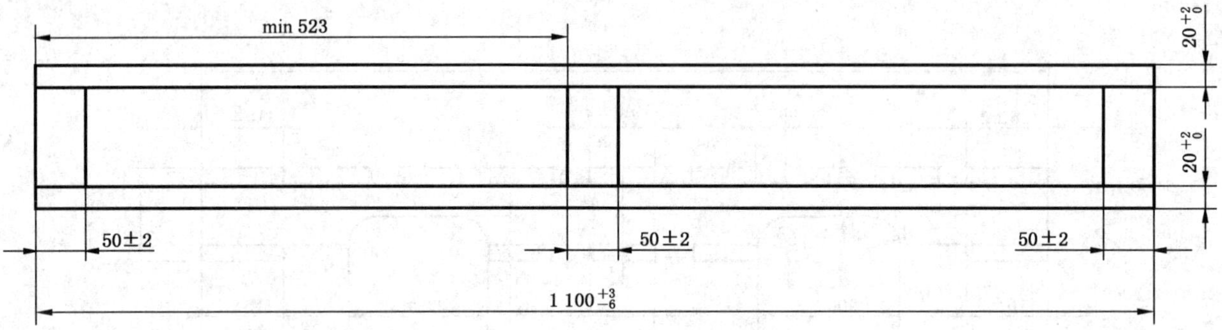

b)

图 B.4 1 100 mm×1 100 mm 双面式托盘构件尺寸及公差

附　录　C
（规范性附录）
木质平托盘布钉图

C.1　1 200 mm×1 000 mm 川字式托盘、周底式托盘布钉图（俯视图）见图 C.1。

单位为毫米

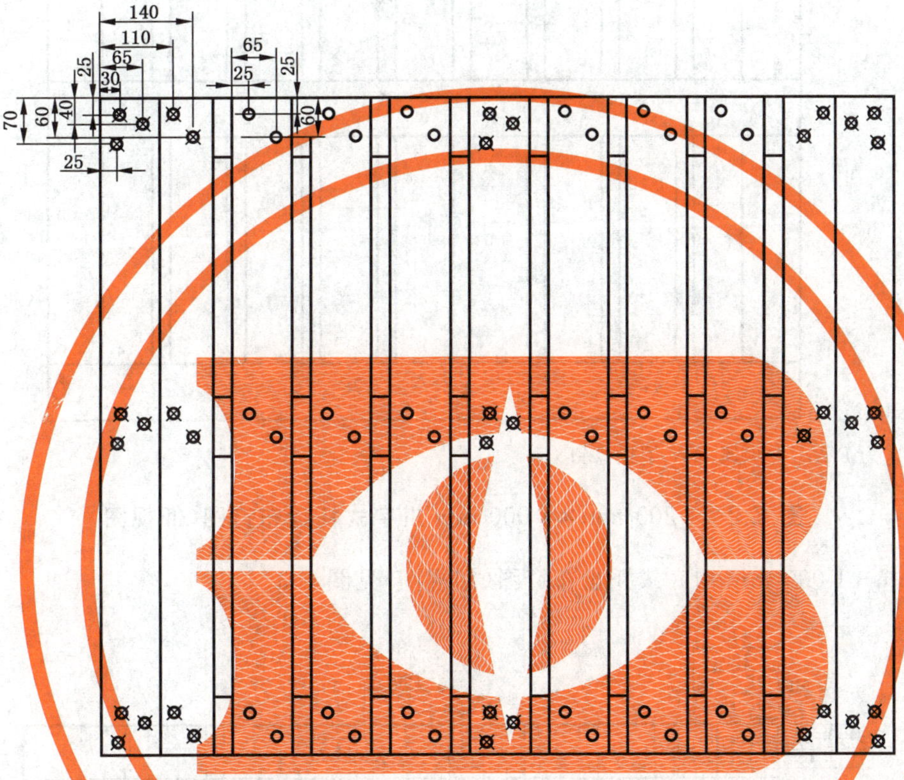

注 1：图中⊗为 P 3.05×76.2 HW 型托盘钉。

注 2：图中○为 P 2.68×50.8 HW 型托盘钉。

图 C.1　1 200 mm×1 000 mm 川字式托盘、周底式托盘布钉图（俯视图）

C.2　1 200 mm×1 000 mm 川字式托盘布钉图(仰视图)见图 C.2。

单位为毫米

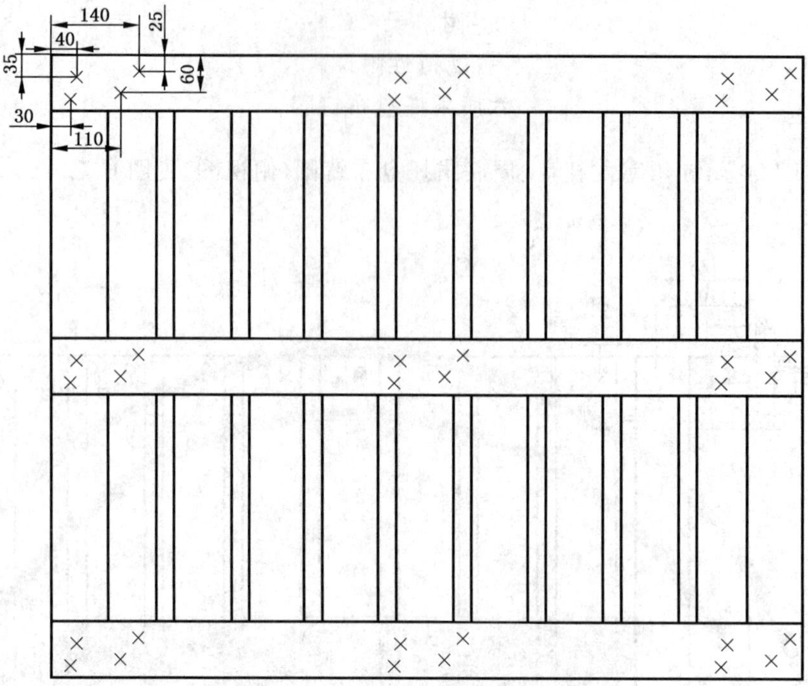

注 1：图中×为 P 2.87×63.5 HW 型托盘钉。

图 C.2　1 200 mm×1 000 mm 川字式托盘布钉图(仰视图)

C.3　1 200 mm×1 000 mm 周底式托盘布钉图(仰视图)见图 C.3。

单位为毫米

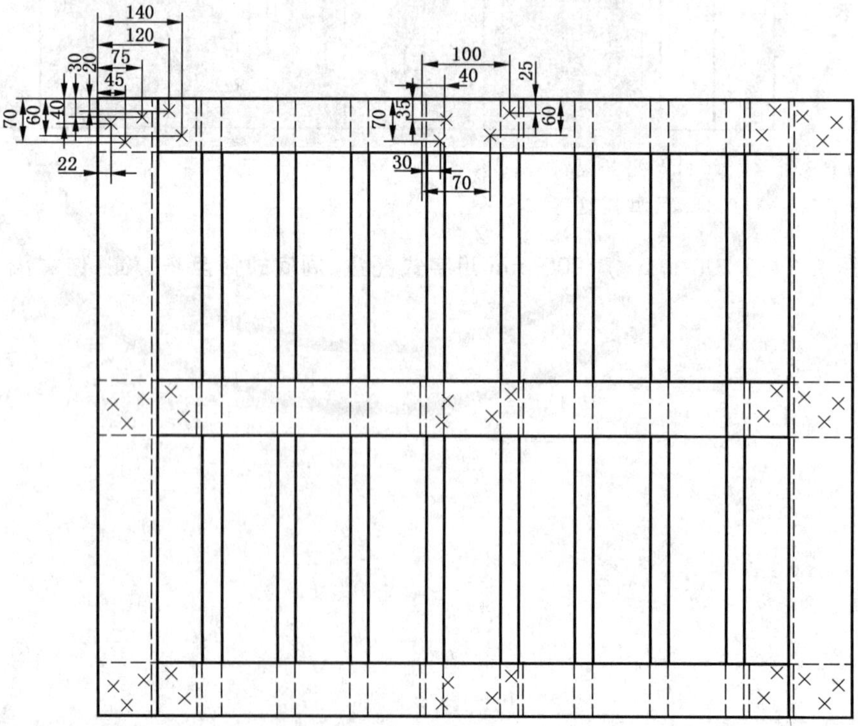

注 1：图中×为 P 2.87×63.5 HW 型托盘钉。

图 C.3　1 200 mm×1 000 mm 周底式托盘布钉图(仰视图)

C.4 1 200 mm×1 000 mm 纵梁式托盘布钉图(俯视图)见图 C.4。

单位为毫米

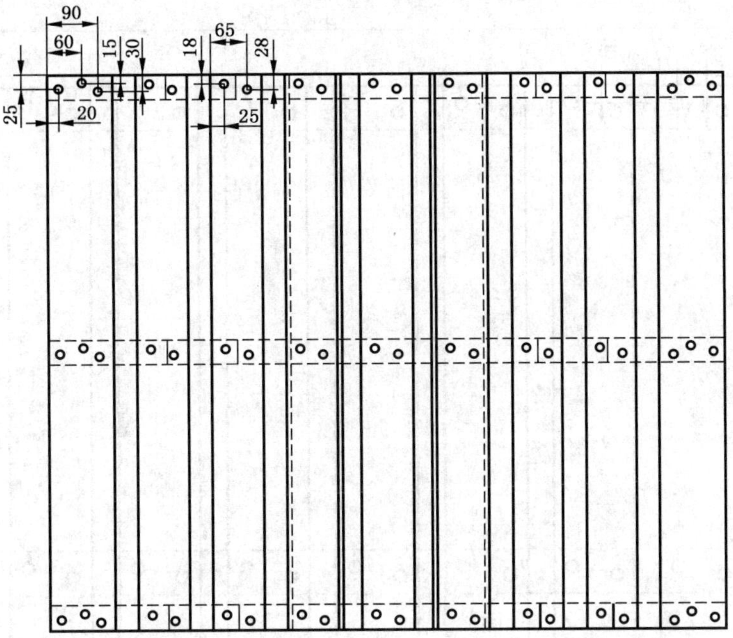

注 1：图中○为 P 2.68×50.8 HW 型托盘钉。

图 C.4 1 200 mm×1 000 mm 纵梁式托盘布钉图(俯视图)

C.5 1 200 mm×1 000 mm 纵梁式托盘布钉图(仰视图)见图 C.5。

单位为毫米

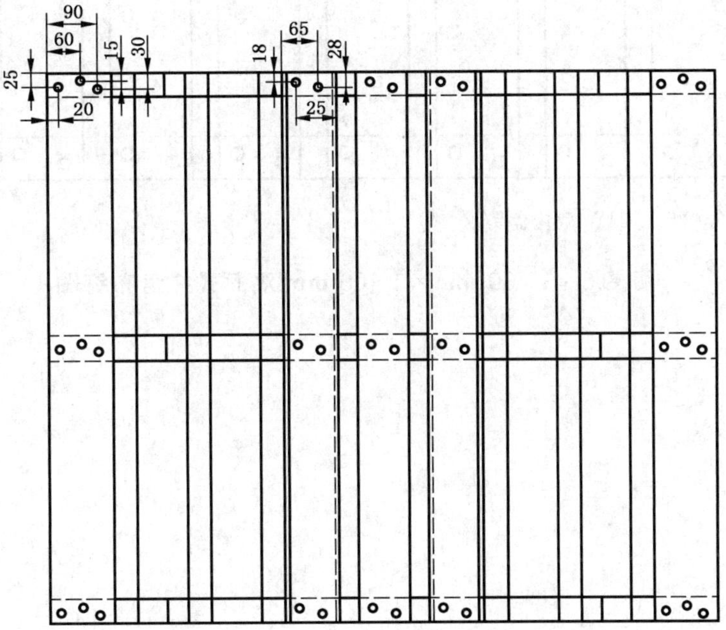

注 1：图中○为 P 2.68×50.8 HW 型托盘钉。

图 C.5 1 200 mm×1 000 mm 纵梁式托盘布钉图(仰视图)

C.6　1 100 mm×1 100 mm 双面式托盘布钉图见图 C.6。

单位为毫米

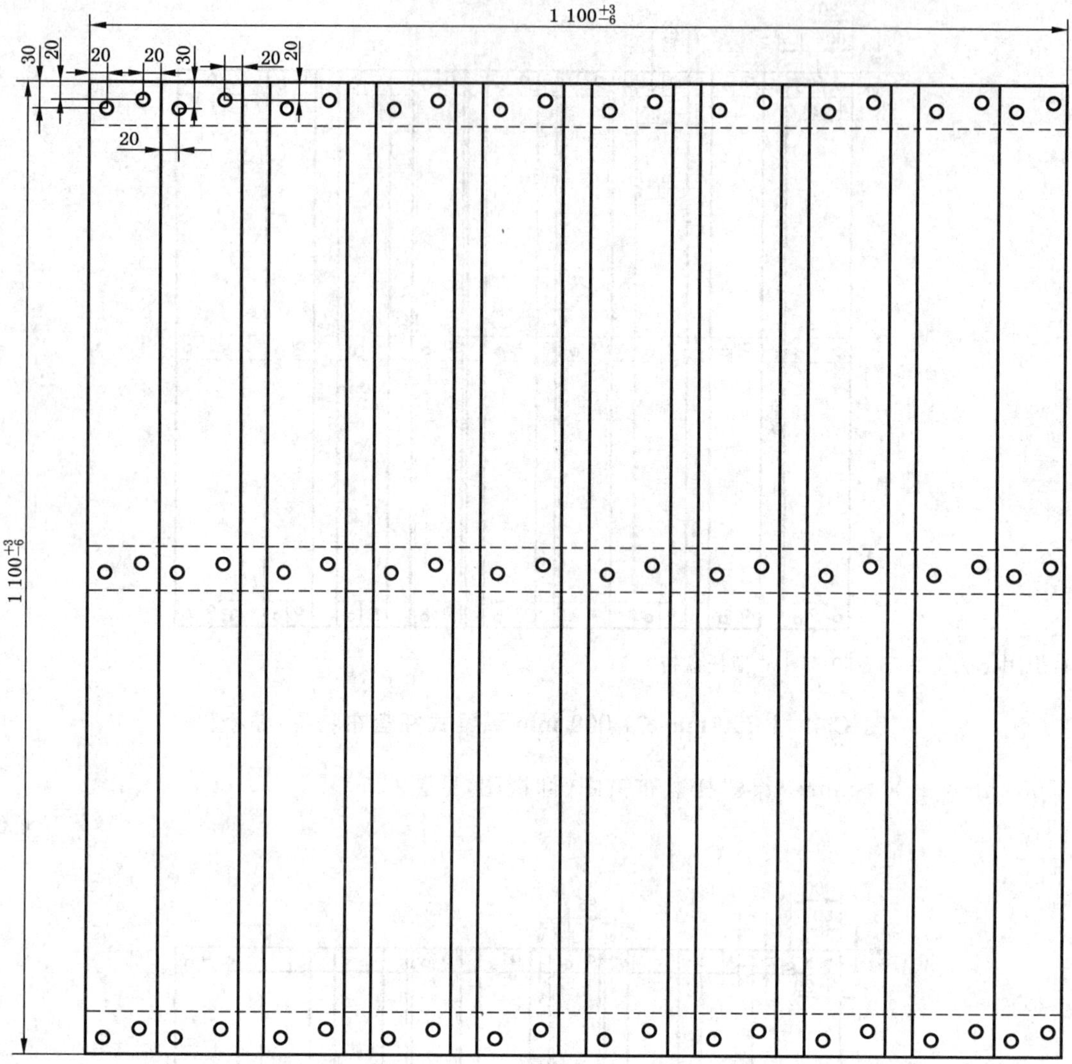

注 1：图中o为 P 2.68×50.8 HW 型托盘钉。

图 C.6　1 100 mm×1 100 mm 双面式托盘布钉图

参 考 文 献

[1] UIC CODE 435-2 Standard of quality for a European flat wood pallet, with four entries and measuring 800 mm×1200 mm

[2] JIS Z 0604-1989 Wooden flat pallet

[3] JIS Z 0651-2002 Design criteria of pallet systems

[4] ISO 8611-1:2011 Pallets for materials handling—Flat pallets—Part 1:Test methods

[5] ISO 8611-2:2011 Pallets for materials handling—Flat pallets—Part 2:Performance requirements and selection of tests

ICS 03.120.01
A 00

中华人民共和国国家标准

GB/T 31149—2014

汽车物流服务评价指标

Automotive logistics service evaluation index

2014-09-03 发布　　　　2014-12-01 实施

中华人民共和国国家质量监督检验检疫总局
中国国家标准化管理委员会　发布

前　言

本标准按照GB/T 1.1—2009给出的规则起草。

本标准由全国物流标准化技术委员会(SAC/TC 269)提出并归口。

本标准起草单位:中国物流与采购联合会汽车物流分会、一汽轿车股份有限公司、安吉汽车物流有限公司、神龙汽车有限公司、广州风神物流有限公司、东风汽车有限公司、一汽-大众销售有限责任公司、北京长久物流股份有限公司、重庆长安民生物流股份有限公司。

本标准主要起草人:杨晓宇、匡海波、何杰荣、陆薇、章信开、谢志海、秦记雄、袁自云、黄斌、徐杰、马增荣、贾晶、王利芳。

汽车物流服务评价指标

1 范围

本标准规定了汽车物流服务的评价指标，包括整车物流服务评价指标、零部件物流服务评价指标和售后服务备件物流服务评价指标。

本标准适用于对从事经营性汽车物流服务企业的仓储、运输、装卸作业、流通加工等物流服务能力进行评价。

2 规范性引用文件

下列文件对于本文件的应用是必不可少的。凡是注日期的引用文件，仅注日期的版本适用于本文件。凡是不注日期的引用文件，其最新版本(包括所有的修改单)适用于本文件。

GB/T 3730.1 汽车和挂车类型的术语和定义

GB/T 18354 物流术语

WB/T 1021 乘用车运输服务规范

WB/T 1032 商用车运输服务规范

WB/T 1033 乘用车水路运输服务规范

WB/T 1034 乘用车仓储服务规范

WB/T 1035 乘用车物流质损判定及处理规范

3 术语和定义

GB/T 3730.1、GB/T 18354、WB/T 1021、WB/T 1032、WB/T 1033、WB/T 1034、WB/T 1035 界定的以及下列术语和定义适用于本文件。

4 整车物流服务评价指标

4.1 下线检查漏检率

考核期内，对下线检查合格的汽车整车进行抽查，抽查发现的质损车数量占抽查总数量的比率，以百分数表示。按式(1)计算。

$$下线检查漏检率=\frac{考核期内抽查发现的质损车数量}{考核期内抽查车总数量}\times 100\% \quad\cdots\cdots(1)$$

4.2 交付质损率

考核期内，有交付质损的汽车整车数量占交付总数量的比率，以百分数表示。按式(2)计算。

$$交付质损率=\frac{考核期内物流有交付质损的汽车整车数量}{考核期内交付总数量}\times 100\% \quad\cdots\cdots(2)$$

式中：

交付总数量——运输交付与仓储交付的总和。

4.3 运输质损率

考核期内,有运输质损的汽车整车数量占承运总数量的比率,以百分数表示。按式(3)计算。

$$运输质损率=\frac{考核期内有运输质损的汽车整车数量}{考核期内承运总数量}\times 100\% \quad \cdots\cdots(3)$$

4.4 仓储质损率

考核期内,有仓储质损的汽车整车数量占仓储总数量的比率,以百分数表示。按式(4)计算。

$$仓储质损率=\frac{考核期内有仓储质损的汽车整车数量}{考核期内仓储总数量}\times 100\% \quad \cdots\cdots(4)$$

式中:

考核期内仓储总数量——考核期末库存总量+考核期内出库总量。

4.5 运输工具检验不合格率

考核期内,运输工具检验不合格数量占运输工具应检验总数量的比率,以百分数表示。按式(5)计算。

$$运输工具检验不合格率=\frac{考核期内运输工具检验不合格数量}{考核期内运输工具应检验总数量}\times 100\% \quad \cdots\cdots(5)$$

式中:

运输工具检验——对汽车整车的运输工具,包括车辆运输车、船、铁路货车等,按规定要求进行检验。

4.6 仓储设施不合格率

考核期内,根据仓储设施评分的规定对仓储设施进行检查,仓储设施不合格数量占仓储设施总数量的比率,以百分数表示。按式(6)计算。

$$仓储设施不合格率=\frac{考核期内仓储设施不合格数量}{考核期内仓储设施总数量}\times 100\% \quad \cdots\cdots(6)$$

4.7 单车物流质损成本率

考核期内,由于物流质损产生的修理、赔偿、报废损失、运费、罚金等相关的损失总费用与物流质损车总费用的比率,以百分数表示。按式(7)计算。

$$单车物流质损成本率=\frac{考核期内物流质损总费用}{考核期内物流质损车总费用}\times 100\% \quad \cdots\cdots(7)$$

4.8 订单及时率

考核期内,物流服务商从接收到运输订单起,直至交付收货人的时点,不超过约定时间的运输车辆数与总的运输车辆数的比率,以百分数表示。按式(8)计算。

$$订单及时率=\frac{考核期内订单及时完成的运输车辆数}{考核期内总运输车辆数}\times 100\% \quad \cdots\cdots(8)$$

4.9 调度及时率

考核期内,物流服务商从接收到运输订单起,安排运输调度计划并发送调度指令的过程,不超过约定时间的调度次数与总调度次数的比率,以百分数表示。按式(9)计算。

$$调度及时率=\frac{考核期内及时对订单完成调度的次数}{考核期内总调度次数}\times 100\% \quad \cdots\cdots\cdots\cdots(9)$$

4.10 发运及时率

考核期内,运输方从接收到调度指令起,直至完成交接、装车、发车的过程,未超过约定时间的运输次数与总运输次数的比率,以百分数表示。按式(10)计算。

$$发运及时率=\frac{考核期内及时完成装发运输的次数}{考核期内总运输次数}\times 100\% \quad \cdots\cdots\cdots\cdots(10)$$

4.11 备车及时率

考核期内,仓储方从接收到调度指令起,直至汽车整车完成出库准备并待装的过程,未超过约定时间的运输次数与总运输次数的比率,以百分数表示。按式(11)计算。

$$备车及时率=\frac{考核期内及时完成备车运输的次数}{考核期内总运输次数}\times 100\% \quad \cdots\cdots\cdots\cdots(11)$$

4.12 到场准时率

考核期内,运输方从接收到调度指令起,直至运输工具到达装车地的过程,未超出约定时间范围的运输次数与总运输次数的比率,以百分数表示。按式(12)计算。

$$到场准时率=\frac{考核期内运输工具准时到达现场的次数}{考核期内总运输次数}\times 100\% \quad \cdots\cdots\cdots\cdots(12)$$

4.13 装车及时率

考核期内,运输方从运输工具到达装车地起,直至完成交接、装车的过程,考核期内及时完成装车运输的次数与总运输次数的比率,以百分数表示。按式(13)计算。

$$装车及时率=\frac{考核期内及时完成装车运输的次数}{考核期内总运输次数}\times 100\% \quad \cdots\cdots\cdots\cdots(13)$$

4.14 运输及时率

考核期内,运输方从运输发出起,直至到达收车地的运输过程,考核期内完成运输的次数与总运输次数的比率,以百分数表示。按式(14)计算。

$$运输及时率=\frac{考核期内及时完成运输的次数}{考核期内总运输次数}\times 100\% \quad \cdots\cdots\cdots\cdots(14)$$

4.15 收车及时率

考核期内,仓储方从货物到达起,直至完成交接、入库的过程,及时完成收车的次数与总运输次数的比率,以百分数表示。按式(15)计算。

$$收车及时率=\frac{考核期内及时完成收车的次数}{考核期内总运输次数}\times 100\% \quad \cdots\cdots\cdots\cdots(15)$$

4.16 运力保障率

考核期内,实际完成运输的汽车整车数量占需要运输的汽车整车总数量的比率,以百分数表示。按式(16)计算。

$$运力保障率=\frac{考核期内实际完成运输的汽车整车数量}{考核期内需要完成运输的汽车整车总数量}\times 100\% \quad \cdots\cdots(16)$$

4.17 运输监控设备完好率

考核期内,车辆运输车在运输过程中运输监控设备(系统)能正常、持续接收信息的运输次数占运输总次数的比率,以百分数表示。按式(17)计算。

$$运输监控设备完好率=\frac{考核期内运输过程中运输监控设备(系统)正常运行的次数}{考核期内运输总次数}\times 100\% \quad \cdots\cdots(17)$$

4.18 返单及时率

考核期内,按规定时间及时返回的运输单据数量占运输单据总数量的比率,以百分数表示。按式(18)计算。

$$返单及时率=\frac{考核期内及时返回的运输单据数量}{考核期内运输单据总数量}\times 100\% \quad \cdots\cdots(18)$$

5 零部件物流服务评价指标

5.1 运输货损率

考核期内,运输货物中损失的零部件数量(或价值)占运输零部件总数量(或价值)的比率,以百分数表示。按式(19)计算。

$$运输货损率=\frac{考核期内运输货物中有损失的零部件数量(或价值)}{考核期内运输零部件总数量(或价值)}\times 100\% \quad \cdots\cdots(19)$$

5.2 运输货差率

考核期内,运输中出现差错的零部件数量(或价值)占运输零部件总数量(或价值)的比率,以百分数表示。按式(20)计算。

$$运输货差率=\frac{考核期内运输中出现差错的零部件数量(或价值)}{考核期内运输零部件总数量(或价值)}\times 100\% \quad \cdots\cdots(20)$$

式中:

运输中出现的零部件数量差错是指实际运输货物与订单实际需要货物之间的差错。

5.3 设备完好率

考核期内,根据客户要求,运输、仓储等设备的使用数量占应使用设备数量的比率,以百分数表示。按式(21)计算。

$$设备完好率=\frac{考核期内按客户要求使用的运输(或仓储等)设备的数量}{考核期内客户要求应该使用的运输(或仓储等)设备的总数量}\times 100\% \quad \cdots\cdots(21)$$

5.4 仓储货损率

考核期内,仓储货损件数量(或价值)占仓储零部件总数量(或价值)的比率,以百分数表示。按式(22)计算。

$$仓储货损率=\frac{考核期内货损件数量(或价值)}{考核期内仓储零部件总数量(或价值)}\times 100\% \quad \cdots\cdots(22)$$

5.5 仓储货差率

考核期内,仓储中出现差错的零部件数量(或价值)占仓储零部件总数量(或价值)的比率,以百分数表示。按式(23)计算。

$$\text{仓储货差率}=\frac{\text{考核期内仓储中出现差错的零部件数量(或价值)}}{\text{考核期内仓储零部件总数量(或价值)}}\times 100\% \quad \cdots\cdots(23)$$

5.6 流通加工合格率

考核期内,流通加工中合格的零部件数量占所加工零部件总数量的比率,以百分数表示。按式(24)计算。

$$\text{流通加工合格率}=\frac{\text{考核期内加工合格的零部件数量}}{\text{考核期内加工零部件总数量}}\times 100\% \quad \cdots\cdots(24)$$

5.7 交付及时率

考核期内,按预先设定的交付时间完成交付的零部件数量占交付总数量的比率,以百分数表示。按式(25)计算。

$$\text{交付及时率}=\frac{\text{考核期内按预先设定的交付时间完成交付的零部件数量}}{\text{考核期内交付零部件总数量}}\times 100\% \quad \cdots\cdots(25)$$

5.8 物流停线时间

考核期内,因各种物流原因导致生产停线的总时间。按式(26)计算。

$$\text{物流停线时间}=\sum\text{各种物流原因导致停线时间} \quad \cdots\cdots(26)$$

式中:

物流停线时间——因物流原因造成的正常生产中断时间。用于生产管理及考核物流商或供应商。

5.9 运输车辆符合率

考核期内,使用符合客户要求的运输车辆运输次数占运输总次数的比率,以百分数表示。按式(27)计算。

$$\text{运输车辆符合率}=\frac{\text{考核期内使用符合客户要求的运输车辆运输次数}}{\text{考核期内运输总次数}}\times 100\% \quad \cdots\cdots(27)$$

5.10 运输车辆装载率

考核期内,运输车辆实际装载货物的数量(体积或重量)占运输车辆装载能力(车厢容积或额定载重量)的比率,以百分数表示。按式(28)计算。

$$\text{运输车辆装载率}=\frac{\text{考核期内运输车辆实际装载数量(体积或重量)}}{\text{考核期内运输车辆装载能力(车厢容积或额定载重量)}}\times 100\% \quad \cdots\cdots(28)$$

5.11 仓储库位摆放准确率

考核期内,仓储零部件摆放库位准确数量占摆放总库位数量的比率,以百分数表示。按式(29)计算。

$$\text{仓储库位摆放准确率}=\frac{\text{考核期内仓储零部件摆放库位准确的数量}}{\text{考核期内仓储零部件摆放总库位的数量}}\times 100\% \quad \cdots\cdots(29)$$

5.12 先进先出执行率

考核期内，仓库抽检零部件按先进先出原则执行的批次占总抽检批次的比率，以百分数表示。按式(30)计算。

$$先进先出执行率=\frac{考核期内抽检零部件按先进先出原则执行的批次}{考核期内总抽检批次}\times 100\% \quad \cdots\cdots(30)$$

6 售后服务备件物流服务评价指标

6.1 入库及时率

考核期内，及时入库的售后服务备件数量占该期间入库售后服务备件总数的比率。以百分数表示。按式(31)计算。

$$入库及时率=\frac{考核期内及时入库的售后服务备件数量}{考核期内入库售后服务备件总数量}\times 100\% \quad \cdots\cdots(31)$$

6.2 账实符合率

考核期内，盘点账面与实物一致的售后服务备件品种(或数量)占盘点售后服务备件总品种(或总数量)的比率。以百分数表示。按式(32)计算。

$$账实符合率=\frac{考核期内盘点账实一致的售后服务备件品种(或数量)}{考核期内盘点售后服务备件品种(或总数量)}\times 100\% \quad \cdots\cdots(32)$$

6.3 保质期件占有率

考核期内，仍在保质期内的售后服务备件数量占所考核售后服务备件总数的比率。以百分数表示。按式(33)计算。

$$保质期件占有率=\frac{考核期内在保质期内的售后服务备件数}{考核期内售后服务备件总数}\times 100\% \quad \cdots\cdots(33)$$

6.4 售后服务备件包装破损率

考核期内，客户接收售后服务备件中包装破损件数量占客户订单售后服务备件总包装数量的比率，以百分数表示。按式(34)计算。

$$售后服务备件包装破损率=\frac{考核期内售后服务备件包装破损件数量}{考核期内客户订单售后服务备件总包装数量}\times 100\% \quad \cdots\cdots(34)$$

6.5 订单满足率

考核期内，满足客户订单需求的售后服务备件数量占客户订单需求售后服务备件总数量的比率。以百分数表示。按式(35)计算。

$$订单满足率=\frac{考核期满足客户订单需求的售后服务备件数量}{客户订单需求售后服务备件总数量}\times 100\% \quad \cdots\cdots(35)$$

6.6 出库及时率

考核期内，及时出库的售后服务备件数量占该期间出库售后服务备件总数量的比率。以百分数表示。按式(36)计算。

$$出库及时率=\frac{考核期内及时出库的售后服务备件数量}{考核期内出库售后服务备件总数量}\times 100\% \quad \cdots\cdots(36)$$

6.7 仓库服务交付差错率

在考核期内,交付客户的仓库售后服务备件差错数量占客户订单要求的仓库售后服务备件数量的比重,以百分数表示。按式(37)计算。

$$仓库服务交付差错率=\frac{考核期内交付客户的仓库售后服务备件差错数量}{考核期内客户订单要求的仓库售后服务备件数量}\times 100\% \quad \cdots\cdots(37)$$

式中:

订单交付差错数量是指实际交付的售后服务备件与定单要求交付的售后服务备件的数量差。

6.8 售后服务备件紧急订单运输及时率

考核期内,客户的售后服务备件订单类型为紧急订单时,物流服务商从接收到紧急订单起,直至交付收货人的时点,不超过约定时间的紧急订单数量占紧急订单总数量的比率。以百分数表示。按式(38)计算。

$$售后服务备件紧急订单运输及时率=\frac{考核期内及时完成运输的售后服务备件紧急订单数量}{考核期内售后服务备件紧急订单总数量}\times 100\% \quad \cdots\cdots(38)$$

6.9 售后服务备件普通订单运输及时率

考核期内,客户的售后服务备件订单类型为普通订单时,物流服务商从接收到普通订单起,直至交付收货人的时点,不超过约定时间的普通订单数量占普通订单总数量的比率。以百分数表示。按式(39)计算。

$$售后服务备件普通订单运输及时率=\frac{考核期内及时完成运输的售后服务备件普通订单数量}{考核期内售后服务备件普通订单总数量}\times 100\% \quad \cdots\cdots(39)$$

参 考 文 献

[1] GB/T 24359—2009 第三方物流服务质量要求

ICS 53.120,55.160
A 82

GB

中华人民共和国国家标准

GB/T 31150—2014

汽车零部件物流塑料周转箱尺寸系列及技术要求

Automotive parts logistics plastic returnable containers—Size and technical parameters requirements

2014-09-03 发布　　2014-12-01 实施

中华人民共和国国家质量监督检验检疫总局
中国国家标准化管理委员会　发布

前　　言

本标准按照 GB/T 1.1—2009 给出的规则起草。

本标准由全国物流标准化技术委员会(SAC/TC 269)提出并归口。

本标准主要起草单位:中国物流与采购联合会汽车物流分会、广州风神物流有限公司、集保物流设备(中国)有限公司、东风汽车有限公司、上海安吉汽车零部件物流有限公司、一汽轿车股份有限公司、神龙汽车有限公司、重庆长安民生物流股份有限公司。

本标准主要起草人:章信开、刘展策、张晓瑛、任启才、景伟、杨逸夫、于雪林、袁纲、黄斌、周啸、陆薇、孟庆文、马增荣、左新宇。

汽车零部件物流
塑料周转箱尺寸系列及技术要求

1 范围

本标准规定了汽车零部件物流用塑料周转箱的尺寸系列和技术参数要求。

本标准适用于以注射成型法生产的塑料周转箱。

2 规范性引用文件

下列文件对于本文件的应用是必不可少的。凡是注日期的引用文件，仅注日期的版本适用于本文件。凡是不注日期的引用文件，其最新版本(包括所有的修改单)适用于本文件。

GB/T 5737 食品塑料周转箱

JB/T 5991 工位器具人机工程一般要求

3 术语和定义

下列术语和定义适用于本文件。

3.1

塑料周转箱 plastic returnable container

在汽车零部件物流中，为了保证零部件品质，配合标准托盘在不同物流场站间周转使用的硬质塑料包装容器。

3.2

可堆箱 stackable container

箱体经注塑一次性成型。其箱体的底部和顶部有互相配合的凸起和凹槽以实现塑料周转箱的互相堆垛。

3.3

可折叠箱 foldable container

由箱底和四壁经组装后形成、可直立或折叠的塑料周转箱。

注：其中四壁与底部由铰链或类似的结构相连。

3.4

塑料周转箱的侧面 plastic container width side

长度方向的塑料周转箱垂直面。

3.5

塑料周转箱的端面 plastic container length side

宽度方向的塑料周转箱垂直面。

3.6

塑料周转箱外部尺寸 plastic container external size

塑料周转箱在长度、宽度和高度方向上的最大尺寸。

3.7

嵌套尺寸　nesting height

塑料周转箱互相堆垛时上层周转箱嵌入下层周转箱部分的深度。

3.8

折叠后高度　folded height

可折叠箱在折叠状态下高度的最大尺寸。

4　塑料周转箱尺寸系列要求

4.1　推荐周转箱尺寸

汽车零部件物流用塑料周转箱宜使用可堆箱和可折叠箱，其外部尺寸及公差见表1。

表1　推荐周转箱外部尺寸及公差

单位为毫米

<table>
<tr><th rowspan="2">适用托盘</th><th rowspan="2">外部尺寸</th><th colspan="2">可堆箱</th><th colspan="3">可折叠箱</th></tr>
<tr><th>高度</th><th>嵌套尺寸</th><th>高度</th><th>嵌套尺寸</th><th>折叠后高度</th></tr>
<tr><td rowspan="11">1 200×1 000</td><td rowspan="2">$300_{-3}^{0}\times200_{-2}^{0}$</td><td>$144_{-1}^{+1}$</td><td>8</td><td rowspan="2" colspan="3">—</td></tr>
<tr><td>148_{-1}^{+1}</td><td>16</td></tr>
<tr><td rowspan="3">$400_{-4}^{0}\times300_{-3}^{0}$</td><td>$144_{-1}^{+1}$</td><td>8</td><td rowspan="2">165</td><td rowspan="2">10</td><td rowspan="2">82</td></tr>
<tr><td>148_{-1}^{+1}</td><td>16</td></tr>
<tr><td>280_{-1}^{+1}</td><td>8或16</td><td>242</td><td>10</td><td>79</td></tr>
<tr><td rowspan="3">$600_{-6}^{0}\times400_{-4}^{0}$</td><td>$144_{-1}^{+1}$</td><td>8</td><td>165</td><td rowspan="3">10</td><td>82</td></tr>
<tr><td>148_{-1}^{+1}</td><td>16</td><td>242</td><td>73</td></tr>
<tr><td>280_{-1}^{+1}</td><td>8或16</td><td>320</td><td>73</td></tr>
<tr><td>$800_{-8}^{0}\times600_{-6}^{0}$</td><td>$280_{-1}^{+1}$</td><td>8或16</td><td rowspan="3" colspan="3">—</td></tr>
<tr><td>$1\,000_{-10}^{0}\times400_{-4}^{0}$</td><td>$280_{-1}^{+1}$</td><td>8或16</td></tr>
<tr><td>$1\,200_{-12}^{0}\times500_{-5}^{0}$</td><td>$280_{-1}^{+1}$</td><td>8或16</td></tr>
<tr><td rowspan="6">1 100×1 100</td><td>$1\,100_{-11}^{0}\times365_{-4}^{0}$</td><td>$210_{-1}^{+1}$</td><td rowspan="6">10</td><td>210_{-1}^{+1}</td><td rowspan="6">10</td><td>60</td></tr>
<tr><td>$730_{-7}^{0}\times365_{-4}^{0}$</td><td>$210_{-1}^{+1}$</td><td>$210_{-1}^{+1}$</td><td>60</td></tr>
<tr><td>$650_{-7}^{0}\times435_{-4}^{0}$</td><td>$210_{-1}^{+1}$</td><td>$210_{-1}^{+1}$</td><td>60</td></tr>
<tr><td>$550_{-6}^{0}\times365_{-4}^{0}$</td><td>$210_{-1}^{+1}$</td><td>$210_{-1}^{+1}$</td><td>60</td></tr>
<tr><td>$435_{-4}^{0}\times325_{-3}^{0}$</td><td>$160_{-1}^{+1}$</td><td>$160_{-1}^{+1}$</td><td>60</td></tr>
<tr><td>$365_{-4}^{0}\times275_{-3}^{0}$</td><td>$160_{-1}^{+1}$</td><td>$160_{-1}^{+1}$</td><td>85</td></tr>
<tr><td colspan="7">注：塑料周转箱在托盘上的布局方式参见附录A；嵌套尺寸示意图参见附录B。</td></tr>
</table>

4.2 塑料周转箱主要附件的位置及尺寸

4.2.1 标签座的位置及尺寸

标签座宜位于箱面的水平居中靠下的位置。至少在塑料周转箱的一个侧面和一个端面设置标签座。

标签座的尺寸不宜小于 148 mm×105 mm。

4.2.2 把手的位置和尺寸

把手的位置宜设在塑料周转箱的端面中间偏上位置。当周转箱的长度≥650 mm 时，除端面外每个塑料周转箱的侧面也宜设一个把手。侧面把手的位置应按 JB/T 5991 的相关要求设定。

把手的宽度(W_1)、深度(D_1)以及操作间隙(D_2)应符合表 2 中规定的数值。

把手的宽度(W_1)、深度(D_1)以及操作间隙(D_2)尺寸示意图见图 1。

表 2 塑料周转箱把手尺寸数值规定

把　手	尺　寸
把手的宽度（W_1）	≥120 mm
把手的深度（D_1）	≥25 mm
操作间隙（D_2）	≥15 mm

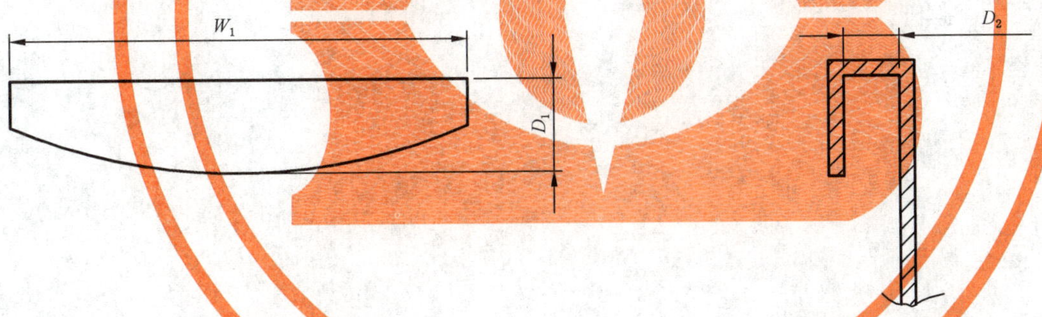

a) 把手宽度和深度尺寸正面图　　　b) 把手操作间隙尺寸截面图

图 1 把手示意图

5 塑料周转箱技术要求

5.1 侧壁变形率

侧壁每边变形率不应大于 1.0%。

5.2 堆码性能

箱体高度变化率不应大于 2%。

5.3 抗冲击性能

对于可堆箱空箱在室温下，在硬质地面上于高 4 m 处自由跌落后四壁及底面不允许产生裂纹。

对于可折叠箱空箱在室温下，在硬质地面上于高 2 m 处自由跌落四壁及底部不允许产生裂纹且周转箱外形应完好，连接处不得散开。

5.4 箱底承重

箱底平面最大变形量不应超过 10 mm。

5.5 适用温度

周转箱的适用温度范围为：−20 ℃～60 ℃。

6 塑料周转箱产品性能试验检验要求

塑料周转箱产品性能的试验检验方法应符合 GB/T 5737 的规定。

7 塑料周转箱标识

塑料周转箱宜统一注明生产厂家信息、生产日期、材质、尺寸、重量、单箱承重等信息或者由供需双方共同决定。

附　录　A
（资料性附录）
塑料周转箱托盘平面布局图

适用于 1 200 mm×1 000 mm 托盘的塑料周转箱平面布局图参见图 A.1。

适用于 1 100 mm×1 100 mm 托盘的塑料周转箱平面布局图参见图 A.2。

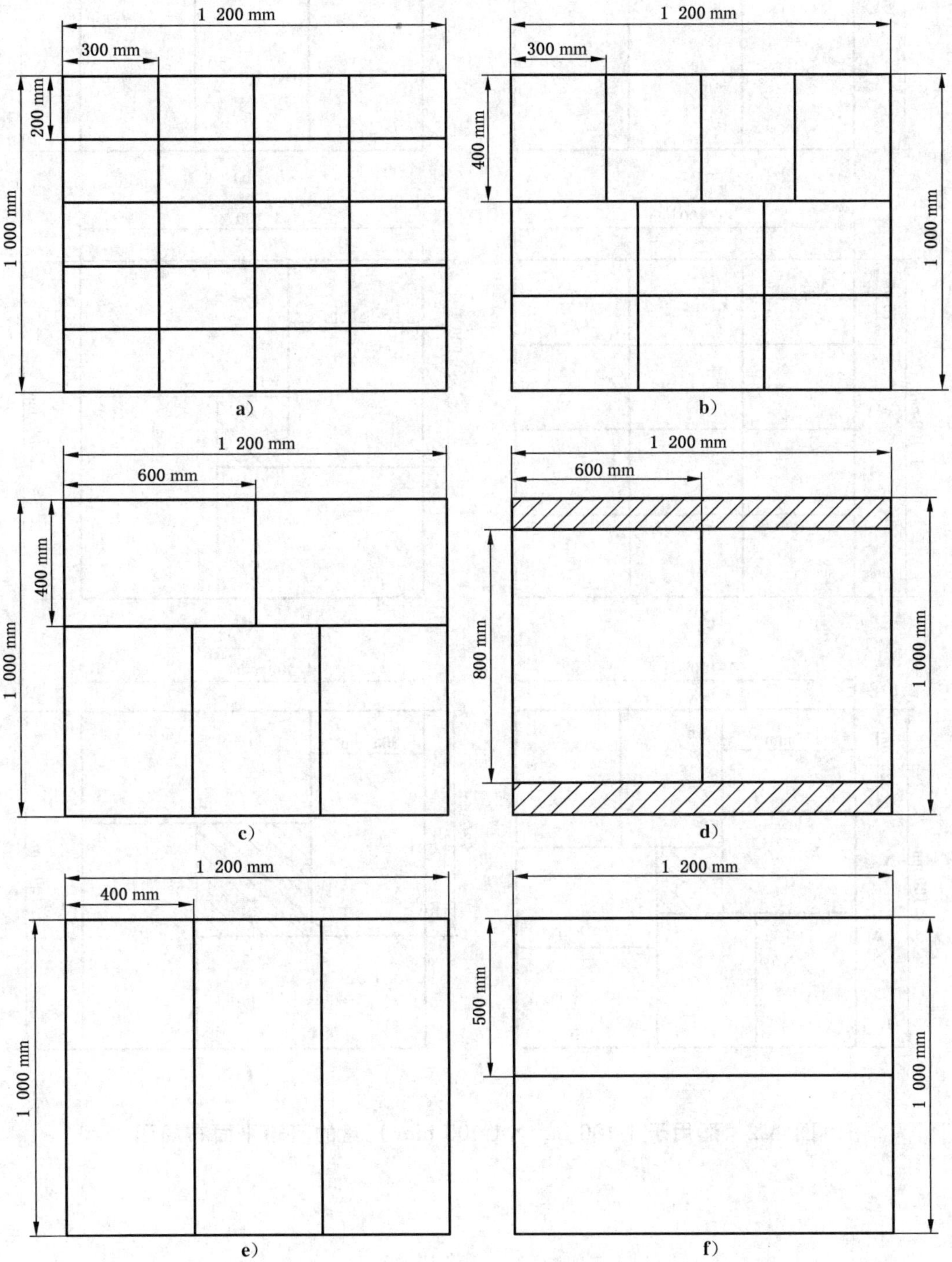

图 A.1　适用于 1 200 mm×1 000 mm 托盘的料箱平面布局图

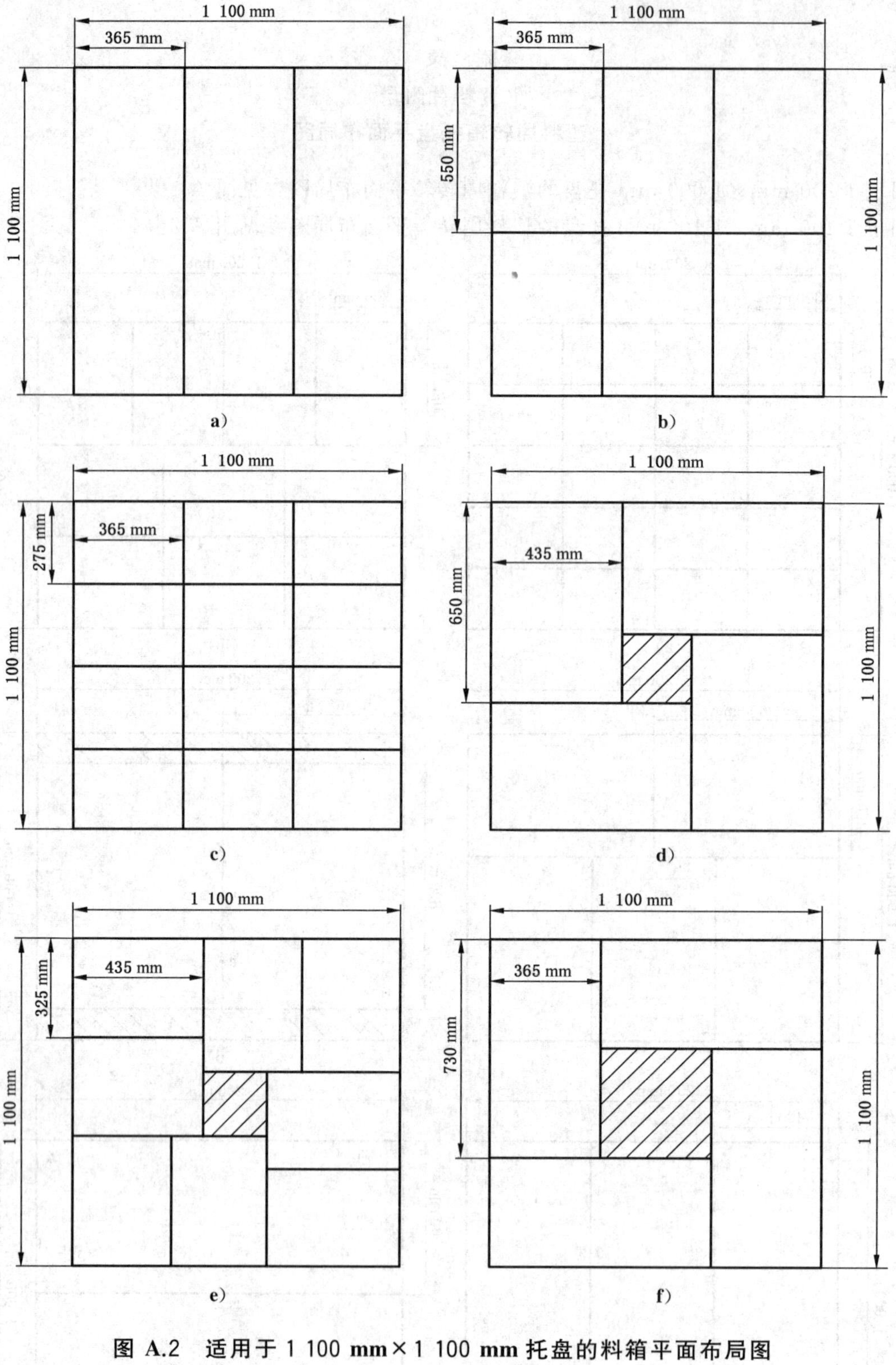

图 A.2 适用于 1 100 mm×1 100 mm 托盘的料箱平面布局图

附 录 B
（资料性附录）
塑料周转箱嵌入高度示意图

塑料周转箱嵌入高度示意图参见图 B.1。

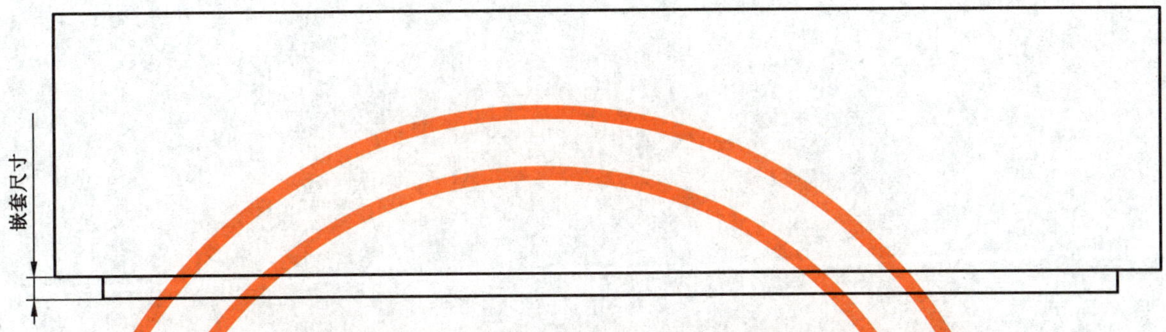

图 B.1 塑料周转箱嵌入高度示意图

ICS 03.120.01
A 00

中华人民共和国国家标准

GB/T 31151—2014

汽车整车物流质损风险监控要求

The supervision requirements for the finished vehicle logistics damage risk

2014-09-03 发布　　2014-12-01 实施

中华人民共和国国家质量监督检验检疫总局
中国国家标准化管理委员会　发布

前　言

本标准按照 GB/T 1.1—2009 给出的规则起草。

本标准由全国物流标准化技术委员会(SAC/TC 269)提出并归口。

本标准主要起草单位:中国物流与采购联合会汽车物流分会、安吉汽车物流有限公司、中国第一汽车集团公司、一汽轿车股份有限公司、神龙汽车有限公司、东风汽车有限公司、北京长久物流股份有限公司、重庆长安民生物流股份有限公司、北京福田物流有限公司。

本标准主要起草人:徐杰、金铁、白洁、盖旭、陆薇、谢志海、周晖、岳刚、史文静、马增荣、左新宇。

汽车整车物流质损风险监控要求

1 范围

本标准规定了汽车整车物流运作过程中对有可能产生质损的环节进行监控的要求。

本标准适用于汽车整车物流运作的过程。

2 术语和定义

下列术语和定义适用于本文件。

2.1

汽车整车物流　finished vehicle logistics

汽车整车因需要所发生的物流活动。

[GB/T 31152—2014,定义3.4]

2.2

汽车整车物流质损风险监控　finished vehicle logistics damage risk supervise

汽车整车物流过程中,对有可能产生质损风险的环节进行监控。

2.3

动态维护　dynamic maintenance

按规定要求对汽车整车进行定期清洗、维护、保养等。

[GB/T 31152—2014,定义4.27]

2.4

固定器具　fixing equipment

在汽车整车运输过程中,用于固定和防止其位置移动的器具。

3 监控的等级

根据可能发生质损的风险情况将监控划分成不同的等级,分为Ⅰ级监控、Ⅱ级监控、Ⅲ级监控,每一种监控等级采用A或B的抽查方式,对应的抽样量和抽查频次见表1。

表1　监控等级

监控等级	抽查方式A	抽查方式B
Ⅰ级监控	全数检查	每周抽查一次
Ⅱ级监控	大于等于30%且小于50%	每月/每季度抽查一次
Ⅲ级监控	大于等于5%且小于30%	每半年/一年抽查一次

注:A为规定抽样量的抽查方式,B为规定频次的抽查方式。

4 质量信息、事件监控要求

质量信息、事件的监控内容、监控方法、监控级别及抽查方式应符合表2的要求。

表 2 质量信息、事件的监控

项目	监控内容	监控方法	监控级别	抽查方式
质量信息	质量信息上报及时性、符合性	信息系统监视、人工核查	Ⅰ级	A
重大质量事件	重大事件报告的及时性、准确性	信息系统监视、人工核查	Ⅰ级	A
质量事件处理	质量事件处理的及时性、符合性	信息系统监视、定位设备监测、人工核查	Ⅰ级	A

5 仓储过程监控要求

5.1 设施设备监控

5.1.1 仓储场地

仓储场地的监控内容、监控方法、监控级别及抽查方式应符合表3的要求。

表 3 仓储场地的监控

项目	监控内容	监控方法	监控级别	抽查方式
污染源	工业粉尘、酸雨、鸟粪、建筑物表面剥落的化学物质等对汽车整车造成腐蚀的情况	人工目视	Ⅰ级	B
围墙	材质、高度的符合性	人工目视	Ⅲ级	B
停车区域地面	材质、厚度、表面状况的符合性	人工目视	Ⅱ级	B
停车区域立柱等障碍物	标识、防护的符合性	人工目视	Ⅱ级	B
区域、道位、通道划分及标识	长宽尺寸、可视化的符合性	人工目视	Ⅲ级	B
交通流向及相关交通标识	设置安全性、合理性，标识的符合性	人工目视	Ⅲ级	B
仓库防火要求	与国家有关规定的符合性	人工目视、专业机构检测报告	Ⅰ级	B

5.1.2 检验棚、检测线

检验棚、检测线的监控内容、监控方法、监控级别及抽查方式应符合表4的要求。

表 4 检验棚、检测线的监控

项目	监控内容	监控方法	监控级别	抽查方式
设置位置、交通情况	位置的合理性、交通的安全性	人工目视	Ⅲ级	B
运作量的满足程度	人员、设备配备数量的合理性	人工目视、测算	Ⅱ级	B
整体布局、工位设置	反光镜、地沟、灯光带等固定设施的符合性，工位设置的合理性	人工目视	Ⅱ级	B
检测灯光	灯光亮度的符合性	人工目视	Ⅱ级	B
信息网络	信息网络布置的符合性	人工目视	Ⅲ级	B
电路	电路、开关的安全性	人工目视	Ⅱ级	B
顶棚、窗	顶棚、窗的安全性、完好性	人工目视	Ⅲ级	B

5.1.3 洗车区域、设备

洗车区域、设备的监控内容、监控方法、监控级别及抽查方式应符合表 5 的要求。

表 5 洗车区域、设备的监控

项目	监控内容	监控方法	监控级别	抽查方式
洗车设备	冷暖、压力的符合性，设备的完好性	人工目视	Ⅲ级	B
擦干设备	材质的符合性、完好性	人工目视	Ⅱ级	B
排水	下水道的合理性、完好性	人工目视	Ⅲ级	B

5.1.4 检测、维护设备

检测、维护设备的监控内容、监控方法、监控级别及抽查方式应符合表 6 的要求。

表 6 检测、维护设备的监控

项目	监控内容	监控方法	监控级别	抽查方式
测速仪	定期标检符合性、完好性	人工目视、定期国家有关机构标定	Ⅲ级	B
电压表	定期标检符合性、完好性	人工目视、定期国家有关机构标定	Ⅲ级	B
气压表	定期标检符合性、完好性	人工目视、定期国家有关机构标定	Ⅲ级	B
洗车机压力表	定期标检符合性、完好性	人工目视、定期国家有关机构标定	Ⅲ级	B
数字式温度计	定期标检符合性、完好性	人工目视、定期国家有关机构标定	Ⅲ级	B

表 6（续）

项目	监控内容	监控方法	监控级别	抽查方式
油漆测厚仪	定期标检符合性、完好性	人工目视、定期国家有关机构标定	Ⅲ级	B
车辆故障检测仪	定期检测升级的符合性、完好性	人工目视、主机厂检测	Ⅲ级	B
蓄电池充电机	定期标检电流表符合性，检查设备完好性	人工目视、定期国家有关机构标定	Ⅲ级	B
轮胎充气机	定期标检气压表符合性，检查设备完好性	人工目视、定期国家有关机构标定	Ⅲ级	B

5.1.5　维修区域、设备

维修区域、设备的监控内容、监控方法、监控级别及抽查方式应符合表 7 的要求。

表 7　维修区域、设备的监控

项目	监控内容	监控方法	监控级别	抽查方式
维修区域	工位、设施的合理性、符合性	人工目视	Ⅲ级	B
备件库	设置的合理性、规范性	人工目视	Ⅲ级	B
烤漆房	设备的符合性、完好性	人工目视	Ⅲ级	B
喷漆房	设备的符合性、完好性	人工目视	Ⅲ级	B
烤灯	设备的符合性、完好性	人工目视	Ⅲ级	B
举升机	设备的符合性、完好性	人工目视	Ⅲ级	B
轮胎拆装机	设备的符合性、完好性	人工目视	Ⅲ级	B
其他维修设备、工具	设备的符合性、完好性	人工目视	Ⅲ级	B

5.1.6　信息系统

信息系统的监控内容、监控方法、监控级别及抽查方式应符合表 8 的要求。

表 8　信息系统的监控

项目	监控内容	监控方法	监控级别	抽查方式
信息系统	权限、升级、备份的符合性，通信网络的完好性	人工目视	Ⅲ级	B

5.2　操作人员监控

操作人员的监控内容、监控方法、监控级别及抽查方式应符合表 9 的要求。

表 9　操作人员的监控

项目	监控内容	监控方法	监控级别	抽查方式
特殊岗位资质证明	驾驶员、电工、检验员、维修人员等特殊岗位资质的符合性	资质资料核查	Ⅲ级	B
上岗培训、考核	上岗前培训的符合性、有效性	记录核查、理论及操作抽考	Ⅱ级	B
定期培训、考核	定期培训的符合性、有效性	记录核查、理论及操作抽考	Ⅲ级	B

5.3　作业过程监控

5.3.1　下线检查

下线检查的监控内容、监控方法、监控级别及抽查方式应符合表 10 的要求。

表 10　下线检查的监控

项目	监控内容	监控方法	监控级别	抽查方式
人员配备	人员配备数量的合理性	人工测算	Ⅲ级	B
标准化作业	标准化作业的符合性	人工目视、测速	Ⅲ级	A
检查记录	记录的正确性	记录核查	Ⅲ级	A
漏检情况	在下线检查后抽查车辆质损情况，统计漏检率	人工目视、测算	Ⅲ级	A

5.3.2　人工短驳

人工短驳的监控内容、监控方法、监控级别及抽查方式应符合表 11 的要求。

表 11　人工短驳的监控

项目	监控内容	监控方法	监控级别	抽查方式
人员配备	人员配备数量的合理性	人工测算	Ⅲ级	B
标准化作业	标准化作业的符合性	人工目视、测速仪	Ⅲ级	A
物流质损	根据车辆质损情况统计仓储人工短驳质损率	人工目视、测算	Ⅰ级	A

5.3.3　接车

接车的监控内容、监控方法、监控级别及抽查方式应符合表 12 的要求。

表 12 接车的监控

项目	监控内容	监控方法	监控级别	抽查方式
人员配备	人员配备数量的合理性	人工测算	Ⅲ级	B
标准化作业	标准化作业的符合性	人工目视	Ⅲ级	A
交接记录	记录的正确性	记录核查	Ⅲ级	A
漏检情况	在接车检验后抽查车辆质损情况，统计漏检率	人工目视、测算	Ⅲ级	A
物流质损	根据车辆质损情况统计仓储质损率	人工目视、测算	Ⅰ级	A

5.3.4 仓库内驳

仓库内驳的监控内容、监控方法、监控级别及抽查方式应符合表 13 的要求。

表 13 仓库内驳的监控

项目	监控内容	监控方法	监控级别	抽查方式
人员配备	人员配备数量的合理性	人工测算	Ⅲ级	B
标准化作业	标准化作业的符合性	人工目视、测速	Ⅲ级	A
物流质损	根据车辆质损情况统计仓储质损率	人工目视、测算	Ⅰ级	A

5.3.5 日常维护

日常维护的监控内容、监控方法、监控级别及抽查方式应符合表 14 的要求。

表 14 日常维护的监控

项目	监控内容	监控方法	监控级别	抽查方式
人员配备	人员配备数量的合理性	人工测算	Ⅲ级	B
标准化作业	标准化作业的符合性	人工目视	Ⅲ级	A
物流质损	根据车辆质损情况统计仓储质损率	人工目视、测算	Ⅰ级	A

5.3.6 动态维护

动态维护的监控内容、监控方法、监控级别及抽查方式应符合表 15 的要求。

表 15 动态维护的监控

项目	监控内容	监控方法	监控级别	抽查方式
人员配备	人员配备数量的合理性	人工测算	Ⅲ级	B
标准化作业	标准化作业的符合性	人工目视、相应检测设备	Ⅲ级	A
维护记录	记录的正确性	记录核查	Ⅲ级	A
物流质损	根据车辆质损情况统计仓储质损率	人工目视、测算	Ⅰ级	A

5.3.7 洗车

洗车的监控内容、监控方法、监控级别及抽查方式应符合表16的要求。

表16 洗车的监控

项目	监控内容	监控方法	监控级别	抽查方式
人员配备	人员配备数量的合理性	人工测算	Ⅲ级	B
标准化作业	标准化作业的符合性	人工目视	Ⅲ级	A
物流质损	根据车辆质损情况统计仓储质损率	人工目视、测算	Ⅰ级	A

5.3.8 出库检查

出库检查的监控内容、监控方法、监控级别及抽查方式应符合表17的要求。

表17 出库检查的监控

项目	监控内容	监控方法	监控级别	抽查方式
人员配备	人员配备数量的合理性	人工测算	Ⅲ级	B
标准化作业	标准化作业的符合性	人工目视、相应检测设备	Ⅲ级	A
检查记录	记录的正确性	记录核查	Ⅲ级	A
漏检情况	在出库检查后抽查车辆质损情况，统计漏检率	人工目视、测算	Ⅰ级	A
物流质损	根据车辆质损情况统计仓储质损率	人工目视、测算	Ⅰ级	A

5.3.9 交车

交车的监控内容、监控方法、监控级别及抽查方式应符合表18的要求。

表18 交车的监控

项目	监控内容	监控方法	监控级别	抽查方式
人员配备	人员配备数量的合理性	人工测算	Ⅲ级	B
标准化作业	标准化作业的符合性	人工目视	Ⅲ级	A
交接记录	记录的正确性	记录核查	Ⅲ级	A
物流质损	根据车辆质损情况统计仓储质损率	人工目视、测算	Ⅰ级	A

6 运输过程监控要求

6.1 设施设备监控

6.1.1 车辆运输车

车辆运输车的监控内容、监控方法、监控级别及抽查方式应符合表19的要求。

表 19 车辆运输车的监控

项目	监控内容	监控方法	监控级别	抽查方式
日常保养	日常保养项目的符合性	记录核查	Ⅲ级	B
一级维护	维护的及时性,维护项目的符合性	记录核查	Ⅲ级	B
二级维护	维护的及时性,维护项目的符合性	记录核查	Ⅲ级	B
年检	年检的及时性、合法性	记录核查	Ⅱ级	B
维修	维修的及时性,维修项目的符合性	记录核查	Ⅱ级	B
出车前车况	出车前清洁、标识、防护、油漆、安全等车况的符合性	人工目视	Ⅰ级	A

6.1.2 汽车专用铁运货车/汽车专用铁运集装箱

汽车专用铁运货车/汽车专用铁运集装箱的监控内容、监控方法、监控级别及抽查方式应符合表20的要求。

表 20 汽车专用铁运货车/汽车专用铁运集装箱的监控

项目	监控内容	监控方法	监控级别	抽查方式
列检	列检项目的符全性	记录核查	Ⅲ级	B
辅修	辅修的及时性,辅修项目的符合性	记录核查	Ⅲ级	B
段修	段修的及时性,段修项目的符合性	记录核查	Ⅲ级	B
厂修	厂修的及时性,段修项目的符合性	记录核查	Ⅲ级	B
出车前车况	出车前清洁、标识、防护、油漆、安全等车况的符合性	人工目视	Ⅰ级	A

6.1.3 滚装船

滚装船的监控内容、监控方法、监控级别及抽查方式应符合表21的要求。

表 21 滚装船的监控

项目	监控内容	监控方法	监控级别	抽查方式
日常保养	保养项目的符合性	记录核查	Ⅲ级	B
中间检验	检验的及时性,检验项目的符合性	记录核查	Ⅱ级	B
特别检验	检验的及时性,检验项目的符合性	记录核查	Ⅱ级	B
年检	年检的及时性、合法性	记录核查	Ⅱ级	B
维修	维修的及时性,维修项目的符合性	记录核查	Ⅱ级	B
开航前检查	开航前清洁、标识、防护、油漆、安全等船况的符合性	记录核查	Ⅰ级	A

6.1.4 固定器具

固定器具的监控内容、监控方法、监控级别及抽查方式应符合表22的要求。

表22 固定器具的监控

项目	监控内容	监控方法	监控级别	抽查方式
固定器具	运输前固定器具配备数量的符合性、完好性	人工目视	Ⅱ级	A

6.1.5 车辆定位设备

车辆定位设备的监控内容、监控方法、监控级别及抽查方式应符合表23的要求。

表23 车辆定位设备的监控

项目	监控内容	监控方法	监控级别	抽查方式
车辆定位设备	设备使用率、设备完好率	系统检测	Ⅰ级	A
定位设备的信息系统	系统的有效性	人工核查	Ⅲ级	B

6.1.6 信息系统

信息系统的监控内容、监控方法、监控级别及抽查方式应符合表24的要求。

表24 信息系统的监控

项目	监控内容	监控方法	监控级别	抽查方式
信息系统	权限、升级、备份的符合性，通信网络的完好性	人工目视	Ⅲ级	B

6.2 操作人员监控

操作人员的监控内容、监控方法、监控级别及抽查方式应符合表25的要求。

表25 操作人员的监控

项目	监控内容	监控方法	监控级别	抽查方式
特殊岗位资质证明	驾驶员、电工、检验员、维修人员等特殊岗位资质的符合性	资质资料核查	Ⅲ级	B
上岗培训、考核	上岗前培训的符合性、有效性	记录核查、理论及操作抽考	Ⅱ级	B
定期培训、考核	定期培训的符合性、有效性	记录核查、理论及操作抽考	Ⅲ级	B

6.3 作业过程监控

6.3.1 接车

接车的监控内容、监控方法、监控级别及抽查方式应符合表26的要求。

表26 接车的监控

项目	监控内容	监控方法	监控级别	抽查方式
标准化作业	标准化作业的符合性	人工目视	Ⅲ级	A
交接记录	记录的正确性	记录核查	Ⅲ级	A
漏检情况	在接车检验后抽查车辆质损情况,统计漏检率	人工目视、测算	Ⅲ级	A
物流质损	根据车辆质损情况统计运输质损率	人工目视、测算	Ⅰ级	A

6.3.2 装车

装车的监控内容、监控方法、监控级别及抽查方式应符合表27的要求。

表27 装车的监控

项目	监控内容	监控方法	监控级别	抽查方式
人员配备	人员配备数量的合理性	人工测算	Ⅱ级	流动操作人员:A 固定操作人员:B
标准化作业:装车前准备	标准化作业的符合性	人工目视	Ⅱ级	A
标准化作业:装载、背载	标准化作业、装载或背载工具使用的符合性	人工目视	Ⅱ级	A
标准化作业:固定	标准化作业、固定器具使用的符合性	人工目视	Ⅰ级	A
物流质损	根据车辆质损情况统计运输质损率	人工目视、测算	Ⅰ级	A

6.3.3 公路运输

公路运输的监控内容、监控方法、监控级别及抽查方式应符合表28的要求。

表28 公路运输的监控

项目	监控内容	监控方法	监控级别	抽查方式
人员配备	人员配备数量的合理性	人工测算	Ⅲ级	A
途中检查	途中定时或定距离检查项目的符合性	记录核查	Ⅲ级	A
行驶路线	行驶路线的符合性	定位设备跟踪	Ⅲ级	A
行驶时间及速度	连续行驶时间及行驶速度的符合性	定位设备跟踪	Ⅱ级	A
物流质损	根据车辆质损情况统计运输质损率	人工目视、测算	Ⅰ级	A

6.3.4 铁路运输

铁路运输的监控内容、监控方法、监控级别及抽查方式应符合表29的要求。汽车铁运堆场的监控宜参照第5章仓储过程监控要求中相关的要求执行。

表29 铁路运输的监控

项目	监控内容	监控方法	监控级别	抽查方式
车厢施封、上锁	施封或上锁的符合性	发运前人工目视、途中商检	Ⅰ级	A
物流质损	根据车辆质损情况统计运输质损率	人工目视、测算	Ⅰ级	A

6.3.5 水路运输

水路运输的监控内容、监控方法、监控级别及抽查方式应符合表30的要求。滚装码头堆场的监控宜参照第5章仓储过程监控要求中相关的要求执行。

表30 水路运输过程的监控

项目	监控内容	监控方法	监控级别	抽查方式
人员配备	人员配备数量的合理性	人工测算	Ⅱ级	A
途中检查	途中定时或定距离检查项目的符合性	记录核查、无线电监测	Ⅱ级	A
行驶路线	行驶路线的符合性	定位设备跟踪、无线电监测	Ⅱ级	A
行驶时间及速度	连续行驶时间及行驶速度的符合性	定位设备跟踪	Ⅱ级	A
物流质损	根据车辆质损情况统计运输质损率	人工目视、测算	Ⅰ级	A

6.3.6 自驾运输

自驾运输的监控内容、监控方法、监控级别及抽查方式应符合表31的要求。

表31 自驾运输的监控

项目	监控内容	监控方法	监控级别	抽查方式
人员配备	人员配备数量的合理性	人工测算	Ⅲ级	A
行驶路线	行驶路线的符合性	定位设备跟踪	Ⅲ级	A
行驶时间及速度	连续行驶时间及行驶速度的符合性	定位设备跟踪	Ⅱ级	A
物流质损	根据车辆质损情况统计运输质损率	人工目视、测算	Ⅰ级	A

6.3.7 背载运输

背载运输的监控内容、监控方法、监控级别及抽查方式应符合表32的要求。

表 32　背载运输的监控

项目	监控内容	监控方法	监控级别	抽查方式
人员配备	人员配备数量的合理性	人工测算	Ⅲ级	A
途中检查	途中定时或定距离检查项目的符合性	记录核查	Ⅲ级	A
行驶路线	行驶路线的符合性	定位设备跟踪	Ⅲ级	A
行驶时间及速度	连续行驶时间及行驶速度的符合性	定位设备跟踪	Ⅱ级	A
物流质损	根据车辆质损情况统计运输质损率	人工目视、测算	Ⅰ级	A

6.3.8　卸车

卸车的监控内容、监控方法、监控级别及抽查方式应符合表 33 的要求。

表 33　卸车的监控

项目	监控内容	监控方法	监控级别	抽查方式
人员配备	人员配备数量的合理性	人工测算	Ⅰ级	流动操作人员:A 固定操作人员:B
标准化作业:卸车前准备	标准化作业的符合性	人工测算	Ⅱ级	A
标准化作业:卸载	标准化作业、卸载工具使用的符合性	人工目视	Ⅱ级	A
物流质损	根据车辆质损情况统计运输质损率	人工目视、测算	Ⅰ级	A

6.3.9　交车

交车的监控内容、监控方法、监控级别及抽查方式应符合表 34 的要求。

表 34　交车的监控

项目	监控内容	监控方法	监控级别	抽查方式
标准化作业	标准化作业的符合性	人工目视、问卷调查	Ⅲ级	A
交接记录	记录的正确性	记录核查	Ⅲ级	A
物流质损	根据车辆质损情况统计运输质损率	人工目视、测算	Ⅰ级	A

参 考 文 献

[1] GB/T 31152—2014 汽车物流术语
[2] GB 50067—1997 汽车库、修车库、停车场设计防火规范
[3] WB/T 1021—2004 乘用车运输服务规范
[4] WB/T 1032—2006 商用车运输服务规范
[5] WB/T 1033—2006 乘用车水路运输服务规范
[6] WB/T 1034—2006 乘用车仓储服务规范
[7] WB/T 1035—2006 乘用车质损判定及处理规范

ICS 01.040.01
A 22

中华人民共和国国家标准

GB/T 31152—2014

汽车物流术语

Automotive logistics terms

2014-09-03 发布　　　　2014-12-01 实施

中华人民共和国国家质量监督检验检疫总局
中国国家标准化管理委员会　发布

前　言

本标准按照GB/T 1.1—2009给出的规则起草。

本标准由全国物流标准化技术委员会(SAC/TC 269)提出并归口。

本标准主要起草单位:中国物流与采购联合会汽车物流分会、安吉汽车物流有限公司、广州风神物流有限公司、神龙汽车有限公司、东风汽车有限公司、一汽轿车股份有限公司、北京长久物流股份有限公司。

本标准主要起草人:徐杰、章信开、陆薇、周啸、杨晓宇、袁自云、陈林政、邹懿、马增荣、左新宇。

引　言

汽车物流行业是伴随着汽车产业迅速发展而兴起的专业物流服务领域，具有多样性、创新性和广泛性的特点，许多汽车物流的技术、服务、组织等专用术语区别于其他物流服务对象。随着我国第三方汽车物流行业的迅速发展，汽车物流领域迫切需要一项规范的汽车物流术语标准。汽车物流术语的统一和规范，必将进一步推动产业的发展和升级。

本标准是在 GB/T 18354—2006 的基础上，参考、借鉴了国内外相关标准和资料，收录并确定了汽车物流领域已基本成熟的术语及其定义，旨在规范我国汽车物流行业的基本概念，以适应汽车物流产业规范化发展及适时与国际接轨的需要。

汽车物流术语

1 范围

本标准确定了汽车物流的基础术语、作业服务术语、设施设备术语、信息术语、管理术语及其定义。

本标准适用于汽车物流及相关领域的信息处理和信息交换。

2 规范性引用文件

下列文件对于本文件的应用是必不可少的。凡是注日期的引用文件，仅注日期的版本适用于本文件。凡是不注日期的引用文件，其最新版本(包括所有的修改单)适用于本文件。

GB/T 3730.1—2001 汽车和挂车类型的术语和定义

GB/T 18354—2006 物流术语

GB/T 26774—2011 车辆运输车通用技术条件

3 汽车物流基础术语

GB/T 3730.1—2001、GB/T 18354—2006 界定的及下列术语和定义适用于本文件。为方便使用，附录 A 给出了 GB/T 18354—2006 中适用于汽车物流领域的部分常用的术语条目及其相关信息。

3.1

汽车 automobile

由动力驱动，具有四个或四个以上车轮的非轨道承载的车辆，主要用于：

——载运人员和/或货物；

——牵引载运人员和/或货物的车辆；

——特殊用途。

本术语还包括：

a) 与电力线相联的车辆，如无轨电车；

b) 整车整备质量超过 400 kg 的三轮车辆。

[GB/T 3730.1—2001，定义 2.1]

3.1.1

汽车整车 finished vehicle

装配完整的汽车。

3.1.2

汽车零部件 automotive parts

组成汽车整车的零件及部件。

3.1.3

汽车售后服务备件 automotive spare parts

用于汽车售后服务的零件及部件。

3.2

物流 logistics

物品从供应地向接收地的实体流动过程。根据实际需要，将运输、储存、装卸、搬运、包装、流通加工、配送、信息处理等基本功能实施有机结合。

[GB/T 18354—2006,定义 2.2]

3.3

汽车物流 automotive logistics

汽车整车、原材料、零部件、售后服务备件,从供应地向接收地的实体流动过程。根据实际需要,将运输、储存、装卸、搬运、包装、流通加工、配送、信息处理等基本功能实施有机结合。

3.4

汽车整车物流 finished vehicle logistics

汽车整车因需要所发生的物流活动。

3.5

汽车零部件物流 automotive parts logistics

汽车零部件在采购和进入汽车总装环节前的物流活动。

3.6

汽车售后服务备件物流 automotive spare parts logistics

汽车售后服务备件因汽车售后服务需要所发生的物流活动。

3.7

配送 distribution

在经济合理区域范围内,根据客户要求,对物品进行拣选、加工、包装、分割、组配等作业,并按时送达指定地点的物流活动。

[GB/T 18354—2006,定义 2.13]

3.8

汽车整车配送中心 finished vehicle distribution center;VDC

从事汽车整车配送业务且具有完善信息系统的组织及场所。

3.9

汽车整车储存中心 finished vehicle storage center;VSC

提供汽车整车储存、中转的组织及场所。

3.10

汽车零部件集配中心 automotive parts collecting and distributing center;PDC

提供汽车零部件集货、配送业务的组织及场所。

3.11

汽车售后服务备件配送中心 automotive spare parts distribution center

从事汽车售后服务备件配送业务且具有完善信息系统的组织及场所。

3.12

循环取货模式 milk-run goods-fetching

同一货运车辆按照预先设定的路线依次到多个取货点重复取货的作业模式。

4 汽车物流作业服务术语

4.1

交接 handover

汽车整车、零部件、售后服务备件在托运人、发货人、承运人、收货人,以及其他保管人之间按照约定内容移交的过程。

4.2

质量交接 quality check during handover

交接双方共同认定质损及责任的活动。

4.3

质损 damage

汽车整车、零部件、售后服务备件存在损坏、缺失及出现非原厂规定件等质量问题。

注 1：包括物流质损与非物流质损。

注 2：零部件、售后服务备件损坏又称货损，零部件、售后服务备件缺失又称货差。

4.3.1

物流质损 logistics damage

因物流活动造成的汽车整车、零部件、售后服务备件质损。

4.3.2

非物流质损 non-logistics damage

非物流活动造成的汽车整车、零部件、售后服务备件质损。

4.4

隐形质损 concealed damage

通过目测无法直观看到的质损。

4.5

物流质损索赔 claim for logistics damage

受经济损失方向物流责任方提出因物流质损造成损失的赔偿要求。

4.6

交车 delivery

交车人将汽车整车交于接车人并得到确认的过程。

4.7

接车 receiving

接车人从交车人处接收汽车整车并进行确认的过程。

4.8

交车人 deliverer

交接时交付汽车整车的当事人。

4.9

接车人 receiver

交接时接收汽车整车的当事人。

4.10

质损车 damaged vehicle

有质损的汽车整车。包括物流质损车与非物流质损车。

4.10.1

一般物流质损车 general damaged vehicle in logistics

有修理价值且修理后能达到出厂标准，或符合委托人与物流服务商约定的一般质损的汽车。

4.10.2

严重物流质损车 serious damaged vehicle in logistics

有修理价值且修理后能达到国家有关规定但不能达到出厂标准，或符合委托人与物流服务商约定的严重质损的汽车。

4.10.3

报废物流质损车 discardable vehicle in logistics

已无修理价值，或经修理后达不到国家有关规定，或按制造商制定的报废标准规定必须报废的汽车。

4.10.4

非物流质损车　non-logistics damaged vehicle

非物流活动造成的质损车。

4.11

质损件　damaged parts

有质损的汽车零部件或售后服务备件。包括物流质损件与非物流质损件。

4.12

物流停线　logistics line-stop

因物流原因造成的正常生产中断。

4.13

上线包装　delivery-to-line package

生产线直接使用的汽车零部件包装活动。

4.14

定位　location

将汽车整车从临时停放区域位移到仓库或运输设备的指定位置的作业过程。

4.15

移位　translocation

将汽车整车从仓库或运输设备的指定位置位移到相应的另一个指定位置的作业过程。

4.16

人工短驳　short transportation by driving

通过自驾方式将汽车整车从一个地点位移到较近距离的另一个地点的作业过程。

4.17

看板供给　kanban delivery

根据看板卡信息将生产汽车所需零部件按时供给到生产线边存储区域或生产工位的一种供给方式。

4.18

顺序供给　sequence delivery

将汽车零部件按照生产顺序进行排序后供给至生产线边存储区域或生产工位的一种供给方式。

4.19

巡视供给　around delivery

汽车零部件供给人员进行生产线边巡视，对缺货零部件进行补货的一种供给方式。

4.20

周期供给　periodic delivery

按预先设定好的时间间隔将汽车零部件供给至生产线边存储区域或生产工位的一种供给方式。

4.21

成套供给　kit delivery

将汽车零部件按照装配要求进行集配后供给至生产线边存储区域或生产工位的一种供给方式。

4.22

台车置换供给　trolley-changing delivery

对于用台车装载的汽车零部件按照以满换空的方式供给至生产线边存储区域或生产工位的一种供给方式。

4.23

盘点　stocktaking

对实际数量与账面数量的核对、调整和处理的过程。

4.24

循环盘点　cycle stocktaking

将零部件依照重要性区分成不同等级后赋予不同循环盘点码，进行周期性的盘点。

4.25

报缺　out-of-stock report

将缺货详情向相关方通报的行为。

4.26

下线(后)检查　inspection after production line

对经生产厂质量检验合格的下线汽车整车进行的外观可视部分及附件的检查。

4.27

动态维护　dynamic maintenance

按规定要求对仓储汽车整车进行定期清洗、维护、保养等。

4.28

售前质量检查　pre-delivery inspection；PDI

对汽车整车进行交付前的外观、附件、功能等全面的质量检查。

注：在仓储过程中又称为出库检查。

4.29

装载　loading

将汽车整车、零部件或售后服务备件移动到运输设备上的相关作业过程。

4.30

吊装　lifting

采用起重设备和吊具装卸汽车整车、零部件或售后服务备件的作业方式。

4.31

配载　stowing

对即将装车的汽车整车、零部件或售后服务备件的堆码方法、装载顺序等进行合理安排的作业过程。

4.32

固定　fixing

在运输设备上使用固定器具防止汽车整车、零部件或售后服务备件位置移动的作业。

4.33

卸载　unloading

将汽车整车、零部件或售后服务备件从运输设备上移动并脱离的相关作业过程。

4.34

积载　stowage

对汽车整车、零部件或售后服务备件在运输船上的摆放位置与堆装方式作出合理安排的作业过程。

4.35

滚装　ro-ro

货物单元在码头接岸设施与船舶之间通过其自身的车轮或其他滚动系统进行装卸的作业方式。

4.36

混载 mixed load

对汽车零部件或售后服务备件进行混合装载的方式。

4.37

自主卸货 self-unloading

由司机进行卸货操作的作业方式。

4.38

托运 consignment

发货人与运输企业签订货物运输合同,以便实现货物空间位移的活动。

4.39

在途 in transit

汽车整车、零部件、售后服务备件从运输起始地至目的地之间的作业状态。

4.40

干线运输 main-line transport

大批量的汽车零部件、售后服务备件,通过铁路、公路,或水路干线进行长距离的运输过程。

4.41

支线运输 sub-line transport

汽车零部件、售后服务备件短距离的运输过程。

4.42

直送运输 direct distribution transport

把汽车零部件直接从供应商或供应商零部件仓库运输到汽车生产企业的运输方式。

4.43

试运输 trial transport

批量运输实施前,对汽车物流的包装方式、固定方式、运输线路等进行测试而进行的运输作业。

4.44

汽车零部件运输提前期 automotive parts transport lead-time

根据起运地区域分布、运输距离、货量大小、目的地、交付时间等条件设定的,预留给汽车零部件运输的相对固定的时间。

5 汽车物流技术与设施设备术语

5.1

检验棚 inspection canopy

对汽车整车外观、附件进行检验,或进行售前质量检查的,带有顶棚、灯光等检验必需设施的场所。

5.2

检测线 detection line

分工位对汽车整车进行售前质量检查的,带有顶棚、灯光等检验必需设施的场所。

5.3

跳板 quay ramp

连接运输设备各层与地面的专用的板。

5.4

坡道 slope way

连接运输设备各层与地面的倾斜通道。

5.5

车辆运输车　car carrier

专门为运输汽车设计的货车、挂车及列车的专用车辆。

[GB/T 26774—2011,定义 3.1]

5.6

滚装船　ro-ro vessel

允许货物单元以滚装方式进行装卸的船舶。

5.7

汽车专用铁运货车　motor vehicle special purpose railway freight car

用于汽车整车铁路运输的,具有单层或多层货台的专用货车。

5.8

汽车专用铁运集装箱　motor vehicle special purpose railway containers

用于汽车整车铁路运输的,具有单层或多层货台的专用集装箱。

5.9

展翼车　movable wings truck

车厢单侧或两侧可通过液压或者铰链装置展开的一种全封闭厢式卡车。

5.10

看板卡　kanban card

汽车生产物流过程中使用的,标识了即将供给上线汽车零部件代码、数量、时刻等信息的实物卡片或电子卡片。

5.11

台车　trolley

由脚轮和平板构成的无动力搬运车辆。

6　汽车物流信息术语

6.1

质损代码　damage code

用于规范、统一质损描述,由英文字母及数字组成的一组有规律的代码。

6.2

标准包装量　standard number of package

单个包装所容纳汽车零部件的标准设定数量。

6.3

仓储指令　warehouse instructions

传达给仓储方的一组仓储信息,包括货物、交货人、收货人、时间等。

6.4

虚拟仓库　virtual warehouse

在计算机和网络通讯技术基础上,进行物品储存、保管和远程控制的虚拟物流设施。可实现不同状态、空间、时间、货主的有效调度和统一管理。

6.5

运输指令　transportation instructions

传达给承运人的一组运输信息,包括货物、交货人、收货人、时间等。

6.6

交付日期　delivery date

预先设定的汽车整车、零部件或售后服务备件交付到目的地的日期。

6.7

交付时间　delivery time

预先设定的汽车零部件交付的时间点。

6.8

供应商交互平台　supplier interaction platform

零部件供应商和物流供应商共同使用以查阅订单、运输、库存、结算等信息的信息系统。

7　汽车物流管理术语

7.1

运输质损率　damage rate in transportation

考核期内，有运输质损的汽车整车、零部件或售后服务备件数量与承运总数量的比率。

7.2

仓储质损率　damage rate in warehouse

考核期内，有仓储质损的汽车整车、零部件或售后服务备件数量与仓储总量的比率。仓储总量为考核期末库存总数量与考核期内出库总数量之和。

7.3

包装周转量　package circling number

汽车零部件、售后服务备件使用的周转包装的数量。

7.4

准时制　just-in-time

在必需的时间将必要的汽车零部件按必要的数量送到生产线边的方式。

7.5

库存控制　inventory control

以库存物品进行的计划、组织、协调、监控等一系列的活动。

7.6

空驶率　empty-loaded rate

考核期内，空驶行程占总行程的比率。

7.7

运输准时率　on-time-delivery rate

考核期内，按商定运输时间完成的汽车整车、零部件或售后服务备件数量与承运总数量的比率。

7.8

标准工作时间　standard time

以标准的作业方法、作业速度和合理的劳动强度完成符合质量要求的工作所需的作业时间。

7.9

标准作业遵守率　adherence rate to standard operation

遵守标准作业要求的数量与作业总数量的比率。

7.10

单车物流成本　logistics costs per car

汽车物流成本分摊到单台汽车整车上的物流成本的统称。

7.11

装载率　loading efficiency

运输车辆实际装载汽车整车、零部件或售后服务备件数量、体积或重量占该车辆理论装载数量、体积或重量的比率。

7.12

货损率　parts damage rate

考核期内，货损件数量或价值占所有汽车零部件或售后服务备件数量(或价值)的比率。

附 录 A
（规范性附录）
GB/T 18354—2006 中适用于汽车物流的术语

表 A.1 给出了 GB/T 18354—2006 中适用于汽车物流的术语名称及其在 GB/T 18354—2006 中的条款号与分类。

表 A.1 GB/T 18354—2006 中适用于汽车物流的术语

序号	术 语	对应条款号	分 类
1	物流	2.2	物流基础术语
2	物流活动	2.3	物流基础术语
3	物流管理	2.4	物流基础术语
4	供应链	2.5	物流基础术语
5	供应链管理	2.6	物流基础术语
6	物流服务	2.7	物流基础术语
7	一体化物流服务	2.8	物流基础术语
8	第三方物流	2.9	物流基础术语
9	物流设施	2.10	物流基础术语
10	物流中心	2.11	物流基础术语
11	区域物流中心	2.12	物流基础术语
12	配送	2.13	物流基础术语
13	物流园区	2.15	物流基础术语
14	物流企业	2.16	物流基础术语
15	物流合同	2.18	物流基础术语
16	物流模数	2.19	物流基础术语
17	物流技术	2.20	物流基础术语
18	物流成本	2.21	物流基础术语
19	物流网络	2.22	物流基础术语
20	物流信息	2.23	物流基础术语
21	物流联盟	2.24	物流基础术语
22	企业物流	2.25	物流基础术语
23	军事物流	2.29	物流基础术语
24	国际物流	2.30	物流基础术语
25	精益物流	2.31	物流基础术语
26	逆向物流	2.32	物流基础术语
27	应急物流	2.37	物流基础术语
28	托运人	3.1	物流作业服务术语

表 A.1（续）

序号	术 语	对应条款号	分 类
29	承运人	3.2	物流作业服务术语
30	运输	3.3	物流作业服务术语
31	门到门运输服务	3.4	物流作业服务术语
32	直达运输	3.5	物流作业服务术语
33	中转运输	3.6	物流作业服务术语
34	甩挂运输	3.7	物流作业服务术语
35	联合运输	3.10	物流作业服务术语
36	多式联运	3.11	物流作业服务术语
37	仓储	3.12	物流作业服务术语
38	储存	3.13	物流作业服务术语
39	仓库空间利用率	3.14	物流作业服务术语
40	仓库面积利用率	3.15	物流作业服务术语
41	仓库地面载荷利用率	3.16	物流作业服务术语
42	仓库货物周转率	3.17	物流作业服务术语
43	车辆空驶率	3.18	物流作业服务术语
44	库存	3.19	物流作业服务术语
45	存货成本	3.20	物流作业服务术语
46	保管	3.21	物流作业服务术语
47	仓储费用	3.25	物流作业服务术语
48	货垛	3.26	物流作业服务术语
49	堆码	3.27	物流作业服务术语
50	拣选	3.28	物流作业服务术语
51	物品分类	3.29	物流作业服务术语
52	集货	3.30	物流作业服务术语
53	共同配送	3.31	物流作业服务术语
54	装卸	3.32	物流作业服务术语
55	搬运	3.33	物流作业服务术语
56	包装	3.34	物流作业服务术语
57	销售包装	3.35	物流作业服务术语
58	运输包装	3.36	物流作业服务术语
59	流通加工	3.37	物流作业服务术语
60	增值物流服务	3.38	物流作业服务术语
61	定制物流	3.39	物流作业服务术语
62	物流服务质量	3.41	物流作业服务术语

表 A.1(续)

序号	术语	对应条款号	分类
63	物品储备	3.42	物流作业服务术语
64	订单满足率	3.43	物流作业服务术语
65	缺货率	3.44	物流作业服务术语
66	商品完好率	3.46	物流作业服务术语
67	基本运价	3.47	物流作业服务术语
68	理货	3.48	物流作业服务术语
69	组配货	3.49	物流作业服务术语
70	订货周期	3.50	物流作业服务术语
71	库存周期	3.51	物流作业服务术语
72	集装单元	4.1	物流技术与设施设备术语
73	集装单元器具	4.2	物流技术与设施设备术语
74	集装化	4.3	物流技术与设施设备术语
75	散装化	4.4	物流技术与设施设备术语
76	集装箱	4.5	物流技术与设施设备术语
77	标准箱	4.6	物流技术与设施设备术语
78	集装袋	4.7	物流技术与设施设备术语
79	周转箱	4.8	物流技术与设施设备术语
80	自备箱	4.9	物流技术与设施设备术语
81	托盘	4.10	物流技术与设施设备术语
82	集装运输	4.11	物流技术与设施设备术语
83	托盘作业一贯化	4.12	物流技术与设施设备术语
84	单元装卸	4.13	物流技术与设施设备术语
85	码盘作业	4.14	物流技术与设施设备术语
86	托盘共用系统	4.15	物流技术与设施设备术语
87	零库存技术	4.16	物流技术与设施设备术语
88	分拣输送系统	4.17	物流技术与设施设备术语
89	自动补货	4.18	物流技术与设施设备术语
90	直接换装	4.19	物流技术与设施设备术语
91	交通枢纽	4.21	物流技术与设施设备术语
92	集装箱货运站	4.22	物流技术与设施设备术语
93	集装箱码头	4.23	物流技术与设施设备术语
94	基本港口	4.24	物流技术与设施设备术语
95	全集装箱船	4.25	物流技术与设施设备术语
96	铁路专用线	4.26	物流技术与设施设备术语

表 A.1（续）

序号	术语	对应条款号	分类
97	自营仓库	4.27	物流技术与设施设备术语
98	公共仓库	4.28	物流技术与设施设备术语
99	自动化立体仓库	4.29	物流技术与设施设备术语
100	控湿储存区	4.30	物流技术与设施设备术语
101	收货区	4.34	物流技术与设施设备术语
102	理货区	4.35	物流技术与设施设备术语
103	叉车	4.36	物流技术与设施设备术语
104	叉车属具	4.37	物流技术与设施设备术语
105	称量装置	4.38	物流技术与设施设备术语
106	货架	4.39	物流技术与设施设备术语
107	重力式货架	4.40	物流技术与设施设备术语
108	移动式货架	4.41	物流技术与设施设备术语
109	驶入式货架	4.42	物流技术与设施设备术语
110	码垛机器人	4.43	物流技术与设施设备术语
111	起重机械	4.44	物流技术与设施设备术语
112	牵引车	4.45	物流技术与设施设备术语
113	升降台	4.46	物流技术与设施设备术语
114	手动液压升降平台车	4.47	物流技术与设施设备术语
115	输送机	4.48	物流技术与设施设备术语
116	箱式车	4.49	物流技术与设施设备术语
117	自动导引车	4.50	物流技术与设施设备术语
118	站台登车桥	4.51	物流技术与设施设备术语
119	物流信息编码	5.1	物流信息术语
120	货物编码	5.2	物流信息术语
121	条码	5.3	物流信息术语
122	二维码	5.4	物流信息术语
123	物流单元	5.5	物流信息术语
124	物流标签	5.6	物流信息术语
125	商品标识代码	5.7	物流信息术语
126	全国产品与服务统一代码	5.8	物流信息术语
127	产品电子代码	5.9	物流信息术语
128	产品电子代码系统	5.10	物流信息术语
129	全球位置码	5.11	物流信息术语
130	全球贸易项目标识代码	5.12	物流信息术语

表 A.1（续）

序号	术　语	对应条款号	分　类
131	系列货运包装箱代码	5.14	物流信息术语
132	单个资产标识代码	5.15	物流信息术语
133	可回收资产标识代码	5.16	物流信息术语
134	自动识别与数据采集	5.17	物流信息术语
135	条码自动识别技术	5.18	物流信息术语
136	条码系统	5.19	物流信息术语
137	射频识别	5.20	物流信息术语
138	射频识别系统	5.21	物流信息术语
139	电子数据交换	5.22	物流信息术语
140	电子通关	5.23	物流信息术语
141	电子认证	5.24	物流信息术语
142	电子报表	5.25	物流信息术语
143	电子采购	5.26	物流信息术语
144	电子商务	5.27	物流信息术语
145	地理信息系统	5.28	物流信息术语
146	全球定位系统	5.29	物流信息术语
147	智能交通系统	5.30	物流信息术语
148	货物跟踪系统	5.31	物流信息术语
149	仓库管理系统	5.32	物流信息术语
150	电子订货系统	5.34	物流信息术语
151	物流信息技术	5.35	物流信息术语
152	物流管理信息系统	5.36	物流信息术语
153	物流公共信息平台	5.37	物流信息术语
154	物流系统仿真	5.38	物流信息术语
155	仓库布局	6.1	物流管理术语
156	ABC 分类法	6.2	物流管理术语
157	安全库存	6.3	物流管理术语
158	仓储管理	6.4	物流管理术语
159	存货控制	6.5	物流管理术语
160	供应商管理库存	6.6	物流管理术语
161	联合库存管理	6.7	物流管理术语
162	定量订货制	6.8	物流管理术语
163	定期订货制	6.9	物流管理术语
164	经济订货批量	6.10	物流管理术语

表 A.1（续）

序号	术 语	对应条款号	分 类
165	连续补货计划	6.11	物流管理术语
166	物流成本管理	6.12	物流管理术语
167	物流战略管理	6.13	物流管理术语
168	供应商关系管理	6.14	物流管理术语
169	客户关系管理	6.15	物流管理术语
170	准时制物流	6.16	物流管理术语
171	有效客户反应	6.17	物流管理术语
172	快速反应	6.18	物流管理术语
173	物料需求计划	6.19	物流管理术语
174	制造资源计划	6.20	物流管理术语
175	配送需求计划	6.21	物流管理术语
176	配送资源计划	6.22	物流管理术语
177	企业资源计划	6.23	物流管理术语
178	物流资源计划	6.24	物流管理术语
179	协同计划、预测与补货	6.25	物流管理术语
180	物流外包	6.26	物流管理术语
181	延迟策略	6.27	物流管理术语
182	物流流程重组	6.28	物流管理术语
183	物流总成本分析	6.29	物流管理术语
184	物流成本作业法	6.30	物流管理术语
185	效益背反	6.31	物流管理术语
186	国际多式联运	7.1	国际物流术语
187	班轮运输	7.3	国际物流术语
188	租船运输	7.4	国际物流术语
189	大陆桥运输	7.5	国际物流术语
190	转关运输	7.6	国际物流术语
191	报关	7.7	国际物流术语
192	保税货物	7.8	国际物流术语
193	海关监管货物	7.9	国际物流术语
194	到货价格	7.14	国际物流术语
195	出口退税	7.15	国际物流术语
196	海关估价	7.16	国际物流术语
197	等级标签	7.17	国际物流术语
198	等级费率	7.18	国际物流术语

表 A.1（续）

序号	术　语	对应条款号	分　类
199	船务代理	7.19	国际物流术语
200	国际货运代理	7.20	国际物流术语
201	无船承运人	7.22	国际物流术语
202	索赔	7.23	国际物流术语
203	理赔	7.24	国际物流术语
204	原产地证明	7.25	国际物流术语
205	进出口商品检验	7.26	国际物流术语
206	清关	7.27	国际物流术语
207	滞报金	7.28	国际物流术语
208	装运港船上交货	7.29	国际物流术语
209	成本加运费	7.30	国际物流术语
210	成本加保险费加运费	7.31	国际物流术语
211	进料加工	7.32	国际物流术语
212	来料加工	7.33	国际物流术语
213	保税仓库	7.34	国际物流术语
214	保税工厂	7.35	国际物流术语
215	保税区	7.36	国际物流术语
216	出口监管仓库	7.37	国际物流术语
217	出口加工区	7.38	国际物流术语

参 考 文 献

[1] GB/T 10112—1999 术语工作 原则与方法

[2] GB/T 16785—2012 术语工作 概念与术语的协调

[3] GB/T 19099—2003 术语标准化项目管理指南

[4] GB/T 20001.1—2001 标准编写规则 第1部分:术语

[5] WB/T 1021—2004 乘用车运输服务规范

[6] WB/T 1032—2006 商用车运输服务规范

[7] WB/T 1033—2006 乘用车水路运输服务规范

[8] WB/T 1034—2006 乘用车仓储服务规范

[9] WB/T 1035—2006 乘用车质损判定及处理规范

索　引

汉语拼音索引

英文对应词索引

A

C

D

E

U

V

W

ICS 07.060
A 47

GB

中华人民共和国国家标准

GB/T 31153—2014

小型水力发电站汇水区降水资源气候评价方法

Climatic evaluation methods of precipitation resource in the catchment area of small hydropower stations

2014-09-03 发布 2015-01-01 实施

中华人民共和国国家质量监督检验检疫总局
中国国家标准化管理委员会 发布

前　言

本标准按照 GB/T 1.1—2009 给出的规则起草。

本标准由中国气象局提出。

本标准由全国气象防灾减灾标准化技术委员会(SAC/TC 345)归口。

本标准起草单位:广西区气象局。

本标准主要起草人:黄永新、苏志、周绍毅、李秀存、李强、况雪源、黄梅丽、范万新、廖雪萍。

小型水力发电站汇水区降水资源气候评价方法

1 范围

本标准规定了小型水力发电站汇水区降水资源气候评价的方法。

本标准适用于装机容量为5 MW～50 MW的小型水力发电站汇水区降水资源气候评价。

2 规范性引用文件

下列文件对于本文件的应用是必不可少的。凡是注日期的引用文件，仅注日期的版本适用于本文件。凡是不注日期的引用文件，其最新版本(包括所有的修改单)适用于本文件。

GB/T 20486 江河流域面雨量等级

QX/T 52—2007 地面气象观测规范 第8部分：降水观测

QX/T 65—2007 地面气象观测规范 第21部分：缺损记录的处理和不完整记录的统计

SL 21—2006 降水量观测规范(附条文说明)

3 术语和定义

下列术语和定义适用于本文件。

3.1

汇水区 catchment area

汇集小型水力发电站上游所有主支流降水的区域。

注：一般以分水岭与其他流域边界为界。

3.2

面雨量 area rainfall

某一时段内一定面积上的平均降水量。

3.3

暴雨 rainstorm

24 h降水量为50 mm或以上的降水。

3.4

降水资源 precipitation resource

汇水区内的降水总量。降水总量为汇水区的面雨量乘以汇水区面积。

注：计算方法见式(1)。

3.5

降水保证率 accumulated frequency of precipitation

降水量大于等于某一界限值的累积频率。

注：表示大于等于某一界限降水量的可靠程度。

3.6

丰水年 wet year

年降水量序列中(从小到大排序)降水量排在序列75%～95%的年份。

3.7

枯水年　dry year

年降水量序列中(从小到大排序)降水量排在序列5%～25%的年份。

3.8

特丰年　extreme wet year

年降水量序列中(从小到大排序)降水量排在序列大于95%的年份。

3.9

特枯年　extreme dry year

年降水量序列中(从小到大排序)降水量排在序列小于5%的年份。

3.10

持续降水过程　continuous precipitation process

无间断的连续3天以上的降水过程。

3.11

连续无降水日数　number of consecutive days without precipitation

自上一个降水日(日降水量不小于0.1 mm)后未发生降水的连续日数。

3.12

一致率　consistent rate

小型水力发电站站址雨量站与汇水区内气象站同期降水相一致的程度。

4　现场降水观测

4.1　一般规定

小型水力发电站汇水区内应设一个观测时间不少于1年的降水观测站。

4.2　观测站点布设及场地设置

应按SL 21—2006中2.1和2.2的规定进行。

4.3　观测仪器的选择和安装

应按QX/T 52—2007第4章和第5章的规定进行。

4.4　降水观测

应按QX/T 52—2007的相关规定进行。

4.5　质量控制

审核原始记录,有缺测记录时应按QX/T 65—2007的要求处理。

5　参证站选取

5.1　一般规定

若小型水力发电站汇水区有水利或气象部门布设的降水观测站,则以离小型水力发电站站址最近的降水观测站作为参证站。

若小型水力发电站汇水区无水利或气象部门布设的降水观测站,则以离小型水力发电站站址最近的2个～3个水利或气象部门布设的降水观测站作为备选参证站。

5.2 备选参证站三性分析

5.2.1 可靠性分析

5.2.1.1 调查备选参证站观测场周围环境是否符合气象观测环境的要求，有无影响降水观测的障碍物。

5.2.1.2 调查备选参证站的降水资料是否按QX/T 52—2007的相关规定进行观测，观测仪器是否定期进行检定。

5.2.2 代表性分析

利用同步观测的降水资料，计算各备选参证站与小型水力发电站站址月降水量、月降水日数的相关系数和方差，根据相关系数和方差的大小确定其代表性。

5.2.3 一致性分析

利用同步观测的降水资料，计算各备选参证站与小型水力发电站站址月降水量、月降水日数的一致率，根据一致率判断其一致性程度。一致率计算方法见附录A。

5.3 参证站确定

将可靠性、代表性、一致性最好的备选参证站作为小型水力发电站站址的参证站，并将参证站长年(应不少于30年)降水资料应用于小型水力发电站的评价。

6 汇水区降水资源气候评价方法

6.1 一般要求

对面雨量、降水资源进行计算，对平均状况、稳定性、枯水年和特枯年、丰水年和特丰年、强降水进行分析。

6.2 计算方法

6.2.1 面雨量

按GB/T 20486的规定计算。

6.2.2 降水资源

降水资源按式(1)计算：

$$W = P \times S \quad \cdots\cdots(1)$$

式中：

W ——降水资源；

P ——面雨量；

S ——汇水区面积。

6.3 平均状况分析

6.3.1 统计多年平均(应不少于30年，下同)月、季、年降水资源。

6.3.2 分析多年平均各月、季降水资源占全年降水资源的百分比。

6.3.3 分析多年平均连续最多4个月降水资源占全年降水资源的百分比及其发生月份。

6.3.4 统计降水保证率为75%、80%、85%、90%、95%的年降水资源。

6.4 稳定性分析

6.4.1 绘制降水资源年际变化曲线图,分析其时间变化特征。

6.4.2 计算年降水资源的相对变率,分析年降水资源的稳定性。相对变率 C 按式(2)计算:

$$C=\frac{1}{n}\sum_{i=1}^{n}\left|\frac{W_i-\overline{W}}{\overline{W}}\right|\times 100\% \qquad \cdots\cdots(2)$$

式中:

n ——样本数;

W_i——第 i 年的降水资源;

$\overline{W}$ ——多年平均降水资源。

6.4.3 计算极值比,分析年降水资源的最大变幅。极值比 K 按式(3)计算:

$$K=\frac{W_{\max}}{W_{\min}} \qquad \cdots\cdots(3)$$

式中:

$W_{\max}$——最大年降水资源;

$W_{\min}$——最小年降水资源。

6.5 枯水年和特枯年分析

6.5.1 分析参证站年际枯水规律,包括:

a) 枯水年的年降水量、距平百分率及发生规律;

b) 特枯年的年降水量、距平百分率及发生规律;

c) 连续2年以上枯水年的年降水量、距平百分率及发生规律。

6.5.2 分析参证站年内枯水规律,包括:

a) 枯水年内枯期、连续最少3个月(或2个月)、最少1个月的降水总量及其距平百分率;

b) 特枯年内枯期、连续最少3个月(或2个月)、最少1个月的降水总量及其距平百分率;

c) 最长连续无降水日数及起止日期。

6.5.3 降水量距平百分率 B 按式(4)计算:

$$B=\frac{(R_i-\overline{R})\times 100}{\overline{R}} \qquad \cdots\cdots(4)$$

式中:

R_i ——第 i 年(月)降水量;

$\overline{R}$ ——多年平均年(月)降水量。

6.6 丰水年和特丰年分析

6.6.1 分析参证站年际丰水规律,包括:

a) 丰水年的年降水量、距平百分率及发生规律;

b) 特丰年的年降水量、距平百分率及发生规律;

c) 连续2年以上丰水年的年降水量、距平百分率及发生规律。

6.6.2 分析参证站年内丰水规律,包括:

a) 丰水年内丰期、连续最多3个月(或2个月)、最多1个月的降水总量及其距平百分率;

b) 特丰年内丰期、连续最多3个月(或2个月)、最多1个月的降水总量及其距平百分率。

6.7 强降水分析

6.7.1 分析参证站的暴雨特点,包括:

a) 多年平均年暴雨日数;

b) 多年平均各月暴雨日数;

c) 多年平均连续最多4个月暴雨总日数占全年暴雨日数的百分比及其发生月份;

d) 有记录以来一日暴雨最大雨量、连续两日暴雨最大雨量、连续三日暴雨最大雨量;

e) 有记录以来最长连续暴雨日数及总雨量。

6.7.2 分析参证站有记录以来一次持续降水过程中的最大降水量及其发生时间。

6.7.3 统计参证站有记录以来各历时最大降水量,包括5 min、10 min、30 min、1 h、3 h、6 h、12 h、24 h最大降水量及其发生时间。

附 录 A
（规范性附录）
一致率计算方法

A.1 对比差值

$$d_i = |u_i - v_i| \quad \text{(A.1)}$$

式中：

d_i ——第 i 次的对比差值；

i ——样本序号；

u_i ——某气象站第 i 次观测值；

v_i ——第 i 次小型水力发电站站址观测值。

A.2 对比差值月平均值

$$\overline{d} = \frac{1}{n}\sum_{i=1}^{n} d_i \quad \text{(A.2)}$$

式中：

$\overline{d}$ ——对比差值的月平均值；

n ——同期观测的总次数；

i ——样本序号，取值范围为 1～n；

d_i——第 i 次的对比差值。

A.3 对比差值月标准差

$$\sigma = \sqrt{\frac{1}{n-1}\sum_{i=1}^{n}(d_i - \overline{d})^2} \quad \text{(A.3)}$$

式中：

σ ——对比差值月标准差；

n ——同期观测的总次数；

i ——样本序号，取值范围为 1～n；

d_i——第 i 次的对比差值；

$\overline{d}$ ——对比差值的月平均值。

A.4 一致率

$$f = \frac{m}{n} \times 100\% \quad \text{(A.4)}$$

式中：

f ——月一致率/%；

m ——$|d_i|<2\sigma$ 的次数；

n ——同期观测的总次数。

参 考 文 献

[1] GB 50071—2002 小型水力发电站设计规范

[2] SL 77—1994 小型水力发电站水文计算规范

[3] SL/T 238—1999 水资源评价导则

[4] SL 278—2002 水利水电工程水文计算规范

[5] 高绍凤,陈万隆,朱超群等.应用气候学[M].北京:气象出版社,2001

[6] 丘平珠,程爱珍,黄理.广西南宁自动气象站与人工气象站观测资料质量对比评估[J].广西气象,2004,25(2):29-33